TECHNISCH-GEWERBLICHE BÜCHER
BAND 5

FABRIKATIONSMETHODEN FÜR GALENISCHE ARZNEIMITTEL UND ARZNEIFORMEN

VON

JOSEF WEICHHERZ UND JULIUS SCHRÖDER

MIT 344 ABBILDUNGEN IM TEXT

WIEN · VERLAG VON JULIUS SPRINGER · 1930

ISBN-13:978-3-7091-9648-9   e-ISBN-13:978-3-7091-9895-7
DOI: 10.1007/978-3-7091-9895-7

ALLE RECHTE, INSBESONDERE DAS DER ÜBERSETZUNG
IN FREMDE SPRACHEN, VORBEHALTEN.
SOFTCOVER REPRINT OF THE HARDCOVER 1ST EDITION   1930

Vorwort.

Das vorliegende Buch ist teilweise ein Versuch, welcher unternommen wurde, um die Herstellung und das Wesen der wichtigsten galenischen Arzneimittel und Arzneiformen von einheitlichen theoretischen und technischen Gesichtspunkten aus zu betrachten und hieraus für ihre rationelle Herstellung und einwandfreie Qualität Schlüsse zu ziehen. Lückenfüllend ist wohl das Buch deshalb, weil über die Herstellung genannter Präparate in großem Maßstabe fast gar keine Literatur vorhanden ist. Es wurde daher aus diesem Grunde versucht, das ganze Gebiet systematisch zusammenzufassen und hierbei die Erfahrungen langer und schwieriger Jahre mitzuteilen. Dies konnte nur in knapper Form erfolgen und es mußten manche wichtige Einzelheiten in den Hintergrund gestellt werden. Auch mußten einige weniger wichtige oder gar unbedeutende Präparate unberücksichtigt bleiben. Auf Vollständigkeit kann daher natürlich kein Anspruch erhoben werden. Im allgemeinen war es nicht beabsichtigt, dem Buch den Charakter einer Vorschriftensammlung zu verleihen. Für kritische Bemerkungen der Fachgenossen, in deren Hand das Buch gelangt, würden die Verfasser sehr dankbar sein.

Der an erster Stelle stehende Verfasser ist Herrn Priv.-Doz. Dr. C. Moncorps, München, für die freundliche Überlassung einiger Mikrophotographien über Salben sowie Herrn Dr. R. Brieger, Berlin, für wertvolle Ratschläge zum Dank verbunden. An dem Lesen der Korrektur haben sich die Herren Dr. W. Wittholz und Dr. R. Merländer, Berlin, bereitwilligst beteiligt. Es sei ihnen auch an dieser Stelle der aufrichtigste Dank ausgesprochen. Der zweite Verfasser ist Herrn J. Tidrencky, Budapest, für die Ausarbeitung einer Herstellungsvorschrift dankbar.

Berlin,
Budapest, August 1930.

A. Weichherz.
J. Schröder.

Inhaltsverzeichnis.

	Seite
Einleitung	1
I. Die Pulver und das Zerkleinern	5
II. Die Körner (Granulata)	27
III. Die Pastillen und Täfelchen	28
IV. Die Tabletten	33
A. Die Vorbereitung der Stoffe und die hierzu erforderliche Apparatur	40
B. Die Tablettenmaschinen	45
C. Das Pressen der Tabletten	63
D. Triturationstabletten	65
E. Über die Dosierungsgenauigkeit der Tabletten	66
F. Herstellungsvorschriften für Tabletten	67
V. Die Pillen	77
A. Die Grundlagen der Pillenherstellung	79
B. Die Herstellung der Pillen	89
1. Die Vorbereitung der Rohstoffe	90
2. Das Ankneten der Pillenmasse	90
3. Herstellung des Stranges und der Pillen	94
a) Die Strangpressen S. 94 — b) Die Strangausrollmaschinen S. 98 — c) Das Zerschneiden des Stranges S. 99 — d) Das Runden und Formen der Pillen S. 103 — e) Vorschriften zur Herstellung der einzelnen Pillenarten S. 108.	
VI. Die Lösungen	112
VII. Die Tinkturen	127
VIII. Die Extrakte	131
A. Fluidextrakte	131
B. Dickextrakte	132
C. Trockenextrakte	140
IX. Die Emulsionen	141
A. Die Theorie der Emulsionen und der Emulgierung	142
B. Die Emulgatoren	146
1. Alkohole, Phenole, Naphthole	146
2. Seifen	147
3. Aromatische Carbonsäuren	148
4. Sulfooxyfettsäuren	148
5. Die Gallensäuren	149
6. Amine und Säureamide	149
7. Lipoide	149
8. Sterine	150
9. Eiweiß und eiweißhaltige Stoffe	151
10. Kohlenhydrate, kohlenhydratähnliche Substanzen	152
11. Anorganische Kolloide	153
12. Zusammenfassung	153

Inhaltsverzeichnis.

	Seite
C. Die Herstellung der Emulsionen	154
1. Allgemeine Grundsätze	154
2. Die Apparatur	157
3. Die Trockenemulsionen	165
D. Vorschriften zur Herstellung von Emulsionen	165
X. Die Salben	169
A. Allgemeine Grundlagen	170
B. Rohstoffe	177
C. Arbeitsvorgang und Apparatur	180
1. Die Herstellungsapparatur	180
a) Fettsalben mit einer flüssigen Phase S. 180 — b) Fettsalben mit zwei flüssigen Phasen S. 186.	
2. Das Abfüllen der Salben	187
D. Vorschriften zur Herstellung von Salben, Pasten und Cremes	193
XI. Die Wachssalben, Pflaster (Cerata, Emplastra)	199
A. Wachssalben (Cerata)	199
B. Pflaster (Emplastra)	200
C. Kautschukpflaster (Collemplastra)	204
XII. Die Suppositorien	205
A. Wasserunlösliche Suppositorien	207
B. Wasserlösliche Suppositorien	211
C. Herstellungsvorschriften für Suppositorien	212
XIII. Die Nährmittel und ihre pharmazeutischen Kombinationen	213
A. Das Verdampfen	214
B. Das Trocknen	220
C. Die Herstellung von Nährmitteln und Nährmittelkombinationen	235
XIV. Die medikamentösen Zucker	239
A. Die eigentlichen medikamentösen Zucker	239
1. Fondants	241
2. Plätzchen	243
3. Bonbons	244
B. Die medikamentösen Schokoladen	247
XV. Überziehen von Pillen, Tabletten und von sonstigen Kernen. Dragieren	247
A. Der Arbeitsvorgang und Apparatur	250
B. Die Herstellung der verschiedenen Hüllen	260
1. Cellulosehüllen	260
2. Harz- und Balsamhüllen	261
3. Keratinhüllen	261
4. Weiche Zuckerdragees	261
5. Harte Zuckerdragees	262
6. Weiche Schokoladendragees	265
7. Halbweiche Schokoladendragees	266
8. Harte Schokoladendragees	266
9. Metallüberzüge	267
10. Die Herstellung von Pillen im Dragierkessel	267
XVI. Die sterilen Ampullen	269
A. Die Ampullen	269
B. Das Öffnen der Ampullen bzw. das Abschneiden der Ampullenhälse	275
C. Die Reinigung der Ampullen	276

		Seite
D. Die Herstellung der Injektionsflüssigkeiten		277

    D. Die Herstellung der Injektionsflüssigkeiten 277
    E. Das Füllen der Ampullen 284
    F. Das Zuschmelzen der Ampullen 292
    G. Die Sterilisation der Ampullen 293
        1. Sterilisation durch trockene Hitze 294
        2. Sterilisation durch feuchte Hitze 296
    H. Die Prüfung der fertigen Ampullen 299
    J. Allgemeine Bemerkungen über die zur Herstellung von Ampullen dienenden Räume und über die aseptische Arbeit 299
    K. Herstellungsvorschriften für sterile Injektionen 301
XVII. Die Gelatinekapseln (Gelatineperlen) 307
XVIII. Das Abfüllen und Verpacken der Arzneizubereitungen 313
    A. Pulverförmige und gekörnte Produkte 314
    B. Pastillen, Tabletten, Pillen, Dragees 323
    C. Flüssigkeiten 329
    D. Salben 337
    E. Suppositorien 337
    F. Ampullen 337
    G. Gelatinekapseln 338
Sachverzeichnis 339

Einleitung.

Als der Versuch gemacht wurde, die zur Herstellung der Arzneizubereitungen dienenden Methoden der pharmazeutischen Industrie zum erstenmal systematisch zusammenzufassen, entstanden durch das Verhältnis der Apotheke zur pharmazeutischen Industrie bedingte gedankliche Schwierigkeiten, welche zwar den auf diesem Gebiete tätigen Praktikern mehr oder weniger bereits früher zum Bewußtsein gelangten, aber sich hier mit einer besonderen Schärfe in den Vordergrund drängten.

Während in früheren Zeiten die Apotheke die Alleinherstellerin der Arzneimittel und Arzneizubereitungen war, veränderte sich die Lage mit der Entwicklung der pharmazeutischen Industrie und der Arzneizubereitungen gründlich, indem die Apotheke mehr und mehr eine Verkaufsorganisation der Industrie wurde. Dies sagt zur Zeit nur so viel, daß ein bedeutender Teil des Apothekenumsatzes heute aus der Tätigkeit als Wiederverkäuferin hervorgeht. Wenn es auch verständlich ist, daß der Apotheker aus Standesinteresse den Vorstoß der Industrie abzuwehren und die Herstellung der Arzneizubereitungen auf die Apotheke zu beschränken sucht, bleibt es Tatsache, daß derselbe Apotheker aus individuellen wirtschaftlichen Gründen seinen Bedarf an Arzneimitteln und Arzneizubereitungen aus der Industrie zu decken gezwungen ist und dadurch ihrem Vorwärtsdringen Vorschub leistet. Dies hat nunmehr seine tieferen Gründe und schwerwiegende Folgen, welche heute oder morgen weitgehendst berücksichtigt werden müssen.

Die in den letzten Jahrzehnten erfolgte mächtige Entwicklung der synthetischen Chemie bereicherte unseren Arzneischatz mit einer ganzen Reihe von wertvollen Produkten, welche das gesamte Bild der Arzneibehandlung vollkommen umgestaltete. Die Herstellung dieser Produkte konnte unmöglich in der Apotheke erfolgen, da die dortigen technischen Bedingungen unzulänglich waren und außerdem der kleine Maßstab keine kalkulativ rationelle Arbeit ermöglichte. Die Apotheke mußte also dieses Gebiet der Industrie vollkommen überlassen. Aber nicht nur das synthetische Gebiet, auch die Herstellung von reinen Produkten aus Drogen usw. mußte an die Industrie abgetreten werden, da diese es leichter und besser schaffen konnte, um die Produkte kalkulativ günstiger in hoher Reinheit zu gewinnen. Wenn es auch gelingt, in einem Apothekenlaboratorium Chinin oder Morphin aus Chinarinde oder Opium rein herzustellen, so könnte doch niemand ernsthaft behaupten, daß die so gewonnenen Produkte mit jenen der Industrie konkurrieren könnten. Die Herstellung der Grundsubstanzen, aus welchen die Arzneizubereitungen dann gewonnen werden, ging so vollkommen in die Hand der Industrie über. Dieser Vorgang wurde noch dadurch stark beschleunigt, daß die zur Herstellung der modernen Arzneimittel dienenden Verfahren in steigendem Maße das geistige und patentrechtliche Eigentum der Industrie wurden. Die Industrie hat das neu entdeckte Gebiet der pharmazeutischen Chemie Hand in Hand mit den wissenschaftlichen Forschungsstätten in schwerer, jahrzehntelanger Arbeit mit großem Kapitalaufwand erweitert und sich die Hegemonie sichergestellt. Die Apotheke konnte als Kleinunternehmen nicht Schritt halten, und wo sie es tat, so entwickelte sich das, was man industrielle Unternehmung nennt. Auch fehlte in der Apotheke die Triebkraft der Konkurrenz, da diese fast überall in der Welt infolge des staatlichen Konzessionscharakters der Apotheke ausgeschaltet ist. Die Apotheken bilden vom Standpunkt der Privatwirtschaft ein staatlich aufgezwungenes Kartell, welches heute aus sozialen Gründen aber auch aus individuellen Wirtschaftsvorteilen aufrechterhalten wird.

Es blieb also der Apotheke die Herstellung der Arzneizubereitungen, oder anders ausgedrückt, die Rezeptur, und auch diese nicht lange in unversehrter Form. Neue Arzneizubereitungen wurden eingeführt, deren einwandfreie und rationelle Herstellung im Rahmen der normalen Rezeptur unmöglich war (z. B. Tabletten), des weiteren zeigte es sich, daß eine ganze Reihe von anderen, bis dahin nur in der Apotheke hergestellten Arzneizubereitungen im Großbetrieb billiger und besser herstellbar sind. Die Maschinenarbeit ist immer billiger als Handarbeit. Um aber die Arzneizubereitungen im Großbetrieb einwandfrei in laufenden Mengen zu konkurrenzfähigen Preisen (also billiger als der Selbstkostenpreis der Apotheke) herstellen zu können, mußten die aus der Apotheke bekannten Verfahren abgeändert werden, denn z. B. stößt die laufende Herstellung einer Pille nach einem aus der Apotheke bekannten Verfahren mit Hilfe von Maschinen meistens auf Schwierigkeiten. Gerade hier setzte der Zwiespalt zwischen Apotheke und Industrie ein, denn ein Teil unseres Arzneischatzes und unserer Arzneizubereitungen unterlag und unterliegt den Bestimmungen der aus sozialen Gründen zustande gekommenen aber völlig den Bedürfnissen der Apotheke angepaßten Arzneibüchern.

Solange die Industrie nur Produkte herstellte, welche in den Arzneibüchern nicht enthalten waren, mußte sie sich höchstens um etwaige allgemeine Bestimmungen kümmern. Tabletten, Pillen, Salben, Suppositorien usw., welche nicht in die Arzneibücher aufgenommen wurden, konnten in freigewählter Zusammensetzung hergestellt werden. Anders die Arzneibuchprodukte, bei welchen nicht nur der Gehalt an wirksamen Arzneimitteln, sondern auch die in ihnen befindlichen Hilfsmittel qualitativ und quantitativ genau festgelegt sind! Im Apothekenbetrieb hat das technische Moment niemals jene Bedeutung gehabt wie in der Industrie. Ist z. B. eine Pillenmasse nicht gerade einwandfrei, so können mittels Handarbeit noch stets, wenn auch mit Mühe und Not, Pillen aus ihr gewonnen werden. Die Maschine ist empfindlicher, und der rationelle Betrieb duldet keine Störung, denn die Kalkulation ist hier unerbittlich zu ihrem Rechte gelangt. Die Kalkulation spielt in der Apotheke in industriellem Sinne keine große Rolle. Ob die vom Arzt verschriebenen 20 Pillen um 5 Pfennig weniger oder mehr kosten, ist unwichtig, da einerseits die „Konkurrenz" auch nicht weniger rechnen darf, andererseits weil 5 Pfennig unbedeutend sind. Anders ist es in der Industrie, wo nicht 20 Pillen, sondern täglich zehntausende, ja sogar hunderttausende hergestellt werden und die Konkurrenzfähigkeit eines Produktes oft von Pfennigen abhängt.

Die Industrie hat also mit dem Preis der Zeit (Arbeitslöhne), mit dem Preis der Rohstoffe und mit sonstigen Betriebsunkosten zu rechnen. Die Herstellung der Arzneizubereitungen muß laufend, ohne Störungen, mit wenig Abfall aus den möglichst billigsten Rohstoffen erfolgen, ohne dabei die Qualität zu verschlechtern. Ein krasses Beispiel hierfür finden wir wieder bei den Pillen, wo z. B. vom Deutschen Arzneibuch Trockenhefe zu ihrer Herstellung vorgeschrieben wird. Daß die Trockenhefe einen Preis von mehreren Mark pro Kilogramm hat, ist für das Arzneibuch nebensächlich, denn es kommt nicht darauf an. Die Industrie hat nun herausgefunden, daß man mittels Weizenmehl, welches sogar im Kleinhandel nicht mehr als 50—60 Rpf. pro Kilogramm kostet, ebenso gute oder gar bessere Pillen herstellen kann. Es ist klar, daß die Industrie durch diese Erkenntnisse Arzneizubereitungen herstellt, deren Zusammensetzung nur hinsichtlich des Gehaltes an wirksamen Bestandteilen und der negativen Bestimmungen dem Arzneibuch entspricht. Es entsteht hierbei die schwerwiegende Frage, ob die Industrie demzufolge mit der folgerichtigen Nichtbeachtung der Bestimmungen des Arzneibuches beschuldigt werden kann. Aus rein formellen Gründen könnte dies wohl berechtigt sein, im Wesen steht aber die Industrie in ihrem guten Recht. Um auch den Formalisten genügen zu können, müßte entweder das Arzneibuch auch den Bedürfnissen der Industrie angepaßt werden, oder aber müßte mit Hinsicht auf die hierbei entstehenden Schwierigkeiten ein für die Industrie maßgebendes zweites Arzneibuch geschaffen werden, welches aber außer den positiven Bestimmungen bezüglich des Gehaltes an wirksamen Bestandteilen nur noch negative Forderungen enthalten könnte. Tatsache ist, daß die Apotheke die standesmäßig an der einen Seite gegen die Industrie kämpfen muß, an der anderen Seite wirtschaftlich gezwungen ist, Arzneibuchprodukte, welche den Bestimmungen nur im obigen Sinne entsprechen, zu kaufen und weiter zu verkaufen. Dieser Zwiespalt kann und muß überbrückt werden, da er lediglich durch einen rein formalen Standpunkt hervorgerufen worden ist.

Dieses Buch wurde in vollem Bewußtsein des geschilderten Zwiespaltes geschrieben. Die darin befindlichen Herstellungsvorschriften sind keine Arzneibuchvorschriften im Apothekensinne und erheben auch keinerlei Ansprüche in dieser Beziehung um so mehr, als der Zweck dieses Buches nicht die alleinige Besprechung der Arzneibuchprodukte ist. Der größte Teil der von der Industrie hergestellten Arzneizubereitungen unterliegen nur den allgemeinen Bestimmungen. Die hier gegebenen Vorschriften sind Ausführungsbeispiele der mitgeteilten allgemeinen Überlegungen, an deren Hand die Herstellung neuer Arzneizubereitungen ermöglicht oder erleichtert wird. Die unendliche Reihe der Arzneispezialitäten gehört also in diese Gruppe der Arzneizubereitungen. Es ist aber selbstverständlich, daß die Arzneibuchprodukte mit Hilfe derselben technischen Verfahren hergestellt werden können, mit der Maßgabe, daß die bezüglichen Vorschriften vom Arzneibuch festgelegt sind. Da das vorliegende Buch kein pharmazeutisches Werk im üblichen Sinne der Apothekenpraxis bzw. des Arzneibuches sein wollte, erübrigte es sich, diese Vorschriften hier zu wiederholen. Sie sind sowohl in den Arzneibüchern, als auch in der sehr großen pharmazeutischen Literatur genügend ausführlich besprochen.

Im Rahmen dieses Buches wurde es versucht, den rein empirischen Charakter unserer Kenntnisse bezüglich der Arzneizubereitungen aufzuheben und durch theoretische Grundlegungen unsere Auffassung zu vereinheitlichen und hiervon ausgehend sowohl bezüglich der Beschaffenheit als auch bezüglich der Herstellung der Arzneizubereitungen wichtige Schlüsse zu ziehen und Verbesserungen vorzunehmen. Dies bezieht sich hauptsächlich auf die über Tabletten, Pillen, Salben und Emulsionen geschriebenen Kapitel. Erschwert war diese Aufgabe dadurch, daß hierüber nur wenig wissenschaftliche Forschungsergebnisse vorliegen. Eine Ausnahme bilden hier die Emulsionen, deren Theorie einen wichtigen Abschnitt der modernen physikalischen Chemie bildet. Auch über Salben wurde bereits früher Grundlegendes geleistet. Ein Teil der mitgeteilten Angaben scheint auch geeignet zu sein, um auf die Apothekentechnik eine Rückwirkung auszuüben.

Die Erforschung der Arzneizubereitungen ist teilweise sowohl in wissenschaftlicher als auch in technischer Hinsicht stark vernachlässigt worden. Die physikalisch-chemischen und die mechanischen Eigenschaften einiger Arzneizubereitung

(Pillen, Salben, Emulsionen) und die bei ihrer Herstellung verlaufenden mechanischen und physikalisch-chemischen Vorgänge waren für die Apotheke belanglos, da ihre Kenntnis keinerlei Vorteile brachte. Von diesem Standpunkt aus ist es verständlich, daß sogar das Wesen der hochwichtigen Salben bis vor kurzem ungeklärt war! Einer der Verfasser (Weichherz) wies erst in den Jahren 1924/25 zum erstenmal auf den Emulsionscharakter der wasserhaltigen Salben hin. Da in dieser Hinsicht noch sehr wenig geleistet wurde, sei auf die Notwendigkeit der physikalisch-chemischen und mechanischen, sowie der technischen Erforschung der Arzneizubereitungen in besonderen wissenschaftlichen Instituten hingewiesen. Als Beispiel der technischen Erforschung sei hier in besonderem Maße die Herstellung von Tabletten angeführt, bei welcher die erforderlichen Eigenschaften nur durch Zusammenwirkung der mechanischen Vorbereitung der Rohstoffe und der benutzten Maschinen erreicht werden können. Dasselbe bezieht sich auf die Genauigkeit der Dosierung.

Die Herstellung der einzelnen Arzneizubereitungen wurde in getrennten Kapiteln besprochen. Präparate, deren Herstellung mit chemischen Umsetzungen verbunden sind, wurden ausgeschlossen. Allerdings war die scharfe Abtrennung jener Arzneizubereitungen, die nur eine mechanische bzw. physikalische Arbeitsvorgänge erfordern, nicht recht möglich und mußte das Prinzip an einigen Stellen durchbrochen werden. Allgemeine Bemerkungen über Betriebsanordnung usw. wurden nicht gegeben, da dieses Buch sich nicht mit der Organisation eines nur zur Herstellung von Arzneizubereitungen dienenden Betriebes befaßt. Es könnte sein, daß die Herstellung einer Tablette oder einer sonstigen Arzneizubereitung im Zusammenhang mit einem andersgearteten chemischen Betriebe erfolgt, welcher eben ein Haupt- oder Nebenprodukt in die eine oder andere Form bringen will. Für solche Fälle könnten die Bedingungen eines obenerwähnten Spezialbetriebes nicht gültig sein.

I. Die Pulver und das Zerkleinern.

Die pulverförmigen Arzneizubereitungen spielen in der pharmazeutischen Industrie eine relativ geringe Rolle. Am häufigsten sind noch die Streupulver und die Puder, Zahnpulver, Shampoon usw. Eine um so größere Bedeutung haben die Pulver als Zwischenprodukte, so daß ihre Herstellung eine der wichtigsten technischen Vorgänge im pharmazeutischen Betrieb ist.

Das Zerkleinern der verschiedenen Stoffe kann auf sehr vielen Wegen erfolgen, z. B. durch Schneiden, Scheren, Spalten, Zertrümmern, Reiben usw. Die Zerkleinerungsmaschinen haben je nach dem erwünschten Feinheitsgrad und den physikalischen Eigenschaften des zu vermahlenden Gutes eine wechselnde Konstruktion. Es wird entweder in trockenem oder in feuchtem Zustand zerkleinert. Durch feuchtes Vermahlen gelingt es, eine größere Feinheit, auch Kolloidfeinheit zu erreichen, da die Flüssigkeiten die von den Mahlvorrichtungen übernommenen Kraftwirkungen in allen Richtungen fortpflanzen und eine kräftige Scherwirkung entfalten. Die Teilchen werden also nicht nur infolge der direkten Kontaktwirkung der mahlenden Teile der Mühlen zerkleinert. Befinden sich die Teilchen in Luft verteilt, so ist die Mahlwirkung des Mediums verschwindend klein.

Bezüglich des Feinheitsgrades unterscheidet man Maschinen, welche 1. nur ganz grobe Stücke, 2. Pulver und 3. Kolloide herstellen.

Die Maschinen, welche zur Herstellung von groben Stücken dienen, können in zwei Gruppen geteilt werden: 1. Schneidemaschinen und 2. Vorbrecher.

Die Schneidemaschinen dienen zum Zerkleinern von Pflanzen bzw. Pflanzenteilen (Kräuter, Wurzeln usw.). Sämtliche Maschinen bestehen aus einer Arbeitsplatte, welche auch als Transportvorrichtung ausgebildet sein kann und aus einem System der Schneidemesser. Die Pflanzenteile werden auf die Arbeitsplatte gelegt und entweder mit der Hand oder automatisch zu den Messern geschoben. Die Messer sind entweder als Speichen eines Rades ausgebildet oder aber sie befinden sich an Zylinderflächen angeordnet und sind dann den Riffelwalzen ähnlich. Die Messer führen hierbei eine rotierende Bewegung aus. Eine solche Schneidemaschine ist z. B. die Quadratschneidemaschine KS für Rinden, Kräuter, Wurzeln usw. von F.W.Schilbach, Leipzig (Abb. 1). Eine andere Möglichkeit ist, daß ein gerades Messer in vertikaler Richtung eine alternierende Bewegung ausübt und gelegentlich der nach unten gerichteten Bewegung die zugeführten Pflanzenteile zerkleinert. Eine derartige Maschine wird für Hölzer oder Wurzeln von F.W.Schilbach, Leipzig, gebaut (Abb. 2, Würfelschneidemaschine WS). Eine gleiche, aber massivere Konstruktion hat die Drogenschneidemaschine der Firma Gebr. Burberg, Mettmann bei Düsseldorf (Abb. 3). Die Würfelschneidemaschine RS für Wurzeln und Hölzer der Firma F. W. Schilbach, Leipzig, besteht aus einer Reihe von parallel angeordneten Kreissägen (Abb. 4).

Die Vorbrecher dienen in erster Linie zum groben Zerkleinern von harten Stoffen. Für sehr harte Stoffe werden die für die pharmazeutische Industrie unwichtigen Backenvorbrecher benutzt. Die großen Stücke gelangen hier zwischen zwei starke Eisenplatten (Backen), welche an einer Kante durch Ge-

Die Pulver und das Zerkleinern.

Abb. 1. Quadratschneidemaschine für Rinden, Kräuter Wurzeln (F. W. Schilbach, Leipzig).

Abb. 2. Würfelschneidemaschine für Hölzer und Wurzeln (F. W. Schilbach, Leipzig).

Abb. 3. Drogenschneidemaschine (Gebr. Burberg, Mettmann b. Düsseldorf).

Abb. 4. Würfelschneidemaschine für Wurzeln und Hölzer (F. W. Schilbach, Leipzig).

Abb. 5. Daumenvorbrecher (Alpine AG., Augsburg).

lenke verbunden sind. Eine dieser Eisenplatten wird mit Hilfe eines Exzenters in schwingende Bewegung versetzt, so daß die Platten sich alternierend nähern und entfernen. Beim Nähern wird auf die zwischen den Platten befindlichen Stücke ein Druck ausgeübt, wodurch eine Zertrümmerung stattfindet. Viel häufiger gelangen die Walzen- bzw. Daumenvorbrecher zur Anwendung (Abb. 5), welche aus zwei mit Zähnen, Messer, Stacheln usw. versehenen und sich gegeneinander drehenden Walzen bestehen. Die eine Walze ist federnd gelagert. Für etwas feineren Vorbruch werden glatte Walzen benutzt. Eine gute Leistung weisen auch die Pendelvorbrecher auf. Diese bestehen aus einer Eisenzylinderfläche, innerhalb dieser bewegt sich exzentrisch ein Pendel, welches unten eine konische Mahlfläche trägt. Die Mahlfläche rollt auf der Zylinderfläche und zertrümmert dabei die in den Vorbrecher gefüllten Stücke. Ähnlich arbeiten die Glockenmühlen, welche aber mit einem feststehenden Mahlkegel versehen sind.

Zur Herstellung von Pulvern werden die aus kleinen Stücken bestehenden, vorgetrockneten oder geschnittenen Stoffe mit hierzu dienenden Mühlen feiner vermahlen.

Eine der ältesten Mahlvorrichtungen sind die Mahlsteine (Mahlgänge). Hier wird die Substanz zwischen zwei aufeinander rotierenden Steinen fein pulverisiert. Gewöhnlich steht ein Stein still, während der andere sich langsam bewegt. Die Steine sind entweder ganz glatt, oder gerieffelt. Die Riffel sind strahlenförmig, tangential zu einem kleineren Kreis oder spiralförmig angeordnet. Der obere Stein hat eine zentrale Öffnung, durch welche die zu vermahlende Substanz eingefüllt wird. Mühlen mit großen Mahlsteinen werden heute fast nicht mehr gebraucht; eine um so größere Bedeutung besitzen die Trichtermühlen und die Konusmühlen. Die Trichtermühlen (Abb. 6) bestehen aus zwei kleinen

Abb. 6. Trichtermühle
(Werner & Pfleiderer, Cannstatt).

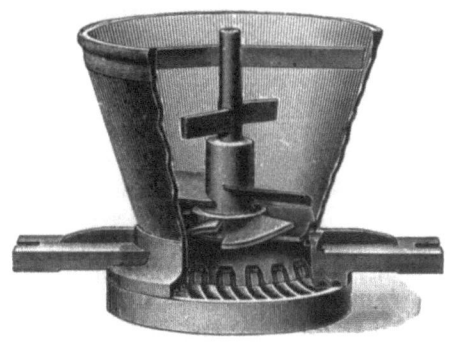

Abb. 7. Trichtermühle mit Rührwerk
(Karl Seemann, Berlin-Borsigwalde).

horizontalen Mahlscheiben, deren Mahlfläche die vorher beschriebene Beschaffenheit haben. Die Konusmühlen unterscheiden sich nur darin, daß die Mahlfläche nicht eine horizontale Ebene, sondern eine Konusfläche ist. Beide Arten von Mühlen werden in erster Linie zum feuchten Mahlen verwendet. Das mit Wasser, Öl usw. vermischte Mahlgut wird in einen, oberhalb der Mahlscheiben befindlichen und mit Rührflügel (Abb. 7) ausgerüsteten Trichter gefüllt, gelangt von hier durch die zentrale Öffnung der oberen Scheibe zwischen die Mahlflächen, wird hier fein vermahlen und verläßt die Mahlscheiben an dem Scheibenrand, von wo es durch ein Abstreifmesser entfernt wird. Die in Kapitel X beschriebenen Salbenmühlen besitzen genau dieselbe Konstruktion. Der Mahleffekt und die Leistung ist verhältnismäßig gering. Die Mahlfeinheit kann durch Nähern der Scheiben mit Hilfe des beweglichen Fußlagers der unteren Scheibe geregelt werden. Die obere Scheibe steht immer still, die untere rotiert. Der Antrieb erfolgt von unten durch Zahnradübertragung. Eine größere Leistung, aber ebenfalls eine verhältnismäßig geringe Mahlfeinheit weisen die Excelsior-Scheibenmühlen auf, welche besonders für Drogen gut geeignet sind. Diese bestehen aus zwei vertikal stehenden Mahlscheiben bzw. Mahlringen. Die Scheiben sind mit in Ringform angeordneten Zähnen versehen (Abb. 8). Eine Scheibe steht still, während die andere um die horizontale Achse schnell rotiert. Die Zähne der rotierenden Scheibe greifen in die Zwischenräume der stehenden Scheibe, wodurch eine Scherwirkung ausgeübt wird und eine Zertrümmerung stattfindet. Die Arbeitsweise der von der Firma Friedr. Krupp AG. Grusonwerk, Magdeburg-Buckau, konstruierten Excelsiormühlen ergibt sich von Abb. 9 u. 10. Das Mahlgut

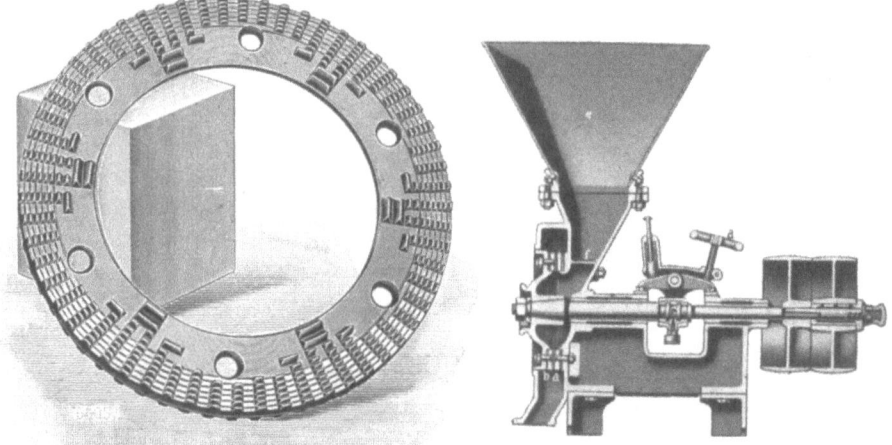

Abb. 8. Mahlscheibe der Excelsiormühle (Friedr. Krupp AG., Grusonwerk, Magdeburg-Buckau).   Abb. 9. Schnitt durch die einfache Excelsiormühle (Friedr. Krupp AG., Grusonwerk, Magdeburg-Buckau).

gelangt durch den Fülltrichter in den Scheibenraum, von wo es durch die Zähne zwischen die Scheiben gezogen und hier vermahlen wird. Das Mahlprodukt fällt am Scheibenrand heraus und verläßt die Mühle durch die untere Öffnung. Der Antrieb erfolgt mittels einer festen Scheibe und einer Leerlaufscheibe. Der Fülltrichter der größeren Mühlen ist mit einem Rührwerk versehen, welches von der Hauptwelle aus angetrieben wird (Abb. 10). Die ganz großen Excelsiormaschinen sind mit einem Walzenvorbrecher ausgerüstet. Das Mahlgut fällt vom Fülltrichter auf den Vorbrecher und gelangt von hier in den Mahlringraum. Der Antrieb des Vorbrechers und der der eigentlichen Scheibenmühle erfolgt mittels getrennten Riemenscheiben (Abb. 11). Mühlen für größere Leistungen sind mit zwei Scheibenpaaren versehen. Die Mahlringe sind doppelseitig ausgebildet und werden mittels Schrauben an die Scheiben befestigt. Die abgenutzten Ringe werden losgeschraubt und umgedreht (Abb. 12 u. 13). Die Excelsiormühlen dienen hauptsächlich für trockenes, aber auch für feuchtes Vermahlen. Die Mahlfeinheit wird durch Verstellen der Scheibenentfernung geregelt. Bei den Kruppschen Mühlen kann die rotierende Scheibe verschoben werden, während bei anderen Konstruktionen die ruhende Scheibe verschiebbar angeordnet ist.

Auch die Kollergänge arbeiten mit Hilfe von Mahlflächen. Die Kollergänge sind zum Zerkleinern von ganz grobem Gut gut geeignet, sie dienen aber auch zum Feinmahlen. Der Kollergang ist eine schwerfällige und wenig leistende Mahlvorrichtung, welche nur dann zur Anwendung gelangt, wenn keine andere Mühle zum Ziel führt. Es werden hauptsächlich Pflanzen bzw. Pflanzenteile mit seiner Hilfe vermahlen. Das gute Ergebnis ist hierbei dadurch bedingt, daß

Abb. 10. Einfache Excelsiormühle (Friedr. Krupp AG., Grusonwerk, Magdeburg-Buckau).

Abb. 11. Excelsiormühle mit Vorbrecher (Friedr. Krupp AG., Grusonwerk, Magdeburg-Buckau).

die Kollergänge die Zertrümmerung durch einfachen Druck zustande bringen. Die anderen Mühlen scheren und schlagen, wodurch man selten ein feines, sondern stets ein faseriges Pulver erhält. Ein Kollergang besteht aus zwei großen und

Abb. 12. Excelsior-Doppelmühle (Friedr. Krupp AG. Grusonwerk, Magdeburg-Buckau).

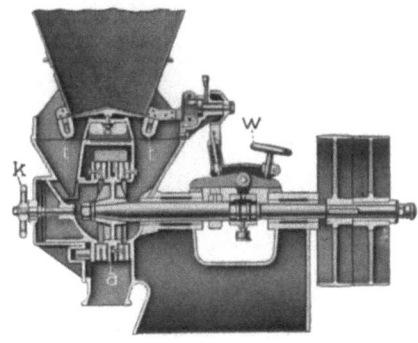

Abb. 13. Schnitt durch eine Excelsior-Doppelmühle (Friedr. Krupp AG., Grusonwerk, Magdeb.-Buckau).

schweren Eisen- oder Steinroller, welche auf einer Grundplatte im Kreis laufen und dadurch eine Mahlwirkung entfalten. Es gibt zwei Typen der Kollergänge:
    1. Der Antrieb der Roller erfolgt von oben, die Grundplatte steht still.
    2. Der Antrieb erfolgt von unten, indem die Grundplatte beweglich ist, während die Roller von der rotierenden Grundplatte mitgenommen und dabei um die eigene Achse gedreht werden.

Die zwei Roller sind mit der Hauptwelle (vertikal) so verbunden, daß sie sich frei heben können, um die auf die Grundplatte gelegten groben Stücke vermahlen zu können. Die Roller können z. B. mit einer fixen starren Welle verbunden sein, aber diese Verbindungswelle ist so in eine Öffnung der vertikalen Hauptwelle gesteckt, daß die sich drehende Hauptwelle die Roller in den Kreis schleppen kann und sie dadurch ins Rollen versetzt. Die beiden Roller sind daher voneinander nicht unabhängig. Hebt sich der eine Roller, so muß sich der andere zwangsweise auch heben, wodurch der Kontakt zwischen Roller und Mahlgut aufhört, bzw. die Rollerflächen nicht mehr parallel zur Grundplatte stehen. Eine andere Möglichkeit ist, daß die Roller mittels Gelenke an die sie verbindende Welle gehängt sind und sich dann voneinander vollkommen unabhängig heben oder senken können (Abb. 14). Um eine hinreichende Mahlwirkung zu erreichen, müssen die Roller ein verhältnismäßig

Abb. 14. Kollergang mit Obenantrieb (Rema, Rheinische Maschinenfabrik AG., Neuß a. Rh.).

großes Gewicht besitzen und werden daher aus Granit oder Gußeisen hergestellt. Die untere Grundplatte ist entsprechend stark dimensioniert. Die kleineren Kollergänge sind mittels einer rotierenden Eisengrundplatte ausgestattet, so daß die Roller sich nur um die eigene Achse drehen (Abb. 15). Das Mahlgut wird auf die Grundplatte gelegt, die Roller bewegen sich beim Rotieren darüber hinweg, heben sich dabei in die Höhe und zertrümmern es infolge der Druckwirkung. Vor den Rollern laufen zwei Wendeplatten, welche das Mahlgut unter die Roller drängen, die Walzen selbst sind mit Abstreifmessern versehen. Zum ununterbrochenen Vermahlen wird die rotierende Grundplatte als Siebplatte ausgebildet (Abb. 16).

Während die Kollergänge mittels einer ebenen und einer Zylinderfläche mahlen, arbeiten die Walzenmühlen mittels zwei Zylinderflächen, welche auch geriffelt sein können. In letzterem Falle wird die Druckzertrümmerung mit einer Scherwirkung verbunden, wenn die Walzen sich mit verschiedener Geschwindigkeit drehen. Harte, spröde Stoffe werden zwischen glatten Walzen

Abb. 15. Kollergang mit Untenantrieb und rotierendem Teller (Gebr. Burberg, Mettmann b. Düsseldorf).

nur durch Druck zerkleinert, weiches Gut dagegen hauptsächlich zwischen geriffelten Walzen dadurch, daß eine Scherwirkung vorhanden ist. Die Walzenschrotmühlen werden zum Vermahlen von Getreide verwendet. Es werden gewöhnlich mehrere Walzenpaare nacheinander angeordnet, wodurch das Vermahlen bis zur Mehlfeinheit ermöglicht wird. Das erste Walzenpaar dient zum rohen Vermahlen, indem die Körner grob zertrümmert werden. Die Walzenschrotmühlen sind gewöhnlich mit Siebsichtung kombiniert, das vorgebrochene Gut wird in 2—3 Fraktionen getrennt, von welchen eine Fraktion bereits die gewünschte Mahlfeinheit darstellt. Die anderen Fraktionen werden auf einem zweiten bzw. dritten Walzenpaar weiter vermahlen und gesichtet. Die Walzenmühlen sind gewöhnlich mit 1, 2, oder 3 Walzenpaaren ausgerüstet. Im Prinzip ist die erreichte Mahlfeinheit mit der Anzahl der Walzenpaare proportional.

Abb. 16. Siebkollergang mit rotierendem Teller (Rema, Rheinische Maschinenfabrik A-G., Neuß a. Rh.).

Technische Vereinfachungen erlauben dieselbe Wirkung auch mit 5 oder sogar nur mit 3 Walzen zu erhalten. Dies ist nur dadurch möglich, daß man eine Walze für zwei Mahlpassagen benutzt. Eine noch weitere Vereinfachung ist, wenn die erste Mahlpassage zwischen der ersten und der zweiten Walze besteht, die zweite Mahlpassage sich am Rand der zweiten und der dritten Walze und die dritte Mahlpassage sich in der Mitte der zweiten und dritten Walze befindet. Es ist dies die Anordnung einer Seckschen Dreiwalzenmühle. Das Prinzip der Walzenmühlen ist aus Abb. 17 zu ersehen. Die Mahlfeinheit kann durch den Walzenabstand geregelt werden, ob dabei glatte oder geriffelte Walzen zur Anwendung gelangen sollen, läßt sich nur an Hand von Probevermahlungen entscheiden. Ebenso ist es mit der Reihenfolge der glatten und geriffelten Walzen. Manchmal ist es nützlich, als erste Walze ein grobes Riffelwalzenpaar anzuwenden, besonders wenn man das ganze Gut in feines Pulver verwandeln will. Will man dagegen einen Teil des Mahlgutes nicht zu stark zertrümmern (z. B. Malzschrotung, wo es

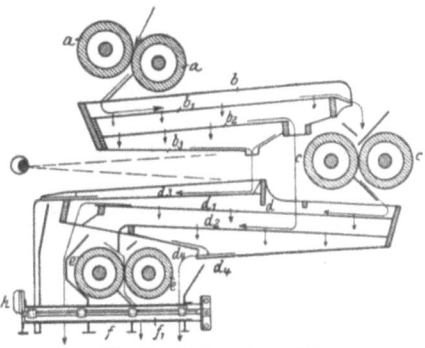

Abb. 17. Sechswalzenmühle.

wichtig ist, die Spelzen möglichst ganz erhalten zu können), so ist das erste Walzenpaar glatt. Eine Spezialkonstruktion der Walzenmühlen stellen die im Kapitel X (Die Salben) besprochenen Dreiwalzenwerke dar. Die Dreiwalzenwerke dienen zum feuchten Vermahlen bis zur höchsten Feinheit. An Stelle der verhältnismäßig weichen Porphyrwalzen werden vielfach Hartgußwalzen, welche unter Umständen mit Wasserkühlung versehen sind, benutzt.

Die bisher beschriebenen Mühlen zur Herstellung von Pulver arbeiten durch 1. Druckzertrümmerung, 2. Reibwirkung und 3. in geringem Maße durch Scherwirkung (Excelsior-Scheibenmühle, Riffelwalzen). Die Desaggregatoren und die Hammermühlen arbeiten dagegen durch eine direkte Schlagwirkung der schnellrotierenden Mühlenbestandteile. An eine horizontal gelagerte Welle sind senkrechte Eisenstäbe angeordnet, welche durch die schnelle Rotation auf das Mahlgut kräftige Schläge ausüben und es an ein an der Peripherie befindliches Gitter schleudern. Das Mahlgut wird einerseits beim direkten Anschlag der rotierenden Eisenstäbe, andererseits beim Anprallen an das Eisengitter zertrümmert. Die Mahlfeinheit kann durch Abänderung des erwähnten Gitters geregelt werden. Bei den Hammermühlen wird der Schlag nicht von mit der Welle starr verbundenen Eisenstäben ausgeübt, sondern es befinden sich an den beiden Enden eines jeden Stabes kurze gelenkartig verbundene schwingende Arme, welche nach außen geschleudert werden und hierbei auf das Mahlgut eine Schlagwirkung ausüben. Eine derartige Mühle ist die Polysiussche Z-Mühle, bei welcher die schwingenden Arme in der tiefsten Stellung immer nach außen geschleudert werden. Die Mahlfeinheit der Desaggregatoren und Hammermühlen entspricht für höhere Ansprüche nicht. Hierzu dienen die Desintegratoren, Dismembratoren und die Perplexmühlen.

Abb. 18. Desintegrator (Gebr. Burberg, Mettmann b. Düsseldorf).

Ein Desintegrator (Abb. 18) besteht aus zwei sich in entgegengesetzte Richtung mit großer Geschwindigkeit bewegenden Scheiben. Die Tourenzahl ändert sich mit dem Scheibendurchmesser von 300 bis 1800. An den Scheiben sind im Kreis Schlagstifte angeordnet, welche dann von einem Rahmen zu einem sogenannten Korb zusammengefaßt sind. Jede Scheibe ist mit mehreren Körben ausgerüstet, ihre Zahl überschreitet aber niemals acht. Die Körbe der einen Scheibe sind in die Zwischenräume der Körbe der anderen Scheibe geschoben. Das Mahlgut wird mittels eines Trichters zentral zwischen die Scheiben in den Korb geführt

Abb. 19. Dismembrator (Rema, Rheinische Maschinenfabrik AG., Neuß a. Rh.).

und wird durch die Zentrifugalkraft nach außen geschleudert und hierbei durch die direkte Schlagwirkung der Schlagstifte zertrümmert. Die Mahlfeinheit hängt von der Anzahl der Körbe ab. Der Desintegrator kann auch als Dismembrator gebraucht werden, indem eine Mahlscheibe stillsteht, allerdings erreicht man dabei eine geringere Mahlfeinheit, da die relative Geschwindigkeit der Scheiben z. B. nur 1800 Touren/Min. im Gegensatz zu 3600 Touren/Min. bei der Verwendung als Desintegrator beträgt. Der eigentliche Dismembrator (Abb. 19) unterscheidet sich vom Desintegrator also darin, daß die eine Mahlscheibe immer stillsteht und demnach die rotierende Scheibe mit der doppelten Tourenzahl (bis 4500) laufen muß. Im übrigen weicht die Ausgestaltung der Mahlkörbe von der des Desintegrators nicht ab. Sowohl der Desintegrator als auch der Dismembrator sind nur zum Vermahlen weicher oder mittelharter Materialien geeignet. So z. B. wird Zuckerpulver vorzüglicherweise mittels zweikörbigem Desintegrator oder Dismembrator hergestellt. Abb. 20 stellt eine komplette Zuckermahlanlage mit Siebwerk der Firma Paul Franke & Co. AG., Böhlitz-Ehrenberg bei Leipzig, dar. Der Dismembrator ist auf das Siebwerk aufgesetzt und wird mittels Riementransmission und der an seiner linken Seite befindlichen Riemenscheibe angetrieben. Die rechtsstehende Riemenscheibe gehört zum Fülltrichter, aus welchem der Zucker durch eine Transportschnecke in den Korbraum geführt wird. Das Siebwerk besteht aus einem achteckigen rotierenden Stufensieb, welches mittels der linksbefindlichen Riemenscheibe in Bewegung versetzt wird. Das Sieb ist in zwei Stufen mit verschiedener Siebfeinheit geteilt. Die erste Stufe von rechts liefert das feinste Pulver (Staubzucker), die zweite Stufe gibt mittelfeines Pulver. Die ganz groben Stückchen fallen überhaupt nicht durch das Sieb und

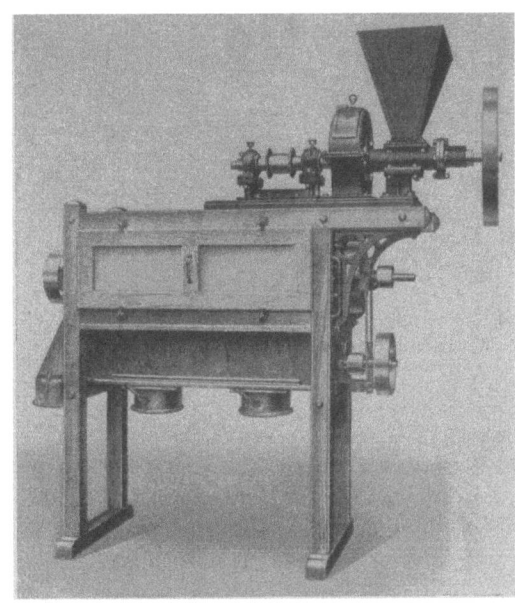

Abb. 20. Staubzuckermühle mit Siebwerk (Paul Franke & Co. AG., Böhlitz-Ehrenberg b. Leipzig).

werden am Ende des Siebes ausgestoßen. Im Innern des von rechts nach links geneigt angeordneten Siebes rotiert eine Bürste, und zwar mit einer größeren Geschwindigkeit als das Sieb selbst. Die Bürste erhöht die Siebgeschwindigkeit und stößt gleichzeitig die auf dem Sieb verbleibenden Rückstände ab. Ihr Antrieb erfolgt mit Hilfe der rechtsstehenden kleinen Scheibe und des darunterliegenden Vorgeleges. Die Konstruktion des Siebwerkes ist der des Sechskantsichters Abb. 37 ähnlich.

Der Antrieb der Desintegratoren erfolgt gewöhnlich ebenso mit Riemenscheiben wie der der Dismembratoren. Häufig findet man auch einen Antrieb mit direkt gekuppeltem Motor bzw. mit dazwischen geschaltetem geschwindigkeitssteigerndem Getriebe. Der Kraftverbrauch der Desintegratoren und der Dismembratoren ist bei höherer Mahlfeinheit geringer als der der Schlagmühlen.

Eine Art der Desintegratoren sind die Stiftmühlen, welche sich darin unterscheiden, daß die Schlagnasen oder Bolzen nicht zu Körben zusammengefaßt sind (Abb. 21).

Abb. 21. Stiftmühle (Gebr. Burberg, Mettmann b. Düsseldorf).

Die Simplex-Perplex-Mühlen (Maschinenfabrik Alpine, Augsburg) (Abb. 22 u. 23) bestehen aus einer fixen und einer rotierenden Scheibe. An der stillstehenden und ausklappbaren Mahlscheibe befinden sich zwei aus scharfkantigen Schlagnasen bestehende Mahlringe. Die rotierende Scheibe ist mit wenig ebenfalls scharfkantigen Schlagnasen ausgerüstet, welche sich in dem Zwischenraum und außerhalb der beiden Mahlringe bewegen. Das Mahlgut wird zentral durch

Abb. 22. Simplex-Perplex-Mühle geöffnet (Alpine AG., Augsburg).

die fixe Scheibe eingefüllt, durch die Zentrifugalkraft gegen die Peripherie geschleudert und hierbei vom direkten Schlag oder durch das Anschlagen an die stehenden Schlagnasen zertrümmert. An der Peripherie befindet sich eine im Kreis angeordnete Siebplatte, welche nur das Pulver von gewünschter Feinheit durchläßt, während das grobe Pulver im Mahlraum zurückbleibt, bis die entsprechende Mahlfeinheit erreicht ist. Eine ganz hohe Siebfeinheit kann nicht erreicht werden, da das Pulver nicht genügend rasch durch das Sieb dringt und sich im Mahlraum anhäuft. Die Funktion der Mühle wird hierdurch gestört. Die Simplex-Perplex-Mühlen wurden vielfach nachgeahmt, und es unterscheiden sich diese nur unwesentlich von den Alpine-Mühlen. Die Ideal-Perplex-Mühlen der Maschinenfabrik Alpine unterscheiden sich nur in der Anordnung der Schlagnasen. Die stehende Scheibe der Simplex-Mühlen ist mit zentral zusammenlaufenden Rippen versehen, welche entweder nur gürtelartig oder aber auf der ganzen Scheibenfläche ausgebildet sind. Die rotierende Scheibe fehlt und ist durch zwei oder mehr Schlagnasen tragende Schlagkreuze ersetzt (Abb. 24). Die Simplex- und Simplex-Perplex-Mühlen sind ebenso wie die Desintegratoren oder Dismembratoren zum Vermahlen von weichen und mittelharten Stoffen geeignet. Die

Abb. 23. Simplex-Perplex-Mühle geschlossen mit Filterschlauch (Alpine AG., Augsburg).

Abb. 24. Simplex-Schlagkreuz-Mühle (Alpine AG. Augsburg).

Siebeinlagen werden mit Lochungen von $1/4$—12 mm geliefert. Die Tourenzahl beträgt bei kleineren Mühlen 3600, bei der größten Mühle 1600 in der Minute.

Die Mahlfeinheit der Perplex-Mühlen ist, wie bereits erwähnt, begrenzt. Eine Spezialkonstruktion, die Duplex-Mühle (Alpine AG., Augsburg), ermöglicht die Herstellung von ganz hohen Mahlfeinheiten, wobei ein nachträgliches Sichten und Sieben für viele Zwecke überflüssig ist. Dies konnte durch Anwendung von Lamellensieben mit $1/10$ mm Lochung aber mit einer Siebdicke von 3 mm (vgl. S. 23) erreicht werden. Der Unterschied in den Mahlelementen dieser Mühle im Gegensatz zur Perplex-Mühle besteht darin, daß zwischen zwei rotierenden Stahlscheiben vier kräftige Bolzen gelagert wurden, auf welche eine große Anzahl gegeneinander versetzte freischwingende Hartstahlschläger aufgesteckt sind. Die beiden Scheiben unter sich sind mittels eines durchbrochenen Mitnehmers verbunden, dessen eigenartige Gestaltung mit den 4 Bolzen zusammen das Mahlgut vorzerkleinern. Die Tourenzahl der Mühle beträgt im Dauerbetrieb 5000 und noch mehr in der Minute. Die Duplex-Mühle ist zum Vermahlen von Drogen besonders geeignet (Abb. 25).

In den Desintegratoren, Dismembratoren und Perplex-Mühlen entsteht infolge der ungeheuren Drehgeschwindigkeit eine starke Luftströmung, welche sich einerseits in einer Saugwirkung am Fülltrichter, andererseits in der starken Staubentwicklung am unteren Abfüllstutzen der Mühle sich zu erkennen gibt. Aus diesem Grunde muß sowohl die Mühle als auch die Abfüllvorrichtung vollkommen abgedichtet sein. Die staubführende Luft muß

Abb. 25. Duplex-Mühle (Alpine AG., Augsburg).

durch ein dichtes Staubfilter dringen und hierbei entstaubt werden. Das Staubfilter wird entweder zwischen den Abfüllstutzen und das Sammelgefäß geschaltet oder aber befindet sich an den größeren Mühlen ein seitlicher Entlüftungsstutzen, an welchen ein Filterschlauch angeschlossen wird (Abb. 22, 23 u. 25).

Mit Hilfe der bisher beschriebenen Mühlen kann mit Ausnahme der Duplex-Mühle kein ganz feines Pulver (Puderfeinheit) gewonnen werden. Ein Bruchteil des Mahlgutes wird wohl ganz fein vermahlen, aber der weitaus größte Teil bleibt grobkörnig. Eine hohe Mahlfeinheit unter Umständen bis zur eintretenden Brownschen Molekularbewegung kann mit Hilfe der Kugelmühlen erreicht werden. Die übliche Form der Kugelmühlen ist eine geschlossene rotierende Trommel, welche aus Hartporzellan oder Eisen angefertigt wird. Innerhalb der Trommel befinden sich Eisen-, Porzellankugel oder runde Flintsteine. Die in langsame Drehung (etwa 30—40 Touren/Min.) versetzte Mühle hebt die Kugel in die Drehrichtung, aber läßt sie dann nach unten fallen bzw. rollen. Die hierdurch entstandene Schlagwirkung und in noch höherem Maße die Reibung pulverisiert das eingefüllte Material. Der erreichte Feinheitsgrad ist eine Funktion der Zeit. Die Kugelmühlen arbeiten sehr langsam, liefern aber dafür ein sehr feines Pulver und verbrauchen wenig Kraft. Die Kugelmühlen sind entweder für periodischen oder ununterbrochenen Betrieb eingerichtet. Die periodischen Kugelmühlen sind von allen Seiten geschlossen und besitzen nur eine dicht verschließbare Füllöffnung an der Zylinderfläche (Abb. 26).

Abb. 26. Kugelmühle für periodischen Betrieb (Friedr. Krupp AG., Grusonwerk, Magdeb.-Buckau).

Nachdem die Mahlkugeln und das Mahlgut in die Trommel gefüllt und diese dicht verschlossen ist, läßt man die Mühle anlaufen. Die Tourenzahl darf nicht zu hoch und nicht zu niedrig sein, da bei kleiner Tourenzahl die Mahlwirkung sehr gering ist und bei hoher Tourenzahl die Zentrifugalkraft die

Mahlkugeln an die Trommelwand preßt und sie ohne zu rollen im Kreis herumführt. Die Tourenzahl muß also unterhalb dieser Grenze liegen. Es ist immer zweckmäßig, die Mühle nach einem empirisch festgestellten Zeitraum anzuhalten, das feine Pulver abzusieben und den Rest mit neuem Material in die Mühle zurückzufüllen. Man kann auf diesem Wege fast ohne Verlust ein beliebig feines Pulver herstellen. Kugelmühlen mit kleiner Leistung werden oft nicht zu Trommeln ausgebildet; sie haben eine dem Dragierkessel ähnliche Rotationsellipsoidform oder Birnenform, welche um horizontale oder schrägstehende Wellen rotieren (Abb. 27). Ein bedeutender Vorteil der periodisch arbeitenden Kugelmühlen ist in manchen Fällen, daß das Vermahlen in vollkommen geschlossenem Raum erfolgt. Es können

Abb. 27. Schräge Kugelmühlen (Gebr. Burberg, Mettmann b. Düsseldorf).

deshalb in dieser Mühle auch hygroskopische Stoffe ganz fein pulverisiert werden. Sie sind zum nassen Vermahlen ebenfalls geeignet.

Die ununterbrochen arbeitenden Kugelmühlen (Abb. 28) sind nicht ganz geschlossen. Im Innern der Kruppschen kontinuierlichen Mühle befindet sich eine Mahlfläche, welche aber keine kontinuierliche Zylinderfläche ist. Sie besteht aus an mehreren Stellen unterbrochenen Mahlplatten, welche an den dem Kugelschlag ausgesetzten Stellen verstärkt, an den anderen Stellen aber gelocht sind (Abb. 29, 30). Das vermahlene Gut fällt durch die Lochung und durch die Schlitze, wenn sie sich in der tiefsten Stellung befinden. Für grobe Mahlgutstücke sind die Schlitze durch Rücklaufsiebe f_2 gesperrt. Die unterbrochene Mahlfläche ist von einer Siebfläche umgeben, durch welche das bereits genügend feine Pulver durchfällt. Zum Schutz des Feinsiebes sind die großen Mühlen auch mit einem Vorsieb ausgerüstet. Das grobe Pulver wird durch das Drehen und durch die Rücklaufschaufeln gehoben und fällt dann durch die Spalten der Mahlfläche in das Innere der Mühle zurück, wo es weiter vermahlen wird, bis es restlos durch das Sieb geht. Das frische Mahlgut wird durch

Abb. 28. Kugelmühle für stetiges Vermahlen und Absieben (Friedr. Krupp AG., Grusonwerk, Magdeburg-Buckau).

einen zentral angeordneten Fülltrichter in die Mühle gefüllt, welche das fertige Pulver beim unteren Abfüllstutzen verläßt. Die erreichbare Feinheit der periodischen Kugelmühlen ist viel größer als die der ununterbrochen arbeitenden Mühlen, vorausgesetzt daß die kontinuierlichen Kugelmühlen nicht mit Windsichtung ausgerüstet sind.

Die Pulver und das Zerkleinern. 17

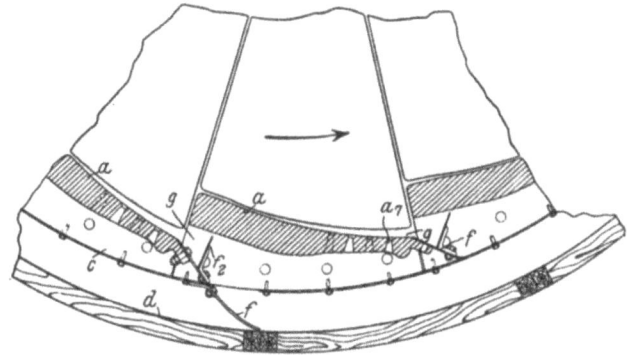

Abb. 29. Mahlfläche einer ununterbrochen arbeitenden Kugelmühle (Friedr. Krupp AG., Grusonwerk, Magdeburg-Buckau).

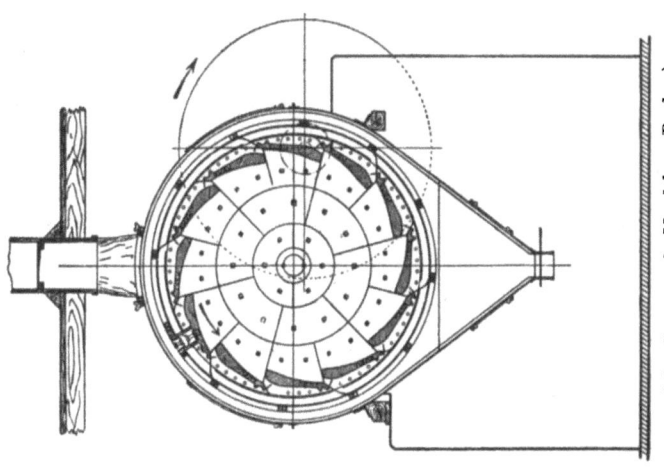

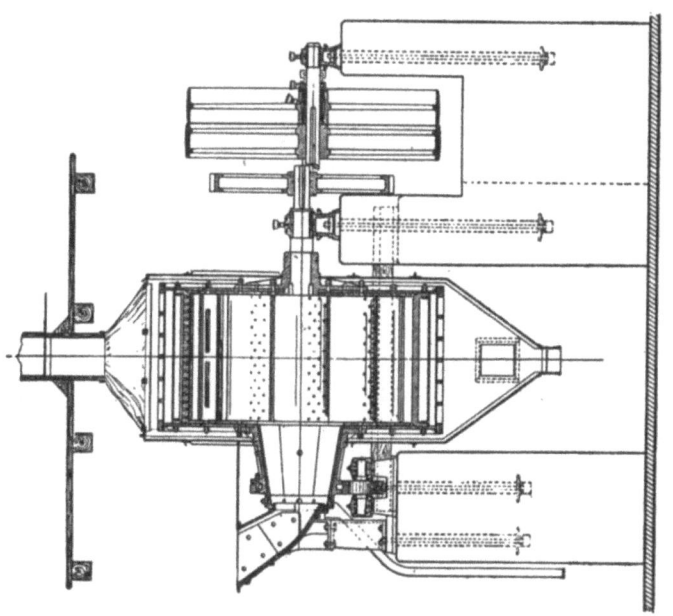

Abb. 30. Schema einer Kugelmühle für stetiges Vermahlen (Friedr. Krupp AG., Grusonwerk, Magdeburg-Buckau).

Auch die Kugelmühlen ermöglichen es nicht, die Stoffe innerhalb praktischer Zeitgrenzen bis zur kolloiden Feinheit zu zerkleinern. Dies gelingt nur auf feuchtem Wege. Zur Erreichung des kolloiden Zustandes wurden Spezialmühlen konstruiert, die sich besonders durch den hohen Kraftverbrauch bekannt machen. Die erste Kolloidmühle war die Plausonsche Mühle, welche infolge des geringen Effektes und der sehr raschen Abnutzung keine praktische Bedeutung mehr besitzt. Diese Mühle ähnelt in ihrer Konstruktion der Perplex-Mühle mit dem Unterschied, daß der Mahlraum nicht mit Luft, sondern mit Wasser oder einer anderen Flüssigkeit erfüllt ist. Die Schlagwirkung der Schlagnasen wird in diesem Medium gleichmäßig weitergepflanzt, und hierdurch gesellt sich zur direkten Schlagwirkung auch eine Scherwirkung und eine zermalmende Wirkung des Mediums. Diese Wirkung ist in Gegenwart von Luft verschwindend klein, aber im Falle einer Flüssigkeit bedeutend. Die Konstruktion der sonstigen, heute gebrauchten Kolloidmühlen ist dieselbe, wie die der im Kapitel IX (Emulsionen) beschriebenen Scheibenhomogenisiermaschinen. Das Wesen dieser Mühlen ist ein schnellrotierendes ganz nahe zueinander liegendes Flächenpaar, welches entweder ganz glatt, oder mit sehr feinen Riffeln versehen ist. Das Flächenpaar kann entweder aus zwei flachen Scheiben oder zwei konischen Zylinderflächen bestehen.

Die im Kapitel IX beschriebene U. S.-Kolloidmühle arbeitet mit Scheiben bzw. mit Mahlringen. Hier sollen nur einige Anordnungen bekanntgegeben werden, welche speziell zur Herstellung von Kolloiden dienen. Abb. 31 stellt eine kleine Kolloidmühle mit einer Stundenleistung von 200—300 L Suspension einer festen Substanz dar. Die Tourenzahl einer jeden Scheibe beträgt 7000 in der Minute. Der Antrieb erfolgt mittels zwei 3 PS-Motoren mit 3500 Touren/Min., deren Tourenzahl durch das dazwischengeschaltete Getriebe auf das Doppelte gesteigert wird. Die Betriebsanordnung ergibt sich aus Abb. 32. Die Suspension wird mittels einer Pumpe in die Mühle gedrückt. An die Zuflußleitung ist eine Rücklaufleitung geschaltet. Beim Anlauf ist das Ventil der Zuflußleitung geschlossen und das Ventil der Rücklaufleitung ganz geöffnet. Es wird nunmehr das Zuflußventil allmählich geöffnet und das Rücklaufventil allmählich geschlossen. Die Zuflußmenge kann durch Öffnen oder Schließen des Rücklaufventils geregelt werden. Eine von der vorher und im Kapitel IX beschriebenen Ausführungen abweichende Konstruktion ist die vertikale U. S.-Kolloidmühle (Abb. 33), welche eine stehende und eine mit 3500 Touren/Min. laufende Scheibe besitzt.

Die Kolloidmühle der Premier Mill Corp. arbeitet mit einer konischen Fläche (Abb. 34). Eine ebenfalls konische, aber geriffelte Arbeitsfläche besitzt die Charlotte-Kolloidmühle der Chemicolloid Laboratories Inc. New York sowie die Kolloidmühle der Vakuumtrockner-G. m. b. H. Erfurt (Abb. 35).

Die mit Hilfe der vorhergehend beschriebenen Mühlen hergestellten Pulver haben keine gleichmäßige Beschaffenheit. Es ist fast immer erwünscht, die groben Teilchen zu entfernen. Dies erfolgt mit Hilfe von Siebvorrichtungen. Zum Absieben von größeren Pulvermengen werden die Handsiebe durch Siebmaschinen ersetzt. Es können zweierlei Siebsysteme zur Anwendung gelangen. 1. Plansiebe oder Plansichter und 2. Zylindersiebmaschinen. Die Plansiebe oder Plansichter arbeiten so, daß das Pulver auf das horizontal liegende und mittels eines Exzenters geschüttelte Sieb gefüllt wird, wobei das feine Pulver infolge der Erschütterung durch das Sieb fällt, das grobe aber oben auf liegen bleibt und durch die Erschütterungen seitlich abgestoßen wird. Die Bewegung des Plansiebes kann entweder in vertikaler Richtung einseitig und stoßweise erfolgen, oder aber die Siebe können eine schwingende Bewegung in die horizontale Richtung verrichten.

Die Plansiebe werden besonders für Getreidearten und Mehl verwandt, während im pharmazeutischen Betrieb hauptsächlich Zylindersiebe benutzt werden.

Die Zylindersieb- und Sichtmaschinen der Firma Karl Seemann, Berlin-Borsigwalde (Abb. 36) bestehen aus einem halbzylinderförmigen horizontalen

Abb. 31. U. S.-Kolloidmühle (U. S. Colloidmill Corp., Long Island City, New York).

Sieb, in welchem sich eine ebenfalls zylinderartig angeordnete horizontale Bürstenvorrichtung bewegt. Das abzusiebende Pulver gelangt durch einen Fülltrichter

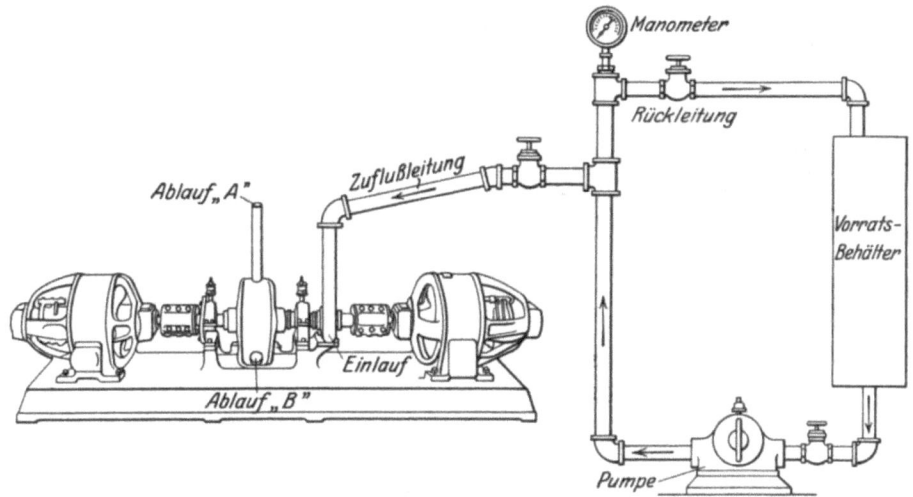

Abb. 32. Betriebsanordnung einer U. S.-Kolloidmühle.

in das Sieb. Die mittels einer Riemenscheibe angetriebene Bürste drückt und bürstet das Pulver durch das Sieb und befördert die etwa vorhandenen Fremdkörper und den Siebrückstand nach außen. Das gesiebte Material fällt in einen unterhalb des Siebes befindlichen Sammelkasten. Die Maschinen müssen vollkommen staubdicht gebaut sein, so daß einerseits keine Verluste entstehen können,

20   Die Pulver und das Zerkleinern.

andererseits das Personal vom Staub nicht belästigt wird. Die Siebe sind an einen halbzylinderförmigen Holzrahmen befestigt und können mit dem Rahmen

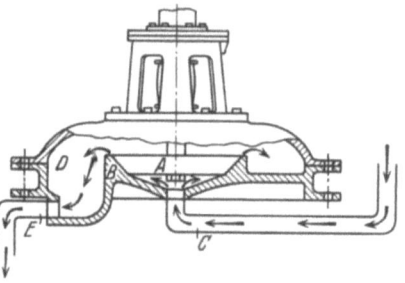
Abb. 34. Kolloidmühle der Premier Mill Corp., New York, USA.

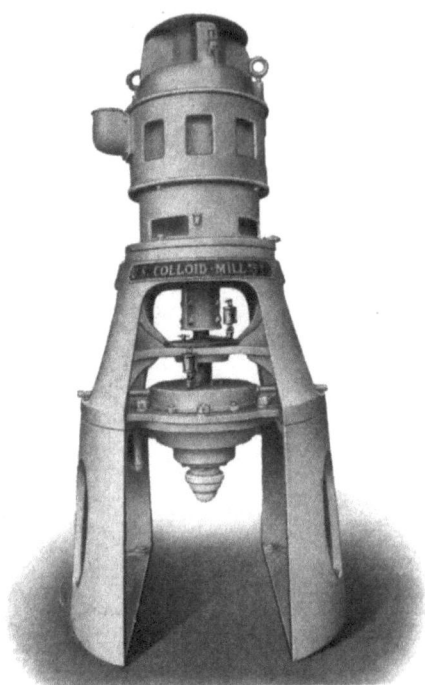
Abb. 33. Senkrecht angeordnete Kolloidmühle der U. S. Colloidmill Corp., Long Island City, New York.

Abb. 36. Zylindersieb und Sichtmaschine (Karl Seemann, Berlin-Borsigwalde).

Abb. 35. Kolloidmühle der Vakuumtrockner G. m. b. H., Erfurt.

zusammen leicht ausgewechselt werden. Der Fülltrichter und das Siebwerk sind leicht aufklappbar, so daß die freigelegten Teile schnell und gründlich gereinigt werden können. Manche Siebe sind nicht nur halbzylinderförmig, sondern ganz zylinderförmig, vieleckig und rotierend angeordnet. Ein Beispiel hierfür ist das Siebwerk der auf S. 13 beschriebenen Staubzuckermühle (Abb. 20) sowie der Sechskantsichter der Rheinischen Maschinenfabrik AG., Neuß a. Rh. (Abb. 37). Die Siebtrommel des letzteren ist zum Schutze und zur Entlastung der feinen Siebbespannung meist mit einem Vorzylinder versehen. Die Siebwirkung kann durch eine Klopfvorrichtung verstärkt werden. Der Zylinder ist in ein staubdicht abschließendes Blechgehäuse eingebaut. Die Siebneigung kann beliebig eingestellt werden, sodaß einerseits ein zu schnelles Durchlaufen des abzusiebenden Materials, und andererseits eine zu große Füllung des Siebzylinders vermieden werden kann. Die sonstigen Zylindersiebmaschinen sind ganz ähnlich konstruiert, so daß es wohl überflüssig ist, sich mit noch anderen Siebmaschinen zu befassen.

Die verschieden feinen Pulver werden durch Abänderung der Siebfeinheit getrennt. Die Bezeichnung der Siebfeinheit ist nicht einheitlich. Unter Sieb-

Abb. 37. Sechskantsichter. (Rema, Rheinische Maschinenfabrik AG., Neuß a. Rh.)

nummer versteht man entweder die Fadenzahl auf 1 cm oder diese auf 1 Zoll = 2,54 cm. Die Arzneibücher bezeichnen die Siebfeinheit mit willkürlichen Zahlen oder mit der Fadenzahl auf 1 cm bzw. 1 Zoll. Meistens wird die Fadenzahl auf 1 Zoll angegeben. Es wäre angezeigt, die Fadenzahl stets auf 1 cm zu beziehen, und gleichzeitig wäre die Maschenweite anzugeben. Diese Angaben beziehen sich nur auf die üblichen Siebe, welche aus Stahldraht, Phosphorbronze, Messing oder aus Roßhaar und Seide gewoben sind. Die Beschaffenheit solcher Siebe ergibt sich aus Abb. 38. Die gewöhnlichen Drahtsiebe haben stark gekröpfte Drähte nur in einer Richtung. Die Folgen hiervon sind, abgesehen von der schnellen Abnutzung im Gebrauch und der geringeren Leistungsfähigkeit, die leichte Veränderlichkeit oder Drahtlage bzw. der Maschenweite (Abb. 39). Durch Doppelkröpfung der Drähte ist eine beständige Drahtlage und Maschenweite sichergestellt (Abb. 40, Invex-Drahtgewebe der Firma Louis Herrmann, Dresden). Eine noch weitere Vervollkommnung der Drahtsiebe wird durch Walzen bzw. Pressen der fertigen Siebe unter hohem Druck erreicht (Abb. 41, 42, Fermaausführung der Invex Drahtgewebe). Die wenig widerstandsfähigen Roßhaarsiebe gelangen nur dort zur Anwendung, wo Metallsiebe nicht in Betracht kommen.

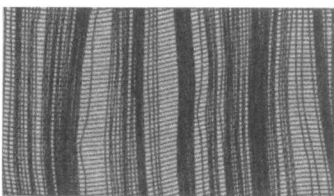

Abb. 38. Drahtsieb mit nur in einer Richtung stark gekröpften Drähten.

Abb. 39. Gewöhnliches Drahtsieb mit veränderter Drahtlage und Maschenweite nach Gebrauch.

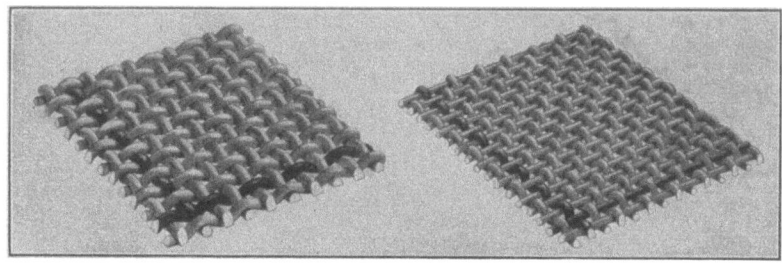

a   b
Abb. 40. Drahtsiebe. a) mit Doppelkröpfung, b) mit einfacher Kröpfung (Invex-Drahtgewebe von Louis Herrmann, Dresden).

Abb. 41. Fermaausführung der Invex-Drahtgewebe (Louis Herrmann, Dresden).

Abb. 42. Fermaausführung der Invex-Drahtgewebe (Louis Herrmann, Dresden).

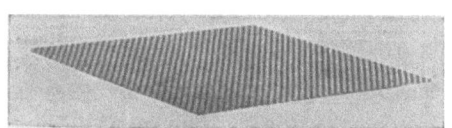

Abb. 43. Feinmaschiges Drahtgewebe nur schwachdrähtig herstellbar.

Abb. 44. Feinmaschiges Drahtgewebe durch gelochtes Blech unterstützt, hat viel tote, arbeitsunfähige Fläche.

Die Pulver und das Zerkleinern.

Es wird empfohlen, zu sämtlichen Arbeiten, wo die Siebfeinheit von besonderer Bedeutung ist, normierte Siebe zu verwenden. Die charakteristischen Angaben der normierten Siebgewebe nach DIN 1171 sind in nachstehender Tabelle zusammengefaßt.

An Stelle der Drahtgewebsiebe werden gelochte Bleche verwandt, wenn die Siebe eine größere Tragfähigkeit oder Widerstandsfähigkeit besitzen müssen, z. B. bei der Feinzerkleinerung. Bei Drahtgeweben muß die Drahtstärke immer geringer sein als die Maschenweite (vgl. nebenstehende Tabelle). Es können infolgedessen feinmaschige Drahtgewebe nur aus ganz schwachen Drähten hergestellt werden. Solche Gewebe haben weder eine Tragfähigkeit noch eine Widerstandsfähigkeit gegen

Gewebe Nr.	Maschenzahl je cm²	Lichte Maschenweite mm	Drahtdurchmesser in mm
4	16	1,50	1,00
5	25	1,20	0,80
6	36	1,02	0,65
8	64	0,75	0,50
10	100	0,60	0,40
11	121	0,54	0,37
12	144	0,49	0,34
14	196	0,43	0,28
16	256	0,385	0,24
20	400	0,300	0,20
24	576	0,250	0,17
30	900	0,200	0,13
40	1600	0,150	0,10
50	2500	0,120	0,08

Abnutzung durch mechanische oder chemische Einflüsse (Abb. 43). Sie werden deshalb durch starke, großgelochte Bleche unterstützt, wodurch sie ganz bedeutend an Durchlaßfähigkeit verlieren und nur ein Bruchteil der Sieboberfläche arbeitet (Abb. 44). Gelochte Bleche können aber mit geringeren Lochöffnungen als 0,3 mm nicht hergestellt werden und mit dieser feinen Lochung auch nur in ganz geringer Blechstärke (Abb. 45). Tragfähige und widerstandsfähige Siebe sind die Spaltsiebe aus geschlungenen Profildrähten, bei welchen die genaue Spalt- bzw. Lochweite durch eine große Anzahl seitlicher An-

Abb. 45. Kleingelochtes Blech nur in geringer Blechstärke herstellbar.

sätze, die sich an die gleichen Ansätze des Nachbardrahtes anlegen, sichergestellt ist (Abb. 46). Die Profildrahtsiebe werden mit viererlei Lochungen hergestellt: 1. Schlitzlöcher, 14 mm Länge, 0,05 bis 1 mm Breite, 2. Langlöcher, 3. Rundlöcher, 4. Halbrundlöcher. Die Lochweite der letzteren drei Siebe beträgt 0,1 bis 0,8 mm (Abb. 47a—d). Die Profildrahtsiebe wer-

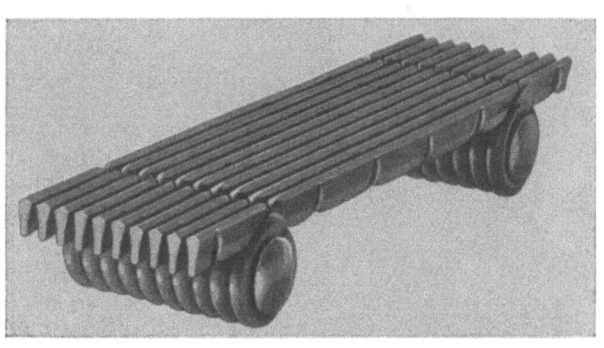

Abb. 46. Präzisions-Spaltsieb aus geschlungenen Profildrähten (Louis Herrmann, Dresden).

den hauptsächlich für Siebmaschinen, für Mühlen zur Feinzerkleinerung und für Zentrifugentrommeln verwandt. Abb. 48 stellt eine ganze Reihe von Formsieben in der Profildrahtausführung dar.

Die Siebfeinheit kann entweder durch die Nummer des Siebes, welches das ganze Pulver durchläßt, angegeben werden, oder aber die prozentuelle Verteilung auf verschiedene Siebnummern kann angeführt werden. Die letztere Angabe gibt gleichzeitig eine Aufklärung über die Beschaffenheit des Pulvers. Die verschiedenen Pulverfeinheiten werden qualitativ wie folgt bezeichnet:

	Fadenzahl auf 1 cm	auf 1 Zoll
sehr grobes Pulver	— 6	—16
grobes Pulver	6—10	16—26
mäßig grobes Pulver	10—18	26—46
mäßig feines Pulver	18—22	46—56
feines Pulver	22—28	56—70
sehr feines Pulver	28—40	70—100
Puderfein	40—48	100—120

Für die pharmazeutischen Zwecke wird im allgemeinen höchstens eine Siebfeinheit von 50/cm benutzt (Streupulver, Puder). Nur in besonderen

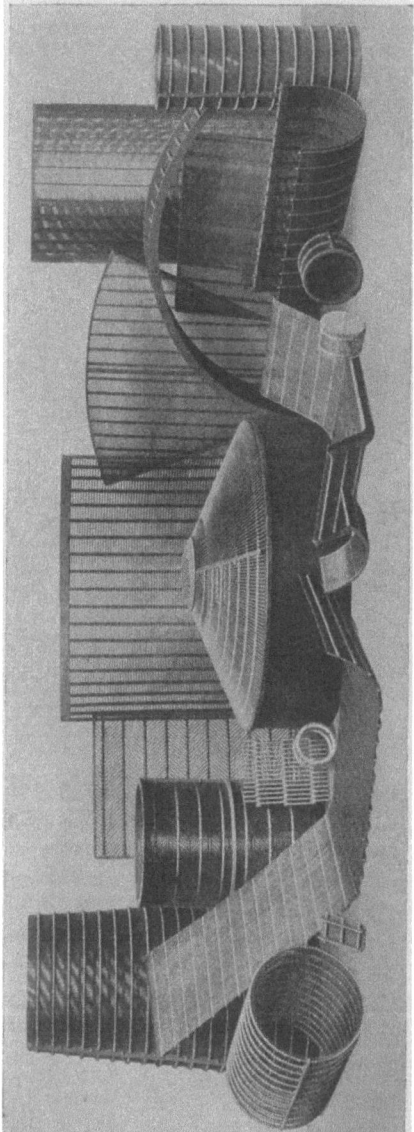

Abb. 48. Formsiebe in Profildrahtausführung (Louis Herrmann, Dresden).

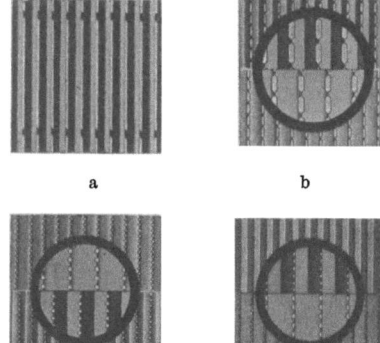

Abb. 47. Lochung der Präzisionssiebe (Louis Herrmann, Dresden).

Fällen wird eine Siebfeinheit bis 60/cm gefordert.

Es kommt sehr häufig vor, daß verschiedene Pulver miteinander vermischt werden müssen. Ein sehr bequemes Verfahren hierzu ist, die Materialien mehrmals zusammen zu vermahlen und zwar mit Hilfe von Desintegratoren, Dismembratoren oder Kugelmühlen. Die Homogenität des Gemisches hängt von der Mahlfeinheit ab. Besteht die Befürchtung, daß die Bestandteile trotz des wiederholten Vermahlens nicht genügend gleichmäßig vermischt sind, so müssen noch besondere Mischmaschinen herangezogen werden. Sehr gut brauchbar sind für diesen Zweck die Planetenrührwerke, wie sie im Kapitel X (Salben) beschrieben sind. Einen besseren Wirkungsgrad weisen die Mischtrommeln auf. Diese sind entweder einfache zylindrische, an allen Seiten geschlossene Gefäße, welche um die Längsachse oder um eine schiefe Achse in rotierende Bewegung versetzt werden können. Die Mischwirkung kann erhöht werden, wenn man in die Trommeln nach Art der Kugelmühlen Kugeln gibt. Die rollenden Kugeln sorgen dann für ein gründliches Mischen. Es können auch feststehende Mischschaufeln in die Trommel eingebaut werden. Eine Mischtrommel von besonderer Ausführung ist die Seemannsche welche mit einer Sieb- und Sichtmaschine zusammengebaut ist.

Die Mischtrommel besitzt eine unregelmäßige Sternform, wie dies aus Abb. 49 genau zu ersehen ist. Im Innern der Trommel sind an der Wand schräge Mischschaufeln angeordnet, welche die Mischwirkung der rotierenden unregelmäßigen Trommel stark fördern. Die Trommel kann an den hervorragenden Teilen geöffnet werden. Nachdem der Trommelinhalt genügend lange gemischt wurde, wird die Trommel angehalten und mit dem geöffneten Ende an die Siebvorrichtung geschaltet, worauf die Siebbürste in Betrieb gesetzt wird. Die feinen Anteile gehen durch das auswechselbare Sieb, während der Siebrückstand von der Bürste seitlich abgestoßen wird. Unterhalb des Siebes befindet sich ein Sammelkasten. Der abgestoßene Siebrückstand wird ebenfalls in einen Kasten gesammelt.

Abb. 49. Misch-, Sieb- und Sichtmaschine (Karl Seemann, Berlin-Borsigwalde).

Diese Trommel-Misch-Sieb- und Sichtmaschinen zeichnen sich besonders durch das gleichmäßige Mischen aus. Der Antrieb der Trommelmischmaschine und der Siebvorrichtung erfolgt voneinander getrennt mittels Riemenscheiben. Da die Trommel und das Siebwerk vollkommen staubdicht gebaut sind, treten beim Arbeitsvorgang keine Verluste auf.

Es ist eine häufige Aufgabe, pulverförmige Stoffe mit Flüssigkeiten so zu vermischen, daß hierbei aber ein pulverförmiges Produkt erhalten wird. Ein solcher Fall liegt vor, wenn man ein Pulver mittels einer Farbstofflösung färben, oder aber wenn man ätherische Öle bzw. Tinkturen dem Pulver zumischen soll. Es kann dies so durchgeführt werden, daß man die Flüssigkeit zunächst mit wenig Pulver verrührt und dieses Gemisch dann mit stets größeren Pulvermengen verreibt und dann durch Siebe schlägt. Viel bequemer ist das Mischen in einem Planetenrührwerk vorzunehmen. Die Menge der Flüssigkeit darf niemals so viel betragen, daß das Pulver knollig wird, die Teilchen müssen leicht aneinander vorbeigleiten. Durch gründliches Mischen und wiederholtes Sieben gelingt es, ganz gleichmäßige Gemische herzustellen. Dies ist besonders bei Färbungen erforderlich, da die Ungleichmäßigkeiten sehr auffallend sind. Die gleichmäßige Färbung wird empirisch einfach so bestimmt, daß man einen kleinen Haufen des Pulvers mittels Spatel oder Kartonblatt flachdrückt und die Gleichmäßigkeit der Oberfläche prüft. Zähflüssige Öle oder Fette, wie Wollfett, werden mit dem Pulver in Knetmaschinen vermischt. So z. B. wird ein Lanolinstreupulver folgendermaßen hergestellt. Das Wollfett kommt in die Knetmaschine und wird hier zunächst mit wenig Pulver vermengt. Nun gibt man in die laufende Maschine stets größere Mengen des Pulvers und mischt, bis die Masse leicht durch ein Sieb läuft. Höher schmelzende Stoffe, wie Empl. diachylon, Walrat, werden mit dem Pulver in einer heizbaren Knetmaschine vermischt. Steht keine heizbare Knetmaschine zur Verfügung, so erwärmt man die Maschine durch Eingießen von heißem Wasser, während das Pulver im Trockenschrank vorgewärmt wird. Wenn das Pulver genügend vorgewärmt ist, so entleert man die Knetmaschine, wischt sie vollkommen trocken aus, fügt bis zu $^2/_3$ Höhe der Rührflügel vorgewärmtes Pulver und gießt noch das geschmolzene Fettgemisch usw. hinzu.

Das Sieben gesundheitsschädlicher oder stark färbender Pulver erfolgt entweder in gut schließenden Siebmaschinen oder aber im Falle kleinerer Mengen in besonderen Siebzellen. Die eine Grundfläche von 1 m² besitzenden Siebzellen werden aus Segeltuch lückenlos angefertigt. An der vorderen Wand sind zwei nach innen gerichtete Ärmel mit dicht angenähten Handschuhen angebracht. Die Zelle besitzt nur eine Öffnung zur Einführung des Siebes und der Materialien; diese wird aber mit Hilfe von Klammern und Wattestreifen staubfrei abgedichtet. Der Arbeiter kann mit den durch die Ärmel gesteckten Händen das Sieben bequem verrichten, indem er den Vorgang durch ein in Kopfhöhe angebrachtes Fenster beobachten kann. Da sich auf das Beobachtungsfenster bei lange dauernder Arbeit viel Staub niederlegt, wird es mittels einer in der Zelle an Hand gehaltenen Bürste von Zeit zu Zeit gereinigt. Der lange Griff der Bürste ist in eine kleine Öffnung der Zellenwand so befestigt, daß sie von außen benutzt werden kann.

Vorschriften zur Herstellung einiger pulverförmigen Arzneizubereitungen.

Benzoestreupulver.

30 kg Talkum,
30 kg Weizenstärke,
30 kg Zinkoxyd,
3 kg Borsäure,

18 kg Lycopodium,
10 kg Benzoetinktur,
3 kg Wollfett,
3 kg gelbes Vaselin.

Zu den pulverförmigen Bestandteilen mischt man zuerst die Benzoetinktur und erst nach völligem Trocknen das Vaselin und das Wollfett.

Diachylon-Streupulver.

10 kg einfaches Bleipflaster
(Empl. diachylon simplex),
50 kg Talkum,

10 kg Zinkoxyd, leicht,
10 kg Calciumcarbonat,
20 kg Weizenstärke.

Dover-Pulver.

1 kg Ipecacuanhapulver,
1 kg Opiumpulver,

8 kg Milchzuckerpulver.

Das Opium wird mit dem Ipecacuanhapulver und mit 1 kg Milchzucker in einer Kugelmühle fein vermahlen, worauf noch 7 kg Milchzuckerpulver zugefügt werden. Das Gemisch wird sodann durch ein Sieb Nr. 40/cm geschlagen.

Formalin-Streupulver.

5 kg Talkum,
150 g Formalin,

50 g Phenol,
25 g Bergamotteöl.

Gummipulver (Pulvis Gummosus).

I.

5 kg Gummiarabicumpulver,
3 kg Süßholzpulver,
2 kg Zuckerpulver.

II.

2,5 kg Weizenstärke,
2,5 kg Süßholzpulver,
5 kg Gummiarabicum,
5 kg Zuckerpulver.

Mollsches Seidlitzpulver.

5 kg Seignette-Salz,
1,5 kg Natriumbicarbonat,

1,5 kg Weinsteinsäurepulver.

Das Seignette-Salz wird mit dem Natriumbicarbonat in grob pulverisiertem Zustand vermischt und in gut schließenden Gefäßen aufbewahrt. Die Weinsteinsäure wird, ebenfalls getrocknet, getrennt aufbewahrt. Beide Substanzen werden sodann getrennt verpackt, und zwar werden 13 g des Seignette-Salz-Natriumbicarbonat-Gemisches in eine blaue Tüte, 3 g Weinsteinsäure in eine weiße Tüte abgefüllt, worauf immer eine blaue und eine weiße Tüte zusammen verpackt werden. Die Packungen werden vor Feuchtigkeit geschützt gelagert.

Puder.

10 kg Calciumcarbonat, leicht,
4 kg Magnesiumcarbonat,
2 kg Zinkoxyd, leicht,
8 kg Weizenstärke,
16 kg Talkum, schneeweiß,
100 g Teerosenöl (Schimmel & Co.)

1 g Vanillin,
3 g Heliotropin,
2 g Neroliöl,
4 g Kumarin,
20 g Benzylbenzoat.

Zum Färben obiger Masse nimmt man auf 40 kg
        30 g Purpurrot brillant (Oehme & Bayer),
        10 g Rosa bläulich (Oehme & Bayer)
für rosafarbiges Puder. Für Cremefarbe:
   3 g Rumbraun,   6 g Brillantrot (Oehme & Bayer),
 24 g Eigelb (Siegle & Co., Stuttgart).

Salicyl-Streupulver.
1 kg Salicylsäure,   10 kg Weizenstärke.
9 kg Talkum,

Shampoon.
5 kg Seifenpulver,   13,3 g Terpineol,
5 kg Borax,   0,66 g Moschus, künstl.,
5 kg Natriumbicarbonat,   3,33 g Benzylbenzoat,
34 g Syringablütenöl   0,17 g Vanillin,
  (Haarmann & Reimer),   1,33 g Aubépine.

Süßholzpulver, zusammengesetzt (Pulvis liquiritiae compositus).

I.	II.
10 kg Zuckerpulver,	4,9 kg Zuckerpulver,
3 kg Sennesblätterpulver,	1,0 kg Schwefelpulver, ger.
3 kg Süßholzpulver,	2,0 kg Süßholzpulver,
3 kg Fenchelpulver,	2,0 kg Sennespulver.
2 kg Schwefelpulver, ger.	100,0 g Fenchelöl,

Zahnpulver.
75 kg Calciumcarbonat, schwer,   65 g Nelkenöl,
75 kg Calciumcarbonat, leicht,   10 g Zimtöl,
30 kg Magnesiumcarbonat,   5 g Wintergrünöl,
20 kg Natriumbicarbonat,   30 g Sternanisöl,
400 g Pfefferminzöl,   25 g Salbeiöl,
100 g Menthol,   35 g Fenchelöl.

II. Die Körner (Granulata).

Die Nomenklatur der Körner ist in der pharmazeutischen Literatur nicht eindeutig. Körner bedeuten unverständlicherweise sehr oft kleine Kügelchen (vgl. Hagers Hdb. d. Pharm. Praxis Bd I, S. 1388. Berlin 1925). Dem Sinne nach sollte der Begriff „Körner" nicht mit dem Begriff „Kügelchen" verwechselt werden. Kügelchen bedeuten eine annähernd regelmäßige Kugelform, während der Ausdruck „Körner" zwar für kleine aber unregelmäßige Teilchen vorbehalten bleiben sollte. Die Kügelchen werden im kleinen den Pillen ähnlich, im großen aber im Dragierkessel hergestellt (vgl. Kapitel XV). Dagegen werden die Körner durch Durchdrücken einer feuchten Masse durch große Siebe gewonnen. Es wird vorgeschlagen, Kügelchen und Körner zu unterscheiden und diese auch „Granula" bzw. „Granulata" zu nennen. Der Ausdruck „Körner" soll also nicht mit dem Ausdruck „Granula", sondern mit „Granulata" identisch sein, während das Wort „Granula" Kügelchen bedeuten soll.

Die Körner sind als selbständige Arzneiform stark in den Hintergrund gedrängt worden. Sie bilden aber ein wichtiges Zwischenstadium beim Tablettieren. Ihre Herstellung ist daher im Kapitel IV über Tabletten eingehend besprochen worden. Hier sollen sie nur soweit berücksichtigt werden, als sie als selbständige Zubereitungen eine Bedeutung besitzen.

In der pharmazeutischen Praxis findet man heute sozusagen nur die brausenden Salze in Form von Körnern. Eine seltene Ausnahme bildet das Kolagranulat, welches eine noch vielfach beliebte Arzneiform ist.

Da die allgemeinen Grundlagen sowie die erforderliche Apparatur in Kapitel IV über Tabletten besprochen werden, können hier sofort die Herstellungsvorschriften der wichtigsten Granulata gegeben werden.

Brausendes Magnesiumcitrat (Magnesium citricum effervescens).

    5 kg Magnesiumcarbonat und
15 kg Citronensäure werden mit
    2 kg Wasser

zu einem gleichmäßigen Brei angerührt. Nachdem die Kohlensäureentwicklung aufhört, wird die erstarrte Masse bei 30° C in einem Trockenschrank getrocknet und pulverisiert. Zum Pulver wird   5 kg Zuckerpulver,
17 kg Natriumbicarbonat und
 8 kg Citronensäure gemischt.

Das ganze Gemisch wird mit abs. Alkohol angefeuchtet, granuliert und bei 30° getrocknet.

Brausendes Bromsalz (Sal. Bromatum effervescens).

I. 1 kg Ammoniumbromid,   0,130 kg Natriumbicarbonat,
   2 kg Kaliumbromid,   0,120 kg Weinsteinsäure.
   2 kg Natriumbromid,

Verwendet man die Bromsalze in Form von kleinen Krystallen (Trublatum), so ist das Granulieren überflüssig.

II. 4 kg Ammoniumbromid,   3,80 kg Citronensäure,
    8 kg Kaliumbromid,   4,45 kg Weinsteinsäure,
    8 kg Natriumbromid,   1,75 kg Zucker,
10 kg Natriumbicarbonat, 3,00 kg Alkohol.

Die fein pulverisierten Bestandteile werden gut gemischt, mit dem Alkohol angefeuchtet, granuliert und bei 35° C getrocknet.

Sonstige brausende Granulate kann man einfach durch Vermengen der Arzneistoffe mit folgendem brausenden Gemisch herstellen:

I. 16,0 kg Natriumbicarbonat,   II. 10,2 kg Natriumbicarbonat,
   13,2 kg Weinsteinsäure.   5,4 kg Weinsteinsäure,
                                          3,6 kg Citronensäure.

Diese Gemische werden den Arzneimitteln in gleicher oder in doppelter Menge zugesetzt. Nach dem Mischen der feinen Pulver wird mit Alkohol granuliert und getrocknet.

Kola-Granulat.

I. 10 kg Kolapulver,   7,5 kg Sirup, simplex,
   5 kg Kakao,   25 g Schokoladenbraun (Oehme & Bayer),
35 kg Zuckerpulver,   10 g Vanillin.

Das Kolapulver, der Kakao und das Zuckerpulver werden in einer Knetmaschine vermengt und mit dem Syrup und mit genügend Wasser angeknetet. Man fügt noch den Farbstoff zur Masse und granuliert durch ein Sieb Nr. 10/Zoll. Von den getrockneten Körnern wird das feine Pulver abgesiebt, welches dann mit Wasser angefeuchtet einer neuen Masse zugemischt werden kann. Die getrockneten Körner werden noch mit dem in Alkohol gelösten Vanillin besprengt.

II. 10 kg Extr. Colae fluid. werden in
    10 kg 70%igem Alkohol gelöst und mit
    50 kg klein krystallinischem Zucker vermengt und getrocknet.

Die Zuckerkrystalle sind vom Kolaextrakt rotgefärbt.

Andere Granulata werden auf Grund der im Kapitel IV über Tabletten gegebenen Anweisungen hergestellt, natürlich fallen die Gleitmittel und die das Zerfallen der Tablette hervorrufenden Substanzen weg. Gelingt es aber auch so kein brauchbares Granulat zu erhalten, so wird das fragliche Gemisch brikettiert, wie dies ebenfalls im Kapitel über Tabletten beschrieben ist.

Die Herstellung der Granula oder Kügelchen ist im Kapitel XV über Dragieren und im Kapitel V über Pillen beschrieben.

III. Die Pastillen und Täfelchen.

Pastillen und Täfelchen werden aus plastischen Massen durch Ausrollen zu dünnen Platten und durch nachfolgendes Ausstechen bzw. Zerschneiden hergestellt. Es folgt hieraus, daß die Grundlagen der Herstellung von Pastillenmassen dieselben sind wie die der Pillenmassen (vgl. Kapitel V). Der wesentliche

Unterschied besteht darin, daß die Masse nicht zu Strängen gepreßt, sondern zu dünnen Platten ausgerollt wird. Die Herstellung der Pastillen unterscheidet sich also rein äußerlich von der Pillenherstellung nur in der technischen Ausführung. Von besonderer, aber nicht wesentlicher Bedeutung ist die Tatsache, daß die Pastillen bzw. Täfelchen heute fast nie zur Dosierung von stark wirkenden Arzneimitteln verwandt werden. Sie sind zumeist nur eine geschmacklich angenehme Anwendungsform von sehr milde wirkenden Arzneimitteln. Ein Beispiel hierfür sind z. B. die Salmiaktäfelchen. Die Pastillen und Täfelchen gehören also vielmehr in das Grenzgebiet der pharmazeutischen Industrie und der Zuckerwarenindustrie. Es folgt hieraus, daß man bei der Herstellung von Pastillen oder Täfelchen bedeutend mehr auf den Wohlgeschmack zu achten hat als bei den Pillen. Hierdurch wird zwar die Zusammensetzung der Pastillenmassen gegenüber den Pillenmassen verändert, doch bleibt der physikalisch-chemische Aufbau derselbe, sogar die Rohstoffe sind dieselben. Es müssen aber trotzdem folgende Momente hervorgehoben werden.

1. Sämtliche pulverförmigen Bestandteile (Zucker, Kakao, Süßholzpulver usw.) müssen feinst pulverisiert und durch ein Sieb Nr. 40/cm geschlagen werden.

2. Das Ankneten muß bis zur vollkommenen Gleichmäßigkeit in einer Knetmaschine erfolgen.

3. Als plastifizierendes Mittel wird hauptsächlich Traganthschleim, Gelatine oder ein Gemisch beider verwandt.

Abb. 50. Ausrollmaschine (A. Colton Co, Detroit, Mich. USA.).

Der von der Pillenherstellung abweichende Arbeitsvorgang ist der folgende. Die aus der Knetmaschine herausgeholte Masse wird zuerst zu dünnen Platten ausgerollt bzw. ausgewalzt. Dies kann am einfachsten auf einer Tischplatte mittels eines Nudelholzes erfolgen. Da aber zumeist die Größe (Durchmesser) und das Gewicht der Pastillen oder der Täfelchen festgelegt ist, muß auch die Dicke der durch das Ausrollen erhaltenen Platten eine ganz bestimmte sein. Rollt man aber mit einem gewöhnlichen Nudelholz, so ist eine bestimmte Plattendicke niemals sichergestellt, ganz abgesehen davon, daß es niemals gelingt, eine überall gleichdicke Platte zu erhalten. Da außerdem die Handarbeit keine große Leistung ermöglicht, werden die Teigplatten oder Teigblätter auf maschinellem Wege zwischen zwei Stahlwalzen hergestellt. Durch Nähern und Entfernen der Walzen kann die Dicke der Teigplatten geregelt werden. Auf Abb. 50 ist eine Coltonsche Ausrollmaschine sichtbar, deren Walzentfernung mittels eines genau einstellbaren Handrades geregelt wird. Aus der Pastillenmasse reißt man entsprechend große Stücke (etwa zwei Fäuste groß) heraus, drückt das Stück mittels eines Nudelholzes etwas flach, legt es an den Walzenspalt und läßt die Maschine anlaufen (Riementransmission, 25 Touren in der Minute). Die ausgerollte Platte wird von einer Transportfläche aufgenommen. Die Walzentfernung wird anfangs so groß gewählt, daß das zunächst ganz dicke Stück von den Walzen noch eben angefaßt wird. Ist die ganze Masse einmal ausgerollt, so schraubt man die

Walzen näher aneinander, läßt die Walzen durch Verschieben des Antriebriemens rückwärts laufen und rollt die Platte dünner. Dies wird solange wiederholt, bis die Platte genügend dünn ist. Die Drehrichtung wird dadurch geregelt, daß die Maschine mit drei Riemenscheiben versehen ist. Die mittlere Scheibe ist eine Leerlaufscheibe, während die zwei außenstehenden Festscheiben sind. Die Scheiben der Maschine sind durch zwei Riemen an die Transmission gebunden, und zwar durch einen normal laufenden und einen gekreuzten Riemen. Der eine Riemen liegt stets auf der Leerlaufscheibe, der andere auf der einen Festscheibe. Verschiebt man die Riemen, so tritt die entgegengesetzte Lage ein, und die Drehrichtung ändert sich. Der Kraftverbrauch beträgt $^1/_2$ PS.

Die fertig ausgerollten Platten müssen jetzt entweder zu Pastillen gestochen oder zu Täfelchen geschnitten werden. Sogar in größeren Betrieben werden die Pastillen oft durch Handarbeit hergestellt, und zwar werden hierzu Stechformen verwandt. Die Stechformen werden aus dünnem Weißblech oder aus Messingblech angefertigt. Die ausgestochenen Pastillen bleiben in der Stechform stecken und fallen erst durch Schütteln heraus. Erleichtert wird die Arbeit und dadurch die Leistung gesteigert, wenn man an Stelle dieser einfachen Stechformen solche mit einer Feder verwendet (Abb. 51). Die Stechform ist zu einem länglichen Rohr mit beliebigem Profil ausgebildet und trägt am oberen Ende einen runden Knopf. Der Stecher kann bequem in der Hand gehalten werden, indem der Knopf von der Handfläche nach unten gedrückt wird. Das untere Ende des Stechers ist von einer beweglichen, das ganze Profil genau ausfüllenden Platte (a) abgeschlossen. Die Bewegung der Platte ist durch Führungsnuten geregelt, und ihre tiefste Stellung ist das untere Rohrende. An die obere Fläche der Platte ist eine Feder befestigt, die bis zum oberen Knopf hinaufreicht und in der Mitte eine mit dem Knopf fest verbundene Führungsstange besitzt. Die Führungsstange breitet sich unten zu einer kleinen Platte aus. Der Knopf und somit auch die Führungsstange ist mit dem Stecher durch ein Schraubengewinde verbunden und durch Drehen des Knopfes kann die Führungsstange und die daran befindliche untere Platte gesenkt oder gehoben werden. Setzt man den Stecher auf das ausgerollte Teigblatt und drückt ihn nach unten, so dringt der Stecherrand in die Masse, während die abschließende Platte nach oben gedrängt wird (die Feder muß hinreichend weich sein), und zwar auf eine der Dicke des Teigblattes entsprechende Höhe. Hebt man jetzt den Stecher in die Höhe, so drückt die Feder die Platte wieder nach unten, wodurch die ausgestochene Pastille (b) aus dem Stecher herausgestoßen wird. Während man mit den gewöhnlichen Stechformen die Pastillen nicht mit Aufschrift versehen kann, gelingt dies mit Hilfe des soeben beschriebenen Stechers, wenn man die das untere Ende des Stechers abschließende Platte mit der entsprechenden erhabenen oder eingravierten Beschriftung oder mit irgendeiner Verzierung (Schutzmarke usw.) versieht. Da aber die Platte beim Ausstechen nach oben weicht und der Federdruck nicht immer ausreicht, um die Beschriftung mit genügender Deutlichkeit zu erhalten, wird mit Hilfe des oberen Knopfes die Führungsstange bzw. die daran befindliche Platte so eingestellt, daß die die Beschriftung tragende Platte nur bis zu einer Grenze nach oben gedrückt werden kann. Bei dieser Grenze angelangt, wird der Druck hinreichend groß, um die Beschriftung mit genügender Deutlichkeit aufzuprägen. Die Lage der Führungsstange wird der Pastillendicke

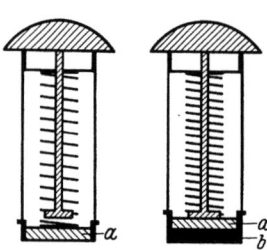

Abb. 51. Pastillenstechform.

entsprechend geregelt. Die Pastillen können mit dieser Vorrichtung nur auf einer Seite beschriftet werden.

Die Handarbeit kann auch hier durch Maschinenarbeit ersetzt werden. Die Coltonsche Pastillenstechmaschine (Abb. 52) erzeugt in der Minute 500 Pastillen, vorausgesetzt, daß sie nur mit 10 Stechern ausgerüstet ist. Das ausgerollte Teigblatt wird auf das über einer festen Platte bewegliche Gummitransportband gelegt. Das Teigblatt gelangt zuerst unter eine Walze, deren Höhenlage verstellbar ist und die Aufgabe hat, dem Teigblatt die endgültige, genaue Dicke zu erteilen. Die Höhenlage der Walze wird durch Hebel A verstellt. Das Teigblatt gelangt hiernach auf eine Abstreifplatte und über eine Serie von an einer Stange befestigten Stecher. Die Stecher werden von einem Exzenter nach oben durch die Abstreifplatte und durch das Teigblatt getrieben. Da die Stecher sich nach unten konisch erweitern, fallen die ausgestochenen Pastillen durch die zentrale Öffnung der Stecher auf ein Transportbrett, während die zusammenhängenden Abfälle auf ein etwas höher liegendes Sammelbrett fallen. Mit zu-

Abb. 52. Pastillenstechmaschine. (A. Colton Co., Detroit, Mich. USA.)

nehmender Größe der Pastillen muß eine stets größere Teigblattfläche zur Verfügung stehen, es muß also das relative Verhältnis der Teigblattgeschwindigkeit und der Hubgeschwindigkeit der Stecher abgeändert werden. Dies erfolgt bei B. Die Anzahl der Stecher ändert sich mit der Größe der Pastillen von 10 bis 20. Der Kraftverbrauch beträgt $1/4$ PS. Man findet in der Praxis oft auch Maschinen, bei welchen die Stecher an Walzen befestigt sind. Andere Konstruktionen (E. A. Lentz, Berlin) haben wieder einen oberen und unteren Stecher bzw. Stempel, und man kann mit ihrer Hilfe beide Seiten der Pastillen beschriften.

Beim Ausstechen der Pastillen entstehen immer große Mengen Abfall, welche durch die Form der Pastillen bedingt sind. Die Stechmaschinen geben mehr Abfälle, da mit Handarbeit die Fläche des Teigblattes besser ausgenutzt werden kann. Die Abfälle werden zusammengeknetet und nochmals ausgerollt.

Die Täfelchen werden nicht gestochen, sondern geschnitten, wodurch weniger Abfälle entstehen. Die Form der Täfelchen ist entweder quadratisch oder rhombisch. Mit der Hand können Täfelchen nur sehr mühselig geschnitten werden, weshalb immer mit Schneidemaschinen gearbeitet wird. Eine solche bewährte Maschine baut Fritz Kilian, Berlin (Abb. 53). Das ausgerollte Teigblatt wird zuerst mit Hilfe einer großen Stechform zu einem Quadrat, oder wie es üblicher ist, zu einem Rhombus ausgestochen. Das ausgestochene Blatt wird mit einer Kante parallel zur Schneidewalze auf die drehbare Platte des beweglichen Schlittens der Schneidemaschine gelegt. Die ganze Platte bewegt sich zur oberhalb der Platte liegenden Schneidewalze, welche an einer Walzenfläche parallel angeordnete, aber zur Zylinderachse senkrecht stehende scharfe Messer besitzt, deren gegenseitiger Abstand die Größe der Täfelchen bestimmt. Das Teigblatt wird zu Streifen zerschnitten. Ist das ganze Blatt unter der Schneidewalze fortgewandert, so macht die Platte automatisch die gewünschte Drehung, welche dem Rhombenwinkel entspricht und läuft selbsttätig rückwärts, wodurch das Teigblatt mit der anderen Kante parallel zerschnitten wird und in kleine Rhomben zerfällt. Hier angelangt, kippt der Schlitten nach unten, wodurch die Pastillen in ein untenstehendes Sammelgefäß fallen. Nun hebt sich der Schlitten wieder in die horizontale Lage. Da die Rhomben doch noch ein wenig aneinander haften, wirft man sie auf ein grobmaschiges Sieb und schüttelt. Die Rhomben trennen sich hier, und die geringen Abfälle fallen durch das Sieb. Andere Schneidemaschinen arbeiten mit zwei Walzen. Das Teigblatt wird auf eine vordere Platte gelegt und mit einer Kante parallel zu den Walzen zwischen diese geschoben. An der anderen Seite wird das noch zusammenhängende Blatt von einer Abstreifplatte aufgenommen, welche nach erfolgtem Schneiden um den gewünschten Winkel gedreht wird. Hierauf wird in entgegengesetzter Richtung geschnitten.

Abb. 53. Täfelchenschneidemaschine (Fritz Kilian, Berlin-Hohenschönhausen).

Als Ergänzung sei erwähnt, daß manche Täfelchen nicht aus angekneteten, sondern aus gegossenen Massen hergestellt werden, so z. B. die durchsichtigen Salmiaktäfelchen. Das Schneiden erfolgt wie vorstehend beschrieben wurde.

Die fertig gestochenen Pastillen bzw. geschnittenen Täfelchen werden auf Horden ausgebreitet und bei Zimmertemperatur oder im Trockenschrank getrocknet.

Formalinpastillen.

1 kg Traganth wird mit
4,3 kg kaltem Wasser übergossen

und für 1—2 Tage beiseite gestellt, wobei öfters umgerührt wird. Die Masse wird jetzt in eine Knetmaschine gefüllt und 1—2 Stunden bearbeitet, worauf allmählich

18,7 kg Zuckerpulver (Sieb Nr. 50/cm)

hinzugefügt werden. Die Maschine läuft noch eine Stunde, worauf die Masse in ein Steingutgefäß gefüllt wird.

0,58 kg Gelatine läßt man mit
2,14 kg Wasser anquellen

und löst durch Erhitzen im Dampfkessel. Die Lösung wird in eine angeheizte Knetmaschine gefüllt, worauf allmählich

0,36 kg Glucose und
8,92 kg Zuckerpulver

hinzugeknetet wird. Die fertige Masse wird mit der vorherigen Traganthmasse in eine große Knetmaschine gefüllt. Es passieren hiernach allmählich noch folgende Materialien zur Masse:

144 kg Zuckerpulver (Sieb Nr. 50/cm)	250 g Menthol,
6 kg Formalin, 40%-ig,	430 g Alkohol, sowie eine Lösung von
4,5 kg Wasser, ein Gemisch von	0,6 kg Citronensäure und
30 g Neroliöl,	0,6 kg Weinsteinsäure in
540 g Citronenöl, Ia. Reggio,	1,2 kg Wasser.

Nachdem die Masse gleichmäßig ist, fügt man noch
72 kg Zuckerpulver hinzu.

Die Masse wird mittels einer Stechmaschine zu Pastillen gestochen, welche in feuchtem Zustand 1 g schwer sind und pro Pastille 0,001 g Menthol, 0,005 g Citronen- und Weinsteinsäure und 0,01 g Formaldehyd enthalten. Die Pastillen werden bei höchstens 25—30° C getrocknet und in gutschließende Glasröhrchen verpackt.

Pfefferminz-Pastillen.

13 kg Zuckerpulver,   100 g Pfefferminzöl,
55 g Traganth,   740 g Glucose,
130 g Gelatine,   600 g Wasser.

Eine Pastille wiegt in feuchtem Zustand 1,7 g und nach dem Trocknen 1,63 g.

Salmiaktäfelchen.

I. Matte Täfelchen.

150 g Ammoniumchlorid,   1000 g arabisches Gummi,
4000 g Süßholzsaft,   30 g Ruß,
9000 g Zuckerpulver,   10 g Sternanisöl.
1000 g Süßholzpulver,

Den Zucker, das Süßholzpulver und den Süßholzsaft erweicht man unter Zugabe von Wasser durch Erwärmen und füllt das Gemisch in die Knetmaschine, worauf das im Verhältnis von 2:3 in Wasser gelöste arabische Gummi, sodann das Ammoniumchlorid, das Sternanisöl und der Ruß hinzugefügt werden. Der Ruß hat nur die Aufgabe, die Masse dunkel zu färben. Die fertige Masse wird ausgerollt, zu einer Rhombenform ausgestochen und das rhombenförmige Blatt getrocknet. Der Trocknungsgrad muß empirisch festgestellt werden, da zu stark getrocknete Blätter ohne zu brechen nicht geschnitten werden können. Feuchte Blätter können auch nicht geschnitten werden, da sie die Schneidewalze verkleben. Glänzende Täfelchen erhält man, wenn man die Oberfläche der Teigblätter mit Alkohol bestreicht und trocknet.

II. Durchsichtige Täfelchen.

150 g Ammoniumchlorid,   8000 g arabisches Gummi in Stücken,
1000 g Süßholzsaft gereinigt,   8 g Sternanisöl,
9000 g Zucker,   3 g Citronenöl.

Der Zucker, der Süßholzsaft und das arabische Gummi werden getrennt aufgelöst, aufgekocht und filtriert. Die gemischten Lösungen werden in einem Dampfkessel eingedampft, aber ohne die Lösung hierbei zu kochen. Die sich an der Oberfläche ansammelnden Verunreinigungen werden abgeschöpft. Nachdem die Lösung soweit eingedickt ist (15 Stdn.), um beim Erkalten zu erstarren, stellt man den Dampf ab und fügt das Ammoniumchlorid und die ätherischen Öle hinzu. Die Flüssigkeit wird auf rhombenförmige, mit Rahmen versehene und mit Vaseline geschmierten Blechplatten gegossen. Die getrockneten Platten werden zerschnitten. Um die Masse biegsamer zu machen, kann etwas Carragheenschleim zugefügt werden.

IV. Die Tabletten.

Unter sämtlichen geformten Arzneizubereitungen haben die Tabletten nicht ohne Grund die größte Bedeutung und Verbreitung erreicht. Die gleichmäßige und automatische Dosierungsmöglichkeit bedeutet unermeßliche Vorteile für die Industrie, während für den Verbraucher die Handlichkeit von ausschlaggebender Bedeutung ist. Ein weiterer Vorteil ist, daß die Arzneimittel auf ein relativ kleines Volumen zusammengepreßt werden, und daß im Falle eines schlechten Geschmackes die Tabletten mit einem Überzug versehen werden können (vgl. Kapitel XV). Trotzdem die Herstellung von Tabletten in den ersten Jahren ihrer Einführung mit großen Schwierigkeiten verbunden war und die erzeugten Tabletten vom heutigen Entwicklungszustand aus betrachtet sehr minderwertig waren, haben sie raschen Eingang in Handel und Verbrauch gefunden. Die primitive Konstruktion der zur Herstellung dienenden Maschinen ermöglichte keine genaue Dosierung, und außerdem war die Leistung sehr gering. Dann der Mangel an Erfahrungen, sowie die noch nicht genügende Vorbereitung des zu pressenden Materials bedingte ebenfalls eine ungenaue Dosierung und eine der unerwünschtesten Tabletteneigenschaften, die schlechte Zerfallbarkeit. Die Tabletten waren nämlich steinhart und wollten weder in Wasser, noch im Magen zerfallen. Im Verlauf der Jahre ist es aber gelungen, einerseits vollkommenere Maschinen zu konstruieren, andererseits die empirischen Kenntnisse über die Vorbereitung der Materialien zu erweitern und dadurch in jeder Hinsicht einwandfreie Tabletten auf rationellem Wege herzustellen. Da unsere Kenntnisse über das Tablettieren einen empirischen Charakter haben, hat auf diesem Gebiet eine ganz unerwünschte und überflüssige Geheimniskrämerei Platz gegriffen, doch ist diese schon deshalb überflüssig, weil es jedem nur ein wenig praktisch veranlagten Menschen in verhältnismäßig kurzer Zeit gelingt, eine ihm bis dahin unbekannte Substanz zu tablettieren. Voraussetzung ist hierbei, daß moderne Tablettenkomprimiermaschinen vorhanden sind und die verschiedensten Möglichkeiten und Grundkenntnisse bezüglich der Tablettenherstellung gegeben sind. Es haben sich deshalb die Verfasser die Aufgabe gestellt, sowohl die allgemeinen Grundlagen der Tablettenherstellung als auch die dazu dienenden Maschinen in Verknüpfung mit ausführlichen Anweisungen bezüglich der Herstellung einiger Tablettenarten hier eingehend zu beschreiben.

Wie bereits in Hagers Handbuch der pharmazeutischen Praxis Bd. 2, S. 830 (1927) darauf hingewiesen wurde, haben gerade die Arzneibücher eine Verwirrung bezüglich des Begriffs der Tabletten hervorgerufen. In der Industrie wird zwischen Pastillen und Tabletten ein scharfer Unterschied gemacht, da beide wohl eine ähnliche Form besitzen, aber auf verschiedenem Wege hergestellt werden. In den Arzneibüchern werden dagegen, mit Ausnahme des dänischen und ungarischen, die Begriffe ,,Pastilli'', ,,Trochisci'' und ,,Tablettae'' miteinander verwechselt, ohne auf einen etwa bestehenden Unterschied hinzuweisen. Der Grund hierfür liegt im formalen Standpunkt der Arzneibücher, die eben nur die äußere Form der Arzneizubereitungen betrachten.

Tabletten sind aus trockenen pulverförmigen Stoffen nach etwaiger Granulierung durch Pressen hergestellte Arzneizubereitungen von Zylinder, Würfel, Ei, Diskus, Kugel oder Stäbchenform, die zum inneren Gebrauche dienen. Die häufigste Tablettenform ist die runde, flache oder die an beiden Seiten erhabene (Diskus) Form. Dies hat einen doppelten Grund. Einerseits sind die Tabletten von diesen Formen am bequemsten und ohne Raumvergeudung verpackbar, andrerseits können die zum Pressen dieser Formen erforderlichen Stempel und Matrizen am einfachsten und am billigsten hergestellt werden. Die Größe der Tabletten schwankt zwischen einem Durchmesser von 3—25 mm. Tabletten mit einem über 25 mm liegendem Durchmesser werden Brikett genannt. Die häufigsten Größen liegen zwischen 8 und 15 mm. Oft ist die Dosierung so gewählt, daß die in einer Tablette befindliche Menge z. B. das Doppelte der normalen Dosis ist. Solche Tabletten werden mit einer Kerbe in der Mitte versehen, um sie leicht entzweibrechen zu können. Will man auch die genaue Dosierung für Kinder ermöglichen, so versieht man die Tabletten mit zwei sich im rechten Winkel kreuzenden Kerblinien, wodurch ein Viertel der ganzen Tablette genau abgetrennt werden kann. Nachdem das Verschlucken der großen Tabletten schwierig ist, müssen sie in Wasser löslich sein bzw. durch Wasser zerfallen. Die Einnahme der Tablette erfolgt also so, daß man sie im Glas oder auf einem Kaffeelöffel in wenig Wasser legt, und nachdem sie aufgelöst oder zerfallen ist, das Wasser trinkt. Noch bequemer ist es, wenn man die Tablette auf die Zunge legt, wenig Wasser in den Mund nimmt und die zerfallene Tablette schluckt. Die Tabletten müssen also in Wasser rasch zerfallen und eine gute Tablette zerfällt spätestens in 1—2 Minuten. Trotzdem findet man Tabletten, welche sogar nach 1—2 Stunden noch erhalten sind. Es gibt allerdings Substanzen, die man in einer leicht zerfallenden Form nicht einfach tablettieren kann.

Wenn einerseits die leichte Zerfallbarkeit der Tablette in Wasser Bedingung ist, so ist andrerseits wieder eine gewisse mechanische Festigkeit unerläßlich. Die Tablette muß so fest gepreßt sein, daß sie beim Verpacken und beim nachfolgenden Transport unbeschädigt bleibt. Beschädigte Tabletten sind häßlich und außerdem enthalten sie dann nicht die genauen Arzneimengen. Die nicht zu fest gepreßte Tablette muß zwischen den Fingern auf einen mittleren Druck leicht entzweibrechen. Benötigt man beim Zerbrechen eine größere Kraft und ist dabei ein klingender Ton zu hören, so ist die Tablette zu stark gepreßt. Mit einem derart starken Druck darf nur dann gearbeitet werden, wenn mit kleinerem keine brauchbare Tablette zu erhalten ist und der hohe Druck das Zerfallen nicht ungünstig beeinflußt, bzw. wenn es durch entsprechende Vorbereitung der Materialien gelingt, das infolge des hohen Druckes auftretende schlechte Zerfallen zu kompensieren. Der hohe Druck schädigt nicht nur die Tablettenqualität, auch die Tablettenmaschinen werden in Mitleidenschaft gezogen.

Aus vorhergehenden Überlegungen folgt, daß eine gute Tablette folgenden Forderungen genügen muß: 1. genaue Dosierung; 2. leichtes Zerfallen; 3. ausreichende mechanische Festigkeit, aber keine zu hohe Kompression.

Aus diesen Forderungen können bereits gewisse Schlüsse bezüglich der Zusammensetzung der Tablettenmassen gezogen werden. Aber die erforderliche gesamte Beschaffenheit einer Tablettenmasse kann nur dann überblickt werden, wenn man auch die zum Tablettieren konstruierten Maschinen, bzw. das ihnen zugrundeliegende Prinzip kennt. Ohne bereits hier auf die ausführliche Besprechung der Tablettenvorrichtungen einzugehen, sei hier ihr Arbeitsprinzip kurz erläutert.

Die Preßvorrichtung einer Tablettenmaschine besteht aus einem Stempelpaar und aus einer Matrize (Abb. 54). Beide Stempel sind so hergestellt, daß sie in die Matrizenöffnung genau hineinpassen, aber sich dort bequem auf und ab bewegen lassen. Der untere Stempel befindet sich immer in der Matrize, während der obere Stempel nur zeitweise in die Öffnung eindringt. Das Tablettieren geht

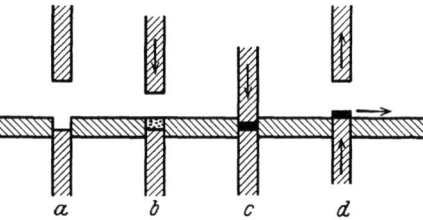

Abb. 54. Preßschema für Tabletten.

nun wie folgt vor sich. Der obere Stempel wird hochgezogen, so daß die Matrizenöffnung frei liegt. Der untere Stempel wird so weit nach unten gezogen, daß der in der Matrize entstehende leere Raum gerade die zur Herstellung einer Tablette erforderliche Menge des Materials aufnehmen kann (a). Hierauf füllt man das Material in die Matrize und senkt den oberen Stempel nach unten (b), drängt ihn in die Matrizenöffnung und übt jetzt mit Hilfe des oberen, oder mit beiden Stempeln den erforderlichen Druck aus, wodurch das Material zu einer Tablette gepreßt wird (c). Ist dies erfolgt, hebt man den oberen Stempel, legt die Matrizenöffnung wieder frei, und gleichzeitig hebt man auch den unteren Stempel nach oben, bis der Stempelrand mit der oberen Fläche der Matrize in einer Ebene liegt (d). Die so hochgehobene Tablette wird vom Stempel hinuntergeschoben, worauf der untere Stempel wieder in die anfängliche Füllstellung gezogen wird. Dieser Vorgang ist bei sämtlichen Maschinen derselbe und nur die technische Ausgestaltung ist verschieden. Das Tablettieren in den einfachen Handpressen erfolgt nach dem gleichen Prinzip, wie in den kompliziertesten automatischen Tablettiermaschinen. Der wesentlichste Unterschied zwischen diesen beiden Arten von Tablettenmaschinen besteht aber in der Füllung der Matrize und gerade dieser Unterschied erfordert eine ganz besondere Beschaffenheit bzw. Vorbereitung der zu komprimierenden Stoffe.

Bei den einfachen Handpressen wird die zur Herstellung einer einzelnen Tablette erforderliche Substanzmenge mittels einer Waage genau abgewogen, oder es wird eine größere (die 10 oder 20fache) Menge nach Augenmaß verteilt und sodann in die Matrizenöffnung gefüllt. Es ist klar, daß man auf diesem Wege die

Substanzen immer in die Matrize füllen kann, ob sie fein pulverisiert, in kleinen, großen Krystallen vorhanden oder granuliert sind. Ganz anders liegen die Verhältnisse bei den automatischen Tablettenmaschinen. Solche Maschinen müssen ganz automatisch die für jede Tablette erforderliche Menge genau in die Matrize füllen können. Dies erfolgt mit Hilfe eines Fülltrichters. Die untere Öffnung des Fülltrichters liegt auf der Fläche der Matrize. Die Matrizenfläche und der Fülltrichter werden zueinander in relative Bewegung versetzt, wodurch die Öffnung des Fülltrichters und die Matrizenöffnung sich zeitweilig überdecken und zwar gerade dann, wenn die Stempel sich in der Füllstellung befinden. Hierbei fällt vom Trichter das Material in die Matrizenöffnung, worauf die Tablette nach der inzwischen vom Fülltrichter erfolgten Freilegung der Matrize gepreßt wird.

Zieht man nunmehr außer den gegenüber den fertigen Tabletten gestellten Forderungen und außer dem vorstehend kurz erläuterten Arbeitsvorgang auch noch die individuellen Eigenschaften der zu komprimierenden Stoffe in Betracht, so können für die erforderliche Beschaffenheit einer Tablettenmasse ganz exakte Schlüsse gezogen werden und dadurch die allgemeinen Grundlagen, sowie die allgemeinen Arbeitsvorgänge der Tablettenherstellung festgelegt werden. Bevor aber diese weiteren Überlegungen hier angeführt werden, sei betont, daß die kleinen Tablettiervorrichtungen für Handfüllung aus den weiteren Betrachtungen ausgeschlossen sind, da sie für die Herstellung von Tabletten in größerem Maßstabe keinerlei Bedeutung besitzen. Sie sind nicht einmal zur Probetablettierung geeignet, da die an ihnen gewonnenen Erfahrungen auf automatische Tablettenmaschinen nicht übertragbar sind, wie dies auch aus den hier folgenden Überlegungen eindeutig hervorgeht.

Die Dosierungsgenauigkeit ist eine Funktion der automatischen Füllvorrichtung und der Vorbereitung des Preßgutes. Es muß also sichergestellt werden, daß aus dem Fülltrichter stets die gleichen Mengen in die Matrize gelangen. Es wird dabei angenommen, daß die Maschine stets dasselbe Matrizenvolumen, d. h. dasselbe Füllvolumen durch die genaue Höhenlage des unteren Stempels gewährleistet. Es ist dies eine primitive Forderung, welche fast immer erfüllt ist. Trotzdem das zur Verfügung stehende Füllvolumen stets gleichbleibend ist, kann die tatsächlich eingefüllte Menge sich in weiten Grenzen ändern. Dazu sind verschiedene Möglichkeiten gegeben. Wenn wir zunächst annehmen, daß die Korngröße des Preßgutes innerhalb der praktischen Grenzen gleichmäßig ist, so kann ein gleichmäßiges Anfüllen der Matrize nur dann zustandekommen, wenn das Preßgut den Fülltrichter gleichmäßig verläßt. Ein Fehler entsteht nur dann, wenn während der Verweilzeit des Füllschuhs über der Matrize weniger Material herausrutscht, als vom Füllvolumen aufgenommen wird. Dies kann mehrere Gründe haben. Es kann erstens die Ausgestaltung des Fülltrichters derartig sein, daß das Material drinnen stecken bleibt, ein Gewölbe bildet, welches auch von der darüber liegenden Tablettenmasse nicht durchgedrückt wird. Diese Störung kann durch die bessere Ausgestaltung des Trichters und durch Einbau von Rührflügel leicht behoben werden. Viel schwieriger ist es, wenn die Teilchen der noch nicht gepreßten Tablettenmasse im Trichter aneinander haften und infolge dessen sich trotz des eingebauten Rührflügels schwer oder ungleichmäßig abwärts bewegen, um in die Matrize zu gelangen. Es kann also eine Ungenauigkeit in der Dosierung auch dann eintreten, wenn die Teilchen keine genügende Gleitfähigkeit besitzen, sondern aneinanderhaften. Dem kann durch Zumischen von Gleitmitteln, die also die gegenseitige Reibung und das Aneinanderhaften der Teilchen verhindern, abgeholfen werden. In manchen seltenen Fällen gelingt es auch durch Gleitmittel nicht ein gleichmäßiges Füllen zu erreichen. Die Verlängerung der Verweilzeit des Fülltrichters oberhalb der Matrize wird hier manchmal zum Ziele führen, jedoch ist dies wegen der erforderlichen Tourenzahländerung der Maschine immer unbequem. Eine mangelnde Gleitfähigkeit kann außer von den individuellen Eigenschaften der Tablettenmasse auch vom Feinheitsgrad bedingt sein. Es ist bekannt, daß mit steigendem Feinheitsgrad die Haftfähigkeit und die Haftfestigkeit auch ansteigt. Die Gleitfähigkeit kann dementsprechend in vielen Fällen durch Vergrößerung der Korngröße erhöht werden; die Tablettenmasse muß also granuliert werden.

Nehmen wir nunmehr an, daß die Korngröße der Tablettenmasse nicht gleichmäßig ist, wie dies auch den tatsächlichen Verhältnissen entspricht, so kann die Ungenauigkeit der Dosierung auch hierdurch hervorgerufen werden. Enthält eine Tablettenmasse z. B. feines Pulver und sämtliche Korngrößen bis zum größten Granulat, so ruft die andauernde, durch die Bewegung der Maschinenteile hervorgerufene Erschütterung eine räumliche Trennung der Massenteilchen nach dem Feinheitsgrad, indem sich die feinsten Teilchen unten, die gröbsten Teilchen oben ansammeln. Infolge dieser sich fortwährend ändernden Inhomogenität der Masse bleibt auch die Dosierung nicht konstant. Die Entstehung von Inhomogenitäten ist eine Funktion des Bewegungszustandes des Fülltrichters. Die relative Bewegung des Fülltrichters und der Matrize kann auf zwei Wege hervorgerufen werden, und zwar kann 1. die Matrize stillstehen und der Fülltrichter sich bewegen und 2. der Fülltrichter stillstehen und die Matrize sich in Bewegung befinden. Im ersten Falle kann die zeitweilige Überdeckung der Matrize durch die Fülltrichteröffnung nur durch eine alternierende Bewegung des Trichters gelöst werden. Da diese alternierende Bewegung noch dazu stoßweise zu erfolgen hat (wegen der erforderlichen Verweilzeit über der Matrize und der Synchronisierung mit der Stempelbewegung), wird der Inhalt des Trichters dauernd kräftig geschüttelt, wodurch die Inhomogenität der Tablettenmasse außerordentlich gefördert wird. Anders ist es im zweiten Falle, da der Inhalt des Trichters nur die kleineren Erschütterungen der Maschine zu ertragen hat, welche aber gerade bei dieser Konstruktion, wie wir weiter unten sehen werden, sehr gering sind. Bei stehendem Fülltrichter ist also die Gefahr der Inhomogenität und somit der Ungenauigkeit bzw. Ungleichmäßigkeit in der Dosierung weit geringer als bei beweglichem Fülltrichter. Die Inhomogenität der Masse könnte durch Einbau eines Rührwerkes ausgeglichen werden. Bei beweglichem Fülltrichter kann aber aus technischen Gründen kein den ganzen Inhalt mischendes Rührwerk eingebaut werden, so daß die Inhomogenität überhaupt nicht, oder nur in geringem Maße ausgeglichen werden kann. Es folgt hieraus, daß eine genaue Dosierung mit beweglichem Fülltrichter nur dann erreicht werden kann, wenn man nur gleichmäßig gekörnte Massen verwendet und dadurch die Entstehung von Inhomogenitäten unmöglich macht. Praktisch besteht aber immer eine gewisse Toleranz gegenüber der ungleichmäßigen Granulierung, da einerseits die Tourenzahl der entsprechenden Maschinen verhältnismäßig klein ist und die vorhandenen, wenn auch nur stoßweise arbeitenden Rührflügel doch für ein gewisses Mischen sorgen.

Bei Maschinen mit stehendem Fülltrichter ist die Möglichkeit der Inhomogenität gering, und außerdem können Rührflügel in beliebiger Anzahl und Konstruktion eingebaut werden. Die Tourenzahl der kontinuierlich arbeitenden Rührer kann in weiten Grenzen abgeändert werden, jedoch werden die Körner der Tablettenmasse mit steigender Tourenzahl immer mehr und mehr zertrümmert. Die Tourenzahl ist also nach oben durch die mechanischen Eigenschaften der Körner begrenzt. Durch Anwendung von sogenannten Bindemitteln kann die Festigkeit der Körner erhöht werden, aber die Zerfallgeschwindigkeit der fertigen Tabletten nimmt mit der zunehmenden Festigkeit ab. Die Maschinen mit stehendem Fülltrichter sind also fähig, auch Tablettenmassen mit ungleichmäßiger Granulierung genau zu dosieren. Das praktische Ergebnis ist, daß man das hergestellte Granulat nicht von den feineren Teilchen befreien muß. Hierdurch erspart man Arbeit und Zeit, besonders auch dadurch, daß die Abfälle nicht nochmals granuliert werden müssen.

Die Dosierungsgenauigkeit ist auch von der absoluten Größe und der räumlichen Anordnung der Körner abhängig, denn die in das Füllvolumen der Matrize eingedrungene Menge der Tablettenmasse ändert sich mit der Lagerung der Körner. Man weiß aus Erfahrung, daß ein Raum mit verschiedenen Mengen einer gekörnten Substanz erfüllt werden kann. Es gibt eine minimale und eine maximale Menge. Die jeweiligen Mengen schwanken zwischen diesen extremen Werten und sind davon abhängig, welche gegenseitige Lagerung der Körner man durch Schütteln, Rühren oder einfaches Einfüllen erreicht. Es ist auch leicht verständlich, daß die Raumerfüllung sich mit der Teilchengröße ändert. Einerseits werden die leeren Zwischenräume auch bei engster Aneinanderpackung mit zunehmender Teilchengröße größer, andrerseits wird auch die Spannung zwischen der minimalen und maximalen Raumerfüllung größer, weil die Körner bei größerem Format keine Kugelform, sondern stets eine gestreckte Form besitzen und hierdurch die Sperrigkeit besonders bemerkbar wird. Die hierdurch bedingte Ungenauigkeit in der Dosierung kann durch keinerlei technische Vorrichtungen oder Vorbereitung der Masse ausgeglichen werden, und so ändert sich die Füllmenge von Tablette zu Tablette. Da aber dieser Fehler mit der Teilchengröße ansteigt, wird man bestrebt sein, ein möglichst kleines Granulat herzustellen, soweit dies die Gleitfähigkeit bzw. das Aneinanderhaften erlaubt. Die Teilchengröße ist also nach unten durch die erforderte Gleitfähigkeit, nach oben aber durch die schwankende Raumerfüllung begrenzt.

Die mechanische Festigkeit der Tabletten ist eine komplizierte Resultante verschiedener Einzelbedingungen. Versucht man eine Substanz ohne jede Vorbereitung zu tablettieren, so hängt es völlig von den physikalischen Eigenschaften der Substanz und von dem angewandten Druck ab, ob wir überhaupt eine Tablette erhalten. Es gibt eine kleine Anzahl von Substanzen, welche man ohne Vorbereitung zu Tabletten zu pressen vermag, und die Tablettenhärte hängt dann nur vom angewandten Druck ab. Dies ist nur dadurch möglich, daß die Teilchen solcher Substanzen unter dem Einfluß des Druckes aneinanderhaften. Eine stillschweigende Annahme war hierbei, daß die Teilchengröße und die Gleitfähigkeit der erwünschten Dosierungsgenauigkeit entspricht. Der größte Teil der Substanzen liefert aber beim Pressen keine brauchbaren Tabletten, denn entweder besitzen sie nicht die entsprechende mechanische Festigkeit, oder aber zerfallen sie beim Einlegen in Wasser nicht. Durch geeignete Vorbereitung der Masse kann dieses nachteilige Verhalten der Tablettenmasse verbessert werden. Bereits die Dosiergenauigkeit der Tablettenmaschine erfordert eine Vorbereitung der Masse. Es betrifft dies die Herstellung der entsprechenden Teilchengröße und das Zumischen von Gleitmitteln. Will man die Teilchengröße erhöhen, so benötigt man von spärlichen Ausnahmen abgesehen stets ein Binde- oder Klebemittel, denn beim später zu beschreibendem feuchten Granulieren zerfällt das Granulat ohne Bindemittel nach dem Trocknen wieder. Die Menge der angewandten Bindemittel regelt die Festigkeit der Körner und verleiht gleichzeitig ihnen die Fähigkeit durch Druck aneinanderzuhaften. Gleichbleibenden Druck vorausgesetzt steigt die Härte der Tablette mit der Menge des Bindemittels an. Die sogenannten Gleitmittel haben teilweise eine antagonistische Wirkung, indem sie das Aneinanderhaften der Teilchen verringern können.

Das Granulieren mit Bindemitteln vermindert die Zerfallgeschwindigkeit der Tabletten. Legt man eine Tablette in Wasser, so dringt dieses dem Kompressionsgrad entsprechend mehr oder weniger rasch durch die vorhandenen Poren in das Innere ein. Sind in der Tablette lösliche Substanzen, so wird ihr Gefüge durch das Herauslösen dieser Substanzen gelockert. Ebenso wird das Gefüge gelockert bzw. gesprengt, wenn in der Tablette leicht und stark quellende Mittel sind, da diese durch das Wasser ihr Volumen vergrößern. Mit dem Anstieg des Kompressionsgrades und der Menge des Bindemittels vermindert sich die in das Innere der Tablette gedrungene Wassermenge und die Zerfallgeschwindigkeit. Eine leicht zerfallende Tablette darf also nicht zu viel Bindemittel enthalten, nur soweit gepreßt sein, daß sie die erforderlichen Manipulationen unbeschädigt aushält und genügend die Tablette zersprengende, leicht lösliche oder quellende Substanzen enthalten.

Im Zusammenhang mit dem Gleitmittel muß noch folgendes hervorgehoben werden. Stoffe, die im Fülltrichter nicht gut gleiten, haben eine noch andere unangenehme Eigenschaft, sie haften nämlich an der Matrize und an den Stempeln. Solche Substanzen sind in erster Linie z. B. die hygroskopischen. Die Beweglichkeit der Stempel in der Matrize wird dadurch erschwert oder sogar ganz verhindert. Die Gleitmittel haben also die gleichzeitige Aufgabe, das Haften an die Matrize bzw. an die Stempel zu verhindern. Das Anhaften der Substanz nimmt auch dann zu, wenn im Granulat viel feines Pulver enthalten ist. In solchen Fällen wird man sogar bei Maschinen mit stillstehendem Fülltrichter ein pulverfreies Granulat verwenden müssen, wenn man sich nicht einem Stempelbruch aussetzen will. Bezüglich der Eigenschaften der Tabletten betrifft noch ein wichtiges Moment die Art der Druckentfaltung beim Pressen. Im Prinzip können zweierlei Arten der Druckentfaltung unterschieden werden: 1. starrer Druck, welcher plötzlich stoßartig auftritt und 2. progressiver Druck, welcher nur allmählich von Null bis zum Maximum einsetzt. Eine Kombination dieser beiden Druckarten ist der fälschlich oft Progressivdruck genannte Stufendruck, welcher darin besteht, daß nacheinander mehrere starre Drucke auf die Tablette ausgeübt werden, z. B. ein kleiner, dann ein mittlerer und zuletzt der maximale Druck. Mit starrem Druck können nicht alle Substanzen zu Tabletten gepreßt werden, während der progressive Druck in allen Fällen gute Tabletten liefert. Unbrauchbar ist der starre Druck bei voluminösen (sperrigen) und elastischen Massen, wie z. B. bei Pflanzenpulvern. Übt man auf solche Massen einen starren Druck aus, so zerfällt die Tablette nach dem Pressen wieder, denn einerseits kann die in der Masse befindliche Luft nicht genügend rasch entweichen, andrerseits haben die elastischen sperrigen Teile keine Zeit, sich in die engste Aneinanderpackung zu lagern. Wird mit progressivem Druck gepreßt, so kann die Luft entweichen und die günstigste Lagerung der zumeist faserigen Massen zustande kommen. Von besonderer Bedeutung ist noch die Richtung des Druckes. Es ist ein einseitiger und ein doppelseitiger Druck möglich. Schwer tablettierbare Massen liefern bei einseitigem Druck ungleichmäßig beschaffene Tabletten, indem eine Seite stärker gepreßt ist. Das hierdurch hervorgerufene lästige Abblättern der Tabletten kann durch doppelseitiges Pressen restlos behoben werden.

Faßt man die Ergebnisse der vorherstehenden Überlegungen zusammen, so finden, wir, daß zur Herstellung von genau dosierten, leicht zerfallenden und dennoch genügend festen Tabletten folgende Momente zu beachten sind:

1. Die Tablettenmasse muß neben den Grundsubstanzen Bindemittel, Gleitmittel und Sprengmittel enthalten.

2. Die Tablettenmasse muß mit dem Bindemittel zusammen granuliert werden, wobei die Gleitmittel und die Sprengmittel bereits vorhergehend oder erst den fertigen Körnern zugemischt werden.

3. Das Granulat muß hinsichtlich der Gleitfähigkeit und der Gleichmäßigkeit in seiner Zusammensetzung der Füllvorrichtung entsprechen.

4. Die absolute Größe der Teilchen muß so gewählt werden, daß infolge der Sperrigkeit keine oder nur sehr geringe Dosierungsschwankungen zustande kommen und die Gleitfähigkeit nicht beeinträchtigt wird.

5. Der Kompressionsdruck muß so gewählt werden, daß die Zerfallgeschwindigkeit normal bleibt, aber die Tablette dennoch ausreichende Festigkeit besitzt.

Infolge der individuellen Eigenschaften der Grundstoffe kann die Verwendung von Gleitmittel, Bindemittel oder Sprengmittel oft fortfallen oder nur einzelne von diesen gelangen dann zur Anwendung. Ebenso kann auch die Granulierung in manchen Fällen überflüssig sein.

Von manchen Arzneimitteln müßten infolge der niedrigen Dosis kleine Tabletten hergestellt werden, zu welchen die Maschinen nicht geeignet sind. In solchen Fällen wird die Grundsubstanz mit möglichst leicht tablettierbaren indifferenten Stoffen gestreckt.

A. Die Vorbereitung der Stoffe und die hierzu erforderliche Apparatur.

Wie bereits erwähnt wurde, kann eine ganze Reihe von Substanzen ohne jedwelcher Vorbereitung tablettiert werden. Eine solche Substanz ist z. B. das Natriumchlorid, vorausgesetzt, daß es nicht zu fein pulverisiert und gut getrocknet ist. Ebenso verhalten sich folgende Substanzen: Hexamethylentetramin, Borsäure, Antipyrin, Kalium-, Natrium-, Ammoniumbromid in trockenem Zustand, Kaliumpermanganat, grob pulverisierte pflanzliche Stoffe usw. Ein großer Teil der zu tablettierenden Stoffe muß dagegen aus den einleitend angeführten Gründen granuliert werden.

Es wurde ebenfalls einleitend erwähnt, daß die wirksame Substanz einer Tablette manchmal eine derart kleine Dosis besitzt, daß die Herstellung von Tabletten auf Schwierigkeiten stößt. In solchen Fällen muß die Tablette gefüllt, bzw. die Tablettenmasse gestreckt werden. Hierzu dienen die üblichen Stoffe, wie Zucker und Milchzucker, welche gerade sehr schwierig zu tablettieren sind und auch nach ausreichender Vorbereitung keine leicht zerfallende Tabletten geben. Dies ist besonders beim Zucker der Fall. Weitere Streckmittel sind die Stärke, das Natriumchlorid und das Carbamid. Die letzteren zwei Substanzen haben den Vorteil, ohne jedwelcher Vorbereitung tablettiert werden zu können. Günstig ist auch ihre leichte Löslichkeit in Wasser, wodurch sie zu Injektionstabletten sehr geeignet sind[1].

Das Granulieren ist die wichtigste und gleichzeitig die schwierigste Teilaufgabe des ganzen Tablettierungsvorganges. Der Zweck der Granulierung ist der Tablettenmasse die erforderliche Teilchengröße zu erteilen. Es wird hierbei eine möglichst gleichmäßige Körnung gefordert, welche Forderung nur bei Tablettenmaschinen mit stillstehendem Fülltrichter von geringer Bedeutung ist. Hat man eine Substanz, deren Teilchen größer sind als dies erforderlich, so kann man durch einfaches Vermahlen die kleinere Teilchengröße nicht erhalten, da die üblichen Mahlvorrichtungen sehr viel feines Mehl und alle Übergangsgrößen bis zum gröbsten Korn des Gemisches liefern. Es führt nur ein Umweg zum Ziel; die Substanz wird ganz fein pulverisiert und durch Anfeuchten mit Wasser oder irgendeiner anderen zulässigen Flüssigkeit plastifiziert und durch ein Sieb von gegebener

---

[1] Die Injektionstabletten können niemals steril hergestellt und steril gehalten werden. Es muß stets die aus ihnen gewonnene Lösung sterilisiert werden.

Feinheit gedrückt, wobei nach dem Trocknen die durch das Sieb gefallenen Teilchen ein ziemlich gleichmäßiges Granulat liefern. Da aber die meisten Stoffe ein nach dem Trocknen zerfallendes Granulat geben, wird ein bereits vorher erwähntes Bindemittel zugemischt.

Als Bindemittel können fast alle bei der Pillenherstellung gebräuchlichen in gelöster oder ungelöster Form Verwendung finden, so arabisches Gummi, Traganth, Gelatine, Stärkekleister, Zucker usw. Die erforderliche Menge läßt sich im voraus oder im allgemeinen nicht angeben, sie muß für jede Tablettenmasse empirisch festgestellt werden. Dies bezieht sich sowohl auf die Konzentration, als auch auf die Menge der Lösung. Um überhaupt Granulieren zu können, muß das Pulver bis zu einem bestimmten Grad angefeuchtet werden. Wird zu wenig Flüssigkeit verwandt, so erhält man kein richtiges Granulat, da sehr viel Staub entsteht, nimmt man dagegen zu viel Flüssigkeit zum Anfeuchten, so werden die Siebmaschen verklebt. Es gibt also eine ganz bestimmte nur empirisch ermittelbare Flüssigkeitsmenge, mit welcher das Granulieren einwandfrei durchführbar ist. Die Konzentration der Bindemittellösung läßt sich ebenfalls nur empirisch feststellen. Ist die Lösung zu dünn, d. h. gelangt durch die erforderliche Flüssigkeitsmenge zu wenig Bindemittel in die Masse, so ist das erhaltene Granulat nicht genügend fest und zerfällt nach dem Trocknen. Ist dagegen die Lösung zu stark konzentriert, so wird das Granulat zu fest. Die richtige Konzentration und Menge anzuwenden, ist Sache der Erfahrung, dürfte aber niemals Schwierigkeiten verursachen.

Das Pulverisieren der Stoffe wird mit Hilfe der im Kapitel I beschriebenen Mahlmaschinen durchgeführt, am meisten werden jedoch die zwar langsam arbeitenden, aber ein sehr feines Pulver liefernden Kugelmühlen angewandt. Das Anfeuchten, also das Zusammenkneten des Pulvers mit der Bindemittellösung erfolgt in einer Knetmaschine (vgl. Kapitel V). In besonderen Fällen, wo die Masse das Material der Knetmaschine angreift, ist man gezwungen, das Ankneten in kleinen Mengen (2—5 kg) mit der Hand auf einer Tischplatte auszuführen. Kommen derartige Massen, wie z. B. Weinsteinsäure, häufiger vor, so soll eine verzinnte oder emaillierte Knetmaschine im Betrieb bereit stehen. Das übliche, für sonstige Zwecke geeignete Material der Knetmaschine ist Bronze. Das zu granulierende Pulver wird durchgesiebt (Nr. 30—40/cm) und in die Knetmaschine gefüllt. Es ist wichtig, daß im Pulver keine Knollen oder große Krystalle bleiben, denn sonst werden die Tabletten ungleichmäßig und außerdem gefährden etwaige grobe Krystalle die zur Granulierung dienenden Siebe. Nachdem die Masse genügend angefeuchtet und gleichmäßig ist, hält man die Maschine an und granuliert sofort. Eine besondere Vorsicht ist nur bei der Anwendung von Gelatine geboten. Gießt man nämlich die verflüssigte warme Gelatinelösung auf das in der Knetmaschine befindliche kalte Pulver, so kann sie noch vor der gründlichen Durchmischung erstarren und in der Masse kleine oder größere Klumpen bilden, welche dann beim Pressen die Tabletten fleckig machen. Es ist daher zweckmäßig, das Anfeuchten in einer heizbaren Knetmaschine bei erhöhter Temperatur vorzunehmen. Die Masse kann bis zum restlosen Granulieren entweder in der Maschine aufbewahrt werden, oder aber sie wird in ein verschließbares Gefäß gefüllt. Ist die Menge der Masse nicht zu groß, so kann man sie zur Verhütung des Austrocknens zu großen Kugeln formen.

Zur Erhöhung der Gleitfähigkeit und zur Verminderung des Anhaftens an die Matrize und an die Stempel fügt man der Masse oft bereits vor dem Granulieren Gleitmittel zu. Die Gleitmittel können in zwei Gruppen geteilt werden: 1. Fette und Öle, sowie 2. feste, pulverförmige Gleitmittel, welche durch Druck nicht deformierbar sind.

Die in die erste Gruppe gehörenden Gleitmittel erhöhen zwar das Gleiten und vermindern das Anhaften an die Matrize, fördern aber beim Pressen der Tablette das Aneinanderhaften der Teilchen und tragen daher zur Erhöhung der Tablettenfestigkeit bei. Es gehören hierher folgende Stoffe: Paraffin und Paraffinöl (geruch- und geschmacklos), Stearinsäure, hydriertes Pflanzenfett, Kakaobutter. Die in die zweite Gruppe gehörenden Stoffe vermindern zwar auch das Haften an die Matrize und erhöhen die Gleitfähigkeit, aber die Tablettenfestigkeit wird kaum oder gar nicht erhöht, in manchen Fällen wird sie sogar vermindert. Hierher gehört das Talkum, die Stärke, das Lycopodium und die Borsäure. Während die in die erste Gruppe gehörenden Gleitmittel manchmal bereits vor dem Granulieren der Masse zugemischt werden, werden die in die zweite Gruppe gehörenden erst dem fertigen Granulat beigemengt. Es ist selbstverständlich, daß die Wirkung eines Gleitmittels viel intensiver ist, wenn es nicht auf die ganze Masse verteilt ist, sondern sozusagen mehr an der Oberfläche des Granulats zur Wirkung gelangt. Wird aber aus irgendeinem Grunde das fette oder ölige Gleitmittel vor der Granulierung zugemischt, so erfolgt dies in einer heizbaren Knetmaschine. Die Öle werden zur kalten angefeuchteten Masse, während die festen Fette in geschmolzenem Zustand zur auf den Schmelzpunkt erwärmten Masse gegeben und bis zur gleichmäßigen Verteilung geknetet werden. Mit der kalten Masse kann keine gleichmäßige Verteilung erreicht werden und die in der Masse verbliebenen Fettklümpchen machen die Tabletten fleckig. Da die fetten Gleitmittel die Löslichkeit der Tablette beeinträchtigen, sollen möglichst nur kleine Mengen angewendet werden.

Die fertige Masse wird mit Hilfe von Sieben granuliert. Die Auswahl der Granuliersiebe ist von besonderer Bedeutung, um so mehr, da in der Literatur fast ausschließlich eine Siebnummer Nr. 26/Zoll vorgeschrieben ist. Mit Hilfe dieses Siebes kann man höchstens ein grobes Pulver, aber kein Granulat herstellen. Die richtige Nummer der Siebe ist 10, 12, 14, 16 (d. h. Anzahl der Fäden auf 1 Zoll = 2,54 cm). Das Material der Siebe ist Messingdraht. Für Substanzen, die das Messing angreifen, werden Roßhaarsiebe verwendet. Für Weinsteinsäure kommt Messing nicht in Frage, aber es können Eisensiebe ruhig verwendet werden, da die von der Masse aufgenommenen geringen Eisenmengen nicht stören. Die getrockneten Körner können natürlich ruhig mit Messingsieben abgesiebt werden. Natriumsalicylat wird von den Metallsieben stark verfärbt. Die Siebe werden an einen Eisenrahmen gelötet, welcher die Größe einer Trockenhorde hat. Man kann dadurch direkt über den Horden granulieren und das Granulat gleich annähernd gleichmäßig ausbreiten. Die abgenutzten Siebe können einfach herausgeschmolzen und durch neue ersetzt werden. Der Rahmen muß am Rande mit einer etwa 8 cm hohen Krempe versehen sein, um das Hinunterfallen der Masse beim Granulieren zu verhindern, und hohe Füße besitzen, so daß man die Trockenhorden bequem darunterschieben kann. Noch besser ist es, den Rahmen nicht auf einen Tisch zu stellen, sondern ein besonderes, an allen Seiten freistehendes Eisengestell zu verwenden. Ist der Rahmen sehr groß, so muß das Sieb mittels gekreuzter Eisenbänder unterstützt werden. Das Granulieren selbst wird so durchgeführt, daß man die auf das Sieb gelegte Masse mit der Handfläche zerdrückt und dann unter fortwährendem Mischen durch das Sieb drückt. Es bilden sich an der unteren Fläche des Siebs kleine Stränge, welche aber bei einer bestimmten Länge abreißen. Die abgerissenen Stückchen bilden das Granulat, welches sich auf den Trockenhorden ansammelt und hier mit Hilfe einer kleinen kurzstieligen Harke gleichmäßig verteilt wird. Die Trockenhorden sind aus Holz angefertigt. Um das Werfen zu vermeiden, ist es zweckmäßig, die Hordenplatten aus mehreren Holzschichten mit gekreuzter Faserrichtung zusammenzubauen. Ihre Krempenhöhe beträgt 8—10 cm. Die Zähne der Harke (10 bis 12) werden aus 2 mm dickem Draht hergestellt.

Die soeben beschriebene Anordnung zur Handgranulierung erfordert viel Zeit und schwere Arbeit, weshalb große Betriebe die Granulierung mit Maschinen verrichten. Abgesehen hiervon kann mit Handarbeit nur feucht granuliert werden. Die Maschinengranulierung bedeutet nicht nur eine größere Leistung, sondern auch eine gleichmäßigere Granulierung.

Die Maschinengranulierung ahmt die Handgranulierung nach, indem die angefeuchtete Masse durch ein Sieb gedrückt wird. Derartige Maschinen wurden von der F. J. Stokes Machine Co., Philadelphia, und von Arthur Colton Co., Detroit, USA. konstruiert (Abb. 55). Sie bestehen aus einem muldenförmig gespannten Sieb, in welchem Rollen eine oszillierende Bewegung aus-

Abb. 55. Schwingende Granuliermaschine. (Arthur Colton Co., Detroit, Mich. USA.)

Abb. 57. Reibmaschine (Dührings Patentmaschinen G. m. b. H., Berlin-Lankwitz).

Abb. 56. Rotierende Granuliermaschine (Arthur Colton Co., Detroit, Mich. USA.).

führen und dadurch die Masse durch das Sieb drücken. Das Sieb kann ausgewechselt werden. Die Maschine ist zur Granulierung von Zucker, viel Zucker enthaltenden Massen oder Extrakten nicht geeignet. Hierzu eignet sich die Rotationsmaschine der Arthur Colton Co., Detroit (Abb. 56). Diese besteht aus einem Zylin-

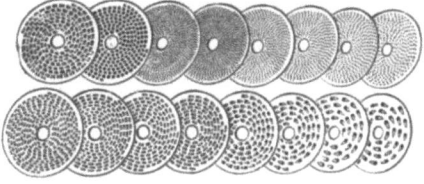

Abb. 58. Reibscheiben mit verschiedener Lochung.

der, dessen unterer Teil aus einer gelochten Ringplatte besteht. Die in den Zylinder gefüllte Masse wird von rotierenden Schaufeln bzw. Messer durch die Lochplatte gedrückt und hierdurch granuliert. Es können Ringe mit verschiedener Lochung in die Maschine eingesetzt werden. Ähnlich sind die in Europa hergestellten, aber mit horizontaler Reibscheibe arbeitenden Granulier- oder Reibmaschinen. Sie sind im allgemeinen weniger gut brauchbar und dienen in erster Linie für Zuckergranulierung (Abb. 57, 58).

Die Erfahrung zeigte, daß die trockene Granulierung in manchen Fällen der feuchten weit überlegen ist. Eine Grundbedingung ist aber, daß die mit dem

Bindemittel angefeuchtete Masse vollkommen ausgetrocknet wird. Hygroskopische Massen sind also für die trockene Granulierung nicht brauchbar. Getrocknet wird am besten im Vakuumtrockenschrank (vgl. Kapitel XIII). Die steinhart getrocknete Masse wird sodann in einer speziellen, ein gleichmäßiges Mahlprodukt liefernden Mühle vermahlen. Eine solche Mühle ist die Coltonsche Dreiwalzenmühle (Abb. 59). Die drei Walzen rotieren mit verschiedener Geschwindigkeit und sind so gruppiert, daß die Substanz sie erst dann verläßt, wenn der gewünschte Feinheitsgrad erreicht ist. Die Korngröße kann durch den Walzenabstand geregelt werden. Ein wesentlicher Nachteil der Maschine ist, daß sie nicht alle Substanzen zu granulieren vermag, es muß für jede Art von Massen eine besondere Walze zur Anwendung gelangen. So z. B. werden für Zucker glatte Walzen mit Abkratzmesser, für nicht haftende und leicht gleitende Massen geriffelte Walzen benutzt. Es läßt sich nur empirisch feststellen, ob eine Masse mit dieser Maschine gleichmäßig granuliert werden kann. Ein weiterer Nachteil dieser Maschine ist der verhältnismäßig hohe Kraftverbrauch von 5 PS, während ein feuchter Granulator nur $1-1^1/_2$ PS erfordert.

Abb. 59. Dreiwalzenmühle zum trockenen Granulieren (Arthur Colton Co., Detroit, Mich. USA.).

Die trockene Granulierung ist auch dann von Bedeutung, wenn gewisse Substanzen zwecks Granulierung nicht angefeuchtet werden dürfen, oder auch wenn man an Stelle von Wasser den teuren Alkohol verwenden müßte. In solchen Fällen wird die pulverisierte Masse mit entsprechenden Tablettenmaschinen zu großen Briketts gepreßt und trocken granuliert.

Das auf feuchtem Wege hergestellte Granulat muß vor dem Pressen getrocknet werden. Dies kann in einem Lufttrockenschrank oder in einem direkten Trockenraum bei etwa 40° C erfolgen. In einzelnen Ausnahmefällen darf nur bei Zimmertemperatur oder aber muß bei über 40° C liegenden Temperaturen getrocknet werden. Das getrocknete Granulat wird nunmehr der Füllvorrichtung entsprechend weiter behandelt. Muß man ein gleichförmiges Granulat haben, so siebt man das feinere Pulver ab (Siebnummer 10—20/cm). Für stillstehende Fülltrichter wird entweder gar nicht, oder aber wird nur ein Teil der feineren Körner abgesiebt.

Wurde der Masse vor dem Granulieren kein Fett als Gleitmittel beigemischt, so wird dies jetzt nachgeholt. Man spritzt auf das ausgebreitete Granulat das in Alkohol oder in Äther gelöste Fett, z. B. Kakaobutter, und läßt das Lösungsmittel verdunsten. Dieses Verfahren ist nur dann brauchbar, wenn man kleine Mengen des Granulats zu behandeln hat. Größere Granulatmengen werden in erwärmtem Zustand (z. B. im Trockenraum) mit dem geschmolzenen Fett gut vermengt. In den meisten Fällen kommt man mit 0,5% Fett aus, es sind aber Substanzen, die weit mehr Fett erfordern. So z. B. muß dem zur Herstellung von Tabletten vielfach benutzten Zucker $2-2^1/_2$% Fett beigemengt werden, um das Verkleben der Matrize zu verhindern. Dem Granulat fügt man auch in fein gepulvertem Zustand das pulverförmige Gleitmittel zu. Als solches kommt hauptsächlich das bei 40—50° C getrocknete Talkum in Betracht. Das Talkum hat den Nachteil, die Schleimhäute anzugreifen, weshalb einzelne Arzneibücher, wie das ungarische, seine anwendbare Menge begrenzen. Die vom ungarischen Arzneibuch festgesetzte Grenze von 2% ist entschieden zu niedrig, wogegen man mit höchstens 3% in allen Fällen gut auskommen könnte. Insofern es die Farbe der Tabletten ermöglicht, kann auch Lycopodium benutzt werden. Beide Gleitmittel sind ungünstig, wenn die Tablette sich in Wasser klar lösen sollte. Es wird sodann hierzu feinpulverisierte Borsäure verwandt. Es ist oft vorteilhaft, mit Kakaobutter geölte Stärke als Gleitmittel zu verwenden. Die 10% Kakaobutter enthaltende und in der Praxis Stärkekomposition (Amylum compositum) genannte Stärke wird so hergestellt, daß man zur vorgewärmten Stärke die berechnete Menge geschmolzener Kakaobutter zugießt, gründlich vermischt und verreibt (Knetmaschine oder Hand). Mit dieser Stärkekomposition können sehr viele grob pulverisierte Substanzen ohne sonstige Vorbereitung tablettiert werden.

Zur Erhöhung der Zerfallgeschwindigkeit wird zum Granulat ein Sprengmittel zugefügt, welches in den meisten Fällen durch seine Quellung im Wasser wirksam ist. In seltenen Fällen ist es zulässig oder möglich, die Tablette durch Gasentwicklung zum Zerfall zu bringen. Die Wirkung des Gases sieht man bei brausenden Limonadentabletten, deren Grundsubstanz Weinsteinsäure oder Citronensäure und Natriumbicarbonat ist. Die Magnesiumsuperoxydtabletten werden von dem sich entwickelnden Sauerstoff gesprengt. Eine allgemeinere Anwendung können die infolge ihrer Quellbarkeit wirkenden Zusätze finden. In Amerika soll angeblich schneeweißes Gelatinepulver verwendet werden, von manchen Seiten wird dagegen Carragheen empfohlen. Praktische Anwendung findet die Formaldehydgelatine (Gelonida), welcher eine besonders gute Wirkung zugeschrieben wird. In der letzten Zeit wurde auch Hydrocellulose vorgeschlagen (D.R.P. 311148). In der Praxis bewährte sich am besten doch die Stärke, und zwar die Kartoffelstärke, welche zu 5—15% der Tablettenmasse beigemischt werden kann. Es wird eine schneeweiße einwandfreie Qualität benutzt, welche keine Verunreinigungen enthält, völlig geruchlos ist und im ursprünglichen Zustand einen nicht über 17—18% liegenden Wassergehalt aufweist. Die Stärke wird dem Granulat in getrocknetem Zustand zugemischt. Von besonderer Wichtigkeit ist die Trockentemperatur, indem die Wirkungslosigkeit der Stärke zumeist die Folge der angewandten zu hohen Trockentemperatur ist. Ausgeführte Versuche haben eindeutig ergeben, daß über 100° C getrocknete Kartoffelstärke unbrauchbar ist, da sie ihre rasche Quellfähigkeit bei normaler Temperatur teilweise oder ganz einbüßt. Es wurde auch gefunden, daß eine zwischen 40 und 50° C liegende Trockentemperatur die günstigste ist, bei welcher Temperatur eine 2—3tägige Trockendauer erforderlich ist. Die mit bei 100° C getrockneter Stärke hergestellten Tabletten verlieren nach einigen Monaten ihre Fähigkeit in Wasser zu zerfallen, während die mit bei 50° C getrockneter Stärke hergestellten Tabletten diese Fähigkeit auch jahrelang beibehalten. An Stelle der Kartoffelstärke kann auch Agar-Agar zu 3—4% den Tabletten zugemischt werden. Agar hat eine sehr kräftige Tablettensprengwirkung.

Die pulverförmigen Gleitmittel und die Sprengmittel werden im Trockenschrank stets auf 40° C vorrätig gehalten.

Die so vorbereitete Tablettenmasse ist zum Pressen fertig.

B. Die Tablettenmaschinen.

Das Grundprinzip sämtlicher Tablettenmaschinen wurde an Hand von Abb. 54 bereits einleitend erörtert. Auch wurde gezeigt, daß es mit Rücksicht auf die Füllvorrichtung im Prinzip zweierlei Grundtypen der Tablettenmaschinen gibt:

1. Tablettenmaschinen mit stillstehender Matrize und beweglichem Fülltrichter sowie

2. Tablettenmaschinen mit beweglicher Matrize und stillstehendem Fülltrichter.

Diese beiden Typen werden sonst schlechthin Exzenter- und Rotationsmaschinen genannt. Indessen ist nicht diese Benennung für die Maschinen charakteristisch. Exzenter oder Rotation sind lediglich Hilfsmittel zur technischen Lösung eines höheren Prinzips, ganz abgesehen davon, daß die Einteilung in „Exzenter"- und „Rotations"-Maschinen nicht von einem einheitlichen Standpunkt aus erfolgte, denn das Wort „Exzenter" will die Art der Druckentfaltung, das Wort „Rotation" aber die Art der Dosierung bezeichnen. Dabei ist es aber so, daß nicht alle mit stillstehender Matrize konstruierten Maschinen Exzentermaschinen sein müssen.

Wesentlich sind dagegen folgende technische Momente:

Eine Tablettenmaschine mit feststehender Matrize und beweglichem Fülltrichter konnte am technisch einfachsten nur so konstruiert werden, daß der Trichter eine alternierende Bewegung ausführt und die Matrize zeitweilig überdeckt, sie dabei anfüllt und dann für den oberen Stempel wieder freilegt. Eine Tablettenmaschine mit beweglicher Matrize hätte als Umkehrung der obigen Konstruktion so konstruiert werden können, daß der Fülltrichter stillsteht und die Matrize sich alternierend bewegt. An Stelle dieser wurde aber rechtzeitig eine technisch viel elegantere und vollkommenere Konstruktion gefunden, nämlich die rotierende Matrize. Es befindet sich eine größere Anzahl von Matrizen in einer rotierenden Scheibe, an deren einen Stelle sich der fixe Fülltrichter befindet. So oft nun eine Matrize unter den Trichter gelangt, wird sie gefüllt. Die erste Konstruktion mit dem sich alternierend bewegenden Fülltrichter würde wegen den eingangs mitgeteilten Schwierigkeiten nur dann eine große Geschwindigkeit (Anzahl der Füllungen in der Minute) erlauben, wenn die Granulierung ideal gleichmäßig wäre. Die stets vorhandene Ungleichmäßigkeit und dann die durch den stoßweise arbeitenden Trichter hervorgerufenen starken Erschütterungen verhindern aber die Häufung der minutlichen Füllungen. Aus diesem Grunde verrichten solche Maschinen nur 15—35 Füllungen in der Minute. Eine einzige Ausnahme bildet hier die Kiliansche Kniehebel-Rollenpresse, die 50 Füllungen in der Minute ausführt. Anders ist es bei den mit ruhendem Fülltrichter arbeitenden Maschinen. Erschütterungen sind nicht vorhanden, die Inhomogenität des Granulats ist praktisch vermieden, und demzufolge können 200—400 Füllungen in der Minute verrichtet werden, ohne das Granulat vorher sorgfältigst absieben zu müssen. Ein beweglicher Fülltrichter könnte dies auch dann nicht leisten, wenn hier eine so schnelle alternierende Bewegung praktisch möglich wäre. Eine interessante Zwischenkonstruktion zwischen genannten Typen stellen die Stokes- und Colton-Maschinen dar. Hier ruht die Matrize und ebenso der eigentliche Fülltrichter und nur ein am Fülltrichter unten angebrachter Füllschnabel führt eine alternierende Bewegung aus. Da aber der eigentliche Fülltrichter ruhig steht, kann für ausreichendes Mischen gesorgt werden und mit dem Verschwinden der Empfindlichkeit gegenüber der Ungleichmäßigkeit des Granulats kann die Anzahl der Füllungen auf 100 in der Minute gesteigert werden. Es ist dieses technische Ergebnis eine Bestätigung der einleitend erörterten Theorie der Funktion der Tablettenmaschinen. Aber auch eine ausgedehnte Experimentalarbeit[1] konnte zeigen, daß die Dosierungsgenauigkeit für ungleichmäßiges Granulat bei Maschinen mit beweglichem Trichter und stehender Matrize viel kleiner ist als bei Maschinen mit ruhendem Trichter und beweglicher Matrize. Die Genauigkeit der Colton-Stokes-Maschinen liegt zwischen beiden.

---

[1] Zur Zeit noch nicht veröffentlichte Untersuchungen von J. Weichherz.

Nachdem die Funktion der beiden Maschinentypen grundsätzlich klargelegt wurde, wollen wir uns mit den einzelnen Typen etwas eingehender befassen.

Die Tablettenmaschinen mit beweglichem Trichter und ruhender Matrize sind im wesentlichen in zwei Ausführungen bekannt: 1. Exzenter-Pressen und 2. Kniehebel-Rollenpressen. Beide Ausführungen unterscheiden sich nur in der Druckvorrichtung.

Die Exzenterpressen sind die verbreitetsten Maschinen. Ihre Konstruktion läßt sich wie folgt beschreiben. Die Bewegung des Fülltrichters und der beiden Stempel erfolgt zwangsläufig von der Hauptwelle der Maschine aus. Der obere Stempel steht mit einem verstellbaren, von der Hauptwelle getragenen Exzenter in Verbindung, wodurch der Stempel eine gleichmäßige harmonische Bewegung in vertikaler Richtung ausführt. Der untere Stempel wird von einer ebenfalls an der Hauptwelle sitzenden Nocke mittels Hebelübertragung und einer Feder stoßweiße in Bewegung gesetzt. Zur Bewegung des Füllschuhs befindet sich an der Hauptwelle eine Scheibe, welche einen Hebel zwangsläufig führt. Der Hebel ist mit dem Füllschuh verbunden und ruft seine alternierende Bewegung hervor. Die zwangsläufigen Führungen und Nocken sind so angeordnet, daß ein genaues Zusammenarbeiten der beweglichen Teile zustandekommt. Die Zusammenarbeit der Teile bringt folgende Funktion mit sich: 1. Der untere Stempel steht soweit hoch, daß sein Rand in der Matrizenebene liegt, der obere Stempel ist hochgezogen, der Füllschuh ist über der Matrizenöffnung, 2. der Füllschuh bleibt stehen, der untere Stempel zieht sich in seine tiefste Lage, der obere Stempel ist ganz hochgezogen. Das ist die Füllperiode: 3. Der Füllschuh zieht sich zurück und legt die gefüllte Öffnung frei, der untere Stempel befindet sich noch immer in seiner tiefsten Lage, der obere Stempel bewegt sich nach unten und dringt in die Matrize. Das ist die Kompressionsphase. 4. Der obere Stempel wird hochgezogen, der untere Stempel hebt sich bis zur oberen Fläche der Matrize, die gepreßte Tablette wird ausgestoßen, der Füllschuh bewegt sich vorwärts, 5. der Füllschuh stößt die Tablette vom Stempel nach vorwärts auf eine schiefe Gleitfläche, von wo sie in ein Sammelgefäß gelangt, der untere Stempel ist noch in seiner höchsten Lage. Diese Phase ist mit der ersten identisch.

Betrachten wir nun die einzelnen wichtigen Teile der Maschine. Die Matrize ist eine Stahlplatte, in welcher eine zylindrische Öffnung gebohrt ist. Die Bohrung entspricht in ihren Maßen der Tablette. Die Matrize ist zumeist kreisrund und kann mittels einer oder zwei Schrauben in eine entsprechende Öffnung der Tischplatte der Tablettenmaschine eingeschraubt werden. Von der unteren Seite dringt der untere Stempel in die Matrize. Der Stempel selbst ist etwas schmäler im Durchmesser als die Matrize und kann sich daher in ihr bewegen. Der Stempel ist mittels Schraube oder Bajonettfassung an einen Stempelschaft befestigt. Der Stempelschaft wieder ruht unten entweder auf einer Feder, einem mittels Schraube verstellbaren Hebel, Keil, oder auf einem ebenfalls verstellbaren Fußlager. Durch Verstellen der unteren Lagerung des Stempelschaftes kann die Höhenlage des Stempels und gleichzeitig das Füllvolumen geregelt werden. Die Fußlagerung des Stempelschaftes wird, wie erwähnt, zwangsläufig mittels Nocken oder Zwangsbahnen und Hebelübertragung gehoben, während das Zurückziehen in die tiefste Lage mittels einer Feder erfolgt. Seine höchste Lage kann so sein, daß der Stempelrand mit der Matrizenebene zusammenfällt, die tiefste Lage entspricht der durch die Verstellung des Fußlagers des Stempelschaftes bedingten Höhenlage. Der obere Stempel verrichtet eine gleichförmige harmonische Bewegung mit der Maßgabe, daß der tiefste Punkt, den er erreicht, den beim Pressen entfalteten Druck bestimmt, nachdem die Lage des Unterstempels in der Kompressionsphase konstant ist. Durch Verstellung des Exzenters wird der tiefste Punkt und somit der

Druck abgeändert. Der obere Stempel ist ebenfalls in einen Stempelschaft eingefaßt, welcher mit einer in einem vertikalen Lager beweglichen Stange in Verbindung steht. Das obere Ende der Stange trägt ein Gelenk, welches mit dem Exzenter verbunden ist. Dieses Verbindungsstück verwandelt mit Hilfe des Exzenterringes die kreisförmige Bewegung der Welle in eine alternierende geradlinige Bewegung. Am Exzenterkopf befindet sich eine Skala mit Zeiger, mit deren Hilfe ein jeder zur Anwendung gelangende Druck reproduzierbar ist.

Der Füllschuh liegt mit seinem unteren Ende auf der glattpolierten Ebene der Matrize und der Arbeitsplatte. An beiden Seiten des Füllschuhes befindet sich eine Zahnradführung, auf welcher zwei, zum Rührwerk des Füllschuhes gehörende Zahnräder aufliegen. Wird der Füllschuh auf der Platte fortbewegt, so wird das Rührwerk von der Zahnradführung zwangsläufig ebenfalls in Bewegung gesetzt. Das Rührwerk dreht sich entsprechend der Füllschuhbewegung auch alternierend.

Die Matrize und der Stempelschaft kann auch für mehrere nebeneinander liegende Stempel gebaut sein, so daß in jeder Füll- und Preßperiode gleichzeitig mehrere Tabletten gepreßt werden. Die Höchstzahl der Stempel hängt von der Tablettengröße und von dem Druck ab, welchen die Maschine zu entfalten vermag. Die Gesamtfläche der Stempel kann niemals die Fläche der größten zulässigen Tablette überschreiten.

Die Exzenterwelle wird durch eine Riemenscheibe und Zahnradübertragung angetrieben. Es kann entweder eine Festscheibe und eine Leerlaufscheibe vorhanden sein oder aber die Riemenscheibe wird mittels einer Klauen-Kupplung ein- und ausgeschaltet. Manche Konstruktionen haben auch ein kleines Handrad, welches die Maschine auch ohne Riemenscheibe in Betrieb zu setzen erlaubt.

Bezüglich der Füllgröße sei erwähnt, daß diese im allgemeinen nur bei stillstehender Maschine verstellbar ist. Einzig die Maschinen von Hennig & Martin erlauben die Verstellung des Füllvolumens bei im Gang befindlicher Maschine mittels eines Handrades.

Die Hauptwelle und die Exzenterwelle der Exzentermaschinen sind bei gut konstruierten Maschinen zweimal gelagert und zwar so, daß der Exzenter sich zwischen den beiden Lagern befindet. Maschinen mit einem Lager werden einseitig belastet und deformieren sich sehr leicht, da der den Druck entfaltende Exzenter nur von einer Seite und ungenügend unterstützt ist. Eine Ausnahme bilden nur die weiter unten besprochenen Coltonschen und Stokesschen Exzentermaschinen, deren Exzenter auch einseitig, aber doch doppelt gelagert ist, und außerdem sind diese Maschinen

Abb. 60. Tablettenkomprimiermaschine („Engler", Maschinenfabrik G. m. b. H., Wien X).

hinreichend kräftig gebaut. Eine ähnliche Konstruktion besitzt eine kleine Tablettenmaschine der Engler G. m. b. H., Wien X (Abb. 60). Die normale Exzentermaschine übt einen einseitigen starren Druck auf die Tablette. Bei einigen Maschinen ist der Unterstempel federnd gelagert, so daß diese beim Pressen nach unten weicht und der Maximaldruck nicht plötzlich einsetzt. Allerdings steigt der Druck nicht allmählich von null, sondern vom Federdruck auf das Maximum. Die Progression des Druckes verläuft aber in sehr kurzer Zeit, so daß die Wirkung unzureichend ist. Man hat deshalb eine Stufendruckkonstruktion herangezogen, welche wiederholt mit zunehmendem Druck komprimiert (Progressivmaschine von Tietz & Co., Berlin). Diese Konstruktion würde auch bei schwierig preßbaren Tablettenmassen ausreichen, wenn gleichzeitig ein jeder Einzeldruck progressiv wäre und der Maximaldruck der Exzentermaschinen höher

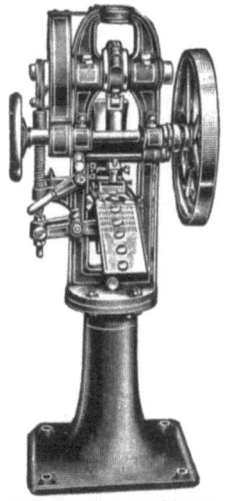

Abb. 61. A 1 g-Tablettenkomprimiermaschine der Dührings Patentmaschinen-Ges., Berlin-Lankwitz.

Abb. 62. Tablettenkomprimiermaschine A 2 g, Zwillingssystem der Dührings Patentmaschinen-Ges., Berlin-Lankwitz. Vorderansicht.

Abb. 63. Tablettenkomprimiermaschine A 2 g, Zwillingssystem der Dührings Patentmaschinen-Ges., Berlin-Lankwitz. Rückansicht.

wäre. Es wurde auch versucht (Stokes & Co.) die Exzentermaschine auf doppelseitigen Druck einzurichten, aber die betreffenden Konstruktionen haben sich wegen ihrer Schwerfälligkeit nicht bewährt.

Es seien hier nunmehr einige typische Exzentermaschinen angeführt, deren Konstruktion sich mit der andrer Maschinen wesentlich deckt und höchstens in Größe und Leistungsfähigkeit abweicht.

Eine der bekanntesten Maschinen ist die Dühring A 1 g-Maschine (Abb. 61) der Dührings Patentmaschinen G. m. b. H. Berlin. Die sehr kräftig gebaute und sehr hohen Druck entfaltende Maschine kann Tabletten bis zum Durchmesser von 50 mm herstellen und ist deshalb auch zum Brikettieren geeignet. Die Einstellung des Füllvolumens ist etwas schwerfällig und erfolgt mittels eines Keiles und zwei Gegenschrauben. Nachdem die Gegenschrauben gelockert sind, kann der Keil bewegt und hierdurch die Höhenlage des Unterstempels abgeändert werden. Zur Fixierung der einmal eingestellten Lage werden die Gegenschrauben fest angezogen. Trotz dieses Mangels ist die Maschine eine der brauchbarsten. Dieselbe Firma baut auch Zwillingsmaschinen mit zwei Druckexzentern (Abb. 62, 63), zwei Matrizen und zwei Füllschuhen, so daß theoretisch zweierlei Substanzen gleichzeitig tablettiert werden können. Diese sehr viel leistende

A 2 g-Maschine hat einen wesentlichen Konstruktionsfehler, wodurch die Dosierung ungenau wird. Die unteren Stempel werden nämlich gemeinsam nach unten gezogen, und zwar so, daß die unteren Stempelschäfte miteinander verbunden sind. Da aber die Verbindung nicht starr ist, kann der eine Schaft etwas zurückbleiben, wodurch dann eben eine ungleichmäßige Füllung zustande kommt. Dieser Fehler tritt bei klebenden Substanzen in sehr starkem Maße hervor. Trotzdem die Maschine zum gleichzeitigen Pressen von zweierlei Tablettenmassen eingerichtet ist, kann hiervon nur abgeraten werden, da keine einzige Maschine ganz staubfrei arbeitet, und außerdem sammelt sich am Matrizentisch immer eine kleine Menge der Tablettenmassen an, welche sich dann vermischen. Hiervon abgesehen leistet diese Maschine ebenso gute Dienste, wie die A 1 g-Maschine.

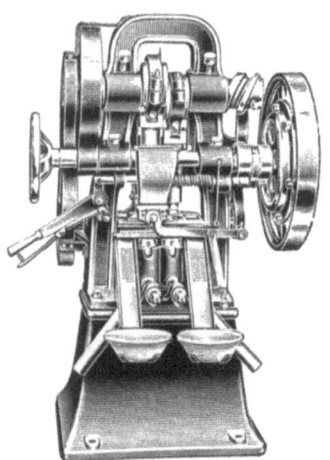

Abb. 64. Tabletten-Hochleistungs-Maschine A II D, Zwillingsystem der Dührings Patentmaschinen-Ges., Berlin-Lankwitz, Rückansicht.

Während die zwei Preßexzenter der A 2 g-Maschine gleichzeitig arbeiten, ist bei der Hochleistungsmaschine A II D (Abb. 64) ein Phasenunterschied vorhanden. Ihre Leistung beträgt etwa das Doppelte der A 2 g-Maschine. Hierzu mußte auch noch die Bewegung des Füllschuhes abgeändert werden. Die normale alternierende Bewegung des Füllschuhes wird senkrecht zur Exzenterwelle aus-

Abb. 65. Tablettenkomprimiermaschine Modell II der Maschinenfabrik Hennig & Martin, Leipzig. Vorderansicht.

geführt, weshalb die beiden Matrizen der A 2 g-Zwillingsmaschine gleichzeitig gefüllt werden und die Exzenter synchron pressen müssen. Bewegt sich aber der Füllschuh parallel zur Exzenterwelle, wie dies bei der A II D-Maschine auch der Fall ist, so kann in der einen extremen Lage die erste, in der anderen extremen Lage die zweite Matrize gefüllt werden. Dementsprechend kann das Pressen nicht synchron, sondern nur mit Phasenverschiebung (180°) erfolgen. Die zwangsläufige Führung des Füllschuhes ist auf der Abbildung deutlich zu sehen. Die fertigen Tabletten werden nicht am Tischrand, sondern durch zwei Öffnungen des Tisches auf die Gleitfläche abgestoßen. Der Kraftverbrauch beträgt $1^1/_2$ bis

Abb. 66. Tablettenkomprimiermaschine, Modell II, der Maschinenfabrik Hennig & Martin, Leipzig. Rückansicht.

2 PS, also bei doppelter Leistung nur ebensoviel, wie der der A 2 g-Zwillingsmaschine.

Die Firma Dühring stellt auch kleinere Maschinen derselben Bauart her, welche zur Herstellung von kleinen Tabletten vorzüglich geeignet sind, so die A 1 k, die Citropress Kg und die „Simplex"-Citropress-Maschinen.

Die Maschinen der Firma Hennig & Martin in Leipzig sind sehr massiv und für hohen Druck gebaut. Die Hauptwelle der kleineren Maschinen ist nur einmal, bei dem größeren Typ ist sie aber ebenfalls doppelt gelagert (Abb. 65, 66). Diese Maschinen haben gegenüber allen anderen Exzenterpressen den großen Vorteil, daß das Füllvolumen auch bei im Gang befindlicher Maschine mittels eines Handrads abgeändert werden kann.

4*

Den Dühringschen Maschinen ähnlich sind die der Firmen Tietz & Co., Berlin, E. A. Lentz, Berlin, und Komprimiermaschinengesellschaft m. b. H. Berlin. Von diesen soll die Progressiv-Presse der Firma Tietz & Co. besonders erwähnt werden (Abb. 67, 68). Bei dieser Maschine übt der obere Stempel zunächst einen dreifachen Vordruck auf die Tablette. Der nur kurz dauernde Vordruck ist schwach, hierauf folgt erst der volle Druck. Die Progressiv-Maschine ist, wie bereits erwähnt wurde, besonders bei voluminösem, schwer preßbarem Pulver vorteilhaft und kann auch zum Vorpressen gebraucht werden. Diese Druckentfaltung wird dadurch erreicht, daß der Exzenter mit dem oberen Stempel nicht starr verbunden ist. Dieser wird mittels einer Feder hochgezogen und zwecks Druckentfaltung von der Exzenterscheibe niedergedrückt. Denselben Zweck wollen die Dühringschen Zwillingmaschinen und die Hennig & Martinschen Maschinen durch federnde Lagerung des Unterstempels erreichen, so daß dieser mit beginnendem Druck nach unten weicht und den Druck dadurch nur allmählich ansteigen läßt.

Abb. 67. Progressive Tablettenkomprimiermaschine „Tietzco" Modell E 7. Vorderansicht. (Tietz & Co., Berlin.)

Die Zwangsführung des Füllschuhes und des Unterstempels ist besonders aus den Abb. 63, 64, 66 und 68 zu ersehen.

Abb. 68. Progressive Tablettenkomprimiermaschine „Tietzco" E 7. Rückansicht. (Tietz & Co., Berlin.)

Bei Tablettenmaschinen mit beweglichem Füllschuh wurde mit der Kniehebel-Rollenpresse (K. R. P.) der Maschinenfabrik Fritz Kilian, Berlin-Hohenschönhausen der erste Schritt getan, um den starren Druck der Exzenterpressen durch einen progressiven Druck zu ersetzen (Abb. 69). Die ganz originelle Konstruktion hat aber nicht nur den progressiven Druck als Vorteil gegenüber den Exzentermaschinen mit sich gebracht, sie übt einen zweifachen nicht starren Druck aus, welcher sogar bei 20 mm Tabletten etwa 11 000 kg beträgt. Demgegenüber beträgt der Druck bei Exzentermaschinen für 20 mm Tabletten nur 5000 kg. Die Kniehebel-Rollenpresse kann demnach auch die ganz schwierigen Massen, wie z. B. elastische Pflanzenpulver komprimieren. Diese Presse wendet das in der Tablettenmaschinenkonstruktion neue Prinzip des Kniehebels an. Der Kniehebel ist schwingend angeordnet und führt an seinem oberen Teil eine drehbare Walze. Der von einer Riemenscheibe angetriebene Kniehebel führt eine pendelnde

Abb. 69. Kniehebel-Rollen-Tablettenpresse (Maschinenfabrik Fritz Kilian, Berlin-Hohenschönhausen).

Bewegung aus, wodurch die Walze zweimal über den Stempel rollt und so den doppelten Druck entfaltet. Der Kniehebel bewegt außerdem zwangsläufig den Fülltrichter und den Stempel, wie dies von der Abbildung deutlich zu entnehmen ist. Der Füllschuh ist mit der oberen Stempelführung und mit dem Kniehebel verbunden. In den extremen Lagen wird der Füllschuh verschoben, wodurch der Stempel sich automatisch senkt oder hebt. In der tiefsten Lage des Stempels rollt dann die Walze über ihn hinweg. Das Füllvolumen kann durch die übliche Verstellung des unteren Stempels geregelt werden und zwar mit Hilfe eines Schraubenganges. Zur annähernden Einstellung des Füllungsgrades dient eine Skala mit Zeiger. Die Bewegung des unteren Stempels erfolgt auf dem üblichen Wege. Die Füllgeschwindigkeit be-

Abb. 70. Exzenter-Tablettenmaschine F
(F. J. Stokes Machine Co., Philadelphia USA.).

Abb. 71. Exzenter-Tablettenmaschine 3 B
(Arthur Colton Co., Detroit, Mich. USA.).

trägt in der Minute 50, sie ist also für Maschinen mit beweglichem Füllschuh relativ hoch. Die Maschine erfordert dementsprechend eine sehr gleichmäßige Granulierung. Der Durchmesser der herstellbaren Tabletten liegt zwischen 3 und 24 mm. Unterhalb 9 mm Tabletten kann die Maschine mit 3 Stempeln arbeiten, so daß die Leistung in der Minute 150 Tabletten beträgt. Eine normale Exzenterpresse leistet mit einem Stempel höchstens 35 Tabletten, also mit 3 Stempeln nur 105 Tabletten in der Minute. Für 10—13 mm Tabletten kommen 2 Stempel und oberhalb 14 bis 24 mm nur mehr ein Stempel in Betracht. Der Kraftverbrauch beträgt $1/3$ PS.

Die Stokesschen und Coltonschen Maschinen bilden, wie bereits angedeutet wurde, einen Übergang zu den Maschinen mit stillstehendem Füllschuh und demgemäß konnte ihre Füllgeschwindigkeit gegenüber den anderen Exzentermaschinen wesentlich gesteigert werden. Diese Maschinen unterscheiden sich im wesentlichen von den Exzentermaschinen nur im Fülltrichter, denn sie sind auch Exzentermaschinen. Der Druckexzenter liegt aber nicht zwischen beiden Lagern der Hauptwelle. Der stillstehende Fülltrichter endet unten in einem kleinen Füllschnabel, der auf dem Matrizentisch eine pendelnde Bewegung ausführt und dabei die Matrize alternierend freilegt und zwecks Füllen überdeckt. Die Bewegung des Schnabels erfolgt ebenso zwangsläufig, wie die Bewegung des Fülltrichters bei den sonstigen Exzenterpressen. Die Bewegung des Unterstempels wird auch zwangsläufig von der Hauptwelle aus verrichtet. Diese konstruktiven Teile und die Anordnung sind aus Abb. 70, welche die Tablettenmaschine F der F. J. Stokes Machine Co., Philadelphia USA. darstellt, gut ersichtlich. Ganz ähnlich aber vielleicht etwas moderner in der Ausführung sind die Maschinen der Firma Arthur Colton Co, Detroit, USA. Abb. 71 stellt die Coltonsche 3 B-Maschine dar. Vor dem Pressen wird der obere Rand des unteren Stempels mittels der Schraubenmutter D in die Ebene der oberen Matrizenfläche gestellt. Das Füllvolumen

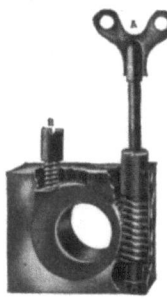

Abb. 72.
Druckregulierung der Coltonschen Exzenter-Tablettenmaschinen.

wird durch die Schraubenmutter E geregelt. Die Druckregulierung wird mittels der Flügelschraube A (vgl. auch Abb. 72) ausgeführt. Die Flügelschraube ist zu einer Schneckenschraube ausgebildet und verstellt den Bronzeexzenterring. Nachdem der Druck eingestellt ist, fixiert man zur Schonung der Schraube A, den Exzenterring mit Schraube B. Die Füllgeschwindigkeit beträgt bei den kleineren Maschinen 90—100 Füllungen in der Minute, bei den größeren nur 50—60. Die kleineren Maschinen stellen Tabletten bis etwa 25 mm her. Es kann auch mit mehreren Stempeln gleichzeitig gearbeitet werden. Der Kraftverbrauch beträgt 1—2 PS. Die Stokes und Colton-Maschinen haben gegenüber den europäischen Exzentermaschinen die wesentlichen Vorteile der bedeutend größeren Leistung infolge des stillstehenden Füllschuhs, der genaueren Dosierung und der Unempfindlichkeit gegenüber den Ungleichmäßigkeiten der Granulierung. Sie haben aber den gemeinsamen Nachteil des starren Druckes.

Die mit vollkommen stillstehendem Füllschuh ausgerüsteten Rotations-Tablettenmaschinen haben eine noch größere Leistungsfähigkeit und dosieren noch exakter als die Stokes-Colton-Maschinen. Die Rotationsmaschinen sind derart konstruiert, daß sich eine Anzahl Matrizen und Stempelpaare, letztere oben und unten zwangsläufig geführt, mit der rotierenden Matrizenscheibe in gleicher Richtung bewegen. An der einen Seite der Maschine werden die Matrizen automatisch gefüllt, um an der anderen Seite die Füllung zwischen rollenden Walzen zu pressen. Neben der Füllvorrichtung (Füllschuh und rotierende Matrize) ist das wesentlichste Merkmal die zur Entfaltung des Druckes dienende Konstruktion. Der Druck wird nicht mittels eines Exzenters, sondern mittels Walzen ausgeübt. Es gibt eine ganze Reihe von Rotationsmaschinen-Konstruktionen, von welchen hier aber nur drei als die bekanntesten und bestbewährtesten eingehend besprochen werden, nämlich die Doppelpresser-Tablettenmaschinen der Maschinenfabrik Fritz Kilian, Berlin-Hohenschönhausen, die Rotationsmaschinen der Arthur Colton Co, Detroit USA. und die der F. J. Stokes Machine Co, Philadelphia USA. Der Antrieb aller drei Systeme erfolgt mittels Schneckengetriebe.

Die Kilianschen Doppelpresser pressen die Tabletten nicht nur von oben, wie dies die Exzentermaschinen oder die Kniehebel-Rollenpresse tun, sondern von unten und von oben. Die einseitig gepreßten Tabletten besitzen kein gleichmäßiges Gefüge, denn die obere Hälfte ist härter als die untere. Die Kiliansche Maschine sichert demgegenüber eine vollkommen gleichmäßige Struktur. Da der Druck unten und oben mit Walzen ausgeübt wird, erfolgt er nicht wie bei den Exzenterpressen plötzlich, also stoßartig, sondern allmählich, indem die rotierende Matrizenscheibe die Stempelpaare zwischen die Druckwalzen führt, wo die Pressung sich durch die Rundung der Walzen allmählich verstärkt und allmählich wieder nachläßt. Die Maschine preßt also progressiv, wie dies bereits vorhergehend bei der Kilianschen Kniehebel-Rollenpresse erörtert wurde, und ist daher zum Pressen sehr voluminöser und elastischer Stoffe besonders geeignet. Infolge des progressiven Druckes kann auch die im Granulat oder Pulver befindliche Luft restlos entweichen. Ein nachträgliches Blättern oder Zerspringen der Tabletten ist somit völlig ausgeschlossen. Der Druck wird trotz der großen Anzahl der Stempelpaare in gleicher Stärke von oben und von unten auf jedes Stempelpaar einzeln ausgeübt. Die Rotationsmaschinen üben einen etwa dreimal größeren Druck aus als die Exzentermaschinen, welche Tatsache schwer preßbaren Stoffen sehr zugute kommt.

Die Stempel werden durch eine zwangsläufige Führung gehoben und gesenkt. Der untere Stempel befindet sich beim Fülltrichter in seiner tiefsten Stellung und zwar etwas tiefer, als es dem erwünschten Füllvolumen entspricht. Der obere Stempel ist hier in seiner höchsten Stellung. Gelangt die Matrize mit dem Stempel fast an den Rand des Trichters, so hebt sich der untere Stempel in die genaue Füllstellung. Die Regelung des genauen Füllvolumens und somit des Tablettengewichtes erfolgt mit Hilfe einer unterhalb des Matrizentisches und des Fülltrichters befindlichen Schraube. Hinter dem Fülltrichter senkt sich der obere Stempel allmählich und gelangt dann gleichzeitig mit dem unteren Stempel zwischen die Druckwalzen. Nach erfolgtem Pressen hebt sich der obere Stempel rasch, der untere Stempel bleibt indessen in seiner früheren Lage. Nach $^1/_8$—$^1/_4$ Umlauf gelangt der untere Stempel auf die sogenannte Ausstoßwalze, welche ihn nach oben drängt, bis der Stempelrand mit der Matrizenfläche in einer Höhe liegt. Die obenauf liegende Tablette wird nunmehr von einem Abstreifer abgestoßen und rutscht in das Sammelgefäß. Die Druckstärke kann durch Handhebel beliebig eingestellt werden. Bei größeren Maschinen sind die Druckwalzen federnd gelagert, so daß der Druck nicht starr ist. Die Stempel werden auch bei eintretendem Überdruck nicht überlastet und ein Stempelbruch ist ausgeschlossen. Die Rotationsmaschinen arbeiten vollkommen ruhig und gleichmäßig, da sie keine sich ruckweise bewegende Teile besitzen und eine nur relativ langsame Rotierung aufweisen. Aus diesem Grunde arbeitet die Maschine auch ganz staubfrei, besonders weil der Füllschuh fest und mittels eines federnden Bronzerahmens gegen die Matrizenscheibe dicht abgeschlossen ist. In den festen Fülltrichter können verschiedene Rührvorrichtungen eingebaut werden, so z. B. horizontale und vertikale Rührflügel, was bei den Exzentermaschinen unmöglich ist. Es können auch Transportschnecken im Fülltrichter angeordnet werden, welche sehr schwer gleitende, leichte, sehr voluminöse, etwa auch feuchte Stoffe sozusagen in die Matrize hineinstopfen.

Der rotierende und verhältnismäßig freiliegende Matrizentisch erlaubt den Einbau verschiedener Hilfsapparate, wie Bestaubungs-, Bürst-, Abwisch-, Abgrat-, Kugelaushebevorrichtungen usw., welche ganz automatisch arbeiten. Die Bestaubvorrichtung der Kilianschen Maschine hat den Zweck, das Kleben der Masse an die Stempel und an die Matrize zu verhindern. Es wird vor und nach dem Fülltrichter je ein Fülltrichter für das Bestäubungsmittel, wie Talkum, Lycopodium, eingebaut. Der erste Trichter bestaubt die Matrize und den unteren Stempel, worauf die Matrize gefüllt wird. Um das Kleben an den oberen Stempel zu verhindern, bestaubt nun der zweite Bestäubungstrichter die Oberfläche der gefüllten Matrize. Beim Pressen befindet sich zwischen Stempel und Tablettenmasse demnach eine z. B. aus Talkum bestehende isolierende Schicht. Das Bestauben selbst erfolgt so, daß beim Vorbeirotieren einer Matrize ein kleiner Exzenter oder eine am Matrizentisch befindliche Nocke auf den Bestäubungstrichter einen kleinen Schlag ausübt, wodurch eine entsprechende Menge des Talkums herausfällt. Die erwähnten Bürst-, Abwisch- und Abgratvorrichtungen haben den Zweck, die an die Stempelfläche haftende Masse zu entfernen und zum nachfolgendem Pressen eine reine Stempelfläche vorzubereiten. Sie werden zwangsläufig durch die Rotation der Maschine in Betrieb gehalten. Die Kugelaushebevorrichtung hat den Zweck, kugelförmige Tabletten aus dem Stempel zu heben, da diese von einer einfachen Abstreifvorrichtung nur zertrümmert und nicht ausgestoßen werden. Sie können mittels Bürsten herausgeschoben oder mittels einer speziellen Stempelkonstruktion ausgestoßen werden (vgl. S. 63).

Abb. 73. Rotationstablettenmaschine „Heinzelmännchen" (Fritz Kilian, Berlin-Hohenschönhausen).

Die kleinste Rotationstablettenmaschine ist die „Heinzelmännchen" genannte Maschine (Abb. 73), welche von Fritz Kilian, Berlin, in zwei Ausführungen gebaut wird und zwar mit 3 Stempelpaaren zur Herstellung von Tabletten bis 15 mm = 1 g und mit 6 Stempelpaaren zur Herstellung von Tabletten bis 9 mm = 0,25 g. Die vollkommen geräuschlos laufende Maschine verbraucht kaum $1/2$ PS und leistet dabei in Abhängigkeit von der Tablettengröße mit 3 Stempeln 15—60000 Tabletten in 10 Arbeitsstunden. Im übrigen ist die Maschine den sonstigen Kilianschen Maschinen in konstruktiver Hinsicht durchaus ähnlich. Ein unangenehmer Nachteil der Presse ist die verhältnismäßig rasche Abnützung der oberen Zwangsführungen. Außerdem kann die Druckeinstellung als etwas primitiv bezeichnet werden. Die Stempel können zwecks Reinigung leicht aus der Maschine gehoben und ebenso leicht wieder zurückgesetzt werden. Ein Aufsetzen der Stempel auf die Matrizen ist unmöglich, da die Stempel sich in einer festen Führung bewegen. Das Füllvolumen bzw. das Tablettengewicht wird mittels einer kalibrierten Schraube geregelt. Das „Heinzelmännchen" leistet sogar in größeren Betrieben recht gute Dienste, und wird es sorgfältig gepflegt, so ist auch eine lange Lebensdauer gewährleistet.

Abb. 74. Rotationstablettenmaschine I S der Maschinenfabrik Fritz Kilian, Berlin-Hohenschönhausen.

Die größeren Kilianschen Tablettenkomprimiermaschinen sind mit 20 Stempeln ausgerüstet und laufen mit 16—20 Touren in der Minute, leisten also 320—400 Tabletten in der Minute. Sie können alle mit Hilfsapparaten ausgerüstet werden. Die für pharmazeutische Tabletten am häufigsten gebrauchte Maschine ist die Größe I S (Abb. 74), welche Tabletten bis 24 mm Durchmesser herzustellen vermag und einen Kraftbedarf von 2—3 PS hat. Die Maschine ist mit einer Bestaubungsvorrichtung ausgerüstet, besitzt daher noch zwei kleine Fülltrichter, welche durch Anschlag kleiner an der Matrizenplatte befindlichen Nocken eine kleine Talkummenge ausstreuen. Die Größe I S ist wegen ihrer kräftigen Ausführung der Größe I unbedingt vorzuziehen. Zur Herstellung von noch größeren Tabletten kommen die Maschinen I S B (38 mm), II S (70 mm) in Betracht. (Kraftverbrauch 3—4 PS.) Die letztere Maschine ist auch zum Brikettieren

(Vorpressen) vorzüglich geeignet. Zum Brikettieren sind aber besonders die Maschinen II A und III A gut geeignet, welche die Herstellung von 85 mm und 125 mm Tabletten bzw. Briketten ermöglichen (Abb. 75). Diese Pressen arbeiten mit 10, 15 oder 20 Stempelpaaren und sind mit 2 bzw. 3 Druckwalzenpaaren ausgerüstet. Der Druck der einzelnen Walzenpaare kann voneinander unabhängig eingestellt werden, so daß man einen beliebigen Vordruck und Enddruck bzw. zwei Vordrucke und den Enddruck regeln kann (Stufendruck und Progressivdruck). Die Zwangsführung der unteren Stempel kann auch so eingerichtet werden, daß die Tabletten beim Ausheben noch unter (etwa allmählich abnehmendem) Druck stehen, wodurch das Abblättern der obersten Tablettenschicht verhindert wird. Ein kleiner Nachteil dieser angeführten ausgezeichneten Maschinen ist, daß das Auswechseln der Stempel unbequem ist, welcher Umstand aber bei kontinuierlichem Betrieb wenig Bedeutung besitzt.

Abb. 75. Brikett-Komprimiermaschine III A der Maschinenfabrik Fritz Kilian, Berlin-Hohenschönhausen.

Die Coltonschen Rotationsmaschinen haben eine etwas größere Leistung (350—450 Tabletten in der Minute) und arbeiten ebenfalls mit oberem und unterem Walzendruck. Die Anordnung der Stempel ist einfacher, so daß die Maschinen weniger kompliziert und leichter gebaut sind. Mit der Kilianschen Maschine Größe I S kann die Coltonsche Presse Nr. 3 (Abb. 76) verglichen werden. Letztere stellt Tabletten bis 22 mm Durchmesser her und benötigt 2,5 PS. Die minutliche Leistung beträgt 350 Tabletten. Die Druckregulierung erfolgt mit Hilfe des Handrades A. Schraube B regelt das Niveau der unteren Stempel. Das Füllvolumen (Tablettengewicht) kann mittels Handrad D abgeändert werden. Von besonderer Wichtigkeit ist, daß die Druckregulierung und die Abänderung des Tablettengewichtes auch bei im Gang befindlichen Maschinen erfolgen kann. Ein wesentlicher Unterschied gegenüber den Kilian-Maschinen besteht in der einfachen Anordnung der oberen Stempel, wodurch der komplizierte Oberbau der Kilian-Maschinen fortfällt. Die Stempel sind an Stempelschäfte befestigt, welche dann zwangsläufig gehoben und gesenkt werden und zwar liegt die Zwangsführung unterhalb der Matrizenplatte. Dies ist nur durch die spezielle Ausführung des Stempelschaftes möglich

Abb. 76. Rotations-Tablettenmaschine 3 der Arthur Colton Co., Detroit, Mich, USA.

(Abb. 78a). Die unteren Stempel können durch Lösen der Schraube C sehr einfach herausgehoben werden. Diesen Vorteilen gegenüber steht die Tatsache, daß die Füllvorrichtung technisch bei weitem nicht so vollkommen ist als bei den Kilianpressen. Die Fülltrichter sind meist ganz ohne Rührwerk, während die Kilianschen Füllschuhe sehr sorgfältig und zweckentsprechend angeordnete

Rührvorrichtungen haben. Die unteren Stempel sind bei der Colton-Maschine entweder aus einem Stück, oder aber sind Stempelschäfte mit getrenntem Stempel (Abb. 77 a, c, d) vorhanden. Die Befestigung des Stempels im Schaft ist aus der Abbildung leicht ersichtlich. Der obere Stempel ist immer kurz und wird in die Öffnung des galgenförmigen Stempelschaftes gesteckt (Abb. 77 b). Eine Spezialität der Colton-Maschinen ist der mehrfache Stempelschaft. Es werden nämlich an Stelle jedes einfachen Stempels drei Stempel angewandt, welche aber in einem Stempelschaft befestigt sind. Die Anordnung der mehrfachen Stempelsysteme geht aus Abb. 78 a, b, c, eindeutig hervor.

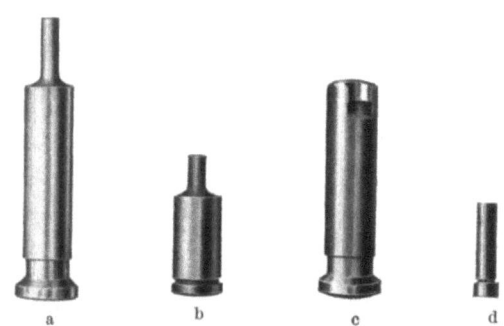

Abb. 77. Stempel der Coltonschen Rotationstablettenmaschinen. a Unterstempel aus einem Stück. c und d Unterstempel aus zwei Teilen, b Oberstempel.

Die Stokes-Pressen zeichnen sich durch ihre ganz enorm hohe Leistung aus. Einzelne Maschinen leisten bis 1500 Tabletten in der Minute, also ungefähr dreimal soviel als die Kilian- oder Colton-Pressen. Trotz dieser Leistung ist der Gang der Maschinen absolut ruhig und stoßfrei. Die Zwangsführung ist der der Kilianschen Anordnung etwas ähnlich, und ist für die oberen Stempel sehr deutlich auf Abb. 83 zu sehen. Besonders charakteristisch für die Stokes Maschinen ist die Anwendung eines Sicherheitsgewichtes, welches den Überdruck auszugleichen hat. Die Wirkung des Sicherheitsgewichtes kann mit der eines Puffers verglichen werden und trägt in sehr hohem Maße zum ungemein ruhigen Gang der Pressen bei. Die Typen „B" und „D" haben 16 Stempelpaare, die Type „BB" hat 27 oder 33, die Type „DD" 21, 23 oder 25 Stempel. Die Leistungsfähigkeit und der Kraftverbrauch der verschiedenen Typen ist:

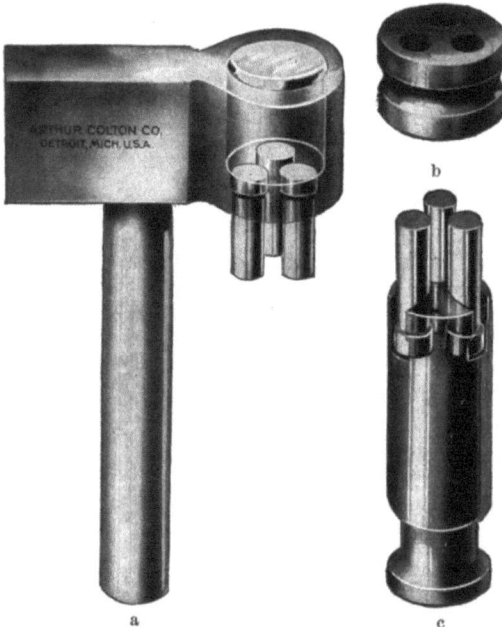

Abb. 78. Mehrfaches Stempelsystem der Coltonschen Rotationstablettenmaschine. a Oberstempel mit galgenförmigem Stempelschaft, b Matrize, c Unterstempel mit Schaft.

„B"   etwa 3—15 mm   400—500 Tabletten/Min.   2 PS
„BB"   „   3—8   „   1000—1500   „   „ 2 PS
„D"   „   9—25   „   350   „   „ 2 PS
„DD"   „   15—34   „   500—700   „   „ 3 PS.

Die hohe Leistung der „BB" bzw. „DD"-Maschinen wird durch Anwendung zweier Füllschuhe und zweier Druckwalzen erreicht. Die Typen „B", „BB" sind auf Abb. 79 und 80 dargestellt. Die Regulierung des Druckes und des Tabletten-

Die Tablettenmaschinen.

Abb. 79. Rotationstablettenmaschine B der F. J. Stokes Machine Co, Philadelphia USA.

Abb. 80. Rotationstablettenmaschine B B der F. J. Stokes Machine Co, Philadelphia USA.

Abb. 81. Rotationstablettenmaschine B der F. J. Stokes Machine Co, Philadelphia USA. mit Nachdruckfeder.

Abb. 82. Tablettenzähl- und Abfüllvorrichtung der Stokesschen Tablettenmaschinen.

gewichtes kann in vollem Gang verrichtet werden. Die Stokes-Maschinen können mit einer sehr einfachen Anordnung zum Verhindern des Abblätterns des oberen Tablettenteiles beim Auswerfen aus der Matrize versehen werden. Die Tabletten bleiben auch beim Ausstoßen fest zwischen den Stempeln, was durch Einschaltung einer Springfeder erreicht wird (s. Abb. 81).

Eine weitere Vorrichtung der Stokes-Maschinen betrifft das Zählen und Abfüllen der gepreßten Tabletten. An die normale Rotationsmaschine ist ein kleiner rotierender Tisch befestigt (Abb. 82), welcher sich aber nur stoßweise weiterdreht. Der Tisch enthält 10 oder mehr Fläschchen, welche der Reihe nach unter einen kleinen Fülltrichter gelangen. Der Tisch wird nach einer gegebenen (und verstellbaren) Anzahl von gepreßten und abgefüllten Tabletten weitergedreht, so daß die Tabletten in das nächste Fläschchen gelangen. Dies wird mittels einer Zählvorrichtung erreicht. Ein Hebelarm wird von dem vorbeirotierenden Oberstempel aus seiner Lage gestoßen. Der Hebelarm springt nach jedem Stempel in die ursprüngliche Lage zurück. Nach einer gegebenen Anzahl von Stößen wird mit Hilfe einer üblichen Zähler-Zahnradkonstruktion um eine Flasche weiter transportiert. Eine ähnliche Zählervorrichtung kann auch direkt mit der Tablettenmaschine zusammengebaut werden und gibt sodann die Anzahl der gepreßten Tabletten an. Diese Vorrichtung ist von Abb. 83 ersichtlich. Abb. 84 stellt die Bestaubungsvorrichtung der Stokes-Maschinen dar. Abb. 85 stellt einen Tablettenbetrieb dar, bestehend aus Stokesschen BB Rotationsmaschinen.

Abb. 83. Mit der Maschine zusammengebaute Tablettenzählvorrichtung der Stokesschen Tablettenmaschinen.

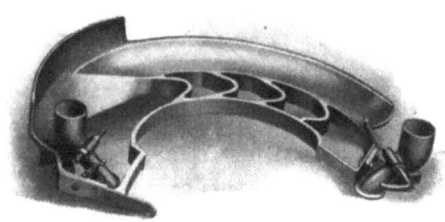

Abb. 84. Bestaubungsvorrichtung der Stockesschen Tablettenmaschine.

Nachdem die in der Praxis bewährten Tablettenmaschinen hiermit eingehend beschrieben worden sind, müssen noch einige Überlegungen über die Anwendbarkeit der einzelnen Typen mitgeteilt werden. Obwohl die Rotations-Tablettenmaschinen den Exzentermaschinen in technischer Hinsicht und die Dosierungsgenauigkeit betreffend weit überlegen sind, können diese nur unter ganz bestimmten Bedingungen zur Herstellung von Tabletten verwendet werden. Dies ergibt sich aus folgenden Tatsachen. Die Rotationsmaschinen arbeiten mit einer großen Stempelzahl. Es sind also z. B. 20 Matrizen und ebensoviel Unter- bzw. Oberstempel vorhanden. Wie wir bei der Besprechung der Stempel und Matrizen sehen können, müssen diese mit der größten Genauigkeit aus Spezialstahlsorten hergestellt werden, so daß ihre Anschaffung oder Anfertigung mit erheblichen

Unkosten verbunden ist. Will man nunmehr mit Hilfe einer Rotationsmaschine verschiedene Tablettengrößen herstellen, so muß man die entsprechenden Stempelsätze vorrätig haben, während man bei einer Exzentermaschine nur ein Stempelpaar (bei mehrfachen Stempeln 3 oder 4) und die zugehörende Matrize besitzen muß. Man wird also die Rotationsmaschinen nur dort anwenden, wo andauernd dieselbe Substanz zur gleichbleibenden Tablettengröße gepreßt werden soll. Dies ist aber nicht nur durch die Unkosten der Stempelsätze bedingt, da auch das Auswechseln der Stempel und Matrize, sowie das Reinigen der Maschine sehr umständlich und zeitraubend ist. In kleinen Betrieben wird man also stets mit Exzentermaschinen arbeiten, bei welchen das Reinigen und das Auswechseln der Stempel in verschwindend kleiner Zeit erledigt werden kann. Als Spezialität und als Ergänzung soll hier noch die hydraulische Tablettenmaschine von F. J.

Abb. 85. Tablettenbetrieb mit Stokesschen B B-Tablettenmaschinen.

Stokes Machine Co, Philadelphia, angeführt sein (Abb. 86). Diese gelangt dann zur zur Anwendung, wenn man aus ganz feinem Pulver Tabletten herstellen will, um die durch die Granulierung bedingte inhomogene Struktur der Oberfläche zu vermeiden. Die Funktion der Maschine ergibt sich aus der Abbildung von selbst. Die langsame Arbeitsweise der Presse wird durch die große Stempelzahl verbessert.

Die Stempel müssen einen sehr hohen Druck aushalten und werden daher aus Spezialstahl hergestellt. Es wird gefordert, daß die Stempel unter dem Einfluß des Preßdruckes nicht verstaucht und nicht verkürzt und außerdem vom Granulat nicht beschädigt werden. Die fertigen Stempel werden daher immer gehärtet, denn nur eine glasharte Stempeloberfläche ist genügend widerstandsfähig. Eine geeignete Stahlsorte ist z. B. der Böhlerstahl „Spezial K", welcher beim Bearbeiten und Härten keine Deformation zeigt. Dies ist bei mehrstempligen Matrizen von besonderer Bedeutung, denn etwaige geringe Deformationen machen den ganzen Satz unbrauchbar. Einige Substanzen können mit den normalen Stahlstempeln nicht gepreßt werden, da sie sich verfärben (z. B. Alkali-Jodide, Novocain usw.). Diese wurden früher mittels Nickelstempels gepreßt. In der letzteren Zeit haben sich die aus dem Kruppschen oder Röhlingschen RNO nichtrostendem Stahl hergestellten Stempel sehr gut bewährt. Zur Aufarbeitung der nichtrostenden Stahlsorten müssen die speziellen Anweisungen der Lieferfirmen einverlangt werden.

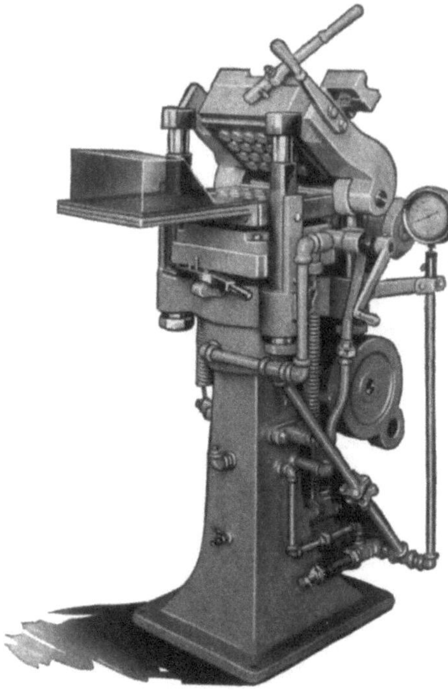

Die ziemlich kostspieligen Stempelsätze müssen sorgfältigst gepflegt werden. Sie müssen nach erfolgtem Tablettieren gründlich gereinigt und mit säurefreiem Paraffinöl oder Vaselin dünn eingefettet werden. Zwecks Aufbewahrung werden die Stempel auf mit entsprechender Lochung versehene Kistchen gestellt und so in den Schrank eingeordnet. Die frei herumliegenden Stempel werden besonders am Stempelrand leicht beschädigt. Die entstandenen Scharten lassen sich kaum zum Verschwinden bringen und machen die Tabletten häßlich. Die Druckfläche der Stempel muß immer hochpoliert sein. Die Ungleichmäßigkeit der nicht polierten Fläche erleichtert das Kleben der Tablet-

Abb. 86. Hydraulische Tablettenmaschine (F. J. Stokes Machine Co, Philadelphia USA.).

tenmasse an die Stempel. Die Druckflächen der Stempel können mit den verschiedensten Beschriftungen oder Verzierungen versehen werden. Die Beschriftung oder die Verzierung kann im Prinzip vertieft oder erhaben sein. Im allgemeinen werden die Verzierungen erhaben angefertigt, um sie an der Tablette vertieft zu erhalten. Dies ist aber keine Bedingung. Die Beschriftung, also auch die tiefsten Punkte der Druckfläche muß ebenfalls spiegelblank poliert sein. Das Polieren kann man mit Hilfe einer schnellrotierenden Filzscheibe (Poliermaschine) bis zu einem gewissen Grade selbst durchführen. Ist aber der Stempel sehr abgebraucht, verkratzt, so muß man das Nachschleifen und Polieren einem Facharbeiter überlassen.

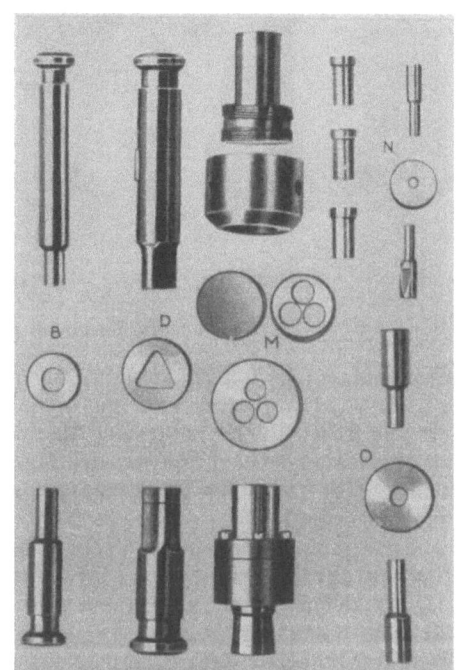

Abb. 87. Stempelsätze für Exzenter und Rotations-Tablettenmaschinen (F. J. Stokes Machine Co, Philadelphia, USA.).

Die Beschriftung kann mit Hilfe eines starken zugespitzten Kupferdrahtes und einer Poliermasse poliert werden.

Die allgemein üblichen Stempelformen sind aus Abb. 87 zu ersehen. Die mit B und D bezeichneten Sätze sind Stempel für Rotationsmaschinen. Die Sätze N und O sind Einzelstempelpaare, während M ein mehrfacher Stempelsatz ist, dessen Oberstempel zerlegt ist. Bei mehrfachen Stempeln findet man die einzelnen Stempel oft nebeneinander angeordnet. Die Befestigung der Einzelstempel in den Stempelschaft erfolgt in primitivster Art mittels Schrauben. Viel geeigneter sind die einen Kopf besitzenden Stempel, welche durch eine mit Schraubengang versehene Führungsplatte gesteckt werden. Die Platte wird in den Stempelschaft geschraubt, wodurch die Stempel vollkommen fixiert werden. Gut bewährt hat sich ein Verschluß, wie er auf Abb. 88 sichtbar ist. Für kugelförmige Tabletten wurden und werden bei Exzentermaschinen Stempel mit Innenausstoßstempel verwendet, d.h. wenn der Unterstempelrand in die Ebene des Matrizentisches gelangt, so hebt sich der innere Teil des Stempels noch höher und hebt die Kugeltablette bis zur Matrizenebene aus der Halbkugelform des Stempels heraus, welche nunmehr einfach abgestreift werden kann.

C. Das Pressen der Tabletten.

Bevor man zum Pressen schreitet, muß die Tablettenmaschine in betriebsfähigen Zustand versetzt werden. In die gut geölte Maschine werden zuerst die Stempel und die zugehörige Matrize eingesetzt, sodann bewegt man die Maschine mit der Hand und überzeugt sich, ob der Oberstempel genau in die Matrize läuft und nirgends aufsitzt. Hierzu dient ein an jeder Maschine vorhandenes Handrad. Ist kein Handrad vorhanden, so ist man gezwungen, die Maschine ganz vorsichtig mit der Riemenscheibe ohne Motor, nur mit der Hand zu bewegen. Sollte irgendwo eine Stockung auftreten, so dreht man ein wenig zurück, sucht den Fehler und stellt entsprechend ein. Es können entweder die Stempel und die Matrize nicht genügend zentriert sein, oder aber der Unterstempel ist zu hoch, oder der Oberstempel geht zu tief. Die letzteren Fehler werden durch Verstellen des Fußlagers oder des Exzenters behoben. Bewegt sich die Maschine einwandfrei, so kann zum rohen Einstellen des Füllvolumens bzw. des Tablettengewichtes geschritten werden. Hierzu bewegt man die Exzenterpresse mittels des Handrads so weit, bis der Unterstempel die tiefste Stellung einnimmt. Es wird sodann eine dem Einzelgewicht einer Tablette entsprechende Menge der Tablettenmasse abgewogen und mit Hilfe eines Trichters oder einer Karte in die Matrizenöffnung gefüllt, worauf man den Unterstempel solange hebt oder senkt, bis die eingefüllte Menge das freie Matrizenvolumen gerade ausfüllt. Man versucht nun die Tablette durch weiteres Drehen mit dem Handrad zu pressen. Es ist zweckmäßig den Exzenter zuerst so hoch zu stellen, daß der Stempel ohne Widerstand in die tiefste Stellung gelangen kann. Nun erhöht man durch Tieferstellen des Exzenters den Druck und versucht durch Drehen in eine Richtung Tabletten zu pressen, hierbei erfolgt das Füllen nicht mehr mit der Hand, sondern automatisch mit dem inzwischen eingesetzten Füllschuh. Man prüft nun einerseits, ob die Füllung dem gewünschten Gewicht entspricht, andrerseits prüft man, ob der Druck ausreichend ist. Man stellt nun den Abweichungen entsprechend den Unterstempel nach. Ist die Dosierung genau eingestellt, so stellt man auch den Druck auf das Optimum. Sehr oft gelingt es den Druck mit dem Handrad nicht einzustellen, da der Widerstand die Maschine zum Stillstehen bringt. Man kann dann auf den Kraftantrieb übergehen. Es ist hierbei Vorsicht geboten, denn ein übermäßiges Erhöhen des Druckes kann Stempelbruch hervorrufen. Läuft die

Abb. 88. Sechsstempliger Stempelsatz der Exzenter-Tablettenmaschine „Tietzco" E 7 (Tietz & Co., Berlin).

Maschine mit voller Tourenzahl, so wird die Füllung nochmals kontrolliert und entsprechend korrigiert. Hierzu müssen die Exzentermaschinen mit Ausnahme der Hennig & Martinschen Maschinen angehalten werden. Die Füllung und der Druck muß im ganzen Verlauf des Tablettierens kontrolliert und nachgestellt werden.

Bei den Rotationsmaschinen wird zwecks Einstellen des Tablettengewichtes der Fülltrichter abgehoben, eine Matrize genau an die Füllstelle gestellt und die abgewogene Menge der Tablettmasse in die Matrizenöffnung gefüllt. Hierauf senkt oder hebt man mit der Stellschraube den unteren Stempel so, daß die Matrizenöffnung genau ausgefüllt ist. Nach dem Zurücksetzen des Füllschuhes und Anlaufen der Maschine wird der Druck allmählich erhöht und die gepreßten Tabletten gewogen. Die Maschinen, welche die Regelung des Tablettengewichtes und des Druckes während des Rotierens nicht erlauben, müssen zur Vornahme der Korrektur angehalten werden. Bei den anderen Maschinen ist die Korrektur einfach und schnell durchführbar.

Ist der Druck und das Tablettengewicht genau eingestellt, so kann das Pressen beginnen. Hierbei muß im Füllschuh genügend Granulat sein, denn die Rührschnecken oder Rührflügel müssen stets bedeckt sein, um ein gleichmäßiges Nachfüllen sichergestellt zu haben. Die ersten Tabletten sind gewöhnlich von Maschinenöl befleckt und müssen verworfen werden. Bei wertvollen Substanzen läßt man die Maschine zuerst mit einer billigeren laufen und reinigt sie dann von dieser. Nach beendetem Tablettieren bleibt bei den Exzentermaschinen stets eine kleine Menge der Tablettenmasse im Füllschuh, welche nicht mehr gleichmäßig dosiert wird. Diesen Rückstand fügt man entweder zur nächsten Charge, oder man nimmt den Füllschuh herunter und füllt mit der Hand. Bei stillstehendem Füllschuh wird die Masse fast restlos abgefüllt.

Bei der Herstellung von Tabletten kann sich eine ganze Reihe von Fehlern bemerkbar machen, welche ihre Erklärung entweder in der fehlerhaften Zusammensetzung bzw. Beschaffenheit der Masse, oder aber im Preßvorgang selbst finden. Es sollen hier die wichtigsten angeführt werden.

1. Wenn die Tablette beim Auswerfen zerfällt, so ist entweder der Druck zu klein, oder es sind nicht genügend Bindemittel in der Masse.

2. Wird die Tablette in Stücke gebrochen ausgestoßen, so klebt die Masse zu stark, es fehlen die Gleitmittel. Dieselbe Erscheinung kann zustande kommen, wenn die Druckflächen ungleichmäßig sind. Abhilfe in letzterem Falle: Abschleifen, Härten, Polieren der Stempel.

3. Die Tablette ist unten und oben beschädigt, wenn die Masse an die Druckfläche klebt. Abhilfe, mehr Gleitmittel, bestreuen der Druckfläche.

4. Wenn der obere Teil der Tablette sich blattförmig abhebt, so war der Druck zu hoch. Man preßt entweder mit geringerem Druck oder läßt den Druck nach erfolgtem Pressen nur allmählich geringer werden. Hierzu dienen jene Vorrichtungen, mit deren Hilfe sich die Tablette während des Aushebens noch unter Druck befindet. Wenn im Falle eines mehrfachen Stempels nur einige Einzelstempel diese Erscheinung zeigen, so sind die Stempel nicht gleich lang. Dies kommt dann vor, wenn die Stempel nicht gleichmäßig gehärtet sind und sich beim Pressen ungleichmäßig verkürzen. Zum Ausgleich der verschiedenen Stempellängen setzt man zwischen Stempel und Stempelschaft dünne Metallplättchen.

5. Zerfällt die Tablette in mehrere Blätter, so war entweder der Druck zu hoch, oder aber die Masse zu stark ausgetrocknet. Der Druck wird entsprechend verringert, oder es wird das Granulat mit zerstäubtem Wasser ein wenig angefeuchtet.

6. Trennt sich an der Oberfläche eine Schicht ab und bricht diese beim Auswerfen in der Mitte durch, so ist die Matrize im Inneren infolge der langen Inanspruchnahme bereits zu stark ausgewetzt und hat die Form einer Tonne angenommen. Das Pressen erfolgt im ausgehöhlten Teil, dagegen muß die Tablette zwecks Auswerfen durch den oberen engeren Teil durchgedrückt werden, wobei die beschriebene Erscheinung zustande kommt. Die zwei Hälften lagern sich hausdachförmig auf die Tablette. Die Matrize muß zur Abhilfe dann umgedreht werden (insofern sie doppelseitig verwendbar ist) oder aber durch eine neue ersetzt werden. Die alte unbrauchbare kann unter Umständen auf eine größere lichte Weite aufgebohrt werden.

7. Einen Rand erhalten die Tabletten dann, wenn entweder der Stempel zu klein, oder die Matrize zu weit ist. Ungleichmäßigkeiten können durch am Stempel befindliche Scharten entstehen.

8. Die Masse klebt nur an einzelnen Stellen an den Stempel, wenn er nicht genügend poliert ist, oder an diesen Stellen verrostet, oder sonstwie angegriffen ist. Solche Stempel müssen gründlich gereinigt und unter Umständen poliert werden.

9. Die Masse klebt auch dann manchmal, wenn die Maschine zu kalt ist. Der Tablettenraum muß dann geheizt werden. Oft genügt auch die geringe Selbsterwärmung der Maschine nach der Ingangsetzung. Ein direktes Erwärmen der Matrize und der Stempel ist gefährlich und soll vermieden werden.

D. Triturationstabletten.
(Tablettae friabiles Bernegau)

Die Triturationstabletten sind eigentlich keine Tabletten, da sie aus einer feuchten Masse geformt werden. Die mit Wasser oder mit einer sonstigen Flüssigkeit zu Brei geformte Substanz wird in die zylindrischen Öffnungen einer auf Glas ruhenden Kautschukplatte gefüllt. Die so gebildeten Zylinder werden mit einer korrespondierenden Stempelplatte aus den Öffnungen der Kautschukplatte herausgedrückt und getrocknet. Diese Methode fand bei der Herstellung von Sublimatzylindern eine weitverbreitete Anwendung, da das normale Tablettieren wegen des herumfliegenden Staubes gefährlich ist. Da Sublimatpastillen auch heute noch in großen Mengen verbraucht werden, ist die Herstellung mit Handarbeit sehr langsam und mühselig. Es sei bemerkt, daß in den Vereinigten Staaten von Amerika nicht nur Sublimatzylinder, sondern auch Injektionstabletten usw. auf diesem Wege hergestellt werden. Die Trituriermaschine

Abb. 89. Trituriermaschine (Arthur Colton Co., Detroit, Mich. USA.).

der Firma Arthur Colton Co., Detroit USA., erlaubt die Tagesproduktion bis auf 150000 Zylinder zu steigern. Die Coltonsche Maschine (Abb. 89, 90) arbeitet ganz automatisch. Die breiförmige Masse wird in den Fülltrichter A gefüllt, von welchem sie auf die mit vier Löchern versehene Platte P gelangt. Die Platte dreht sich mit der Masse über die Kautschukplatte G, welche vier Löchergruppen enthält, und zwar so angeordnet, daß das große Loch der Platte P und die Löchergruppe der Platte C sich überdecken können. Wenn die Überdeckung zustande gekommen ist, senkt sich ein Preßstempel (D), welcher unten mit einem Rührerflügel versehen ist und die Masse aus der oberen Öffnung in die Löcher der Kautschukplatte drückt. Die gefüllte Kautschukplatte dreht sich nunmehr auch weiter und gelangt über ein Transportband und gleichzeitig drückt eine sich

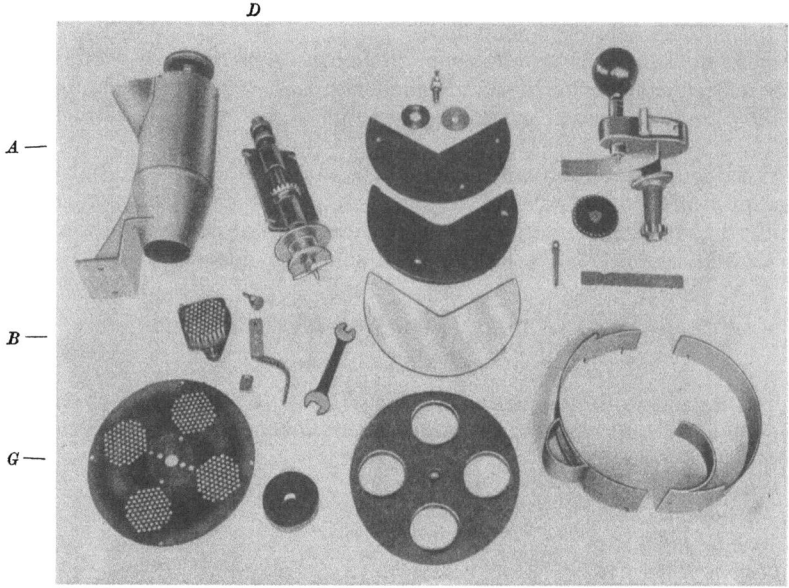

Abb. 90. Bestandteile der Coltonschen Trituriermaschine.

senkende Stempelplatte (B) die Zylinder aus den Öffnungen heraus, welche vom Transportband weitergefördert werden.

Die Massen bestehen zumeist aus löslichen Substanzen, welchen selten leichtlösliche Bindemittel zugefügt werden.

E. Über die Dosierungsgenauigkeit der Tabletten.

Die Fehlergrenzen der Dosierung bei der Herstellung von Tabletten bilden oft den Gegenstand eingehender Untersuchungen, deren wichtigsten Ergebnisse hierfolgend mitgeteilt werden. F. Ricard[1] fand bei der Prüfung von selbsthergestellten Antipyrin-, Aspirin- und Chinintabletten folgende Abweichungen von der normalen Dosis: — 10% ∼ + 12%, ∼ 12% ∼ + 16,4%, — 20% ∼ 0%. Noch größere Schwankungen konnte Wøhlks[2] an Aspirintabletten beobachten. Im „Report of joint contact commitees of the american drug manifacturers association and the american pharmaceutical manufactures association to the bureau of chemistry[3]" werden Schwankungen von der Größenordnung von ± 7,5

---

[1] Ricard, F.: J. Pharmacie 1919, 1.   [2] Wøhlks: Arch. Pharmac. og Chem. 1913, 256.
[3] J. amer. Pharmaceut. Assoc. 1926, 302.

bzw. ± 9,0% angegeben. J. F. Liverseege[1] hat die Verteilung der Fehlergrenzen geprüft und gefunden, daß bei 91,8% der untersuchten Tabletten die Abweichungen unterhalb 5%, bei 7,3% der Tabletten zwischen 5 und 10% und bei 0,9% der Tabletten über 10% liegen. T. P. Elkjer[2] untersuchte den Einfluß der Beschaffenheit des Granulats und der Tablettengröße auf die Dosierungsgenauigkeit bei einer Exzentermaschine. Aus den von ihm angeführten Zahlen geht hervor, daß es eine optimale Größe des Granulats gibt und daß die Fehlergrenzen mit steigender Tablettengröße enger werden. Aus den ebenfalls von T. P. Elkjer mitgeteilten Verteilungskurven über dänische und schwedische Tabletten sollte das merkwürdige Ergebnis hervorgehen, daß die in der Apotheke mit Exzenterpressen hergestellten Tabletten eine bessere Dosierungsgenauigkeit aufweisen als die fabrikmäßig hergestellten Tabletten. Die Untersuchungen eines der Verfasser (Weichherz, noch unveröffentlicht) hatten den Zweck, die Dosierungsgenauigkeit der Tabletten auch im Zusammenhang mit der Beschaffenheit des Granulats und der Konstruktion der Tablettenmaschinen systematisch zu prüfen. Es sollten einerseits die Möglichkeiten für genauere Dosierungen ermittelt werden und andrerseits für den Wert der einzelnen Tablettenmaschinenkonstruktionen ein exakter Maßstab gefunden werden. Um dies einwandfrei durchführen zu können, war es erforderlich, eine exakte Auswertung der Versuchsergebnisse zu finden, welche dann auch in der Methode der Kollektivmaßlehre gegeben war. Es wurde hierbei einwandfrei nachgewiesen, daß

1. für die Größe des Granulats tatsächlich ein Optimum vorhanden ist, welches aber mit der Tablettengröße schwankt und bei ganz großen Briketts verschwindet.

2. Die Dosierungsgenauigkeit nimmt mit der Tablettengröße zu.

3. Es wurde experimentell nachgewiesen, daß bezüglich der Dosierungsgenauigkeit die Tablettenmaschinen mit ruhendem Füllschuh dem idealen Zustand am besten nahe kommen, welcher Befund mit den hier vorhergehend entwickelten theoretischen Ansichten über den Preßvorgang übereinstimmt.

4. Es wurde die Möglichkeit gegeben, auf exakt mathematischer Basis den besten Arbeitsvorgang für die Vorbereitung der Masse in Hinsicht der genauesten Dosierung herauszufinden.

5. Ebenso wurde die Möglichkeit gegeben, um den Wert einer Tablettenmaschine hinsichtlich der Dosierungsgenauigkeit zahlenmäßig festzulegen.

Auf Grund dieser Erkenntnisse gelingt es die Dosierungsgenauigkeit bis 98% der Tabletten in der Fehlergrenze von ± 5,0% zu erhalten. Bei manchen besonders geeigneten Tablettenmassen sinkt die Fehlergrenze sogar auf ± 1,5%.

F. Herstellungsvorschriften für Tabletten.

Die Tablettenvorschriften sind in der Reihenfolge der wirksamen Bestandteile angeführt. Die Verfasser waren bestrebt, Beispiele der verschiedenen Tablettentypen zu geben. In den Vorschriften bedeutet eine Gelatinelösung stets eine 10%ige, der Traganthschleim eine 5%ige Konzentration. Wasser kann immer in beliebiger Menge verwandt werden, insofern die vorgeschriebenen Mengen aus irgendeinem Grunde nicht genügen sollten.

Acetanilid.

Das Acetanilid kann in einer Siebfeinheit Nr. 20/cm ohne jede Vorbereitung tablettiert werden. Das grobe Pulver liefert keine genügend festen Tabletten und die Granulierung verdirbt die Masse. Die normale Tablettengröße ist 13 mm und 0,5 g.

---

[1] Liverseege, J. F.: Pharmac. Journ. **50**, 62, 233.
[2] Elkjer, T. P.: Dansk. Tidskr. for Farmaci **1928**, 152.

Acetylsalicylsäure.

Zur Herstellung von großen Tablettenmengen wird immer aus Alkohol umkrystallisierte Ware verwandt, nachdem diese gröber krystallisiert und daher leichter zu tablettieren ist. Ist solche Ware im Handel nicht zu haben, so wird die Acetylsalicylsäure fein gemahlen, gesiebt, brikettiert und dann trocken granuliert. Das Tablettieren wird mit einem Zusatz von 20% Kartoffelstärke ausgeführt. Die Tabletten mit 0,5 g Acetylsalicylsäure haben deshalb ein Gewicht von 0,6 g. Die 1-g-Tabletten wiegen aus demselben Grunde 1,2 g. Die 0,5-g-Tabletten haben zumeist einen Durchmesser von 13 mm und die zu 1 g einen Durchmesser von 15 mm.

Amidopyrin.

Amidopyrin kann ohne Vorbereitung gepreßt werden. Um eine leichtere Zerfallbarkeit hervorzurufen, wird 10% Kartoffelstärke zur Masse zugemischt. Sollte man aus irgendeinem Grunde gezwungen sein, ein Gleitmittel anzuwenden, so soll keinesfalls Stearinsäure herangezogen werden, da die Tabletten leicht vergilben.

Antipyrin.

Das grobpulverige Antipyrin kann ohne Vorbereitung gepreßt werden. Unter Umständen kann ein 2%iger Zusatz von Talkum erforderlich sein.

Antipyrin-Amidopyrin-Phenacetin.

6 kg Amidopyrin,
3 kg Antipyrin,
3 kg Phenacetin,
0,12 kg Kakaobutter,
1,2 kg Kartoffelstärke.

Sind die Substanzen nicht zu fein vermahlen, so vermischt man sie in warmem Zustand mit der Kakaobutter und preßt sie nach der Zugabe der Kartoffelstärke ohne sonstige Granulierung. 1 Tablette = 0,55 g.

Antipyrin-Coffein-Citrat.
(Migränin)

Das nach dem Schweizer Arzneibuch hergestellte Migränin kann ohne Vorbereitung tablettiert werden.

Badetabletten.
I. Fichtennadelbad.

4 kg Oxalsäure,
3 kg Weinsteinsäure,
5,75 kg Natriumchlorid,
8 kg Natriumbicarbonat,
0,5 kg Magnesiumoxyd,
3 kg Milchzucker,
0,75 kg Weizenstärke,
0,09 kg Bornylacetat,
0,21 kg Latschenkieferöl,
0,04 kg Edelsteingelb (Schimmel & Co.),
0,04 kg Fluoresceinnatrium.

Man mischt zuerst die Oxalsäure, die Weinsteinsäure und den Milchzucker und färbt das Gemisch mit einem Teil des aufgelösten Farbstoffes. Das Natriumbicarbonat und das Magnesiumoxyd wird getrennt miteinander vermischt und mit dem Rest der Farbstofflösung gefärbt. Beide Gemische werden vollkommen ausgetrocknet. Das Latschenkieferöl und das Bornylacetat wird mit der Weizenstärke gleichmäßig verrieben und mit dem getrockneten Säure- und Alkaligemisch vermengt. Die ganze Masse wird zu 20—25 g schweren Tabletten gepreßt, welche einen Durchmesser von 45—50 mm besitzen. Die Form der Tabletten kann nach Belieben rund oder eckig gewählt werden.

II. Alaunbad.

30 kg Alaun,
0,6 kg Tannin,
0,4 kg Saponin,
1,5 kg Weinsteinsäure,
1,68 kg Natriumbicarbonat,
0,06 kg Mirbanöl.

Der feinkrystallisierte Alaun wird mit der Tanninlösung angefeuchtet, gut getrocknet und mit den anderen Bestandteilen gleichmäßig vermischt. Die Masse wird zu 8—10 g schweren Tabletten gepreßt. Es ist von besonderer Wichtigkeit, die Weinsteinsäure und das Natriumbicarbonat vor dem Mischen gründlich vorzutrocknen.

Blaudtabletten.

Auf 10 kg der auf S. 109 beschriebenen Blaudmasse gibt man 50 g Wollfett, 100 g Kakaobutter und 300 g Talkum, worauf die Masse ohne Schwierigkeiten gepreßt werden kann.

Bromsalze.

Fein krystallisierte Bromsalze, wie Kalium-, Natrium oder Ammoniumbromid können nach vorherigem gründlichen Trocknen ohne Vorbereitung gepreßt werden.

Calciumlactat.

5 kg Calciumlactat, 0,5 kg Alkohol,
0,1 kg Stearinsäure, 0,1 kg Talkum.

Das Calciumlactat wird durch ein Sieb Nr. 20/cm geschlagen und mit der im Alkohol gelösten Stearinsäure angefeuchtet, getrocknet und brikettiert. Nach dem trockenen Granulieren wird mit Talkum gemischt und gepreßt.

Cascara sagrada.

Das grobe Pulver kann ohne Vorbereitung gepreßt werden, wenn das Tablettenformat klein ist. 1 g schwere oder noch größere Tabletten können nur unter Zugabe von 1% Kakaobutter hergestellt werden.

Chininhydrochlorid.

12,5 kg Chininhydrochlorid, 62,5 g Paraffin,
2,5 kg Kartoffelstärke, 37,5 g Gelatine,
125 g Kakaobutter, 300 g Talkum.

Das Chinin wird mit dem geschmolzenen Gemisch der Kakaobutter und des Paraffins vermischt und mit der in Wasser gelösten Gelatine granuliert. Das getrocknete Granulat wird brikettiert und nach dem trockenen Granulieren mit der Stärke vermischt, nochmals vorgepreßt wieder trocken granuliert und mit dem Talkum vermischt. Eine Tablette wiegt 0,3105 g und enthält 0,25 g Chininhydrochlorid.

Chininsulfat.

Die Zusammensetzung der Tablettenmasse ist dieselbe wie bei Chininhydrochlorid mit der Maßgabe, daß das Pressen hier viel schwerer ist. Es muß unbedingt öfters vorgepreßt werden und zwar gibt man zur Masse nach dem ersten Vorpressen die Hälfte der Stärke und erst nach dem dritten Vorpressen die zweite Hälfte der Stärke zu.

Codeinhydrochlorid.

2 kg Codeinhydrochlorid, 0,2 kg Kakaobutter,
8 kg Milchzucker, 0,32 kg Gelatine,
9 kg Kartoffelstärke, 0,6 kg Talkum.

Das Gemisch des Codeins und des Milchzuckers wird mit der geschmolzenen Kakaobutter eingeölt und mit 500 g Kartoffelstärke vermengt. Dieses Gemisch wird mit einer 10%igen Gelatinelösung granuliert und nach dem Trocknen mit dem Rest der Stärke sowie mit dem Talkum vermischt und tablettiert.

Cotarnin.

1 kg Cotarninhydrochlorid, 0,2 kg Süßholzpulver,
0,1 kg Bolus alba, 0,1 kg Kakaobutter,
0,2 kg Magnesiumcarbonat, 0,05 kg Paraffin,
0,4 kg Kartoffelstärke, 0,05 kg Lycopodium.

Die 0,1 g schweren Tabletten werden gewöhnlich auf 0,15 g dragiert und gelb gefärbt. Da das Cotarnin stark hygroskopisch ist, muß sehr viel Gleitmittel zur Herstellung der Tablettenmasse verwandt werden, um auch die spätere Drageehülle einwandfrei herstellen zu können. Hierdurch wird aber die Zerfallgeschwindigkeit der Tablette stark herabgesetzt. Das Magnesiumcarbonat hat die Aufgabe, durch Kohlensäureentwicklung das Zerfallen der Tablette zu beschleunigen. Zwecks Tablettieren wird das Cotarnin mit der Kakaobutter und mit dem Paraffin eingeölt, mit dem Bolus und dem Magnesiumcarbonat vermengt, vorgepreßt und nach dem trockenen Granulieren mit der Stärke und dem Lycopodium vermischt zu Tabletten gepreßt.

Diaethylbarbitursäure-Brom-Codein.

1 kg Codeinhydrochlorid, 10 kg Diaethylbarbitursäure,
10 kg Natriumbromid, 0,6 kg Talkum.

Das fein pulverisierte (Sieb Nr. 30/cm) Gemisch kann ohne Vorbereitung gepreßt werden.

Diaethylbromacetylcarbamid.
(Adalin)

5 kg Diaethylbromacetylcarbamid,
1,5 kg Kartoffelstärke.

Das Gemisch kann ohne Vorbereitung gepreßt werden, wenn es nicht zu fein gepulvert ist. Schönere Tabletten sind durch Brikettieren zu erhalten.

Diaethylbarbitursäure.
(Veronal)

10 kg Diaethylbarbitursäure,
1 kg Kartoffelstärke,
0,2 kg Talkum.

Die Masse ist nach einfachem Vermischen preßbar. Eine Tablette wiegt 0,55 g und enthält 0,5 g Diaethylbarbitursäure. Der Tablettendurchmesser beträgt 13 mm.

Eisenprotoxalat.

I. Ohne Arsen:
2 kg Eisenprotoxalat,
0,1 kg Chininsulfat.
1 kg Kartoffelstärke.

II. Mit Arsen:
2 kg Eisenprotoxalat,
0,1 kg Chininsulfat,
2 g Arsenigsaures Natrium,
1 kg Kartoffelstärke.

Nach trockenem Mischen und etwaigem Zusatz von 2% Talkum kann die Masse sofort gepreßt werden.

Guarana.

Die Guarana-Paste kann durch Vorpressen oder durch Granulieren mittels Stärkekleister zu Tabletten gepreßt werden. Die mit Traganth zubereitete Tablettenmasse liefert schwer zerfallende Tabletten.

Hexamethylentetramin.

Das Hexamethylentetramin kann ohne Vorbereitung gepreßt werden. Die fertigen Tabletten müssen möglichst sofort in geschlossene Gefäße gefüllt werden, da sie an der Luft manchmal leicht vergilben.

Hexamethylentetramin-Methylenblau.

10 kg Hexamethylentetramin,
1 kg Methylenblau,
0,25 kg Talkum.

Das Gemisch kann ohne Vorbereitung tablettiert werden. Der feine Staub des Gemisches färbt so stark, daß im selben Raum gleichzeitig keine andere Arbeit ausgeführt werden kann.

Hexamethylentetramintriborat.

1,86 kg Borsäure,
1,4 kg Hexamethylentetramin.

Die beiden Bestandteile werden in einer Knetmaschine solange geknetet, bis die Masse von allein feucht wird und eine teigige Konsistenz annimmt. Die Masse wird nun in einer Reibmaschine granuliert, getrocknet und nach dem Trocknen durch ein Sieb Nr. 10/Zoll geschlagen. Der feine Staub wird mit einem Sieb Nr. 20/Zoll entfernt, vorgepreßt und nach dem trockenen Granulieren zur Hauptmasse des Granulats hinzugefügt. Im Bedarffalle kann die ganze Masse öfters vorgepreßt werden.

Ipecacuanha mit Opium.
(Doverpulver)

2 kg Doverpulver,
20 g Gelatine,
20 g Kakaobutter.

Das Doverpulver wird mit der Gelatinelösung granuliert und nach dem Ölen mit der Kakaobutter zu Tabletten gepreßt. Soll aus dem Doverpulver ein größeres Tablettenformat hergestellt werden, so kann man als Streckmittel vorteilhaft Süßholzpulver an Stelle von Zucker verwenden. Gleitmittel sind in diesem Fall kaum erforderlich, und das Granulieren ist ebenfalls überflüssig, da man durch Vorpressen schönere Tabletten erhalten kann. Zur Beschleunigung der Zerfallgeschwindigkeit kann man der Tablettenmasse 5% Agarpulver zusetzen.

Ipecacuanha mit Antimon.

150 g Antimonpentasulfid
(Stibium sulf. aur.),
500 g Ipecacuanha-Wurzelpulver,
20 g Benzoesäure,
13,5 kg Zucker,

30 g Fenchelöl,
20 g Anisöl,
100 g hydriertes Pflanzenfett,
100 g Paraffin,
100 g Kakaobutter.

Die fein gepulverten Bestandteile werden durch ein Sieb Nr. 40/cm getrieben und mit dem Gleitmittel und ätherischen Ölen vermengt. Nach dem Vorpressen und trockenem Granulieren werden 0,5—0,6 g schwere Tabletten hergestellt.

Jod-Lecithin.

2,5 kg Lecithin aus Ei,
5 kg Jodkali,
5 kg Magnesiumoxyd,
10 kg Bolus alba,
7,5 kg Milchzucker,
0,3 kg Agarpulver,
0,6 kg Talkum.

Das Lecithin wird mit dem Magnesiumoxyd verrieben und sollte hierbei keine trockene Masse entstehen, so wird auch noch etwas Bolus alba zugefügt. Das Jodkali wird getrennt mit 1% Paraffin behandelt, so wie dies bei den Kaliumjodid-Tabletten beschrieben ist. Sämtliche Bestandteile werden trocken vermischt vorgepreßt und granuliert. Das Granulat vermengt man mit dem Talkum und dem Agar und preßt es zu 0,3 g schweren Tabletten.

Kaliumjodid.

1 kg Kaliumjodid wird im Vakuum getrocknet und in einer Kugelmühle feinst pulverisiert, so daß das erhaltene Pulver restlos durch ein Sieb Nr. 30/cm geht. Das Pulver wird mit einer Lösung von 20 g Natriumcarbonat in 40 g Wasser angefeuchtet, worauf noch Wasser hinzugefügt wird, bis eine teigige Masse entsteht. Nach dem Granulieren durch ein Sieb Nr. 14/Zoll wird das Granulat scharf getrocknet und mit mittlerem Druck zu Tabletten gepreßt. Die Stempel sollen aus nichtrostendem Stahl angefertigt sein. Die Zugabe von Natriumcarbonat ist deshalb erforderlich, weil das im Verlauf der Zeit oder bei zu starkem Pressen freiwerdende Jod die Tabletten sonst färben würde. Das Tablettieren gelingt nur in einem ganz trockenen und geheizten Raum, da die Masse stark an die Matrize und an die Stempel klebt. Das Tablettieren gelingt fast immer mit einer Handpresse, welche aber natürlich keine genügende Leistungsfähigkeit besitzt. Viel leichter geht das Tablettieren, wenn man das feinpulverisierte Jodkalium in erwärmtem Zustand mit 1—1,5% geschmolzenem Paraffin verreibt und nochmals durch Sieb Nr. 30/cm schlägt. Jetzt granuliert man mit der Natriumcarbonatlösung und preßt nach dem Trocknen.

Kaliumpermanganat.

Das getrocknete Kaliumpermanganat kann ohne Vorbereitung gepreßt werden, jedoch müssen die übermäßig großen Krystalle abgesiebt werden.

Kaliumsulfoguajacolat.

Es kann ohne Vorbereitung zu 0,5 g schweren Tabletten gepreßt werden.

Karlsbader Tabletten.

1,8 kg Aloeextrakt, trocken,
0,52 kg Belladonnaextrakt, trocken,
0,5 kg Cascarillaextrakt, trocken,
0,3 kg Frangulaextrakt, trocken,
0,24 kg Podophyllin,
0,2 kg Süßholzpulver,
0,1 kg Kartoffelstärke,
0,04 kg Talkum.

Die Extrakte werden mit 2% Stearinsäure vermischt und mit den anderen Bestandteilen zusammen nach einmaligem Vorpressen zu Tabletten von 0,11 g und 6 mm Durchmesser gepreßt. Die fertigen Tabletten werden auf 0,25 g dragiert und mit Aluminium überzogen.

Kissinger Tabletten.

2 kg Rheumextrakt, trocken,
2 kg Cascara sagrada-Extrakt, trocken,
1 kg Frangulaextrakt, trocken,
0,2 kg Belladonnaextrakt, trocken,
3 kg Phenolphthalein,
0,8 kg Natriumchlorid,
0,4 kg Natriumsulfat,
0,2 kg Magnesiumsulfat,
0,2 kg Lithiumcarbonat,
0,2 kg Talkum.

Das Phenolphthalein wird mit 2% in Äther gelöster Stearinsäure vermischt und mit den anderen Substanzen zusammen nach vorherigem Brikettieren tablettiert. Die 0,25 g schweren Tabletten haben einen Durchmesser von 9 mm und werden auf 0,55 g dragiert.

Lecithin.

0,5 kg Lecithin aus Ei,
1,4 kg Magnesiumoxyd,
0,5 kg Kolaextrakt, trocken,
3 kg Kakaopulver,
4 kg Zucker,
0,2 kg Bolus,
0,2 kg Agarpulver,
5 g Vanillin,
2 g Saccharinnatrium (440fach).

Das Lecithin wird mit dem Magnesiumoxyd verrieben, mit den anderen Bestandteilen, außer Agar und Talkum, vermischt, mit dem in Alkohol gelösten Vanillin angefeuchtet, vorgepreßt und nach dem Zumischen des Agars und des Talkums tablettiert.

Marienbader Tabletten.

1,8 kg Aloe-Trockenextrakt,
0,52 kg Belladonna-Trockenextrakt,
0,50 kg Cascarilla-Trockenextrakt,
0,30 kg Frangula-Trockenextrakt,
0,30 kg Rheum-Trockenextrakt,
0,24 kg Podophyllin,
0,100 g Kartoffelstärke,
0,20 kg Süßholzpulver,
0,04 kg Talkum,
0,08 kg Stearinsäure,
0,800 kg Äther.

Die Extrakte werden mit der im Äther gelösten Stearinsäure vermischt und mit den anderen Bestandteilen zusammen nach einmaligem Vorpressen zu Tabletten von 0,11 g und 6 mm Durchmesser gepreßt. Die fertigen Tabletten werden auf 0,25 g dragiert und mit Aluminium überzogen.

Mentholdrageekerne.

0,42 kg Borax,
0,6 kg Gummi arabicum,
0,21 kg Menthol,
31,8 kg Zuckerpulver,
0,24 kg hydriertes Pflanzenfett,
0,24 kg Paraffin,
0,24 kg Kakaobutter.

Das Zuckerpulver wird in einer heizbaren Knetmaschine mit dem Borax vermischt und mit dem in Wasser gelösten Gummi arabicum angeknetet, worauf das geschmolzene Gemisch des Pflanzenfettes, des Paraffins und der Kakaobutter zugegossen wird. Man läßt die Maschine laufen, bis die Masse völlig gleichmäßig wird. Das mittels Sieb Nr. 12/Zoll hergestellte Granulat wird nach dem Trocknen auf Sieb Nr. 10/Zoll getan und das durchgesiebte Granulat mit dem in einem Alkohol-Äthergemisch gelöstem Menthol angefeuchtet und zu 0,6 g schweren, eiförmigen Tabletten gepreßt, welche auf 1,1 g dragiert werden.

Mentholdragees mit Anästhesin.

Zur vorstehend beschriebenen Masse wird noch 55 g Anästhesin zugemischt. Die erhaltenen Kerne werden auf das doppelte Gewicht dragiert und rosa gefärbt.

Mentholdragees mit Eucalyptus.

Zur Mentholdrageemasse knetet man noch 70 g Eucalyptusöl hinzu und stellt grün gefärbte Dragees her.

Morphinhydrochlorid.

2 kg Morphinhydrochlorid,
4 kg Milchzucker,
4 kg Kartoffelstärke,
0,16 kg Gelatine,
0,10 kg Kakaobutter,
0,30 kg Talkum.

Die Hälfte der Kartoffelstärke wird mit dem Morphin und dem Milchzucker vermischt, mit der Kakaobutter eingeölt und mit der wässerigen Gelatinelösung granuliert. Nun fügt man die andere Hälfte der Kartoffelstärke zum getrockneten Granulat und preßt die Tabletten, deren Gewicht 0,105 g ist und die einen Durchmesser von 6 mm haben. Eine Tablette enthält 0,02 g Morphinhydrochlorid.

β-Napthtol.

Es kann ohne Vorbereitung gepreßt werden.

Natriumsalicylat.

10 kg Natriumsalicylat,
0,1 kg Kakaobutter,
0,1 kg Stearinsäure,
0,1 kg Paraffin,
1 kg Kartoffelstärke,
0,3 kg Talkum,
0,6 kg Gummi arabicum.

Das gut getrocknete Natriumsalicylat wird in einer Kugelmühle fein gemahlen und in einer Knetmaschine in angewärmtem Zustand mit der wässerigen Lösung des Gummi arabicums zusammengeknetet, worauf noch das geschmolzene Gemisch der Kakaobutter, der Stearinsäure und des Paraffins hinzugefügt wird. Die gleichmäßige Masse wird durch ein grobes Roßhaarsieb granuliert. Das getrocknete Granulat wird zweimal vorgepreßt. Nach dem zweiten Vorpressen mischt man die Masse mit der Stärke und dem Talkum und tablettiert.

Natriumbicarbonat.

20 kg Natriumbicarbonat,
0,2 kg Gelatine,
0,2 kg Paraffin,
0,6 kg Talkum.

Das feine und gesiebte Pulver wird mit einer 10%igen Lösung der Gelatine warm granuliert und mit dem geschmolzenen Paraffin vermischt. Das mittels Sieb Nr. 10/Zoll hergestellte und getrocknete Granulat wird vorgepreßt, trocken granuliert und nach dem Vermischen mit dem Talkum zu Tabletten von 0,5 g und 13 mm Durchmesser gepreßt. Sollte das Pressen Schwierigkeiten verursachen, so wird nochmals vorgepreßt.

Opiumtabletten.

1 kg Opiumtinktur,
0,02 kg Tolubalsam,
10 kg Zuckerpulver,
0,1 kg hydriertes Pflanzenfett,
0,1 kg Paraffin,
0,1 kg Kakaobutter,
0,2 kg Talkum,
0,12 kg Gelatine.

Der Tolubalsam wird in der Opiumtinktur gelöst und mit dem Zuckerpulver verrieben. Das getrocknete Gemisch wird durch Sieb Nr. 40/cm geschlagen und in eine Knetmaschine mit der 10%igen Lösung der Gelatine sowie mit dem geschmolzenen Gemisch des Pflanzenfettes, des Paraffins und der Kakaobutter angeknetet. Das mittels Sieb Nr. 12/Zoll hergestellte und nach dem Trocknen durch Sieb Nr. 10/Zoll geschlagene Granulat wird nach dem Vermischen mit dem Talkum zu Tabletten von 1 g gepreßt.

Organpräparat: Thymus-Hypophysis.

Als Beispiel eines schwierig tablettierbaren Organpräparates geben wir hier die Vorschrift eines Hypophysis-Thymuspräparates. Die Vorschrift muß genau innegehalten werden, um keine fleckige Tabletten zu erhalten.

0,2 kg Hypophysis cerebri pars anterior, 16 kg Calciumchloracetat (oder Calcium lactat),
0,6 kg Thymus, 0,46 kg Stearinsäure,
5 kg Theobromin-Natriumsalicylat, 5 g Atropinsulfat.

Das Calciumchloracetat und das Theobrominnatriumsalicylat wird getrennt mit einer alkoholischen Lösung des Stearins granuliert. Die Organpräparate werden in einer Kugelmühle fein gemahlen und durch Sieb Nr. 50/cm getrieben. Das Gemisch sämtlicher Bestandteile wird bei 60° C getrocknet. Vor dem Pressen wird der Maschinenraum auf 35° C angeheizt und die Maschinenteile vorgewärmt. Die warme Tablettenmasse wird nun in den Füllschuh gefüllt und bei geschlossenem Füllschuh tablettiert. 1 Tablette = 0,5 g.

Paraformaldehyd.

Das gut getrocknete, grobe Pulver kann durch mittleren Druck gepreßt werden.

Pfefferminztabletten.

10 kg Zuckerpulver wird fein gesiebt und in einer Knetmaschine in erwärmtem Zustand mit dem geschmolzenen Gemisch von
80 g hydriertem Pflanzenfett, 80 g Stearinsäure und mit
80 g Paraffin, 600 g 10%iger Gelatinelösung
gleichmäßig angeknetet. Die Masse wird mit Hilfe des Siebes Nr. 12/Zoll granuliert, das getrocknete Granulat durch Sieb Nr. 10/Zoll getrieben. Das feine Pulver wird abgesiebt, nochmals granuliert, getrocknet und zur Hauptmasse des Granulats hinzugefügt. Auf das Granulat wird nun ein Schüttelgemisch von
50 g Pfefferminzöl,
100 g Alkohol und
50 g Wasser
gegossen und mit der Hand gründlich vermischt. Das feuchte Granulat wird ohne Trocknen gepreßt, wodurch sehr harte Tabletten erhalten werden. Es wird nämlich von den Pfefferminztabletten eine sehr große Härte gefordert, welche man durch trockenes Pressen ohne Überanstrengung der Tablettenmaschine nicht erreichen könnte. Die feucht gepreßten Tabletten werden sogar dann in einigen Tagen steinhart, wenn nur ein mittlerer Druck zur Anwendung gelangte. Der Fülltrichter muß im Verlauf des Tablettierens stets geschlossen sein, um das Austrocknen der Masse zu vermeiden.

Phenacetin.

10 kg Phenacetin,
1,5 kg Kartoffelstärke.

Das drei- bis viermal vergepreßte Phenacetin wird mit der Stärke vermischt und vorgepreßt.

Phenacetin-Acetanilid-Antipyrin.

1 kg Phenacetin, 1 kg Antipyrin,
1 kg Acetanilid, 60 g Talkum.

Das durch ein Sieb Nr. 20/cm getriebene Gemisch wird vorgepreßt, trocken granuliert und nach dem Vermischen mit Talkum tablettiert; 1 Tablette = 0,6 g.

Phenacetin-Chinin-Coffein-Amidopyrin.

0,4 kg Chininhydrochlorid, 1,6 kg Amidopyrin,
0,8 kg Coffein, 1,6 kg Phenacetin.
1,6 kg Acetylsalicylsäure,

Das Chinin wird mit 1% Stearin und 1% Kakaobutter geölt und mit den anderen durch Sieb Nr. 20/cm getriebenen Bestandteilen vermischt, worauf die Masse vorgepreßt und tablettiert wird; 1 Tablette = 0,5 g.

Phenolphthalein.

Zur Herstellung von Phenolphthaleintabletten wird im allgemeinen Zucker als Streckmittel verwendet. Da aber der Zucker und das Phenolphthalein zusammen nur sehr schwer tablettierbar sind, weisen die so hergestellten Tabletten immer eine schlechte Zerfallgeschwindigkeit auf. Die Tabletten sind so schwer löslich, daß sie manchmal nicht einmal im Magen zerfallen. Da ein sehr großer Teil der pharmazeutischen Betriebe die Phenolphthaleintabletten trotzdem noch mit Zucker herstellt, geben wir hier folgend auch jene Vorschriften, um den Vergleich mit der weiterhin gegebenen einwandfreien Vorschrift zu ermöglichen.

I. Mit Zucker.

1. Tabletten zu 0,05 g „Mite".

10 kg Phenolphthalein und
36,25 kg Zuckerpulver

werden in einer Knetmaschine vermischt und in erwärmtem Zustand mit einer aus

3,75 kg Zucker und
2,25 kg Wasser

hergestellten Lösung sowie mit dem geschmolzenen Gemisch von

0,5 kg Paraffin und
0,5 kg Kakaobutter

und des weiteren mit einer Lösung von

0,1 kg Gelatine in
0,2 kg Wasser

zu einer gleichmäßigen Masse angeknetet, worauf die Heizung der zugedeckten Maschine abgestellt wird. Hierauf wird die Masse mit drei Teilen Purpurrot-Brillant (Oehme & Bayer) und ein Teil Bläulichrosa (Oehme & Bayer) angefärbt, durch Sieb Nr. 10/Zoll granuliert und bei 50° C zwei Tage lang getrocknet. Das getrocknete Granulat wird mit einer alkoholischen Lösung von 5—7 g Vanillin besprengt und während einer Nacht in einem warmen Raum und geschlossenem Gefäß aufbewahrt. Das Granulat wird nach Zumischen von 3% Talkum zu 0,255 g schweren Tabletten von einem Durchmesser von 8 mm gepreßt. Eine Tablette enthält 0,05 g und wird mit „Mite" bezeichnet.

2. Tabletten zu 0,1 g „Forte".

20 kg Phenolphtalein und
26,23 kg Zuckerpulver

werden in einer Knetmaschine vermischt und in erwärmtem Zustand mit einer aus

3,75 kg Zucker und
2,25 Wasser

hergestellten Lösung sowie mit dem geschmolzenen Gemisch von

0,5 kg Stearinsäure,
0,33 kg Paraffin,
0,5 kg Kakaobutter

und des weiteren mit einer Lösung von

0,2 kg Gelatine in
1,8 kg Wasser

in der geschlossenen Knetmaschine zu einer gleichmäßigen Masse angeknetet. Die Masse wird nun mit einer Lösung von

25 g Flavanilin in
350 g Wasser

gefärbt, worauf man die Maschine in geöffnetem Zustand und bei abgestellter Heizung noch zehn Minuten laufen läßt. Es wird nun mittels Sieb Nr. 10 granuliert. Das bei 50° C zwei Tage lang getrocknete Granulat wird mit der alkoholischen Lösung von 6—8 g Vanillin besprengt und 12 Stunden lang in geschlossenem Gefäß an warmem Orte aufbewahrt. Nach dem Zumischen von 3% Talkum wird das Granulat zu 0,27-g-Tabletten gepreßt. Eine Tablette enthält 0,1 g Phenolphthalein und wird mit „Forte" bezeichnet.

3. Tabletten zu 0,5 g „Fortissimus".

25 kg Phenolphthalein
21,25 kg Zucker,
3,75 kg Zucker, gelöst in
2,25 kg Wasser,
0,5 kg Stearinsäure,
0,35 kg Paraffin,

0,5 kg Kakaobutter,
0,2 kg Gelatine, gelöst in
1,8 kg Wasser,
25 g Flavanilin, gelöst in
0,35 kg Wasser,
8 g Vanillin.

Die Herstellung dieser Tabletten erfolgt genau wie vorstehend beschrieben wurde, aber das Einzelgewicht der Tabletten beträgt 1,08 g, so daß der Phenolphthaleingehalt einer Tablette 0,5 g beträgt. Die Tabletten werden mit „Fortissimus" bezeichnet.

Die vorstehend beschriebenen Phenolphthaleintabletten zerfallen, wie bereits erwähnt wurde, im Wasser sehr schwer und außerdem ist trotz des hohen Zuckergehaltes der unangenehme Geschmack des Phenolphthaleins nicht abgedeckt. Dieser letztere Mangel kann durch Saccharin verbessert werden. Um ein besseres Zerfallen zu erreichen, müßte man der Masse Stärke zufügen. Da aber das Granulat bereits auch ohne Stärke sehr

II. Ohne Zucker.

1. „Mite": 2,5 kg Phenolphthalein, 25 g Saccharinnatrium (440fach),
5 kg Bolus, 6 g Purpurrot-Brillant (Oehme & Bayer),
2,5 kg Kartoffelstärke, 2 g Rosabläulich (Oehme & Bayer),
2,5 kg Weizenmehl, 2,5 g Vanillin,
25 g Stearinsäure, 125 g Alkohol,
12,5 g Kakaobutter, 625 g Gelatine.

Das Phenolphthalein wird in einer Knetmaschine angewärmt, worauf der Reihe nach das geschmolzene Gemisch der Stearinsäure und der Kakaobutter, sodann der Bolus, das Weizenmehl und die Hälfte der Weizenstärke zugemischt wird. Hierauf knetet man mit der wässerigen Lösung der Gelatine an, gießt die wässerige Lösung des Saccharinnatriums und der Farbstoffe hinzu und knetet, bis die ganze Masse gleichmäßig ist. Das mittels Sieb Nr. 12/Zoll hergestellte Granulat wird getrocknet, durch Sieb Nr. 10/Zoll getrieben, mit dem in Alkohol gelösten Vanillin besprengt und nach Zufügung der restlichen Kartoffelstärke tablettiert. 1 Tablette = 0,25 g.

2. „Forte": 10 kg Phenolphthalein, 50 g Saccharinnatrium (440fach),
5 kg Bolus, 250 g Alkohol,
5 kg Kartoffelstärke, 10 g Eigelb (Siegle & Co.),
5 kg Weizenmehl, 5 g Edelsteingelb (Schimmel & Co.),
100 g Stearin, 1,25 kg Gelatine,
50 g Kakaobutter, 5 g Vanillin.

Die Herstellung der Tabletten erfolgt wie unter 1. beschrieben ist. 1 Tablette = 0,25 g.

3. „Fortissimus": 12,5 kg Phenolphthalein, 5 g Vanillin,
4 kg Bolus, 5 g Eigelb (Siegle & Co.),
3,5 kg Weizenmehl, 5 g Edelsteingelb (Schimmel & Co.),
5 kg Kartoffelstärke, 60 g Saccharinnatrium (440fach),
120 g Stearinsäure, 0,25 kg Alkohol,
60 g Kakaobutter, 1,25 kg Gelatine.

Die Herstellung der Tabletten erfolgt wie unter 1. beschrieben ist. 1 Tablette = 1,0 g.

Die Tabletten zerfallen innerhalb einer Minute. Sie enthalten nur annähernd 0,05, 0,10 bzw. 0,50 g Phenolphthalein. Will man eine genaue Dosierung haben, so muß man auch die Masse der Granulierungsmittel berücksichtigen und schwerere Tabletten pressen. Man könnte auch vom Streckmittel entsprechend weniger zur Masse nehmen.

Phenolphthalein mit Extrakte.

2,2 kg Phenolphthalein, 1,5 kg Cascara sagrada Trockenextrakt,
1,5 kg wässeriger Aloetrockenextrakt, 150 g Belladonna Trockenextrakt mit Dextrin.

Die durch Sieb Nr. 30/cm getriebenen Substanzen werden mit 1% Stearinsäure vermengt und ohne Granulieren zu 0,30-g-Tabletten gepreßt.

Phenylcinchoninsäure.
(Atophan)

10 kg Phenylcinchoninsäure, 0,15 kg Kakaobutter,
0,5 kg Kartoffelstärke, 0,25 kg Gelatine.
0,25 kg Talkum,

Die Phenylcinchoninsäure wird mit der in Äther gelösten Kakaobutter vermischt und mit der zu 10% gelösten Gelatine angeknetet, grob granuliert und getrocknet. Nach dem Trocknen wird grob vermahlen, vorgepreßt, das trockene Granulat mit der Stärke vermischt und nochmals vorgepreßt. Das trockene Granulat wird mit Wasser schwach besprengt, mit der vorgeschriebenen Talkummenge bestreut und zu 0,525-g-Tabletten gepreßt. Eine Tablette enthält 0,5 g Phenylcinchoninsäure.

Quecksilberchlorid.
(Mercurichlorid, Sublimat)

Das Sublimat wird mit der gleichen Menge Chlornatrium vermischt, mit Eosin gefärbt und zu 2 g schweren Tabletten gepreßt. Die Masse darf nur mit Gummihandschuhen berührt werden.

Rheum.

10 kg Rheumpulver,
0,4 kg Kartoffelstärke.

Rheum kann mit Wasser nicht granuliert werden, denn die gepreßten Tabletten werden fleckig. Die vorgepreßte Masse wird nach dem Trocknen granuliert und zu 0,26 g schweren Tabletten gepreßt. Eine Tablette enthält 0,25 g Rheum.

Saccharin.

Die Saccharintabletten werden gewöhnlich mit Natriumbicarbonat als Streckmittel hergestellt. Da aber das Natriumbicarbonat den Saccharingeschmack beeinträchtigt, ersetzt man es sehr oft durch Mannit. Zur Herstellung von 110fachen Tabletten aus 550fachem Saccharin streckt man 1 kg Saccharin mit 4 kg Natriumbicarbonat. Das Saccharin wird mit 100 g Gelatinelösung, das Natriumbicarbonat mit 400 g Gelatinelösung granuliert. Die Granulate werden erst nach dem vollständigen Trocknen und Absieben des feinen Pulvers vermischt und zu 0,07 g schweren Tabletten mit einem Durchmesser von 6 mm gepreßt. Vom 440fachen Saccharinnatrium muß man im Verhältnis der Süßkraft mehr nehmen. Das Granulieren erfolgt mit dem Natriumbicarbonat zusammen, denn die gepreßten Tabletten brausen im Gegensatz zu den vorher beschriebenen nicht, daher ist es üblich, der Tablettenmasse ungefähr 10% Weinsteinsäure beizumengen.

Salol.

Das durch Sieb Nr. 20/cm getriebene krystallisierte Salol kann ohne Vorbereitung tablettiert werden.

Santonin.

0,25 kg Santonin,   5 kg Kakaopulver,
5 kg Zuckerpulver,   0,1 kg Traganth.

Das der Siebfeinheit Nr. 40/cm entsprechende Pulvergemisch wird mit dem in Wasser angequollenen Traganth angeknetet und mittels Sieb Nr. 12/Zoll granuliert. Das durch Sieb Nr. 10/Zoll getriebene und getrocknete Granulat wird zu 1 g schweren Tabletten gepreßt.

Senega.

1,25 kg Senegaextrakt, dickflüssig,   0,2 kg Kakaobutter,
2,5 kg Weizenstärke,   0,2 kg hydriertes Pflanzenfett,
21,25 kg Zuckerpulver,   0,1 kg Traganth,
0,2 kg Paraffin,   12,5 g Anisöl.

Das Senegaextrakt wird mit der Weizenstärke verrieben, getrocknet und durch Sieb Nr. 40/cm gesiebt. Das Pulver wird mit dem Zuckerpulver zusammen mit Hilfe des in Wasser angequollenen Traganths angeknetet und durch Sieb Nr. 12/Zoll granuliert. Das getrocknete Granulat läßt man durch Sieb Nr. 10/Zoll laufen, besprengt es mit Anisöl und preßt zu Tabletten von 1 g.

Senega-Malzschokolade.

0,3 kg Senegaextrakt, dickflüssig,   10,8 kg Schokoladenpulver,
0,75 kg Malzextrakt,   1,5 kg Weizenstärke,
12,75 kg Tafelschokolade,   30 g Pomeranzenöl, süß.

Die Tafelschokolade wird in erweichtem Zustand mit dem Senega- und Malzextrakt zunächst gründlich vermischt, worauf noch vor dem Erkalten die anderen Bestandteile gleichmäßig zugemengt werden. Das Granulat wird mit dem Sieb Nr. 12/Zoll hergestellt und bei Zimmertemperatur getrocknet. Das trockene Granulat läßt man durch Sieb Nr. 10/Zoll laufen und preßt mittels schwachem Druck zu 1 g schweren Tabletten, deren Durchmesser 15 mm beträgt. Die Tabletten werden mit einer weichen Schokoladendrageehülle versehen.

Tannin.

Das Tannin wird zuerst vorgepreßt und dann nach Zusatz von 5% Stärkekomposition zu Tabletten gepreßt. Sollte die Masse trotzdem kleben, so kann noch 2% Talkum zugefügt werden.

Tanninalbuminat.
(Tanalbin)

10 kg Tanninalbuminat,
1 kg Kartoffelstärke.

Das fein gesiebte Pulvergemisch wird nach einmaligem Vorpressen zu Tabletten von 0,55 g gepreßt. Eine Tablette enthält 0,5 g Tanninalbuminat. Zur Herstellung dieser Tabletten soll Zucker niemals als Streckmittel verwendet werden, denn es liefert ein steinhartes Granulat.

Theobromin-Natriumsalicylat.

10 kg Theobromin-Natriumsalicylat,   0,03 kg Gummi arabicum,
0,15 kg Stearinsäure,   0,3 kg Kartoffelstärke,
1 kg Alkohol,   0,05 kg Talkum.

Das feinpulverisierte Gummi arabicum wird mit dem Theobromin-Natriumsalicylat gründlich vermischt und mit der in Alkohol gelösten Stearinsäure angeknetet, worauf mittels Sieb

Nr. 10/cm granuliert wird. Das getrocknete Granulat wird mit der Stärke und dem Talkum vermischt und zu Tabletten gepreßt.

Weinsteinsäure.

Die Weinsteinsäure wird entweder in einer emaillierten Knetmaschine oder in 2-kg-Portionen auf einer Tischplatte angefeuchtet, mit der Hand angeknetet und durch Sieb Nr. 12/Zoll granuliert. Das getrocknete Granulat wird durch Sieb Nr. 10/Zoll getrieben und nach dem Absieben des feinen Pulvers erwärmt. Zu 10 kg Granulat gießt man 50 g geschmolzene Kakaobutter und vermischt mit der Hand gründlich. Das abgekühlte Granulat wird nach Zugabe von 5% Stärke zu Tabletten gepreßt.

Yohimbin.
I. Tabletten zu 0,005 g.

0,1 kg Yohimbin-Hydrochlorid,   35 g Kakaobutter,
3,3 kg Zuckerpulver,   35 g Paraffin,
1,5 kg Kartoffelstärke,   50 g Talkum.

Das Yohimbin wird mit dem Zuckerpulver, sodann mit der geschmolzenen Kakaobutter und dem Paraffin und 1 kg Kartoffelstärke vermischt. Die Masse wird vorgepreßt, trocken granuliert und nach Zufügen des Talkums sowie der restlichen Stärke zu Tabletten von 0,25 g gepreßt.

II. Tabletten für veterinär-medizinische Zwecke.

0,4 kg Yohimbin-Hydrochlorid,   0,05 kg Stearin,
1 kg Milchzucker,   0,2 kg Alkohol.
0,6 kg Kartoffelstärke,

Das Gemisch des Yohimbins und des Milchzuckers wird mit der in Alkohol gelösten Stearinsäure, dann mit der Hälfte der Kartoffelstärke vermischt, vorgepreßt und trocken granuliert, worauf nach Zugabe der restlichen Stärke zu Tabletten von 0,5 g gepreßt wird. Bestehen bezüglich der Farbe der veterinär-medizinischen Tabletten besondere Vorschriften, so muß der Tablette ein entsprechender Farbstoff zugefügt werden.

V. Die Pillen.

Pillen sind gemäß der Bestimmung des DAB. 6 Arzneizubereitungen von Kugel-, selten Ei- oder Walzenform, die vorzugsweise zum inneren Gebrauche dienen. Diese Definition gibt aber über das eigentliche Wesen der Pillen keinen Aufschluß, da rein formal kein Unterschied gegenüber den gepreßten Formlingen (Tabletten) besteht, ihr Wesen kann daher nur durch die Herstellungsweise festgelegt werden. Die obige Definition sollte also richtig wie folgt lauten: Pillen sind aus einer plastischen Masse hergestellte Arzneizubereitungen von Kugel-, selten Ei- oder Walzenform, die vorzugsweise zum inneren Gebrauche dienen. An Stelle dieser erweiterten Definition gibt das DAB. 6 und auch alle anderen Arzneibücher einfach jene Vorschriften, welche zur Herstellung von Pillen dienen.

Diese Arbeitsvorschriften sind natürlich dem Apothekenkleinbetrieb angepaßt und sind für den Großbetrieb fast immer ungeeignet, da einerseits die Kalkulation eines Großbetriebes ganz anders geartet ist als die der Apotheke, andrerseits auch die Technik der Pillenfabrikation im Großbetrieb grundverschieden ist. In der Apotheke bedient man sich der primitivsten Hilfmittel, während im Großbetrieb die in Frage kommenden großen Massen besondere maschinelle Einrichtungen erfordern. Indessen darf nicht vergessen werden, daß in der Praxis je nach der Größe der Produktion sämtliche Übergänge von der primitivsten Handarbeit der Apotheke bis zum völlig automatisierten Betrieb sich vorfinden. Die Unzulänglichkeit der Arzneibuchvorschriften führte in der Praxis zu dem Ergebnis, daß man nur die Qualitätsbestimmungen des Arzneibuches für bindend hielt, um so mehr, da es im mechanisiertem Großbetrieb überhaupt nicht gelingen wollte, mit Hilfe der genannten Herstellungsvorschriften in ungestörtem Betriebe einwandfreie Pillen zu erzeugen.

Die in der Praxis gebrauchten Verfahren ergeben sich notwendigerweise aus der obenstehenden Definition der Pillen. Es ist demnach erforderlich, die wirksamen Arzneimittel in eine plastische Masse verwandeln zu können. Diese plastische Masse muß zu einzelnen Pillen verarbeitbar sein, wozu aber ganz bestimmte mechanische Eigenschaften erforderlich sind, welche sich besonders genau aus dem weiteren Arbeitsgang, bzw. aus der hierzu erforderlichen Apparatur ergeben. Die plastische Masse wird zu Strängen geformt, diese werden wieder in kleine Stücke zerteilt, um sodann je nach Wunsch die Kugel-, Ei- oder Walzenform zu erhalten. Da in diesen einleitenden Worten der apparative Teil der Pillenfabrikation nicht beschrieben werden kann, können hier auch nur die ganz allgemeinen, sehr einleuchtenden Eigenschaftsforderungen gegenüber der plastischen Pillenmasse mitgeteilt werden. Diese sind: 1. leichte Knetbarkeit, 2. die Masse darf nicht klebrig sein, sie muß sich von sämtlichen Maschinenteilen leicht ablösen; 3. die Masse darf unter Druck nicht zu stark erweichen oder klebrig werden, d. h. die mechanische Bearbeitung darf die Eigenschaften der Masse nur wenig beeinflussen; 4. die Pillenmasse soll infolge einer zu hohen Elastizität dem Formen nicht widerstehen. Nicht nur den Pillenmassen gegenüber werden Forderungen gestellt, auch die fertigen Pillen müssen ganz bestimmte Eigenschaften besitzen, welche aber zur Zeit in keinem der Arzneibücher quantitativ festgelegt sind. Es wird nur rein qualitativ gefordert, daß 1. das Innere der Pillen möglichst lang weich bleibe und 2., daß die Pillen, von seltenen Ausnahmen abgesehen, mit kaltem bzw. lauem Wasser geschüttelt, leicht zerfallen.

Um diese Eigenschaften einer Pillenmasse verleihen zu können, müssen wir uns in erster Linie mit den hierzu erforderlichen Hilfssubstanzen befassen. Man wird hierbei finden, daß manche Substanzen der Arzneibücher auch im Großbetrieb beibehalten werden können, es sind aber auch solche, welche einfach ausgeschlossen werden mußten. Nach Erörterung der Hilfssubstanzen werden die erforderlichen Apparate besprochen. Hier anschließend folgt eine Reihe von Herstellungsvorschriften der gebräuchlichsten Pillensorten.

Im Allgemeinen sei noch erwähnt, daß die Bedeutung der Pillenfabrikation in den einzelnen Ländern sehr verschieden ist. In Europa ist die Pillenform, abgesehen von England, keine übermäßig beliebte Arzneizubereitung, während die Vereinigten Staaten von Amerika einen sehr großen Pillenverbrauch zu verzeichnen haben. Dies spiegelt sich auch in der Fabrikation der erforderlichen Maschinen wieder. Während auf dem Kontinent die zur Verfügung stehenden Maschinen eigentlich einem äußerst primitiven technischen Zustand entsprechen, ist man in England bestrebt, zumindestens das Runden der Pillen zu automatisieren, in den Vereinigten Staaten von Amerika findet man dagegen bereits Vollautomaten, welche in einem Zuge aus der Pillenmasse fertig gerundete Pillen, ganz ohne Handarbeit erzeugen.

Mit dem Maßstabe der Pillenerzeugung hängt ganz streng eine Frage zusammen, welche nicht leicht zu beantworten ist. Es ist dies die Frage, welche Arzneimittel zu Pillen verarbeitet werden sollen. Man hat gewöhnlich zwischen der Tablette und der Pille zu wählen. Es besteht zwar die Möglichkeit, eine ganz exakte Antwort zu erteilen, doch wird diese in der Praxis meist von einem unberechtigten konventionellen und traditionellen Geiste verschleiert, welcher aber nur teilweise dem Publikum entspringt. Es dürfte bekannt sein, daß es z. B. viel billiger und einfacher ist, Blaud-Tabletten, als Blaud-Pillen zu erzeugen, hierbei ist natürlich Voraussetzung, daß die therapeutische Wirkung der beiden Zubereitungen dieselbe ist. Trotzdem findet man im Handel fast ausschließlich Blaud-Pillen! Der Grund hierfür liegt wohl in einer gewissen Apothekentradition. Demgegenüber ist es aber klar, daß rein sachlich betrachtet eine Entscheidung zwischen Pille oder Tablette nur vom Standpunkt der Gestehungskosten bzw. der technischen Möglichkeiten getroffen werden kann. Man kann sich vorstellen, daß manche Arzneisubstanzen, wie z. B. einzelne Extrakte, leichter zu Pillen als zu Tabletten verarbeitbar sind, während es wieder sehr oft technisch einfacher ist, Tabletten herzustellen.

Von Bedeutung ist hier noch zu erwähnen, daß das Gewicht einer Pille sich in den Grenzen von 0,05—0,30 g bewegt. Kleinere Kugeln führen den Namen Granula (Kügelchen), größere Kugeln werden dagegen Boli (Bissen) genannt. Das DAB. 6 fordert, wenn keine andere Bestimmung vorliegt, ein Gewicht von 0,1 g, welches für viele Pillen äußerst gering ist.

A. Die Grundlagen der Pillenherstellung.

Die Mannigfaltigkeit der zu Pillen zu verarbeitenden Arzneimittel (weiterhin Grundsubstanzen genannt) läßt schon allein vermuten, daß die Wege, auf welchen eine Grundsubstanz in eine plastische Masse verwandelt werden kann, sehr verschieden sein können. Es ist klar, daß die erforderlichen Hilfssubstanzen je nach den Eigenschaften der Grundsubstanzen gewählt werden müssen, um eine tadellose Pillenmasse zu erhalten.

Die Arzneibücher und auch die meisten einschlägigen Handbücher befassen sich mit den Hilfssubstanzen sehr kurz und ausschließlich deskriptiv, es wurde auch niemals versucht, eine systematische Zusammenfassung der Pillenherstellung zu geben, weshalb diese heute einen noch völlig empirischen Charakter besitzt. Es soll hier versucht werden, in die bisherige empirische „Ungeordnetheit" eine gewisse Ordnung einzuführen und somit die Pillenherstellung durch einheitliche theoretische Betrachtungen zu erleichtern, soweit dies überhaupt möglich ist. Erschwert wird dieses Bestreben durch den Mangel an bereits verrichteter Forschungsarbeit und somit muß man sich mit der Grundlegung dieser Betrachtungen begnügen.

Da die Grundsubstanzen zu plastischen Massen verarbeitet werden müssen, lassen sich diese in erster Annäherung in drei Gruppen teilen. 1. solche mit krystalloiden (löslich und unlöslich), 2. solche mit lyophil-kolloiden Eigenschaften und 3. lyophobe feste oder flüssige Substanzen. Die Bedeutung einer solchen Dreiteilung ergibt sich aus einem einfachen Beispiel. Soll z. B. As_2O_3 zu Pillen verarbeitet werden, so wird man sofort bemerken, daß ein einfaches Ankneten mit wenig Wasser oder einem sonstigen reinen Lösungsmittel keine plastische Masse liefert. Ist aber die Grundsubstanz ein Drogenpulver, so wird man bereits nach dem einfachen Zusammenkneten mit Wasser oder mit einem sonstigen Lösungsmittel eine mehr oder weniger plastische Masse erhalten. Diese Tatsache findet in der Quellbarkeit (lyophil-kolloide Eigenschaft) der Drogenpulver bzw. deren Bestandteilen ihre Erklärung. Es dürfte hierbei als bekannt angenommen werden, daß gequollene kolloide Substanzen ausgesprochene elastische und plastische Eigenschaften besitzen. So z. B. liefert gequollenes Gelatinepulver, oder ebensolches Caseinpulver eine äußerst elastische Masse. Der Unterschied zwischen den beiden als Beispiel angeführten Massen liegt aber nicht lediglich in den plastischen Eigenschaften, sondern auch im Aneinanderhaften der Massenteilchen (Klebefähigkeit). Trocknet mit Wasser angefeuchtetes As_2O_3, so zerbröckelt die Masse ganz leicht, während ein Drogenpulver ziemlich feste Massen liefert. Ebenso verhält sich z. B. das unlösliche Ferrocarbonat. Wasserunlösliche Flüssigkeiten, z. B. Öle, lassen sich allein überhaupt zu keiner Masse formen. Es besteht nun die Möglichkeit, eine nicht quellende Grundsubstanz durch Zumischen von lyophil-kolloiden Substanzen in eine quellende Masse zu verwandeln. Quellbarkeit und Klebefähigkeit sind also die ersten wichtigsten Eigenschaften der Grundsubstanzen und Hilfssubstanzen, welche sich demnach in diesen Eigenschaften so zu ergänzen haben, daß stets die gewünschte Elastizität bzw. Haftfestigkeit der Pillenmasse erhalten wird. In dieser Erkenntnis ist gleichzeitig ein allgemeingültiger Satz ausgedrückt: sämtliche Eigenschaften einer Pillenmasse sind stets als Resultante der Eigenschaften der Grundsubstanzen und der Hilfssubstanzen zu betrachten. Aus diesem Grunde ist es zulässig, die Eigenschaften der Grundsubstanzen und die der Hilfssubstanzen von einem einheitlichen Standpunkt zu prüfen, mit der Maßgabe, daß die Grundsubstanzen stets als gegebene Bestandteile einer Pillenmasse zu betrachten sind.

Im Besitze dieser Erkenntnis wenden wir nunmehr unser Augenmerk auf die Pillenmasse, als eine plastische Masse:

Ganz allgemein betrachtet enthält eine plastische Masse folgende Phasenelemente:

1. Lyophobe oder schwach lyophile feste oder flüssige Phase.
2. Lyophile gelartige oder hochviscose flüssige Phase.

Das Mengenverhältnis dieser Phasen ist bei gegebenen Eigenschaften der plastischen Masse eine Funktion der besonderen Eigenschaften der Bestandteile. Es besteht auch die Möglichkeit, daß die eine oder die andere Phase überhaupt fehlt. Eine plastische Masse und somit auch eine Pillenmasse ist also praktisch eine Suspension bzw. Emulsion, bei welcher die dispergierten Teilchen in eine lyophile gelartige Masse bzw. in eine hochviscose Flüssigkeit eingebettet sind. Die Grundsubstanzen einer Pillenmasse können in jeder dieser Phasen ihren Platz haben.

Der Zweck dieses mehrphasigen Systems ergibt sich aus folgenden Überlegungen. Eine Pillenmasse muß eine gewisse Elastizität besitzen, sie muß die einmal erhaltene Form beibehalten können, vorausgesetzt, daß keine äußeren Kräfte einwirken. Diese Eigenschaft besitzen lyophile, quellende Substanzen, wie z. B. Gelatine, Casein usw. in gequollenem Zustand bzw. in Gelform, doch ist hierbei die Elastizität derart hoch, daß ein Formen durch mechanische Kraft erschwert wird, indem die Masse nach der zum Formen erforderlichen Deformation ihre ursprüngliche Form wiedergewinnt. Fügt man zu solchen Massen feste Pulver mit lyophoben oder mit nur ganz schwach lyophilen Eigenschaften hinzu, so wird die Elastizität vermindert und die Masse plastisch, indem sie aber noch genügend elastisch bleibt, um die einmal gewonnene Form beibehalten zu können, andererseits ist sie nicht so elastisch, um einer beständigen Deformation zu widerstehen. Dieselben Eigenschaften kann man auch auf folgende Weise einer Masse verleihen. Mischt man ein lyophobes oder schwach lyophiles Pulver mit einer hochviscosen Flüssigkeit, so entsteht eine formbare Masse, die aber sehr weich und wenig elastisch ist, sofern der feste Anteil gering ist. Ist aber der feste Anteil groß, so ist die Masse zu trocken, zu bröckelig und deshalb unbrauchbar. Fügt man zu einer so gewonnenen weichen Masse eine lyophile, quellbare Substanz hinzu, so erhöht sich die Elastizität der Masse und sie wird plastisch.

Es sei an dieser Stelle erwähnt, daß eine quantitative Festlegung der „plastischen" Eigenschaften der Pillenmassen bisher noch nicht erfolgte, weshalb diese Bezeichnung hier nur in rein qualitativem Sinne gebraucht werden soll.

Die Ableitung der Zusammensetzung einer Pillenmasse gibt keinen Aufschluß über das mögliche Vorhandensein einer dispersen flüssigen Phase. Eine solche ist nur dann möglich, wenn die Grundsubstanz eine mit der Pillenmasse nicht mischbare Flüssigkeit (Öl usw.) ist. Solche Flüssigkeiten müssen emulgiert werden, um sie mit der Pillenmasse vermischen zu können. Hierzu dienen verschiedene Emulgatoren, welche aber als lyophile Kolloide schon zum größten Teil normale Bestandteile der Pillenmasse sind.

Auf Grund dieser allgemeinen Erörterungen wird man bei Zusammenstellung einer Pillenmasse je nach der Eigenart der Grundsubstanz folgendes überlegen müssen:

a) **Die Grundsubstanz ist unlöslich im benutzten Lösungs- bzw. Quellungsmittel und quillt selbst praktisch nicht (lyophob).** Auf diese Eigenschaft wird man im allgemeinen nur dann Rücksicht nehmen müssen, wenn die Substanzmenge einen bedeutenden Prozentsatz der Gesamtmasse beträgt. Ist die Menge klein, so wird man in der angenehmen Lage sein, eine fast ideale Pillenmasse herstellen zu können, indem man mit den gegebenen Eigenschaften der Grundsubstanz nicht rechnen muß. Ein Beispiel dafür liegt in den Pilulae Arsenicosi zu 0,001 g vor. Anders ist es, wenn die Grundsubstanz einen größeren Prozentsatz beträgt. Ein Beispiel hierfür sind die Pilulae Blaudi, in welchen das Ferrocarbonat ungefähr 25 % der Gesamtmasse beträgt. Hier ist die Grundsubstanz ein Bestandteil, welcher die Elastizität der lyophilen Phase vermindert. Man wird also, um eine Pillenmasse zu erhalten, eine lyophile, quellbare Substanz zumischen müssen. Es ist nun eine Frage der Beschaffenheit dieser lyophilen Substanz, ob noch eine hochviscose kolloide Lösung zugemischt werden muß. Die Benützung einer solchen hat auch noch eine andere Bedeutung, indem hierdurch die Haftfestigkeit erhöht wird. Es ist bekannt, daß gequollene Massen (Gele) wohl elastisch sind, aber bei einer gewissen mechanischen Inanspruchnahme brüchig werden. Mischt man eine hochviskose Lösung hinzu, so wird die Masse geschmeidiger.

b) **Die lyophile Grundsubstanz ist quellbar, aber im Lösungsmittel unlöslich.** Eine solche Substanz nimmt nur begrenzte Flüssigkeitsmengen auf. Reicht diese Flüssigkeitsmenge aus, um eine entsprechende Pillenmasse zu gewinnen, so hat dies keine weiteren Nachteile. Benötigt man aber größere Flüssigkeitsmengen, so wird man zur Masse weitere lyophile Substanzen hinzufügen müssen, welche entweder größere Flüssigkeitsmengen binden können, oder sogar in der flüssigen Phase löslich sind. Zur Beeinflussung der plastischen Eigenschaften wird man lyophile Pulver oder hochviscose Substanzen zusetzen.

c) **Die lyophile Grundsubstanz ist quellbar und löslich.** Die Aufarbeitung erfolgt wie unter b).

d) **Die Grundsubstanz ist nicht quellbar, jedoch löslich.** Sie übt nur dann einen Einfluß auf die Pillenmasse, wenn sie zur Gruppe der Elektrolyte gehört, da sie die Quellung der Masse je nach ihrer Konzentration vermindern oder vergrößern. Im allgemeinen dürfte aber ihre geringe Menge keinen nennenswerten Einfluß entfalten. In einzelnen Fällen kann man einen bedeutenden Einfluß der Grundsubstanzen auf den Quellungszustand der Masse beobachten. Solche Substanzen sind die alkalisch oder sauer wirkenden, sowie z. B. Harnstoff usw. Es wird daher anheimgestellt, die kolloidchemischen Eigenschaften bzw. Wirkungen eines jeden Körpers vor der Aufarbeitung genau zu prüfen bzw. zu überlegen.

Die vorhergehenden Erörterungen erlauben bei der Zusammenstellung einer neuen Pillenmasse rein qualitativ gewisse Richtungen anzugeben bzw. eine theoretische Masse zu konstruieren. In der Praxis werden aber nicht nur ganz bestimmte Hilfssubstanzen verwandt, die die ausgeprägten Eigenschaften der vorher beschriebenen Phasen einer Pillenmasse besitzen. So z. B. enthält das Mehl den stark lyophilen quellbaren Kleber und daneben die bei normaler Temperatur nur ganz schwach lyophile Stärke. Das Mehl liefert daher sowohl die feste Phase, als auch die lyophile Phase. Ein großer Teil der zur Anwendung gelangenden Hilfssubstanzen besitzt einen solchen Mischcharakter, weshalb es unumgänglich ist ihre Eigenschaften ausführlich zu besprechen. Vorher jedoch sollen noch einige Eigenschaften der Pillenmassen angeführt werden.

Die in der Pillenmasse vorhandene Flüssigkeitsmenge beeinflußt die Konsistenz der Masse: Je mehr Flüssigkeit die Masse enthält, um so weicher ist sie. Es besteht hierdurch die Möglichkeit, je nach Bedarf eine härtere oder weichere Masse zu erhalten. Die Gleitfähigkeit der Masse ist von betriebstechnischer Bedeutung. Es ist erforderlich, daß die Massen an den Berührungsflächen der Maschinen leicht dahingleiten, sie dürfen also nicht klebrig sein. Je weicher eine Masse ist, um so klebriger ist sie. Die Klebrigkeit wird auch durch zu hohem Anteil an hochviscosen und nicht gelartigen Substanzen gefördert, sie wird daher durch Zusatz von wasserbindenden, quellenden lyophilen und auch durch lyophoben festen Substanzen zum Verschwinden gebracht. Bei manchen Massen wird die Gleitfähigkeit durch Zukneten von Vaselin oder auch von Lanolin erreicht, jedoch dürfte das ziemlich überflüssig sein.

Obwohl die fertig geformten Pillen mäßig getrocknet werden, ist ein völliges Austrocknen unerwünscht. Die leichte Zerfallbarkeit im Magen ist nur dann gesichert, wenn die Pille innen nicht erhärtet ist. Die Pille ist also dann einwandfrei, wenn die ihr zugrundeliegende Masse tunlichst langsam ihren Wassergehalt verliert. Wenn auch diese Bedingung bzw. dieses Verhalten einer Pillenmasse hier und dort in der Literatur rein gefühlsmäßig berührt wurde, liegt doch erst aus der neuesten Zeit ein Versuch eines der Verfasser[1] vor, um die Trocknungsgeschwindigkeit durch Ermittlung der Permanationskoeffizienten als Vergleichswert für die Beurteilung der Massen heranzuziehen. Da diese Versuche erst in ihren Anfängen sind, sollen sie hier nicht näher besprochen werden, es sei genügend, auf diese Problemstellung hinzuweisen. Wie bereits angedeutet, steht die Zerfallsgeschwindigkeit in engem Zusammenhange mit dem Trocknungszustand einer Masse, jedoch ist sie nicht eine ausschließliche Funktion dieses Zustandes. Dieser Zusammenhang besteht nur darin, daß eine elastische Pillenmasse von gegebenen Eigenschaften bei zunehmendem Austrocknen stets schwerer zerfällt. Eine grundsätzliche Bedeutung besitzt hierbei die Beschaffenheit der Masse, und zwar zerfällt die Pille bis zu einer Grenze um so rascher, je mehr lösliche, stark und leicht quellende Substanzen in ihr enthalten sind. Es ergibt sich aus dieser Tatsache die praktische Feststellung, daß die Menge der lyophoben Phase, die zur Plastifizierung der Masse erforderlich ist, nach oben durch die erwünschte Zerfallsgeschwindigkeit begrenzt ist. Genauer gesagt gibt es einen optimalen Gehalt an lyophoben Substanzen.

Eine Pillenmasse enthält außer den Grund- bzw. Hilfssubstanzen noch Geschmackskorrigentien, welche für die mechanischen Eigenschaften der Masse eigentlich belanglos sind, jedoch ist ihre Gegenwart oft unbedingt notwendig, um den möglicherweise schlechten Geschmack der Grundsubstanzen bzw. Hilfssubstanzen zu verdecken. Einige Geschmackkorrigentien können gleichzeitig auch zur Beeinflussung der Masseneigenschaften dienen (Zucker, Kakao usw.).

Es sollen nunmehr die gebräuchlichen Hilfssubstanzen einzeln ausführlich besprochen werden.

1. Wasser. Das Wasser dient zum Ankneten der Masse, wobei es 1. die wasserlöslichen Substanzen ganz oder teilweise in Lösung bringt, 2. die quellbaren Substanzen in die Gelform überführt und hierdurch das Zusammenhalten der festen Bestandteile gewährleistet. Der größte Teil der Pillen wird mit Wasser angeknetet. Es gilt als Grundsatz, daß eine Pillenmasse in erster Linie mit Wasser zubereitet werden soll, ein anderes Lösungs- bzw. Quellungsmittel kommt nur dann in Betracht, wenn aus irgendeinem chemischen oder sonstigem Grunde die Anwesenheit von Wasser unzulässig ist bzw. durch andere Lösungsmittel der Masse günstigere Eigenschaften verliehen werden können.

---

[1] Weichherz, J.: Noch unveröffentlicht.

2. Alkohol. (Äthylalkohol). Der Alkohol, zumeist in Form von alkoholischen Lösungen, dient fast ausschließlich zur Aufarbeitung von Harz enthaltenden Massen. Seine Wirksamkeit beruht darauf, daß die Harze vom Alkohol gelöst bzw. angequollen werden. Der Zusatz des Alkohols zur Masse muß stets in kleinen Teilen erfolgen, da beim Überschreiten der Grenzmenge die Masse zu stark erweicht. Es ist um so mehr Vorsicht geboten, als die harzigen Massen durch die beim Kneten entstehende Wärme ebenfalls erweicht werden.

3. Glycerin. Das Glycerin leistet in den seltenen Fällen von stark hygroskopischen Grundsubstanzen gute Dienste. Da es immer möglich ist auch stark hygroskopische Substanzen einer Pillenmasse einzuverleiben, dürfte die Anwendung des Glycerins in solchen Fällen ziemlich entbehrlich sein. Die trotzdem häufige Anwendung beruht auf der Tatsache, daß es manche, viel feste lyophobe Stoffe enthaltende Massen besser als Wasser plastifiziert. Es wird zumeist in Verbindung mit Wasser verwandt. Es verlangsamt auch das Austrocknen der Masse.

4. Tinkturen. Diese besitzen dieselbe Bedeutung, wie der Alkohol und werden fast nur dann verwendet, wenn die betreffende Tinktur eine Grundsubstanz der Pillen ist. In anderen Fällen soll die Anwendung einer Tinktur vermieden werden, da sie sonst keine Vorteile bringt.

5. Verdünnte Säuren. Diese werden nur deshalb erwähnt, um vor ihrem Gebrauch warnen zu können. Es war in der Apothekenpraxis üblich, Chininsalze mittels verdünnter Salzsäure, oder Schwefelsäure zu Pillen zu formen. Die erfolgreiche Anwendung dieser erstaunlichen Methode, welche auch der Definition der Pillenmasse widerspricht, wurde sogar als Maßstab der Geschicklichkeit eines Apothekers betrachtet. Sowie der moderne Apotheker von dieser Methode abzukommen bestrebt ist, wurde sie auch für Betriebszwecke durch andere Methoden ersetzt, umsomehr, da mit Hilfe der Säuren nur rasch trocknende, nicht plastische und daher leicht zerfallende Massen gewonnen werden können, ganz abgesehen von der Tatsache, daß die Metallbestandteile der Maschinen die Arbeit mit Säuren untersagen. An Stelle der Säuren gelangen daher zweckmäßig andere Hilfssubstanzen zur Anwendung.

6. Honig. Die Anwendung des Honigs entstammt ebenfalls der Apothekenpraxis und besitzt für Betriebszwecke infolge seines hohen Preises keine Bedeutung. Der Honig sollte einerseits als eine hochviscose Zuckerlösung die Plastizität der Massen erhöhen, andererseits soll er als hygroskopische Substanz das Trocknen der Masse verlangsamen. Außer diesen beiden Eigenschaften diente er bei eisenhaltigen Pillen zur Verhinderung der Oxydation des Ferroeisens zu Ferrieisen. Der Honig kann hinsichtlich sämtlicher angeführten Eigenschaften durch andere Zuckerarten bzw. solche Zuckerarten enthaltenden Substanzen ersetzt werden. Kunsthonig kommt billiger, doch bietet auch er anderen Zuckersubstanzen gegenüber keine Vorteile.

7. Malzextrakt[1]. Dieser ist eine durch diastatische Verzuckerung von Gerstenmalz erzeugte Lösung, welche in der Hauptmenge aus Maltose und Dextrin besteht und in eingedicktem Zustand nur 18—25% Wasser enthält. Infolge seines Maltosegehaltes kann er zur Erzeugung von eisenhaltigen Pillen (vgl. Honig) dienen. Die hohe Viscosität bedingt eine gute plastifizierende Wirkung, welche in besonderem Maße von dem vorhandenen Dextrin unterstützt wird (vgl. Dextrin). Der Malzextrakt ist hygroskopisch und erhöht daher die Trocknungsdauer. Er ist zur Plastifizierung von lyophoben festen Substanzen und besonders von schwach lyophilen Substanzen, wie Drogenpulver usw., geeignet. Die Elastizität der Masse wird kaum erhöht. Seine Anwendung ist eine Preisfrage.

---

[1] Weichherz, J.: Die Malzextrakte. Berlin: Julius Springer 1928.

9. Extractum liquiritiae. Wirkt als hochviscose, hygroskopische Substanz plastifizierend und verlangsamend auf das Trocknen der Masse. Es erhöht die Elastizität der Masse nicht. Oft wird das billigere Extr. taraxaci mit demselben Erfolg benutzt.

10. Hefenextrakt. Hat denselben Zweck wie Extractum liquiritiae, jedoch ist seine plastifizierende Wirkung stärker. Er erhöht die Elastizität der Masse wenig. Der im DAB 6 beschriebene Hefenextrakt ist ein Hefenkochsaft, welches im Vakuum eingedickt und sodann mit 25% seines Gewichtes an medizinischer Trockenhefe (entbittert), die vorher 2 Stunden auf 100° C erhitzt war, ebenfalls im Vakuum getrocknet wurde. Handelsübliche Hefenextrakte enthalten oft nur 20% Extrakt, der Rest besteht aus Trockenhefe (Cenomasse). Der Preis ist meistens viel zu hoch.

11. Zucker (Saccharose). Dient zur Plastifizierung der Massen. Er wird sowohl in Pulverform, als auch gelöst (Syrupus simplex) verwandt und ersetzt den Honig vollständig. Wie alle Zuckerarten und Extrakte vermindert der Zucker das schnelle Austrocknen besonders, wenn bereits sonstige hygroskope Substanzen vorhanden sind. Ein Zuviel von diesen Substanzen ist in solchen Fällen schädlich, da die Pillen doch einen gewissen Trocknungsgrad erreichen müssen. Es ist dies einerseits wegen der erforderlichen Festigkeit, andererseits wegen der Haltbarkeit notwendig.

12. Glucose. Anwendung und Zweck wie bei Zucker. Glucose wird besonders in Syrupform häufiger als Zucker (Saccharose) verwandt. Sie erhöht die Elastizität der Massen nicht.

13. Dextrin. Das Dextrin besitzt eine sehr hohe Viscosität und nähert sich als kolloide Substanz jenen lyophilen, quellenden Substanzen, die die Elastizität der Massen erhöhen. Es erhöht in geringem Grade die Elastizität, besonders wenn es in Pulverform der Masse zugemischt wird. In verdünnter Lösung wirkt es plastifizierend und erhöht das Aneinanderhaften der Masse viel besser als die bisher erwähnten Substanzen. Es ist ein ausgesprochenes Klebemittel, welches auch als Emulgator wirksam ist. Die Stabilität der mit Dextrin zubereiteten Emulsionen ist verhältnismäßig gering (vgl. S. 152). Von den verschiedenen Dextrinarten ist das säurefreie, auf diastatischem Wege erzeugte am geeignetsten.

14. Gummi arabicum. Dieses ist noch ausgeprägter lyophil und quellbar als das Dextrin und bindet daher noch vielmehr Wasser. Es erhöht die Elastizität der Masse beträchtlich, klebt aber in erster Linie die Masse zusammen. Nach dem Trocknen verleiht es der Masse eine beträchtliche Härte. Infolge der starken Quellfähigkeit bzw. Wasserbindung ist es geeignet, durch übermäßigen Wasserzusatz zu weich gewordene Massen zu erhärten, wozu man es am besten in Pulverform zumischt. Das arabische Gummi gelangt gewöhnlich als Schleim (1 : 2) zur Anwendung, welcher stets nur in der eben erforderlichen Menge angefertigt werden soll, da die Gummilösung sehr leicht verdirbt und dabei ihre Klebfähigkeit verliert. Das Gummi arabicum soll eine, bisher aber nicht einwandfrei festgestellte oxydierende Wirkung besitzen, welche von Em. Bourquelot[1] durch das Vorhandensein einer Oxydase erklärt wurde. Nach den neueren Untersuchungen von L. Amy[2] scheint hier keine enzymatische, sondern vielmehr eine gemeinsame Wirkung von verschiedenen Gummisäuren vorzuliegen, sofern eine oxydierende Wirkung überhaupt vorhanden ist. In der Praxis wurde gefunden, daß besonders Apomorphin, Opium und Opiumalkaloide, Guajacol, Ratanhea, Extr. rhei usw. gegenüber Gummi arabicum empfindlich sind. Enthält eine Pillenmasse

---

[1] Bourquelot, Em.: J. Pharm. et Chim. (6) **5**, 8 (1896).
[2] Amy, L.: Bull. Sci. pharmacol. **36**, 7 (1928).

eine oder mehrere dieser Substanzen, so soll das Gummi arabicum tunlichst vermieden werden. An seiner Stelle kann zweckmäßig Dextrin oder noch viel besser Traganth zur Anwendung gelangen. Als Emulgator leistet es hervorragende Dienste und ist daher besonders dann zu empfehlen, wenn die Pille irgendein Öl oder eine sonstige nicht mischbare Flüssigkeit enthält.

15. Traganth. Während das arabische Gummi sehr hoch konzentrierte wässerige Lösungen liefert, ist dies beim Traganth nicht der Fall, da bereits verhältnismäßig niedrig konzentrierte Lösungen gelartig erstarren. Der Traganth erhöht die Elastizität der Pillenmassen bedeutend und besitzt auch eine starke Klebefähigkeit und verleiht nach dem Trocknen den Pillen eine große Härte, welche aber das Zerfallen infolge seiner starken Quellfähigkeit nicht hindert. Besonders in Pulverform den Massen zugemischt, tritt seine Wirkung klar hervor. Für die üblichen Pillenmassen wird der Traganth gewöhnlich in Form eines dickflüssigen 1 : 10 Schleimes verwendet. Es ist hierbei besonders darauf zu achten, daß im Schleim keine ungequollenen Stückchen enthalten sind. Diese lassen sich durch Anwendung von Traganthpulver vermeiden, sonst muß der Schleim vor dem Gebrauch durch ein dichtes Sieb gedrückt werden. Die emulgierende Wirkung ist geringer als die des Gummi arabicums.

16. Gelatine ist ein hervorragendes Plastifizierungsmittel, welches die elastischen Eigenschaften steigert und die Haftfestigkeit der Masse erhöht. In Pulverform zu weichen Massen zugemischt härtet sie diese. Da die Gelatine ebenso langsam quillt wie das Gummi arabicum oder das Traganth, wird man bezüglich der erforderlichen Menge zweckmäßig zuerst eine kleine Probe machen müssen, bzw. nach jedem Gelatinezusatz die Knetmaschine genügend lang laufen lassen, um durch zu großen Gelatinezusatz die Elastizität nicht übermäßig zu erhöhen. Für normale Massen läßt man die Gelatine zuerst einige Stunden mit Wasser im Verhältnis 1 : 10 anquellen, worauf sie durch mäßiges Erwärmen in Lösung gebracht wird. Die wieder erkaltete und gelartig erstarrte Lösung wird sodann zur Zubereitung der Masse verwendet. Es wäre sehr unzweckmäßig, die noch warme Gelatinelösung in die Masse zu kneten, da man so nie richtig feststellen kann, ob bereits genügend Gelatine verwandt wurde. Einerseits wird die vom Kneten schon etwas erwärmte Masse noch weiter erwärmt und erweicht, wodurch man geneigt wäre anzunehmen, daß schon genügend Flüssigkeit vorhanden ist, andererseits besteht die Gefahr der Anwendung von überschüssiger Gelatine. Ist zuviel Gelatine in der Masse, so wird sie nach dem Erkalten zu elastisch und die Pillen nach dem Trocknen zu hart.

17. Casein. Wird infolge seines hohen Preises nur selten verwendet, leistet aber als Emulgator und als elastizitätserhöhende Substanz hervorragende Dienste. Das handelsübliche Casein ist mit Wasser kaum quellbar, dagegen quillt es mit Alkalien (NaOH, NH_4OH, Na_2CO_3, KOH, K_2CO_3, $Ca(OH)_2$ $Mg(OH)_2$ usw., äußerst stark zu einer elastischen Masse, welche in viel Wasser ganz löslich ist. Demselben Zweck entspricht das Magermilchpulver, welches fast ausschließlich als Emulgator in Betracht kommt. Ob Casein oder ob Milchpulver zur Anwendung gelangt, stets sollte nur frische, unzersetzte Ware gebraucht werden, da zersetztes Casein schlecht quillt und verdorbenes Milchpulver wasserunlöslich ist.

18. Seife. Die Seife soll möglichst selten und wenn schon, so nur in geringen Mengen zur Anwendung gelangen, da sie vom Magen sehr oft schlecht vertragen wird. Sie ist ein hervorragender Emulgator und kann als solcher in manchen schwierigen Fällen Hervorragendes leisten, sie besitzt aber nur eine geringe elastizitätserhöhende Wirkung und Klebefähigkeit. Zumeist gelangt sie noch in Form von Spiritus saponatus zur Aufarbeitung von harzigen Substanzen zur Anwendung.

19. Mehl. Es dürfte bekannt sein, daß das Mehl (Weizen- und Roggenmehl) in der Apothekenpraxis als „billiges" Bindemittel zur Erzeugung von in der Veterinär-Medizin gebräuchlichen Boli verwendet wird. Die für die humane Praxis dienenden und in den Apotheken hergestellten Pillen enthalten niemals Mehl, obwohl es infolge seiner außerordentlichen guten Eigenschaften zu den wertvollsten Hilfssubstanzen gehört. Die vom Klebergehalt des Mehles verursachte hohe Quellfähigkeit und Elastizität sind derart günstig, daß z. B. sonst nur schwer verarbeitbare Massen durch einen Zusatz von oft nur 2% Mehl nunmehr einwandfrei verarbeitbar werden. Enthält eine Masse zuviel Mehl, so ist sie infolge der zu hohen Elastizität schwer formbar. Diesem Fehler kann durch Zusatz von lyophoben festen Pulvern abgeholfen werden, obwohl die im Mehl ebenfalls vorhandene bei normaler Temperatur nur schwach lyophile Stärke die Elastizität des Klebers schon etwas herabsetzt. Nicht alle Sorten besitzen die gleichen Eigenschaften. Normales Weizenmehl enthält einen elastischeren Kleber, als das Roggenmehl. Auch die verschiedenen Weizenmehle bzw. Roggenmehle weisen untereinander Unterschiede auf, welche in erster Linie von der Getreideart, in zweiter Linie aber vom Ausmahlprozent des Mehles abhängig sind. So z. B. enthält das ungarische Weizenmehl einen äußerst elastischen und dehnbaren Kleber, während der Kleber des amerikanischen Mehles zwar auch elastisch, jedoch nicht dehnbar ist und eine geringere Klebefähigkeit besitzt. Der Roggenkleber ist verhältnismäßig viel weicher, daher auch nicht so elastisch, und besitzt eine bedeutend geringere Bindefähigkeit. Bereits auf Grund dieser vorzüglichen Eigenschaften ist das Mehl ein Bestandteil fast aller im Großbetrieb hergestellten Pillen. Nicht zu verschweigen ist die hervorragende emulgierende Wirkung des Mehls, mit dessen Hilfe es fast immer gelingt die vorgeschriebenen Ölmengen der Pillenmasse einzuverleiben.

20. Stärke. Die Stärke ist bei normaler Temperatur schwach lyophil. Sie bindet nur wenig Flüssigkeit, ohne selbst zu quellen und bildet daher die feste Phase einer Pillenmasse. Als solche erhöht sie die Elastizität nicht, sie vermindert sie vielmehr ein wenig, wirkt also auf eine elastische Masse plastifizierend. Die Stärke wird aber von diesem Standpunkte aus wenig gebraucht. Ihre Hauptanwendung findet sie, wenn Extrakte oder ähnliche hochviscose Flüssigkeiten zu Pillen verarbeitet werden sollen. Verwendung finden fast alle Stärkesorten, insbesondere aber die Kartoffelstärke (Amylum solani), die Weizenstärke (Amylum tritici) und die Reisstärke (Amylum oryzae).

21. Pflanzenpulver. Das aus der Apothekenpraxis und aus den Arzneibuchvorschriften bekannte Süßholzwurzelpulver (pulv. rad. liquiritiae) wird auch sehr häufig bei der betriebsmäßigen Herstellung von Pillen verwendet. Neben dem Süßholzpulver trifft man noch das pulv. rad. althaeae, cort. cinnamomi und rad. gentianae. Alle diese Pulver enthalten wasserlösliche Extraktstoffe und quellbare Substanzen neben unlöslichen, wenig quellbaren, festen Teilen. Die Bedeutung dieser Pulver liegt also zwischen der jener Substanzen, die nur die eine oder die andere Eigenschaft aufweisen. Sie liefern also Bestandteile der festen Phase und nebenbei der lyophilen quellbaren bzw. löslichen Phase. Die Hauptrolle haben wohl die festen Teile, die eine plastifizierende Wirkung entfalten. Bezüglich der einzelnen Pulver seien hier noch folgende Bemerkungen gegeben. Pulv. cort. cinnamomi und rad. gentianae gelangen infolge des starken Aromas bzw. des bitteren Geschmackes nur in Sonderfällen zur Anwendung, wenn diese Eigenschaften zur Geschmackverbesserung erwünscht sind. Pulv. Althaeae besitzt die unangenehme Eigenschaft, mit Gummi arabicum oder Traganth eine steinharte Pillenmasse zu liefern, weshalb eine dieses Pulver enthaltende Masse an Stelle genannter Substanzen mit Glycerin oder einem Zuckersyrup (oder Malzextrakt) angeknetet werden soll. Oft findet man auch Rheum, Cascara sagrada, Jalapa usw. in den Pillen, diese bilden aber zumeist die Grundsubstanz der Pillen oder dienen lediglich zur Verstärkung der Wirkung einer sonstigen Grundsubstanz.

22. Magnesiumoxyd und Carbonat. Diese Substanzen werden in der Praxis Trockenmittel genannt und sind ausgesprochene Plastifizierungsmittel, die entweder die Elastizität zu elastischer Massen herabsetzen oder durch Zumischen zu hochviscosen Substanzen (z. B. Extrakte) eine mehr oder weniger knetbare und formbare Masse liefern. Sie besitzen eine wenn auch geringe, doch ausgesprochene Adsorptionsfähigkeit für Flüssigkeiten. Infolge ihrer lyophoben Eigenschaft sind sowohl Magnesiumoxyd als auch Magnesiumcarbonat die häufigsten Bestandteile der lyophoben festen Phase der Pillenmasse. Das Magnesiumoxyd besitzt etwas günstigere plastifizierende Eigenschaften als das Magnesiumcarbonat, welches wieder den Vorteil aufweist, im Magen Kohlensäure zu entwickeln und hierdurch das Zerfallen der Pillen zu beschleunigen. Aus demselben Grunde wird manchmal auch das Calciumcarbonat (praec.) als Pillenbestandteil gewählt.

23. Kieselsäure. Das gereinigte und geglühte bzw. scharf getrocknete Kieselgur (Terra silicea) bzw. die auf chemischem Wege gewonnene adsorptionsfähige Kieselsäure (Silicagel, kolloide Kieselsäure usw.) zeichnen sich durch eine hohe Adsorptionsfähigkeit für Flüssigkeiten, wie Wasser Öle usw., aus und wirken daher auf eine Masse trocknend, indem sie durch Bindung des vorhandenen Wassers erhärtend wirken. Die Kieselsäurepräparate bilden die feste, lyophobe Phase einer Pillenmasse und sind daher in erster Linie zur Aufarbeitung von Extrakten geeignet. Eine spezielle Bedeutung besitzen sie in seltenen Fällen, wenn in Gegenwart von organischen Substanzen leicht veränderliche Stoffe, wie Kaliumpermangat, Silbernitrat usw., zu Pillen verarbeitet werden müssen. In solchen Fällen bindet man die Grundsubstanz oft an Kieselsäure mittels einer indifferenten Flüssigkeit bzw. Vaselin.

24. Bolus oder Kaolin und Talkum. Bolus oder Kaolin werden mit Unrecht nur dann gebraucht, wenn ein in Gegenwart von organischen Substanzen leicht zersetzlicher Grundstoff zu Pillen geformt werden soll (s. Kieselsäure). Sie können aber infolge ihrer Adsorptionsfähigkeit für Flüssigkeiten ebenso als plastifizierendes Mittel dienen, wie das Magnesiumoxyd, Magnesiumcarbonat oder die Kieselsäure. Ähnliche Eigenschaften besitzt das Talkum, welches aber auf die Magenschleimhaut reizend wirkt und deshalb nur in geringen Mengen zur Anwendung gelangen darf. Ein vorheriges Reinigen mit verdünnter Salzsäure ist viel zu umständlich, besonders wenn große Mengen erforderlich sind, um es nicht lieber durch andere Substanzen zu ersetzen. Der Erfolg der Reinigung ist übrigens zweifelhaft.

25. Vaselin, Kakaobutter, Lanolin und Wachse haben im allgemeinen eine geringe Bedeutung bei der Pillenherstellung, dennoch werden sie öfters zur Erfüllung gewisser Anforderungen mit mehr oder weniger Nutzen verwendet. Das Vaselin dient, wie bei der Kieselsäure erwähnt wurde, zum Aufarbeiten von zersetzlichen oder unbeständigen Substanzen, wie Kaliumpermanganat, Silbernitrat, Phosphor usw., in Verbindung mit Bolus, Kaolin oder Kieselsäure als feste Phase. Kakaobutter und Lanolin und ebenso öfters Paraffin werden zum Behandeln von hygroskopischen Stoffen wie Kaliumjodid usw. empfohlen. Abgesehen davon, daß ihre Wirkung sehr zweifelhaft ist, kann die teure Kakaobutter und das noch viel mehr teure Lanolin fast immer durch Paraffin ersetzt werden, dessen Wirkung noch am einleuchtendsten ist. Es gelangt derart zur Anwendung, daß die pulverisierte hygroskopische Substanz, z. B. Natriumjodid in warmem Zustand, mit geschmolzenem Paraffin innigst vermischt wird. Im erkalteten Gemisch sind die Teilchen der Substanz von einer Paraffinschicht umhüllt, welche das Anziehen von Wasser verhindert. Dies ist keine hundertprozentige Schutzwirkung, da die Hüllen nicht vollkommen sind und außerdem im weiteren Arbeitsgang mehr oder weniger beschädigt werden. Die ätherischen Öle und Balsame (Ol. Therebinthinae, Ol. Santali, Bals. copaivae usw.) werden durch Zusammenschmelzen mit Wachs (Cera flava, Cera japonica) gehärtet. Trotzdem müssen sie auch dann emulgiert werden, so daß hierdurch kein Vorteil erzielt wird.

Die fettartigen Stoffe haben noch die allgemeine Eigenschaft, als Gleitmittel zu wirken. Die Erhöhung der Gleitfähigkeit einer Masse ist besonders bei klebrigen Massen von Nutzen, da sonst die störungsfreie Bearbeitung der Pillenmassen in den verschiedenen Maschinen nicht sichergestellt werden kann. Sollte der besondere Zusatz eines Fettstoffes als Gleitmittel erforderlich sein, so dürfte das Vaselin in allen Fällen genügen, obwohl sehr oft auch Lanolin und Kakaobutter empfohlen wird.

26. Geschmackverbessernde Substanzen. Aus der Reihe der vorher besprochenen Hilfssubstanzen dient der Zucker auch als geschmackverbessernde Substanz. Oft wird der schwerer lösliche Milchzucker als Ersatz empfohlen, obwohl dessen Süßkraft bedeutend geringer ist. Will man aus irgendwelchem Grunde den Zucker vermeiden (Verringerung der Masse, Pillen für Zuckerkranke), so gebraucht man Saccharin. Ein beliebter Geschmackkorrigens ist der Kakao, welcher aber nur in Verbindung mit Zucker anwendbar ist.

Die hier angeführten Substanzen reichen vollkommen aus, um fast jede Pillenart herstellen zu können. Man wird sich aber gleichzeitig nicht des Eindrucks erwehren können, daß die verschiedenen Hilfssubstanzen dasselbe leisten und die Möglichkeit besteht die Pillenherstellung mit bedeutend weniger Hilfssubstanzen bewältigen zu können. Dies ist gewiß so, jedoch sind die Eigenschaften sowohl der Pillenmassen als der Hilfssubstanzen derart wenig in exakter wissenschaftlicher Weise erforscht, daß die Erfahrung noch eine fast alleinig ausschlaggebende Rolle besitzt und die Erfahrungen eines jeden Praktikers sich in anderen Richtungen bewegen. Daher die bunte Mannigfaltigkeit. Trotz dieser Lage soll hier der rationelle Aufbau einer Pillenmasse an einigen Beispielen erleuchtet werden, wobei die Hoffnung ausgesprochen wird, daß die exakte Erforschung der Pillenmassen nicht mehr lange auf sich warten läßt.

Beispiel I. Kreosotpillen. Da das Kreosot ein in Wasser unlösliches Öl ist, muß es zur Aufarbeitung emulgiert werden. Dies ist bei Pillen mit 0,025 bis 0,05 g Kreosot durchaus möglich, ohne hierdurch die Masse einer Pille übermäßig zu vergrößern. Wählt man als Hilfssubstanz Mehl, so wird dadurch einerseits das Kreosot emulgiert, andererseits erhält man eine elastische Masse. Erzeugt man nun eine Masse aus Kreosot-Mehl und Wasser, so haften ihr noch verschiedene Mängel an: 1. die Masse ist in feuchtem Zustand zu elastisch, deshalb schwer formbar und 2. wird nach dem etwas raschen Trocknen bröckelig. Dem ersten Fehler kann abgeholfen werden, indem man der Masse Magnesiumoxyd oder Magnesiumcarbonat zuknetet. Der zweite Fehler wird durch Zugabe von z. B. Glucosesyrup zum Verschwinden gebracht. Die rationelle Kreosot-Pillenmasse entsteht also, indem man Weizenmehl und Kreosot durch Anfeuchten mit Wasser unter Zugabe von Glucosesyrup anknetet und jetzt zur Plastifizierung noch Magnesiumoxyd oder Magnesiumcarbonat hinzufügt. Die Mengenverhältnisse müssen empirisch festgestellt werden (s. Vorschriften).

Sollen größere Kreosotmengen (0,10, 0,15 g) zu Pillen verarbeitet werden, so müßten so große Mehl-, Magnesiumoxyd- usw. Mengen angewendet werden, daß das Gewicht einer einzelnen Pille die normale obere Grenze weit überschreitet. Es gelingt dennoch große Kreosotmengen zu kleinen Pillen zu verarbeiten, und zwar dadurch, daß das Kreosot in Alkaliverbindungen verwandelt wird. Durch Vermischen mit Natronlauge oder mit gelöschtem Kalk (Ca(OH)$_2$) entstehen die löslichen Alkalisalze des Kreosots, welche nunmehr leicht zu Pillen geformt werden können.

Beispiel II. Jodkali-Pillen. Jodkali ist in Wasser sehr leicht löslich und leicht zersetzlich, indem freies Jod abgespalten wird. Man kann deshalb sehr oft beobachten, daß Jodkali-Pillen beim Aufbewahren eine häßliche dunkle Farbe annehmen. Die mit Mehl hergestellten Jodkali-Pillen sind bläulich-braun gefärbt, die mit Zucker überzogenen (dragierten) Pillen werden fleckig. Diesem Fehler kann durch Zusatz von jodbindenden Substanzen, wie Natriumthiosulfat, Kaliumhydroxyd, abgeholfen werden. Die Masse kann am zweckmäßigsten auf Mehl aufgebaut werden. Da hier keine Emulgierung erforderlich ist, muß im Vergleich zu Beispiel I weniger Mehl verbraucht werden, wodurch relativ mehr Magnesiumoxyd in die Masse gelangt. Zum Ausgleich der die Elastizität stark vermindernden Wirkung des Magnesiumoxydes kann der Masse Gummi arabicum oder Traganth zugefügt werden.

Beispiel III. Pilulae Ferri Jodati. Es wird stets ein nach besonderer Vorschrift frisch bereiteter Syrup. Ferri Jodati zu Pillen verarbeitet. Der Syrup wird entsprechend den allgemeinen Richtlinien zweckmäßigerweise mit einer indifferenten festen lyophoben Substanz, z. B. Bolus alba, vermengt, jedoch besitzt eine so erhaltene Masse fast gar keine elastischen Eigenschaften. Diese können der Masse derart erteilt werden, daß neben der lyophoben festen Phase noch eine schwach lyophile Substanz, wie Pflanzenpulver und außerdem ein ausgesprochenes Elastifizierungsmittel mit gleichzeitiger die Klebefähigkeit erhöhender Wirkung, wie Traganth oder Gummi arabicum der Masse zugemischt werden (s. Vorschriften).

In der Apothekenpraxis ist es üblich, die fertigen Pillen mittels eines Pulvers zu konspergieren. Dies hat den Hauptzweck, das Aneinanderkleben der Pillen zu verhindern. Es wurde hierzu fast ausschließlich Lycopodium oder Talkum verwandt. Im Großbetrieb werden fast nie Pillen in konspergiertem Zustand zum Versand gebracht, nur wenn dies als besonderer Wunsch geäußert wird. Das Konspergieren ist zumeist nur ein Hilfsmittel, um das Formen der Pillen zu erleichtern. Die nicht konspergierten Pillen werden mit einem Überzug versehen, welcher den Zweck hat 1. den Pillen einen Glanz zu verleihen, 2. gegen äußere Einflüsse zu schützen, 3. oder aber den etwaigen schlechten Geschmack zu verdecken. Sämtliche Überzüge werden im Kapitel XV über „Dragieren" ausführlich besprochen.

B. Die Herstellung der Pillen.

Die Pillenherstellung zerfällt in folgende Phasen:
1. Die Vorbereitung der Rohstoffe. 2. Das Ankneten der Masse. 3. Die Herstellung des Stranges. 4. Das Zerschneiden der Stränge. 5. Das Formen der Pillen. 6. Das Trocknen der Pillen und 7. Das Überziehen der Pillen.

Es sei bereits einleitend betont, daß die Herstellung von großen Pillenmengen erhöhte Vorsicht erfordert. Wenn eine Pillenmasse z. B. infolge der ungleichmäßigen Vorbereitung oder des ungenügenden Anknetens in der Apothekenpraxis nicht gut aufarbeitbar ist, so kann die Masse sehr leicht verbessert werden, da eine geübte Hand den Fehler noch rechtzeitig bemerkt. Im Großbetrieb können aber etwaige Ungleichheiten beim Ankneten in einer Knetmaschine sehr leicht verborgen bleiben und kommen dann erst in der Strangpresse als unangenehme Betriebsstörung zum Vorschein, so daß die ganze Masse oft verworfen werden muß. Ein solcher Fehler bedeutet stets einen ziemlichen Verlust, weshalb die oben erwähnte Vorsicht immer geboten und ein stets planmäßiger Arbeitsgang unerläßlich ist.

1. Die Vorbereitung der Rohstoffe.

Für die Vorbereitung der Rohstoffe sind folgende einfache Regeln maßgebend:

1. Die filtrierten Lösungen, Extrakte, Tinkturen usw. können unmittelbar nur dann verarbeitet werden, wenn ihre Menge die für die Masse erforderliche Flüssigkeitsmenge nicht übertrifft. Ist mehr Flüssigkeit vorhanden, so muß diese entsprechend eingedickt werden (vgl. Kapitel VIII).

2. Die festen Substanzen müssen stets feinst pulverisiert zur Anwendung gelangen, da a) die plastischen Eigenschaften der Masse mit der Feinheit zunehmen und b) die Gleichmäßigkeit der Masse besser sichergestellt werden kann. Die Pulver werden vor der Verarbeitung durchgesiebt. Die Siebfeinheit wird möglichst hoch gewählt: 40 Fäden auf 1 cm (oder 100 Fäden auf 1 Zoll = 2,54 cm). Es müssen nicht nur die Grundsubstanzen, sondern auch die Hilfssubstanzen gesiebt werden.

3. Sämtliche Rohstoffe müssen genau gewogen an der Arbeitsstelle vorhanden sein, da eine etwaige Stockung die Masse oft stark gefährdet. Ein Arbeiten nach Augenmaß, wie dies in der Apotheke üblich ist, ist im Großbetrieb nicht zulässig. Ist eine Pillenmasse nicht einwandfrei, so kann der Apotheker bei den in Frage kommenden kleinen Mengen durch Zugabe von weiteren Mengen der Hilfssubstanzen die Masse verbessern. Es wird hierdurch nur die Gesamtmasse und die Masse einer Pille erhöht, während die Menge der in einer Pille befindlichen Grundsubstanz unverändert bleibt. Ein hierin bestehender grundsätzlicher Unterschied in der Herstellung von Pillen zwischen Apotheke und Großbetrieb untersagt es aber gänzlich eine verdorbene Pillenmasse rein empirisch zu verbessern, da die Abänderung der Gesamtmasse auch die Änderung des Gehaltes an wirksamen Substanzen einer einzelnen Pille mit sich bringen würde. In der Apotheke wird die Gesamtmasse zu einer bestimmten Anzahl von Pillen geformt und dadurch die gleichmäßige Dosierung sichergestellt. Im Großbetrieb wird mit auf eine bestimmte, der normalen Gesamtmasse angepaßte Pillengröße eingestellten Strangpressen und Schneidemaschinen gearbeitet, während also der Apotheker aus einer gegebenen Masse eine bestimmte Anzahl von Pillen erzeugt, gewinnt man im Großbetrieb Pillen von einer ganz bestimmten Größe. Aus diesem Grunde ist das genaue Einhalten der einmal festgelegten Mengenverhältnisse unbedingt erforderlich. Ein fortwährendes Abändern der Pillengröße ist nur dann möglich, wenn die Strangpressen und Schneidemaschinen entsprechend neu eingestellt werden, welcher Umstand den gleichförmigen und rationellen Betrieb stört.

4. Kleinere Ölmengen werden zweckmäßig noch vor dem Beginn des Anknetens emulgiert, um eine ganz gleichmäßige Verteilung zu erreichen. Hierzu siehe Kapitel IX über Emulsionen.

Als Hilfsmittel ist es zweckmäßig, einige kleinere Schaufeln und größere Spatel bereit zu halten.

2. Das Ankneten der Pillenmasse.

Das Ankneten der Pillenmasse ist eine viel Kraft verbrauchende Arbeit und wird deshalb in Knetmaschinen durchgeführt. Die Größe der anzuwendenden Knetmaschine muß der Pillenproduktion angepaßt werden. Die kleinste Pillenmasse, die man auf einmal anknetet, ist 1 kg. Ungeachtet der Verluste entspricht diese Menge 5000 Pillen zu 0,20 g in feuchtem Zustande. Im allgemeinen sei bemerkt, daß die Pillenmasse möglichst in mehreren kleineren Teilen angeknetet werden soll, um das Austrocknen der Masse bei längerem Aufbewahren zu verhindern. Eine später zu beschreibende Strangpresse und Schneidemaschine fordert bei normaler Arbeitszeit ungefähr 2—5 kg Masse in der Stunde. Es wird daher zweckmäßig sein, stets 2—5 kg Masse auf einmal anzukneten. Einen größeren Massenbedarf, sofern mit mehreren Schneidemaschinen oder mit einem Pillenautomat gearbeitet wird, deckt man bestens durch mehrere kleinere Knetmaschinen bzw. durch wiederholtes Ankneten. Mehrere kleinere Knetmaschinen haben besonders dann einen Vorteil, wenn nicht eine Pillenart in großer Menge, sondern eine große Anzahl von Pillenarten in verhältnismäßig kleiner Menge hergestellt wird. Nur wenn eine Pillenart in großer Menge mit mehreren Schneidemaschinen oder mit einem Automat hergestellt werden, kann eine größere Knetmaschine in Betracht kommen.

Bei der Auswahl der Knetmaschinen sollen die massiven Bauarten bevorzugt werden, da einerseits einige Massen sehr schwer knetbar sind, andrerseits manche in der Knetmaschine derart erhärten, daß beim Antrieb der Maschine leicht ein Knetflügelbruch zustande kommt. Das Material der Knetmaschine ist normal Eisen oder Bronze. Der Anschaffungspreis der eisernen Knetmaschinen ist bedeutend niedriger, jedoch benötigt man trotzdem auch Bronzeknetmaschinen, da das Eisen die hellen Pillenmassen leicht verfärbt. Um dies zu vermeiden, muß die Knetmaschine knapp vor dem Beginn des Anknetens sorgfältigst gereinigt werden, wobei auf die Entfernung jeglicher Oxydschicht peinlichst geachtet werden muß.

Es sind nur Knetmaschinen mit zwei, sich in entgegengesetzter Richtung drehenden Knetflügeln brauchbar. Sehr nützlich ist eine Umschaltvorrichtung, mit welcher die Drehrichtung der Knetflügel umgestellt werden kann. Das Umschalten der mit Riementransmission angetriebenen Knetmaschinen erzielt man durch zwei Riemenscheiben, deren eine mit gekreuzten Riemen belegt ist. Die Antriebswelle der Knetmaschine wird je nach Bedarf an eine der Riemenscheiben gekuppelt, wodurch die Drehrichtung frei gewählt wird. Bei kleineren Maschinen gelangt zumeist eine Konus- oder Friktionskupplung, bei größeren dagegen eine Klauenkupplung zur Anwendung. Das Lösen bzw. Einschalten der Kupplung erfolgt mittels Handrad oder Hebel. Das Handrad ist bei größeren Knetmaschinen unbrauchbar, da es gewöhnlich mit der Riemenscheibe mitläuft und zwecks Umschalten zuerst angehalten werden muß. Das ist besonders bei den sich leicht festklemmenden Konuskupplungen von Bedeutung. Je schwerer knetbar die in der Maschine befindliche Masse ist, um so schwerer kann das Handrad zum Stillstehen gebracht werden, was stets so zu erfolgen hat, daß das von oben betrachtete und sich gegen uns drehende Rad an seiner unteren Hälfte mit der offenen, nach unten gerichteten Hand fest angepackt wird. Im Verhältnis zur Hand muß sich das Rad nach unten bewegen, im entgegengesetzten Fall muß das Rad von der anderen Seite aus angefaßt werden, wenn man sich nicht der Gefahr, zwischen die Treibriemen gerissen zu werden, aussetzen will (Abb. 91).

Die Umschaltvorrichtung ist bei schwer knetbaren, zähen Massen unentbehrlich. Durch stetiges Wechseln der Drehrichtung erhält man eine bedeutend gleichmäßigere Masse, bzw. wird die Gleichmäßigkeit rascher erreicht. Von Bedeutung ist die Umschaltvorrichtung, wenn die Pillenmasse infolge eines Kunstfehlers plötzlich erstarrt, in die Maschine „einfriert". Besitzt die Maschine nur eine Drehrichtung, so bringt der plötzliche Antrieb der Maschine keine Hilfe, die Masse bleibt fest und das Ergebnis ist höchstens ein Knetflügelbruch. Drehen sich die Knetflügel in zwei Richtungen, so kann die Masse noch oft gerettet werden, indem man die Maschine für einige Augenblicke in die eine Richtung anlaufen läßt, um sodann gleich in die andere Richtung umzuschalten. Beim Anlauf üben die Flügel einen plötzlichen Druck auf die Masse, welcher beim Richtungswechsel in entgegengesetztem Sinne wirkt. Durch ein sehr geduldiges Abwechseln der Drehrichtung kann der freie Raum der Flügel allmählich vergrößert werden. Erleichtert wird die Arbeit der Flügel, wenn man die obere Schicht der Masse mit einem Spatel auflockert und an der inneren Wand der Knetmaschine in der Nähe der Flügel je nach der Masse etwas Alkohol oder Wasser zufließen läßt, wobei man den Spielraum der Flügel stets weiter vergrößert, bis einmal ein größerer Riß in der Masse entsteht und dadurch der ganze Inhalt in Bewegung gerät. Erfolgt dies nicht, so müssen die Mulde und die Flügel der Knetmaschine abmontiert werden, worauf man die Masse leicht zerkleinern kann. Dies ist nur bei kleinen Knetmaschinen möglich, aus den größern muß die Masse mit starken Metallspateln herausgestochen werden. Ist die Masse noch nicht übermäßig erhärtet, so kann sie nach hinreichendem Zerkleinern nochmals angeknetet werden, sonst bleibt aber nichts anderes übrig, als die tunlichst stark zerkleinerte Masse in einem Trockenschrank ganz auszutrocknen, fein zu pulverisieren und nun erst wieder anzukneten.

Abb. 91. Knetmaschine
(Werner & Pfleiderer, Cannstatt-Stuttgart).

Bei den weiter unten gegebenen Pillenvorschriften können solche Kunstfehler niemals vorkommen, vorausgesetzt, daß die Arbeitsvorschriften genau befolgt werden. Um so leichter treten derartige Betriebsstörungen ein, wenn neue Pillenmassen im Betrieb erprobt werden müssen. Um auch in solchen Fällen diese Schwierigkeiten möglichst vermeiden zu können, seien hierfolgend einige Angaben über den Arbeitsgang mitgeteilt. Diese Angaben beziehen sich in erster Linie auf die Reihenfolge, in welcher die Pillenbestandteile in die Knetmaschine gefüllt werden müssen. Wie so oft, kann auch hier nicht die Arbeitsfolge der Apotheke innegehalten werden. Der Apotheker setzt zuerst die in geringster Menge vorhandene Substanz in die Reibschale, sodann mischt er diese mit einem kleinen Teil der festen Bestandteile und fügt allmählich die restlichen festen Bestandteile und Bindemittel hinzu. Diese Arbeitsfolge ist bei Anwendung einer Knetmaschine unbrauchbar, da die Knetmaschine nur dann eine Knetwirkung entfaltet, wenn eine gewisse minimale Substanzmenge sich darin befindet, während in einer Reibschale auch die geringsten Substanzmengen bearbeitet werden können. Die minimale Füllmenge ergibt sich so, daß man die Knetflügel in die höchste Stellung dreht und nunmehr die Knetmaschine bis zur Hälfte der Flügel oberhalb der Welle anfüllt. Diese Menge genügt aber nur dann, wenn die Masse bereits etwas angefeuchtet ist. Aus dieser Tatsache folgt, daß das Einfüllen in die Knetmaschine nicht mit den in geringsten Mengen vorhandenen Substanzen begonnen werden kann. Hierdurch ist aber die Reihenfolge noch nicht entschieden. Die besondere Bedeutung der Reihenfolge ergibt sich daraus, daß die Knetmaschine bei willkürlicher Abänderung der Reihenfolge des Einfüllens ihre Funktion ändert und unter Umständen sogar stillstehen bleibt. Füllt man in die Knetmaschine zuerst eine hochviscose, klebrige Substanz und läßt darauf ein unlösliches Pulver folgen, so entsteht ein äußerst zähes Gemisch, welches stark an der Wand der Knetmaschine und an den Knetflügeln haftet und die Bewegung ganz abbremst. Es ist daher wichtig, in die Maschine eine leicht bewegliche und auch nach dem Anfeuchten nicht stark klebrigwerdende Substanz einzufüllen. Besteht z. B. eine Pillenmasse aus einem Trockenextrakt, Zuckerpulver und aus Süßholzwurzelpulver, so gibt man vorerst das Süßholzpulver, sodann bei gleichzeitigem Anfeuchten das Zuckerpulver und zuletzt bei weiterem vorsichtigem Anfeuchten den Trockenextrakt in die Maschine. Man kann den Trockenextrakt bereits vorher mit einem Teil des Zuckers verreiben. Kommen aber in die Masse auch noch flüssige Substanzen (Extrakte usw.), so feuchtet man das in der Maschine befindliche Süßholzpulver mit einem Teil der Flüssigkeit an und fügt sodann allmählich das Zuckerpulver, den Rest der Flüssigkeit und die etwa noch vorgeschriebenen sonstigen Bestandteile hinzu.

Beim Ankneten darf ein wichtiges Moment nicht ungeachtet bleiben: es soll in die Maschine als letzte Substanz niemals eine Flüssigkeit, sondern stets ein unlösliches Pulver gefüllt werden. Zu diesem Zwecke wird von einer der festen unlöslichen Substanzen eine höchstens 5% der Gesamtmasse betragende Menge beiseite gestellt. Dieses praktische Vorgehen findet seine Erklärung in dem stets übermäßigem Erweichen der Masse beim Ankneten. Verfügt man am Ende des Anknetens noch über einen festen Bestandteil, so kann die Masse durch Zufügung dieses auf die gewünschte Elastizität und Gleitfähigkeit gebracht werden. Die erforderlichen Eigenschaften sind erreicht, wenn die Masse sich von der Wand der Maschine und von den Knetflügeln glatt abtrennt. Obwohl es nicht immer gelingt, das vollkommene Abtrennen von der Wand zu erreichen, können solche Massen trotzdem oft noch zu Pillen geformt werden.

Trotz sorgfältigen Einhaltens der beim Ankneten zweckmäßigen Reihenfolge bleibt die Masse manchmal klebrig. Dies ist besonders dann der Fall, wenn die Flüssigkeiten zu rasch in die Maschine gegeben werden und die Masse dadurch nur sehr schwer gleichmäßig wird. Die weichen und klebrigen Teile der Massen legen sich zumeist an die Knetflügel und an die Welle an, von wo sie nach kurzem Anhalten der Knetmaschine mittels eines Spatels entfernt und zur Hauptmasse gemischt werden müssen. Bleibt die Masse trotzdem klebrig, so fügt man $1/2$ bis 1% Adeps lanae, Kakaobutter oder Vaselin zur Masse. Die Kakaobutter wird zweckmäßig durch Zusammenschmelzen mit irgendeinem Öl erweicht; das Vaselin muß ganz geschmack- und geruchlos sein. Bei stark klebrigen Massenbestandteilen ist es empfohlen, die Knetmaschine mit Talkum einzustäuben.

Das Kneten der Pillenmasse erfordert viel Kraft, weshalb die stark in Anspruch genommenen Lager und Zahnräder sorgfältigst geschmiert werden müssen. Infolge des großen Kraftverbrauches sind die Knetmaschinen für das Bedienungspersonal nicht ungefährlich. Es soll strengst untersagt sein, in die Maschine mit der Hand hineinzugreifen! Um dies zu verhindern, besitzen die Maschinen einen Schutzdeckel, welcher nur beim Stillstand aufklappbar ist (Abb. 91). Will man während des Knetens ein Muster herausnehmen, so soll dies mittels eines langstieligen Spatels durch den Schutzdeckel erfolgen. Bewegen sich die Knetflügel gegeneinander, so nimmt man das Muster in der Nähe der Trogwand (nicht Seitenwand) bewegen sich die Knetflügel in entgegengesetztem Sinne, so wird das Muster der Mitte des Troges entnommen.

Bei Beginn des Knetens werden pulverförmige Substanzen von den sich rasch drehenden Knetflügeln leicht aus dem Trog geschleudert. Besonders bei ganz leichten Pulvern (Magnesiumoxyd usw.) muß daher beim Anlaufen der Maschine das Emporsteigen einer Staubwolke durch Zudecken mit einem Holzdeckel verhindert werden. Besteht der Trog der Knetmaschine aus zwei aneinander schraubbaren Teilen, so dringt der Staub oft auch durch die hier vorhandenen Spalte durch Durch Anfeuchten der Spalte wird dies verhindert. Liefert aber das Pulver eine stark klebrige Masse, so stellt man unter den nicht angefeuchteten Trog eine Schale und füllt später den anfangs durchgefallenen Staub in den Trog zurück.

Nachdem die Masse gleichmäßig angeknetet ist, wird die Knetmaschine entleert. Zur Entleerung kippt man den Trog und bewegt die Knetflügel mit der Hand, wodurch der größte Teil der Masse aus der Maschine gestoßen wird. Der Rest kann sodann leicht mittels Spateln entfernt werden. Ist der Trog nicht kippbar, so wird die Masse ebenfalls durch Bewegen der Knetflügel aufgelockert und sodann mittels Spatel und kleiner Handschaufel entfernt. Die Masse wird in gut schließenden Blechbüchsen oder in feuchten Tüchern eingehüllt aufbewahrt. Wird die Knetmaschine weiter nicht benötigt und neigt die Masse nicht zum Einfrieren, so beläßt man sie am besten in der Maschine und entnimmt nur von Zeit zu Zeit die erforderliche Menge, allenfalls muß aber die Maschine durch einen gutsitzenden Deckel abgeschlossen werden, um das rasche Trocknen der Masse zu vermeiden.

3. Herstellung des Stranges.

Die maschinelle Herstellung des Stranges kann 1. durch Pressen oder 2. durch Ausrollen erfolgen.

a) Die Strangpressen.

Die in der Praxis zur Anwendung gelangenden Strangpressen arbeiten zumeist periodisch. Kontinuierliche Pressen findet man nur äußerst selten in den Betrieben, weshalb diese hier nur mit kurzen Worten erwähnt seien. Die kontinuierliche Presse ist im Prinzip eine Peloteuse, welche im Innern des Gehäuses eine kräftige, die Masse vorwärtstreibende Preßschnecke besitzt. Die Masse gelangt in zerstückeltem Zustande durch einen Fülltrichter in die Presse und wird von der Schnecke in Form eines endlosen Stranges durch ein Mundstück von gegebenem Durchmesser gedrückt. Durch Auswechseln des Mundstückes kann die Dicke des Stranges nach Belieben abgeändert werden. Ein wichtiger Nachteil der Peloteusen ist, daß sie nur bei ganz gleichmäßiger Beschickung mit der Pillenmasse einen gleichmäßigen Strang liefern, welcher Umstand besonders bei den hier in Frage kommenden dünnen Strängen unangenehm zum Vorschein kommt. Aus diesem Grunde findet man in den kleinen und mittleren Betrieben die periodisch arbeitenden Strangpressen, deren Nachteil aber die Unbequemlichkeit ist.

Die periodisch arbeitenden Strangpressen bestehen aus einem dickwandigen Zylinder, in welchem ein einschraubbarer Stempel die Masse nach vorne und durch ein Mundstück preßt. Die Presse wird mit der zu einem Zylinder von entsprechender Größe geformten und mit Talkum bestreuten Masse gefüllt. Erreicht der Stempel den äußersten Punkt, d. h. ist die ganze Masse bereits herausgepreßt, so wird er wieder zurückgeschraubt und der Zylinder neu gefüllt. Dieses Herausschrauben und Wiederfüllen verursacht einen bedeutenden Zeitverlust, weshalb in ganz großen Betrieben solche Strangpressen eigentlich niemals zur Anwendung gelangen sollten. Außer diesem ganz bedeutenden Nachteil müssen noch folgende Momente beobachtet werden: 1. der große Kraftverbrauch, 2. starker Verschleiß und häufige Betriebsstörungen, welche 3. durch die meist fehlerhafte Konstruktion der Strangpressen gefördert werden. Wollen wir uns der Reihe nach mit diesen wichtigen Momenten befassen.

Die Strangpressen werden mit Handkraft betätigt. Der Handantrieb der Strangpresse erfordert derart viel Kraft, daß sogar ein kräftiger männlicher Arbeiter dabei rasch ermüdet, geschweige, daß bei schwer preßbaren Massen sogar oft zwei Arbeiter erforderlich sind. Der Grund hierfür liegt aber hauptsächlich im nichtrichtig gewählten Antrieb der Presse. Normal werden die Pressen mit einem kleinen Handrad oder mit Kurbel geliefert (Abb. 92). Vertauscht man das kleine Handrad oder die Kurbel mit einem großen Rad, so vermindert sich die zum Antrieb erforderliche Kraft gemäß den wohlbekannten physikalischen Gesetzen. Man wählt auf Grund der Erfahrungen ein Rad, wie es auf Abb. 93 zu sehen ist, von einem Durchmesser von 150 cm; seine Speichen sind aus $1/2$-Zoll-Gasrohren, oder noch besser aus ebensolchen nahtlosen Stahlrohren (Mannesmann) angefertigt und werden von zwei kreisförmig gebogenen Bandeisenstücken zu einem Rad zusammengefaßt. Der Durchmesser des aus dem Bandeisen geformten Kreises beträgt 120 cm, so daß die Speichen einem Steuerrad ähnlich darüber hinausragen, jedoch sind die Enden der Drehrichtung entgegengesetzt zurückgebogen.

Abb. 92. Pillenstrangpresse und Schneidemaschine (Fritz Kilian, Berlin-Hohenschönhausen).

Das Gewicht eines Rades beträgt ungefähr 12,5 bis 15 kg, benützt man Stahlrohre, so kann es noch erheblich vermindert werden. Dieses einfach konstruierte Rad kann auch von kleineren Betrieben selbst angefertigt werden. Mit Hilfe dieses Rades wird die Strangpresse sogar von einer Arbeiterin bequem angetrieben. Der Durchschnittshöhe einer Arbeiterin angepaßt, müßte die Achse des Rades sich in einer Höhe von 92—93 cm über dem Fußboden befinden. Nachdem aber der Arbeitstisch, auf welchem sich der Preßzylinder befindet, bereits eine Höhe von 90 cm besitzt, muß die Arbeiterin ihre Arbeit auf einem ungefähr 17,5 cm hohen Schemel stehend verrichten. (Die Angaben beziehen sich auf eine Kiliansche Strangpresse.) Bei diesen Höhenverhältnissen kann die Arbeiterin das Rad nicht nur mit der Hand bewegen, sie kann sogar bei schwereren Massen mit dem Fuß, indem sie auf den zurückgebogenen Teil der Speichen tritt, nachhelfen. Das Rad muß also so stark konstruiert sein, um das Körpergewicht

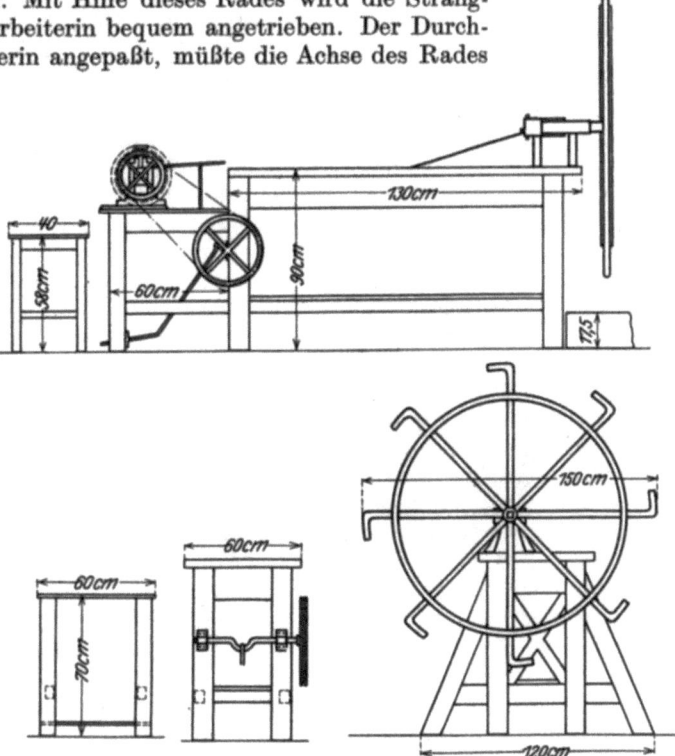

Abb. 93. Betriebsanordnung einer Pillenanlage, bestehend aus einer Strangpresse und einer Schneidemaschine.

eines erwachsenen Menschen ertragen zu können, ohne dabei einer Deformation zu unterliegen.

Die verlängerte Achse des Rades ist eine Schraubenspindel, an deren Ende der Preßstempel befestigt ist. Die übliche Befestigungsart ist ein Gelenk, so daß der Stempel außer der Drehbewegung noch eine seitliche Bewegung verrichten kann. Dies hätte den Zweck, etwaige Zentrierungsunterschiede auszugleichen. Zur Vermeidung der zwischen der Masse und dem Stempel auftretenden Reibung und Erwärmung muß der Stempel an die Schraubenspindel drehbar befestigt sein. Die Seitenbewegung des Stempels ist ganz überflüssig, da das hierzu erforderliche Gelenk den schwächsten Punkt der Presse bildet. Der hierdurch ungefähr zweimonatlich eintretende Stempelbruch legt den ganzen Arbeitsgang still. Diesem Fehler kann abgeholfen werden, wenn man die Verbindung zwischen Stempel und Schraubenspindel 4—5 cm in den Stempel versenkt, dadurch der Spindel eine Führung verleiht und die seitliche Bewegung verhindert. Hierzu müssen aber der Preßzylinder und die Schraubenspindel in ihrer ganzen Länge genau zentriert angeordnet sein.

Am Ende des Preßzylinders befindet sich ein Mundstück mit 2—3, auch Matrizen genannten Öffnungen, durch welche der Strang herausgepreßt wird. Den Matrizendurchmesser wählt man je nach der erwünschten Pillengröße. Die kleinste Matrize (für Pillen zu 0,05 g) hat den Durchmesser von 3,5 mm. Außer dieser Matrize benötigt man noch 11 Stück, und zwar von einem Durchmesser von 4 mm bis 6 mm, wobei der jeweilige Abstand zweier Matrizen 0,2 mm beträgt. Mit diesen insgesamt 12 Matrizen können die üblichen Pillenarten restlos hergestellt werden, und nur in besonderen Fällen werden Matrizen von anderem Durchmesser erforderlich sein. Da die Matrizen unter dem Einfluß des Druckes manchmal auch zerspringen, müssen stets einige Ersatzmatrizen in Vorrat gehalten werden. Der Durchmesser soll in jede Matrize eingraviert sein. Im Verlauf der Zeit erweitern sich die Matrizen infolge der natürlichen Abnützung und müssen dann durch neue ersetzt werden; die alten können auf den nächstgrößten Durchmesser aufgebohrt werden. Die herausgepreßten Stränge gelangen vom Mundstück auf eine schräge, mit Talkum oder Lycopodium bestreute Fläche, auf welcher die Stränge infolge des von der Presse kommenden Druckes auf den Tisch hinuntergleiten. Hier werden die Stränge sodann in gleichlange Stücke zerteilt, worüber aber später gesprochen wird (Abb. 93).

Die Presse wird, wie bereits erwähnt wurde, an die linke Hälfte des einen Endes eines sehr stark gebauten, an den Fußboden festgeschraubten 90 cm hohen und 60 cm breiten Tisches befestigt. Dieser nur 60 cm breite, aber doch nicht genügend stabile Tisch muß an dem Ende, an welchem die Presse befestigt ist, noch mit zwei schrägen Beinen verstärkt werden (Abb. 93).

Wesentlich bequemer ist die Kiliansche Strangpresse für Kraftbetrieb. Der Antrieb erfolgt mittels zwei Riemenscheiben (Abb. 94). Die kleinere Scheibe dient für den Preßvorgang, nach dessen Beendigung das Getriebe automatisch ausgeschaltet wird. Der Rücklauf wird von der größeren Scheibe besorgt und erfolgt dreimal so schnell als der Preßvorgang. Die Tourenzahl wird der jeweiligen Masse angepaßt. Der Kraftbedarf beträgt 1—2 PS, der Zylindergehalt ist 1,3 l. Zwecks Füllen ist der Zylinder abnehmbar eingerichtet. Die aus der Matrize tretenden Stränge werden von einem Transportband übernommen.

Es sollen jetzt noch die beim Strangpressen vorkommenden Betriebsstörungen besprochen werden:

1. Der Strang ist nach dem Verlassen der Matrize brüchig. Der sonst endlose Strang zerfällt in ungleichmäßig lange Stücken und ist auch zum weiteren Zerschneiden unbrauchbar. Der Grund hierfür ist die übermäßige Härte bzw. Trockenheit der Pillenmasse.

2. Hat der Strang einen kleineren Durchmesser als die Matrize, so ist die Masse zu weich. Derselbe Fehler entsteht, wenn die Masse zu warm ist oder sich beim Pressen zu stark erwärmt.

3. Der Strang enthält Blasen, und somit ist die Massenverteilung ungleichmäßig. Dieser Fehler kann nur dann zustande kommen, wenn die Masse bereits

eingeschlossene Luft, oder sonstige Gase (z. B. Kohlensäure bei Pil. Blaudi) enthält, welche in der Presse komprimiert werden. Nachdem der Strang die Presse verläßt, vergrößern sich die im Strang befindlichen kleinen Bläschen der Druckverminderung entsprechend. Die an der Oberfläche befindlichen großen Blasen bersten und lassen eine Vertiefung zurück. Die im Inneren des Stranges verbleibenden Blasen stören nicht nur die gleichmäßige Massenverteilung, sondern sie schwächen die Festigkeit des Stranges derart, daß dieser beim weiteren Bearbeiten leicht reißt.

4. Der Strang besitzt eine aus Ringe zusammengesetzte Struktur. Es ist dies ein Zeichen der Klebrigkeit. Die äußere Schicht des herauslaufenden Stranges klebt an die Matrize, wird an den nachfolgenden Teil des Stranges angelagert, wodurch eine Verdickung entsteht. Nachdem die Spannung entsprechend anstieg, reißt die anklebende Masse ab und ein neuer Teil des Stranges klebt wieder an. Hierdurch wird der Strang abwechselnd verdünnt und verdickt. Eine geringe Klebrigkeit äußert sich nur in einem Aufrauhen der Strangoberfläche, während eine einwandfreie Masse einen glatten Strang liefern muß.

Abb. 94. Pillenstrangpresse für Kraftantrieb (Fritz Kilian, Berlin-Hohenschönhausen).

5. Wenn der Strang die Matrize normal verläßt, aber beim Rollen mit der flachen Hand schnell brüchig oder trocken wird, so sind die Hilfssubstanzen falsch gewählt.

6. Derselbe Fehler liegt vor, wenn beim Rollen mit der Handfläche das Gefühl eines aus mehreren dünnen Fäden zusammengesetzten Stranges entsteht. Dieses Gefühl tritt besonders auch dann hervor, wenn die festen lyophoben Teile der Masse nicht genügend fein vermahlen sind.

7. Die in der Masse befindlichen Knoten können die Matrize verstopfen. Kleinere Knoten machen den Strang mechanisch ungleichmäßig und zum weiteren Verarbeiten unbrauchbar.

Den hier beschriebenen Fehlern kann leicht abgeholfen werden, wenn man die in Abschnitt A (S. 79) gegebenen allgemeinen Grundlagen der Pillenherstellung in Betracht zieht. Dennoch sollen noch einige Bemerkungen mitgeteilt werden.

Eine zu weiche Masse soll erst dann durch Zusatz von weiteren Hilfssubstanzen abgeändert werden, wenn sie auch nach einem Aufbewahren von einem Tage nicht genügend plastisch wird. Es darf hierbei niemals vergessen werden, daß durch Zusatz von neuen Mengen der Hilfssubstanzen die Gesamtmasse und dadurch das Einzelgewicht einer Pille vergrößert wird. Es ist deshalb zweckmäßiger, die unbrauchbare Masse einer größeren Menge einzuverleiben, wobei die auf eine Pille entfallende Menge der Grundsubstanz unverändert bleibt und so nur das Verhältnis der Hilfssubstanzen eine Änderung erleidet.

Die von Knoten verstopften Matrizen werden mittels eines entsprechend starken Stahldorns freigelegt. Ungleichmäßige Massen können versuchsweise einer größeren Masse zugeknetet werden, jedoch oft erfolglos. Schneller gelangt man zum Ziel, wenn man die Masse mehrmals durch ein Dreiwalzenwerk laufen läßt. Es muß hierzu eine kräftig gebaute Maschine mit Stahlwalzen an Stelle der üblichen Porphyrwalzen zur Anwendung kommen. Beim ersten Durchwalzen dürfen die Walzen nicht zu nahe aneinander gestellt werden, da die Knoten sonst gar nicht durchlaufen. Beim zweiten und dritten Durchwalzen können die Walzen näher zueinander gestellt werden. Fehlt ein entsprechendes Dreiwalzenwerk, so muß die ganze Masse scharf getrocknet fein gemahlen und nochmals angeknetet werden. Bezüglich der Dreiwalzenwerke s. Kapitel X (S. 184).

Die Ungleichmäßigkeiten des Stranges können bei harzigen Massen ausnahmsweise durch mäßiges Erwärmen des Mundstückes zum Verschwinden gebracht werden.

b) Die Strangausrollmaschinen.

Ein ganz anderes Verfahren zur Erzeugung des Pillenstranges ist das Ausrollen der Pillenmasse. Dieses aus dem Apothekenbetrieb bereits bekannte und auch für den Maschinenbetrieb ausgestaltete Verfahren besteht aus folgenden Arbeitsphasen:

Abb. 95. Kugelformmaschine (Arthur Colton Co., Detroit, Mich. USA.).

Die Pillenmassen werden zuerst zu größeren Kugeln geformt, diese werden dann zwischen zwei bewegten Flächen zu Stränge ausgerollt. Die technische Ausgestaltung dieses Verfahrens ist das Verdienst der Arthur Colton Company, Detroit, deren Pillenmaschinen es erst ermöglichten, Pillen in ganz großen Mengen und in ungestörtem Betriebe ohne Anwendung von Handarbeit zu erzeugen.

Die zum Ausrollen erforderlichen Kugeln können entweder mit der Hand oder auf rein maschinellem Wege erzeugt werden. Obwohl die Handarbeit in Verknüpfung mit den automatischen Strangausrollmaschinen keine praktische Bedeutung besitzt, soll ganz kurz auch diese Möglichkeit angeführt werden. Die Pillenmasse wird zuerst in gleich große Stücke zerteilt. Dies kann bestens durch Strangpressen mit ganz großem Mundstücke oder aber einfach mit Hilfe einer Waage erreicht werden. Am zweckmäßigsten gelangen Peloteusen, wie diese zur Pfundung von Hefe gebraucht werden und auch eine Vorrichtung zum Abschneiden von gleichgroßen Stücken besitzen, zur Anwendung. Die gleichen Stücke werden nun entweder zwischen den Handflächen oder zwischen zwei Flächen (wie dies beim Formen der Pillen beschrieben ist), deren eine mit der Hand bewegt wird, zu Kugeln geformt. Diese sehr mühsame Arbeit kann auch automatisch verrichtet werden. Zu diesem Zwecke dient die Coltonsche Kugelformmaschine (Ball making machine) (Abb. 95), die 10—60 Kugeln in der Minute zu erzeugen vermag. Die Pillenmasse wird in den Fülltrichter A der Maschine eingefüllt und gelangt hierdurch in eine Peloteuse, deren Schraube die Masse mischt, nach vorwärts fördert und durch ein Mundstück von gegebenem Durchmesser preßt. Wenn die Länge und Kompression der herausgepreßten Masse den erwünschten Wert erreicht hat, so wird automatisch abgeschnitten. Die Größe der einzelnen Stücke kann genau reguliert werden. Die abgetrennten Stücke gelangen durch einen zweiten Fülltrichter zwischen zwei Gummitreibriemen, wo sie durch eine wirbelnde Bewegung zu vollkommenen Kugeln geformt werden. Elevator B fördert sodann die Kugeln zur Strangausrollmaschine. Während des ganzen Prozesses werden die Kugeln mit Talkum bestreut, um ein Ankleben zu verhindern. Das Talkum befindet sich in einem zweiten, neben „A" befindlichen Fülltrichter.

Die so hergestellten Kugeln gelangen in die Strangausrollmaschine (Abb. 96), welche ebenfalls aus zwei Gummitreibriemen besteht. Da sämtliche Kugeln die gleiche Masse besitzen, werden sie von den mit verschiedener Geschwindigkeit laufenden Riemen zu gleichlangen Strängen ausgerollt. Die Strangausrollmaschine wird zumeist mit der Pillenschneide- und -form-

Abb. 96. Pillenstrangausrollmaschine (Arthur Colton Co., Detroit, Mich. USA.).

maschine zusammengebaut (Abb. 102). Die Ausrollmaschine leistet in der Minute 25—30 Stränge. Der wesentliche Unterschied gegenüber der Strangpresse ist, daß keine endlosen Stränge, sondern solche von gegebener, der Schneidemaschine entsprechender Länge hergestellt werden. Das bei der Strangpresse bereits erwähnte Zerteilen der Stränge in gleichlange Teile ist hier also nicht erforderlich.

c) Das Zerschneiden des Stranges.

Wie bereits erwähnt wurde, muß der die Strangpresse verlassende endlose Strang zuerst in gleichlange, dem Ausmaße der Schneidemaschine entsprechende Teile zerteilt werden. Zu diesem Zwecke ordnet eine Arbeiterin die von der Presse herausgleitende Stränge möglichst parallel und zerschneidet sie gleichzeitig mit zwei fest verbundenen parallelen Messern. Die Entfernung der beiden Messer ergibt sich aus der Länge der Schneidefläche der Schneidemaschine.

Bei den Strangausrollmaschinen ist ein Zerteilen des Stranges überflüssig, da bereits Stränge von erforderlicher Länge hergestellt werden.

Die gebräuchlichen Schneidemaschinen bestehen aus einer großen Anzahl von an Flächen angeordneten Schneiden. Es sind zwei Typen zu unterscheiden: 1. die Schneiden befinden sich an zwei beweglichen Flächen, oder 2. an einer beweglichen und an einer ruhenden Fläche.

In die erste Gruppe gehört die Rollmaschine der Firma Paul Franke & Co., Leipzig-Böhlitz-Ehrenberg. Diese ursprünglich für Zuckerware konstruierte Maschine arbeitet mit Hilfe von drei sich in gleicher Richtung mit gleicher Geschwindigkeit beweglichen kleinen Walzen (Abb. 97). Die gegenseitige Lage der drei Walzen kann mit Hilfe eines Pedals abgeändert werden. Drückt man das Pedal hinunter, so wird die mittlere, keine Schneiden besitzende Walze hinunter gezogen und die beiden äußeren Walzen nähern sich soweit aneinander, daß die Schneiden sich berühren. Die Größe der Pillen wird durch die Entfernung der Schneiden und durch den in die Walzen zwischen den Schneiden eingefrästen Raum bestimmt. Die Schneidewalzen sind tauschbar. Der Strang wird zunächst in die zwischen zwei Walzen befindliche Rille gelegt. Durch Niederdrücken des Pedals nähert man nun die zwei Schneidewalzen, wodurch der Strang allmählich eingeschnitten und bei vollkommenem Annähern der Walzen zerschnitten wird. Die gleichmäßige Rotation der Walzen sichert das gleichförmige Zerschneiden und erteilt den

Abb. 97. Rollmaschine (Paul Franke & Co., Böhlitz-Ehrenberg b. Leipzig).

Pillen infolge des gefrästen Profils die Form eines Rotationskörpers. Je nach Wahl des Walzenprofils kann man den Pillen eine Kugel-, Ei- oder eine sonstige Form erteilen. Die mittlere Walze verhindert während des Schneidens, daß die Pillen durch die Walzen fallen. Läßt man nach dem beendeten Schneiden das Pedal hochschnellen, so schleudert die ebenfalls nach oben springende mittlere Walze die Pillen auf eine schräge, mit Talkum bestreute Fläche, von wo sie in einen mit Talkum gefüllten Behälter gleiten. Diese Maschine zerschneidet nicht nur die Stränge, sie erteilt den Pillen auch die annähernd endgültige Form, so daß ein nachträgliches Runden oder sonstiges Formen in einzelnen Fällen nicht erforderlich ist. Trotz dieser bedeutenden Vorteile wird die Frankesche Rollmaschine nur sehr selten zur Herstellung von Pillen benutzt. Der Grund hierfür liegt darin, daß es einerseits nur wenige versucht haben, diese ausgesprochene Zuckerwarenmaschine zur Herstellung von Pillen heranzuziehen, andrerseits haben sich nur wenige bemüht, die Pillenmasse dieser Maschine anzupassen. Infolge der raschen Rotation der Walzen und des etwas lange andauernden Schneidens und Formens erwärmt sich die Masse, wodurch die Klebrigkeit besser zum Vorschein kommt und die Pillen keine einwandfreie Rundung aufweisen. Ein nachträgliches Runden ist daher praktisch fast immer erforderlich. Am schwerwiegendsten ist aber die verhältnismäßig geringe Leistung. Die Maschine kann mit Hand oder mit Motor angetrieben werden und verbraucht nur ganz wenig Kraft.

Die Coltonsche Schneidemaschine besteht aus zwei beweglichen, schräg übereinander angeordneten Walzen, deren eine sich mit doppelter Geschwindigkeit bewegt. Sie wird als selbständige Maschine nicht geliefert, sondern bildet nur einen Teil des Coltonschen Pillenautomats und ist zwischen den Strangausrollriemen und Nachrundungsriemen geschaltet (Abb. 102). Dieselbe Anordnung wird als selbständige Maschine von Gebrüder Köppe, Berlin geliefert. Die Maschine von E. A. Lentz, Berlin N (Abb. 98) unterscheidet sich wesentlich von den vorhergenannten nur darin, daß die Walzen in einer Ebene angeordnet sind. Bei beiden letzteren Maschinen dreht sich die eine Walze ebenso mit doppelter Geschwindigkeit, wie bei der Coltonschen Maschine. Die Tourenzahl der oberen Walze ist 100 in der Minute, demnach dreht sich die untere Walze mit nur 50 Touren. Beide Walzen drehen sich in derselben Richtung. Der Strang

Abb. 98. Pillenschneidemaschine (E. A. Lentz, Berlin N).

gelangt entweder automatisch auf die Schneiden, wie bei der Coltonschen Maschine, oder aber wird er mittels einer Ziehschaufel, deren Länge der Stranglänge entspricht, dorthin gezogen. Da die Walzen eine verschiedene Geschwindigkeit besitzen, wird der Strang trotz ihrer gleichgerichteten Bewegung zwischen die Walzen gezogen, in Rotation gebracht und dabei zerschnitten. Die Walzen sind einem Halbkreis oder einer anderen Rotationsform entsprechend zwischen den Schneiden ausgefräst.

In die zweite Gruppe der Schneidemaschinen gehört, abgesehen von der ganz kleinen, für Betriebszwecke völlig unbrauchbare Maschine von C. Engler, Wien, die Maschine von F. Kilian, Berlin (Abb. 92). Diese besteht aus einer beweglichen, mit Schneiden versehenen Walze und aus einer ebenfalls mit Schneiden versehenen unbeweglichen Zylinderfläche, welche aber nur einen Bruchteil der Walzenfläche bedeckt.

Ebenfalls zur zweiten Gruppe gehören die horizontalen Flachschneidemaschinen der Arthur Colton Company, Detroit, Mich. USA. (Abb. 99). Diese bestehen aus einer unteren unbeweglichen und einer oberen beweglichen ebenen Schneidefläche. Die obere Schneidefläche bewegt sich alternierend und zerschneidet mittels der ausgefrästen Schneiden den Strang.

Die Größe der Pillen kann durch Anwendung von Schneideflächen mit verschiedenem Schneidenabstand geregelt werden. Die Walzen und die sonstigen Schneideflächen sind deshalb austauschbar.

Die Leistungsfähigkeit der hier angeführten Schneidemaschinen ist, abgesehen von der Frankeschen und Englerschen, fast die gleiche. Die tatsächliche Leistung ist eine Funktion der Erfahrung, der Arbeitseinteilung und der Beschaffenheit der Pillenmasse, in höchstem Maße hängt aber die Leistung von der Automatisierung des Arbeitsganges ab. Wird z. B. eine Coltonsche oder Köppesche Maschine automatisch mit den Strängen beladen, so können in der Stunde 35 bis 100000 Pillen geschnitten werden, wird aber nur mit der Hand gespeist, so sinkt die Leistung oft bis auf 5000 Pillen in der Stunde.

Die Kiliansche Maschine ist gegenüber der Beschaffenheit der Pillenmasse die empfindlichste. In ungestörtem Betrieb kann nur eine einwandfreie Pillenmasse zerschnitten werden, da sonst der Strang, ohne zerschnitten zu werden, weitergleitet oder einklebt.

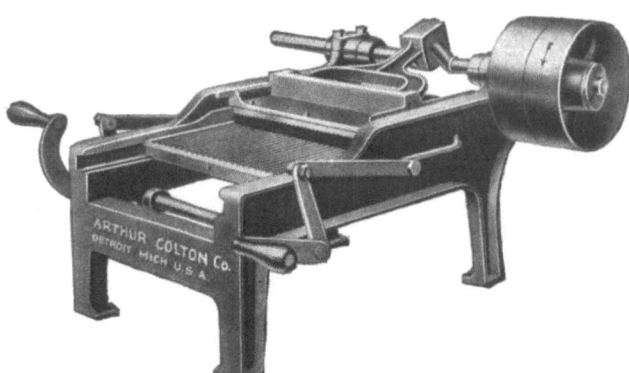

Abb. 99. Flachschneidemaschine für Pillen (Arthur Colton Co., Detroit, Mich. USA.).

Es muß besonders auf die gleichförmige Entfernung der Zylinderfläche von der Walze geachtet werden. Nach einigen Erfahrungen kann man mit dieser Maschine recht gute Ergebnisse erzielen, aber bei besonders harten oder stark harzigen Massen kann man trotzdem nur schwer weiterkommen. Die Zweiwalzenmaschinen haben den ganz bedeutenden Vorteil, daß ein Gleiten des Stranges beim Schneiden völlig ausgeschlossen ist und daß außerdem die harten und harzigen Massen auch leicht geschnitten werden. Klebrige Massen werden von ihnen dagegen ebenso schwer verarbeitet wie von der Kilianmaschine. Die horizontalen Flachschneidemaschinen sind gegenüber der Beschaffenheit der Pillenmasse am wenigsten empfindlich, jedoch kann das Gleiten der Masse auch hier nicht vermieden werden.

Sämtliche Schneidemaschinen können sowohl mit Handkurbel als auch mechanisch angetrieben werden. Der Handbetrieb ist im allgemeinen zu verwerfen, denn entweder braucht man hierdurch zur Bedienung der Maschine zwei Personen, oder aber sinkt die Leistungsfähigkeit sehr stark, wenn nur eine Person die Maschine antreiben und speisen soll. Man treibt also die Maschinen am besten mit einem Motor an, oder aber man benutzt einen, von den Nähmaschinen her bekannten Pedalantrieb. In beiden Fällen sind die Hände des Arbeiters frei und können zum Schneiden und zur genauen Bedienung der Maschine benutzt werden (Abb. 93).

Eine jede dieser Maschinen hat ihre Vorteile und Nachteile. Mann kann ganz nach der individuellen Veranlagung die eine oder die andere Maschine anschaffen, denn das Durchschnittsergebnis ist bei allen ungefähr gleich, und eine verhältnismäßig ruhige und ungestörte Arbeit ist sichergestellt. Mit Ausnahme der Frankeschen Rollmaschine liefern die Schneidemaschinen keine Rotationsformen. Dazu müßten die Pillen beim Schneiden eine nach allen Richtungen freie, d. h. eine wirbelnde Bewegung erhalten. Dies ist aber bei keiner der Maschinen der Fall, die Pillen rotieren höchstens in einer Richtung und sogar dies ist nur selten sichergestellt.

Die schwierigste Phase der Pillenherstellung ist das Schneiden, und daher treten hier die meisten Schwierigkeiten auf. Diese Schwierigkeiten sind bei allen Maschinen fast dieselben, und es sollen hier die häufigsten angeführt werden:

1. Fallen die Pillen an einem Ende der Schneidefläche zusammengedrückt heraus, so stehen die Schneideflächen nicht parallel zu einander. Dem kann mit den vorhandenen Stellschrauben abgeholfen werden.

2. Fallen die Pillen an einer Seite größer und etwa auch flachgedrückt heraus, so wurde der Strang nicht genau parallel zu den Schneidewalzen der Maschine zugeleitet.

3. Zerfallen die Pillen beim Schneiden, so ist die Pillenmasse fehlerhaft zusammengesetzt.

4. Besitzen die abgeschnittenen Teilchen eine Diskusform, so muß eine größere Schneidefläche in die Maschine gesetzt werden, da aus einem zu dicken Strang keine Kugel, sondern, wie dies leicht verständlich ist, ein Diskus entsteht. Haben demgegenüber die Pillen eine Zylinderform, so muß eine kleinere Schneidefläche eingesetzt werden.

5. Erhalten die Pillen beim Schneiden keine annähernde Rotationsform, so gleitet der Strang zu stark in der Maschine, und eine Rotation kommt nicht zustande. Es fallen oft eckige Teilchen heraus, oder aber die Masse bleibt zwischen den Schneiden hängen, und die Maschine stellt ihre Funktion ein. Als erste Abhilfe muß man das an den Strängen im Überschuß anhaftende Talkum wegblasen. Ist keine Besserung zu beobachten, so muß die Oberfläche der Stränge mit fein zerstäubtem Wasser etwas angefeuchtet werden, oder aber die glatten Schneiden müssen durch ganz schwaches Aufschlagen einer Feile etwas aufgerauht werden. Bei Zweiwalzenschneidemaschinen kommt ein Gleiten nicht vor, dafür werden die Stränge oft nicht zwischen die Walzen gezogen. Der Grund ist hierfür ebenfalls das übermäßige Gleiten, und die Abhilfe ist auch dieselbe, wie vorher. Zu weiche Massen gleiten oft auch, wenn man die Stränge nicht sofort nach dem Pressen oder Ausrollen schneidet. Schneidet man die weichen Stränge dagegen sofort, so verschmiert sich die Masse und verstopft die Schneideflächen! Auch harzige Massen werden beim Schneiden stark deformiert, sofern sie nicht ganz abgekühlt sind.

Es sei noch erwähnt, daß die Pillen aus der Schneidemaschine in einen mit Talkum oder Lycopodium gefüllten Behälter fallen.

d) Das Runden und Formen der Pillen.

Wie bereits aus der einleitend gegebenen Definition der Pillen zu ersehen ist, besitzen die Pillen normal eine Kugelform, eine andere Form, wie Ei- oder Walzenform ist nur selten gebräuchlich. Es soll daher hier in erster Linie die Erzeugung der Kugelform besprochen werden, während die Herstellung anderer Formen als Ergänzung gegeben wird.

Die aus der Schneidemaschine herausfallenden „Pillen" besitzen keine abgerundete Kugelform, sie sind vielmehr etwas eckig, manchmal auch etwas flachgedrückt, obwohl die Hersteller der Schneidemaschinen fast ausnahmslos vollkommen kugelrunde Pillen versprechen. Ein jeder Praktiker weiß, daß von seltenen Ausnahmen abgesehen, ein nachträgliches Runden der Pillen unumgänglich notwendig ist. Es ist bis heute noch nicht gelungen, eine Schneidemaschine zu konstruieren, die immer eine einwandfreie Kugelform liefern würde. Die schönsten Kugeln liefert die Frankesche Rollmaschine, so daß bei gut zusammengestellter Pillenmasse ein Nachrunden überflüssig wäre. Mit der Köppeschen, oder Kilianschen oder der horizontalen Flachschneidemaschine kann es ausnahmsweise unter ganz besonders sorgfältig vorbereiteten Bedingungen gelingen, schöne Kugelformen zu erhalten, jedoch wird die Herstellung der Pillen hierdurch unrentabel. Man benötigt hierzu eine Präzisionsschneidemaschine, mit gut egalisierten und sich genau überdeckenden Schneiden. Die Schneiden müssen derart nahe zueinander liegen, daß ein dazwischen befindliches, dünnstes Seidenpapier ohne Reißen nicht entfernbar ist. Die Matrize der Strangpresse muß ganz präzise den Vertiefungen der Schneidefläche entsprechen und soll durch Schleifen eingestellt werden. Paßt man nun nach langen Versuchen die Pillenmasse dieser Präzisionsschneidemaschine an, so gelingt es auch für kurze Zeit einwandfreie Pillen zu erzeugen. Da aber sowohl die Matrize, als auch die Schneideflächen sich rasch abnützen, obgleich sie aus dem härtesten Stahl verfertigt sind, so dauert dieser ideale Zustand wohl nur einige Arbeitsstunden. Diese Tatsache besitzt keinen praktischen Wert und soll nur erwähnt sein, weil es den Maschinenfabriken immer gelingen will, für repräsentative Zwecke eine Maschine vorzuführen, die scheinbar einwandfrei kugelförmige Pillen herstellt.

Das tatsächlich erforderliche Runden der Pillen kann sowohl mit der Hand, als auch mit Maschinen erfolgen.

Das Handrunden ist in den kleinen und mittleren Betrieben noch immer üblich, da man der Ansicht ist, daß die Leistung der hierzu dienenden Maschinen viel zu groß ist und ihre Anschaffungskosten zu hoch sind. Es soll daher auch das Handrunden hier ausführlich besprochen werden.

Das Handrunden erfolgt genau wie in der Apotheke zwischen einer stillstehenden und einer von der Hand bewegten Fläche. Hierzu ist eine Platte und eine runde Scheibe erforderlich. Als ruhende Platte könnte eine Tischplatte gewählt werden, man benutzt jedoch aus rein praktischen Gründen eine Eisen- oder Aluminiumplatte; die Tischplatte hat den Nachteil der vollkommenen Unbeweglichkeit. Um die fertig gerundeten Pillen von der Platte zu entfernen, muß diese beweglich sein. Holzplatten kommen nicht in Frage, da diese niemals glatt bleiben, sie verziehen und werfen sich nach einer Zeit und die nunmehr vorliegende holperige Fläche ist zum Runden völlig ungeeignet. Aus diesen Gründen ist die Anwendung der Eisen- oder infolge des geringeren Gewichtes der Aluminiumplatten gerechtfertigt. Die kreisförmige und 4 mm dicke Eisenplatte hat einen ungefähren Durchmesser von 50 cm, von welchen insgesamt 2 cm (2 × 1) aufgekrempt werden, so daß der tatsächliche Durchmesser nur 48 cm beträgt. Die Krempe der Platte besitzt innen gemessen eine ungefähre Höhe von 6 mm. An einer Stelle des Kreisumfanges bildet man einen Griff (8 × 8 cm) aus, welcher nach dem Auffalzen der Krempe senkrecht zur Platte steht und in der Höhe der Krempe nochmals nach außen gebogen und dadurch in eine fast horizontale Lage gebracht wird. Der Griff darf nur soweit flachgebogen werden, daß die flache Hand noch darunter Platz findet. Gegenüber dem Griff muß die Krempe in einer Länge von 20 cm entfernt werden. Kippt man mit Hilfe des Griffes die Platte um, so rollen die fertigen Pillen durch diese Öffnung von der Platte ab. Die ganze Platte wird nun durch Hammerschläge und sodann auf der Drehbank möglichst genau planiert. Es sind nur gut planierte Platten brauchbar, denn auch nur wenig verbogene Platten verhindern bereits das Runden. Bei weitem besser sind die Aluminiumplatten, die man in einer Dicke von 8—10 mm samt Krempe und Griff gießen läßt und ebenfalls auf der Drehbank planiert. Es ist stets darauf zu achten, daß die Oberfläche der Platte niemals spiegelglatt sei, da das Runden unvergleichlich schwerer ist als auf etwas rauhen Platten. (Vgl. Abb. 101).

Die zum Runden dienenden beweglichen Scheiben werden am besten ebenfalls aus Aluminium angefertigt, da das Gewicht einer Scheibe möglichst höchstens 700 g betragen soll. Der Durchmesser der Scheibe beträgt 23 cm innerhalb der Krempe gemessen, ihre Dicke ist 4 mm, die nach unten gebogene Krempe ist ebenfalls 4 mm dick. Die Scheibe ist oben in der Mitte mit einem Griff versehen, welcher auch knopfförmig sein kann. Die Knopfform ermüdet die Hand der Arbeiterin sehr rasch, da aber die Scheibe aus einem Rohguß gedreht wird, ist es einfacher einen Knopf anzufertigen. Zwischen dem Knopf und der Scheibe muß ein freier

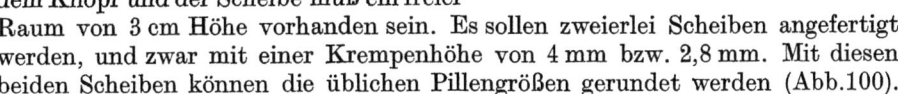

Abb. 100. Scheibe zum Pillenrunden (linke Hälfte).

Raum von 3 cm Höhe vorhanden sein. Es sollen zweierlei Scheiben angefertigt werden, und zwar mit einer Krempenhöhe von 4 mm bzw. 2,8 mm. Mit diesen beiden Scheiben können die üblichen Pillengrößen gerundet werden (Abb. 100).

Das Runden selbst erfolgt auf einem viereckigen Tisch (Abb. 101). Die zum Runden der von einer Schneidemaschine gelieferten Pillen erfahrungsgemäß erforderlichen vier Arbeiterinnen nehmen an einem Tisch Platz. Das Runden soll stets sitzend erfolgen, da dies die Arbeitsleistung wesentlich steigert und es auch im Interesse der Arbeiterinnen liegt. Die eigenartige kreisende Bewegung der Arme beim Runden wird auf den Rumpf übertragen, wodurch dann die Kniegelenke stark in Anspruch genommen werden. Die Kantenlänge des quadratischen Tisches ist 130 cm, die Tischplatte besitzt eine Dicke von 3 cm. Der hinzugehörende Stuhl ist 72 cm hoch, so daß zwischen diesem und dem 90 cm hohen Tisch nur ein Zwischenraum von 15 cm frei bleibt. Die Arbeiterin sitzt also so an dem Tisch, daß ihr Rumpf die Tischkante, ihre Schenkeln die untere Fläche der Tischplatte berühren; die Tischplatte befindet sich also sozusagen auf ihrem Schoß. Die Stühle haben 30 cm hoch über der Erde eine fußstützende Leiste.

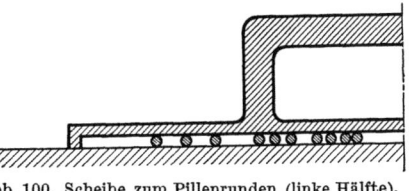
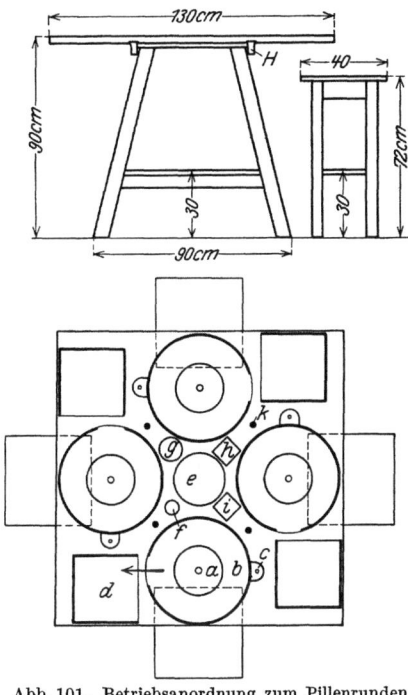

Abb. 101. Betriebsanordnung zum Pillenrunden.

Nachdem die Arbeiterin also knapp unter der Tischplatte sitzt, kann die Versteifung der Platte nicht mit den üblichen Zargen erfolgen, sondern mittels versenkten Querleisten (H), und eines die Tischkanten umfassenden Eisenbandes. In einer Höhe von 30 cm hat der Tisch eine zweite Platte. Die schräg angeordneten Tischbeine verleihen dem Tisch die erforderliche Stabilität.

Die aus der Schneidemaschine herabfallenden Pillen kommen in den in der Mitte des Tisches befindlichen Behälter e, von hier werden 100—150 g Pillen mit Hilfe des Meßgefäßes f auf die vier Metallplatten b gegossen und mit Hilfe der Scheiben a gerundet. Die fertig gerundeten Pillen rollen durch Kippen der Platten b mittels Griff c in den Behältern d. Im Gefäß g befindet sich ein Konspergierungspulver, z. B. Talkum, im Behälter h befindet sich ein feuchter Schwamm, i dient zur

Aufnahme des Abfalles. Zur Entfernung der fehlerhaften Pillen dient ein in Kork k gestochener Pfriemen. Diese Hilfsgefäße und Geräte sind auf dem Tisch so verteilt, daß sie von den vier Arbeiterinnen gleich bequem erreichbar sind. An Stelle der Behälter d kann in die Tischplatte eine Öffnung kommen, durch welche die fertigen Pillen in eine wenig geneigte Rinne und von dort auf Trockenhorden gelangen. Eine jede Arbeiterin soll zwecks Kontrolle eine getrennte Horde haben.

Vor Beginn des Rundens entnimmt man die Pillen dem mit Talkum gefüllten Gefäß, in welches sie nach dem Schneiden fielen und befreit sie vom Talkum und von den kleinen Abfällen durch Aufgießen auf ein großes Sieb. Die so gereinigten Pillen werden in den Behälter e gefüllt. Das Runden erfolgt wie bekannt so, daß die auf Platte b gefüllten und mit Scheibe a bedeckten Pillen durch das andauernd exzentrische Kreisen dieser Scheibe in eine wirbelnde Bewegung versetzt werden und dadurch die erwünschte Rundung erhalten. Kleben die Pillen beim Runden aneinander, an die Platte, oder an die Scheibe, so streut man aus g etwas Talkum auf die Platte, gleiten sie dagegen so stark, daß kein Runden zustandekommt, so muß das überflüssige Talkum weggepustet oder auch die Scheibe mit dem Schwamm (h) angefeuchtet werden. Bemerkt man das Gleiten nicht, so werden die Pillen flachgedrückt und sind dann weiter unbrauchbar, da aber eine geübte Hand das Gleiten sofort bemerkt, kann man die Scheibe noch rechtzeitig abheben. Unabhängig hiervon muß man die Scheibe zeitweise abheben und die deformierten, oder in der Größe abweichenden Pillen mit dem Pfriemen entfernen. Kann man die Pillen eine Zeitlang ohne Schwierigkeiten runden, bis sie dann auf einmal brüchig werden, so wurde die Masse in noch warmem Zustand aufgearbeitet. Während die Masse im warmen Zustand noch genügend elastisch war, wird sie nach dem Erkalten während des Rundens spröde. Insgesamt war also die Masse nicht genügend elastisch. Widerstehen demgegenüber die Pillen hartnäckig dem Runden, das heißt sie behalten stets ihre ursprüngliche unregelmäßig Form, so ist die Masse zu elastisch. Die Abhilfe für beide Fälle ergibt sich aus dem im allgemeinen Teil (Abschnitt A, S. 79) Gesagten.

Eine gut eingeübte Arbeiterin kann je nach der Beschaffenheit der Masse in der Stunde $1/2$—$1^1/_4$ kg zu Pillen von 0,20 g runden, vorausgesetzt, daß die Schneidemaschine einwandfrei arbeitet.

An Stelle der mühsamen Handarbeit können auch Maschinen zum Runden der Pillen herangezogen werden. Das Prinzip dieser Maschinen ist das der Handarbeit. Die Pillen werden zwischen zwei zueinander in relativer Bewegung befindlichen Flächen gerundet. Die Maschine der Firma Grimsley & Co., Ltd. Leicester arbeitet mit exzentrisch rotierenden Scheiben und ahmt hierdurch vollkommen die Handarbeit nach, jedoch sind diese Maschinen in der Praxis nicht verbreitet. Vielmehr bekannt sind die Coltonschen Maschinen, die allerdings als selbständige Maschinen nicht käuflich sind, sondern einen Teil der Coltonschen Pillenautomaten bilden. Der Pillenautomat besteht außer der Rundungsmaschine aus bisher bereits beschriebenen Teilen: 1. Kugelformmaschine (siehe Abb. 95, S. 98), von welcher die fertigen Kugeln mittels Elevator B zur 2. Strangausrollmaschine gefördert werden. Die Strangausrollmaschine (Abb. 96) ist im Pillenautomat nicht als selbständige Maschine, sondern mit der Schneide- und Rundungsmaschine zusammengebaut und bilden zusammen den zweiten auf Abb. 102 sichtbaren Teil des Pillenautomats. Die geformten Kugeln gelangen zuerst in einen Fülltrichter, welcher sie zwischen die Gummibänder der Strangausrollmaschine führt. Oberhalb des obersten Bandes liegt eine Talkumstreuvorrichtung. Die ausgerollten Stränge gelangen sodann zwischen die zueinander schräg angeordneten Schneidewalzen. Der in gleiche Teile zerschnittene Strang rutscht auf einer schrägen Ebene zur aus beiden unteren Gummibändern bestehenden Rundungsmaschine. Die mit verschiedener Geschwindigkeit laufenden Bänder verleihen den Pillen eine wirbelnde Bewegung und formen sie hierdurch zu einer vollendeten Kugel. Die Größe der Pillen kann durch Nähern bzw. Entfernen der Ausroll- bzw. Rundungsbänder mit Hilfe der Stellschrauben A und C geregelt werden. Die fertigen Pillen gelangen auf einen Separator, welcher aus schnellrotierenden Fassonwalzen besteht und die nicht einwandfrei geformten bzw. zu kleinen und zu großen Pillen ausscheidet. Der an der Seite des Automats befestigte scheibenförmige Apparat dient dazu, den Pillen eine von der Kugelform abweichende Gestalt zu geben und wird weiter unten beschrieben.

Eine von der Kugelform abweichende Gestalt kann man den Pillen direkt nur mit Hilfe der Frankeschen Rollmaschine verleihen, man ist aber auf Rotationsformen beschränkt. Die beliebtesten Formen sind: Ei-, Ellipsoid-, Diskus- und die Walzenform. Die Frankesche Maschine liefert diese einfach durch Anwendung der entsprechenden Fassonschneidewalzen, es besteht hierbei auch die Möglichkeit, allerlei andere Rotationsformen herzustellen. Alle anderen Maschinen liefern nur kugelförmige Pillen, welche dann mittels besonderer Maschinen in die gewünschte Form verwandelt werden. Zur Herstellung dieser Formen aus den kugelförmigen Pillen hat A. Colton zwei Apparate gebaut, die trotz ihrer Kleinheit eine sehr große Leistungsfähigkeit aufweisen. Der erste dieser Apparate ist auf Abb. 102 an der Seite des Pillenautomates sichtbar und besteht aus zwei mit verschiedener Geschwindigkeit in einer horizontalen Ebene rotierenden Ringen, in welchen je eine der gewünschten Form entsprechende Rille ausgekehlt ist. Dieser Apparat dient zur Herstellung der Ei-, Ellipsoid- und Walzenform. Die Diskusform, welche eigentlich der Tablettenform entspricht, wird mittels eines ähnlichen Apparates gewonnen, jedoch rotieren hier die Ringe in einer vertikalen Ebene (Abb. 103). Es sei noch erwähnt, daß mittels einfacher Handarbeit diese besonderen Pillenformen nicht herstellbar sind.

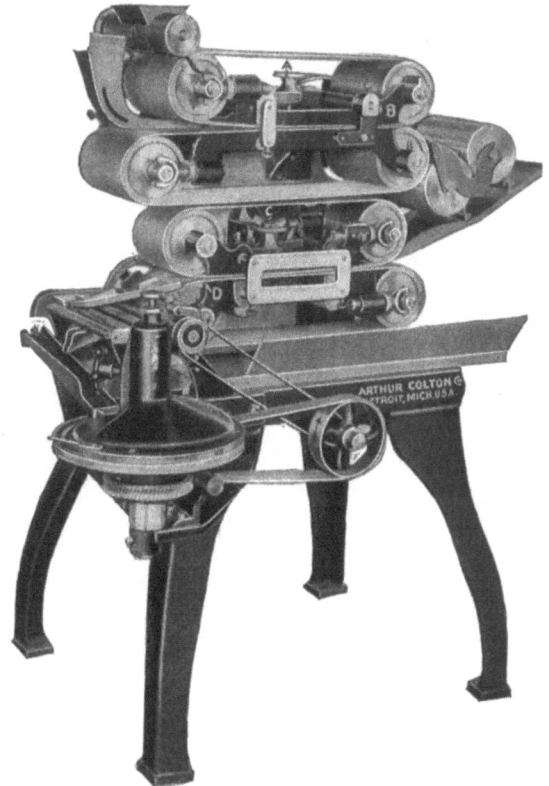

Abb. 102. Pillenautomat (Arthur Colton Co., Detroit, Mich. USA.). Vgl. Abb. 95.

Abb. 103. Maschine zur Herstellung diskusförmiger Pillen (Arthur Colton Co., Detroit, Mich. USA.).

Die fertig gerundeten Pillen müssen getrocknet werden. Der größte Teil der Pillen wird bei Zimmertemperatur getrocknet, ist aber ausnahmsweise höhere Temperatur erforderlich, so kommt man zumeist mit 30—40° C aus. Besonders langsam trocknende oder gar hygroskopische Pillen trocknet man nicht nur bei erhöhter Temperatur, sondern in mit vorgetrocknetem Talkum bestreutem Zustand. Das Trocknen erfolgt auf aus Holz angefertigten Horden, welche eine dem Trockenschrank angepaßte Größe, einen 3—4 cm hohen Rahmen besitzen und zum Verhindern des Werfens aus mehreren Schichten zusammengearbeitet sind. Für manche Zwecke eignen sich auch die billigeren, aus starkem Pappkarton angefertigten Horden. Trocknet man mit Talkum, so werden die mit Talkum bestreuten Horden stets im angeheizten Trockenschrank aufbewahrt. Über die gebräuchlichen Lufttrockenschränke wird im Kapitel XIII (S. 233) näheres mitgeteilt. Die Trockendauer für Pillen beträgt gewöhnlich einige Tage.

Zum Abschluß soll bemerkt werden, daß einzelne Pillen (z. B. Pilulae laxantes, aloeticae, aloeticae ferratae, extr. cascar. sagradae) nicht auf dem hier beschriebenem Wege erzeugt werden und daher eigentlich keine ,,Pillen" sind. Den offiziellen Vorschriften nach sind sie auch Pillen, obwohl sie im Großbetrieb viel einfacher und leichter im Dragierkessel hergestellt werden. Der Grund hierfür liegt darin, daß man auf dem üblichen Wege keine runden Pillen erhalten kann, es treten beim Trocknen immer Vertiefungen an der Oberfläche auf. Die Herstellung dieser ,,Pillen"arten wird im Kapitel XV, B.10 beschrieben.

Es ist üblich, die fertig gerundeten Pillen mit einem Überzug zu versehen, welcher einen verschiedenen Zweck haben kann. Sämtliche Überzüge werden im Kapitel XV besprochen, da diese nicht nur für Pillen in Betracht kommen.

Es sei noch erwähnt, daß man auch oft signierte Pillen vorfindet, das heißt jede einzelne Pille ist mit einer die Größe bzw. die Art angebenden Aufschrift versehen. Da das Signieren keine Bedeutung besitzt, sei nur soviel erwähnt, daß die Pillen hierzu mit einem Caseinüberzug versehen werden. Die hierdurch länger feucht bleibenden Pillen werden in noch feuchtem Zustand mittels eines von August Zemsch, Wiesbaden gelieferten Apparates signiert. Es können nur 5 Pillen auf einmal signiert werden, so daß der Apparat eher als Spielzeug zu bezeichnen ist.

Als Ergänzung sei erwähnt, daß die Herstellung der Granula (Kügelchen) nicht in den üblichen Pillenmaschinen erfolgen kann, da diese zu groß sind. Es müssen entsprechend kleine Mundstücke sowie kleine Schneidewalzen bzw. Schneideflächen angefertigt werden.

e) Vorschriften zur Herstellung der einzelnen Pillenarten.

Im Allgemeinen sei hier als Ergänzung des vorhergehend Gesagtem noch folgendes angeführt: es genügt nicht, das theoretische Einzelgewicht der Pillen zu kennen, man muß vielmehr auch das genaue Gewicht in feuchtem Zustand nach dem Schneiden kennen. Dieses Gewicht kann man erst nach dem Fertigstellen der Masse ermitteln. Dem feuchten Gewicht entsprechend muß man sodann den Durchmesser der Matrize bzw. die Entfernung der Ausrollbänder festlegen. Es ist zweckmäßig, sich diese einmal festgestellten Angaben zu notieren, um nicht bei jeder Fabrikation sie nochmals feststellen zu müssen. Bei einzelnen Vorschriften sind auch hier die erforderlichen Angaben für bestimmte Maschinen angeführt, jedoch will dies nicht besagen, daß diese Massen nicht auch mit anderen Maschinen aufarbeitbar sind.

Pilulae acidi arsenicosi zu 0,0001 g.

50 g Arsenige Säure,	50 g Traganthpulver,
2500 g Zuckerpulver,	1000 g Kartoffelstärke,
200 g arabisches Gummi gelöst in	1100 g Weizenmehl,
400 g Wasser,	250—300 g Wasser,
300 g Glycerin,	200 g Talkum.

Die fein gepulverte arsenige Säure wird mit 500 g Zucker in einer Reibschale gut verrieben. Die restlichen 2000 g Zucker werden mit $^3/_4$ Teil des Mehles und 100 g Talkum in die Knetmaschine gefüllt. Das Gemisch wird vorerst mit dem Glycerin, sodann mit der Gummilösung angefeuchtet. Nachdem die Masse gleichmäßig verknetet ist, streut man allmählich das Gemisch von Zucker und Arsenigesäure in die laufende Maschine, jetzt fügt man den Rest des Mehles mit dem Traganth hinzu und läßt gleichzeitig auch das Wasser langsam hinzufließen. Zuletzt fügt man noch die zurückgebliebenen 100 g Talkum hinzu. Eine Pille wiegt in feuchtem Zustand 0,12 g. Hierzu ist eine Matrize von 4,5 mm Durchmesser und die Schneidewalze Nr. 2 einer Kilianschen Schneidemaschine erforderlich.

Pilulae aloeticae comp.

a) Pilulae laxantes.

2 kg Aloekugeln zu 0,01 g,	15 kg Jalapae tub. pulv.
10 kg Aloepulver,	5 kg Seifenpulver.

b) Pilulae aloes et podophylli compositae.
Pilules purgatives Paris.

1 kg Aloekugeln zu 0,02 g,	1 kg Extr. aloes aquos. sicc.,
2 kg Aloepulver,	1 kg Extr. rhei sicc.,
2 kg Tub. Jalapae pulv.,	0,5 kg Extr. cascarae sagrad. sicc.,
1,5 kg Seifenpulver,	0,5 kg Extr. belladonnae sicc.
1 kg Podophyllin.	

Die Herstellung ist im Kapitel XV, B 10 beschrieben.

Pilulae arsacetini.

500 g Arsacetin,	100 g Extr. nuc. vomic. sicc.,
1000 g Ferrum limatum pulv.,	600 g Kakaopulver,
400 g Lecithin,	15 g Saccharin, 440fach,
100 g Chininsulfat,	300 g Glucosesyrup.

1 Pille = 0,30 g in feuchtem Zustand.

Pilulae asiaticae
zu 0,001 g acid. arsenicos.

45 g Arsenige Säure,	500 g Zucker (+ 340 g Wasser),
450 g Pfefferpulver,	450 g Glycerin,
2700 g Süßholzpulver,	68 g Traganthpulver.
150 g Arabisches Gummi,	

Das arabische Gummi und der Zucker werden getrennt in den angegebenen Wassermengen gelöst, 100—150 g Radix liquiritiae werden beiseite gestellt, der Rest hiervon wird mit dem Pfeffer und der arsenigen Säure gründlich vermischt und in die Knetmaschine gefüllt. Nach dem Anlaufen der Maschine läßt man das Glycerin, die Zuckerlösung hinzufließen und fügt auch den Traganth dazu. Nachdem die Masse gleichmäßig verknetet ist, streut man auch das zur Seite gestellte Süßholzpulver hinzu.

100 Pillen haben ein feuchtes Gewicht von 11,65 g.

Für die Schneidewalze Nr. 2 der Kilian-Maschine ist eine Matrize von 4,6 mm, für die 5,5 mm-Schneidewalze der Köppe-Maschine eine 4,8 mm Matrize erforderlich.

Pilulae ferri carbonici.
Pilulae Blaudi.

10 kg Ferrosulfat, wasserfrei,	1 kg Weizenmehl, griffig,
8,8 kg Natriumbicarbonat,	0,100 kg Traganth,
2,5 kg Zuckerpulver,	0,1 kg Adeps lanae,
0,8 kg Dextrin,	cca. 3 kg Wasser.
2 kg Magnesiumcarbonat,	

Das pulverisierte Ferrosulfat wird mit dem Zuckerpulver gemischt und gesiebt. Die anderen Substanzen werden getrennt gesiebt. In ein weites Porzellan- oder gründlich gescheuertes Eisengefäß werden 1,5 kg Wasser gefüllt und fügt sodann nach dem Augenmaß ungefähr $^1/_{20}$ Teil des Ferrosulfat-Zuckergemisches hinzu. Nach gründlichem Umrühren wird ebenfalls $^1/_{20}$ des Natriumbicarbonates zugesetzt. Infolge der Bildung von Ferrocarbonat wird das Gemisch grünlich, und gleichzeitig entwickelt sich unter Schäumen Kohlensäure.

Unter fortwährendem Erwärmen auf dem Wasserbad und Rühren fügt man abwechselnd das Ferrosulfat-Zuckergemisch und das Natriumbicarbonat in vorher angegebenen Mengen hinzu. Ist die Masse schon sehr dick, so verdünnt man allmählich mit noch 1,5 kg Wasser. Nachdem das ganze Ferrosulfat-Zuckergemisch und Natriumbicarbonat sich im Gefäß befinden, siebt man das Dextrin unter kräftigem Rühren und weiterem Erwärmen so hinzu, daß keine Knollen entstehen. Nachdem die Kohlensäureentwicklung völlig aufhört, läßt man das ganze Gemisch abkühlen und knetet es mit den anderen Substanzen zusammen. Das Traganth wird vorher mit der zehnfachen Wassermenge angequollen. Soll eine Pille 0,05 g Ferrocarbonat enthalten, so muß sie in feuchtem Zustand ein Gewicht von 0,19 g besitzen. Dieses Gewicht kann man durch Verwendung einer Matrize von 5 mm Durchmesser und einer 5,5 mm-Schneidewalze einer Köppe-Maschine erreichen. Zum Konspergieren wird Lycopodium benutzt.

Pilulae ferri jodati.
Pilulae Blancardi.

1600 g Jod, resublimiert,
800 g Ferrum limatum pulv.,
2800 g Milchzuckerpulver,
3300 g Bolus alba,
1400 g Süßholzpulver,
200 g Mehl,
120 g Traganthpulver,
1100 g Wasser.

Das Eisenpulver wird in einem weithalsigen Glasgefäß mit dem Wasser übergossen und das ganze Gefäß wird in ein mit Wasser gefülltes größeres Gefäß gestellt, um die nach dem Zusatz des Jodes entwickelte Reaktionswärme abzuleiten. Das Jod wird in kleinen Teilen unter fortwährendem Rühren zum Eisen gestreut, indem man nach jeder Menge das Verschwinden der Jodfarbe abwartet. Nachdem die Reaktion in ungefähr $1^1/_2$—2 Stunden beendet ist, wird die farblose Flüssigkeit mit den anderen Bestandteilen, ohne das ungelöste Eisenpulver abzufiltrieren, in der Knetmaschine vermischt. Die Arzneibücher schreiben fast ohne Ausnahme die Entfernung des ungelösten Eisens vor. Vergleicht man aber die ohne und mit dem überschüssigen Eisen hergestellten Pillen, so findet man, daß letztere sogar jahrelang ihre schöne grüne Farbe im Inneren beibehalten, während die anderen rasch ihre Farbe verlieren. Die fertigen Pillen werden mit Graphit überzogen. Das feuchte Gewicht einer Pille beträgt 0,26 g.

Pilulae ferri lactici.

5000 g Ferrolactat,
550 g Glycerin,
300 g Glucosesyrup, verdünnt mit
150 g Wasser,
100 g Weizenmehl, griffig.

Das feuchte Gewicht einer Pille ist 0,121—0,122 g, hierzu Schneidewalze Nr. II der Kilian-Maschine und Matrizendurchmesser 4,5 mm. Die Pillen werden oft mit Tolubalsam überzogen.

Pilulae ferri protoxalati c. arseno.

40 g Arsenige Säure,
4000 g Eisenprotoxalat,
600 g Weizenmehl, griffig,
20 g Traganthpulver,
100 g Glycerin,
80 g Glucosesyrup,
200 g Magnesiumcarbonat,
160 g Wasser.

Eine Pille wiegt in feuchtem Zustand 0,13 g.

Pilulae kalii jodati zu 0,10 g.

30 g Kaliumhydroxyd und
60 g Natriumthiosulfat werden in wenig Wasser gelöst,
3000 g Kaliumjodid pulv.

werden mit dieser Lösung angefeuchtet, getrocknet und pulverisiert. Das Pulver wird auf 60—70° C erwärmt und mit 90 g geschmolzenem Paraffin gründlich vermischt. Das noch mäßig warme Pulver wird durch ein Sieb geschlagen, in die Knetmaschine gefüllt und mit

400 g Magnesiumcarbonat,
150 g arabischem Gummi gelöst in
270 g Wasser und mit
80 g Weizenmehl, griffig, verknetet.

Die durch eine Matrize von 4 mm Durchmesser gepreßten Stränge werden mit Walze Nr. 1 der Kilianschen Schneidemaschine geschnitten. Das feuchte Gewicht einer Pille beträgt 0,13 g. Die fertig gerundeten Pillen werden in warmes Talkum gestreut und gut getrocknet. Die trockenen Pillen werden zuerst mit ätherverdünntem Kollodium zweimal überzogen, hierauf folgen zwei Gummi arabicum-Talkum-Schichten, worauf die Pillen regelrecht dragiert werden. Nach jedem Talkumüberzug wird ein Tag getrocknet. Es soll und kann nur ein dem Arzneibuch genügendes Kollodium verwendet werden.

Pilulae lecithini cum jodo.

500 g Lecithin,
1000 g Jodkali,
40 g Weizenmehl, griffig,
360 g Magnesiumcarbonat,
30 g arabisches Gummi, gelöst in
60 g Wasser.

Eine Pille wiegt in feuchtem Zustand 0,21 g. Die trockenen Pillen werden mit Schokolade dragiert.

Pilulae Kreosoti zu 0,025 g.

650 g Kreosot,
100 g Magnesiumcarbonat,
2300 g Weizenmehl,
700 g Glucosesyrup,
20 g Schokoladenbraun,
750 g Wasser.

Eine Pille wiegt in feuchtem Zustand 0,212 g. Die Herstellung erfolgt wie bei den Pillen zu 0,05 g beschrieben ist.

Pilulae Kreosoti zu 0,05 g.

500 g Kreosot,
600 g Magnesiumoxyd,
650 g Weizenmehl,
150 g Glucosesyrup,
10 g Schokoladenbraun,
250 g Wasser.

Das Mehl wird mit der Hälfte des Magnesiumoxydes in die Knetmaschine gefüllt, sodann mischt man das Kreosot, die zweite Hälfte des Magnesiumoxydes und den mit dem Wasser verdünnten Glucosesyrup hinzu. Das Schokoladenbraun kann auch in Pulverform in die Maschine kommen, vorausgesetzt, daß es noch nicht zusammengeklebt ist.

Eine Pille wiegt in feuchtem Zustand 0,216 g. Matrizendurchmesser 5,4 mm, 6,5 mm Schneidefläche der Coltonschen-Flachschneidemaschine.

Pilulae Kreosoti zu 0,10 g.

2500 g Kreosot,
500 g Calciumoxyd (gebrannter Kalk)
150 g Weizenmehl, griffig,
1100 g Magnesiumcarbonat,
750 g Wasser.

Das feuchte Gewicht einer Pille beträgt 0,196 g. Walze Nr. III der Kilianschen Maschine, Matrize 5,6 mm. Die Herstellung erfolgt, wie bei den Pillen zu 0,15 g beschrieben.

Pilulae Kreosoti zu 0,15 g.

3000 g Kreosot,
625 g Calciumoxyd (gebrannter Kalk)
60 g Weizenmehl, griffig,
400 g Magnesiumcarbonat,
600 g Wasser.

Gebrannter Kalk von guter Qualität wird in der vorgeschriebenen Menge mit Wasser zu Staub gelöscht, durch ein Sieb Nr. 30/cm geschlagen und in ein Gefäß gefüllt, wo es mit dem Kreosot zu einer homogenen Masse verrührt wird. Diese Masse wird in die Knetmaschine gefüllt und mit den anderen Bestandteilen verknetet. Das Kreosot befindet sich in Form der Calciumverbindung in der Masse, aus welcher es im Magen durch die Salzsäure wieder freigelegt wird. Nur hierdurch gelingt es, Pillen zu 0,15 g Kreosot herzustellen, ohne daß ihr Gewicht in trockenem Zustand wesentlich 0,20 g überschreiten würde. Die Qualität des gebrannten Kalkes und des Weizenmehles kann die Eigenschaften der Masse beeinflussen, weshalb die Menge des Magnesiumcarbonats und des Wassers unter Umständen abgeändert werden muß. Es wird auch anheimgestellt, vor Beginn der Fabrikation eine kleine Probe anzufertigen.

Feuchtes Gewicht einer Pille: 0,234 g. Walze Nr. III der Kilianschen Maschine, Matrizendurchmesser 5,7 mm.

Pilulae Santali comp.

250 g Sandelöl,
250 g Salol,
150 g Japanwachs

werden zusammengeschmolzen und zu dem in der Knetmaschine befindlichen Gemisch von

1000 g Weizenmehl,
650 g Magnesiumcarbonat,

welches mit in

250 g Wasser gequollenem
25 g Traganth und mit
100 g Glucosesyrup sowie mit
250—280 g Wasser

verknetet wurde.

Die 0,20 g schweren Pillen werden mit Graphit überzogen.

VI. Die Lösungen.

Eine große Anzahl von Arzneizubereitungen sind ihrem Wesen nach Lösungen, so die Aquae, Decocta, Infusa, Elixiria, Liquores Mixturae, Mucilagines, Sirupi, Tincturae, Extracta, Vina medicamentosa, Solutiones. Die Decocta und Infusa haben für den Großbetrieb keinerlei Bedeutung. Liquores sind Lösungen, welche aber nicht durch einfaches Lösen bestimmter Stoffe, sondern mit Hilfe chemischer Umwandlungen hergestellt werden, so z. B. Liquor aluminii acetici, Liquor ferri albuminati, Liquor arsenicalis Fowleri, Liquor plumbi subacetatis usw. Die pharmazeutische Nomenklatur ist aber hier ebenso wenig folgerichtig wie bei den anderen Arzneizubereitungen, denn es gibt natürlich eine ganze Reihe von „Liquores", die mit chemischen Umwandlungen bei ihrer Herstellung nichts zu tun haben, z. B. Liquor ammoniae, Liquor cresoli saponatum, Liquor formaldehydi saponatus usw. „Liquores", welche durch chemische Umwandlungen gewonnen werden, sind nicht Gegenstand dieses Buches, die sonstigen „Liquores", sodann die „Elixiria", „Mixturae", „Mucilagines", „Sirupi" und „Solutiones" (teilweise auch die Vina medicamentosa) gehören als einfache Lösungen verschiedener Stoffe in dieses Kapitel. Da aber ihre Zusammensetzung im allgemeinen nicht im geringsten von den in der Apotheke hergestellten Zubereitungen abweicht, sollen hier nur jene technische Momente berücksichtigt werden, welche durch den größeren Maßstab bedingt sind. Die Tinkturen und die Extrakte werden durch Extraktion mit Wasser, Alkohol, Glycerin usw. aus Drogen hergestellt, aber nicht ohne Ausnahme, da z. B. die Jodtinktur durch einfaches Lösen in Alkohol entsteht. Da die Extraktion technisch anders geartet ist als das einfache Lösen, werden die Tinkturen und Extrakte getrennt in dem Kapitel VII bzw. VIII besprochen.

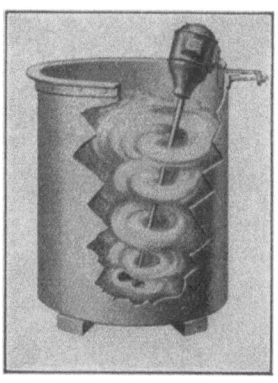

Abb. 104. Transportabler Elektrorührer (Ziehl-Abegg Elektrizitäts-Ges. m. b. H., Berlin-Weißensee).

Zur Herstellung von Lösungen genügt nicht nur das Lösen der Bestandteile in Wasser oder im vorgeschriebenen Lösungsmittel, die Lösung muß auch von den unlöslichen Teilen befreit werden.

Das Lösen selbst ist ein sehr einfaches Verfahren und wird in Kesseln vorgenommen. Für größere Flüssigkeitsmengen ist es zweckmäßig, die Kessel mit Rührwerk zu versehen. Es können also sämtliche mit Rührwerk versehene und an anderen Stellen dieses Buches beschriebene Kessel zum Lösen benutzt werden (Kapitel IX; Kapitel X). Um das Auflösen in einem beliebigen Kessel vornehmen zu können, haben sich die transportablen Elektrorührer sehr gut bewährt. Diese Rührer sind mit einem transportablen Elektromotor zusammengebaut und es können die schwenkbaren Ausführungen an den Gefäßrand angeschraubt werden. Der Rührer ragt schräge in die Flüssigkeit und sorgt eben infolge der exzentrischen Lage für ein kräftiges Mischen. Abb. 104 zeigt einen Elektrorührer der Ziehl-Abegg Elektrizitäts-Ges. m. b. H., Berlin-Weißensee. Ein ähnlicher Elektrorührer ist der der Mixing Equipment Co. Inc., New York, USA. Zur Beschleunigung des Auflösens werden auch Kessel mit Spezialrührwerk gebaut. Ein solcher ist der Expreßauflöser der Firma Werner & Pfleiderer, Cannstatt-Stuttgart (Abb. 105). Am Boden dieses Auflösers befindet sich ein Tangentialrad, welches das Lösungsgut samt Flüssigkeit ansaugt und seitlich mit großer Gewalt herausschleudert. Das Gut steigt an der Wand empor und strömt dem Rad in der Achse des Troges wieder zu. Durch die vielfache Bewegungsänderung wird eine vorzügliche Mischwirkung erzielt. Der Antrieb erfolgt mittels Zahnradübertragung von unten oder von oben. Sowohl diese Auflöser, als auch alle anderen Kessel können mit Doppelmantel zur Beheizung versehen werden, um das Lösen, wo es zulässig und günstig ist, in warmem Zustand vorzunehmen.

Das Auflösen selbst wird so durchgeführt, daß das Lösungsgut in den das Lösungsmittel enthaltenden Kessel unter fortwährendem Rühren eingetragen wird, bis die Lösung erfolgt ist. Zur Beschleunigung des Auflösens wird das Lösungsgut zerkleinert oder ganz fein pulverisiert, denn mit der vergrößerten Oberfläche steigt auch die Lösungsgeschwindigkeit an. Bei quellenden Substanzen ist aber Vorsicht geboten, da das feine Pulver rasch zu einer sehr zähflüssigen Masse zusammenfließt. Dies kann nur durch kräftiges Rühren und langsames Eintragen des Pulvers in den Kessel verhindert werden. Steht aber kein sich schnell drehendes Rührwerk zur Verfügung, so wird man eben weniger fein pulverisieren oder sogar nur grob körnen. Dieser Fall tritt bei der Herstellung von Harzlösungen ein. Beim Lösen von Nitrocellulose (Herstellung von Kollodium) muß folgendes beachtet werden: trägt man die Nitrocellulose in das Alkohol-Äther-Gemisch ein, so bilden sich zunächst dicke Klumpen, welche sich nur schwer verteilen lassen und die Lösungsdauer hierdurch unnötigerweise verlängert wird. Es ist daher angebracht, die Nitrocellulose zuerst im Äther oder im Alkohol quellen zu lassen, wobei ihre Faserstruktur erhalten bleibt und die Wolle nicht klebrig wird. Fügt man jetzt zur Suspension der gequollenen Nitrocellulose das andere Lösungsmittel, so erfolgt das Lösen der Nitrocellulose fast augenblicklich, ohne Klumpenbildung. In allen Fällen, wo das Lösungsgut in einem Lösungsmittelgemisch gelöst werden muß, dessen Bestandteile allein keine Lösung hervorrufen, soll das Lösen nach Art der Kollodiumbereitung vorgenommen werden.

Abb. 105. Expreßauflöser (Werner & Pfleiderer, Cannstatt-Stuttgart).

In allen Fällen, wo das Lösungsgut sich bei erhöhter Temperatur im Lösungsmittel leichter löst, kann das Auflösen durch Erwärmen beschleunigt werden. Steigt aber die Löslichkeit bei erhöhter Temperatur nicht an, wie beim Chlornatrium, oder aber erniedrigt sie sich, wie bei vielen Calciumsalzen, so hat das Erwärmen keinen Zweck. Ist das Lösungsgut temperaturempfindlich, wie z. B. das durch Hitze koagulierende Albumin, oder Morphin usw., so ist das Erwärmen sogar schädlich.

Außer dem Zerkleinern erfordert das Lösungsgut manchmal noch Vorbereitungen von besonderer Art. So z. B. darf das zur Herstellung von wässerigen Lösungen dienende Lösungsgut oft keine organische Lösungsmittel und wieder für Lösungen in organischen Flüssigkeiten kein Wasser enthalten. Ein gutes Beispiel hierfür ist die Herstellung von Kollodium. Die Nitrocellulose ist nur in angefeuchtetem Zustand ungefährlich lagerfähig. Normal wird zum Anfeuchten Wasser benutzt, welches aber vor dem Lösen in Alkohol und Äther entfernt werden muß, da das wässerige Kollodium nicht klar, sondern milchig weiß getrübt eintrocknet und die zurückbleibende Schicht nicht genügend fest, sondern schwammig ist. Die Entwässerung der Nitrocellulose kann nicht durch Trocknen erfolgen, denn die trockene Nitrocellulose ist äußerst explosiv. Große Nitrocellulosemengen werden durch Verdrängen des Wassers mit 96% oder absolutem Alkohol entwässert. Bei Anwendung von 96%igen Alkohol wird keine absolut wasserfreie Nitrocellulose erhalten, weshalb auf diesem Wege kein sich nicht trübendes Kollodium gewonnen werden kann. Das Entwässern kann in Schleuderzentrifugen (Abb. 112—116) oder in Verdrängungszylindern erfolgen. Die Nitrocellulose wird außerhalb der Zentrifuge mit absolutem Alkohol vermischt, und zwar wenn an Alkohol gespart werden soll, mit weniger als 100% Alkohol, wenn man aber Zeit sparen will, so mit mehr als 100% (Ostwaldsche Auswaschregel!), füllt in die Zentrifuge und schleudert den wässerigen Alkohol ab. Dies wird solange wiederholt, bis der im Laboratorium bestimmte Wassergehalt unterhalb 0,1% liegt. Nach dem Verdrängungsverfahren kann ein noch geringerer Wassergehalt erreicht werden. Die Apparatur besteht aus mehreren im Gegenstrom nacheinander geschalteten vertikalen Zylindern, welche mit der wasserfeuchten Wolle bepackt sind. Der frische, noch wasserfreie Alkohol gelangt auf die fast ganz entwässerte Wolle, während der wässerige Alkohol auf die wasserfeuchte Wolle gelangt. Die entwässerte Nitrocellulose enthält nunmehr nur Alkohol, dessen Menge beim Lösen im Alkoholäthergemisch in Rechnung gezogen werden muß. Die Wolle ist normal mit etwa $^1/_3$ Wasser oder Alkohol angefeuchtet. Der genaue Trockengehalt soll stets im Laboratorium bestimmt werden. Das fertige Kollodium enthält Alkohol und Äther im Verhältnis von 60:40.

Die fertigen Lösungen enthalten mehr oder weniger unlösliche Teile, da im Lösungsgut stets Verunreinigungen vorhanden sind, oder aber war das Lösungsgut ein Gemisch von löslichen und unlöslichen Bestandteilen. Im letzteren Fall benötigt man oft nicht nur die Lösung, sondern auch den unlöslichen Anteil. Um einerseits die Lösung von den unlöslichen Teilen, andrerseits den unlöslichen Teil von der Lösung zu befreien, werden Trennungsverfahren angewendet, welche 1. auf der Wirkung die Flüssigkeiten durchlassender, aber die festen Teile zurückhaltender Trennungsschichten und 2. auf dem Unterschied im spezifischen Gewicht der Lösung und der festen Teile beruhen. Das erste Verfahren wird im allgemeinen Filtrieren genannt, das zweite Dekantieren und Zentrifugieren.

Zwecks Filtrieren läßt man die Lösung durch eine Filterschicht wandern, deren Poren die Lösung durchtreten lassen, aber die festen Teile zurückhalten. Demgemäß wird die Filterschicht der Teilchengröße entsprechend gewählt werden müssen. Aus der Laboratoriumspraxis sind folgende Filterschichten bekannt: Filtrierpapier, Filtriertuch, Asbest, Glaswolle, Watte, Papierfaser und aus Glaspulver oder Porzellan hergestellte Sintermassen. Zum Filtrieren von großen Mengen wird von diesen nur das Filtertuch, Asbest, Cellulosefaser und die Sintermassen, welche letztere aber nicht aus Glas, sondern aus Ton, Kieselgur oder aus anderen quarzhaltigen Massen hergestellt werden. Sämtliche Filterschichten können nur im Zusammenhang mit Filtrierapparaten angewandt werden. Das Prinzip der meisten Filtrierapparate ist mit dem der Laboratoriumsapparate identisch, mit der Maßgabe, daß die Filtration immer mit Hilfe von Druck oder Vakuum vorgenommen wird. Das einfache Filtrieren nach dem Trichterprinzip, bei welchem die Lösung auf die im Trichter befindliche Filtrierschicht gegossen wird und die Flüssigkeit unter dem Druck der vorhandenen Flüssigkeitssäule durch die Filtrierschicht dringt, kommt gar nicht in Betracht. Dagegen sind die mit Vakuum oder Druck arbeitenden Nutschen von um so größerer Bedeutung. Die Nutschen bestehen im wesentlichen aus einer gelochten Platte oder Fläche, auf welche die eigentliche Filtrierschicht ausgebreitet wird. Die gelochte Platte hat also die Aufgabe, der Filterschicht die erforderliche Stütze bzw. Festigkeit zu verleihen. Die gelochte Platte ist in ein Gehäus eingebaut bzw. eingelegt. Unterhalb der Platte sammelt sich die filtrierte Lösung, während oberhalb der Platte sich die noch unfiltrierte Flüssigkeit befindet. Arbeitet die Nutsche mit Vakuum, so ist der unter der Platte befindliche Raum geschlossen und wird durch Anschließen an eine Luftpumpe evakuiert. Der atmosphärische Luftdruck treibt die auf der Platte bzw. auf der Filterschicht befindliche Flüssigkeit nach unten, wobei die ungelösten Teile am Filter bleiben und dort eine Schicht bilden. Der oberhalb der Platte befindliche Raum braucht nicht geschlossen zu sein, er wird nur so ausgebildet, daß man auf einmal genügend Flüssigkeit aufgießen kann (Abb. 106). Die Vakuumnutschen arbeiten zumeist periodisch, denn zur kontinuierlichen Entfernung der filtrierten Lösung müßte man eine Pumpe anwenden. Enthält die Lösung nur ganz wenig unlösliche Teile, so kann auch die Vakuumnutsche auf kontinuierlichen Betrieb eingerichtet werden, da sich an der Filterfläche keine nennenswerte Mengen der ungelösten Teile ansammeln. Ist hingegen der unlösliche Anteil groß, so füllt sich der obere Teil der Nutsche rasch an, worauf die Nutsche abgestellt und entleert werden muß. Die gleichen Verhältnisse sind bei den Drucknutschen vorherrschend, mit dem Unterschied, daß die Entfernung der filtrierten Lösung nicht mittels einer Pumpe zu erfolgen hat, da doch der untere Raum nicht unter Vakuum steht. Bei den Drucknutschen ist der obere Raum geschlossen. Der Druck wird entweder durch Druckluft hergestellt oder aber drückt man die Lösung direkt mit einer Pumpe auf die Filtrierfläche. Die Drucknutschen haben dort Vorteile, wo die Anwendung des Vakuums wegen des niedrigen Siedepunktes des Lösungsmittels unmöglich ist, oder aber wo der atmosphärische Druck zum Filtrieren nicht ausreicht. Der erste Fall ist vorhanden, wenn man alkoholische, ätherische usw. Lösungen hat, bei welchen die Saug-

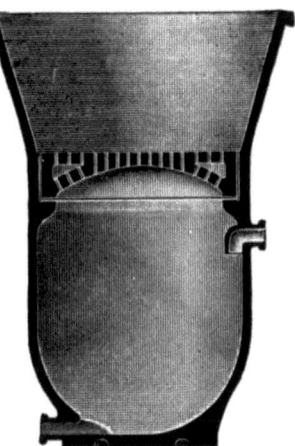

Abb. 106. Vakuumnutsche.

verluste sehr hoch sind. Im allgemeinen wird für organische Flüssigkeiten eine Drucknutsche angewendet. Hochviscose Lösungen, wie z. B. Kollodium, filtrieren unter atmosphärischem Druck nur ganz langsam. Durch Erhöhung des Druckes auf 3—4 oder noch mehr Atmosphären kann die Filtriergeschwindigkeit erheblich beschleunigt werden.

Die gelochte Platte ist bei kleineren Nutschen aus Porzellan oder Steingut angefertigt. Bei größeren Filterflächen werden gelochte Metallplatten (Eisen, Messing, Kupfer usw.) angewandt. Sehr gute Dienste leistet bei großen Flächen ein Eisen- oder Holzgitter, welches dann mit einer Lochplatte überdeckt, oder mit einem Drahtnetz bespannt wird. Es bewährten sich auch die Profildrahtsiebe als Unterlage. Das Nutschengehäuse wird gewöhnlich aus Steingut, aus Holz, oder aus Metalle, wie Eisen, Kupfer oder Messing, angefertigt. Als Filterschicht dient normal Filtertuch, welches in der Filterfläche entsprechenden Form zugeschnitten und in feuchtem Zustand aufgelegt wird. An Stelle der aus Baumwolle hergestellten dicht gewobenen Filtertücher können auch Filtriersteine aus gesintertem Ton, Kieselgur usw. benutzt werden, wobei die gelochte Platte als Unterlage überflüssig wird. Es können Filtersteine mit verschiedener Porenweite zur Anwendung gelangen. Die Filtriergeschwindigkeit steigt mit der Porenweite an, da aber die anzuwendende Porenweite von der Größe der abzufiltrierenden Teile abhängt, ist

8*

die Filtriergeschwindigkeit für einen bestimmten Filtrierdruck gegeben. Asbest und Cellulosefasern werden nur dann angewandt, wenn der Filterrückstand gering ist und verworfen werden kann, da das Trennen der Filtrierschicht vom Filterrückstand oft auf Schwierigkeiten stößt. Die Herstellung der Filtrierschicht erfolgt so, daß das Asbest, die Cellulosefasern oder ein Gemisch beider in Wasser verteilt wird und auf eine Profildrahtfilterfläche gegossen wird. Durch Ansaugen entsteht bald ein Kuchen, dessen Dicke durch die Menge der aufgegossenen Asbest- oder Cellulosefasern geregelt werden kann. Ein anderes Verfahren ist, daß man aus einem dicken Brei des Asbests oder der Cellulosefasern in einer Presse einen Kuchen von entsprechender Dicke und Form preßt und diesen dann in die Nutsche legt. Die Asbest- und Cellulosefaserkuchen sind besonders dadurch vorteilhaft, daß ihre Masse mit Wasser leicht aufgeschlemmt und gereinigt werden kann. Die Filtersteine können dagegen oft nur sehr schwer gereinigt werden, da der Filterrückstand in die Poren eindringt und sich dort festsetzt.

Die Vakuumnutschen sind nicht für alle Filterrückstände geeignet, insbesondere für schleimige Massen nicht, denn einerseits verstopfen diese die Poren der Filterfläche rasch, andrerseits bildet sich bald eine sehr dichte und undurchlässige Schicht, welche das Filtrieren ganz verhindert. Die Vakuumnutschen sind daher nur für körnige Stoffe geeignet. Die Drucknutschen sind auch zum Filtrieren von in geringem Maße schleimigen Stoffen geeignet.

Der Filterrückstand wird in den Nutschen so weit abgesaugt, bis noch Flüssigkeit abtropft. Der Filterrückstand enthält aber dennoch eine von seiner Beschaffenheit abhängende Menge der Lösung, welche einerseits Verluste, andrerseits eine etwaige Verunreinigung des Rückstandes bedeutet. Durch Waschen mit dem reinen Lösungsmittel können die Verluste vermieden werden, wodurch gleichzeitig eine höhere Reinheit des Rückstandes erreicht wird. Das Waschen kann durch Aufgießen des reinen Lösungsmittels auf den Filterkuchen erfolgen. In manchen Filterkuchen entstehen aber beim kräftigen Absaugen Risse, durch welche die Waschflüssigkeit einfach durchlaufen würde. Es muß daher die Vakuumpumpe abgestellt und der Kuchen mit der Waschflüssigkeit verrührt werden, worauf die Saugpumpe wieder in Betrieb gesetzt wird.

Die Filterzellen arbeiten auch mit Vakuum und sind evakuierte und mit einer Filterfläche versehene Gefäße, welche in die zu filtrierende Flüssigkeit getaucht werden. Es können für kleinere Leistungen Porzellanfilterzellen (nach Art des Pukallfilters) oder für etwas größere Leistungen flache, mit Filtertuch bespannte Zellen zur Anwendung kommen. Eine ganz große Leistung weist die rotierende Polysiusfilterzelle, welche aber für die pharmazeutische Industrie nur von geringem Interesse ist.

Sowohl die Nutschen, als auch die Filterzellen haben den gemeinsamen Nachteil einer verhältnismäßig geringen Filtrierfläche und somit einer kleinen Leistungsfähigkeit. Diesen Nachteil besitzen die Filterpressen nicht, da ihre Filterfläche beliebig groß gewählt werden kann. Die Konstruktion der Filterpressen ist dem jeweiligen speziellen Zweck entsprechend verschieden. Sie müssen 1. das möglichst vollkommene Trennen der Lösung vom Rückstand und 2. das Waschen bzw. Auslaugen des Rückstandes ermöglichen. Man unterscheidet zwei Bauarten der Filterpressen: 1. die Kammerfilterpresse und 2. die Rahmenfilterpresse. Die erste Bauart wird nur dort gebraucht, wo mit geringem Filterrückstand gerechnet wird. Die Kammerfilterpresse kann also besonders zum Klären von Flüssigkeiten bzw. Lösungen verwendet werden. Die Rahmenfilterpresse eignet sich auch für viel Filterrückstand liefernde Flüssigkeiten. Beide Bauarten bestehen aus einem feststehenden und einem beweglichen Kopfstück, sowie aus zwei eisernen Tragspindeln, auf welchen die Filterelemente ruhen. Die Filterpressen werden den

Eigenschaften der Flüssigkeiten entsprechend aus Holz, Bronze, Eisen, Hartblei, Aluminium, Hartgummi usw. angefertigt. Die Rahmenpresse besteht aus dreiteiligen Filterelementen (Abb. 107). Die Platten A, B und der dazwischenliegende Rahmen C bilden ein Element. Zwischen Platte A und Rahmen C, sowie zwischen letzteren und Platte B ist ein Filtertuch gespannt. In der Filterpresse wird eine größere Anzahl solcher Elemente nebeneinander gereiht, von den zwei Kopfstücken eingefaßt und von einer Spindelpresse mit Handrad oder auf hydraulischem Wege so aneinander gepreßt, daß die Flüssigkeit an den Berührungsstellen der Platten und der Rahmen nicht herausfließen kann. Der Rahmen C und die beiden Filtertücher bilden einen Raum K, in welchem die zu filtrierende Flüssigkeit hineingedrückt wird. Sowohl die Platten, als auch die Rahmen haben eine Öffnung, welche den Schlammkanal F bilden. Durch diesen Kanal wird die unfiltrierte Flüssigkeit in die Filterpresse geleitet. Die Platten A und B stehen mit Kanal F in keiner sonstigen Verbindung, während im Rahmen C ein Stichkanal t Kanal F mit dem Rahmeninneren verbindet. Die Flüssigkeit gelangt also durch die Kanäle F und t in den Raum K, von wo die klare Flüssigkeit durch die Filter-

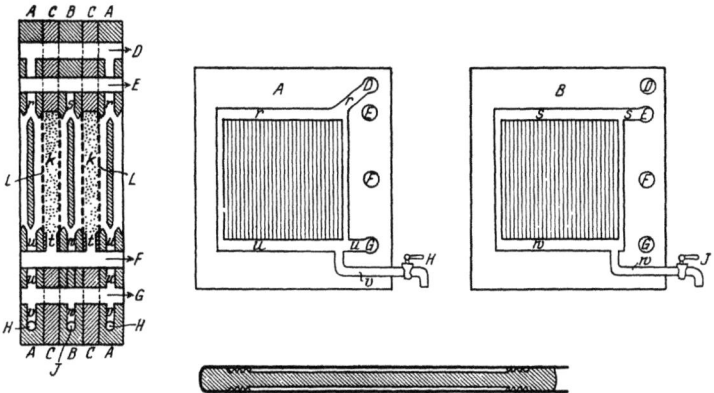

Abb. 107. Filterelemente einer Rahmenfilterpresse.

tücher L abläuft und die festen Teile im Raum K zurückbleiben. Die Oberfläche der Platten A und B ist vom Rand abgesehen gerippt, sonst könnte wegen des Filtrierdruckes keine Filtration zustande kommen. Der Filterdruck würde nämlich das Filtertuch an die glatte Plattenfläche drücken, wodurch aus dem Raum K keine, oder nur sehr wenig klare Flüssigkeit heraustreten könnte. Die klare Flüssigkeit läuft an den Rippen nach unten und verläßt die Presse durch die Kanäle u, v bzw. w und durch die Hähne H und J. Haben sich die Räume K mit den festen Teilen gefüllt, so wird das Filtrieren unterbrochen und der Rückstand, wenn erforderlich, gewaschen bzw. ausgelaugt. Es werden hierzu zuerst die Hähne H und J geschlossen, worauf durch Kanal G das reine Lösungsmittel in die Presse gedrückt wird. Die Flüssigkeit gelangt durch Kanal u in jede A-Platte und fließt oben durch Kanal D ab, wodurch die Luft verdrängt wird. Jetzt schließt man Kanal D und öffnet die Hähne des Kanals E oder die Hähne J; letztere dann, wenn auch die abfließende Flüssigkeit benötigt wird. Die Waschflüssigkeit durchdringt nun von den Platten A aus die Filtertücher L und die in den Räumen K gebildeten Kuchen, laugt diese aus und fließt dann durch Platte B, Kanal s und Kanal E bzw. Kanal w und Hahn J ab. Die Platten A und B sind also in ihrer Funktion nicht gleichartig. Die durch diese verschiedene Funktion gegebenen konstruktiven Unterschiede sind von Abb. 107 deutlich zu entnehmen. Die Filtertücher müssen für die Kanäle D, E, F, G eine entsprechende Lochung besitzen.

Bei den Kammerpressen fehlt der Rahmen C und der Raum K wird durch die vorspringenden Ränder der Platten A und B gebildet (Abb. 108). Die Flüssigkeit dringt durch den zentralliegenden Schlammkanal F direkt in den Raum K, hier sammeln sich die festen Teile, das Filtrat dringt durch die Filtertücher L und fließt

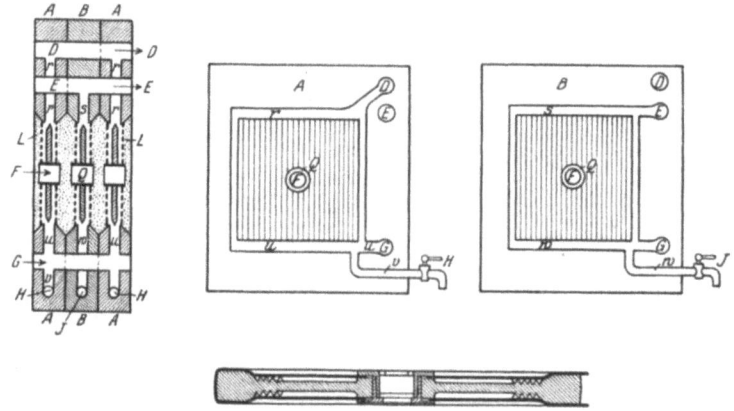

Abb. 108. Filterelemente einer Kammerfilterpresse.

über Kanal u, v und w, sowie durch die Hähne H und J ab. Das Auslaugen erfolgt gerade wie bei den Rahmenpressen über Kanal G, Platte A, Raum K, Platte B, Kanal E oder Hahn J. Die Platten A und B sind ebenfalls nicht gleichartig, der Unterschied geht aus der Abbildung hervor. Die Filtertücher müssen für den Schlammkanal auch ein Loch in der Mitte der Platte haben.

Abb. 109. Rahmenfilterpresse (Wegelin & Hübner AG., Halle a. S.).

Die verschiedenen Filterpressen weichen nur in unwesentlichen Einzelheiten von der oben gegebenen Anordnung ab. Dies betrifft die Anordnung der verschiedenen Kanäle oder die Form der Platten bzw. Rahmen. Bei allen Filterpressen wird die Flüssigkeit mit Hilfe von Plungerpumpen, Zentrifugalpumpen oder mit Montejus in die Pressen gedrückt. Die abfließende klare Flüssigkeit sammelt sich in einer Rinne, von wo sie in ein Sammelgefäß gelangt oder von einer Pumpe durch eine Rohrleitung an eine andere Stelle des Betriebes befördert wird.

Die Abb. 109, 110 und 111 stellen Filterpressen der Firma Wegelin & Hübner AG. Halle a. S. dar, und zwar ist Abb. 109 eine Rahmenfilterpresse, Abb. 110 eine Kammerfilterpresse und Abb. 111 eine für kleine Flüssigkeitsmengen, besonders für Tinkturen geeignete Filterpresse.

Das Trennen der Flüssigkeit von den festen Teilen kann auch mittels Zentrifugen vorgenommen werden. Die Zentrifugen können für diesen Zweck 1. als Schleuderzentrifuge und 2. als Schäl- oder Klärzentrifuge benutzt werden. Die Schleuder- oder Siebzentrifugen bestehen aus einer rotierenden, gelochten Zylinderfläche, an welche von innen auch ein Filtertuch oder eine sonstige Filterschicht angelegt werden kann. Die Zylinderfläche oder die Zentrifugentrommel wird entweder um eine vertikale oder um eine horizontale Achse in Bewegung gesetzt. Die Antriebswelle der vertikalen Zentrifugen bewegt sich in einem Fußlager, und nur die größeren sind noch mit einem Halslager versehen, aber aus nachfolgend beschriebenen Gründen darf das Halslager nicht fest, sondern elastisch eingebaut sein. Die in der Trommel sich anhäufenden Massen verteilen sich nicht gleichmäßig, weshalb die freie Achse sich mit der geometrischen Achse der Lauftrommel nicht deckt. Würde man die Trommel um die geometrische Achse, d. h. in fixen Lagern laufen lassen,

Abb. 110. Kammerfilterpresse (Wegelin & Hübner AG., Halle a. S.).

so würden die Lager, aber auch die Trommel infolge der einseitigen Inanspruchnahme rasch zugrunde gehen. Außerdem müßte die Trommel wegen der auftretenden hohen Zentrifugalkraft stark überdimensioniert werden, um eine etwaige Zerstörung zu verhüten. Aus diesen Gründen haben die kleinen Zentrifugen nur ein Fußlager, in welchem sich die Lauftrommel kreiselartig bewegt. Beim Anlaufen sind die Ausschwingungen noch relativ groß, mit steigender Tourenzahl nehmen die Schwankungen ab und hören bei voller Tourenzahl vollkommen auf, die Trommel rotiert nunmehr um ihre freie Achse. Das Halslager der größeren Zentrifugen wird mittels Feder oder Gummibänder in Gleichgewicht gehalten, so daß das Lager den Ausschwingungen der Achse folgen kann. Die ungleichmäßige Verteilung der Massen in der Trommel ändert die freie Achse ab. Der Antrieb dieser Zentrifugen erfolgt von unten von einem Vorgelege mittels

Abb. 111. Filterpresse für kleinere Flüssigkeitsmengen (Wegelin & Hübner AG., Halle a. S.).

Treibriemen oder mittels direkt gekuppeltem Elektromotor (Abb. 112). Die Tourenzahl hängt vom Durchmesser der Lauftrommel ab, und zwar wird mit zunehmendem Durchmesser die Tourenzahl verringert. Infolge der auftretenden sehr hohen Zentrifugalkraft kann eine durch Materialfehler bedingte Trommelexplosion eintreten, d. h. die Trommel wird von der Zentrifugalkraft auseinandergerissen, wobei die herumfliegenden Teile große Schäden verursachen können und auch das

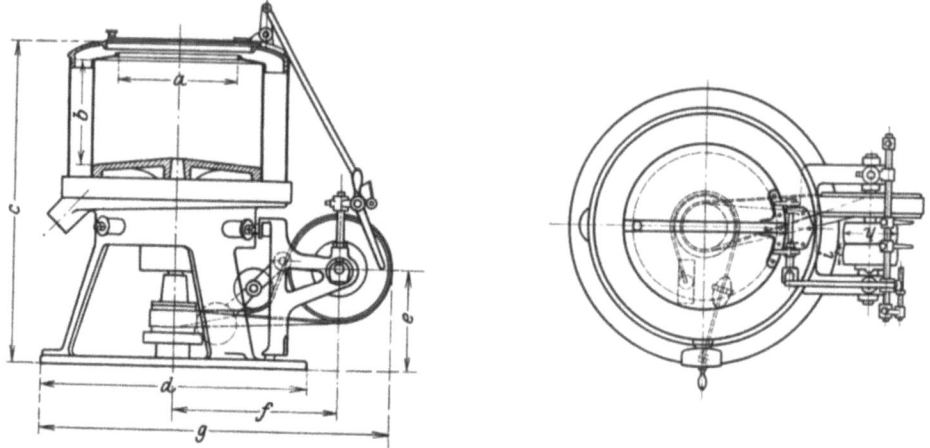

Abb. 112. Schema einer Obenentleerungs-Zentrifuge (C. G. Haubold AG., Dresden)

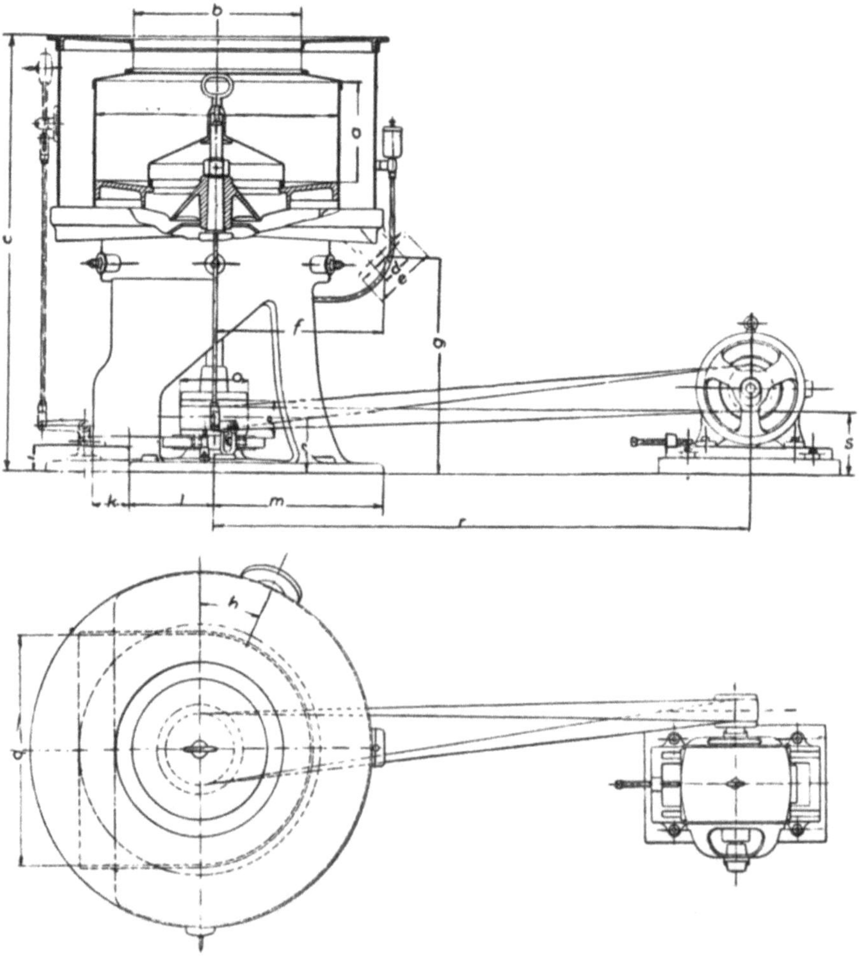

Abb. 114. Schema einer Untenentleerungs-Zentrifuge (C. G. Haubold AG., Dresden).

Leben des Bedienungspersonals gefährden. Aus diesem Grunde ist die Lauftrommel von einem starken Schutzmantel umgeben (Abb. 113), welcher auch dicht schließend ausgebildet sein kann. Letztere Vorsichtsmaßnahme ist dann von Bedeutung, wenn man feuergefährliche Flüssigkeiten, wie Alkohol, Äther, Benzin usw., zentrifugiert. Der untere Teil des Mantels ist zur Aufnahme der abgeschleuderten Flüssigkeit zu einer Rinne ausgebildet.

Die beschriebenen Zentrifugen arbeiten periodisch, denn wenn die an der Trommelwand sich ansammelnde Schicht aus unlöslichen Teilen zu dick wird, so vermindert sich die Wirksamkeit der Zentrifuge, da die Wandschicht weniger durchlässig ist als die freie Filterfläche. Ist der unlösliche Rückstand gering, so können sehr große Flüssigkeitsmengen zentrifugiert werden, ist aber der unlösliche Bestandteil in einem höheren Prozentsatz vorhanden, so muß die Zentrifuge zeitweilig abgestellt werden, um die Trommel zu entleeren. Das Entleeren erfolgt bei der üblichen Konstruktion oben, aber dies ist sehr unbequem, langwierig und erfordert viel Handarbeit. Praktischer sind die Zentrifugen mit Untenentleerung (Abb. 114, 115). Nach dem Öffnen der Verschlußklappe bzw. Haube wird der Trommelinhalt nach unten gestoßen, dieser fällt auf eine Schurre, worauf die Zentrifuge wieder in Betrieb gesetzt werden kann.

Die Lagerungsschwierigkeiten der vertikalen Zentrifugen sind bei den Hängezentrifugen vollkommen vermieden (Abb. 116). Die Lauftrommel hängt an der Rotationsachse pendelartig bei dieser Konstruktion. Es ist nur ein einziges Lager vorhanden und dies hängt in einem Kardan-Gelenk, so daß die Zentrifuge in jeder Richtung frei auspendeln und ohne jedem Zwang um die freie Achse rotieren kann. Hierdurch sind die Erschütterungen auf das Minimum verringert und die Lebensdauer auf das Maximum erhöht. Der Antrieb erfolgt entweder mit

Abb. 113. Obenentleerungs-Zentrifuge (C. G. Haubold AG., Dresden).

Abb. 115. Untenentleerungs-Zentrifuge (C. G. Haubold AG., Dresden).

direkt gekuppeltem Motor oder mittels Riemenübertragung über Leitrollen. Die Entleerung ist in der Untenentleerung am bequemsten gegeben.

Eine von den bisher beschriebenen Konstruktionen abweichende Zentrifuge ist die Großleistungszentrifuge der Firma C. G. Haubold AG., Dresden (Abb. 117), welche den Zentrifugenrückstand automatisch entleert und als Halb- oder Vollautomat ausgebildet ist. Die Zentrifuge rotiert im Gegensatz zu den vorher beschriebenen um eine horizontale doppelt gelagerte Achse. Ihre Arbeitsweise ergibt sich aus der schematischen Darstellung auf Abb. 118.

Während die bisher besprochenen Schleuderzentrifugen gelochte Trommeln besitzen, arbeiten die Klär- oder Schälzentrifugen mittels ungelochter Trommeln, und demnach beruht ihre Wirkung nicht auf einem durch Filterwirkung bewerkstelligten Vorgang. Die Trennung der festen Teile von der Flüssigkeit wird ohne Filterflächen, ohne Siebe vorgenommen

Abb. 116. Hängezentrifuge (C. G. Haubold AG., Dresden).

Abb. 117. Automatische Großleistungszentrifuge (C. G. Haubold AG., Dresden).

und gehören daher zu den eigentlichen sieblosen Schleudern, d. h. zu den Separatoren. Die Klärzentrifugen trennen die festen Teile mit Hilfe der Zentrifugalkraft, welche die beim primitiven Dekantierverfahren tätige Schwerkraft zu

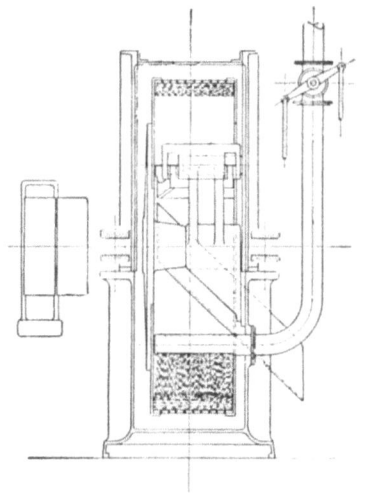

Abb. 118a. Füllen. Die Trommel läuft mit kleiner Umdrehungsgeschwindigkeit, das Schleudergut wird durch das Zuflußrohr in die Trommel geleitet, in die es sich durch ein Schlitzrohr ergießt.

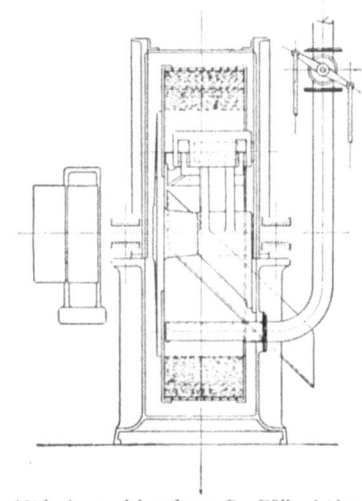

Abb. 118b. Ausschleudern. Das Füllen ist beendet, der Hahn des Zuflußrohres hat sich geschlossen, der Antriebsriemen ist von der Los- auf die Festscheibe gewandert, die Lauftrommel läuft mit voller Geschwindigkeit.

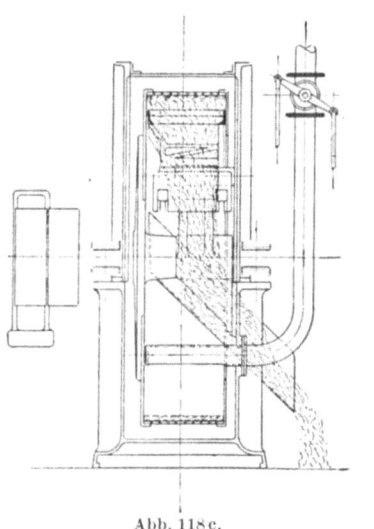

Abb. 118c.

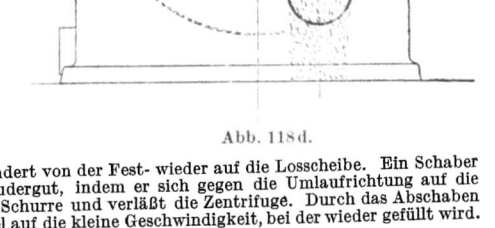

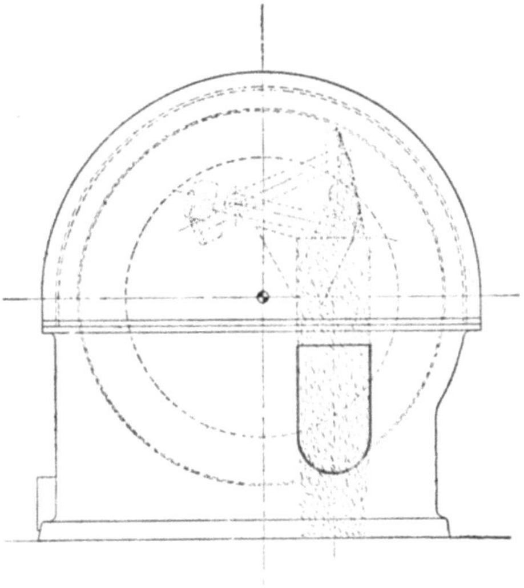

Abb. 118d.

Abb. 118c und d. Entleeren. Der Riemen wandert von der Fest- wieder auf die Losscheibe. Ein Schaber entfernt das an der Trommelwand haftende Schleudergut, indem er sich gegen die Umlaufrichtung auf die Wand zu bewegt. Das Schleudergut fällt auf eine Schurre und verläßt die Zentrifuge. Durch das Abschaben verringert sich die Umdrehungszahl der Lauftrommel auf die kleine Geschwindigkeit, bei der wieder gefüllt wird.

Abb. 118. Schematische Darstellung der Arbeitsweise einer Haubold-Großleistungszentrifuge (C. G. Haubold AG., Dresden).

ersetzen hat. Das Dekantierverfahren ist zeitraubend und wird nur dort angewandt, wo keine modernen Hilfsmittel zur Verfügung stehen. Die Flüssigkeit wird in hohe Standgefäße gefüllt und der Ruhe überlassen, die schweren unlöslichen Teile setzen sich allmählich am Gefäßboden ab. Die obenstehende klare Flüssigkeit wird durch in verschiedener Höhe angebrachte Hähne langsam abgelassen. Das Dekantieren führt nur dann zum Ziel, wenn die unlöslichen Teile so schwer sind, daß ein rasches Absetzen möglich wird. Die feinen und leicht schwebenden Teile setzen sich oft überhaupt nicht ab, so daß klare Flüssigkeiten auf diesem Wege gar nicht gewonnen werden können. Durch die Anwendung von Zentrifugalkraft kann einerseits die Trennungsgeschwindigkeit erhöht werden, andrerseits können auch die leicht schwebenden Teile entfernt werden.

Bereits die veralteten Eimerzentrifugen sind eigentlich sieblose Schleuder, aber sie werden infolge der kleinen Leistung und des gefährlichen Betriebes nur in seltenen Ausnahmefällen benutzt. Eine viel größere Leistung weisen die bereits erwähnten, periodisch arbeitenden Schälzentrifugen auf. Abb. 119 stellt eine Hauboldsche Schälzentrifuge dar. Die Flüssigkeit fließt durch das rechtsstehende Zuflußrohr in die Mitte der Trommel ein und wird von der Zentrifugalkraft an die Trommelwand geschleudert. Die schwebenden Verunreinigungen legen sich als erste Schicht dicht an die Wand, die zweite Schicht ist die klare Flüssigkeit. Erreicht die flüssige Schicht eine gewisse Dicke, so taucht ein sogenanntes Schälrohr (linksseitiges Rohr) in sie ein und leitet die geklärte Flüssigkeit ununterbrochen ab.

Abb. 119. Klär-Zentrifuge mit Untenentleerung (C. G. Haubold AG., Dresden).

Die Zentrifuge braucht erst dann abgestellt werden, wenn die zu dick gewordene feste Schicht das Klären erschwert. Das Schälrohr ist mittels eines Handrades auf verschiedene Schichtdicken einstellbar. Die Schälzentrifugen sind besonders dann gut geeignet, wenn der unlösliche Anteil verhältnismäßig gering ist und die Schichtdicke nur langsam zunimmt. Die Gee-Zentrifuge ist eine Klärzentrifuge, welche aber ohne Schälrohr arbeitet. Sie weicht von der üblichen Zentrifugenkonstruktion dadurch ab, daß die ungelochte Lauftrommel höher ist und daß die geklärte Flüssigkeit durch einen in der Mitte der Trommel befindlichen gelochten Konus abgeleitet wird. Die Flüssigkeit wird am Trommelboden eingeleitet und an die Trommelwand geschleudert, wo sie nach oben steigt und eine gleichmäßige Schicht auszubilden bestrebt ist. Die höhere Trommel begünstigt hierbei die Trennung. Eine Spezial-Filtrierzentrifuge ist auch die der Gebr. Heine, Viersen (Abb. 120). In diesem Sinne weicht auch die Sharples Superzentrifuge (Sharples Specialty Company Philadelphia, USA. Abb. 121), von der normalen Zentrifugenkonstruktion ab, da ihre Lauftrommel in die Höhe gestreckt ist. Während der Durchmesser der Trommel nur 114 mm beträgt, ist die Höhe 914 mm. Dementsprechend bewegt sich die Sharples-Superzentrifuge mit 17 000 Umdrehungen in der Minute, im Gegensatz zu den normalen Schleuder- oder Klärzentrifugen, deren Tourenzahl die ungefähre Größenordnung von 800 Umdrehungen in der Minute beträgt. Die Flüssigkeit wird von unten in die Trommel geleitet und steigt an der Trommelwand in die Höhe, wobei die festen Verunreinigungen sich in einer nach oben dünner werdenden Schicht ablagern. Inzwischen füllt sich die Trommel bis oben mit Flüssigkeit, welche in geklärtem Zustande oben überläuft. Läuft die Flüssigkeit oben trübe ab, so ist die Trommel von den festen Teilen angefüllt und muß ausgetauscht bzw. entleert werden. Die kleine

Abb. 120. Filtrierzentrifuge (Gebr. Heine, Viersen, Rhld.).

Trommel macht die Superzentrifuge in erster Linie als Klärzentrifuge für wenig feste Teile enthaltende Flüssigkeiten geeignet. Ist der feste Anteil groß, so muß eine etwas abweichende Konstruktion, die feststoffaustragenden Maschine (Solid DischargeMachine) benutzt werden, welche aber unter Zugabe einer zweiten mit der ersten unmischbaren Flüssigkeit arbeitet und deshalb als nicht übermäßig praktisch bezeichnet werden kann und mag sich wohl nur in einzelnen Spezialfällen bewähren.

Im Gegenteil zur Sharples-Superzentrifuge haben die als Separator bezeichneten sieblosen Schleudern eine niedrige, aber etwas breitere Lauftrommel, in welcher die Trennung durch Tellereinsätze und durch die spezielle Ausbildung der Trommelform begünstigt bzw. beschleunigt wird. Zur Abtrennung von festen Bestandteilen sind zwei Konstruktionen bekannt, welche alle auf dem Alfa-Laval-Prinzip beruhen, wie dieses in Form der Milchseparatoren in die Technik eingeführt wurde. Der erste Typ funktioniert als reine Klärzentrifuge, der andere Typ dient zum kontinuierlichen Abtrennen der festen Bestandteile, wenn sie in größeren Mengen

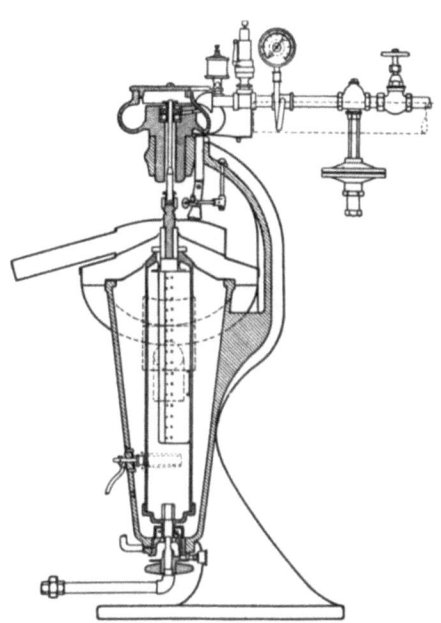

Abb. 121. Superzentrifuge (SharplesSpecialty Company Philadelphia, USA.).

vorhanden sind. Die Klärseparatoren haben die übliche Trommelform mit Tellereinsätzen. Die Flüssigkeit wird in der Nähe der Trommelachse eingeleitet und von hier durch die Tellerzwischenräume gedrängt, wo die Trennung beginnt. Von den Zwischenräumen gelangt die Flüssigkeit in den am Trommelrand befindlichen Schlammraum, wo die festen Teile abgelagert werden. Die geklärte

Flüssigkeit steigt nun nach oben und fließt oben durch einen Schlitz ab. Enthält die Flüssigkeit ganz besonders feine Verunreinigungen, welche sogar leichter als die Flüssigkeit sind, so kann keine völlige Klärung erreicht werden. Für solche Flüssigkeiten wird das Prinzip der sieblosen Separatoren mit dem Siebprinzip vereinigt, indem in die Trommel auch ein feines Sieb eingebaut wird (Abb. 122). Die für größere Mengen fester Teilchen dienenden Separatoren sind nicht nur auf Überlauf eingerichtet. Am Boden der Trommel in der Nähe ger Achse sind enge Düsen eingebaut, durch welche ein Teil der Flüssigkeit unter dem eigenen Druck mit dem festen Anteil abfließt. Diese Flüssigkeit ist an unlöslichen Teilen angereichert und muß dann noch abgepreßt oder abgesaugt werden, um die etwa wertvolle Flüssigkeit noch herauszugewinnen. Die geklärte Flüssigkeit entfernt sich oben, durch einen Überlaufschlitz. Diese Art von Separatoren ist nur für Spezialfälle geeignet. Man kann immerhin durch Abänderung der Düsenweite das Arbeitsgebiet des Separators in engen Grenzen erweitern.

Abb. 122. Klärüberlaufzentrifuge (Gebr. Heine, Viersen).

Als Ergänzung zu diesem Kapitel sei kurz erwähnt, daß die Herstellung von kolloiden Lösungen auf mechanischem Wege mit Hilfe der auf S. 18 beschriebenen Kolloidmühlen erfolgt, indem die Stoffe etwa in Gegenwart von Schutzkolloiden vermahlen werden.

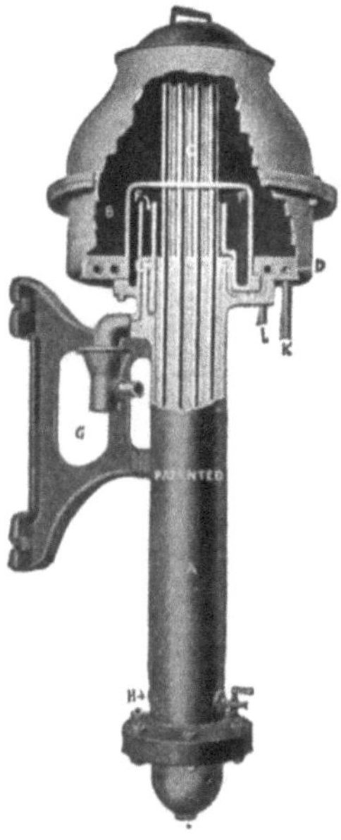

Zur Herstellung von pharmazeutischen Lösungen wird fast immer destilliertes Wasser benutzt. Es seien deshalb hier einige Bemerkungen über die zur Herstellung von destilliertem Wasser erforderliche Apparatur migeteilt. Destilliertes Wasser kann in jedem Destillierapparat hergestellt werden, so z. B. ist auch der auf S. 128 beschriebene Apparat (Abb. 124) gut geeignet. Gerade im pharmazeutischen Betrieb ist man aber bestrebt, zur Herstellung von destilliertem Wasser einen eigens für diesen Zweck dienenden Apparat zu verwenden. Es wurde auch eine ganze Reihe von Destillierapparaten konstruiert. Abb. 123 stellt einen praktischen Destillierapparat der F. J. Stokes Machine Co., Philadelphia, dar, welcher mit Gas, Elektrizität oder Dampf heizbar ist. Der Wasserdampf entsteht im pilzförmig erweiterten Teil B des Destillierapparates und gelangt von hier in den zentralen Kühler O, in welchem das einströmende Speisewasser den Dampf kondensiert und sich dabei fast auf den Siedepunkt erwärmt. Das kondensierte, destillierte Wasser fließt bei J ab. Das vorgewärmte Speisewasser gelangt vom Kühler in den Entlüftungsraum F, wo die gelösten Gase, wie Kohlensäure, Ammoniak usw., frei werden. Der Heizdampf wird durch K in die Heizrohre D geleitet. Diese Apparate werden bis zu einer Stundenleistung von etwa 450 l gebaut und arbeiten wärmewirtschaftlich sehr vorteilhaft.

Abb. 123. Wasserdestillierapparat (F.J. Stokes Machine Co., Philadelphia, USA.).

VII. Die Tinkturen.

Die Tinkturen sind mit Alkohol, wässerigem Alkohol oder Äther bzw. mit Gemische dieser Lösungsmittel hergestellte verdünnte Drogextrakte, welche durch Extraktion, selten durch einfaches Lösen hergestellt werden. Als Extraktionsverfahren ist entweder Mazeration oder Perkolation vorgeschrieben. Einfaches Lösen gelangt dann zur Anwendung, wenn die Droge sich fast restlos auflöst, so z. B. wenn aus Harzen oder Gummiharzen, wie aus Aloe, Asa foetida, Benzoe- oder Guajakharz usw. Tinkturen hergestellt werden sollen. Ebenso wird bei der Herstellung von Jodtinktur verfahren. Ein gemeinsames Moment fast aller Tinkturen ist, daß sie in 100 Teilen die wirksamen Bestandteile von 5 oder 10 Teilen Droge enthalten.

Die Zusammensetzung bzw. die Eigenschaften der Tinkturen sind zum größten Teil von den Arzneibüchern festgelegt. Es müssen die Tinkturen eine gegebene Menge an wirksamen Bestandteilen enthalten, wobei auch noch der gesamte Extraktgehalt (Trockenrückstand) und das spezifische Gewicht vorgeschrieben ist. Es ist nun so, daß man alle drei Forderungen nur dadurch erfüllen kann, wenn man die Tinkturen genau nach dem vom betreffenden Arzneibuch vorgeschriebenen Verfahren herstellt. Es besteht die Möglichkeit, und die Erfahrung bestätigt es auch, daß man durch Abänderung des Extraktionsverfahrens z. B. wohl Tinkturen mit dem vorgeschriebenen Gehalt an wirksamen Stoffen erhalten kann, aber das spezifische Gewicht und der Gesamtextrakt ist abweichend. Der pharmazeutische Großbetrieb ist also gezwungen, die auf die Apothekenverhältnisse angepaßten Vorschriften für die Tinkturherstellung ohne Rücksicht auf die technische Unvollkommenheit bzw. auf etwaige Verluste an wirksamen Bestandteilen unverändert zu übernehmen. Aus dieser Feststellung folgt, daß die Herstellung der Tinkturen im großen Maßstabe von einigen Einzelheiten abgesehen ebenso erfolgt, wie in der Apotheke. Demzufolge bieten die im Großbetrieb hergestellten Arzneibuchtinkturen keinerlei Vorteile und können mit dem Selbstkostenpreis der Apothekentinkturen nicht konkurrieren, natürlich gleiche Alkoholpreise vorausgesetzt. Das Tinkturengeschäft ist für die Industrie ganz unbedeutend und wenig nutzbringend. Tinkturen, welche dem Arzneibuch nicht oder teilweise entsprechen, können nach im Kapitel VIII beschriebenen Verfahren hergestellt werden.

Die Herstellung von Tinkturen durch einfaches Lösen erfolgt nach den im vorstehenden Kapitel mitgeteilten Grundsätzen.

Die Arzneibücher kennen außer dem einfachen Lösen zwei Extraktionsverfahren zur Herstellung der Tinkturen: 1. das Macerationsverfahren und 2. die Perkolation. Ohne auf die aus der pharmazeutischen Literatur genügend bekannten und bei den Extrakten (Kapitel V.III) eingehend besprochenen Grundlagen der beiden Verfahren hier näher einzugehen, sei folgendes erwähnt:

Die Extraktion der fein pulverisierten oder klein geschnittenen Drogen nach dem Macerationsverfahren wird in einem verschließbaren, etwa auch mit Siebboden versehenen Gefäß durchgeführt. Im Verlauf der vorgeschriebenen Extraktionsdauer wird öfters umgerührt. Es ist gut, wenn das Gefäß mit Rührwerk versehen ist, welches man zeitweilig $1/2$—1 Stunde laufen läßt. Eine besondere Ausführungsform der Maceration ist das Vermahlen in einer geschlossenen Kugelmühle. Nach beendeter Extraktion wird die Lösung vom Rückstand getrennt. Dies erfolgt auf verschiedenem Wege: 1. durch Dekantieren der klaren Flüssigkeit und Abpressen des Rückstandes, 2. durch Filtrieren durch den Siebboden, 3. durch Filtrieren mittels Filterpressen, 4. durch Schleuderzentrifugen mit gelochter Trommel. Der erste und zweite Weg wird nur dann befolgt, wenn nur einige

Kilogramm der Drogen zur Aufarbeitung gelangen. Die Anwendung von Filterpressen (vgl. S. 116) ist nur dann praktisch, wenn man auch den Rückstand in die Presse drücken kann. Hierzu müssen die Drogen vor der Maceration feinst gepulvert werden oder müssen Spezialpumpen angewandt werden, welche auch grobe Teile enthaltende Flüssigkeiten fördern können. Am zweckmäßigsten ist die Anwendung von Zentrifugen (vgl. S.118), mit deren Hilfe der Rückstand von der Extraktionsflüssigkeit weitgehendst befreit werden kann. Auf welchem Wege immer die fertige Tinktur vom Rückstand getrennt wird, ist es zweckmäßig, folgendermaßen zu verfahren. Es wird zunächst das Gewicht der abgetrennten, klaren Tinktur bestimmt, worauf der Rückstand mit der von der erforderlichen Tinkturausbeute fehlenden Lösungsmittelmenge noch nachgewaschen wird, um die im Rückstand noch befindliche Tinkturmenge herauszugewinnen. Dies kann besonders einfach in Filterpressen oder Zentrifugen erfolgen. Der Rückstand enthält noch viel Lösungsmittel, welches in den meisten Fällen verdünnter Alkohol und nur selten Äther oder ein Äther-Alkoholgemisch ist. Da die Lösungsmittel stets einen verhältnismäßig hohen Preis haben, gewinnt man sie durch Destillation zurück. Beim Destillieren geht aber oft nicht nur das Lösungsmittel über, denn viele Drogen enthalten ätherische Öle, welche mit Wasserdampf flüchtig sind. Da das Lösungsmittel (Alkohol) hierdurch verunreinigt wird, sollen die Rückdestillate immer nur zur Herstellung derselben Tinkturart wieder verwendet werden. Die Destillation erfolgt aus Destillationsblasen (Abb. 124), welche zur Aufnahme des Drogrückstandes einen aus gelochten Platten hergestellten Korbeinsatz haben. Die Blase soll mit Dampfmantel und mit direkter Dampfzuleitung in das Blaseninnere versehen sein. Der obere Teil der Destillationsblase und das Verbindungsstück zum Kühler muß abgeschraubt werden können. Als Kühler kommt ein Schlangen- oder ein Glockenkühler in Betracht. Zur Beobachtung der Destillationsvorgänge wird nach dem Kühler ein üblicher Überlauf mit Glasglocke angeschaltet. Enthält der Rückstand Äther, so wird mit dem Dampfmantel geheizt und langsam destilliert, da sonst zu große Verluste entstehen können. Liegt ein alkoholischer Rückstand vor, so kann auch mit direktem Dampf destilliert werden. Es wird hierbei einerseits der Alkoholgrad des Gesamtdestillats und andrerseits der des gerade abfließenden Destillats mittels Spindel verfolgt. Die Destillation soll so geleitet werden, daß das gesamte Destillat nach Beendigung der Destillation einen dem ursprünglich verwandten Alkohol entsprechenden Alkoholgehalt aufweist. Will man hochgradigen Alkohol zurückgewinnen, so wird ohne direkten Dampf destilliert, oder wird das Destillat nachträglich rektifiziert. Rektifiziert wird auch dann, wenn gesammelte Rückdestillate auf einen höheren Alkoholgrad gebracht werden sollen. Dies erfolgt in Rektifizierkolonnen, deren

Abb. 124. Destillationsblase mit Kühler
(Volkmar Hänig & Co., Heidenau-Dresden).

Die Tinkturen. 129

eingehende Beschreibung hier zu weit führen würde. Es können sowohl Platten als auch Siebkolonnen mit Dephlegmator (Abb. 125) zur Anwendung gelangen. Die von der Blase aufsteigenden Alkohol-Wasserdämpfe werden in der Kolonne an den Sieben bzw. Platten einer wiederholten Verdampfung unterworfen und hierdurch an Alkohol angereichert. Der mit Wasser gekühlte Dephlegmator kondensiert noch einen Teil des im alkoholreichen Dampf befindlichen Wassers, während die Alkoholdämpfe sich erst im Kühler verflüssigen.

Die Perkolation hat im großen Maßstabe einige Schwierigkeiten, insofern man die üblichen Perkolatoren einfach in größerer Form verwenden will. Trotzdem die Drogen in vorher angefeuchtetem Zustand in den Perkolator gestopft werden, besteht bei größeren Mengen die Gefahr, daß die Extraktionsflüssigkeit nicht sämtliche Teile der Drogen gleichmäßig durchdringt, da die Extraktionsflüssigkeit von oben durch die in den Perkolator festgestopften Drogen sickern muß. Es entstehen oft Abflußkanäle, welche unter anderem ihren Ursprung dem ungleichmäßigen Einstopfen der Drogen verdanken. Es ist dadurch die erschöpfende Extraktion nicht sichergestellt. Mit der Größe des Perkolators steigt diese Gefahr, und man war daher

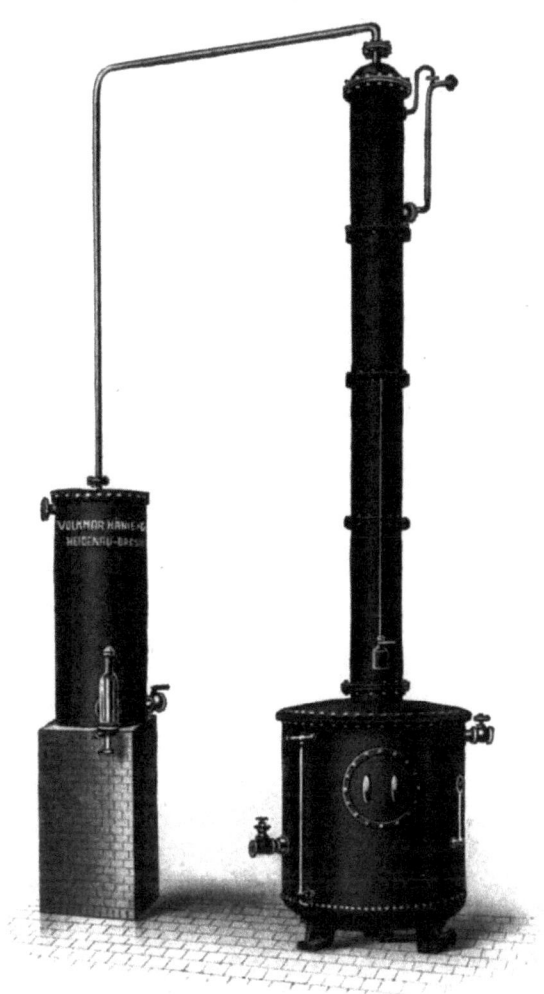

Abb. 125. Rektifizierapparat (Volkmar Hänig & Co., Heidenau-Dresden).

in der Praxis bestrebt, einerseits die Abtropfperkolatoren durch Überlaufperkolatoren und Heberperkolatoren zu ersetzen und andrerseits an Stelle eines großen Perkolators lieber mehr kleinere, welche auch in eine Gegenstrombatterie zusammengebaut sein können, anzuwenden.

Der Grundgedanke der Überlaufperkolatoren war der, daß man die Extraktionsflüssigkeit nicht von oben nach unten, sondern von unten nach oben strömen ließ. Die Flüssigkeit gelang aus einem über dem Perkolator stehenden Behälter in den unteren Teil des Perkolators, dessen konische Form sich hier als überflüssig ergab und durch einen Zylinder ersetzt wurde, dringt von unten nach oben und fließt oben angelangt durch ein seitliches Rohr ab (Abb. 126). Aber auch diese Anordnung konnte die Gefahr der ungenügenden Extraktion nicht ganz beheben, um so weniger gelang dies den Heberperkolatoren (Abb. 127), welche das Extrakt aus dem unteren Teil des Perkolators mittels eines Hebers entfernen. Welche Vorteile diese Anordnung, bei welcher die Extraktionflüssigkeit von oben nach unten läuft, mit sich bringen sollte, ist unklar. Viel aussichtsvoller ist die Anwendung einer von Volkmar Hänig & Co., Dresden-Heidenau, gebauten Perkolatorenbatterie, welche aus einer frei gewählten Anzahl von kleinen Perkolatoren zusammengebaut ist und nach dem Gegenprinzipstrom arbeitet (Abb. 128). Die Extraktionsflüssigkeit fließt aus einem hochstehenden Behälter zu den Perkolatoren, dringt in den ersten von oben ein und fließt sodann in den nächstfolgenden ebenfalls von oben ein, um endlich nach dem letzten unten abzufließen. Die Durchflußgeschwindigkeit ist so zu regeln, daß eine konzentriertere als erforderliche Tinktur erhalten wird. Eine jede Perkolatorfüllung wird bis zum Erschöpfen perko-

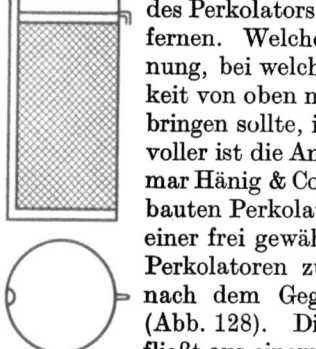

Abb. 126. Überlaufperkolator.

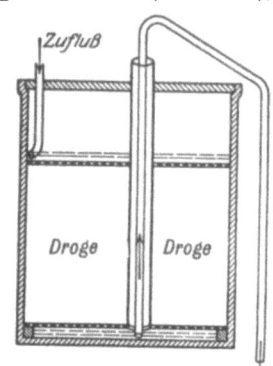

Abb. 127. Heberperkolator.

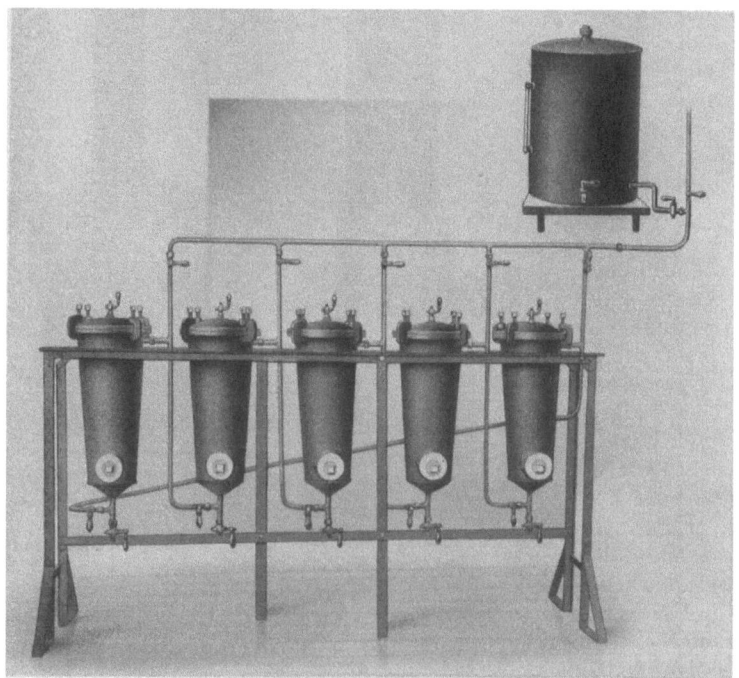

Abb. 128. Perkolationsbatterie (Volkmar Hänig & Co., Heidenau-Dresden).

liert, dies kann durch Probenahme am unteren Hahn kontrolliert werden. Die Perkolatoren sind oben mit Schraubendeckel versehen und besitzen unten zwecks Reinigung kleine Mannlöcher. Jeder Perkolator kann auch unabhängig von den anderen gebraucht werden.

Der bis zum Erschöpfen extrahierte Drogrückstand wird nicht abgepreßt oder zentrifugiert, sondern nur in einer Blase rückdestilliert. Um bei einem Einzelperkolator bis zum Erschöpfen extrahieren zu können, muß sehr oft mehr Lösungsmittel verwandt werden, als zur vorgeschriebenen Tinkturmenge erforderlich ist. Es ist daher üblich, das verdünnte Endperkolat getrennt aufzufangen, das Lösungsmittel abzudestillieren und den Rückstand zum Hauptperkolat zu fügen. Bei laufender Fabrikation kann man das Endperkolat für einen neuen Ansatz verwenden. Bei einer Perkolationsbatterie wird das Endperkolat automatisch für die Extraktion in den nächstfolgenden Perkolatoren verwandt.

VIII. Die Extrakte.

Die Extrakte werden ebenso durch Extraktion mit Wasser, Alkohol-Wasser, Äther, Äther-Alkohol und Glycerin hergestellt wie die Tinkturen, mit dem Unterschied, daß sie konzentrierter sind. Die Arzneibücher kennen eine ganze Reihe von verschiedenen Extrakten, welche sich lediglich in der Konzentration voneinander unterscheiden. Als eine besondere Art von Extrakten werden die Fluidextrakte betrachtet, welche sich von den anderen Extrakten darin unterscheiden, daß ihre Konzentration auf die ihnen zugrunde liegenden Drogen eingestellt wird. Mit Ausnahme der USP X., Brit. Ph., Ital. Ph. fordern sämtliche Arzneibücher, daß aus 100 g Drog 100 g Fluidextrakt hergestellt werden soll. Die USP X., sowie die Brit. Ph., und Ital. Ph. stellen aus 100 g Drog 100 ccm Fluidextrakt her. Die Konzentration der sonstigen Extrakte steht mit dem unextrahierten Drog in keinem Zusammenhang, es wird vielmehr ein bestimmter Trocken- bzw. Wassergehalt gefordert, insofern das Arzneibuch sich nicht mit einer qualitativen Bezeichnung der Extraktkonsistenz begnügt. Es sei, daß die fertigen Trockenextrakte mit Streckmitteln auf einen bestimmten Droggehalt eingestellt werden. Die in der Literatur und in den Arzneibüchern befindlichen qualitativen Konsistenzbezeichnungen entsprechen keinen einheitlich festgelegten Wassergehaltsgrenzen und ebenso werden Extrakte mit demselben Wassergehalt mit einer ganzen Reihe von Namen belegt. Da aber diese verwirrend wirkende Nomenklatur glücklicherweise auf die Herstellungsart der Extrakte keinen Einfluß hat, wollen wir uns hier an folgende, vom betriebstechnischen Standpunkt gerechtfertigte Einstellung halten: 1. Fluidextrakte, 2. Dickextrakte, 3. Trockenextrakte. Dickextrakte sollen sämtliche Extrakte genannt werden, deren Konzentration von der der Fluidextrakte abweicht, aber die nicht trocken sind. Hierbei bleibt das Prinzip bestehen, daß ein Extrakt im konkreten Falle den Bestimmungen des Arzneibuches entsprechend auf die vorgeschriebene Konzentration oder auf den festgelegten Gehalt an wirksamen Bestandteilen eingestellt werden muß.

A. Fluidextrakte.

Das allgemeine Verfahren zur Herstellung der Fluidextrakte ist die Perkolation bis zur Erschöpfung der Droge, wobei ein Vorlaufperkolat (etwa 85% der Drogenmenge) gesondert aufgefangen und der Nachlauf nach entsprechendem Eindampfen im Vorlauf gelöst wird. Hierauf wird das Extrakt auf das Ausgangsgewicht der Droge verdünnt. Als Extraktionsmittel dienen Alkohol, Alkohol-Wasser, Glycerin und manchmal Säuren (Alkaloide). Das USP X. kennt auch eine Reperkolation, welche eigentlich ein primitives Gegenstromextraktionsverfahren darstellt. Die bei den Tinkturen (S. 129) mitgeteilten Schwierigkeiten bezüglich der Anwendung von großen Perkolatoren bestehen auch hier, weshalb die Anwendung von Perkolationsbatterien geboten ist (Abb. 128). Nur wenn mit reinem

9*

Alkohol extrahiert wird, können andere nicht perkolatorartige Extraktionsapparate, wie sie nachfolgend bei den Dickextrakten beschrieben sind, benutzt werden. Die Anwendung von Perkolationsbatterien hat auch den Vorteil, daß infolge des Gegenstromprinzips auch sämtliche Vorteile der „Reperkolation" ausgenutzt werden können.

Der Nachlauf wird eingedampft, und zwar wenn er Alkohol enthält, so wird dieser vorher in einer Destillationsblase abdestilliert, wie dies auf S. 128 beschrieben ist (ohne Korb). Zumeist ist der Destillationsrückstand hinreichend stark eingedickt, um ihn dem Vorlauf zufügen zu können. Sollte dies aber nicht der Fall sein, so muß der Rückstand noch weiter durch Verdampfen in einem offenen Dampfkessel oder noch besser in einem Vakuumverdampfer eingedickt werden. Wurde mit Wasser perkoliert, so wird der wässerige Nachlauf ebenfalls eingedickt. Die hierzu dienenden Dampfkessel sind im Kapitel X beschrieben. Die Grundlagen der Vakuumverdampfung sind im Kapitel XIII besprochen, bei den Dickextrakten (Abschnitt B) sind sodann noch einige ergänzende, sich speziell auf die Extrakte beziehende Angaben mitgeteilt.

In sonstigen Einzelheiten unterscheidet sich die Herstellung der Fluidextrakte im großen nicht vom Apothekenverfahren.

B. Dickextrakte.

In der Apotheke werden die Dickextrakte entweder nach dem Macerationsverfahren oder durch Perkolation hergestellt. Die Herstellung von großen Extraktmengen muß sich im allgemeinen wegen den bezüglich der offiziellen Extrakte bestehenden Bedingungen an diese beiden Verfahren halten. Zur Herstellung der nicht offiziellen Extrakte ist man aber hinsichtlich Apparatur oder Extraktionsmittel nicht fest gebunden. Da die Extraktion im pharmazeutischen Betrieb nicht nur für die Herstellung von Extrakten von Bedeutung ist, sondern eine allgemeine Methode zur Gewinnung bestimmter Bestandteile ist, sollen hier die Grundlagen der Extraktion kurz besprochen werden.

Die Extraktion ist ein Verfahren zur Gewinnung gewisser Bestandteile eines gegebenen Stoffes, welches dadurch gekennzeichnet ist, daß man den fraglichen Stoff mit einem flüssigen Lösungsmittel in geeignete Berührung bringt, wobei die erwähnten Bestandteile in Lösung gehen. Hierauf wird das Lösungsmittel vom ungelösten Teil getrennt und dem erwünschten Zweck entsprechend weiterbehandelt. Benötigt man die extrahierten Bestandteile in gelöstem Zustand, so benutzt man die vorhergewonnene Lösung entweder unverändert, oder man stellt sie durch Verdünnen oder Verdampfen auf eine gewisse Konzentration ein. Benötigt man nur die extrahierten Stoffe, so verdampft man bis zum trockenen Zustand (Trockenextrakte usw.). Dementsprechend besteht der Arbeitsvorgang der Extraktion aus folgende vier Phasen:

1. Das Lösungsmittel wird mit dem Extraktionsgut in Berührung gebracht.

2. Nach erfolgter Extraktion wird das Lösungsmittel vom Extraktionsrückstand getrennt.

3. Das Lösungsmittel wird aus dem flüssigen Extrakt abdestilliert und zurückgewonnen und

4. wird aus dem Extraktionsrückstand das noch darin befindliche Lösungsmittel zurückgewonnen.

Die dritte Phase fällt teilweise oder ganz weg, wenn man den Extrakt in gelöster Form benötigt. Die vierte Phase fällt ebenfalls weg, wenn weder das Lösungsmittel, noch der Rückstand gebraucht wird.

Die Extraktionsapparate werden nach der Anzahl der Arbeitsphasen, welche man mit dem Apparat verrichten kann, gekennzeichnet.

Die Extraktion kann periodisch oder kontinuierlich ausgeführt werden. Periodisch ist die Extraktion dann, wenn auf das Extraktionsgut nur zeitweilig frisches Lösungsmittel gelangt. Nachdem das Extraktionsgut und das Lösungsmittel gründlich vermischt wurden und eine entsprechende Zeit in kaltem oder warmem Zustand aufbewahrt wurden, entfernt man das mit Extraktionsstoffen angereicherte Lösungsmittel und füllt frisches nach. Fließt dagegen auf das Extraktionsgut ohne Unterbrechung frisches Lösungsmittel, während das angereicherte ebenfalls ohne Unterbrechung abfließt, so spricht man von einer kontinuierlichen Extraktion. Bezüglich der periodischen Extraktion ist das Ostwaldsche Auslauge- oder Auswaschgesetz gültig, welches besagt, daß es bei einer gegebenen Menge eines Lösungsmittels vorteilhafter ist, öfters mit wenig Lösungsmittel zu extrahieren, als seltener, mit mehr Lösungsmittel. Bei Drogen besitzt dieses Gesetz nur dann Gültigkeit, wenn die Einwirkungsdauer des Lösungsmittels in beiden Fällen gleich lang war, denn die herauszulösenden Bestandteile befinden sich in Zellen geschlossen, aus welchen sie durch Diffusion durch die umschließende Zellmembran in die Extraktionsflüssigkeit gelangen. Nur ein geringer Teil der Zellen wird beim Zerkleinern der Droge beschädigt. Da aus den beschädigten Zellen die Bestandteile frei herausgelöst werden können, ist es theoretisch besser, die Drogen zur Zertrümmerung der Zellen ganz fein zu vermahlen. Praktisch wird man aber hiervon absehen, denn nicht alle Extraktionsverfahren sind zum Arbeiten mit feinem Pulver geeignet. So z. B. kann man im Perkolator oder in den kontinuierlichen Extraktionsapparaten nicht mit feinem Pulver arbeiten, hingegen erreicht man beim Macerationsverfahren vorzügliche Ergebnisse und bessere Ausbeuten. Aus demselben Grunde ist es verständlich, daß die Zusammensetzung der erhaltenen Tinkturen bzw. Extrakte nicht nur vom Extraktionsverfahren, sondern in starkem Maße auch vom Grad der Zerkleinerung abhängig ist. Aus den zertrümmerten Zellen löst sich alles Lösliche heraus, während aus den unversehrten Zellen nur jene Stoffe in die Lösung gelangen, die durch die Zellmembran diffundieren können, wobei bemerkt sei, daß die verschiedenen Lösungsmittel die Permeabilität der Membran in weiten Grenzen abändern können. Hieraus folgt, daß das Mengenverhältnis der einzelnen Bestandteile durch Änderung des Zerkleinerungsgrades sich ebenfalls verändert. Dieselbe Wirkung kommt auch durch Anwendung verschiedener Lösungsmittel zustande. Die kontinuierliche Extraktion ist eigentlich eine periodische Extraktion mit unendlich großer Periodenzahl, welche hinsichtlich der technischen Ausführung mit einer Verdrängung des angereicherten Lösungsmittels durch frisches verquickt ist. Theoretisch müßte man also mit der kontinuierlichen Extraktion an Lösungsmittel sparen können, einen gleichen Extraktionsgrad vorausgesetzt. Der praktische Wirkungsgrad der kontinuierlichen Extraktion ist aber wesentlich ungünstiger und hängt von den Eigenschaften des Extraktionsgutes, von der Lösungsfähigkeit und der Durchflußgeschwindigkeit des Lösungsmittels ab.

Die durch Destillation zurückgewonnenen Lösungsmittel werden nochmals zur Extraktion verwandt und befinden sich in stetem Kreislauf. Die Auswahl des Lösungsmittels erfolgt auf Grund der physikalischen Eigenschaften. Abgesehen von der Entzündlichkeit, wird auf die spezifische Wärme, auf die Verdampfwärme, auf das spezifische Gewicht und auf den Siedepunkt geachtet werden müssen. Die spezifische Wärme und Verdampfwärme ist mit Hinsicht auf die Destillation von wärmewirtschaftlicher Bedeutung. Der niedrige Siedepunkt ist mit Rücksicht auf die größeren Verluste und auf die etwa gesteigerte Feuergefahr nicht immer günstig. Die Auswahl des Lösungsmittels muß unter Rücksichtnahme auf die gegebenen Verhältnisse erfolgen, wobei auch der Preis des Lösungsmittels keine unbedeutende Rolle spielt. Die Eigenschaften einiger gebrauchten Lösungsmittel sind in folgender Tabelle zusammengefaßt:

	Spez. Gew.	Spez. Wärme	Verd. Wärme	S. P.
Wasser	1.000	1,000	537	100°
Aceton	0,792	0,528	130	56,3°
Äther	0,725	0,527	94	37,8°
Alkohol	0,793	0,593	236,5	79,7
Benzin	ca. 0,670	0,39—0,450	109	86,0
Dichloraethylen	1,265—1,291	0,270	71	48,6
Benzol	0,899	0,416	109	80,3
Schwefelkohlenstoff	1,266	0,239	97	46,5
Kohlenstofftetrachlorid	1,600	0,202	51,9	76,5
Chloroform	1,526	0,235	62,0	61,0
Trichloraethylen	1,470	0,223	56,6	87,5
Amylalkohol techn.	0,840	ca. 0,700	120—140°	80—142°
Amylalkohol 128/132°	0,815	ca. 0,680	120	128/132°

Das einfachste periodische Extraktionsverfahren ist die Maceration, deren technische Ausführung bereits auf S. 127 beschrieben worden ist. Das von den Arzneibüchern vorgeschriebene Macerationsverfahren zur Herstellung von Tinkturen und Extrakten erlaubt nicht die restlose Gewinnung der Drogenbestandteile, denn es wird im allgemeinen nur einmal, ausnahmsweise zweimal maceriert und dann höchstens mit dem Lösungsmittel (verdünnter Alkohol) nachgewaschen. Die vorgeschriebene Dauer beträgt 1—6 Tage. Wird mit reinem kalten Wasser maceriert, so darf dies nicht länger als 2 Tage, im Sommer sogar nur 1 Tag dauern. Vielfach ist auch eine Maceration mit heißem Wasser vorgeschrieben, welche auch mit Kaltmaceration verknüpft werden kann. Die Heißwassermaceration ist nur dann zulässig, wenn die Drogen keine thermolabile Bestandteile enthalten. Ein Beispiel hierfür ist Folia digitalis, deren Kaltwasserextrakt durch Erwärmen auf dem Wasserbad infolge der Thermolabilität der wirksamen Digitalisglykosiden 60% seiner am Frosch ausgewerteten Wirksamkeit verliert. Eine wiederholte Maceration gibt immer höhere Ausbeuten, weshalb es bei alkoholischen Extrakten oft üblich ist zweimal, aber jedesmal nur die Hälfte der vorgeschriebenen Zeit zu macerieren. Im pharmazeutischen Betriebe wird, insofern nach dem Macerationsverfahren gearbeitet wird, bis zur Erschöpfung maceriert. Nach jeder Maceration wird der Rückstand abgepreßt oder abzentrifugiert. Die so gewonnenen Tinkturen oder Extrakte entsprechen nie genau dem Arzneibuch, besonders dann nicht, wenn nicht nur der Trockenrückstand, sondern auch ein gewisser Gehalt an einem wirksamen Bestandteil und das spezifische Gewicht gefordert wird. Denn entweder stimmt der Trockenrückstand, und der Gehalt an wirksamen Bestandteilen weicht ab, oder stimmt der Gehalt an wirksamen Bestandteilen und der Rückstand weicht ab. Bei stark wirkenden Tinkturen bzw. Extrakten wird immer auf den vorgeschriebenen Gehalt an wirksamen Bestandteilen eingestellt.

Das einfachste kontinuierliche Extraktionsverfahren ist die Perkolation, welche ebenso nur die erste Phase des Extraktionsverfahrens bedeutet, wie die Maceration und bezüglich seiner technischen Ausgestaltung auf S. 129 besprochen wurde. Die Arzneibücher geben zur Sicherstellung der Beschaffenheit der Tinktur bzw. des Extraktes eine gewisse Ablaufgeschwindigkeit des Perkolats an. Während das DAB. diese ohne Rücksicht auf die Drogmenge mit höchstens 30 Tropfen in der Minute festsetzt, wird sie sonst oft von der Drogmenge in Abhängigkeit gesetzt. Bei der Extraktion von 500 g Drog beträgt die Tropfenzahl 6—8, bei 1000 g Drog 12—16 Tropfen und bei 10 kg 56—74 Tropfen in der Minute. Zur Berechnung der Tropfenzahl wurde von Herzog[1] eine Formel gegeben

$$n = k \sqrt{\text{Drogvolumen}},$$

welche aber keine praktische Bedeutung besitzt, da die Tropfen bei höheren Geschwindigkeiten (70 Tropfen) zu einem Strahl zusammenfließen. Läuft das Extraktionsmittel rasch ab, so wird die Extraktion unvollkommen, weshalb außer dem auf S. 129 angeführten Grund auch noch dies die Anwendung von nur kleinen Perkolatoren begründet. Müssen größere Drogmengen perkoliert werden, so verwendet man eine Perkolatorbatterie (vgl. S. 130, Abb. 128), oder aber arbeitet man nach dem Macerationsverfahren, welches technisch viel günstiger ist. Es folgt hieraus wieder, daß die im pharmazeutischen Großbetrieb hergestellten Extrakte bzw. Tinkturen mehr oder weniger von den Arzneibüchervorschriften abweichen. Sogar die in der Perkolationsbatterie hergestellten Tinkturen weichen ab, da aus ihr zumeist je nach Anzahl der Perkolatoren eine konzentrierte Tinktur abfließt, welche dann verdünnt werden muß. An Stelle der Reperkolation wird stets in einer Gegenstrombatterie extrahiert.

Die Rückgewinnung des Lösungsmittels erfolgt in getrennten Destillierapparaten, z. B. im auf S. 128 beschriebenen Apparat, welcher sowohl zur Rückdestillation des Drogenrückstandes, als auch des Extraktes geeignet ist.

Es gibt eine ganze Reihe von Extraktionsapparaten, welche automatisch und kontinuierlich arbeiten, indem sie auch die Destillation besorgen und das Lösungsmittel automatisch im Kreislauf halten. Derartige Apparate können nur dann angewandt werden, wenn das Lösungsmittel bei der Destillation seine Zusammensetzung nicht ändert, also Gemische, wie z. B. Alkohol und Wasser können in solchen Apparaten keine Verwendung finden. Das Grundprinzip dieser kontinuierlichen und automatischen Apparate ist bereits im aus dem Laboratorium bekannten Soxhletapparat gegeben. Sie bestehen in ihrem Wesen aus einer Destillationsblase, aus welcher die Dämpfe zu einem Kühler aufsteigen, um von hier verflüssigt auf das im Extraktionsgefäß befindliche Extraktionsgut zufließen. Von hier gelangt z. B. es durch Überlauf infolge einer Heberwirkung oder durch kontinuierliches Abtropfen durch einen Siebboden in die Destillierblase zurück, wo sich der Extrakt allmählich ansammelt. Ist die Extraktion beendet, so destilliert man einerseits das Lösungsmittel durch Umstellung der Hähne von der Blase ab. Die Dämpfe gelangen hierbei ebenfalls in den Kühler, jedoch fließen sie nicht in der Extraktionsgefäß zurück, sondern über einen Überlauf in ein vom Apparat unabhängiges Sammelgefäß. Hiernach wird das Lösungsmittel aus dem Extraktionsrückstand mittels direkten oder indirekten Dampfes abdestilliert. Wird mit direktem Dampf destilliert und ist das Lösungsmittel mit Wasser nicht mischbar, so müssen beide in einer hinter dem Kühler geschalteten Florentiner Flasche getrennt werden. Die Abb. 129, 130 stellen automatische Extraktionsanlagen der Firma Volkmar Hänig & Co., Heidenau-Dresden, dar, welche wie vorher beschrieben wurde, arbeiten. Der Extrakteur der ersteren Anlage, der mit Füllmannloch und Entleerungsmannloch versehen ist, ist mit einem Rührwerk ausgerüstet, welches im wesentlichen dazu dient, beim Ausdämpfen des Extraktionsgutes in Gang gesetzt zu werden und die sich beim Ausdämpfen des Lösungsmittels im Extraktionsgut bildenden Kanäle zu zerstören. Hierdurch wird erreicht, daß das Lösungsmittel restlos ausgedämpft werden kann. Da es sich meistens bei den Lösungsmitteln um solche handelt, welche sich mit Wasser nicht mischen, kann die Trennung des im Kühler niedergeschlagenen Wassers von dem Lösungsmittel auto-

---

[1] Herzog, Ber. d. D. Pharm. Ges. 1906, 389.

matisch durch einen Wasserabscheider, der nach dem Prinzip der Florentinerflasche gebaut ist, erfolgen. Ein solcher Wasserabscheider ist auf dem Bilde neben dem Kühler zu sehen, welcher mit dem darunter befindlichen Rezipienten für Lösungsmittel in einem Stück zusammengebaut ist.

Der zweite Apparat (Abb. 130) besteht von unten nach oben betrachtet aus folgenden Gefäßen: 1. Destillator, 2. Extraktor, 3. Lösungsmittelbehälter, 4. Kühler. Bei Inbetriebnahme des Apparates wird zuerst der auch „Rezipient" genannte Lösungsmittelbehälter bei geschlossenem Hahne durch den Trichter mit Lösungs-

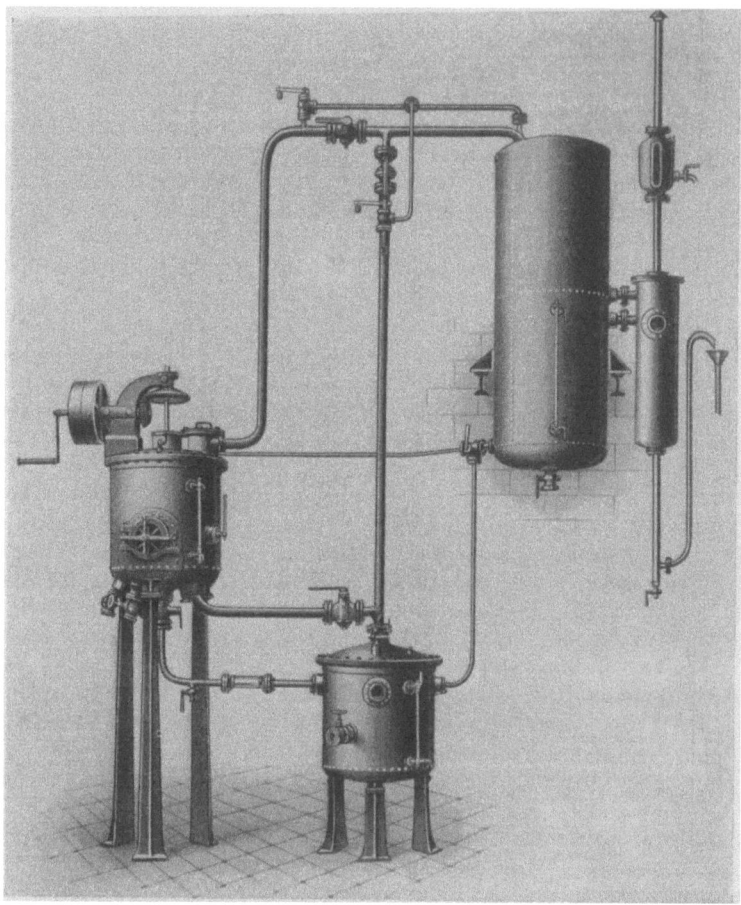

Abb. 129. Extraktionsanlage für kontinuierlichen Betrieb mit Rührwerk (Volkmar Hänig & Co., Heidenau-Dresden).

mittel gefüllt. Dann wird von dem Extraktor der mit Schraubzwingen befestigte Deckel ab- und das darin befindliche obere Sieb herausgenommen, das zu extrahierende Material ungefähr bis zum rechts oben befindlichen Stutzen eingefüllt, der Siebboden wieder aufgelegt und der Extrakteurdeckel mittels der Schraubzwingen wieder aufgedichtet. Dann wird der andere Hahn geöffnet und Lösungsmittel in den Extraktor eingeleitet, und zwar soviel, daß das eingefüllte Extraktionsgut vollständig bedeckt ist. Je nach Art des zu extrahierenden Materials bleibt das Lösungsmittel nun kürzere oder längere Zeit auf dem Extraktionsgute stehen, worauf wieder nachgefüllt wird. Vorher wird das mit Extraktivstoffen an-

Dickextrakte.

gereicherte Lösungsmittel nach dem Destillator abgelassen und aus diesem wieder abdestilliert. Diese Arbeit wird solange fortgesetzt, bis das zu extrahierende Material erschöpft ist, was an einer am Ablaßhahn des Extraktors entnommenen Probe festgestellt werden kann. Ist dieser Zeitpunkt eingetreten, so wird der Lösungsmittelinhalt des Extraktors wie vorher in den Destillator entleert und die letzten im Extraktionsgut befindlichen Lösungsmittelreste evtl. mittels direkten Dampfes ausgetrieben. Zu diesem Zweck ist unter dem unteren Siebboden im Extraktor eine gelochte Dampfsprühschlange eingebaut, durch die direkter Dampf eingeleitet wird, der bei seinem Durchgange durch das Extraktionsgut das darin noch enthaltene Lösungsmittel mitnimmt und in den Kühler entweicht, in dem er niedergeschlagen wird. Um nötigenfalls das Lösungsmittel während der Extraktion anwärmen zu können, befindet sich in dem Extraktor auch noch eine geschlossene Heizschlange. Nach Beendung der Extraktion wird das erschöpfte Extraktionsgut aus dem Extraktor entfernt, womit derselbe zu neuer Beschickung wieder bereit ist. Das nach dem Destillator abgelassene mit Extraktivstoffen angereicherte Lösungsmittel wird abdestilliert, zu welchem Zweck eine geschlossene Heizschlange und eine Dampfsprühschlange eingebaut sind. In der Hauptsache wird nur mit der ersteren zu arbeiten sein, während

Abb. 130. Extraktionsapparat für kontinuierlichen Betrieb (Volkmar Hänig & Co., Heidenau-Dresden).

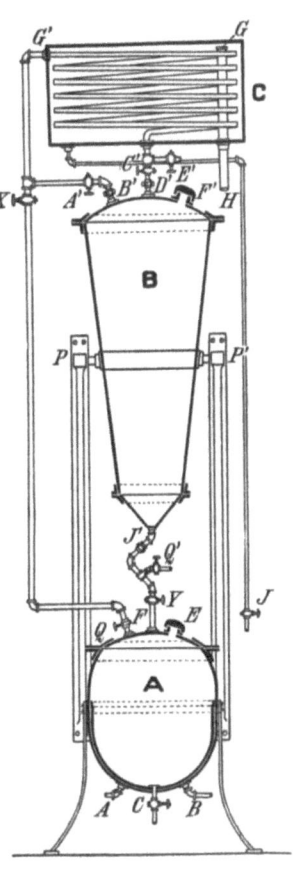

Abb. 131. Perkolator für kontinuierlichen Betrieb.

letztere nur in besonderen Fällen nötig sein wird, um letzte Reste des Lösungsmittels aus dem Extrakte zu entfernen. Die freiwerdenden Lösungsmitteldämpfe gelangen nach dem Kühler, werden daselbst kondensiert und das Kondensat fließt in den Lösungsmittelbehälter zurück, um von da auf die vorbeschriebene Weise wieder nach dem Extraktor zu gelangen. Nachdem alles Lösungsmittel abdestilliert ist, wird der im Destillator zurückgebliebene Extrakt durch den unteren Hahn abgelassen. Sowohl auf dem Deckel des Extraktors als auch des Destillators befindet sich je ein kurzer Stutzen mit Kork, der als Sicherheitsventil dient für den Fall, daß infolge eines Versehens einmal Druck in einem der beiden Körper entstehen sollte.

Eine Verbindung des Perkolators mit automatischer Extraktion stellt ein Apparat der Abb. 131 dar, dessen Arbeitsweise ohne nähere Erklärung verständlich ist.

Um die Extraktausbeute zu erhöhen, wird in der Industrie vielfach unter Druck extrahiert, welches öfters mit einem vorhergehenden Evakuieren verknüpft werden kann. Es wird zunächst das Extraktionsgefäß unter Vakuum gesetzt, man saugt dann die Extraktionsflüssigkeit ein und setzt das Gefäß mittels einer Pumpe unter Druck. Das Evakuieren und der nachfolgende Druck lassen das Lösungsmittel stärker in die Zellen und in die zwischen den Zellen befindlichen Räume eindringen. Außerdem wird die Löslichkeit unter Druck erhöht. Die Druckextraktion liefert Extrakte, welche unter Umständen von den Arzneibuchbestimmungen stark abweichen. Die Druckextraktion wird gewöhnlich in mehreren, nach dem Gegenstromprinzip hintereinander geschalteten kleineren Extraktionsgefäßen durchgeführt.

Abb. 132. Vakuum-Verdampfapparat mit Doppelboden und Heizschlange (Volkmar Hänig & Co., Heidenau-Dresden)

Mit Hilfe dieser Extraktionsverfahren werden nicht nur Drogextrakte, sondern auch Organextrakte gewonnen. Als Extraktionsmittel dienen physiologische Kochsalzlösung (vgl. S. 304), Chloroformwasser oder 20—30% Glycerin enthaltendes Wasser. Eine ganze Reihe von Organpräparaten (die neuzeitlichen fast alle) wird nicht nach diesem einfachen Extraktionsverfahren hergestellt. Die wässerigen Glycerin- oder alkoholischen usw. Extrakte werden weitgehender Reinigung unterworfen, welche in erster Linie die Entfernung der Eiweißkörper als Zweck haben. Da dies entweder auf enzymatischem Wege durch Verdauung mit Pepsin, Trypsin usw. oder durch Fällung auf chemischem Wege erfolgt, überschreitet ihre Herstellung den Rahmen dieses Buches.

Die mit Hilfe der vorhergehend beschriebenen Extraktionsapparate gewonnenen dünnflüssigen Extrakte müssen eingedickt werden, einerseits um die vorgeschriebene bzw. gewünschte Extraktkonzentration zu erreichen, andrerseits um das Lösungsmittel zurückzugewinnen. In den automatisch und kontinuierlich arbeitenden Apparaten wird das Lösungsmittel bereits soweit abdestilliert, daß der Extrakt noch bequem aus der Blase zu entleeren ist. Wurde der Extrakt mit organischem Lösungsmittel oder mit Alkohol-Wasser hergestellt, so destilliert man zunächst das organische Lösungsmittel ab, bis man einen dickflüssigen Extrakt erhält. Aus mit organischem Lösungsmittel hergestellten Extrakten werden fast immer Trockenextrakte gewonnen. Die Alkohol-Wasserextrakte werden teilweise zu Dickextrakten, teilweise zu Trockenextrakten aufgearbeitet. Nach dem Abdestillieren des Alkohols in einer Destillierblase wird der wässerige, etwa auch noch Glycerin enthaltende Rückstand noch weiter eingedickt, und zwar zur Schonung der Extrakte im Vakuum. Die Grundlagen der Vakuumverdampfung werden im Kapitel XIII besprochen, hier sollen nur einige Spezialangaben bezüglich der Extraktverdampfung gemacht werden. Da die Drogextrakte im allgemeinen in verhältnismäßig kleinen Mengen hergestellt werden, müssen Vakuumverdampfer mit einem entsprechend kleineren Fassungsraum zur Anwendung gelangen. Abb. 132 stellt einen kleinen Vakuumverdampfer mit Doppelboden und Heizschlange der Firma Volkmar Hänig & Co., Heidenau-Dresden, dar. Dieser Verdampfer ist nur für bei erhöhter Temperatur noch flüssigen Extrakt geeignet, da er durch Ablaßventil aus dem Vakuum entfernt werden muß. Für dickere Extrakte wird am zweckmäßigsten ein Vakuumapparat mit abnehmbarer Haube und Kippkessel benutzt (Abb. 133). Es kann der Extrakt leicht entfernt werden und auch die Reinigung ist leichter. Für noch dickere Extrakte benötigt man Vakuumverdampfer mit Rührwerk. Abb. 134 stellt einen solchen mit

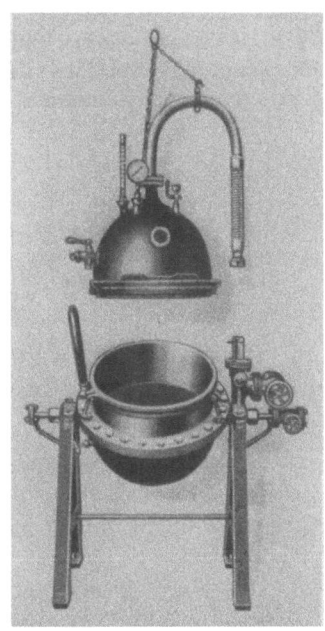

Abb. 133. Vakuumverdampfer mit hochziehbarer Haube und Kippkessel mit Dampfmantel (Volkmar Hänig & Co., Heidenau-Dresden).

horizontalem Rührwerk für Riemenantrieb, hochziehbarer Haube und durch Handrad und Schneckengetriebe kippbaren Unterteil zum bequemen und raschen Entleeren dar. Der Apparat ist auch mit unterem Ablaßventil und Probehahn ausgerüstet. Da das Rührwerk im Kessel festsitzt, ist das Reinigen sehr unbequem. Bequemer ist ein Vakuumapparat mit hochziehbarer Haube, vertikalem doppeltwirkenden Rührwerk für Riemenantrieb und Kippkessel (Abb. 135). Die Apparate müssen innen verzinnt sein!

Ein Teil der Extrakte schäumt beim Verdampfen im Vakuum so stark, daß ein kontinuierliches Verdampfen nicht recht möglich ist. In solchen Fällen muß auf folgendes geachtet werden. Der Dampfraum des

Abb. 134. Vakuumverdampfer mit horizontalem Rührwerk, hochziehbarer Haube und kippbarem Kessel (Volkmar Hänig & Co., Heidenau-Dresden).

Verdampfers soll im Verhältnis zum Flüssigkeitsraum groß sein, um dem Schaum genügende Steighöhe bis zum Zusammenfließen zu bieten. Ist der Schaum sehr beständig, so müssen Schaumfänger in den Apparat eingebaut werden. Die

Schaumfänger haben eine mannigfaltige Konstruktion, beruhen aber darauf, daß dem Schaum einerseits mechanische Hindernisse gestellt werden, andrerseits zwingt man die Brüden und den mitgerissenen Schaum zu schroffem und häufigem Richtungswechsel. Als mechanische Hindernisse werden gelochte Platten, Siebe (je feiner die Lochung bzw. die Maschenweite, um so stärker die Schaumdämpfung), Prellplatten, Glockenüberdeckungen usw. eingebaut. Sollte auch so keine genügende Schaumdämpfung zustande kommen, so benutzt man Verdampfer mit Rührwerk, welches sich entweder nur teilweise, oder ganz im Schaum bewegt. Schaumdämpfvorrichtungen, welche darauf beruhen, daß durch ein Ventil zeitweilig Luft in den Verdampfer gelangt und durch die Verminderung des Vakuums der Schaum zusammensinkt, sind technisch unbefriedigend, da bei stark schäumenden Extrakten das Vakuum nur ganz niedrig sein kann. Will man das Vakuum erhöhen, so ist eine entsprechend größere Luftpumpe erforderlich. Hält man aber das Vakuum mittels einer größeren Luftpumpe konstant, so verschwindet auch die schaumdämpfende Wirkung der einströmenden Luft.

C. Trockenextrakte.

Die Trockenextrakte werden durch Trocknen der Dickextrakte im Vakuum hergestellt. Narkotisch wirkende Extrakte müssen nach Bestimmung der Arzneibücher durch Zumischen von Süßholzpulver, arabischem Gummi, Dextrin, Reisstärke, Milchzucker gestreckt und dann getrocknet werden. Die USP X. verdünnt die bereits getrockneten Extrakte mit Stärke oder Magnesiumoxyd. Das Trocknen selbst erfolgt in Vakuumtrockenschränken, wie sie im Kapitel XIII beschrieben sind. Vor dem Beschicken des Schrankes werden die eingedickten Extrakte mittels einer Knetmaschine mit dem Streckmittel vermischt. Die fertig getrockneten Extrakte werden mittels Excelsiormühlen, kleinen Simplexmühlen oder geschlossener Kugelmühlen fein pulverisiert.

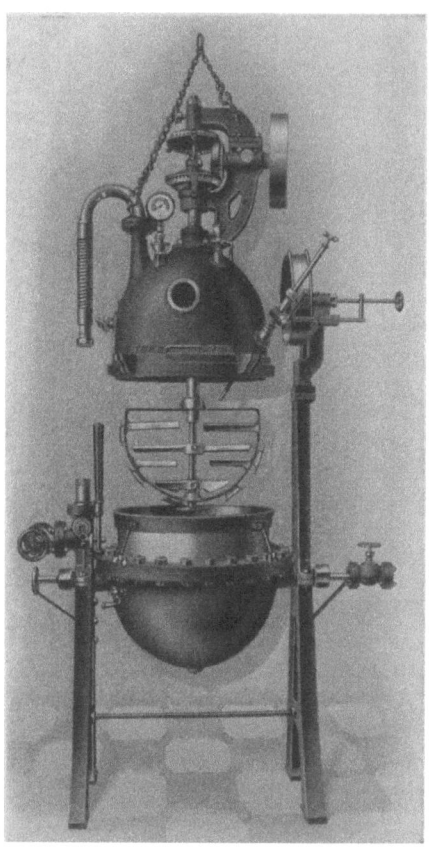

Abb. 135. Vakuumverdampfer mit hochziehbarer Haube, vertikalem Rührwerk und Kippkessel mit Dampfmantel (Volkmar Hänig & Co., Heidenau-Dresden).

Thermolabile Extrakte können vorteilhaft mit Hilfe eines Zerstäubungstrockners getrocknet werden. Als Beispiel können Digitalis-Kaltwasser-Extrakt, Enzymextrakte usw. dienen. Es kommen sowohl das auf S. 226 beschriebene Krauseverfahren, als auch das auf S. 229 beschriebene Siccatomverfahren in Betracht. Bezüglich das Krauseverfahrens sei erwähnt, daß seine Anwendung einer Lizenz unterliegt und daher nur mit Einverständnis der die Apparatur liefernden Firma angewendet werden darf. Die Zerstäubungstrocknung ist nicht nur bei thermolabilen Extrakten sehr vorteilhaft, denn es kann der Dünnextrakt ohne vorhergehendem Verdampfen sofort in ein trockenes Pulver verwandelt werden.

IX. Die Emulsionen.

Die Uneinheitlichkeit und Vieldeutigkeit der pharmazeutischen Nomenklatur geht besonders daraus hervor, daß unter Emulsionen verschiedene Arzneizubereitungen verstanden werden, welche aber nicht wesensgleich sind. Es ist bekannt, daß eine Emulsion ein flüssiges System ist, welches aus zwei ebenfalls flüssigen Phasen besteht. Die eine Phase, die disperse Phase, ist in Form von Kügelchen in der anderen, in der geschlossenen Phase verteilt. Man findet aber in der pharmazeutischen Literatur einerseits Präparate, welche der Definition einer Emulsion gar nicht entsprechen und dennoch Emulsionen genannt werden, andrerseits findet man Arzneizubereitungen, welche zwar in ihrem Wesen Emulsionen sind, aber trotzdem mit einem anderen Namen bezeichnet werden.

In die Gruppe der fälschlich Emulsionen genannten Arzneizubereitungen gehören z. B. Emulsio gummi arabici, sulfuris, ammoniaci, asae foetidae, calcii carbonici, lecithini, filicis maris, guajaci, lycopodii usw. Es kann auf den ersten Blick festgestellt werden, daß diese vermeintlichen Emulsionen entweder Lösungen von lyophilen Kolloiden (Emulsio gummi arabici) oder aber Suspensionen (E. sulfuris, calcii carbonici, lycopodii usw.) sind. Auch die Harzemulsionen können nur für Suspensionen gelten, da sie keine flüssige disperse Phase liefern. Die falsche Benennung mag wohl teilweise daraus entstanden sein, daß die lyophilen Kolloide früher unberechtigt Emulsionskolloide genannt wurden. Nimmt man die heute gültige wissenschaftliche Nomenklatur an, so ist man genötigt, obige fälschlich „Emulsionen" genannte Zubereitungen aus der Reihe der Emulsionen auszuschließen.

Demgegenüber sind die Linimente und die Salben teilweise wahre Emulsionen und sollten deshalb in die Gruppe der Emulsionen eingeteilt werden. So sind z. B. folgende Linimente Emulsionen: Linim. ammoniatum, ammoniatum-camphoratum, calcariae usw. Sämtliche Salben und Pasten, welche neben den üblichen Fettstoffen auch noch Wasser enthalten, sind ebenfalls Emulsionen, so Adeps lanae hydros., ungt. molle, leniens usw. Die Abtrennung dieser Zubereitungen läßt sich nur dann verstehen, wenn man überlegt, daß die Einteilung und Benennung der Arzneizubereitungen nicht von einem einheitlichen Standpunkt aus erfolgt ist, es sind vielmehr zwei Grundsätze miteinander verquickt: Wesen und Anwendung der Zubereitungen. Wenn auch ein Teil der Linimente und Salben ihrem Wesen nach Emulsionen sind, wurden sie doch wegen ihrer abweichenden Anwendung anderen Gruppen zugeteilt. Wollte man die Einteilung streng auf das Wesen der Präparate aufbauen, so müßten die erwähnten Linimente und Salben in die Gruppe der Emulsionen eingeteilt werden. Während man dies mit den fraglichen Linimenten ohne Schwierigkeiten tun kann, würde das Herausnehmen der wasserhaltigen Salben aus der allgemeinen Gruppe der Salben begriffliche Schwierigkeiten hervorrufen. Sie sollen daher im Abschnitt über Salben mit der Maßgabe besprochen werden, daß die theoretischen Grundlagen bereits in diesem Abschnitt behandelt werden. Eine andere rationellere Einteilung wäre erst dann möglich, wenn die pharmazeutische Nomenklatur in ihren Hauptzügen einer Revision unterworfen würde.

In der pharmazeutischen Praxis unterscheidet man zweierlei Arten der Emulsionen: a) Natürliche oder Samenemulsionen und b) Ölemulsionen, welche sich in ihrem physikalisch-chemischen Aufbau voneinander nicht unterscheiden. Die Samenemulsionen sind Ölemulsionen, welche durch Verreiben von ölhaltigen Samen mit Wasser entstehen. Beiderlei Emulsionen können getrocknet werden. Die erhaltenen „Trockenemulsionen" liefern nach dem Auflösen in Wasser wieder eine Emulsion.

Über die Herstellung und über das Wesen der Emulsionen herrschen in den pharmazeutischen Kreisen manchmal ganz erstaunliche Ansichten. Liest man doch in einem der grundlegenden Werke[1] folgendes: „Ölemulsionen erfordern mehr Geschicklichkeit, als die einfachen Samenemulsionen, weil jedes Öl seine besonderen Eigentümlichkeiten besitzt und das Gelingen der Emulsion von Zufälligkeiten abhängt, die nicht immer vorausgesehen werden können." Diese Zeilen wurden zu einer Zeit niedergeschrieben, wo nicht nur die Theorie der Emulsionen aber auch die Technik der Emulsionsherstellung in einem sehr hohem Maße entwickelt waren.

In den hier folgenden Abschnitten wird im unbedingt erforderlichen Maße auf die Theorie der Emulsionen und ausführlich auf die Technik der Emulsionsherstellung eingegangen.

A. Die Theorie der Emulsionen und der Emulgierung.

Wie bereits einleitend erwähnt wurde, ist eine Emulsion ein flüssiges zweiphasiges System. Die eine Phase, die disperse Phase, ist hierbei in der anderen, in der geschlossenen Phase in Form von kleinen Kügelchen verteilt. Zwei flüssige Phasen (a, b) können grundsätzlich zweierlei Arten von Emulsionen liefern, und zwar 1. eine Emulsion von a in b, und 2. eine Emulsion von b in a. Es sei hier an die auch praktische Bedeutung besitzenden Öl in Wasser- und Wasser in Ölemulsionen erinnert. Beide Emulsionsarten sind in ihren Eigenschaften voneinander grundverschieden. Wa. Ostwald[2] hat darauf hingewiesen, daß homodisperse Systeme aus stereometrischen Gründen höchstens 74,048 Vol.% an geschlossener Phase enthalten können. Die praktisch vorkommenden Emulsionen sind aber nie homodispers, die Teilchengröße zeigt eine große Variationsbreite, wodurch der stereometrische Grenzwert von 74,048% seine Bedeutung verliert. Es kommt hierzu noch die Tatsache, daß die disperse Phase niemals aus starren Kugeln besteht, die Kügelchen einer hochkonzentrierten Emulsion sind stets deformiert und somit verliert der obige Grenzwert sogar bei homodispersen Systemen seine Bedeutung. Tatsache ist, daß auch Emulsionen mit 99 Vol.% an disperser Phase bekannt sind.

Schüttelt man zwei flüssige Phasen, z. B. Öl und Wasser miteinander zusammen, so wird je nach der Beschaffenheit der Phasen eine mit verschiedener Geschwindigkeit verlaufende Trennung der entstandenen Emulsion beobachtet. Im allgemeinen sind die so hergestellten Emulsionen nur in sehr großer Verdünnung beständig, so z. B. enthalten stabile Emulsionen von Maschinenöl in Wasser nur 0,001% Öl. Die Stabilität dieser Emulsion ist von den elektrischen Eigenschaften der Grenzschicht bedingt. Die Kügelchen einer Emulsion besitzen eine elektrische Doppelschicht im Helmholtz-Lambschen Sinne, und diese verhindert ihr Zusammenfließen.

Durch Zufügen einer dritten, Emulgator genannten Substanz, kann die Stabilität der Emulsionen weitgehendst erhöht werden. Höher konzentrierte Emulsionen sind im allgemeinen nur in Gegenwart von Emulgatoren stabil. Emulgatoren sind lösliche, oberflächenaktive Substanzen, welche die Eigenschaft besitzen, die Grenzflächenspannung zu erniedrigen und im Maße dieser Erniedrigung gemäß der von Willard Gibbs gefundenen Gesetzmäßigkeit sich in der Grenzfläche anzuhäufen. Das durch diese Konzentrationserhöhung des Emulgators in der Grenzphase entstandene Adsorptionshäutchen bzw. dessen Beschaffenheit

---

[1] Hagers Handbuch der pharmazeutischen Praxis Bd. 1, S. 1204. Berlin 1925.
[2] Ostwald, Wa.: Kolloid-Z. **6,** 103 (1910); **7,** 64 (1910).

ist nicht nur für die Stabilität, sondern auch für die Art der Emulsion (Wasser in Öl, oder Öl in Wasser) ausschlaggebend.

Bezüglich der Beschaffenheit der Grenzphase zweier Flüssigkeiten sind die von Langmuir und Harkins entwickelten und experimentell unterstützten Ansichten maßgebend. Es wird hierbei angenommen, daß die in der Grenzphase befindlichen Moleküle vektorielle Eigenschaften besitzen, d. h. sie sind gleichmäßig gerichtet oder orientiert. Die Oberflächenspannung bzw. die Grenzflächenspannung ist eine Funktion der Molekülorientierung. Betrachten wir z. B. die zwischen Wasser und Ölsäure vorhandene Grenzphase, so kann man sich folgendes Bild machen. Die Carboxylgruppe der Ölsäure ist hydrophil und ragt daher in die Wasserphase hinein, die daran hängenden Kohlenwasserstoffketten stehen senkrecht zur Grenzfläche und parallel zueinander, also sie ragen palissadenförmig aus der Grenzphase in die Ölphase hinein. Die Carboxylgruppe ist eine „aktive" oder „polare" Gruppe der Ölsäure. Ähnlich sind die Verhältnisse, wenn in einer Öl und Wasser-Emulsion, z. B. Na-oleat als Emulgator vorhanden ist, da die polare —COONa-Gruppe sich in der Wasserphase befindet, während die Kohlenwasserstoffkette in die Ölphase hineinragt. Ebenso ist z. B. das Magnesiumoleatmolekül orientiert:

$$\begin{matrix}-\text{COO}\\-\text{COO}\end{matrix}\rangle\text{Mg}$$

befindet sich im Wasser und die Kohlenwasserstoffkette liegt in der Ölphase. Die Seifen und im allgemeinen die Emulgatoren verketten also sozusagen die beiden Phasen mit Hilfe der polaren Gruppen.

Die Orientierung der Moleküle ist eine Folge der Solvatationsverhältnisse. Die in einer Flüssigkeit gelösten Moleküle besitzen die Fähigkeit, Moleküle des Lösungsmittels zu binden, und zwar mit Hilfe der vorhandenen Restvalenzen. Die verschiedenen Strukturteile eines Moleküls verhalten sich aber hierbei grundverschieden, so z. B. sind die -COOH, -COONa, -COO/$_2$Mg, -OH, -NH$_2$-Gruppen hydrophil, d. h. sie besitzen die Fähigkeit, Wassermoleküle zu binden, sie werden also hydratisiert. Die hydratisierten Gruppen sind daher in einer Wasser/Öl-Grenzphase stets zum Wasser orientiert. Die Kohlenwasserstoffkette der Ölsäure oder der Seifen wird dagegen nicht hydratisiert, sie wird vielmehr z. B. von anderen Kohlenwasserstoffen oder sonstigen organischen Flüssigkeiten solvatisiert, und somit hängt die hydrophobe Kohlenwasserstoffkette niemals in die Wasserphase, sondern immer in die Ölphase hinein.

Während die Orientierung der Moleküle von der Solvatation abhängig ist, wird die Art der entstandenen Emulsion hierdurch noch nicht entschieden, wie dies aus der besonders von Harkins entwickelten Keil-Theorie hervorgeht. Nach dieser Theorie ist die Art der entstandenen Emulsion und gleichzeitig die Größe der Emulsionskügelchen eine Funktion des Verhältnisses der zur Grenzflächen parallelen Querschnittes der Hydrophilen und hydrophoben Gruppen und der Länge der Gruppen.

Betrachten wir die Grenzphase eines Öl-Wasser-Systems, in welchem einmal Na-oleat und einmal Mg-oleat als Emulgator vorhanden ist. Im ersten Fall ist an ein Atom Na- ein Ölsäurerest gebunden (Abb. 136 A). Die polare Gruppe COONa besitzt einen größeren Durchmesser als die Kohlenwasserstoffkette R, besonders infolge der sehr starken Hydratisierung. Erhöht sich infolge der Adsorption die Na-Oleatmenge in der Grenzphase, so nimmt die zur Ausbildung der Grenzphase erforderliche Oberfläche beim Wasser schneller zu als beim Öl. Infolge der schnelleren Vergrößerung der Wasseroberfläche krümmt sich die Grenzfläche in Richtung der Pfeile, wodurch das Öl zur dispersen Phase wird. Hierbei werden die ursprünglich parallel orientierten Moleküle keilförmig angeordnet. Die Spitze des Keiles ist zur Ölphase gerichtet. Der Krümmungsradius der Grenzfläche und somit die Größe der Kügelchen hängt von der Länge der Kohlenwasserstoffkette ab, und zwar je länger die Kette ist, um so geringer ist die Krümmung und um so größer sind die Emulsionskügelchen. Im zweiten Fall, also wenn Mg-Oleat als Emulgator vorhanden ist, liegen die Verhältnisse gerade umgekehrt, da Wasser in Ölemulsionen entstehen (Abb. 136 B). Im Magnesiumoleat befinden sich an jedes Atom Magnesium zwei Ölsäurereste gebunden:

$$\left.\begin{array}{c} R \cdot COO \\ R \cdot COO \end{array}\right\rangle Mg.$$

Der Querschnitt der hydrophilen Gruppe

$$\left.\begin{array}{c} -COO \\ -COO \end{array}\right\rangle Mg$$

ist kleiner als der von zwei

$$\begin{array}{c} -COO-Na \\ -COO-Na \end{array}$$

Gruppen. Zwei Kohlenwasserstoffketten besitzen einen größeren Querschnitt als die Gruppe

$$\left.\begin{array}{c} -COO \\ -COO \end{array}\right\rangle Mg$$

Da die letztere Gruppe im Wasser liegt, wird bei zunehmender Adsorption der Seife in der Grenzphase die Öloberfläche sich stärker vergrößern müssen als die Wasseroberfläche, wodurch die Grenzfläche sich wieder krümmt, aber gerade entgegengesetzt als bei Na-Oleat. Hierdurch werden die Seifenmoleküle wieder keilförmig orientiert, jedoch liegt die Spitze des Keiles beim Metallatom und in der Wasserphase. Der Krümmungsradius und somit die Größe der Emulsionskügelchen ist wieder eine Funktion der Moleküllänge und auch des Durchmessers des solvatisierten Metallatoms. Es sei hierzu noch bemerkt, daß der Querschnitt der hydrophilen und hydrophoben Gruppen nicht allein von den molekularen Ausmaßen, sondern auch sehr stark von der Solvatation dieser Gruppen abhängig ist.

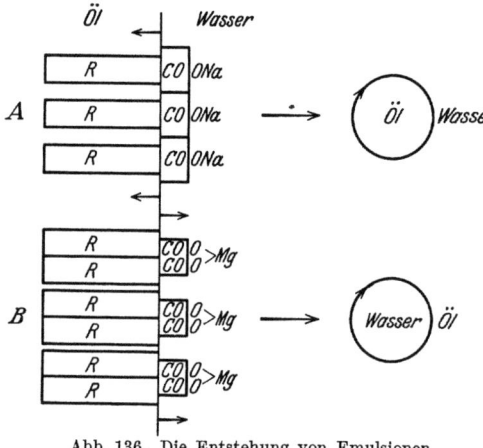

Abb. 136. Die Entstehung von Emulsionen (nach Rideal, Surface Chemistry).

Aus diesen Überlegungen folgt, daß die verschiedenen Emulgatoren oberflächenaktive polare Verbindungen sein müssen, welche in der Grenzphase ihrer Solvatation entsprechend orientiert werden, wobei die aus den Querschnitten der polaren und nichtpolaren Gruppen des Moleküls sich ergebende keilförmige Anordnung über die Art der zu entstehenden Emulsion entscheidet. Weitergehend folgt hieraus, daß durch Abänderung der Solvatationsverhältnisse und der keilförmigen Anordnung die Größe der Teilchen und die Art der Emulsion verändert werden kann. Es kann also eine Phasenumkehr hervorgerufen werden. So z. B. zeigt eine Öl-in-Wasseremulsion, welche Na-Oleat als Emulgator enthält bei Zusatz von Mg-, aber auch von Ca-, Ba-, Zn-, Al-, usw. Salzen eine Phasenumkehr, wobei eine Wasser-in-Ölemulsion zustande kommt. Ebenso wird eine

Phasenumkehr erzielt, wenn man durch Zusatz von NaCl die hydrophilen Eigenschaften der —COONa-Gruppe in den Hintergrund drängt. Die Solvationsverhältnisse sind auch eine Funktion der Emulgatorkonzentration und je nachdem die Hydratation oder die Ölsolvatation überwiegt, entstehen Öl-Wasser- oder Wasser-Öl-Emulsionen[1]. Es wurde von Bancroft die Feststellung ausgesprochen, daß die geschlossene Phase stets jene Phase ist, in welcher sich der Emulgator gelöst befindet. Da diese Tatsache in gutem Einklang mit der vorher erörterten Solvatation und Orientierungstheorie steht (Na-Oleat ist wasserlöslich, Mg-Oleat öllöslich), kann Bancrofts Feststellung als eine in den meisten Fällen gültige Faustregel verwendet werden.

Bisher wurde stets nur über Moleküle der Emulgatoren gesprochen, obwohl ein Teil dieser nicht molekular, sondern mizellar gelöst ist (z. B. Seife, usw.) Überträgt man aber die Solvatations- und Orientierungstheorie auf die Mizellen, was ohne Schwierigkeiten erfolgen kann, so hat man auch hier ein klares Bild über die Entstehung der Emulsion.

Es wurde in dieser gedrängten Zusammenfassung der Versuch gemacht, jene theoretischen Grundlagen zu geben, welche erforderlich sind, um den zur Herstellung einer Emulsion notwendigen Emulgator auf Grund der weiteren Kenntnisse seiner Eigenschaften heranziehen zu können. Mit Rücksicht hierauf sollen die in der pharmazeutischen Praxis gebräuchlichen Emulgatoren hier folgend näher besprochen werden.

Es sei indessen noch auf ein wichtiges Moment hingewiesen. Wie bereits erwähnt wurde, erniedrigen die Emulgatoren die Grenzflächenspannung der reinen Phasen. Unabhängig hiervon ist es bekannt, daß die Grenzflächenspannung auch in Hinsicht der gegenseitigen Löslichkeit von Bedeutung ist, und zwar sinkt diese mit zunehmender Löslichkeit. Sind die Phasen grenzlos mischbar miteinander, so verschwindet die Grenzflächenspannung. Es sei damit im Zusammenhange auf das Phenol-Wasser-System hingewiesen, dessen Phasen nur eine begrenzte gegenseitige Löslichkeit besitzen. Durch Zusatz eines Emulgators z. B. Na-Oleat wird diese unbegrenzt. Die Emulgatoren steigern also die Dispergierung der Phasen, und zwar je stärker die Grenzflächenspannung erniedrigt wird, um so größer ist die dispergierende Fähigkeit. Wird die Grenzflächenspannung hinreichend erniedrigt, so kann es zu einer spontanen Emulsionsbildung kommen. Hiernach muß man sich klar machen, daß nicht ein jeder Emulgator die Fähigkeit besitzt eine spontane Emulsionsbildung hervorzurufen, obwohl er geeignet ist die Stabilität einer bestehenden Emulsion infolge der Ausbildung eines Adsorptionsfilmes in der Grenzphase aufrechtzuerhalten. Bei Verwendung solcher Emulgatoren muß eine mechanische Kraft zur Dispergierung in Anspruch genommen werden. Man muß demgemäß zwischen der Fähigkeit einer spontanen Emulsionsbildung und einer emulsionsstabilisierenden Wirkung unterscheiden. Ebenso wie es Emulgatoren mit einer sehr kleinen oder mit gar keiner spontanen Emulsionsbildungsfähigkeit gibt, sind auch Emulgatoren mit kleiner stabilisierender Wirkung bekannt. Die stabilisierende Wirkung eines Emulgators besteht darin, daß die Tröpfchen einer vorhandenen Emulsion infolge der Eigenschaften des Adsorptionsfilmes nicht zusammenfließen können. Hierzu muß der Adsorptionsfilm gewisse mechanische Eigenschaften besitzen. Fehlen diese Eigenschaften, so fließen die Tröpfchen der Emulsion allmählich zusammen, bis die disperse Phase eine vollkommen zusammenhängende Schicht bildet und der Emulsionszustand aufhört. Gefördert wird das Zusammenfließen der Tröpfchen durch das sogenannte Aufrahmen. Sind die Tröpfchen einer Emulsion spezifisch leichter als die geschlossene Phase, so

---

[1] Weichherz, J.: Kolloid-Z. **47**, 133 (1929); **49**, 158 (1929).

bewegen sie sich aufwärts, und als Ergebnis entsteht an der Oberfläche der geschlossenen Phase eine konzentrierte Emulsion, während am Boden die reine geschlossene Phase zurückbleibt. Ist die disperse Phase spezifisch schwerer als die geschlossene Phase, so sammeln sich die Tröpfchen unten an. Die Aufrahmgeschwindigkeit ist eine Funktion der Teilchengröße und der Viscosität der geschlossenen Phase. Je größer die Teilchen sind, um so rascher erfolgt das Aufrahmen, dagegen wird es von hoher Viscosität gehemmt. Hochviscose Emulsionen sind daher zumeist stabil.

B. Die Emulgatoren.

Die Emulgatoren können in zwei Hauptgruppen geteilt werden, 1. lösliche und 2. unlösliche pulverförmige Emulgatoren. Die zweite Gruppe besitzt in pharmazeutischer Hinsicht gar keine Bedeutung und kann daher unbesprochen bleiben.

Von den in die erste Gruppe gehörenden Emulgatoren sollen hier nur jene besprochen werden, die eine pharmazeutische Bedeutung bzw. Anwendung haben. Da eine einwandfreie Systematik der Emulgatoren unmöglich ist, werden sie hier in annähernd chemischer Reihenfolge angeführt und besprochen.

1. Alkohole, Phenole, Naphthole.

Die wasserlöslichen Alkohole, Phenole und Naphthole sind polare Verbindungen, welche die Oberflächenspannung des Wassers erniedrigen, trotzdem ist ihre emulgierende Kraft im allgemeinen recht gering und sie finden daher fast nie eine alleinige Verwendung als Emulgator. Um so öfter bilden sie einen Bestandteil von Emulsionen in Verbindung mit Seifen. Von den Alkoholen wird in erster Linie hierfür der Benzylalkohol und das Cyclohexanol verwandt. Ihre Bedeutung liegt nicht so sehr in der Emulgierungsfähigkeit, als darin, daß man mit ihrer Hilfe wasserarme konzentrierte, aber dennoch flüssige und homogene Seifenlösungen herstellen kann, welchen Lösungen noch sonst wasserunlösliche Stoffe, wie z. B. Kohlenwasserstoffe, zugemischt werden können. Beim Vermischen mit Wasser entstehen sehr stabile Emulsionen dieser zugemischten Substanzen. Dieselbe Bedeutung besitzen die Phenole und die Naphthole, von welchen in erster Linie das Phenol selbst und in geringerem Maße das Naphthol in Frage kommt. Es wurde gefunden, daß das Phenol in der Grenzphase neben der Seife vorhanden ist[1] und seinerseits einen ganz besonderen Beitrag zur Gleichmäßigkeit und Stabilität der Emulsion liefert. Sowohl die erwähnten Alkohole als auch das Phenol liefern bei viel Wasser enthaltenden Systemen Öl-Wasseremulsionen, sie besitzen aber die ausgesprochene Neigung, in Verbindung mit Seifen in Gegenwart von wenig Wasser, Wasser-Ölemulsionen zu bilden. Ihre Bedeutung liegt hauptsächlich in dem Gebiete der als Desinfektionsmittel gebräuchlichen Teerölemulsionen. Die Alkaliverbindungen der Phenole besitzen die Fähigkeit, sonst wasserunlösliche Substanzen, wie Kohlenwasserstoffe, löslich zu machen (Hydrotropie). Na-Phenolat liefert wenig stabile Wasser-Ölemulsionen.

Die höheren aliphatischen Alkohole, wie Cetylalkohol, Cerylalkohol und Myricylalkohol sind wasserunlöslich und wirken ebenfalls als Emulgator, jedoch in ausgesprochenerem Maße als die obenerwähnten sonstigen Alkohole bzw. Phenole, aber mit der Maßgabe, daß sie Wasser-Ölemulsionen erzeugen. Aus diesem Grunde werden sie in erster Linie zur Erhöhung der Wasseraufnahmefähigkeit von Fettstoffen und hierdurch zur Herstellung von wasserhaltigen

---

[1] Riemann, Wm., u. P. R. van der Meulen: J. amer. chem. Soc. **46**, 876 (1924); **47**, 2507 (1925).

Salben gebraucht. Durch Zufügen von 5% Cetylalkohol zu einem Fettstoff kann ungefähr 40—50% Wasser im Fett in stabiler Form dispergiert werden.

Die mehrwertigen Alkohole haben eine ganz geringe emulgierende Kraft. Einzig das Glycerin wird als Zusatz zu Emulsionen verwandt, da es infolge seiner Viscosität das Aufrahmen vermindert.

Es ist selbstverständlich, daß die zur Gruppe der aliphatischen oder aromatischen Alkohole, der Phenole und Naphthole gehörende Emulgatoren mit Ausnahme des Glycerins im allgemeinen nur dann verwendbar sind, wenn die hergestellte Emulsion für äußere Zwecke gebraucht wird.

2. Seifen.

Erfahrungsgemäß besitzen die Seifen unter allen Emulgatoren die höchste emulgierende Kraft und stabilisierende Wirkung, und zwar bereits in ganz verdünnten Lösungen. Dementsprechend erniedrigen sie auch die Grenzflächenspannung in sehr hohem Maße. Die Beschaffenheit der Grenzphase bei molekular gelöster Seife ergibt sich aus der vorhergehend beschriebenen Orientierungstheorie. Die Seifenlösungen haben aber nur in sehr verdünntem Zustande einen molekularen Charakter. Die eingehenden Untersuchungen von James Mac Bain[1] haben ergeben, daß auch die Seifenlösungen von mittlerer Konzentration kolloide Eigenschaften aufweisen und daß die kolloiden Teilchen in ihrer Hauptmenge typische Ionen-Mizellen sind. Mizellen sind Molekülaggregate mit vektoriellen Eigenschaften, d. h. die Moleküle sind darin in einem orientierten Zustand aneinandergelagert. Besitzt eine Mizelle die Fähigkeit elektrolytisch zu dissoziieren, so entstehen kolloide Ionen, Ionen-Mizellen. In hochkonzentrierten Lösungen nimmt die Menge der nichtdissoziierten Seifenkolloide zu. Beim Verdünnen zerfallen die neutralen Mizellen in Ionen-Mizellen und Ionen. Die Ionen-Mizellen sind entsprechend dem lyophilen Charakter der Seife stark hydratisiert und besitzen folgende Zusammensetzung: $(MeS)_x (S')_y (H_2O)_z$. Bei weiterem Verdünnen zerfallen die Ionen-Mizellen zu dissoziierten Seifenmolekülen. Eine hydrolytische Spaltung der Seifen tritt in konzentrierten Lösungen nur in sehr geringem Maße ein, beim starken Verdünnen ist aber die Bildung von sauren Seifen bedeutend. Über die innere Beschaffenheit der sauren Seifen ist nur wenig bekannt. Diese Überlegungen sind natürlich nur auf wasserlösliche Seifen, also auf K-, Na-, NH_4- usw. Seifen gültig. Während die Alkaliseifen in Wasser im allgemeinen leicht löslich und in Kohlenwasserstoffen oder sonstigen wenig polaren Flüssigkeiten schwer oder gar nicht löslich sind, verhalten sich die Seifen der mehrwertigen Metalle (Ca, Mg, Zn usw.) gerade entgegengesetzt. Eine scharfe Grenze kann hier nicht gezogen werden, da z. B. die Alkalisalze der ungesättigten Ölsäure auch in Kohlenwasserstoffen löslich sind[2], während die Ca-, Mg-Seifen der Linolensäure wieder auch in Wasser leichter löslich sind. Über die Eigenschaften der nichtwässerigen Seifenlösungen ist nur wenig bekannt. Es steht allerdings fest, daß Alkohol die Seife in höherem Maße molekular löst als Wasser. Es läßt sich vermuten, daß sonstige Lösungsmittel die Seifen ebenfalls mizellar lösen. Aus den Löslichkeitsverhältnissen der Seifen in den einzelnen Phasen läßt sich auf Grund der Bancroftschen Faustregel die Art der entstandenen Emulsion stets entscheiden. Es sei hierbei darauf hingewiesen, daß nicht die absolute Löslichkeit in den Phasen, sondern die Verteilungskonzentrationen (Nernscher Verteilungssatz!) entscheidend sind[3]. Es läßt sich wohl behaupten, daß die wasser-

---

[1] Vgl. Mac Bain, James: Third Report on Colloid Chemistry, London 1920, S. 2—40.
[2] Weichherz, J.: Naturwiss. **16**, 654 (1928).
[3] Weichherz, J.: Kolloid-Z. **47**, 133 (1929).

löslichen Alkaliseifen bei kleiner Konzentration stets Öl-Wasseremulsionen liefern, während die „öllöslichen" mehrwertigen Metallseifen Wasser-Ölemulsionen geben.

Von den Seifen werden fast ausschließlich die Stearate, Palmitate, Ricinolate und Oleate zur Herstellung von Emulsionen gebraucht und zwar zumeist in Form ihrer Na-, K-, NH_4-, Ca-, Mg-, Zn-, Al-, Pb-Verbindungen. Die Alkaliseifen der Stearate und Palmitate sind in Wasser schwer löslich und werden deshalb für flüssige Emulsionen nie verwendet, ihre Anwendungsgebiete sind die wasserhaltigen Salben und Cremes vom Typ der Öl-Wasseremulsionen. Die pharmazeutische Bedeutung der anderen Alkaliseifen ist auch nur auf Emulsionen für äußeren Gebrauch beschränkt, so z. B. für Linimente oder Desinfektionsmittel usw. Die mehrwertigen Metallseifen haben ausschließlich für die Salben eine Bedeutung, und zwar für Salben vom Typ Wasser in Öl. Für den inneren Gebrauch dienende Emulsionen können niemals mit Seifen hergestellt werden, da der Magen diese nicht verträgt, und außerdem besitzen sie eine ausgesprochene laxative Wirkung. Außer der leichteren Löslichkeit haben die Ricinolate und Oleate den Vorteil, die Grenzflächenspannung stärker zu erniedrigen als die Stearate oder Palmitate, wodurch eine leichtere Emulgierung gewährleistet wird. Konzentrierte Seifenlösungen erstarren gelartig. Während die Stearate und Palmitate schon bei verhältnismäßig kleiner Konzentration Gele liefern, erstarrt eine wässerige Na-Oleatlösung erst bei einem ungefähren Na-Oleatgehalt von 18%.

Eine besondere Gruppe der Seifen bilden die Harzseifen, welche zumeist durch Verseifung des gewöhnlichen Kolophoniums hergestellt werden. Im Prinzip verhalten sie sich den Fettsäureseifen ähnlich, mit dem Unterschied, daß auch die Alkaliseifen der Harzsäuren gut öllöslich sind und daß sie daher nur bei relativ starker Verdünnung mit Wasser Öl-Wasseremulsionen geben. Ein wertvoller Vorzug der Harzseifen ist die vorzügliche stabilisierende Wirkung.

3. Aromatische Carbonsäuren.

Ähnlich wie die Salze der aliphatischen Carbonsäuren, die Seifen, besitzen auch die Salze mancher aromatischen Carbonsäuren eine wertvolle emulgierende Wirkung, so z. B. die Homologen der Hexahydrobenzoesäure und besonders die der Tetrahydronaphthalincarbonsäure. Die Naphthensäuren gehören ebenfalls in diese Gruppen. Die Alkaliverbindungen dieser Säuren verhalten sich wie die Seifen, speziell wie die Harzseifen. Da sie bisher für pharmazeutische Zwecke fast gar nicht herangezogen wurden, sollen sie hier unbesprochen bleiben. Es sei nur erwähnt, daß die Lithiumverbindung der aus Rohölen gewonnenen Naphthensäuren in der letzteren Zeit zur Herstellung von Salben empfohlen wurde (DRP. 404697). Die Emulsionsbildung verhält sich wie bei den Seifen.

4. Sulfooxyfettsäuren.

Durch Anlagerung von Schwefelsäure an ungesättigte Fettsäuren oder Oxyfettsäuren, z. B. Ricinolsäure, entstehen Sulfooxyfettsäuren, deren Alkaliverbindungen (Seifen) eine erhöhte Emulgierungskraft besitzen. Die technischen Produkte von diesem Typ sind den gebräuchlichen Rohstoffen (Ricinusöl, Tran, Harz usw.) entsprechend zumeist komplizierte Gemische, welche nur für zum äußerlichen Gebrauch dienenden Emulsionen herangezogen werden. Die Vorteile aber, welche sie den anderen Seifen gegenüber bieten, sind nicht bedeutend, so daß ihre Verwendung nur sehr beschränkt ist. Es sei hier gleich erwähnt, daß in den letzteren Jahren eine ganze Reihe von synthetischen aromatischen Sulfo- und Sulfooxysäuren hergestellt wurde, deren vom pharmazeutischen Standpunkt noch nicht näher untersuchte Alkaliseifen eine hervorragende Emulgatorwirkung besitzen. Die Emulsionsbildung verhält sich wie bei den Seifen.

5. Gallensäuren.

Die Alkaliverbindungen der hochmolekularen Gallensäuren, wie Cholsäure, Glykocholsäure, Taurocholsäure und Desoxycholsäure, verhalten sich wie die normalen Seifen und besitzen dementsprechend eine hohe Emulgierfähigkeit. Wegen beschränkter Menge des Materials und des äußerst unangenehmen Geschmackes werden die Na-Salze der Gallensäuren nur für Spezialzwecke verwandt, so z. B. wenn auch ihr therapeutischer Effekt mit ausgenutzt werden soll, so für Herstellung von galletreibenden Arzneizubereitungen, welche z. B. das wasserunlösliche Pfefferminzöl enthalten sollen. Es werden stets Öl-Wasseremulsionen gewonnen.

6. Amine und Säureamide.

Die Amine und Säureamide sind oberflächenaktive Substanzen, die mehr oder weniger stabile Emulsionen liefern. Da sie aber pharmakologisch teilweise nicht neutral sind, hat nur eine beschränkte Anzahl dieser Verbindungen Eingang in die pharmazeutische Technik gefunden. So z. B. haben sich die sonst technisch wertvollen Substanzen, wie Anilin, Benzylanilin, Naphthylamin, Butylamin, Pyridin nicht einbürgern können. Eine Ausnahme bildet das Stearinsäureanilid, welches bereits vor sehr langer Zeit unter dem Namen Fetron als Salbengrundlage in Form eines Gemisches mit 97% Vaselin und 3% Stearinsäureanilid Verbreitung gefunden hat. Eine zweite Ausnahme bildet das Hexamethylentetramin, welches in Verbindung mit Fettsäuren ebenfalls als Salbengrundlage Verwendung findet, jedoch weisen die auf dieser Basis hergestellten Salben keine gute Beständigkeit auf. Endlich soll auch das β, β', β''-Trioxy-Triäthylamin[1] sowohl allein, als auch in Verbindung mit Fettsäuren eine hervorragende emulgierende Fähigkeit besitzen, worüber aber die Verfasser keine eigenen Erfahrungen besitzen. Die hergestellten Emulsionen (mit Ausnahme des Stearinsäureanilids) gehören zum Typ Öl-Wasser.

7. Lipoide.

Die Lipoide gehören vom pharmazeutischen Standpunkt zur wichtigsten Gruppe der Emulgatoren. Sie sind fettartige Körper, welche neben Fettsäuren auch Phosphorsäure und Stickstoff enthalten. Die charakteristischen Vertreter der Lipoide sind die Lecithine, welche sich von den Triglycerid-Fettstoffen darin unterscheiden, daß nur zwei Alkoholgruppen des Glycerins mit Fettsäuren verestert sind, während die dritte mit Phosphorsäure verbunden ist. Die Phosphorsäure ist also einerseits mit Glycerin, andererseits aber mit einem Molekül Cholin verestert. Dieser Unterschied in der Zusammensetzung bedingt auch eine wesentliche Änderung im physikalisch-chemischen Verhalten, indem an Stelle eines Fettsäuremoleküls eine relativ stark hydrophile Phosphorsäure-Cholin-Gruppe getreten ist. Die Lecithine besitzen daher mehr oder weniger die Fähigkeit, mit Wasser lyophil-kolloide Lösungen zu liefern. Die Fettsäureketten sind von organischen Lösungsmitteln stark solvatisierbar, wodurch die Orientierung[2] der Lecithinmoleküle oder der kolloiden Lecithinteilchen gegeben ist: die hydrophile Phosphorsäure-Cholin-Gruppe hängt in der Wasserphase, während die Fettsäureestergruppe in der Ölphase verankert ist. Die wirksamen Querschnitte der beiden Gruppen scheinen in den meisten Fällen in einem solchen Verhältnis zu stehen, daß sich Öl in Wasseremulsionen bilden. Wässerige Lecithinlösungen werden zumeist Lecithinemulsionen genannt. Mit Hinsicht auf die einleitend gegebene Definition muß man sich entschieden auf den entgegengesetzten Standpunkt stellen,

---

[1] Z. angew. Chemie 41, 1211 (1928).
[2] Price, H. J., u. W. C. M. Lewis: Biochem. J. 23, 1030 (1929).

da das Lecithin, wie erwähnt wurde, ein lyophiles Kolloid ist, welches aber in wasserfreiem Zustand keine feste Substanz ist, sondern einen öligen Fettcharakter besitzt. Dieser Unterschied berechtigt aber noch nicht, eine Lecithinlösung eine Emulsion zu nennen.

Das Lecithin ist in der Reihe der bisher angeführten Emulgatoren der erste, der auch für zum inneren Gebrauch dienenden Emulsionen brauchbar ist. Es ist auch für Injektionszwecke äußerst wertvoll und ist in dieser Hinsicht wohl alleinstehend. Lecithin kann auch zur Herstellung von wasserhaltigen Kühlsalben vorzüglich verwendet werden. Es ist unbedingt weniger körperfremd als die Seife, besitzt allerdings eine weit geringere Emulgierfähigkeit. Für praktische Zwecke soll angeführt werden, daß das aus Eigelb hergestellte Lecithin die wertvollsten Eigenschaften besitzt. Demgegenüber ist das hydrierte (Hydrocithin-Riedl) und das synthetische Lecithin (Aussig) unbrauchbar. Das Lecithin wird normal zu 1—3% der Ölphase zugefügt.

8. Sterine.

Neben dem Lecithin sind die Sterine die wichtigsten Emulgatoren, welche die Fähigkeit, Wasser in Ölen und Fetten zu emulgieren, in außerordentlichem Maße besitzen. Die Sterine, besonders das Cholesterin und das Metacholesterin, sind die wirksamen Bestandteile des schon lange gebräuchlichen Wollfettes, welches in der pharmazeutischen Technik bei Herstellung von Heilsalben eine hervorragende Rolle spielt.

Das Cholesterin ist ein hochmolekularer Alkohol, welcher eine große physiologische Bedeutung besitzt. Eine ähnliche Bedeutung besitzt das ausschließlich pflanzenphysiologisch wichtige Phytosterin. Ohne auf die chemischen Eigenschaften des Cholesterins näher einzugehen (in dieser Hinsicht sei auf die chemische Literatur verwiesen), möge erwähnt werden, daß es in Wasser unlöslich, hingegen in organischen Lösungsmitteln, in Fetten und Ölen leicht löslich ist. Organischen Flüssigkeiten, besonders Ölen, sowie Fetten bereits in kleinen Mengen (1—5%) zugefügt, befähigt es diese bis zu 250% Wasser in Form einer Wasser-Ölemulsion aufzunehmen. Von besonderer Bedeutung ist, daß Cholesterin auch metallisches Quecksilber sehr gut zu emulgieren vermag. Sowohl Wasser, als auch die Quecksilberemulsionen zeichnen sich durch große Beständigkeit aus. Das dem Cholesterin isomere Metacholesterin überragt die emulgierende Wirkung des Cholesterins. Die Oxydationsprodukte des Cholesterins, die Oxycholesterine haben ebenfalls seit geraumer Zeit einen Eingang in die Salbenherstellung gefunden. Es sei hierbei nur an das Eucerit (Lifschütz) erinnert. Infolge der obigen Eigenschaften wurde sowohl das Cholesterin, als auch seine Derivate zur Herstellung von wasserhaltigen Heilsalben und kosmetischen Cremes verwandt. Da aber die Reinprodukte zumeist einen verhältnismäßig hohen Preis haben, gelangen sehr oft nur mehr oder weniger gereinigte Rohprodukte zur Anwendung. Eines der wichtigsten Produkte ist das Adeps lanae, welches durch Reinigen des rohen Wollfettes gewonnen wird und ein Gemisch von Cholesterin, Isocholesterin und von verschiedenen Fettsäureester dieser beiden Alkohole, sowie von Cerylalkohol, Carnaubylalkohol, Laurinalkohol bzw. deren Ester ist. Mit 25—30% Wasser und eventuell mit Paraffinöl vermischt ist es unter dem Namen Lanolin im Handel. Da das wasserfreie Adeps lanae sehr zäh ist, wird es oft mit 15—20% Paraffinöl, Olivenöl, Vaselin oder Schweineschmalz zusammengeschmolzen. Lanolinähnliche Produkte sind noch unter verschiedenen Namen, wie Eulanin, Alapurin usw. handelsüblich. Das vorher erwähnte Eucerit ist ebenfalls ein Gemisch verschiedener aus dem Lanolin abgeschiedener Oxycholesterine. Sämtliche mit Cholesterin oder cholesterinhaltigen Emulgatoren hergestellte Salben zeichnen sich durch ihre hervorragende Geschmeidigkeit aus.

9. Eiweiß und eiweißhaltige Stoffe.

Eiweiß ist neben dem Gummi arabicum das beliebteste Emulgierungsmittel für Emulsionen, welche zum inneren Gebrauch dienen, es bildet aber in manchen Fällen auch einen Bestandteil von Salben. Die Gelatine besitzt in dieser Hinsicht fast gar keine Bedeutung, da sie eine nur geringe emulgierende und stabilisierende Kraft besitzt. Sie wird in seltenen Fällen neben Seife als Emulgator für Salben verwandt (z. B. Resorbin-Agfa). Viel wichtiger sind das Eigelb, das Albumin und das Casein. Das Albumin besitzt ebenfalls eine verhältnismäßig geringe emulgierende Kraft, die Stabilisierungsfähigkeit ist bedeutender, jedoch ist seine Anwendung wegen sonstigen ungünstigen Eigenschaften klein. So ist es leicht verderblich und koaguliert beim Erwärmen, wobei die Emulsionen zerstört werden. Die Spaltprodukte des Albumins, wie Lysalbin und Protalbin emulgieren bedeutend besser und haben den Vorteil, beim Erhitzen nicht zu gerinnen. Sie kommen besonders als Seifenzusätze in Frage und haben keine pharmazeutische Bedeutung. Das Eigelb (Vitellum ovi) ist eine Emulsion, welche aber die Fähigkeit besitzt, noch weitere Ölmengen zu emulgieren und im wesentlichen eine Lösung von 15,6—17,5% Eiweiß ist, welche ungefähr 29—36% Fette und Lipoide (etwa 7% Lecithin) in Emulsion hält. Es wird in erster Linie zur Herstellung von Lebertran-, Ricinusölemulsionen usw. verwendet.

Von größter Bedeutung ist das Casein, welches sowohl in nativer Form oder aber nach erfolgtem Fällen aus Milch und Reinigen in alkalischer Lösung zur Anwendung gelangt. Es muß betont werden, daß das native Casein als Emulgator die alkalischen Caseinlösungen weit überragt. Das native Casein wird in Form von Magermilch oder als Magermilchpulver zum Emulgieren verwandt. Die Magermilch ist nur zur Herstellung von relativ verdünnten Emulsionen geeignet, welche durch Verdampfen eingedickt oder aber in entsprechenden Trockenapparaten vollkommen getrocknet werden können. Unter allen Emulgatoren ist das Casein fast allein zur Herstellung von Trockenemulsionen geeignet. Für pharmazeutische Betriebe ist es weit bequemer Magermilchpulver zum Emulgieren zu verwenden, da der unregelmäßige Verbrauch an Magermilch die Versorgung etwas schwierig gestaltet, während das Magermilchpulver eine beträchtliche Zeit lagerfähig ist. Da die mit Casein hergestellten Emulsionen ebenfalls leicht verderblich sind, wird das Casein zumeist nur für getrocknete Emulsionen verwandt. Zu diesem Zwecke läßt man das Magermilchpulver mit nur wenig Wasser quellen und verknetet bzw. verrührt das zu emulgierende Öl mit dieser dicken Milch. Man erhält so dickflüssige, fast bis ganz feste Emulsionen. Die hohe emulgierende Kraft des Magermilchpulvers wird am besten durch die Angabe gekennzeichnet, daß es die 5—10fache Menge an Öl zu emulgieren vermag und daß diese Emulsion auf geeignetem Wege getrocknet werden kann, ohne daß hierbei die Emulsion in geringstem Maße zerstört würde. Von den vielen Magermilchpulvern ist das Zerstäubungsmilchpulver am geeignetsten.

Das gefällte und durch Alkalien wieder quellbar gemachte Casein ist ebenfalls zum Emulgieren brauchbar. Zu diesem Zwecke wird das Casein mit NaOH, NH_4OH, $Ca(OH)_2$ oder auch mit frisch gefälltem $Mg(OH)_2$ zum Quellen gebracht. Die erforderlichen Alkalimengen schwanken mit der Caseinqualität und werden am besten immer empirisch festgestellt (0,5—1,5%). Man kann auch fertige, handelsübliche Alkalicaseinate verwenden, so z. B. Eucasin (Casein-Ammonium), Nutrose (Casein-Natrium), Larosan (Casein-Calcium). Es sei erwähnt, daß das Ammonium-Casein für Trockenemulsionen ungeeignet ist, da das Ammonium beim Trocknen teilweise oder ganz entweicht und das Präparat unlöslich wird.

Ein großer Nachteil der mit Casein hergestellten Emulsionen ist, daß sie auch im getrockneten Zustand nur begrenzt haltbar sind. Bei absolut luftdichter Verpackung beträgt die Haltbarkeit ungefähr 6—7 Monate. Nach dieser Zeit werden die Emulsionen allmählich wasserunlöslich, wobei eine Ölabscheidung noch nicht beobachtet werden kann, dies erfolgt erst nach viel längerer Zeit.

Das Casein kann auch für Injektionsemulsionen gebraucht werden, da es aber auch selbst eine therapeutische Wirkung besitzt, ist seine Anwendung nur dann möglich, wenn der therapeutische Effekt erwünscht ist (parenterale Reiztherapie).

Für Spezialzwecke wird auch das Gliadin (Weizenkleber) zum Emulgieren benützt, und zwar dann, wenn bei der Herstellung von Pillenmassen diesen unlösliche Öle oder Fette einverleibt werden müssen. Hier wird das sonst unlösliche Gliadin in Form von Weizenmehl verwandt, weil die Löslichkeit der Emulsion keine Forderung ist und es sonstige für die Pillenmassen wertvolle Eigenschaften besitzt, worüber Näheres im Kapitel V über Pillen mitgeteilt wird.

10. Kohlehydrate, kohlehydratähnliche Substanzen.

Die einfachen Kohlehydrate besitzen keine emulgierende Kraft, bei Polysacchariden ist sie aber bereits bedeutend. So z. B. kann man mit Dextrin Emulsionen herstellen, welche aber wenig stabil sind. Einigermaßen haltbare Emulsionen können nur mit ganz dickflüssigen Dextrinlösungen hergestellt werden, aber auch nur dann, wenn die disperse Phase in kleiner Konzentration vorhanden ist. Das Dextrin wird zumeist in Form von dickflüssigen Malzextrakten zur Herstellung von Lebertranemulsionen verwandt, wobei jene gleichzeitig als Geschmackskorrigent dienen. Die emulgierende Kraft der Stärke wird für pharmazeutische Zwecke nur selten ausgenützt, da sie gering ist, sie liefert nur hochviscose Emulsionen und bietet auch sonst keine Vorteile.

Die zu den Glykosiden gehörenden Saponine werden für pharmazeutische Zwecke nur in ganz beschränktem Maße benutzt, da sie im allgemeinen für nicht unschädlich gelten. Obwohl sie die Grenzflächenspannung stark erniedrigen, besitzen sie eine relativ geringe stabilisierende Wirkung.

Eine viel größere Bedeutung haben die Pflanzenschleime, wie das arabische Gummi, Traganth, Agar-agar, Carragheen, die Samenschleime (Leinsamen, Quitten usw.) und Fruchtschleime oder die hieraus gewonnenen Pektine.

Das Gummi arabicum ist entschieden der in der pharmazeutischen Praxis weitverbreitetste Emulgator, da es am einfachsten zu handhaben ist bzw. über seine Anwendung die größte Erfahrung vorhanden ist. Obwohl der Wert des Gummi arabicums nicht zu bezweifeln ist, ist seine fast ausschließliche Anwendung für Öl-Wasseremulsionen nicht gerechtfertigt, da wir über eine ganze Reihe von anderen wertvollen Emulgatoren verfügen. Ein wichtiger Nachteil des Gummi arabicums ist die schwankende Zusammensetzung und demgemäß das schwankende Verhalten beim Emulgieren. Die beste Qualität ist das sogen. echte arabische Gummi, oder Kordofan-Gummi, welches aber recht selten im Handel ist. Die aus Ostafrika stammenden Sorten sind im allgemeinen die wertvolleren. Die im Großhandel üblichen Bezeichnungen für brauchbare Sorten sind Gummi arabicum albissimum oder electissimum und album oder electum. Zahlenmäßige Forderungen gegenüber den Eigenschaften besonders für die Grenzflächenspannung und Viscosität sind aus der Literatur unbekannt, und in der Praxis hat man sich stets mit der praktischen Erprobung begnügt. Man kann natürlich somit stets mit einer ungenügenden Stabilität einer Emulsion rechnen, wenn eine neue Lieferung zum Aufarbeiten zur Verfügung steht.

Das Gummi arabicum besitzt oxydierende Eigenschaften (S. 84, Pillen), weshalb der Gummischleim oder wenn zulässig die ganze Emulsion zumindestens für

¹/₂ Stunde auf etwa 80° erhitzt werden muß, wobei die angeblich vorhandene Oxydase bzw. die die Oxydation bewirkende Substanz zerstört wird.

Zwecks Herstellung von Emulsionen wird das arabische Gummi in einer Mindestkonzentration von 25% verwandt. Die Ölmenge kann normal höchstens das Doppelte des Gummi arabicums betragen.

Die sonstigen obenerwähnten schleimartigen Emulgatoren besitzen eine weit geringere Bedeutung. Ein Hauptgrund hierfür ist, daß sie bereits in geringer Konzentration gelartig erstarren und sich so zur Herstellung von flüssigen Emulsionen nicht eignen. Ihre Hauptanwendungsgebiete sind die Salben, Cremes und Emulsionen für den inneren Gebrauch, welche aber eine feste Konsistenz aufweisen können. Solche Emulsionen sind z. B. die Ricinusöl-, Paraffinöl-, Lebertranölemulsionen. Traganth und Agar werden fast ausschließlich für Salben und Cremes, aber auch hier nur selten verwandt. Ebenso gelangen die Alkalispaltprodukte des Traganths (wie z. B. Physiol) und der verschiedenen Tangschleime nur bei der Herstellung von Salben zur Anwendung. Diese Schleime sowie Carragheen und auch die Samenschleime (Leinsamen) haben eine milde, aber doch ausgesprochene laxative Wirkung, weshalb sie ausnahmsweise auch für Herstellung von Paraffinölemulsionen dienen können. Für diesen Zweck haben sich in der letzten Zeit auch die Fruchtschleime eingeführt, da sie infolge ihres Pektingehaltes relativ gute Emulgatoren und gleichzeitig infolge des angenehmen Fruchtgeschmackes vorzügliche Geschmackskorrigenten sind. Besonders gut geeignet ist ein Quittenschleim (Gelee) aus den Früchten oder aber aus Quittensamen. Für denselben Zweck können auch die gereinigten Pektinstoffe verwandt werden.

Sämtliche Kohlehydratemulgatoren liefern Öl-Wasseremulsionen.

11. Anorganische Kolloide.

Anorganische Kolloide, wie das gelförmige Aluminiumhydroxyd, Magnesiumhydroxyd, Kieselsäure usw. besitzen die Fähigkeit, Fette, Öle und im allgemeinen eine große Reihe von wasserunlöslichen Flüssigkeiten in dispergiertem Zustand zu halten. Diese Dispersionen sind aber keine wahren Emulsionen, da sie sich beim Verdünnen mit Wasser sofort trennen. Hiernach scheint die durch mechanische Bearbeitung erhaltene Dispersion (Quasiemulsion) nur infolge der hohen Viscosität beständig zu bleiben. Sie werden nur zur Salbenherstellung verwendet.

12. Zusammenfassung.

Zum äußeren Gebrauch		Zum inneren Gebrauch	
Wasser-Öl	Öl-Wasser	Öl-Wasseremulsionen	
Emulsionen		Per os und per rectum	Für Injektionen
Salben, Desinfektionsmittel usw.			
Phenol	Phenol	Glycerin	Glycerin
Cetylalkohol	Naphthol	Gallensaures Na	Lecithin
Myricylalkohol	Glycerin	Lecithin	Casein
Mehrwertige Metallseifen (Ca, Mg, Zn, Pb, Al usw.)	Alkaliseifen	Eigelb	Dextrin
Stearinsäureanilid	Naphthensäuresalze	Albumin	
Cholesterin	Sulfosäuresalze	Casein	
Metacholesterin	Lecithin	Gliadin	
Oxycholesterin	Agar	Dextrin	
	Traganth	Gummi arabicum	
	Traganth-Na	Traganth	
	Casein nativ. und Alkaliverb.	Agar-agar	
		Carragheen	
		Quittenschleim	
		Leinsamenschleim	
		Pektin	

Beim Überblick der hier angeführten Emulgatoren ergibt sich die Tatsache, daß wir über eine ganze Reihe von guten Emulgatoren verfügen, und zwar über solche, die Wasser in Öl- und über solche, die Öl in Wasseremulsionen bilden. Zur raschen Orientierung über die Anwendbarkeit der Emulgatoren wurden die wichtigeren in umstehender Tabelle zusammengefaßt.

C. Die Herstellung der Emulsionen.
1. Allgemeine Grundsätze.

Zur Herstellung der Emulsionen können drei grundsätzlich verschiedene Wege gewählt werden:

1. Man kann den erforderlichen Emulgator in der einen Emulsionsphase lösen und sodann diese Lösung durch mechanisches Vermischen mit der anderen Phase in eine Emulsion überführen. So z. B. wird das arabische Gummi im Wasser zu einem Schleim gelöst und sodann mit dem zu emulgierenden Öl vermischt. Diese Methode ist in der pharmazeutischen Praxis als die englische Methode bekannt und ist speziell im Falle des Gummi arabicums der nachfolgend beschriebenen kontinentalen Methode erfahrungsgemäß unterlegen.

2. Die zweite Möglichkeit ist, den Emulgator mit der ihn nicht lösenden Phase sorgfältigst zu verreiben und dann diese Verreibung mit der zweiten Phase zu vermengen und in eine Emulsion zu überführen. Z. B. wird das Gummi arabicum mit dem Öl zuerst verrieben und dann das Wasser zugerührt. Diese Methode ist als die kontinentale Methode bekannt.

3. Eine weitere Möglichkeit ist, die zu emulgierende Phase und den Emulgator mit einem gemeinsamen Lösungsmittel zu lösen und diese Lösung sodann mit der zweiten Phase zu verdünnen. Eine Voraussetzung ist hierbei, daß das Lösungsmittel mit der zweiten Phase mischbar ist. Beim Mischen scheidet sich die vorher gelöste Phase in Form einer hochdispersen Emulsion aus. So z. B. wird eine Kampferemulsion mit Lecithin als Emulgator so hergestellt, daß der Kampfer und das Lecithin in Methyl- oder Äthylalkohol gelöst werden und diese Lösung sodann mit Wasser verdünnt wird. Diese Methode ist die technisch einfachste und erfordert im Gegensatz zu den ersten zwei Methoden fast gar keine Apparatur. Ihre Anwendungsmöglichkeit ist aber sehr beschränkt.

Für technische Zwecke wird im allgemeinen die erste (englische) Methode benutzt, obwohl die zweite in technischer Hinsicht oft manche Vorteile mit sich bringen kann. Bevor auf die notwendige Apparatur ausführlicher eingegangen wird, soll hier noch eine allgemeine Erfahrung über die Herstellung der Emulsion mitgeteilt werden.

Zur Herstellung einer Emulsion nach der englischen Methode muß die zu dispergierende Phase in der Emulgatorlösung mittels mechanischer Kraft verteilt werden. Durchgeführte Untersuchungen ergaben nun die überraschende Tatsache, daß z. B. eine steigende Mischgeschwindigkeit nicht unbedingt eine erleichterte Emulsionsbildung zur Folge haben muß. Es wurde im Gegenteil beobachtet, daß die höhere Misch(Rühr-)geschwindigkeit sogar eine schon bestehende Emulsion zerstören kann. Aber nicht nur die Geschwindigkeit, sondern auch die Mischdauer hat einen solchen Einfluß: zu lange dauerndes Mischen kann die Emulsion wieder zerstören. Aus dieser Tatsache ergab sich die experimentell bestätigte Erkenntnis, daß für einen jeden Emulgierungsapparat eine optimale Mischgeschwindigkeit und eine optimale Mischdauer vorhanden ist[1]. Die Unter-

---
[1] Ayres: Chem. met. eng. **22**, 1059 (1920). — Newmann: J. physic. Chem. **18**, 38 (1914). — Pollard: Pharmac. Journ. **83**, 135 (1909). — Bechhold, Dede u. Reiner: Kolloid-Z. **28** (1920).

suchungen von Briggs[1] haben ergeben, daß das intermittierende Mischen der Phasen eine erhöhte Wirksamkeit besitzt, das heißt fügt man bei dem Mischen Ruhepausen ein, so wird die Emulgierung beschleunigt und die erreichte Dispersion wird höher. Indessen liegen die Verhältnisse tatsächlich ganz anders. Die angeführten Erfahrungen wurden mit Hilfe sehr einfacher Apparate gesammelt, welche das Mischen durch Schütteln oder Rühren zu erreichen suchten. Eine Hauptforderung gegenüber den Emulgiermaschinen ist aber die Zertrümmerungsfähigkeit, das heißt die Emulgiermaschinen müßten eine Mahlwirkung besitzen. Die obigen Erfahrungen sind aber nur für Apparate mit sehr kleiner zertrümmernden Wirkung gültig. Es wird die zu dispergierende Phase in nur verhältnismäßig große Teilchen zerteilt, welche sich bei den gewöhnlichen Rühr- oder Schüttelapparaten mit der äußeren Phase mitbewegen. Es ist stets ein Gleichgewicht vorhanden, welches darin besteht, daß eine bestimmte Anzahl von Töpfchen zu größeren zusammenfließt (infolge Berührung beim Schütteln oder Rühren), gleichzeitig bildet sich aber auch eine bestimmte Anzahl von neuen kleinen Tröpfchen. In diesem Zustand wird ein gewisser Dispersionsgrad erreicht, wenn im Inneren

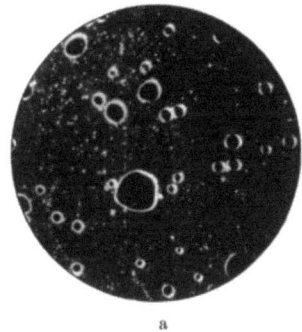 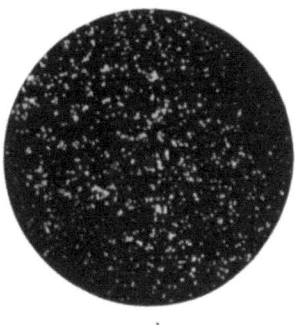

a b

Abb. 137. Ricinusölemulsion mit Trockenmilch hergestellt vor (a) und nach (b) der Homogenisierung. Dunkelfeldaufnahme 300×.

der Emulsion keine Gleichgewichtsschwankungen infolge der ungleichmäßig verteilten Schüttelwirkung oder Rührwirkung auftreten. Sind Gleichgewichtsschwankungen vorhanden, so kann der Emulsionszustand auch ganz aufhören. Erst wenn die Mahlwirkung (zertrümmernde Wirkung) derart groß ist, daß das Zusammenfließen der Tröpfchen in den Hintergrund gedrängt ist, verschwindet der optimale Bewegungszustand und die optimale Emulgierungsdauer eines Apparates.

Die normalen Emulsionsapparate besitzen zumeist eine verhältnismäßig geringe zertrümmernde Wirkung, so daß die erhaltenen Emulsionen grobdispers sind. Die grobdispersen Emulsionen sind aber nicht genügend stabil, denn die Kügelchen rahmen auf und fließen dann auch allmählich zusammen. Das Aufrahmen kann in bestimmten Grenzen zurückgedrängt werden durch die Viscosität erhöhenden Zusätze. Das wirksamste Mittel ist aber die Homogenisierung einer Emulsion, welche darin besteht, daß die Emulsionskügelchen mit Hilfe einer besonderen Apparatur derart weitgehend zertrümmert werden, daß ein Aufrahmen infolge der Kleinheit der Teilchen bzw. der auftretenden Brownschen Molekularbewegung und der Viscosität der geschlossenen Phase unmöglich ist. Die Homogenisierapparate besitzen also eine sehr große Zertrümmerungsfähigkeit. Die Wirkung der Homogenisierung ergibt sich aus den Abb. 137a, b, 138a, b, 139a, b, 140a, b.

---

[1] Briggs, J. physic. Chem. 24, 120 (1920).

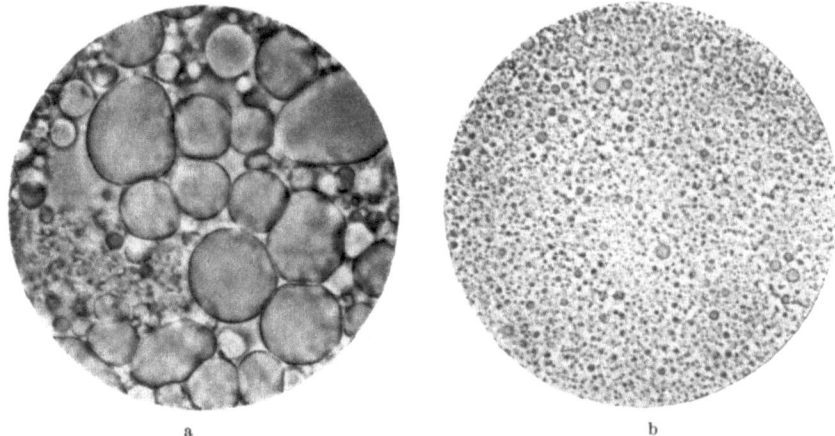

Abb. 138. Olivenölemulsion mit Eigelb hergestellt vor (a) und nach (b) der Homogenisierung (2000×).

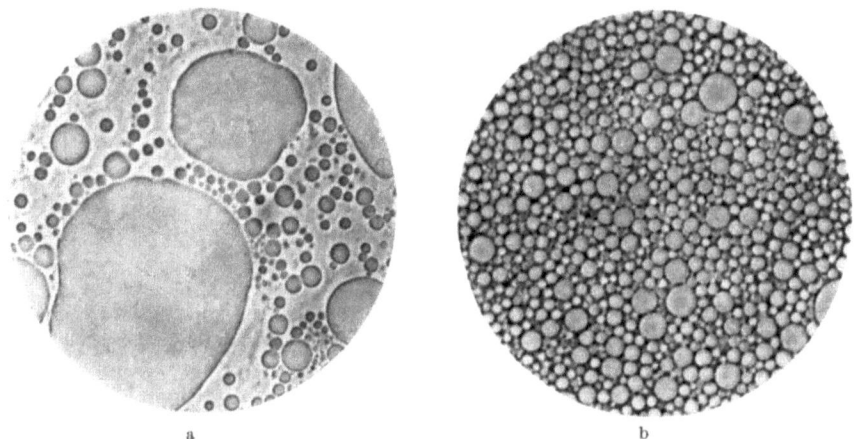

Abb. 139. 25°/₀ Wasser enthaltende Paraffinölemulsion mit Gummiarabicum hergestellt vor (a) und nach (b) der Homogenisierung (2000×).

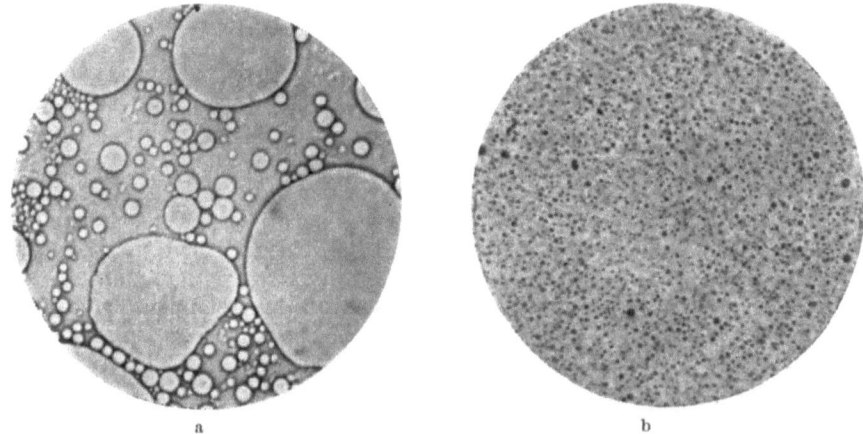

Abb. 140. Sesamöl-Liniment vor (a) und nach (b) der Homogenisierung. Nach der Homogenisierung trat Brownsche Molekularbewegung auf (2000×).

2. Die Apparatur.

Die erforderliche Apparatur ist eine Funktion des Herstellungsverfahrens. Um sie zu ermitteln wollen wir die verschiedenen Herstellungsmöglichkeiten vom Standpunkt der Apparatur näher betrachten und gleichzeitig die einzelnen Apparate, soweit dies hier möglich ist, eingehend besprechen.

Zunächst muß die Apparatur in zwei Hauptgruppen geteilt werden: 1. Apparate zur Herstellung der grobdispersen Emulsionen und 2. Homogenisiermaschinen.

Die englische Methode erfordert folgende Arbeitsphasen: 1. Lösung des Emulgators in der einen Phase und 2. Dispergierung der zweiten Phase in der Emulgatorlösung. Die erste Phase kann in technischer Hinsicht wieder zwei Möglichkeiten bieten: a) die Emulgatorlösung ist eine relativ dünne Flüssigkeit, oder aber b) ist sie eine hochviscose Substanz, welche unter Umständen eigentlich den gequollenen teigartigen Emulgator darstellt. Im zweiten Fall wird man stets eine ganz steife, oft nur schwer knetbare Emulsion erhalten, welche nachträglich mit der geschlossenen Phase noch verdünnt werden kann.

Die zum Lösen des Emulgators erforderliche Apparatur ist relativ einfach und ist im Prinzip identisch mit den weiter unten zu beschreibenden Rührapparaten. Sie besteht aus einem Kessel mit Rührvorrichtung. Die fertigen Lösungen müssen oft filtriert bzw. geklärt werden. Die hierzu erforderliche Apparatur ist im Kapitel VII über Tinkturen ausführlich besprochen.

Wird der Emulgator nicht gelöst, sondern bis zu einer teigartigen Konsistenz angequollen (z. B. Casein, Milchpulver), so benutzt man hierzu eine Knetmaschine.

Abb. 141. Heizbare Knetmaschine mit Schutzdeckel und Kippvorrichtung (Werner & Pfleiderer, Cannstatt-Stuttgart).

Die Knetmaschinen sind im Kapitel V über Pillenmassen (S. 91) eingehender besprochen. Hier sei nur soviel erwähnt, daß zur Herstellung von Emulsionen manchmal auch heizbare Knetmaschinen zur Anwendung gelangen, um das Anquellen des Emulgators zu beschleunigen (Abb. 141). Dickflüssige Emulsionen schließen sehr viel Luftbläschen ein, welche durchsichtige Emulsionen (z. B. Lebertran-Glycerin-Malzextrakt) undurchsichtig machen. Es leistet hier eine Vakuumknetmaschine gute Dienste (Abb. 142).

Zum Emulgieren der beiden Phasen werden in der primitivsten Form Gefäße mit Rührwerk verwendet, doch haben diese den Fehler, daß die zwei Phasen sich mit dem Rührwerk in geschlossenen Massen mitbewegen, wodurch weder eine Mischwirkung, noch eine Zertrümmerung zustande kommt. Es werden daher zweckmäßig sogenannte Widerstände eingebaut, welche einerseits das Rotieren der Flüssigkeit verhindern, andrerseits wird an ihnen die anprallende Masse besser zertrümmert, welcher Umstand noch durch die Wirbelbildung gefördert wird (Abb. 143, DRP. 316445). Mit diesen einfachen Vorrichtungen können brauchbare Emulsionen nur dann hergestellt werden, wenn die Dispergierung ohne Aufwand von größerer mechanischer Kraft möglich ist, also wenn die Grenzflächenspannung derart klein ist, daß die Emulsionsbildung sozusagen spontan verläuft. Ist dies aber nicht der Fall, so müssen Rührwerke mit einer kräftigeren zertrümmernden Wirkung zur Anwendung gelangen.

Die zertrümmernde Wirkung eines Emulgierapparates kann mit der Mahlwirkung einer Mühle für feste Stoffe verglichen werden, doch besteht ein Unterschied darin, daß die zu zertrümmernden Teile in flüssigem Medium und nicht in Luft verteilt sind. Die Mahlwirkung besteht in erster Linie darin, daß die beweglichen mahlenden Teile eine direkte kräftige Schlagwirkung auf die Substanz ausüben, wodurch diese dann in kleinere Teile zersplittern. Die flüssigen Teilchen einer Emulsion werden durch diese Schlagwirkung ebenfalls zertrümmert, doch kommt eine noch sehr wichtige Wirkung hinzu. Die Schlagwirkung der beweglichen Ma-

Abb. 142. Heizbare Vakuumknetmaschine mit Kippvorrichtung (Werner & Pfleiderer, Cannstatt-Stuttgart).

schinenteile zertrümmert nicht nur jene flüssige Kügelchen, welche unmittelbar vom Schlag getroffen werden, sondern dieser wird von der Flüssigkeit (äußere Phase) weitergepflanzt und übt auf die disperse Phase eine Scherwirkung aus, wodurch diese zertrümmert wird. Die Scherwirkung ist im Prinzip auch bei Mühlen vorhanden, doch ist sie für Luft verschwindend klein, besonders wenn die Schlagwirkung auch relativ gering ist.

Wirksamere Emulgiermaschinen müssen demnach eine Schlagwirkung ausüben.

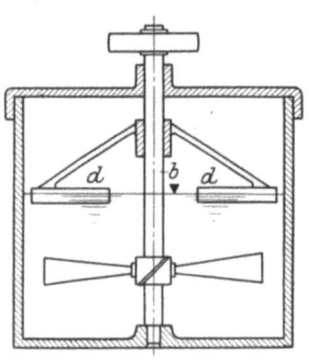

Abb. 143. Emulgiermaschine mit einfachem Rührwerk und mit Widerständen (d).

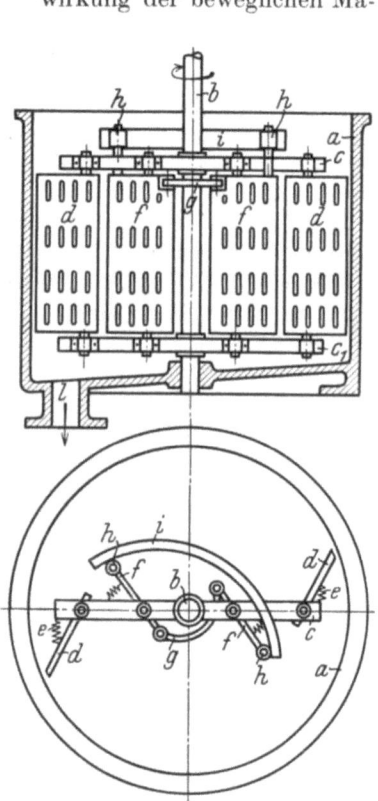

Abb. 144. Emulgiermaschine mit schwingenden Rührflügeln.

Ein Beispiel einer solchen Vorrichtung ist auf Abb. 144 (DRP. 393453) gegeben; hier sind die Rührflügel beweglich befestigt und führen beim Drehen des

Rührwerkes unter dem Einfluß der Zentrifugalkraft und von Spannfedern eine dauernde schwingende Bewegung aus, wobei bei jeder Schwingung ein kräftiger Schlag auf die Flüssigkeit ausgeübt wird.

Die Scherwirkung der geschlossenen Phase und die Zertrümmerung mittels Druck wird in höherem Maße nur bei den sogenannten Kolloidmühlen und Homogenisiermaschinen ausgenutzt. Über beide Maschinen wird weiter unten Näheres berichtet.

Die Emulgierung verläuft viel leichter und besser, wenn die zu dispergierende Phase nicht auf einmal, sondern in kleinen Portionen der Emulgatorlösung zugefügt wird. Eine neue Portion soll erst dann zugesetzt werden, wenn die vorhergehende bereits hinreichend dispergiert ist. Zweckmäßig läßt man die zu dispergierende Phase in ganz dünnem Strahl zur Emulgatorlösung hinzufließen, oder aber man preßt sie durch Düsen hinein, wodurch schon allein eine größere Dispergierung erreicht werden kann. Ein Zerstäuben kann nicht nur mittels Düsen, sondern auch mit Hilfe von schnellrotierenden Verteilerscheiben erreicht werden. Diese Scheiben können entweder den Schaufelrädern ähnlich ausgebildet sein, oder eine von den Krause-Trocknungsapparaten her bekannte Ausführung aufweisen (Kapitel XIII). Eine Schaufelradkonstruktion stellt Abb. 145 (D.R.P. 449091) dar. Die beiden Phasen treffen sich in einem nebelartig zerstäubten Zustand und mischen sich hierbei unter Emulsionsbildung. Bei anderen Konstruktionen rotiert die Scheibe in der geschlossenen Phase, in welche die andere Phase von der Scheibe nebelartig zerstäubt hineingeblasen wird. Die Düsen und Scheibenverteiler liefern verhältnismäßig hochdisperse Emulsionen, deren Stabilität auch besser ist als die der mit gewöhnlichen Rührwerken hergestellten Emulsionen.

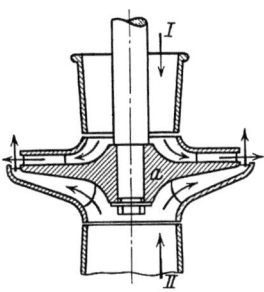

Abb. 145. Schleuder-Misch-Emulgiermaschine.

Ist der Emulgator in einer teigförmigen Konsistenz vorhanden, so kann die Emulgierung in einer Knetmaschine erfolgen, vorausgesetzt, daß die Emulgierfähigkeit genügend groß ist, um mit Hilfe einer sich mit sehr langsam bewegenden Knetflügeln arbeitenden Knetmaschine eine ausreichende Dispersion zu erhalten. Da in solchen Fällen zumeist Milchpulver oder Mehl (Kleber) als Emulgator gebraucht wird, besteht die Gefahr einer schlechten Emulgierung zumeist nicht, und obwohl die Dispergierung niemals so gut wie bei Düsenapparaten ist, können die Produkte auch getrocknet werden. Ist dies nicht der Fall, so müssen die Emulsionen homogenisiert werden.

Für salbenartige Substanzen kann ebenfalls eine Knetmaschine benutzt werden, doch ist die Anwendung einer im Kapitel X über Salben näher beschriebenen Salbenmühle fast immer unvermeidlich.

Wie bereits erwähnt wurde, besteht die Homogenisierung einer Emulsion darin, daß die grobdispersen Systeme mit Hilfe einer hinreichenden Schlag-, Scher- oder Druckwirkung in hochdisperse Systeme übergeführt werden, so daß gleichzeitig die Variationsbreite der Teilchengröße enger wird. Da die Homogenisierbarkeit einer Emulsion sehr verschieden ist, ändert sich auch der erforderliche Kraftaufwand sehr stark, aber er ist fast immer sehr hoch. Aus diesem Grunde, aber auch wegen des sehr raschen Verschleißes der Maschinen ist die Homogenisierung ein kostspieliger Kalkulationspunkt. Ein Homogenisieren wird deshalb nur dann vorgenommen, wenn dies unvermeidlich ist.

Die in der Praxis benutzten Homogenisiermaschinen sind zum größten Teil aus der Milchindustrie hervorgegangen, wo die Homogenisierung schon seit langer Zeit üblich ist. Spezialkonstruktionen für Emulsionen, außer der Milch, sind erst seit relativ kurzer Zeit bekannt. Die große Anzahl der Konstruktionen erlaubt es nicht auf diese alle hier näher einzugehen. Wir müssen uns mit der Besprechung einiger bewährten Maschinen begnügen.

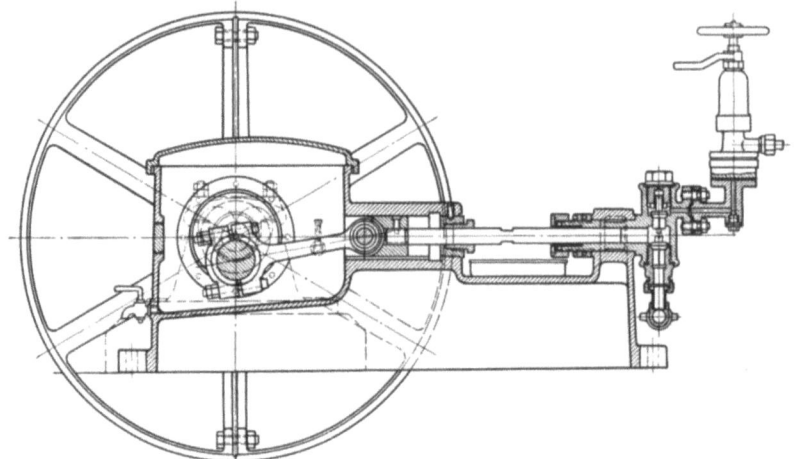

Abb. 146. Schema einer „Astra" Homogenisiermaschine (Bergedorfer Eisenwerke AG.).

Eine der ältesten Konstruktionen ist die „Astra" Homogenisiermaschine der Bergedorfer Eisenwerke AG. (Abb. 146, 147). Die grobdisperse Emulsion wird mit Hilfe eines Kompressors unter hohem Druck durch den sogenannten

Abb. 147. „Astra" Homogenisiermaschine (Bergedorfer Eisenwerke AG.).

Homogenisierkopf (DRP. 441001) gedrückt. Die Wirkung des Homogenisierkopfes beruht darauf, daß die grobdisperse Emulsion durch den vom Kompressor hervorgerufenen (etwa 200—300 Atm.) Druck durch enge Kanäle und Spalte gepreßt wird. Der hohe Druck und der große Reibungswiderstand verursachen eine weitgehende Erhöhung der Dispersität. Der Homogenisierkopf der „Astra"-

Die Herstellung der Emulsionen.

Maschine (Abb. 148) enthält Spiralkanäle und einen verstellbaren Ringspalt. In die Spiralkanäle sind noch Drähte eingelegt, um den Reibungswiderstand und somit die Homogenisierwirkung zu vergrößern.

Die Homogenisiermaschinen der Firma Wilhelm Schröders Nachfolger, Otto Runge AG., Lübeck, haben einen Homogenisierkopf (DRP. 310267), in welchem die Emulsion durch mehrere stets größer werdende und daher stets geringeren Widerstand leistende Ringspalte laufen muß, wobei nach jedem Spalt auch ein Strömungsrichtungswechsel erfolgt (Abb. 149). Eine Verbesserung dieses Systems ist, daß die die Ringspalte bildenden Flächen in entgegengesetzter Richtung rotieren, wodurch eine höhere Dispergierung und ein geringerer Kraftverbrauch erreicht wird. (Abb. 150, 151, DRP. 434921). Eine Homogenisiermaschine System Schröder ist auf Abb. 152 zu sehen.

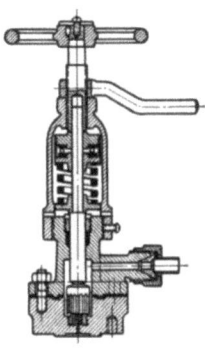

Abb. 148. Homogenisierkopf „Astra" (Bergedorfer Eisenwerke AG.).

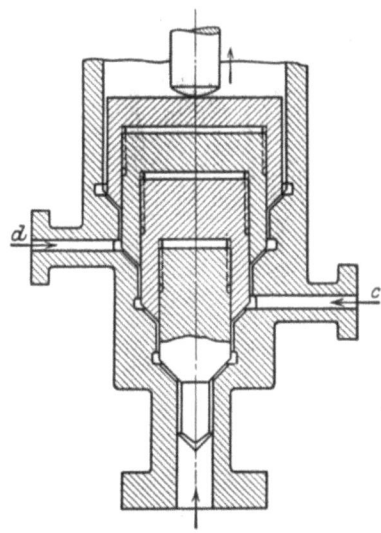

Abb. 149. Homogenisierkopf mit Ringspalt (Wilh. Schröders Nfl. AG., Lübeck).

Bei den bisher beschriebenen Systemen wird die grobdisperse Emulsion mit Hilfe eines Kompressors durch den Homogenisierkopf gepreßt. Es gibt auch Homogenisiermaschinen, bei welchen das Durchpressen durch den Kopf mit Hilfe der Zentrifugalkraft erfolgt, wobei die hierzu erforderliche Rotation vom Homogenisierkopf selbst ausgeführt wird. Ein solches System stellt der Alfa-De Laval Zentrifugal-

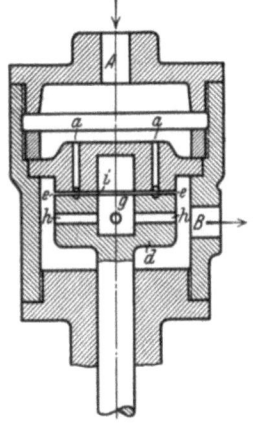

Abb. 150. Rotierender Stufenkopf zum Homogenisieren (Wilh. Schröders Nfl. AG., Lübeck).

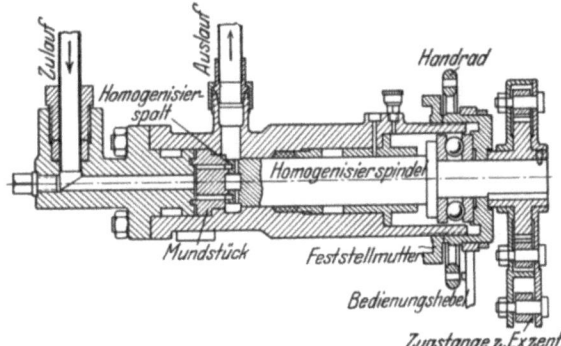

Abb. 151. Schema einer Homogenisiermaschine mit rotierendem Stufenkopf (Wilh. Schröders Nfl. AG., Lübeck).

Emulsor (Bergedorfer Eisenwerke AG.) dar, dessen schnell rotierender Kopf aus aufeinandergelegten Platten besteht, in welchem schmale ringförmige Hohlräume ausgefräst sind. Am Umfang des Kopfes bleiben zwischen den Platten ganz dünne Spalte, durch welche die große Zentrifugalkraft die Emulsion mit großer Geschwindigkeit hinauspreßt und zu einem feinen Nebel zerstäubt. Hierdurch wird der Dispersionsgrad der Emulsion erheblich vergrößert (Abb. 153 und 154).

Weichherz-Schröder, Pharm. Betrieb.

Eine wesentlich andere, aber auch mit rotierendem Homogenisierkopf arbeitende Homogenisiermaschine ist die Hurrell-Maschine (Wilhelm Schröders Nachfolger, Otto Runge AG., Lübeck) (Abb. 155, 156), welche den Vorteil besitzt, auch für kleine Leistungen konstruierbar zu sein. Die an die Welle geleitete Emulsion wird durch die infolge der hohen Tourenzahl (6000/Min.) auftretende Zentrifugalkraft durch die im Rotor befindlichen Kanäle gedrückt und gelangt hiernach in den zwischen Rotor und Gehäuse befindlichen Spalt, wo dann infolge der raschen Drehung und der großen Reibung die Homogenisierung erfolgt. Die homogenisierte Emulsion verläßt die Maschine durch den Ablauf.

Abb. 152. Homogenisiermaschine, System Schröder mit rotierendem Stufenkopf (Wilh. Schröders Nfl. AG., Lübeck).

Es wurde auch versucht, Emulsionen zwischen Mahlscheiben bzw. Mahlringen zu homogenisieren, indem die grobdisperse Emulsion zentral zwischen die ganz dicht aneinander liegenden Mahlscheiben geleitet wird. Die hohe Tourenzahl der Scheiben bzw. die hierdurch auftretende Zentrifugalkraft drückt die Emulsion zwischen die Scheiben und nach auswärts. Während der Durchlaufzeit wird die Emulsion als Folge einer normalen Mahlwirkung homogenisiert. Als Mahlscheiben dienen im Prinzip ähnliche Scheiben bzw. Ringe, wie sie von den zum Vermahlen von festen Körpern dienenden Scheibenmühlen bekannt sind (siehe Kapitel I über Pulver), also Scheiben mit Zähnen oder Schneiden (Abb. 8). Der wesentliche Unterschied besteht darin, daß die Scheiben viel näher zueinander gestellt werden (etwa zwischen den Grenzen von 0,5—0,025 mm). Die Einstellung dieser sehr geringen Entfernung erfolgt mit Hilfe von Mikrometerschrauben. Die Bauart ist mit der der „Kolloidmühlen" (vgl. S. 18) identisch, weshalb letztere Mühlen ebensogut zur Herstellung bzw. zum Homogenisieren von Emulsionen verwendbar sind. Bei einzelnen Konstruktionen steht die eine Mahlscheibe gewöhnlich still, dies hat aber den Nachteil, daß zum Erreichen des gewünschten Mahleffektes die rotierende Scheibe eine äußerst hohe Tourenzahl, gewöhnlich 3500/Min. aufweisen muß. Zweckmäßiger ist eine Anordnung, bei

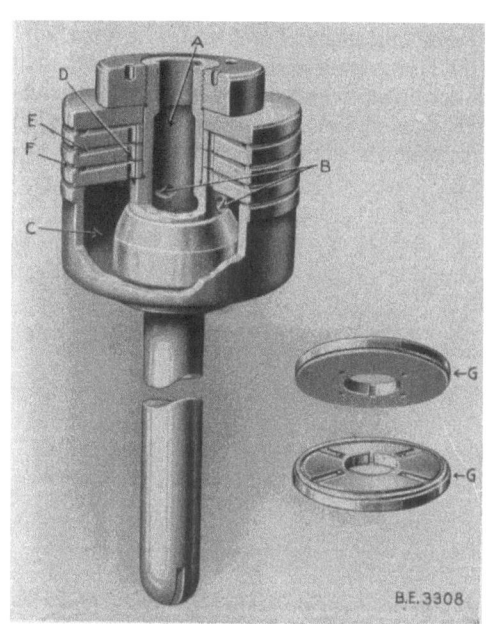

Abb. 153. Homogenisierkopf des Alfa-De Laval Zentrifugal-Emulsors (Bergedorfer Eisenwerke AG.).

Die Herstellung der Emulsionen. 163

welcher beide Scheiben, aber in entgegengesetzter Richtung rotieren. Hierdurch kann eine jede Scheibe sich mit der Hälfte der obigen Tourenzahl drehen, ohne dabei den Mahleffekt zu verringern.

Ein wesentlicher Nachteil dieser Konstruktionen ist, daß die dünnflüssigen Emulsionen infolge der hohen Zentrifugalkraft sehr schnell den Bereich der Mahlscheiben verlassen und daher der Mahleffekt sehr gering ist. Die Kolloidmühle der U. S. Colloid Mill Corp., Long Island City, New York, schaltet diesen

Abb. 154. Homogenisierkopf des Alfa-De Laval Zentrifugal-Emulsors im Betrieb (Bergedorfer Eisenwerke AG.).

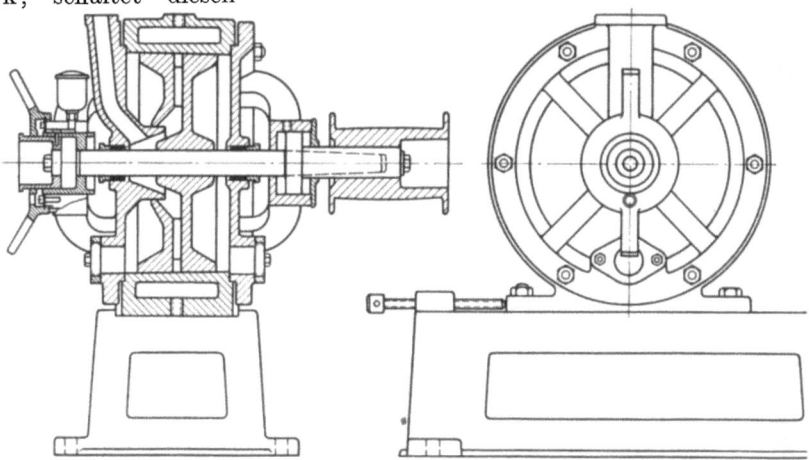

Abb. 155. Schema einer Hurrell-Homogenisiermaschine (Wilh. Schröders Nfl. AG., Lübeck).

Abb. 156. Hurrell-Homogenisiermaschine (Wilh. Schröders Nfl. AG., Lübeck).

11*

Fehler dadurch aus, daß die grobdisperse Emulsion mittels einer Pumpe zwischen die Mahlringe gepreßt wird, und zwar entweder von der Peripherie zum Mittelpunkt, oder in verkehrter Richtung vom Mittelpunkt zur Peripherie. Die erste Anordnung ermöglicht die Verweilzeit dünnflüssiger Emulsionen zwischen den Scheiben nach Belieben zu vergrößern. Die zweite Anordnung ist für hochviskose Emulsionen erforderlich, bei welchen die Zentrifugalkraft nicht ausreicht, um sie mit genügender Geschwindigkeit durch die Mahlringe zu treiben (Abb. 157, 158).

Abb. 157. Kolloidmühle (Homogenisiermaschine der U. S. Colloid Mill Corp., Long Island City, New York).

Es sei erwähnt, daß zum Homogenisieren von Emulsionen nicht nur die nach dem Scheibensystem, sondern auch die nach dem Schlagsystem (Perplexmühle oder Desintegrator) arbeitenden Kolloidmühlen herangezogen wurden. Eine solche Mühle ist die Plausonsche Kolloidmühle, welche aber infolge der geringen Leistung und des starken Verschleißes nicht mehr in Anwendung ist. Diese Mühlen nützen die Scherwirkung der geschlossenen Phase aus, verbrauchen aber ebendeshalb sehr viel Kraft.

Als Ergänzung wird erwähnt, daß auch teigartige oder salbenförmige Emulsionen homogenisiert werden können, und zwar im Prinzip mit denselben Maschinen, wie die dünnflüssigen. Besonders gut geeignet sind hierzu die Scheibenkolloidmühlen, deren primitive Ausführung die Salbenmühlen sind. Die Herstellung von Samenemulsionen kann ebenfalls mit diesen Maschinen erfolgen.

Abb. 158. Mahlringe der U. S. Kolloidmühle.

Mit Hilfe der bisher beschriebenen Maschinen können Emulsionen nach der englischen Methode hergestellt werden. Zur Ausführung der kontinentalen Methode sind außer diesen Maschinen auch noch andere erforderlich.

Die kontinentale Methode erfordert folgende Arbeitsphasen: 1. Vermischen des Emulgators mit der ihn nichtlösenden Phase. 2. Dispergierung mit der zweiten Phase. Die technische Ausführung dieser Methode unterscheidet sich nur im Vermischen des Emulgators mit der einen Phase, während das Dispergieren mit Hilfe der vorhergehend beschriebenen Emulgier- und Homogenisiermaschinen geschehen kann. Das Vermischen des Emulgators mit der einen Phase kann je nach der Konsistenz des erhaltenen Gemisches in einem einfachen Rührwerk oder in einer Knetmaschine erfolgen. Da es aber oft wichtig ist, daß der Emulgator in der ihn nichtlösenden Phase (z. B. Öl) möglichst fein zerteilt wird, ist es zweckmäßig, das Gemisch nach Möglichkeit fein zu mahlen. Dies kann mit Hilfe eines Dreiwalzenwerkes oder mittels einer vorher beschriebenen Kolloidmühle erfolgen. In den meisten Fällen wird ein Dreiwalzenwerk vollkommen genügen (vgl. Kapitel X über Salben).

3. Die Trockenemulsionen.

Die Herstellung der Trockenemulsionen erfolgt aus den flüssigen durch Trocknen in hierzu dienenden Spezialtrockenapparaten. Der Zweck des Trocknens ist in der Erhöhung der Haltbarkeit gegeben. Wichtig ist dies bei leicht verderblichen Emulgatoren, wie z. B. Albumin, Casein, Milchpulver, Gummi arabicum usw., oder aber wenn die Emulsionen verderbliche Zusätze, wie z. B. Malzextrakte, enthalten. Das Trocknen bringt aber einen noch ganz wesentlichen Vorteil, welcher darin besteht, daß die Emulsionen handlicher werden.

Die Trockenapparate werden in den Kapiteln VIII und XIII über Extrakte bzw. Nährmittel ausführlich besprochen. Hier sei nur soviel bemerkt, daß zum Trocknen von Emulsionen nur Vakuumtrockner oder Zerstäubungstrockner brauchbar sind. Am besten eignen sich die Zerstäubungstrockner, die aber im Betrieb und bezüglich der Anschaffungskosten wesentlich teurer sind, also sich nur für hochwertige Produkte eignen.

D. Vorschriften zur Herstellung von Emulsionen.

Obwohl die Herstellung der Emulsionen mit Hilfe der allgemeinen Grundsätze äußerst einfach ist, sei hier trotzdem eine Reihe der wichtigeren pharmazeutischen Emulsionen in den technischen Einzelheiten besprochen.

Die Herstellung der als Salben gebrauchten Emulsionen wird im Kapitel X über Salben beschrieben.

Die Samenemulsionen haben keine technische Bedeutung, bzw. erfolgt ihre Herstellung fast nie im technischen Maßstabe, weshalb sich ihre Besprechung erübrigt.

Teerölemulsionen.

Das Steinkohlenteeröl und die Phenole des Steinkohlenteeröls werden in großen Mengen nur für Desinfektionszwecke verwendet. Dagegen wird das Holzteeröl und die hieraus gewonnenen Phenole (Kreosot, Guajacol usw.) auch zum inneren Gebrauch benutzt. Die wichtigsten Emulsionszubereitungen sind die folgenden:

1. Steinkohlenteerölemulsion.

640 kg Steinkohlenteeröl, spez. Gew. 1,01—1,03, 21 Vol.-% Phenole,
216 kg Gasöl, spez. Gew. 0,85,
47 kg Harz (Kolophonium), Sorte E, F,
40 kg Elain animale, saponif. 98/99%,
72 kg Natronlauge, spez. Gew. 1,32.

Das zerkleinerte Harz und das Elain werden in einem heizbaren Rührkessel im Gasöl gelöst, die Lösung zum Teeröl hinzugemischt und jetzt durch Zusatz der Natronlauge kalt verseift. Die entstehende Harzseife und Ölsäureseife bleibt im klaren Gemisch gelöst. Enthält das Teeröl weniger Phenole als 21%, so kann seine Menge bis auf 680 kg gesteigert werden, aber hierbei muß die Gasölmenge auf 160 vermindert werden. Ein Teil Elain kann durch drei Teile Harz ersetzt werden; die gesamte Elainmenge kann 40 Teile nie überschreiten. Diese konzentrierte Teeröl-Seifenlösung gibt beim Verdünnen mit Wasser Emulsionen, aber nur die bis auf 20% verdünnten Emulsionen sind ganz stabil. Konzentriertere Emulsionen zeigen ein eigenartiges Verhalten, welches darin besteht, daß beim Mischen mit Wasser zuerst Wasser in Ölemulsionen und erst beim stärkeren Verdünnen Öl in Wasseremulsionen entstehen[1]. Bei der Herstellung bzw. beim Verseifen mit NaOH ist besonders

---

[1] Weichherz, J.: Kolloid-Z. 49, 133 (1929).

darauf zu achten, daß kein Überschuß an NaOH in die Mischung gelangt. Das etwa hierbei entstehende Na-Phenolat ändert die Mischbarkeit mit Wasser derart stark ab, daß sogar das konzentrierte Produkt von ausscheidendem Wasser getrübt wird. Es ist besonders darauf zu achten, daß der Phenolgehalt des Teeröles höchstens mit 1% über 21% steigt, da ein höherer Phenolgehalt die Stabilität der Emulsionen vermindert.

2. Phenolemulsion.

I.	II.
80 kg	86 kg Phenol,
10 kg	4 kg Ölsaures Na,
10 kg	10 kg Wasser.

Das Na-oleat wird unter gelindem Erwärmen im Phenol-Wasser-Gemisch gelöst. An Stelle des teuren Na-oleats kann die entsprechende Menge Ölsäure oder techn. Elain (animale, saponif. 98/99 %) und Natron oder Kalilauge genommen werden. Präparat I läßt sich bei Zimmertemperatur mit Wasser klar mischen, während Präparat II eine milchige Emulsion gibt.

3. Kresolemulsion (Liquor Cresoli saponatus).

I.	II.
50 kg	50 kg Kresol (Trikresol),
25 kg	20 kg Elain (Vers. Zahl 195),
—	15 kg Harz (Vers. Zahl 170),
9,8 kg	12,90 kg Kalilauge 50%.
15,2 kg	2,10 kg Wasser.

Elain und Harz kann sowohl zuerst mit der Kalilauge verseift und dann mit dem Kresol und dem Wasser vermischt werden, als auch zuerst mit dem Kresol unter Erwärmen vereinigt und dann durch Zusatz der Kalilauge und des Wassers verseift werden.

4. Holzteeremulsion (Emulsio Picis liquidae).

I.	II.
10 kg Holzteer,	25 kg Holzteer,
15 kg Eigelb,	25 kg Milchpulver (mager, Krause),
75 kg Wasser.	50 kg Wasser.

Kann zum inneren Gebrauch nach Bedarf mit Wasser verdünnt werden.

Paraffinölemulsionen.

I.
40 kg Paraffinöl, geruch- und geschmacklos, spez. Gew. 0,885, Viscosität 3—4° Engler,
20 kg Gummi arabicum,
40 kg Wasser.

Die Herstellung erfolgt am besten nach der kontinentalen Methode.

II.
40 kg Paraffinöl,
15 kg Gummi arabicum,
45 kg Malzextrakt, dickflüssig.

III.
50 kg Paraffinöl,
10 kg Milchpulver (mager, Krause),
40 kg Wasser.

IV. Trockenemulsion 50%.
50 kg Paraffinöl,
0,5 kg Milchpulver (mager, Krause),
61 kg Malzextrakt, dickflüssig und 77% Trockengehalt.

Das Milchpulver wird mit dem Malzextrakt ungefähr 1,5—2 Stunden angeknetet. Man läßt sodann das Paraffinöl im langsamen Strom in die laufende Maschine fließen, und zwar so langsam, daß es von der Masse sofort aufgenommen wird. Öltropfen oder sogar größere Ölmengen dürfen sich nicht ansammeln, da die ganze Masse in der Maschine zu gleiten beginnt und hierdurch das weitere Kneten erschwert oder ganz verhindert wird. Die fertig geknetete Emulsion löst sich von den Maschinenteilen glatt ab, darf aber kein öliges Äußere haben und besitzt eine ganze steife Salbenkonsistenz. Die Masse wird in einem Vakuumschalentrockenschrank bei 45—60° getrocknet. Trockendauer etwa 4 Stunden. Das mittels Scheibemühlen vermahlene und ungefähr 2—2,5% Wasser enthaltende Produkt kann sowohl in gelöstem, als auch in trockenem Zustand verabreicht werden.

V. Trockenemulsion 80%.

80 kg Paraffinöl, 6,5 kg Malzextrakt, dickflüssig,
13,5 kg Milchpulver (mager, Krause), 100 kg Wasser.

Das Malzextrakt wird mit dem Milchpulver vermischt und mit wenig Wasser angeknetet, so daß eine dickflüssige Masse entsteht. Das Paraffinöl wird hinzugeknetet. Wird die Emulsion hierbei zu steif, so kann sie mit Wasser entsprechend verdünnt werden. Die fertige Emulsion wird mit dem Rest des Wassers verdünnt und in einem Zerstäubungstrockner, z. B. in einem Siccatom, getrocknet. Das Trockenprodukt liefert nach dem Lösen in Wasser eine einwandfreie Emulsion, kann aber auch vorteilhaft trocken zur Anwendung gelangen.

VI.

40 kg Paraffinöl,
2 kg Traganth,
58 kg Wasser.

Zur Geschmackskorrektur der Paraffinölemulsionen können neben dem bereits erwähnten Malzextrakt dem individuellen Geschmack entsprechend die verschiedensten ätherischen Öle (ol. cinnamomi, ol. menthae pip. und crispae), Vanillin, Kaffeeextrakt usw. benutzt werden.

Ricinusölemulsionen.

Es können die bei den Paraffinölemulsionen gegebenen Vorschriften restlos auch hier verwertet werden, wenn man das Paraffinöl durch die gleiche Menge Ricinusöl ersetzt. Als Geschmackskorrigent kann vorteilhaft ein Kaffeeextrakt verwendet werden.

Lebertranemulsionen.

Zur Herstellung der Lebertranemulsionen können ebenfalls die bei den Paraffin- und Ricinusölemulsionen beschriebenen Verfahren zur Anwendung kommen. Außer diesen werden hier noch einige besondere Vorschriften gegeben, welche auch wegen der erforderlichen Geschmacksverbesserung von Bedeutung sind. Es wurde gefunden, daß die beste Geschmacksverdeckung mit milchhaltigen Emulsionen gewonnen werden kann. Die üblichen Zusätze, wie Hypophosphite, Phosphate, Jod, Eisenverbindungen sind in den Vorschriften nicht angeführt, da sie das Wesen der Emulsion nicht berühren. Sie können deshalb den fertigen Emulsionen den Forderungen stets entsprechend zugefügt werden.

I.

15 kg arabisches Gummi und
7,5 kg Traganth

werden in fein pulverisiertem Zustand mit

15 kg Lebertran

gut vermischt und einmal durch ein Dreiwalzenwerk getrieben. Hierauf werden zum Gemisch
noch 27 kg Lebertran, 0,01 kg Benzaldehyd (chlor- und cyanfrei),
0,03 kg Zimtöl, 0,10 kg Methylsalicylat
zugerührt. Getrennt bereitet man sich ein Gemisch aus
40,6 kg Wasser, 0,02 kg Saccharin Natrium,
13,4 kg Glycerin, 0,004 kg Vanillin.
Diese Lösung wird in einem Emulgierapparat mit der Lebertran-Gummi-Traganth-Mischung bis zur ausreichenden Dispergierung vermengt.

II.

50 kg Lebertran,
10 kg Lecithin,
40 kg Malzextrakt, dickflüssig.

Die Emulsion kann auch nach Bedarf verdünnt werden.

III.

64 kg Malzextrakt, dickflüssig, werden mit
136 kg Wasser verdünnt.

Die Lösung wird aufgekocht, filtriert und hierauf nach einem Zusatz von
20 kg Glycerin
auf die ursprüngliche Konsistenz eingedampft (40—42° Bé), worauf nach dem Erkalten
16 kg Lebertran
in einer Vakuumknetmaschine zugemischt wird. Der Geschmack der vollkommen durchsichtigen Emulsion wird mit ol. menthae crispae verbessert.

IV.

50 kg Lebertran
15 kg Milchpulver
35 kg Malzextrakt
Ol. citri, Vanillin nach Bedarf

V. Trockenemulsion 50%.

50,0 kg Lebertran
1,0 kg Lecithin
0,5 kg Milchpulver (mager, Krause)
70,0 kg Malzextrakt, dickflüssig
Vanillin, ol. citri nach Bedarf.

Das Lecithin wird im Lebertran gelöst und das Öl zu dem in der Knetmaschine befindlichen Malzextrakt und Milchpulver allmählich zugefügt. Die fertige steife Emulsion wird im Vakuum bei 45—65° C getrocknet (4 Stunden). Nach beendigtem Trocknen läßt man in den Trockeschrank keine Luft, sondern Kohlensäure. Nach dem Öffnen des Schrankes werden die Schalen rasch entleert, das Trockenprodukt rasch mittels Excelsiormühlen gemahlen und sofort in Büchsen gefüllt. Die noch offenen Büchsen werden in einem Vakuumschrank nochmals evakuiert und mit Kohlensäure gefüllt. Die Haltbarkeit der Trockenemulsionen ist sehr gering, besonders dann, wenn die Kohlensäurebehandlung entfällt.

VI. Trockenemulsion 85%.

5,0 kg Casein wird mit
0,1 kg frisch gefälltem Mg(OH)$_2$ (Trockengewicht)

und mit

10,0 kg Milchpulver (mager, Krause)

zusammen zu einer dickflüssigen Masse angequollen. Nach beendigtem Quellen vermischt man die Masse mit

85 kg Lebertranöl.

Das Emulgieren verläuft spielend leicht. Sollte die Emulsion zu steif werden, so kann noch bis insgesamt

100 kg Wasser

noch zugefügt werden. Die Emulsion wird in einem Zerstäubungstrockner getrocknet, wobei aber nicht mit erhitzter Luft, sondern mit erhitzter Kohlensäure gearbeitet wird.

VII.

33 kg Lebertran
67 kg Albumin.

Im gequollenen Eiweiß wird mittels einer Knetmaschine Lebertran emulgiert und bei 45° C im Vakuum getrocknet.

Bromoformemulsion.

1,5 kg Bromoform wird in   5 kg Gummi arabicum
15,0 kg Mandelöl, süß, gelöst und mit   20 kg Zucker und
2,5 kg Lecithin,   62 kg Wasser emulgiert.

Kampferemulsionen

I.	II.
1 kg Kampferpulver,	1 kg Kampferpulver,
10 kg Mandelöl,	10 kg Mandelöl,
10 kg arabisches Gummi,	2 kg Lecithin,
79 kg Wasser.	20 kg Glycerin,
	67 kg Wasser.

Auch für Injektionen, mit Wasser nach Bedarf mischbar.

III.

1 kg Kampfer wird mit
1,5 kg Lecithin in
5,0 kg Alkohol gelöst. Die filtrierte Lösung wird mit
10,0 kg Glycerin und
82,5 kg Wasser auf 100 kg verdünnt,

wobei sich der Kampfer in Form einer stabilen Emulsion ausscheidet. Auch für Injektionen geeignet; nur wird an Stelle des Wassers physiologische Kochsalzlösung verwendet.

Salolemulsion.

2,5 kg Salol,   0,50 kg ol. menthae pip.,
1,5 kg Natriumoleat,   85,00 kg Alkohol 96%,
0,5 kg Menthol,   9,85 kg Wasser,
0,1 kg Nelkenöl,   0,05 kg Saccharin.

Gibt beim Verdünnen mit Wasser eine milchige Emulsion, welche für Munddesinfektion verwendet werden kann.

Die Salben.

Terpentinölemulsionen.

I.
15 kg Terpentinöl gereinigt,
5 kg Mandelöl,
15 kg Gummi arabicum,
10 kg Zucker,
55 kg Wasser.

II.
20 kg Terpentinöl,
10 kg Mandelöl,
3 kg Lecithin,
18 kg Glycerin,
59 kg Wasser.

III.
37,5 kg Casein wird mit
2,0 kg Natronlauge 20% gelöst und auf
69,25 kg mit Wasser verdünnt. In dieser Lösung wird sodann
25,0 kg Terpentinöl ger. dispergiert.

Auch für Injektionen; nur wird an Stelle des Wassers physiologische Kochsalzlösung verwendet.

Pfefferminzölemulsionen.

I.
2 kg Pfefferminzöl,
2 kg Milchpulver (mager, Krause),
96 kg Wasser.

Zum inneren Gebrauch. Mit wenig Wasser kann die Emulsion zu Pillen oder Tabletten verarbeitet werden. An Stelle des Milchpulvers kann hierbei auch Mehl verwandt werden.

II.
2 kg Pfefferminzöl,
10 kg Natrium choleinicium (Fel. tauri dep. sicc.),
88 kg Wasser.

Die konzentrierte Emulsion kann auch zu Pillen oder Tabletten verarbeitet werden.

Linimente.
Ammonia Liniment.

	Germ.	Austr.	Japan	USA.	Brit.	Helv.	Hung.	Gall.
Ammoniak 10%	22	10	25	25	10	125		10
Erdnußöl	60	—	—	—	—	—	—	—
Sesamöl	—	—	40	75	—	90	395	—
Olivenöl	—	—	—	—	50	—	—	90
Mandelöl	—	—	—	—	25	—	—	—
Ricinusöl	18	—	—	—	—	—	—	—
Sappo med.	0,1	—	—	—	—	—	—	—

Das Öl wird mit dem Ammoniak in einer Emulgiermaschine dispergiert. Je mehr freie Fettsäuren im Öl enthalten sind, um so stabiler ist die Emulsion. Das fertige Liniment soll nach dem Herstellen abgefüllt und vor dem Gebrauch stets aufgeschüttelt werden. Die DAB. 6.- Vorschrift ist die beste.

Kampferliniment.

	Germ.	Helv.	Gall.
Ammoniak 10%	22,0	25,0	20,0
Kampfer	5,0	—	—
Kampferöl stark (20%)	—	75,0	90,0
Erdnußöl	55,0	—	—
Ricinusöl	18,0	—	—
Sapo med.	0,1	—	—

Herstellung wie vorher. Die DAB. 6.-Vorschrift ist die beste.

X. Die Salben.

Salben sind Arzneizubereitungen, welche nur infolge ihrer Anwendungsform und der annähernd ähnlichen Konsistenz mit obigem gemeinsamen Namen benannt werden: ihr physikalisch-chemischer Aufbau ist aber dabei grundverschieden.

Die Salben gelangen äußerlich auf der Haut, auf Schleimhäuten oder auf Wundflächen zur Anwendung. Sie besitzen eine hohe Viscosität, so daß sie bei normaler Temperatur kaum fließen und oft formbeständig sind. Demnach sind Salben auch Arzneizubereitungen von weicher, schmierbarer Konsistenz. Den Salben können die verschiedensten wirksamen Arzneimittel oder sonstige, eine kosmetische Wirkung besitzende Stoffe zugemischt werden.

Im allgemeinen kann behauptet werden, daß jede Substanz, die eine entsprechende Konsistenz besitzt, im Prinzip als Salbe dienen könnte, vorausgesetzt, daß sie keine unerwünschte Nebenwirkungen aufweist. Sobald aber die Salbe besonderen Spezialforderungen genügen muß, so tritt auch der physikalisch-chemische Aufbau als wesentlicher Faktor hervor. Die Bedeutung des physikalisch-chemischen Aufbaues ergibt sich in sehr interessanter Weise aus einem von C. Moncorps[1] angeführten Beispiel:

„So macht P. G. Unna darauf aufmerksam, daß von zwei, den gleichen Fett- und Wassergehalt aufweisenden Salben (I. Lanolin 30, Aqua 45 und II. Lanolin 10, Adeps suill 20, Aqua 45) nur die letztgenannte Salbe zu kühlen vermag; er zieht daraus den berechtigten Schluß, daß es zur Auslösung einer Kühlwirkung auf der Haut nicht auf die absolute Wassermenge im Vergleich zum Fett ankommt, sondern darauf, in wie großer Menge das Wasser zur Verdunstung gelangt. Unbeantwortet bleibt hierbei die Frage, warum im zweiten Fall das Wasser leichter verdunsten kann als im erstgenannten. Wie hilflos auch die Pharmazie diesen praktisch wichtigen Fragen gegenübersteht, zeigt das Studium der pharmazeutischen Kommentare."

Es kann nicht die Aufgabe dieser Zeilen sein, die verschiedentlich möglichen und erforderlichen physikalisch-chemischen Strukturen der Salben aus den pharmakologischen Forderungen herzuleiten, es wird vielmehr versucht, auf Grund eines eingehenden Studiums der in der Praxis gebräuchlichen Salben eine physikalisch-chemische Einteilung vorzunehmen. Bevor dies aber erfolgt, sollen einige Grundbegriffe definitionsmäßig klargestellt werden. Dies betrifft in erster Linie den Begriff Paste. Pasten sind salbenartige Arzneizubereitungen, welche aber einen hohen Prozentsatz (bis zu 50% und noch mehr) an festen, pulverförmigen Stoffen enthalten. Da dies aber keinen wesentlichen und scharfen Unterschied gegenüber den Salben bedeutet, werden sie mit den Salben zusammen besprochen. Zwischen Salben und Cremes besteht kein begrifflicher Unterschied, jedoch ist letztere Benennung besonders für kosmetische Salben gebräuchlich.

Die Salbengrundlage besitzt keine scharfe Definition, denn sie kann einerseits eine Salbe sein, welche die wirksamen Arzneistoffe noch nicht enthält, also lediglich dazu dient, den Arzneistoffen die erforderliche Konsistenz zu verleihen, andrerseits kann sie eine Salbengrundlage in physikalisch-chemischem Sinne sein, indem sie einer größeren Salbenmenge zugemischt, dieser den erforderlichen physikalisch-chemischen Aufbau verleiht. Aus dieser Definition folgt, daß die Salbengrundlagen in erster Linie nur für den Apothekenkleinbetrieb von Bedeutung sind, während der Großbetrieb stets bestrebt sein wird, die Salben ganz rationell aus den Bestandteilen zusammenzustellen. Die hier folgenden Überlegungen und praktischen Vorschriften sind so abgefaßt, daß Salbengrundlagen von mehr oder weniger unbekannter Zusammensetzung völlig entbehrlich sind.

A. Allgemeine Grundlagen.

Sämtliche in der Praxis gebräuchlichen Salben können in folgendem Schema zusammengefaßt werden.

a) **Fettsalben mit einer flüssigen Phase.**

b) **Fettsalben mit zwei flüssigen Phasen**: α) Wasser-Ölemulsionen, β) Öl-Wasseremulsionen, γ) Quasiemulsionen vom Typ α oder β, δ) Quecksilber-Ölemulsionen.

---

[1] C. Moncorps, Arch. f. exper. Path. **141**, 25 (1929).

c) **Lyophil-kolloide Salben:** α) Seifensalben (Cremes), β) Salben auf Basis sonstiger lyophiler Kolloide.

Ohne, wie bereits erwähnt wurde, auf die pharmakologische Beurteilung dieser Salbenarten näher einzugehen, sei kurz folgendes erwähnt: der weitaus größte Teil der Salben ist wasserhaltig und gehört zum Typ der Wasser-Ölemulsionen. Bereits die Praxis ergab, daß die wasserfreien Fettsalben zumeist eine geringere Wirksamkeit aufweisen als die wasserhaltigen Salben. Eine Ausnahme bilden nur jene Salben, deren wirksame Bestandteile fettlöslich sind. Sind aber die wirksamen Stoffe fettunlöslich, so sind ihre Teilchen von einer relativ dicken Fettschicht umgeben, wodurch ihre Einwirkung auf die Haut oder auf die Wundfläche äußerst erschwert ist. Aber auch die Resorption bzw. auch das nur oberflächliche Eindringen der wasserfreien Salben ist äußerst schwierig und kommt fast nie zustande. Demgegenüber dringen die wasserhaltigen Salben rasch in die Haut ein und die wirksamen Arzneistoffe gelangen aus der wässerigen Phase leichter zur Wirkung. Nach diesen ganz allgemeinen Bemerkungen sollen nunmehr die einzelnen Salben ausführlicher besprochen werden.

a) **Fettsalben mit einer flüssigen Phase.** Die Fettsalben mit einer flüssigen Phase bestehen aus einem Gemisch von Fetten und fettartigen Stoffen, welche miteinander vermischt die erwünschte Salbenkonsistenz liefern. Enthält die Salbe dem jeweiligen Zweck entsprechend auch nicht fettartige Körper, so sind diese entweder im Fettgemisch gelöst, oder aber sie befinden sich in einem sehr feinen Zustand darin verteilt. Die letztere Salbe ist also ein zweiphasiges System: Öl-Fest. Es braucht nicht besonders erläutert werden, daß die feinere Verteilung der festen Phase eine Wirksamkeitssteigerung bedeutet. Die feine Verteilung ist auch aus rein äußeren Gründen von Bedeutung. Wird nämlich die feste Phase in Form eines groben Pulvers der Salbe zugemischt, so wird sie rauh, das heißt beim Auftragen auf die Haut bzw. beim Verreiben auf der Haut fühlt man das grobe Pulver, welches eine starke Reibung und unter Umständen eine mechanische Beschädigung der Haut hervorrufen kann. Besonders unangenehm fühlbar ist dies bei Wundflächen.

Die Fettsalben mit einer flüssigen Phase sind also in ihrem physikalisch-chemischen Aufbau hochviscose Lösungen oder Suspensionen von festen Stoffen in hochviscosen Lösungen.

Exakte Untersuchungen und dementsprechend auch zahlenmäßige Angaben über Viscosität und sonstige physikalische Eigenschaften sind in der Literatur nicht vorhanden, weshalb die geeignete Konsistenz einer Salbe stets nur empirisch beurteilt wird. Aus demselben Grunde ist es heute auch nur auf empirischem Wege möglich, eine Salbe von entsprechender Konsistenz aus den in Frage kommenden Rohstoffen zusammenzustellen. Einen annähernden Schluß auf die Konsistenz kann man aus den Schmelzpunkten der Rohstoffe ziehen, obwohl dies nur mit Vorsicht zulässig ist. Es ist nämlich bekannt, daß der Schmelzpunkt von Gemischen sich nicht linear mit der prozentuellen Zusammensetzung ändert. Im allgemeinen muß man mit einer Schmelzpunkterniedrigung rechnen. Die hier in Frage kommenden Rohstoffe besitzen zumeist keinen scharfen Schmelzpunkt, sie erweichen vielmehr allmählich, wodurch gerade ihre Brauchbarkeit für Salbenzwecke gegeben ist. Es läßt sich nur annähernd behaupten, daß eine höher schmelzende Substanz die Viscosität erhöht und somit die Salbe steifer macht.

Bezüglich der Rohstoffe sei erwähnt, daß sowohl Glyceridfette und Wachse, als auch Kohlenwasserstoffe zur Anwendung gelangen. Es ist bekannt, daß die Glyceridfette und demnach die mit ihrer Hilfe hergestellten Salben eine geringere Haltbarkeit besitzen. Aus diesem Grunde ist es stets geboten, die Haltbarkeit einer neu zusammengestellten Salbe während längerer Zeit zu verfolgen.

Die in diese Gruppe gehörenden Salben sind vom pharmakologischen Standpunkt unpermeable Decksalben, welche das in ihnen befindliche Arzneimittel nur allmählich zur Wirkung gelangen lassen[1].

b) **Fettsalben mit zwei flüssigen Phasen.** Die zweite Phase ist, mit Ausnahme der Quecksilbersalben, Wasser. Die wasserhaltigen Fettsalben haben die wichtige gemeinsame Eigenschaft in die Haut leichter einzudringen, als dies die Fettsalben tun. Die Fettbestandteile der Salben werden aber trotz des leichten Eindringens percutan nicht resorbiert. Bernhardt und Strauch[2] haben den Nachweis erbracht, daß von Ölen täglich höchstens $1/1500$ der angewandten Menge resorbiert wird. Diese Menge wird auch durch hochdisperse Emulgierung nicht erhöht. Es folgt hieraus, daß auch die wasserhaltigen Fettsalben lediglich die Aufgabe haben, die Epidermisschicht geschmeidig zu machen, oder aber als Depot der wirksamen Arzneimittel zu dienen.

In den wasserhaltigen Fettsalben kann entweder das Wasser in der Fettphase oder aber das Fett in der Wasserphase verteilt sein. Im ersten Fall liegt eine Emulsion vom Typ Wasser in Öl-, im zweiten Fall aber eine Öl in Wasseremulsion vor, vorausgesetzt, daß nicht nur eine scheinbare, durch die Viscosität bedingte, sogenannte Quasiemulsion vorliegt[3]. Im letzteren Fall entscheidet die Viscosität der Phasen und die Herstellungsart darüber, welche Art von Emulsionen entsteht. Die Entstehung der echten Emulsionen unterliegt den im Kapitel IX über Emulsionen beschriebenen Gesetzmäßigkeiten, während unsere Kenntnisse über die Bildung von Quasiemulsionen einen mehr empirischen Charakter besitzen.

In die Gruppe der Quasiemulsionen gehören die sogenannten kaltgerührten Salben. Der Name dieser Salben stammt daher, daß die geschmolzenen Fettsalben mit der in ihnen nur mechanisch dispergierten wässerigen Phase bis zum Erstarren, das heißt bis zum Erkalten gerührt werden, wobei die beim Erstarren erhöhte Viscosität das Zusammenfließen der Wassertröpfchen verhindert. Es ist dies natürlich eine primitive Dispergierung einer wässerigen Phase und stammt aus der Zeit, zu welcher man noch nicht verstand, durch gewisse Zusätze die Stabilität der Dispersion zu erhöhen. Da man es heute sowohl auf empirischer Grundlage, als auch von theoretischen Erkenntnissen ausgehend versteht, stabile Wasseremulsionen in Öl herzustellen, ohne daß hierdurch die Qualität der Salben vermindert wird, ist die Anwendung und Herstellung der kaltgerührten Salben unnötig, dennoch soll ihre Herstellung in gebührendem Maße hier berücksichtigt werden.

Quasiemulsionen sind auch jene Salben, welche durch Vermittlung von anorganischen Kolloiden, wie $Al(OH)_3$, $Mg(OH)_2$, Koll. SiO_2, und zwar aus Fetten hergestellt werden. Ihre Bedeutung ist verschwindend klein und soll daher unberücksichtigt bleiben.

Die systematischen Untersuchungen von C. Moncorps[4] haben entschieden, daß die wasserhaltigen Salben, die eine Öl in Wasseremulsionen darstellen, Kühlsalben sind, während die Wasser in Ölemulsionen Decksalben sind, deren Wirkung in hinreichend dicker Schicht mit der eines unpermeablen feuchten Verbandes vergleichbar ist. Dieser scharfe Unterschied besteht aber nur im Idealfalle, das heißt wenn die Emulsionen stabil sind. Sowie aber die Stabilität der Wasser-Öl-

---

[1] C. Moncorps, Arch. f. exper. Path. **141**, 25 (1929).
[2] Bernhardt und Strauch, Z. klin. Med. **104**, 723; **106**, 671.
[3] Auf den Emulsionscharakter der wasserhaltigen Salben wurde zuerst 1924/25 von einem der Verfasser (Weichherz) hingewiesen. Vgl. J. Vondrasek-J. Weichherz, Hb. pharm. Praxis **2**, 16. Budapest. 1924/25.
[4] C. Moncorps a. a. O.

emulsionen vermindert ist, nähert sich die Wirkung der Decksalben der der Öl-Wasseremulsionen, indem sie auch eine Kühlwirkung besitzen und mit einem feuchten permeablen Verband vergleichbar werden. Ohne auf die Pharmakodynamik der Salben in bezug auf die Emulsionsart näher einzugehen, sei erwähnt, daß die Resorptionsverhältnisse aus den Wasser-Ölemulsionssalben sich mit der Verminderung der Emulsionsstabilität den bei den Öl-Wasseremulsionssalben obwaltenden Verhältnissen nähern[1]. Es ist z. B. Tatsache, daß die zur Gruppe der Wasser-Ölemulsionen gehörende ungt. leniens eine ausgesprochene Kühlwirkung besitzt. Bekannt ist nun auch, daß ungt. leniens eine kaltgerührte Salbe ist, welche in-

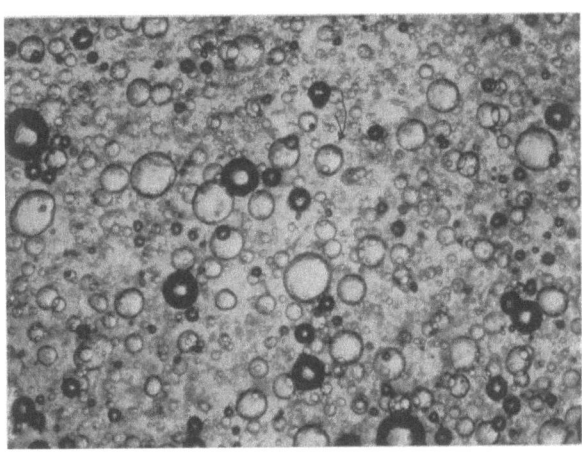

Abb. 159. Ung. leniens. Quasiemulsion: W/Öl (nach C. Moncorps).

folge der sehr geringen emulgierenden Kraft der in den Ölen vorhandenen harzigen Bestandteilen die Wasser-Ölemulsion nur in unbedeutendem Maße zu stabilisieren vermag und daher eine Quasiemulsion ist, in welcher sich die Wasserphase nur ganz grob emulgiert befindet (Abb. 159). Durch Zugabe eines Emulgators (z. B. Lanolin oder Oxycholesterin) wird die Emulsion einerseits stabilisiert, andrerseits wird die Dispersion größer (Abb. 160). Parallel hiermit verschwindet die Kühlwirkung der Salbe. Die Kühlwirkung der Öl-Wassersalben ist leicht verständlich, denn das Wasser bildet die geschlossene Phase und kann leicht verdunsten. Die Kühlwirkung ist eine Funktion der Verdunstungsgeschwindigkeit. Ideale Wasser-Ölsalben ent-

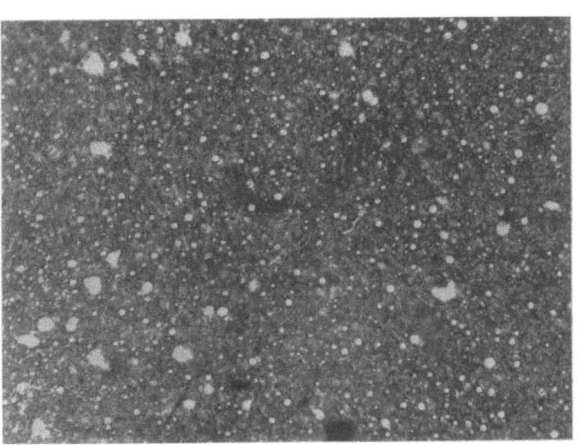

Abb. 160. Ung. leniens. Die Wasser-Ölemulsion wurde mittels 2,5% Oxycholesterin (Eucerit) stabilisiert (nach C. Moncorps).

halten das Wasser in feindispergiertem, vom Fett umhüllten Zustand, wodurch das Verdunsten verhindert ist und somit keine Kühlwirkung vorhanden sein kann.

Die obigen Erkenntnisse sind für die Herstellung von zweckentsprechenden Salben äußerst schwerwiegend. Es ergibt sich hieraus, daß man bei Zusammenstellung einer Salbe die theoretischen Grundkenntnisse mit Hinsicht auf den

---

[1] Bezüglich der Resorptionsverhältnisse vgl. auch Bernhardt und Strauch, Z. klin. Med. **104**, 723; **106**, 671. — Strauch, Bruns' Beitr. **141**, 358.

174 Die Salben.

Zweck der Salbe heranziehen muß, um sie nicht dem Zufall zu überlassen und dadurch unnützigerweise mit rein empirischen Versuchen Zeit zu vergeuden.

Im Kapitel IX über Emulsionen wurden auch jene Emulgatoren beschrieben, welche zur Herstellung von Salben geeignet sind. Die gebräuchlichsten Emulgatoren zur Herstellung von Wasser-Ölsalben sind: Cetylalkohol, Myricylalkohol, mehrwertige Metallseifen (Ca, Mg, Zn, Al, Pb usw.), Cholesterin, Metacholesterin, Oxycholesterin. Letztere werden zumeist in Form des gereinigten Wollfettes (Adeps lanae) verwandt. Öl-Wassersalben können mit Hilfe folgender Emulgatoren hergestellt werden: Alkaliseifen (Stearate, Palmitate und selten Oleate) Lecithin, Agar, Traganth (auch die Alkaliverbindungen), Casein (nativ und Alkaliverbindungen), Gelatine, Gummi arabicum und Glycerin.

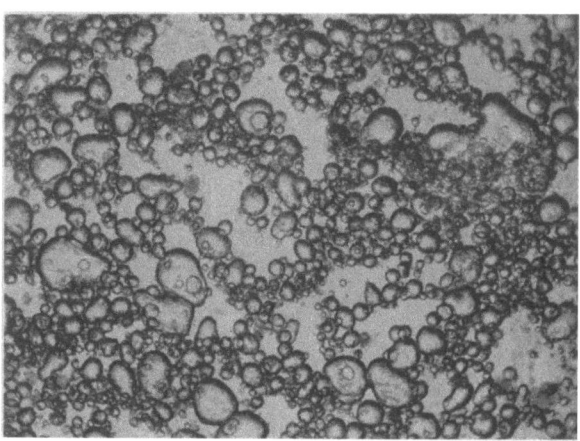

Abb. 161. Adeps suill. benzoat. Salbe vom Typ der Öl-Wasseremulsion zu Beginn der Emulgierung. Emulgator: Lecithin ex ovo, 0,80 Gew.$^0/_0$ der Gesamtsalbe. Wassergehalt der Salbe 40$^0/_0$ (nach C. Moncorps).

Bei der Herstellung der Salben muß darauf geachtet werden, daß keine antagonistisch wirkenden Emulgatoren nebeneinander zur Anwendung gelangen, da sonst keine Emulsionsbildung stattfindet. So z. B. liefert Cholesterin (bzw. Adeps lanae) und Lecithin oder Na-stearat und Al-oleat gleichzeitig angewandt keine Emulsion.

Die Stabilität und der Dispersionsgrad ist neben der individuellen Eigenschaften des Emulgators eine Funktion der Emulgatorkonzentration und der mechanischen Bearbeitung der Salbe.

Der größte Teil der Öl-Wassersalben wird mit Hilfe von Alkaliseifen und Lecithin hergestellt. Agar, Traganth, Casein, Gelatin, Gummi arabicum sowie Glycerin sind wegen der geringen Haltbarkeit und Emulgierkraft nur relativ

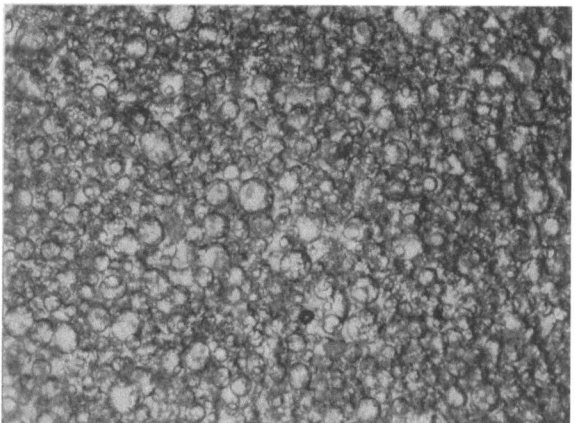

Abb. 162. Dieselbe Salbe wie Abb. 161 bei feinerer Dispergierung (nach C. Moncorps).

seltene Bestandteile der wasserhaltigen Fettsalben. Die Alkaliseifen werden hauptsächlich zur Herstellung der überfetteten Seifencremes benutzt. Sie zeichnen sich besonders durch das leichte Eindringen in die Haut aus. Die Alkaliseifenlösungen erstarren bei normaler Temperatur gelartig, und zwar Na-stearat schon bei ganz kleiner Konzentration. Aus diesem Grunde wird in erster Linie Na-Stearat zur

Herstellung der überfetteten Cremes gebraucht. Die Seifenkonzentrationen in den Salben schwanken in sehr weiten Grenzen, da die Seifen bereits in ganz verdünnter Lösung eine hohe Emulgierfähigkeit besitzen. Ein Seifengehalt von ungefähr 1—10% ist durchaus normal.

Von den verschiedenen Lecithinarten hat sich das Lecithin aus Eigelb am besten bewährt und wird der Fettphase in 1—2% hinzugefügt.

Die Wassermengen, welche in eine Öl-Wassersalbe hineingearbeitet werden können, sind im Prinzip unendlich groß, da das Wasser die geschlossene Phase bildet. Es besteht aber bei jeder Salbe eine praktische Grenze, da bei zu hohem Wassergehalt die Salbenkonsistenz verlorengeht. Normal wird man nicht über 25—40% hinausgehen.

Die Emulgierung verläuft mit Seifen viel rascher als mit Lecithin. Während man mit Seifen fast augen-

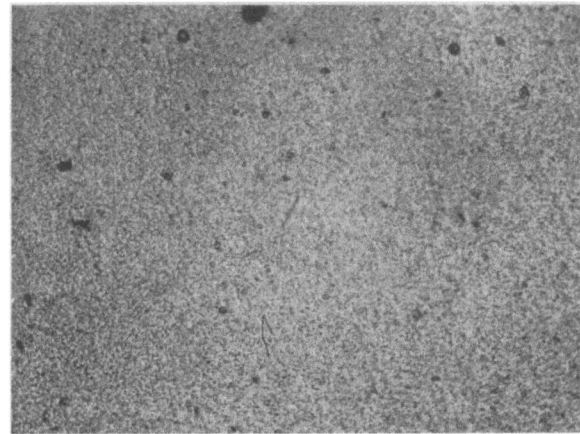

Abb. 163. Adeps suill. benzoat. Emulgator: 0,8 Gew.% Lecithin ex ovo. Wassergehalt der Gesamtsalbe 40%. Beständige, fein und gleichmäßig dispergierte Öl-Wasseremulsion (nach C. Moncorps).

blicklich hochdisperse Emulsionen erhält, bedürfen die Lecithinemulsionen ein längeres mechanisches Bearbeiten (Abb. 161, 162, 163).

Die Wasser-Ölsalben werden im weitaus größten Teil der Fälle mit Cholesterin, Cholesterinderivate bzw. mit Wollfett hergestellt, obwohl die höheren aliphatischen Alkohole, wie der Cetylalkohol und die mehrwertigen Metallseifen, besonders das Ca-palmitat, Mg-palmitat oder Ca-oleat und Mg-oleat ebenfalls wertvolle Eigenschaften besitzen.

Cholesterin und seine Derivate werden zu 5% der Fettphase zugemischt, um eine Salbe mit ganz hohem Wassergehalt zu erhalten. Die hierbei entstehenden Wasser-Ölemulsionen sind vollkommen stabil. Für Salben mit kleinem Wassergehalt kann man auch mit weniger Cholesterin aus-

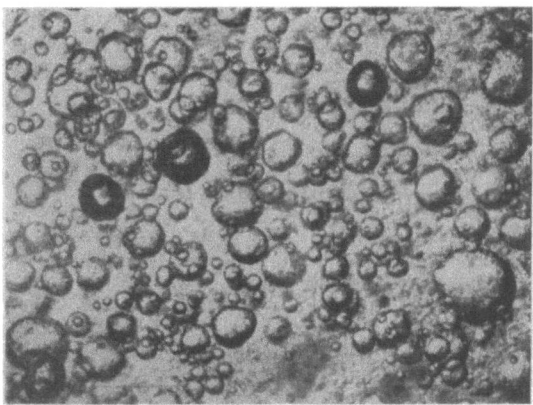

Abb. 164. Adeps suill benzoat. Salbe vom Typ der Wasser-Ölemulsion zu Beginn der Emulgierung. Emulgator: Cholesterin 3 Gew.% der Salbenmenge. Wassergehalt der Salbe 40% (nach C. Moncorps).

kommen. Cholesterin, Metacholesterin und Oxycholesterin (Eucerit-Lifschütz) emulgieren ungefähr dieselben Wassermengen, jedoch ist die Emulgiergeschwindigkeit bei Oxycholesterin am größten und bei Cholesterin am niedrigsten. Aus diesem Grunde erfordert das Cholesterin auch die größte Kraft zur Dispergierung des Wassers (Abb. 164, 165, 166). Die Cholesterine werden am häufigsten in

Form von Wollfett oder Lanolin den Salben zugemengt, und zwar sind stets größere Wollfett- bzw. Lanolinmengen erforderlich, als von den reinen Cholesterinen. Es werden 50—100% Adeps lanae bzw. Lanolin der Fettphase zugemischt. Diese Menge ist gewiß viel zu hoch, besonders wenn man Salben mit kleinem Wassergehalt herstellen will. Ein Fettgemisch mit 5% Cholesterin besitzt ungefähr dieselbe Wasseremulgierfähigkeit, wie das wasserfreie Wollfett. Um dieselbe Wassermenge, wie mit 5% Cholesterin (73%) in die Salbe zu bekommen, muß man also 100% der Fettphase an Lanolin der Salbe zusetzen. Da aber fast nie ein so hoher Wassergehalt verlangt wird, genügt meistens 50% oder weniger.

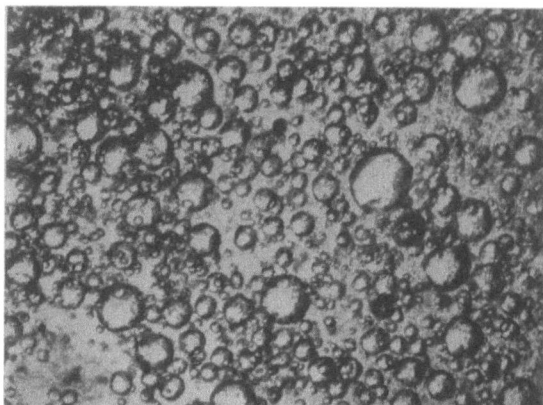

Abb. 165. Dieselbe Salbenemulsion wie Abb. 164 bei feinerer Dispersion (nach C. Moncorps).

Der Cetylalkohol und die anderen höheren Alkohole besitzen eine geringere Emulgierfähigkeit als die Cholesterine, sie müssen zu 10% der Fettphase angewandt werden, um einen Wassergehalt von 40—50% zu erhalten. Ein höherer Wassergehalt kann nur mit Hilfe einer Kolloidmühle erreicht werden. Der Cetylalkohol wird oft mit Ca-Seifen, besonders mit Ca-Palmitat zusammen zur Herstellung von Salben benutzt.

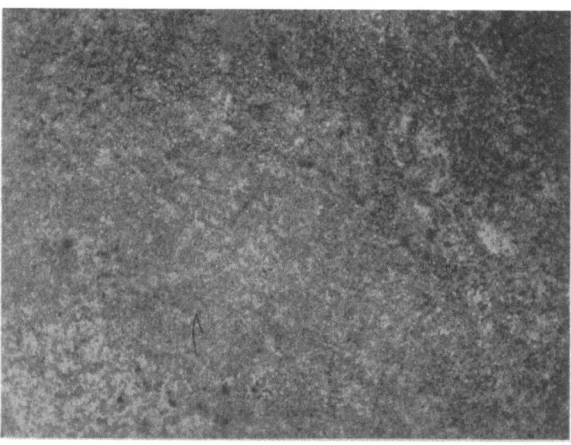

Abb. 166. Adeps suill. benzoat. mit einem Zusatz von 3 Gew.% Cholesterin als Emulgator. Wassergehalt der Gesamtsalbe 40%. Beständige und dispergierte Wasser/Ölemulsion (nach C. Moncorps).

Die mehrwertigen Metallseifen, in erster Linie die Ca- und Mg-Seifen werden von 10% an zur Emulgierung verwandt und liefern ebenso stabile und feine Dispersionen wie die Cholesterine und der Cetylalkohol. Die Emulgierung verläuft ebenfalls mit der größten Leichtigkeit.

Die wasserhaltigen Fettsalben sind demnach zweiphasige Systeme, aber beide Phasen sind flüssig. Es besteht nun die Möglichkeit, daß wasserhaltigen Salben auch feste Stoffe, wie z. B. Zinkoxyd zugemischt werden müssen. Es kann dies zumeist ohne Störung des Emulsionszustandes erfolgen, wobei eine aus drei Phasen bestehende Salbe entsteht (zwei flüssige und eine feste Phase). Das Zumischen von festen Stoffen kann auch zur Erhöhung der Konsistenz gebraucht werden. Während nämlich die Wasser-Ölsalben beim Zumischen weiterer Wassermengen stets dickflüssiger werden, werden die Öl-Wassersalben hierbei stets dünnflüssiger, wodurch der Wassermenge eine Grenze gesetzt ist. Diese Grenze kann durch Zugabe einer festen Phase überschritten werden.

Eine Sonderstellung nimmt die Quecksilbersalbe ein. Sie stellt im Wesen ebenfalls eine Emulsion dar, und zwar eine Quecksilber- in Ölemulsion. Es werden auch Quecksilberquasiemulsionen hergestellt, z. B. mit Schweineschmalz. Die Sterine, sowie demzufolge das Wollfett und Lanolin sind vorzügliche Emulgatoren für Quecksilber. Es ist bekannt, daß Wollfett eine vierfache, das Cholesterin aber eine 30fache Menge Quecksilber zu emulgieren vermag. Die Cholesterinquecksilbersalben sind daher höher dispers und auch wirksamer als diejenigen vom Quasiemulsionscharakter.

c) **Lyophil-kolloide Salben.** Die fettfreien Salben werden zumeist nur für kosmetische Zwecke verwandt, für therapeutische Zwecke sind sie seltene Spezialitäten, welche fast nie eine größere Bedeutung erreicht haben.

Die Grundlage der fettfreien Salben sind gequollene lyophile Kolloide, welche teilweise auch als Emulgator für wasserhaltige Fettsalben vom Typ Öl-Wasseremulsionen dienen können. An erster Stelle stehen die Alkaliseifen, sodann Casein, Gummi arabicum, Gelatine, Traganth, Agar. Ein ständiger Bestandteil dieser Salben oder Cremes ist wegen seinen bekannten kosmetischen Eigenschaften das Glycerin. Die hier in Frage kommenden lyophilen Kolloide liefern hochviscose Lösungen, welche oberhalb einer bestimmten Konzentration gelartig erstarren. Gele, welche zu stark elastisch sind, können allein für Salben nicht verwandt werden. So z. B. sind Gelatine oder Agargele ungeeignet. In manchen Fällen kann ein elastisches Gel durch mechanisches Zerreiben brauchbar gemacht werden. Dies ist so zu verstehen, daß die im erstarrten Gel vorhandene vektorielle Ordnung der zumeist stäbchenförmigen Kolloidteilchen und damit der Gelzustand durch das Zerreiben aufhört (Thixotropie). Meistens wird man aber die elastischen Gele durch verschiedene Zusätze abändern müssen, denn die zerriebenen Gele erstarren häufig wieder nach einer Zeit von allein. Solche Zusätze sind nicht nur wenig elastische Gele (z. B. Stärkekleister), sondern auch Casein, Glycerin usw.

Als fettfreie Salbengrundlagen für wirksame Arzneimittel haben sich auch die gequollenen anorganischen Kolloide: $Al(OH)_3$, $Mg(OH)_2$, SiO_2 usw. bewährt.

Eine gemeinsame wichtige Eigenschaft der fettfreien Salben oder Cremes ist, daß sie nach dem Einreiben auf der Haut keine sichtbare Schicht zurücklassen, vorausgesetzt, daß keine festen Bestandteile in ihnen enthalten sind. Demgegenüber lassen die wasserfreien Fettsalben eine glänzende Schicht zurück. Die wasserhaltigen Fettsalben dringen im Idealfalle ebenfalls ohne Rückstand in die Haut, praktisch bleibt aber entsprechend der Beschaffenheit der Salbe eine mehr oder weniger sichtbare Schicht zurück.

B. Rohstoffe.

Die genaue Beschreibung der Rohstoffe ist nicht Aufgabe dieses Buches, es sollen nur jene Angaben zusammengefaßt werden, welche für die Herstellung von Salben wesentlich sind.

Allgemein sei angeführt, daß Salben in der Industrie möglichst nur aus Bestandteilen hergestellt werden, welche sich beim längeren Lagern nicht verändern. So z. B. vermeidet man Fette, welche beim Lagern allmählich ranzig werden und ist deshalb bestrebt die Pflanzenöle, Fette oder Öle und Fette tierischen Ursprungs durch Kohlenwasserstoffe (Vaselin, Paraffinöl, Paraffin) zu ersetzen, oder sonstige unveränderlichen Stoffe, wie Walrat (allerdings auch nicht ganz haltbar) und Wachse zu verwenden. Gegen die Verwendung der Kohlenwasserstoffe wird fast immer der Einwand der „Nichtresorbierbarkeit" erhoben, ohne aber für die

Resorbierbarkeit der Glyceridfette einen Beweis zu haben. Es scheint im Gegenteil festzustehen, daß nicht nur die Kohlenwasserstoffe, sondern auch die Glyceridfette praktisch unresorbierbar sind (vgl. S. 172). Von diesem Standpunkt aus kann also gegen die Verwendung von Vaselin, Paraffinöl und Paraffin kein Einspruch erhoben werden.

Es werden nunmehr hier folgend die gebräuchlichen Rohstoffe kurz besprochen:

1. **Schweineschmalz (Adeps suillus)**. Das Schweineschmalz ist ein halbfestes Fett, dessen Schmelzpunkt 36—46° C beträgt. Das frische Schmalz ist fast geruchlos und besitzt einen nicht über 2 liegenden Säuregrad. Es muß dunkel, kühl und möglichst unter Luftabschluß aufbewahrt werden, da es sonst schnell ranzig wird. Ranziges Schmalz kann zur Salbenherstellung nicht verwandt werden, da es eine hautreizende Wirkung besitzt. Mit Schweineschmalz zubereitete Salben verderben ebenfalls rasch, weshalb solche fast ausschließlich in der Rezeptur gebräuchlich ist. Eine bessere Haltbarkeit zeigt das mit Benzoe behandelte Schmalz (Adeps benzoatus). Wo zur Salbenherstellung unbedingt Schmalz erforderlich ist, soll stets Adeps benzoatus zur Anwendung gelangen, aber auch dieses wird möglichst vermieden.

2. **Talg (Sebum)**. Es wird sowohl Hammeltalg (Sebum ovile), als auch Rindertalg (Sebum bovinum) zur Herstellung von Salben gebraucht. Hammeltalg ist eine rein weiße, feste Masse, von ausgeprägtem Geruch, deren Schmelzpunkt von 45 bis 50° C liegt. Rindertalg ist etwas weniger fest und geruchloser, sein Schmelzpunkt liegt von 42 bis 46° C. Beide Talge werden an der Luft ranzig, daher soll ihr Säuregrad 5 nicht überschreiten. Die Anwendung des Talges wird ebenfalls möglichst vermieden.

3. **Rinderklauenfett (Axungia pedum tauri)** ist ein weißliches, dickflüssiges Fett, welches nur schwer ranzig wird und zumeist mit Paraffin, Wachs oder Kakaobutter verschmolzen zur Anwendung kommt.

4. **Sesamöl (Oleum Sesami)**. Dieses ist ein hellgelbes, nicht trocknendes geruchloses Öl, dessen Erstarrungspunkt von — 6 bis — 4° C liegt.

5. **Mandelöl (Oleum Amygdalarum)** ist ein hellgelbes, nicht trocknendes Öl, welches bei —20° C erstarrt.

6. **Pfirsichkernöl (Ol. persicarum)** verhält sich wie das Mandelöl.

7. **Kakaobutter (Butyrum oder oleum cacao)**. Die Kakaobutter ist eine sehr spröde, feste, schwach nach Kakao riechende Masse, welche bei 30—34° C schmilzt. Sie ist ebenfalls nur unter Luftabschluß haltbar, an der Luft wird sie ebenso ranzig, wie die sonstigen Fette und Öle.

8. **Walrat (Cetaceum)** ist eine weiße, fettige, krystallinische Masse von schwachem Geruch, welche bei 45—54° C schmilzt. Verseifungszahl 150. Wird an der Luft nach sehr langer Zeit ranzig und gelb. Es ist infolge seines mehr wachsartigen Charakters (Cetylalkoholpalmitinsäureester) haltbarer als die Glyceridfette.

9. **Gelbes Wachs (Bienenwachs, Cera flava)** ist eine gelbe, harte, körnigbrechende, angenehm nach Honig riechende Masse, die bei 63,5—64,5° C schmilzt. Wachs erhöht die Viscosität der Fette und Öle sehr stark. **Weißes Wachs (Cera alba)** ist durch Oxydation gereinigtes gelbes Wachs, dessen Geruch etwas milder ist. Schmelzpunkt 64—65° C. Für weiße Salben wird möglichst **weißes Wachs** verwendet.

10. **Stearinsäure (Stearin, acidum stearinicum)**. Die reine Stearinsäure ist eine weiße, sehr harte, spröde, krystallinische, bei 69,3° C schmelzende Masse. Die handelsübliche Ware schmilzt je nach der Reinheit zwischen 56 und 65° C. Die Verunreinigung besteht neben anderen Fettsäuren aus Palmitinsäure. Die Säurezahl liegt zwischen 200 und 210.

11. **Paraffinöl** (Paraffinum liquidum). Ein Gemisch hochsiedender aliphatischer Kohlenwasserstoffe. Es ist ein klares, geruch- und geschmackloses, nicht fluoreszierendes Öl, welches bei 0° C noch nicht erstarrt und ein über 0,885 liegendes spezifisches Gewicht besitzt. Die Viscosität des Öls liegt normal innerhalb der Grenzen von 1—4° Engler, sie soll aber möglichst zwischen 2 und 4° Engler liegen. Der Siedepunkt liegt oberhalb 360° C. Es muß säurefrei sein. Das Paraffinöl wird manchmal durch **gelbes Paraffinöl** (Oleum Vaselini flavum) ersetzt, doch wird von seiner Verwendung mit Rücksicht auf die geringe Reinheit abgeraten. Das Paraffinöl ist an der Luft völlig unveränderlich.

12. **Vaselin** (Gelbes Vaselin, Vaselinum flavum) ist eine gelbe, fluoreszierende, durchscheinende, geruchlose, etwas zähe, salbenartige Masse, die bei 35—40° C schmilzt. Das amerikanische Vaselin schmilzt höher (bei 45—48° C). Es ist auch mit Luft in Berührung völlig haltbar. Zur Herstellung von Salben ist nur säurefreies Vaselin geeignet.

13. **Weißes Vaselin** (Vaselinum album). Besitzt mit Ausnahme der Farbe dieselben Eigenschaften wie das gelbe Vaselin.

14. **Ceresin** (Paraffinum solidum). Weiße, feste, krystallinische, aus höheren aliphatischen Kohlenwasserstoffen bestehende, bei 68—72° C schmelzende Masse (aus Ozokerit). Ist an der Luft unveränderlich.

15. **Paraffin** (Paraffinum durum). Eine dem Ceresin ähnliche, jedoch aus Erdöl gewonnene Masse, welche aber zwischen 50—60° C schmilzt. Das bei 42—46° C schmelzende **weiche Paraffin** (P. molle) ist eine farblose oder hellgelbliche, beim Kneten erweichende Masse.

16. **Wollfett** (Adeps lanae) und **Lanolin**. Diese beiden Stoffe kommen nur für wasserhaltige Fettsalben (Wasser-Ölemulsion) in Frage, wobei sie in erster Linie als Emulgator (siehe S. 150, 174) eine Bedeutung haben. Da sie aber oft etwa 50% der Fettphase betragen, ändern sie auch die Eigenschaften dieser. Die Änderung der Eigenschaften wird aber stark in den Hintergrund gedrängt, da die Konsistenz der Salben in erster Linie vom Wassergehalt geregelt wird. Das wasserfreie Wollfett (Adeps lanae anhydricus) ist eine hellgelbe, sehr zähe, salbenartige Masse, welche bei 40° C schmilzt. Lanolin ist ein Wollfett, welches 25—30% Wasser enthält. Das Lanolin des DAB. 6 ist ein Gemisch von 13 Teilen Wollfett, 4 Teilen Wasser und 5 Teilen Paraffinöl.

17. **Gelatine** ist oft die Grundlage von fettfreien Cremes, und zwar infolge ihrer Fähigkeit gelartig zu erstarren. 1% Gelatinlösungen sind bei Zimmertemperatur noch gelförmig erstarrt. Es ist bekannt, daß Gelatin nur in Wasser löslich ist, während die sonstigen Lösungsmittel, wie Alkohol, Äther oder Öle und Fette sie nicht in geringstem Maße lösen. Sie besitzt auch geringe emulgierende Fähigkeiten, welche aber von keiner Bedeutung sind. Zur Herstellung von Cremes soll stets ganz reine Ware verwandt werden, da mindere Qualitäten einen mehr oder weniger ausgeprägten Leimgeruch aufweisen. Die Herstellung der Gelatinlösungen erfolgt so, daß die Gelatine mit dem Wasser kalt vorgequollen und erst dann am Wasserbad erhitzt wird. Die Gelatingele sind leicht verderblich.

18. **Die Stärke** (Amylum). Es kommt fast ausschließlich Weizenstärkekleister (Amylum tritici) in Betracht. Die Weizenstärke verkleistert beim Erhitzen mit Wasser bei 80° C. Der Stärkekleister ist nicht haltbar, einerseits verändert er sich physikalisch-chemisch, andrerseits tritt eine bakterielle Zersetzung auf. Im ersten Fall sondert der Kleister Wasser ab, die Masse wird inhomogen, im zweiten Fall tritt eine Verflüssigung ein. Die Herstellung von fettfreien Cremes erfordert also ein steriles Arbeiten, wenn sie auf Stärkekleister oder aber auch auf Gelatine aufgebaut sind. Der Zusatz von Antiseptika ist also in beiden Fällen erforderlich.

19. Casein wird zur Herstellung von fettfreien Cremes höchst selten verwandt und besitzt für die Industrie nur wenig Interesse. Es wird stets in Alkalien (NaOH, NH$_4$OH, Na$_2$CO$_3$ oder im alkalisch wirkenden Borax) gequollener oder gelöster Form (Caseinfirnisse) mit Glycerin vermischt verwandt.

20. Glycerin ist ein regelmäßiger Bestandteil der fettfreien Salben. Hierzu ist es infolge seiner hohen Viscosität und seiner bekannten kosmetischen Eigenschaften geeignet. Es muß stets die reinste Qualität zur Anwendung gelangen. In den späteren Vorschriften ist überall wasserfreies Glycerin angegeben.

C. Arbeitsvorgang und Apparatur.
1. Die Herstellungsapparatur.

Die zur Herstellung der Salben erforderliche Apparatur richtet sich nach der Beschaffenheit der Salben. So z. B. erfordern die wasserfreien Salben eine andere Apparatur als die wasserhaltigen.

a) Fettsalben mit einer flüssigen Phase.

Wie bereits im Abschnitt A erwähnt wurde, ist eine Fettsalbe eine Suspension in einer fetten oder öligen, hochviscosen Flüssigkeit. Hieraus ergeben sich zwei Arbeitsphasen: a) Herstellung der hochviscosen Flüssigkeit und b) Herstellung der Suspension. Die zweite Arbeitsphase fällt weg, wenn die Salbe keine feste Phase enthält.

Die Herstellung der hochviscosen Phase erfolgt fast ausnahmslos durch Zusammenschmelzen der Bestandteile. Es gilt sowohl in der Apothekenpraxis als auch im Großbetrieb die allgemeine Regel, daß die Bestandteile nicht überhitzt werden dürfen. Zur Vermeidung einer Überhitzung wird zuerst der höchstschmelzende Bestandteil geschmolzen und nun werden die anderen Bestandteile in der Reihenfolge der sinkenden Schmelzpunkte hinzugefügt. Obwohl diese Vorsicht unter bestimmten Arbeitsverhältnissen nützlich sein könnte, ist sie im allgemeinen recht überflüssig, da die Salbenbestandteile nur gegenüber extremer Überhitzung empfindlich sind. Eine Gefahr für extreme Überhitzung besteht besonders dann, wenn die Schmelzapparatur direkt, also mit Kohle oder mit Gas beheizt wird. Die Gefahr wird auch dadurch nicht verringert, wenn man das Verschmelzen mit dem höchstschmelzenden Bestandteil beginnt. Bei mit Dampf geheizter Apparatur ist die Überhitzungsgefahr weit geringer und die Temperatur des geschmolzenen Fettgemisches kann leichter geregelt werden. Will man aber darauf achten, daß das Fettgemisch niemals eine höhere als die unbedingt erforderliche Temperatur annehmen soll, so ist es viel zweckmäßiger mit dem niedrigstschmelzenden Bestandteil bzw. mit den Flüssigkeiten zu beginnen, wobei man bis auf den aus vorherigen Versuchen festgestellten Schmelzpunkt des ganzen Gemisches erhitzt. Indem man die Temperatur hier konstant hält, fügt man die anderen Bestandteile nach steigendem Schmelzpunkt hinzu. Die Temperatur wird mittels Thermometer kontrolliert. Diese Vorsichtsmaßregeln sind aber zumeist überflüssig, da eine Überhitzung von 30—40° C und noch mehr fast nie schädlich wirken kann. Man muß also lediglich darauf achten, daß die Temperatur möglichst unterhalb 100° C bleibt, denn über 100° C kann ein allmähliches Braunwerden der Bestandteile eintreten, wodurch die Farbe der fertigen Salbe beeinträchtigt wird.

Die zum Verschmelzen der Bestandteile dienende Apparatur soll aus einem mit Dampfmantel versehenen Kessel bestehen. Von direkter Feuerung wird dringendst abgeraten, einerseits mit Rücksicht auf eine Überhitzungsmöglichkeit, andrerseits wegen etwaiger Feuergefahr beim Durchbrennen des Kessels. Es kann entweder ein gewöhnlicher Duplikatkessel (Abb. 167) oder ein solcher mit Rührwerk versehen (Abb. 168) zur Anwendung gelangen. Während die kleineren Kessel zwecks Entleerung kippbar gebaut sind, besitzen die größeren unten einen Ablaßhahn. Geeigneter sind die heizbaren Mischmaschinen mit Planetenrührwerk. Das Planetenrührwerk ist senkrecht in den Bottich oder Kessel eingebaut, arbeitet aber nicht zentral, wie die Rührflügel eines normalen Rührwerkes, sondern exzentrisch. Es führt nämlich eine doppelte Bewegung aus: einmal um die eigene Achse und dann bewegt sich die Achse noch mit den Mischflügeln zusammen im

Abb. 167. Kippkessel für Dampfbetrieb mit Dampfmantel (Volkmar Hänig & Co., Dresden-Heidenau).

Abb. 168. Dampfkochkessel zum Kippen mit hochziehbarem Rührwerk (Volkmar Hänig & Co., Dresden-Heidenau).

Kreis nach Art der Planetenbewegung, daher der Name Planetenrührwerk. Die Mischflügel bestreichen infolge der doppelten Bewegung den ganzen Mischraum und erzielen dadurch eine innigere und raschere Durchmischung. Die Mischflügel sind an der Rührwelle schraubenartig angeordnet. Es ist auch sehr praktisch, wenn die Rührwelle mit Mischflügel abnehmbar und der Rührkessel kippbar oder ausfahrbar ist (Abb. 169). Die Entleerung des Kessels kann, wie schon erwähnt, entweder durch Umkippen oder durch unten angebrachte Öffnungen erfolgen. Dies ist aber nur dann möglich, wenn man die noch flüssige Salbe aus dem Kessel entfernen will. Ist die Salbe bereits erstarrt, so müssen hierzu entsprechende Schaufeln benutzt werden. Das Rührwerk soll in diesem Falle entweder abschraubbar sein oder muß man es in die Höhe heben können. Letztere Vorrichtung ist die weit bequemste (Abb. 170, 171).

Enthält die Salbe keine feste Phase, so ist sie nach dem Verschmelzen eigentlich fertig. Billigere Salben werden in noch flüssigem Zustande sofort in Tonkrüge abgefüllt. Sollen sie aber in Tuben gefüllt werden, so läßt man die noch flüssigen

Salben aus dem Schmelzkessel in einen Behälter fließen, wo sie dann erkalten und erstarren. Bessere Salbenqualitäten werden noch weiter behandelt.

Die Rohstoffe enthalten fast immer feste Verunreinigungen, welche beim Zusammenschmelzen ungelöst bleiben und durch Absitzenlassen und Dekantieren entfernt werden können. Selten ist nur ein Filtrieren erforderlich, wenn aber doch, so läßt man die geschmolzene Salbe durch einen ganz feinen Drahtsiebkorb fließen.

Da die erkalteten und erstarrten Salben eine etwas feste Konsistenz zeigen und zumeist auch durchscheinend sind, werden sie einmal vermahlen. Dies erfolgt mit Hilfe von Salbenmühlen oder Dreiwalzenwerken, welche weiter unten eingehend beschrieben werden. Das Durchmahlen entspricht dem einfachen „Agitieren" der Apothekenpraxis.

Bei manchen Salben scheiden sich beim Erkalten unlösliche, meist harzige Teile

Abb. 169. Mischmaschine mit Planeten-Rührwerk. Rührflügel abgenommen, Rührkessel zur Entleerung gekippt (Werner & Pfleiderer, Cannstatt-Stuttgart).

aus. Ließe man solche Salben ohne Rühren erkalten, so würden sich die ausgeschiedenen harzigen Teilchen zu zähen Klumpen vereinigen, welche auch mittels Salbenmühle oder Dreiwalzenwerk nicht immer zum Verschwinden gebracht werden können. Es ist also zweckmäßig, die Salben im mit Rührwerk versehenen Schmelzkessel kaltzurühren.

Werden der Salbe pulverförmige Stoffe einverleibt, so muß dies aus bereits früher angeführten Gründen in ganz fein pulverisiertem Zustand er-

Abb. 170. Säulen-Mischmaschine mit Planeten-Rührwerk. Maschine in arbeitender Stellung (Werner & Pfleiderer, Cannstatt-Stuttgart).

folgen. Die Pulver (über Pulverisieren siehe Kapitel I) werden durch ein Pudersieb gesiebt und noch im Schmelzkessel zur Salbe zugemischt, während man das Rührwerk laufen läßt. Knetmaschinen können für diesen Zweck auch gute Dienste leisten. Entgegen der in der Apotheke üblichen Arbeitsmethode muß bei der maschinellen Herstellung der Salben für keine gleichmäßige Vermischung gesorgt werden, da dies durch das nachfolgende Vermahlen ohne besondere Vorsichtsmaßregeln erfolgt. Hierzu dienen verschiedene Maschinen, von welchen die ältesten die Salbenmühlen (Abb. 172) sind. Sie bestehen aus einem weiten vertikalen Eisenzylinder, dessen unteres Ende durch die Mahlvorrichtung abgeschlossen ist. Die Mahlvorrichtung besteht aus zwei Mahlsteinen aus Hartporzellan oder aus Eisen angefertigten Mahlscheiben. Beide Scheiben bzw. Steine sind mit spiralförmig angeordneten Mahlrillen versehen. Die obere, mit einer zentralen Öffnung versehene Scheibe steht still, während die untere von unten mittels einer senkrecht stehenden Welle in Bewegung gesetzt wird. Die Welle selbst wird mittels einer Riementransmission und Zahnradübersetzung angetrieben. In den vertikalen Zylinder dringt ein dicht schließender Kolben ein, welcher die in dem Zylinder befindliche Salbe durch den Zwischenraum der Mahlscheiben drückt. Der Kolben wird mittels einer Zahnradübertragung und einer Schraubenspindel automatisch nach unten gedrückt, aber in der tiefsten Stellung angelangt, wird die Kolbenbewegung ebenfalls automatisch ausgeschaltet. Die Mahlfeinheit kann durch den Scheibenabstand geregelt werden, indem man die untere Scheibe durch Hebung oder Senkung des Fußlagers der Antriebswelle mittels einer Stellschraube der oberen Scheibe nähert oder von ihr entfernt. Die zentral zwischen die Scheiben gelangte Salbe kommt am Scheibenrande zum Vorschein und wird hier von einer Abkratzvorrichtung entfernt. Die Abkratzvorrichtung besteht aus einem elastischen Stahlband oder aus einem starren Messer, deren Schneide schräg an den Scheibenrand anliegt. Die abgekratzte Salbe fällt in ein Sammelgefäß.

Abb. 171. Säulen-Mischmaschine mit Planeten-Rührwerk. Rührwerk hochgehoben, Mischkessel ausgefahren (Werner & Pfleiderer, Cannstatt-Stuttgart).

Die beschriebenen Salbenreibmühlen arbeiten periodisch und besitzen daher sämtliche Nachteile der periodisch arbeitenden Maschinen. Nachdem der Zylinder entleert ist, muß der Preßkolben zwecks Neufüllung hochgeschraubt werden, wodurch ein bedeutender Zeitverlust entsteht. Ein weiterer Nachteil der Maschine ist, daß der Scheibenabstand nicht genügend fein reguliert werden kann. Daher ist die Mahlwirkung

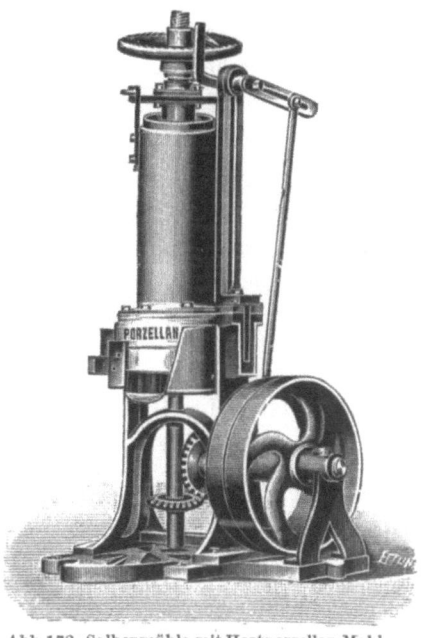

Abb. 172. Salbenmühle mit Hartporzellan-Mahlwerk und mit selbsttätiger Nachdrückvorrichtung (Karl Seemann, Berlin-Borsigwalde).

in vielen Fällen nicht ausreichend und besonders wenn schwer vermahlbare Substanzen, wie Bleicarbonat, Quecksilberamidchlorid usw. in der Salbe enthalten sind, ist ein wiederholtes Vermahlen erforderlich, ohne aber hierdurch immer den erwünschten Erfolg zu erreichen.

Eine ganz feine Vermahlung kann mit Hilfe der mit Mahlringen bzw. Scheiben arbeitenden und auf S. 159 beschriebenen Homogenisiermaschinen bzw. Kolloidmühlen erreicht werden. Die alten Salbenreibmühlen werden von den Kolloidmühlen in der Salbenherstellung allmählich verdrängt. Bezüglich der Vermahlung von Salben mit fester Phase sei bemerkt, daß es oft nicht möglich ist, durch einen Mahlgang die gewünschte Feinheit zu erreichen, denn wenn die Mahlringe sich genügend nahe zueinander befinden, so können die groben Körner und Knoten nicht zwischen die Ringe gelangen. Es muß daher zuerst mit entsprechend weit voneinander befindlichen Ringen vermahlen werden, oder aber es wird mit einer im Betrieb bedeutend billigeren Salbenmühle vorgemahlen.

Abb. 173. Dreiwalzenwerk (Karl Seemann, Berlin-Borsigwalde).

Grundverschieden hiervon arbeiten die Dreiwalzenwerke (Abb. 173), deren Mahlvorrichtung aus drei zueinander parallel und horizontal gelagerten rotierenden glatten Walzen besteht. Die mittlere Walze ist festgelagert, während die Lager der beiden äußeren Walzen mittels Stellschrauben in einer horizontalen Ebene verschiebbar sind. Hierdurch kann die Entfernung der Walzen mit hinreichender Feinheit geregelt werden. Die ersten zwei Walzen (Abb. 174) drehen sich zueinander so, daß die von oben auf die Walzen gelangenden Materialien zwischen

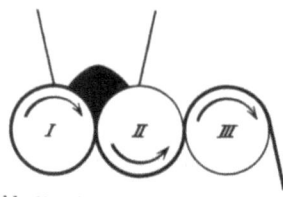

Abb. 174. Schema eines Dreiwalzenwerkes.

die Walzen gezogen werden. Oberhalb der ersten und zweiten Walze befindet sich ein Aufgabetrichter, durch welchen die zu vermahlende Substanz, also die Salbe, zu den Walzen gelangt. Die von den Walzen eingezogene Salbe haftet in einer dünnen Schicht an der Walzenoberfläche. Die an die erste Walze haftende Salbe kehrt nach einer vollen Umdrehung zum Aufgabetrichter zurück. Die zweite Walze transportiert die Salbe von unten zur dritten Walze, deren Drehrichtung mit der der ersten übereinstimmt und sich zur zweiten entgegengesetzt dreht. Infolge der größeren Geschwindigkeit übernimmt die dritte Walze die an der zweiten haftende Salbe, die dann nach einer halben Umdrehung von einem dicht anliegenden Messer abgehoben wird. Der Weg der Salbe im Dreiwalzenwerk ist aus Abb. 174 zu ersehen.

Die Mahlwirkung des Dreiwalzenwerkes entsteht aus drei Komponenten: 1. Die in der Salbe befindlichen festen Körpern oder Knoten werden in den engen Zwischenspalten der Walzen infolge der durch die verschieden schnelle Drehgeschwindigkeit hervorgerufenen Druckwirkung zerquetscht bzw. zersplittert. Diese Wirkung wird 2. durch die verschiedene Geschwindigkeit der Walzen und die hierdurch entstandene Scherwirkung gesteigert. Die letzte (3.) Komponente ergibt sich dadurch, daß die dritte Walze in Richtung ihrer Drehachse eine schwingende Bewegung ausführt und hierdurch eine Mahlwirkung entfaltet.

Um überhaupt eine Mahlwirkung zu erzielen, müssen die Walzen in der entsprechenden Entfernung voneinander stehen. Die Walzenabstände I—II und II—III stehen zueinander in Korrelation. Ist nämlich der Spalt I—II relativ groß, so wird die mitgenommene Salbenmenge vom Spalt II—III nicht aufgenommen und der Überschuß sammelt sich zunächst unterhalb des Spaltes an, um dann später einfach hinunterzufallen. Ist Spalt I—II zu eng, so wird Spalt II bis III nicht ausgenützt. Die Größe des Spaltes wird durch die Beschaffenheit der Salbe geregelt. Enthält sie ein sehr grobes Pulver oder große Knoten, so muß der Spalt I—II relativ weit sein, um die groben Teile weiterzutransportieren und vermahlen zu können. Spalt II—III muß dann entsprechend der von Walze II mitgeführten Salbenmenge eingestellt werden. Unter Umständen muß Spalt II—III derart weit sein, daß keine genügende Mahlwirkung zustande kommt. In diesem Falle genügt ein Mahlgang nicht, es muß wiederholt, aber mit enger geschraubten Spalten vermahlen werden. Würde man gleich beim ersten Mahlgang die Spaltweite derart eng stellen, daß die erwünschte Mahlfeinheit gleich erreicht wird, so bleiben die Knoten und die sonstigen groben Teile im Aufgabetrichter. Der Rückstand kann nicht verworfen werden, ohne hierdurch die Zusammensetzung der Salbe nicht zu verändern. Das Eindringen der Knoten in den Spalt kann durch einen von oben mittels eines Stampfers entfalteten Druck erleichtert werden.

Bei manchen Konstruktionen verrichtet nicht die dritte, sondern die mittlere (II) Walze die schwingende Bewegung, wodurch die Mahlwirkung erhöht wird. Ein wesentlicher Nachteil dieser Konstruktion ist die raschere Abnützung der Walzen. Die zur Salbenherstellung benutzten Dreiwalzenwerke sind mit relativ weichen und wenig festen Porphyrwalzen ausgerüstet. Harte und spröde Materialien verkratzen sie leicht, gelangt sogar zufällig ein Eisennagel oder ein Metallspatel in die Salbe, so tritt beim Vermahlen fast immer Walzenbruch ein, vorausgesetzt, daß die harten Gegenstände nicht zu groß sind, um in den Walzenspalt zu gelangen. Es ist daher zweckmäßig, die geschmolzenen Salben zu filtrieren, oder aber die erstarrten Salben durch ein grobes Sieb in den Aufgabetrichter des Dreiwalzenwerkes zu drücken. Letzteres Vorgehen ist bei ganz billigen Salben erforderlich, wo das regelrechte Schmelzen und Filtrieren nicht durchführbar ist. Vorsichtshalber soll der Transmissionsriemen nicht ganz straff gespannt werden, wodurch die Walzen stehen bleiben, wenn ein Eisenstück dazwischen gerät. Obwohl die Walzen hierbei stets beschädigt werden, läßt sich ein Walzenbruch doch vermeiden und die Walzen können oft noch durch Abschleifen gerettet werden. Hiervon unabhängig ist ein Abschleifen von Zeit zu Zeit infolge des natürlichen Verschleißes erforderlich. Die Salbe ist niemals auf die ganze Walzenlänge gleichmäßig verteilt, und da ihre Hauptmasse in der Mitte vermahlen wird, nutzen sich die Walzen hier am stärksten ab. Kleine Exzentrizitäten der Walzenwelle rufen einen elliptischen Querschnitt hervor. Das Abschleifen der Walzen soll stets von einer entsprechenden Fachfirma durchgeführt werden. Nach wiederholtem Abschleifen müssen die Walzen ganz ausgetauscht werden.

Walzwerke mit mehr als drei Walzen sind für Salben unbrauchbar, da beim Vermahlen eine relativ starke Erwärmung eintritt, wodurch die Salbe weicher bzw. flüssiger und unter Umständen sogar inhomogen wird. Aus demselben Grund muß bei wiederholtem Vermahlen zwischen die beiden Mahlgänge eine entsprechend lange Pause eingeschaltet werden oder aber müßten Walzwerke mit kühlbaren Porphyrwalzen verwandt werden.

Die die Salbenmühle verlassende Salbe ist gebrauchsfertig und kann abgepackt werden.

b) Fettsalben mit zwei flüssigen Phasen.

Aus dem physikalisch-chemischen Aufbau dieser Salben folgt der erforderliche Arbeitsvorgang: 1. Herstellung der einzelnen Phasen. 2. Emulgierung. 3. Zumischen einer etwaigen festen Phase. 4. Homogenisierung.

Gehört die herzustellende Salbe zum Typ der Öl-Wasseremulsionen, so kann die Emulgierung entweder nach der englischen oder kontinentalen Methode erfolgen. Dementsprechend wird der Emulgator entweder der einen oder der anderen Phase zugemischt. Da hauptsächlich Lecithin oder Seife in Frage kommt, wird man zweckmäßigerweise das Lecithin in der Fettphase lösen, die Seife aber in der wässerigen Phase durch Verseifen der entsprechenden Fettsäure (Stearinsäure, Ölsäure usw.) herstellen. Bei zum Typ der Wasser-Ölemulsionen gehörenden Salben wird der Emulgator fast immer zuerst mit der Fettphase verarbeitet. Dagegen wird bei Quecksilber-Fettemulsionen das Quecksilber fast immer direkt mit dem Emulgator verarbeitet und dann erst mit anderen Fettstoffen verdünnt. Aus obigen Angaben folgt, daß die erforderlichen Maschinen bereits alle beschrieben worden sind.

Die Fettphase wird, wenn sie aus mehreren Bestandteilen besteht, durch Verschmelzen in den auf S. 180 beschriebenen Schmelzkesseln mit Rührwerk hergestellt. Die wässerige Phase kann entweder aus reinem Wasser bestehen, kann aber auch eine Lösung von verschiedenen wirksamen Arzneistoffen sein. Die Herstellung der wässerigen Lösungen erfolgt in Kesseln mit Rührwerk, wenn sie in großen Mengen hergestellt werden soll, sonst kann man kleinere Glas- oder Metallgefäße benutzen. Liegt bereits eine Lösung vor, so wird sie entweder noch verdünnt oder eingedickt (siehe Kapitel VIII über Extrakte). Ist die Lösung der wirksamen Stoffe nicht wässerig, so kann sie der Salbe nur dann zugemischt werden, wenn sie die Fettphase nicht zu stark verdünnt und erweicht. Ist dies der Fall, so muß die Lösung z. B. eine Tinktur eingedickt werden.

Das Emulgieren der beiden Phasen geschieht mit Hilfe der im Kapitel IX über Emulsionen beschriebenen Apparatur. Ist die Menge der zu emulgierenden (disperse) Phase verhältnismäßig wenig, so kann auch ein gewöhnliches Planetenrührwerk (Abb. 169, 170, 171) benutzt werden. Auf diesem Wege werden die sogenannten kalgerührten Salben, welche eigentlich nur Quasiemulsionen sind, hergestellt (S. 172). Nach dem Emulgieren wird im selben Apparat auch die feste Phase hinzugemischt.

Die in den einfachen Emulgiermaschinen hergestellten Salben sind zwar oft grob, aber doch genügend dispers, besonders wenn es sich um billige Salben handelt. Für bessere Salbenqualitäten muß homogenisiert werden, da die Emulsion einerseits nicht genügend hochdispers ist, andrerseits die feste Phase nicht genügend fein verteilt und die Homogenität der Salbe infolge der mangelhaften Durchmischung sehr gering ist. Die primitivste Art der Homogenisierung ist das Vermahlen mittels Salbenreibmühlen (S. 183). Es werden hierbei nicht nur die feste Phase und die etwaigen Knoten feiner verteilt, sondern auch die Dispersion der Emulsion wird erhöht. Auf S. 183 wurde aber bereits darauf hingewiesen, daß die Mahlwirkung sehr oft unzureichend ist und aus diesem Grunde sind die Reibmühlen auch zum Homogenisieren ungeeignet. Im Falle der Quasiemulsionen ist ihre Anwendung besonders schwierig, da die beiden Phasen die Mühle oft getrennt verlassen. Eine bessere homogenisierende Wirkung besitzt das Dreiwalzenwerk (S. 184), doch besteht bei Quasiemulsionen ebenfalls die Gefahr der Trennung der beiden Phasen. In Gegenwart von Emulgatoren wird aber die Salbe bereits in hohem Maße homogenisiert. Die beste homogenisierende Wirkung besitzen die auf S. 18, 159 (Kapitel I bzw. IX) beschriebenen Kolloidmühlen bzw. Homogenisiermaschinen.

Es sei hier erwähnt, daß die Güte einer Salbenmühle oder Homogenisiermaschine sich an der Konsistenz der Salbe zu erkennen gibt, denn mit steigender Dispersion nimmt auch die Viscosität zu. Es besteht also die Möglichkeit, mit Hilfe verschiedener Maschinen verschieden viscose Salben herzustellen, ohne hierbei die Zusammensetzung der Salbe abzuändern.

Die Herstellung der Quecksilbersalben erfolgt in einer Spezialmühle, welche hier und dort auch für andere Salben benutzt wird. Die geringe Leistungsfähigkeit beschränkt aber ihre Anwendung fast nur auf die Quecksilbersalbe. Ihre Konstruktion ist von Abb. 175 und 176 ersichtlich. Auf einem zylindrischen Untergestell befindet sich eine eiserne halbkugelförmige Schale, deren Mitte von der Antriebswelle durchbrochen ist. Die Antriebswelle trägt zwei Pistills, durch deren Kreisbewegung die Salbe vermahlen wird. An Stelle der Pistills befinden sich in manchen Ausführungen zwei schwere Eisenkugeln, welche von einer an die Antriebswelle befestigten Querstange bewegt werden. Die Kugeln haben den Vorteil nicht nur zu reiben, sondern infolge des Rollens auch eine Druckwirkung zu entfalten. Die Kugeln verrichten also eine doppelte Bewe-

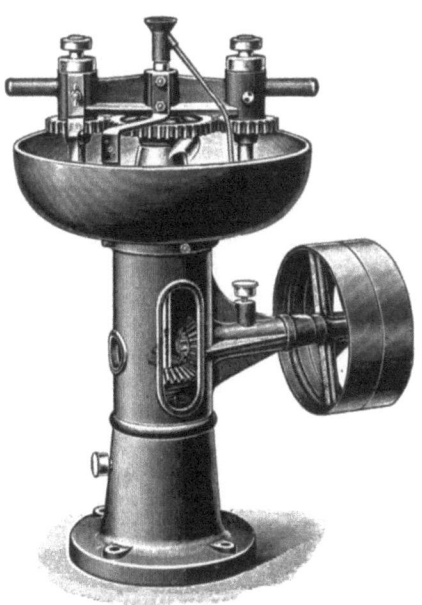

Abb. 175. Salbenreibmaschine für Quecksilbersalben (Karl Seemann, Berlin-Borsigwalde).

Abb. 176. Salbenreibmaschine für Quecksilbersalben. Reibschale von oben gesehen (Karl Seemann, Berlin-Borsigwalde).

gung: sie rollen im Kreis. Vier Abschabmesser fördern die Arbeit der Mühle, indem zwei Messer von den Kugeln bzw. von den Pistills, ein Messer wieder die in die Nähe der Hauptwelle gelangte und ein viertes Messer die an die Seitenwand haftende Salbe abkratzen.

2. Das Abfüllen der Salben.

Die Salben, Pasten und Cremes werden zum größten Teil in Tuben gepackt bzw. abgefüllt und nur geringere Mengen gelangen in Büchsen, Tonkrügen usw. abgefüllt in den Handel. Das Abfüllen in Tuben ist eine Spezialverpackung für Salben und soll daher hier besprochen werden. Bezüglich andere Packungen vgl. Kapitel XVIII.

Tuben sind an einem Ende offene, aus Zinn oder Aluminium angefertigte Zylinder, deren anderes Ende in bekannter Art einen kleinen mit Schraubendeckel verschließbaren Hals trägt. Die Tuben werden in verschiedenen, durch laufender

Numerierung von 1—11 gekennzeichneten Größen angefertigt. Die gebräuchlichsten Größen und ihre Salbenkapazitäten sind:

Nr. 1	3 g		Nr. 9	35 g
Nr. 2	6 g		Nr. 10	55 g
Nr. 3	10 g		Nr. 11	120 g
Nr. 7	22 g			

Die angegebenen Salbenkapazitäten sind natürlich nur Durchschnittswerte, welche dem spezifischen Gewicht entsprechend schwanken.

Die Tuben werden mit Hilfe von in vielerlei Ausführungen bekannten Tubenfüllmaschinen gefüllt. Die einfachsten Füllmaschinen sind für Handbetrieb eingerichtet, unterscheiden sich aber im Füllprinzip nicht von den halb oder ganz automatisch arbeitenden Maschinen. Die Leistung der mit Hand zu betreibenden Maschinen ist für kleinere Betriebe manchmal ausreichend. Sie besteht im wesentlichen aus einem liegenden oder stehenden Metallzylinder (Abb. 177), in welchem sich ein dicht sitzender Kolben auf und ab bewegen läßt. Am unteren Ende oder bei liegendem Zylinder an dem den Kolbeneintritt entgegengesetzten Ende befindet sich eine mit Schraubengang versehene Öffnung. Hier können verschiedene den einzelnen Tubengrößen entsprechende Rohrmundstücke angeschraubt werden. Zur Anfüllung der Maschine wird der Kolben aus dem Zylinder herausgehoben und der Zylinder senkrecht gestellt, wenn eine Füllmaschine mit liegendem Zylinder vorliegt. Nachdem der Kolben in den Zylinder zurückgesetzt worden ist, dreht man ihn mit Hilfe der Handkurbel und der Zahnradübersetzung nach unten, wodurch die Salbe durch das Rohrmundstück gepreßt wird. Es wird aber nur so viel Druck ausgeübt, daß die Salbe an der Öffnung des Mundstückes gerade sichtbar wird. Man schiebt nun eine leere Tube auf das Mundstück. Die in der Tube befindliche Luft entweicht durch den zwischen Mundstück und Tube befindlichen kleinen Zwischenraum. Übt man jetzt auf die Salbe mit dem Kolben einen weiteren Druck, so dringt die Salbe aus dem Mundstück heraus, füllt die Tube, welche gleichzeitig vom Mundstück heruntergeschoben wird. Die Tuben werden nicht ganz gefüllt, da ihr Ende beim Abschließen sowieso flachgedrückt wird. Bei kleineren Füllmaschinen wird die Füllgrenze nur nach Augenmaß eingehalten, während bei größeren Maschinen die Füllgrenze einstellbar ist. Zu diesem Zwecke ist eine kleine verschiebbare Fläche vorhanden, an welche die bis zur Füllgrenze angefüllte und vom Mundstück heruntergeschobene Tube anstößt. Ist die Tube gefüllt, so zieht man die Tube vom Mundstück herab. Vorher muß man den Kolben etwas nach oben drehen, denn sonst würde die Salbe infolge des im Zylinder herrschenden Druckes durch das Mundstück herausgepreßt werden. Bequemer ist ein vor dem Mundstück befindlicher Hahn, hierdurch muß zwischen zwei Füllungen nur der Hahn geschlossen und wieder geöffnet werden, während der Kolben nur von Zeit zu Zeit entsprechend nach unten geschraubt wird. Zeitweilig soll eine Tube auch genau gewogen werden. Ohne diese Kontrolle wird man sehr oft nicht die berechnete Anzahl von gefüllten Tuben aus der gegebenen Salbenmenge herausbekommen.

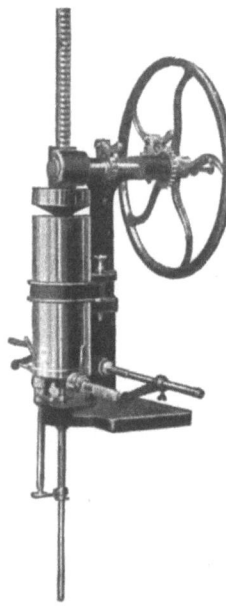

Abb. 177. Tubenfüllmaschine für Handbetrieb (Franz Hochmuth, Dresden).

Die Füllmaschinen mit liegendem Zylinder haben den großen Nachteil, daß sie beim Anfüllen mit Salbe stets senkrecht gestellt werden müssen. Demgegenüber haben sie den Vorteil einer bequemen Antriebsmöglichkeit, während doch bei stehendem Zylinder die Handkurbel sich sehr hoch befindet. Der die Füllmaschine bedienende Arbeiter muß ständig in zwei Höhenlagen tätig sein, und zwar einmal unten beim Mundstück und dann am oberen Zylinderende. Es ist leicht einzusehen, daß die Arbeit mit Füllmaschinen für Handbetrieb sehr ermüdend ist und eine geringe Leistung aufweist. Es wurden deshalb auch Maschinen konstruiert, bei welchen der Kolben mittels Fallgewicht oder Motorantrieb nach unten bewegt wird. Bei solchen Maschinen kann das Öffnen und Schließen des Mundstückhahns mit-

Abb. 178. Tubenfüllmaschine für kontinuierlichen Betrieb.
(Arthur Colton Co., Detroit, Mich. USA.)

Abb. 179. Tubenfüllmaschine für Luftdruck mit Rundgänger und mit Tubenschließvorrichtung.
(Arthur Colton Co., Detroit, Mich. USA.)

tels eines Exzenters auch automatisch erfolgen, wobei durch Verstellung des Exzenters die Füllgröße den verschiedenen Tubengrößen angepaßt werden kann. Durch den mechanischen Antrieb ist der Arbeiter weitgehendst entlastet und muß nur mit beiden Händen sich dem von der Maschine vorgeschriebenen Arbeitsrhythmus anpassen. Mit der einen Hand wird die gefüllte Tube vom Mundstück entfernt und mit der anderen Hand wird eine leere Tube daraufgeschoben.

Ein gemeinsamer Fehler der vorhergehend beschriebenen Maschinen ist die periodische Funktion. Ist der Zylinder entleert, so muß zwecks Neufüllung der Kolben hochgeschraubt und herausgehoben werden. Der hierdurch bedingte Zeitverlust ist allerdings nur im Großbetrieb von Bedeutung. Von diesem Standpunkt stellen die von der Arthur Colton Company, Detroit, konstruierten Füllmaschinen einen wesentlichen Fortschritt dar. Diese Maschinen arbeiten nicht periodisch und nicht mit Kolbendruck, sondern peloteuseartig mittels einer Transportschnecke, also kontinuierlich. Wie von Abb. 178 ersichtlich ist, besteht eine solche Maschine aus einem relativ großen Abfülltrichter, aus einer kleinen mit direktem Motorantrieb versehenen Transportschnecke und einem automatisch sich öffnenden und schließenden Mundstück. Die Leistungsfähigkeit der Maschine ist nur durch die Fähigkeitsgrenzen des bedienenden Arbeiters begrenzt. Die durchschnittliche Leistung beträgt 50 Tuben in der Minute. Der nur $1/2$ PS-Motor wird mittels Fußpedal ein- und ausgeschaltet. Für halbflüssige Salben oder Pasten (und auch für Flüssigkeiten) rüstet die Firma A. Colton ihre Füllmaschinen mit Luftdruck aus. Der Antriebsmotor bzw. die Riementransmission

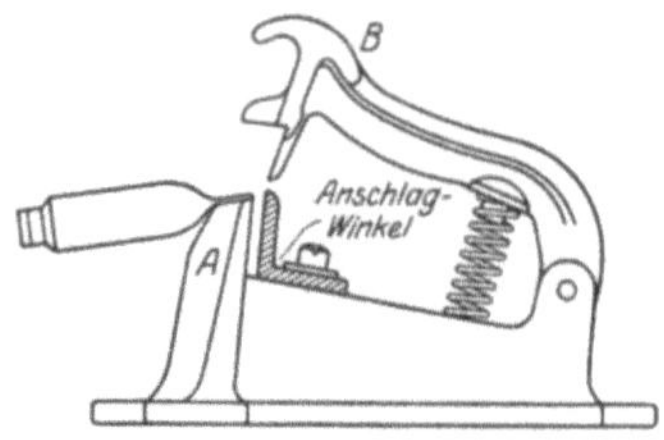

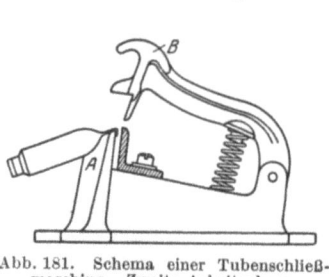

Abb. 180. Schema einer Tubenschließmaschine. Erste Arbeitsphase.

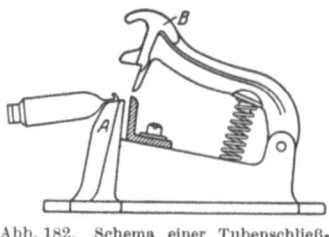

Abb. 181. Schema einer Tubenschließmaschine. Zweite Arbeitsphase.

Abb. 183. Tubenschließhalbautomat für Handbetrieb (Franz Hochmuth, Dresden).

Abb. 182. Schema einer Tubenschließmaschine. Dritte Arbeitsphase.

betätigt in diesem Falle einen Luftkompressor. Der Zylinder der Maschine ist ganz geschlossen und mit Manometer versehen. Die ganze Anordnung ist auf Abb. 179 zu sehen. Der Kraftverbrauch beträgt bei einer Minutenleistung von 40—45 Tuben nur $1/4$ PS.

Die mit einer der beschriebenen Maschinen gefüllten Tuben müssen abgeschlossen werden. Dies erfolgt derart, daß das offene Ende zunächst flachgedrückt wird. Das flache Ende wird sodann zweimal zurückgebogen, das heißt gefalzt. Das Flachdrücken wird praktisch so durchgeführt, daß die kreisrunde bzw. zylindrische Tube mit ihrem offenen Ende zwischen zwei parallele Flächen gesteckt wird, welche Flächen dann beim Zusammendrücken die Tube flachdrücken und gleichzeitig einen etwaigen Salbenüberschuß aus der Tube herauspressen. Wird mit automatischen Füllmaschinen gearbeitet, so ist ein Salbenüberschuß niemals vorhanden. Das Falzen erfolgt so, daß das flachgedrückte Stück an einem Winkel zweimal umgebogen und flachgedrückt wird. Das Flachdrücken und Falzen wird gewöhnlich mittels einer Maschine durchgeführt. Das Prinzip solcher Maschinen ergibt sich aus den schematischen Zeichnungen einer kleinen Maschine mit Handbetrieb (Abb. 180, 181, 182). Technisch wurden diese Maschinen so ausgebaut, daß die Tuben in einem Arbeitsgang flachgedrückt und zweimal gefalzt werden. Abb. 183 zeigt eine einfache Ausführung mit Handrad der Firma Franz Hochmuth, Dresden. Die Tube wird einfach in den Tubenhalter gestellt, worauf sie nach dem Drehen des Handrades von den

Abb. 184. Tubenschließautomat für Kraftbetrieb.

Schließzangen flachgedrückt und bei weiterem Drehen zweimal durch kräftige Schläge gefalzt wird. Die Bedienung besteht also darin, daß mit einer Hand das Handrad gedreht wird, während mit der anderen Hand die Tuben in den Halter gesteckt und nach erfolgtem Schließen diesem wieder entnommen werden. Die Maschine ist also ein Halbautomat. Bedeutend größere Leistungen können erzielt werden, wenn man den ganzen Vorgang automatisiert. Abb. 184 zeigt eine automatische Tubenschließmaschine der Firma Franz Hochmuth, Dresden. Der Antrieb erfolgt hier mittels Riementransmission und der Tubenhalter ist durch einen 16 Tuben aufnehmenden rotierenden Tisch ersetzt. Die Schließgeschwindigkeit und Rotationsgeschwindigkeit des Tisches ist so in Einklang gebracht, daß die Verweilzeit einer Tube unterhalb der Schließzangen auf ein Minimum reduziert ist. Die Bedienung der Maschine besteht hier nur darin, daß die abgeschlossenen Tuben vom rotierenden Tisch weggenommen und an ihre Stelle neue gesteckt werden müssen.

Besonders bei halbflüssigen Salben

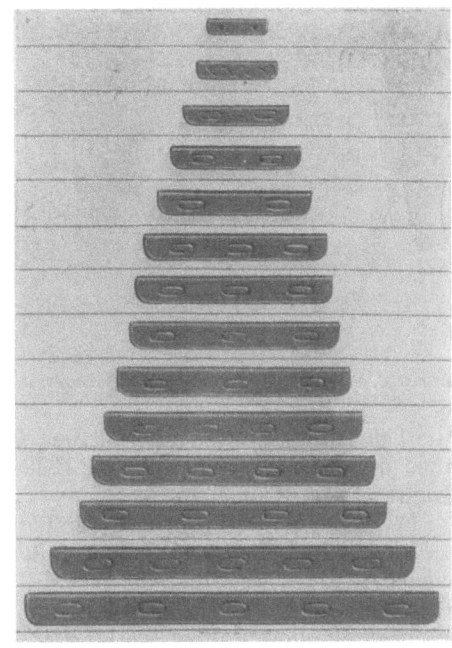

Abb. 185. Metallzwicken zum Abschließen von Tuben.

kann sehr oft die traurige Erfahrung gemacht werden, daß die Verschließung der Tuben trotz des Doppelfalzes undicht ist. Es hat sich in solchen Fällen für zweckmäßig empfohlen, das Ende der Tube mit Metallzwicken (Abb. 185) noch fester abzuschließen. Dies kann ebenfalls auf ganz automatischem Wege erfolgen, indem die Coltonsche Maschine (Abb. 186) nach dem doppelten Falzen die Tuben mit aus einem entsprechend vorbereitetem Band selbst hergestellten Metallzwicken versieht.

Ein Bedürfnis nach noch weitgehendere Verkürzung der erforderlichen Arbeitszeit hat eine Kombination der Füllmaschinen mit den Schließmaschinen zustande gebracht, welche entweder halb, oder voll automatisch arbeitet. Der Coltonsche Halbautomat (Abb. 179) besteht aus den auf ein gemeinsames Gestell zusammengebauten Teilmaschinen. Die gefüllten Tuben müssen mit der Hand in den Schließautomat gesetzt werden. Der Coltonsche Vollautomat (Abb. 187) verrichtet diese Arbeiten alle selbsttätig, sogar die Entfernung der fertiggestellten Tuben erfolgt automatisch. Die Bedienung der Maschine besteht also nur im Einstecken der leeren Tuben, dabei ist der Kraftverbrauch der Maschine bei einer Minutenleistung von etwa 60 Tuben nur 1 PS. Ein großer Nachteil der Automaten ist, daß sie nicht bei allen Salbenkonsistenzen einwandfrei arbeiten. Erfahrungsgemäß können nur halbflüssige oder zumindestens sehr weiche Salben und Pasten einwandfrei abgefüllt werden. Bei steifen Salben oder Pasten wird die Füllung ungleichmäßig. Bei der Anschaffung eines Automats wird die Entscheidung von einer Probefüllung und von der Garantie der Fabrikanten abhängig sein müssen.

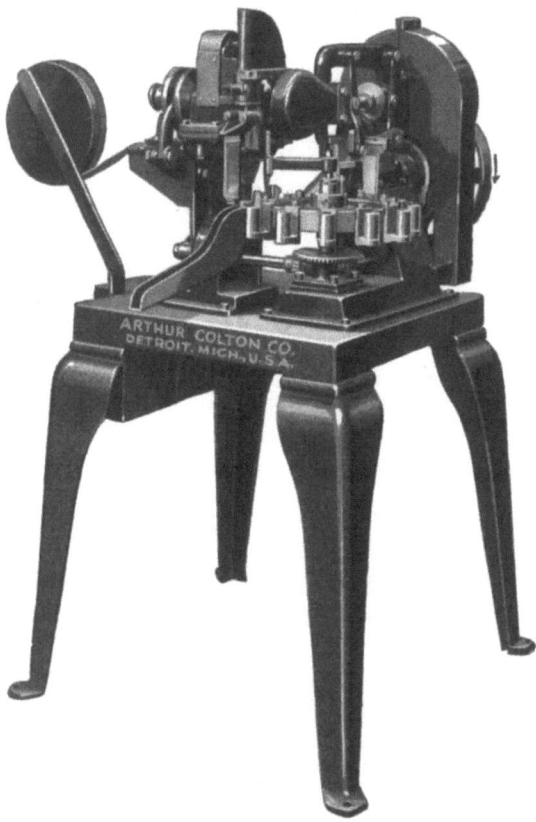

Abb. 186. Automatische Schließ- und Zwickmaschine für Tuben. (Arthur Colton Co., Detroit, Mich. USA.)

Die fertiggestellten Tuben sind außen oft mit etwas Salbe verschmiert, welche sich einfach abwischen läßt, ohne hierbei die Tube irgendwie zu deformieren. Dies ist aber nur bei Füllmaschinen mit nicht regulierbarer Füllgröße der Fall. Die Automaten liefern gewöhnlich einwandfrei reine Tuben.

Bezüglich der Etikettierung der Tuben vgl. Kapitel XVIII.

Nicht alle Salben sind zum Abfüllen in Tuben geeignet, so z. B. Quasiemulsionen, da das Wasser und das Fett sich leicht trennt und beim Drücken der Tube diese getrennt verlassen. Abgesehen aber von diesen offensichtlich fehlerhaft zusammengestellten Salben sei darauf hingewiesen, daß halbflüssige oder fast flüssige Salben beim normalen Doppelfalzverschluß leicht aus der Tube herausfließen. Will man oder kann man aus gegebenen Gründen außer des Falzens nicht noch die obenstehend erwähnten Metallzwicken anwenden, so ist es besser, die ganz weichen Salben nicht in Tuben, sondern in Büchsen oder Tonkrügen zu füllen.

Bezüglich des Materials der Tuben sei noch erwähnt, daß man zwischen Aluminium- und Zinntuben zu wählen hat. Die Zinntuben sind ganz gewiß die besseren, sie sind geschmeidiger, dichter verschließbar und chemisch widerstandsfähiger. Wasserhaltige Salben trocknen leicht (besonders Salben vom Typ der Öl-Wasseremulsionen) und sollen deshalb nicht in die undichteren Aluminium-

Abb. 187. Vollautomat zum Füllen und Schließen von Tuben (Arthur Colton Company, Detroit, Mich. USA.).

tuben gefüllt werden. Bezüglich der Widerstandsfähigkeit der Tuben muß man sich die chemischen Eigenschaften der Salbenbestandteile genau überlegen. Salben mit freien Fettsäuren können nicht in Aluminiumtuben gefüllt werden. Es werden auch Aluminiumtuben mit Innenschutzschicht hergestellt, aber sie sind erfahrungsgemäß nicht übermäßig zuverlässig.

D. Vorschriften zur Herstellung von Salben, Pasten und Cremes.

Bismutsalbe.

I.

2 kg Bismutsubnitrat,
2 kg Zinkoxyd,
40 kg Cold cream.

Die beim Verkneten erhaltene Quasiemulsion wird zweimal vorsichtig vermahlen.

II.

25 kg Bismutsubnitrat, 25 kg Wollfett,
25 kg Vaselin weiß, 50 kg Wasser.

In der Knetmaschine vermischen und vermahlen.

Bleiweißsalbe (Ung. Cerussae).

30 kg basisches Bleicarbonat,
70 kg Vaselin.

Zusammenkneten und am Dreiwalzenwerk vermahlen.

Weichherz-Schröder, Pharm. Betrieb.

Borsalbe.

I.
18 kg Vaselin, weiß,
2 kg Borsäurepulver.

Die feingepulverte und abgesiebte Borsäure wird mit dem Vaselin vermengt und dann vermahlen.

II.
0,4 kg Borsäure, kryst. wird in
2 kg Glycerin und
1 kg Wasser

heiß gelöst. Die Lösung wird sodann in einer Knetmaschine mit einem Gemisch von
7 kg Wollfett und
2,6 kg Olivenöl

zusammengeknetet. Vgl. Bor-Mentholsalbe, Zink-Borsalbe.

Bor-Mentholsalbe.

48,5 kg Vaselin, weiß,   0,25 kg Menthol,
1 kg Borsäure, pulv.,   0,25 kg Pfefferminzöl.

Das Menthol und Pfefferminzöl wird mit 1 kg Vaselin verschmolzen, mit der Borsäure und dem restlichen Vaselin zusammengeknetet und am Dreiwalzenwerk vermahlen. Vgl. Bor- und Mentholsalbe.

Cold cream (Ungt. emolliens).

4 kg Wachs, weißes,   9,5 kg Wasser,
4 kg Walrat,   40 g Geraniumöl,
16 kg Sesamöl,   10 g Rosenöl.
0,5 kg Borax,

Das Wachs, das Walrat und das Sesamöl werden zusammengeschmolzen und hiernach wird die warme Boraxlösung hinzugefügt, worauf das Gemisch kaltgerührt und sodann vorsichtig vermahlen wird. Quasiemulsion!

Formalinsalbe.

I.
2 kg Formalin 40%,
40 kg Vaselin, gelb

werden in einer geschlossenen Maschine zusammengeknetet. Die entstehende Quasiemulsion ist sehr unstabil. Nur für ganz billige Salben!

II.
2 kg Formalin 40%,
5 kg Wollfett,
35 kg Vaselin, gelb.

In verschlossener Maschine verkneten, vermahlen.

Glycerincreme.

I.
2 kg Traganthpulver,   30 kg Wasser,
10 kg Alkohol,   70 kg Glycerin.

Der Traganth wird mit dem Alkohol verrieben und für $^1/_4$ Stunde beiseitegestellt. Hierauf mischt man das Glycerin und sodann das Wasser unter fortwährendem Rühren allmählich hinzu.

II.
7,5 kg Weizenstärke,   150 kg Glycerin,
7,5 kg Wasser,   250 g Syringablütenöl (Haarmann & Reimer).

Die Weizenstärke wird mit dem kalten Wasser und dem Glycerin angerührt und durch rasches Erhitzen bis zum Kochen im Dampfkockessel verkleistert. Das Öl wird erst nach dem Erkalten hinzugefügt.

III.
3 kg Gelatine,   60 kg Glycerin,
27 kg Wasser,   120 g Maiglöckchenblumenöl „Heiko".
10 kg Honig,

Die Gelatine wird mit 10 kg kaltem Wasser einen Tag lang vorgequollen. Nach mäßigem Erwärmen wird das Glycerin und der vorher mit 17 kg Wasser verdünnte Honig zugerührt.

Bei sämtlichen Vorschriften, aber besonders bei III. ist eine möglichst sterile Arbeit erforderlich, da die Salben leicht verderblich sind.

Hamamelissalbe.

10 kg Hamamelisextrakt dest.,
15 kg Wollfett,
75 kg Vaselin, weiß.

Das Wollfett wird mit dem Vaselin verschmolzen, worauf der Hamamelisextrakt zugerührt wird. Die erkaltete Salbe wird vermahlen.

Jodkalisalbe.

20,00 kg Jodkali,   33 kg Wollfett,
15,00 kg Wasser, dest.,   132 kg Vaselin.
0,25 kg Natriumthiosulfat,

Das Jodkali wird mit dem Natriumthiosulfat zusammen in Wasser gelöst. Die Lösung wird mit dem Gemisch des Wollfetts und des Vaselins verknetet und vermahlen. Vgl. Kampfersalbe.

Kampfersalbe (Frostsalbe).

37,4 kg Vaselin, gelb,   0,40 kg Kampfer,
2,6 kg Wollfett,   0,75 kg Jodkali,
1,5 kg Wasser,   0,25 kg Phenol (Carbolsäure, kryst.).

Kampfer, Wollfett und 5 kg Vaselin werden verschmolzen, das Jodkali wird im Wasser mit dem Phenol gelöst. Hierauf wird die wässerige Lösung und die Kampferlösung in Wollfett und Vaselin, mit dem Rest des Vaselins zusammengeknetet und vermahlen.

Kühlsalbe (Ung. leniens, refrigerans).

I.

1,5 kg Lecithin,
63,5 kg Vaselin,
35 kg Wasser.

Das Lecithin wird mit 5 kg Vaselin verschmolzen und hierauf abwechselnd mit 5 kg Wasser und Vaselin verrührt. Die entstandene grobe Emulsion wird entweder am Dreiwalzenwerk oder in einer Kolloidmühle vermahlen.

II.

34 kg Paraffinöl,   5 kg Wollfett,
11 kg Paraffin,   50 kg Rosenwasser.

Paraffinöl, Paraffin und Wollfett geben nach dem Zusammenschmelzen mit dem Rosenwasser wenig stabile Wasser-Ölemulsionen. Vorsichtig vermahlen!

III.

25 kg Vaselin,   25 kg Rosenwasser,
25 kg Wollfett,   25 kg Neroliölwasser.

Zusammenschmelzen oder kalt zusammenkneten. Vermahlen. Wenig stabile Wasser-Ölemulsion.

Lanolinwachspaste (Ung. adhaesivum).

40 kg gelbes Wachs,
20 kg Olivenöl,
40 kg Wollfett.

Zusammenschmelzen und vermahlen.

Lanolincreme.

I.

40 kg Wollfett,   25,0 kg Wasser,
20 kg Paraffinöl,   30 g Neroliöl, künstl.,
10 kg Vaselin, weiß,   240 g Syringablütenöl (Haarmann & Reimer),
4,5 kg Glycerin,   240 g Terpineol.

Die Fettstoffe werden mit dem Wollfett verschmolzen, sodann mit dem Glycerin und Wasser verknetet und nach dem Erkalten am Dreiwalzenwerk vermahlen.

II.

4,5 kg Wollfett,   50 g Borsäure,
4,0 kg Vaselin, gelb,   5 g Neroliöl, künstl.,
7,5 kg Wasser,   40 g Syringablütenöl (Haarmann & Reimer),
0,5 kg Glycerin,   40 g Terpineol.

Wollfett und Vaselin werden zusammengeschmolzen. Man kann auch in einer Knetmaschine kalt mischen. Die Borsäure wird im Glycerin mit etwas Wasser gelöst und zum Wollfett-Vaselin-Gemisch geknetet. Jetzt folgt allmählich das Wasser und zuletzt die ätherischen Öle. Am Dreiwalzenwerk vermahlen.

Lassarpaste.

25 kg Zinkoxyd,
25 kg Weizenstärke,
50 kg Vaselin, gelb.

Zusammenkneten und zweimal vermahlen. Vgl. Zinksalbe.

Mentholsalbe.
I.

4,5 kg Wollfett,	1,5 kg Methylsalicylat,
1,0 kg Wachs, gelbes,	1,5 kg Wasser,
1,5 kg Menthol,	12,5 kg Vaselin, gelb.

Das Wollfett, das Wachs und das Vaselin werden zuerst zusammengeschmolzen, worauf das Methylsalicylat zugerührt wird. Im noch flüssigen Gemisch wird das Menthol gelöst. Nach dem Vermischen mit dem Wasser und nach dem Erkalten wird einmal vermahlen.

II.

4,50 kg Wollfett,	1,25 kg Kampfer,
1,00 kg Wachs, gelbes,	12,5 kg Vaselin, gelb,
1,25 kg Methylsalicylat,	1,5 kg Wasser.
0,50 kg Menthol,	

Das Wollfett wird mit dem Wachs und dem Vaselin zusammengeschmolzen, worauf das Methylsalicylat hinzugerührt wird. Im noch flüssigen Gemisch wird das Menthol und der Kampfer gelöst. Nachdem das Wasser zugemischt und die Salbe erkaltet ist, wird vermahlen.

Naphtholsalbe (Ung. naphtholi comp.).

1,5 kg β-Naphthol,	1,0 kg Schwefel, praecip.,
0,6 kg Salicylsäure,	1,0 kg Zinksulfat,
4,5 kg Zinkoxyd,	30 kg Vaselin, gelbes.

Zusammenkneten und zweimal vermahlen.

Quecksilberpräcipitatsalbe (Unguent. Hydrargyri album).

2 kg weißer Quecksilberpräcipitat,
4 kg weiße Kalischmierseife mit 30% Wasser,
20 kg Vaselin, weiß.

Zusammenkneten und zweimal vermahlen. Als Augensalbe nicht verwendbar!

Quecksilbersalbe (Graue Quecksilbersalbe).

Es hat sich als zweckmäßig erwiesen, stets eine 80%ige Salbe herzustellen und diese dann auf die von den Arzneibüchern vorgeschriebene Konzentration zu verdünnen. Die 80%ige Salbe kann man leicht mittels Wollfett oder mittels Vaselin und Cholesterin (95:5) herstellen. Die Emulgierung des Quecksilbers erfolgt entweder in einer Seemannschen Salbenreibmühle (Abb. 175, 176) oder in Kolloidmühlen. Da die normale Seemannsche Salbenreibemühle eine sehr geringe Leistung aufweist, ist es billiger, in ihr nur die 80%ige Salbe herzustellen, während das Verdünnen in einer Knetmaschine erfolgen kann. Es ist aber zweckmäßig am Dreiwalzenwerk nachzumahlen.

Man füllt in die Reibmühle zuerst Wollfett oder ein Gemisch von 95% Vaselin und 5% Cholesterin, und zwar 20% der gesamten Salbenmenge. Man läßt die Maschine bis zum Erweichen des Wollfetts bzw. des Vaselines laufen und fügt jetzt in 4—5 Teilen das Quecksilber (80% der gesamten Salbenmenge) hinzu. Würde man das ganze Quecksilber auf einmal hinzufügen, so könnte ein Teil davon aus der Maschine geschleudert werden. Die Herstellung der konzentrierten Salbe dauert ungefähr 8—12 Stunden. Die Emulgierung soll möglichst ohne Unterbrechung bei mittlerer Zimmertemperatur (18—20° C) durchgeführt werden. Wird das Verreiben unterbrochen und kühlt sich die Salbe hierbei (z. B. in der Nacht) stark ab, so muß vor dem neuen Anlaufen der Maschine die Salbe auf etwa 40° C erwärmt werden, da das Quecksilber sonst zu großen Tropfen zusammenfließt. Es ist immer besser, die Maschine über Nacht laufen zu lassen. Die Maschine arbeitet ohne Aufsicht, nur der Elektromotor muß mit entsprechender Sicherung versehen sein.

Die fertige Quecksilberemulsion (wenn mit freiem Auge oder bei 2—3 facher Vergrößerung keine Hg-Tröpfchen zu beobachten sind) gelangt in eine Knetmaschine, wo sie dann verdünnt wird, und zwar werden im Sinne des DAB. 6.

37,5 kg konzentrierte Salbe mit	39,0 kg Schweinefett,
1,0 kg Erdnußöl,	22,5 kg Hammeltalg,

vermischt. Die vermahlene fertige Salbe enthält 2,5 kg mehr Wollfett, 1 kg weniger Schweinefett und 1,5 kg weniger Hammeltalg als die 30%ige graue Salbe des DAB. 6.

Obwohl sämtliche Arzneibücher neben Wollfett Glyceridfette zum Bestandteil der

Quecksilbersalbe gewählt haben, sollte eigentlich nur Vaselin und Paraffinöl zur Anwendung gelangen, da die ranzig werdenden Fette das Quecksilber unter Bildung von giftig wirkenden Seifen angreifen. Es wird daher besser wie folgt verdünnt.

37,5 kg konzentrierte Salbe,
54 kg Vaselin, gelbes,
8,5 kg Paraffinöl.

Für besonders harte Salbe wird nur Vaselin verwendet.

Die Quecksilbersalben werden zumeist in ziegelförmigen Stücken in Ceratpapier verpackt. Die Ausmaße eines 1 kg schweren, aus 30%iger Salbe bestehenden Stückes sind 7,5 × 9 × 12 cm. Hierfür stellt man eine Quecksilbersalbe mit einer etwas steiferen Konsistenz her. Die nach dem Vermahlen noch weiche Salbe wird in mit Ceratpapier ausgefütterte Blechformen gefüllt, von wo die Salbe nach dem Erstarren mit dem Ceratpapier zusammen herausgehoben wird. Es ist zweckmäßig, jedes Stück nach dem Füllen abzuwägen und das genaue Gewicht einzustellen. Oft teilt man die Salbe in 2—5 g schwere Würfel auf, welche dann einzeln in Ceratpapier verpackt werden. Die Herstellung der Würfel kann auf zwei Wegen erfolgen. Einerseits kann die Salbe innerhalb eines Eisenrahmens zu einer gleichmäßig dicken Schicht ausgebreitet und sodann mittels eines gespannten Drahts zerschnitten werden. Diese Herstellungsart liefert aber nur Würfel von schwankender Größe. Die andere Herstellungsart besteht darin, daß die noch weiche oder vorsichtig erwärmte Salbe in Gußformen gefüllt wird. Das Füllen kann durch Drücken mittels Spatel beschleunigt werden. Die Gußformen sind die üblichen Doppelformen, denen man nach dem Auseinanderschrauben die erstarrten Würfel entnehmen kann. Obwohl diese Herstellungsart eine bedeutend genauere Dosierung ermöglicht, ist sie mit Hinsicht auf die erforderliche große Anzahl von Gußformen und auf die langsame Arbeit etwas kostspielig. Die Quecksilbersalbe wird daher oft in eine eingeteilte Glasröhre oder in Gelatinkapseln gefüllt. Die Glasröhren werden mit Hilfe von Tubenfüllmaschinen gefüllt. Das Glasrohr kann an einem Ende mittels eines verschiebbaren Stopfens abgeschlossen werden; durch Eindrücken dieses Stopfens wird eine genaue Salbendosis herausgepreßt. Die Füllung in Gelatinkapseln ist im Kapitel XVII über Gelatinkapseln beschrieben.

Schwefelsalbe.
I.
10 kg Schwefel subl.,
90 kg Vaselin, gelbes.

Zusammenkneten und zweimal vermahlen.

II.
25 kg Schwefel subl.,
50 kg Vaselin, gelbes,
50 kg Kalischmierseife,

Zusammenkneten, zweimal vermahlen. Vgl. Schwefelzinksalbe und Wilkinsonsalbe.

Schwefelzinksalbe (Ung. ad. scabiem.).

10 kg Schwefel, subl., 10 kg Wollfett, roh,
5 kg Zinksulfat gelöst in 15 kg Kalischmierseife,
10 kg Wasser, 50 kg Vaselin, gelbes.

Zusammenkneten, vermahlen. Quasiemulsion, wegen antagonistischer Emulgatoren. Vgl. Schwefelsalbe, Zinksalbe.

Silbersalbe.

1,0 kg Cholesterin, 15 kg kolloides Silber,
79,0 kg Vaselin, weiß, 5 kg Wasser.

Zuerst wird das Cholesterin im Vaselin gelöst und dann das mit dem Wasser verknetete Silber zugemischt. Vermahlen!

Silbernitratsalbe (Mikulic Salbe).

0,2 kg Silbernitrat, 1,0 kg Wollfett,
1,0 kg Zinkoxyd, 6,8 kg Vaselin.
1,0 kg Perubalsam,

Nach dem Zusammenkneten zweimal mahlen.

Sonnenbrandsalbe.

5 kg Zinkoxyd, 2 kg Wollfett,
5 kg Weizenstärke, 1 kg Aluminiumacetatlösung.
10 kg Vaselin, weiß,

Zur völligen Abschwächung der ultravioletten Strahlen kann ein Zusatz von 5% Chininhydrochlorid oder 3% Äsculin dienen. Wollfett und Vaselin werden verschmolzen, worauf die

Aluminiumacetatlösung, sodann das Zinkoxyd und die Weizenstärke zugemischt werden. Zweimal vermahlen. Vgl. Zinksalbe.

Stearincreme.

Sie entsteht durch Verseifung von Stearinsäure. Am besten wird dies mit Kaliumcarbonat durchgeführt, denn die Ammoniumseife wird leicht bröckelig und die Natriumseife besitzt einen gelben Stich. Die Stearinseifen trocknen sehr leicht aus. Zur Erhöhung der Haltbarkeit werden stets Glycerin und noch besser verschiedene Pflanzenschleime, wie Carragheen oder Traganth hinzugefügt. Für kosmetische Zwecke wird oft Bismutsubnitrat beigemischt. Die Parfümierung wird nach Belieben durchgeführt.

I.

2 kg Stearinsäure, 4 kg Glycerin,
350 g Walrat, 12 kg Wasser.
100 g Kaliumcarbonat,

Das Kaliumcarbonat wird unter Erwärmen im Gemisch des Glycerins und des Wassers gelöst. Zur heißen Lösung rührt man das geschmolzene Gemisch der Stearinsäure und des Walrats hinzu. Die entstandene Seife wird kaltgerührt und vermahlen.

II.

0,7 kg Kaliumcarbonat wird in
25,0 kg Wasser und
15,0 kg Glycerin heiß gelöst und hiermit
4,5 kg Stearinsäure verseift. Man fügt jetzt
30 g Salicylsäure

und eine aufgekochte und filtrierte Lösung von
1,5 kg Carragheen in
5 kg Wasser hinzu.

Zum fertigen Gemisch kommt noch
0,6 kg Bismutsubnitrat

und nach dem Erkalten
50 g Jonon 100%,
25 g Terpineol,
100 g Aubepine.

Die fertige Stearincreme wird vermahlen.

Weiche Salbe (Unguentum molle).

I.

15 kg Wollfett, 23 kg Vaselin, gelb,
3 kg Paraffinöl, 5 kg Wasser.

Wollfett, Paraffinöl und Vaselin werden verschmolzen, worauf das Wasser hinzugerührt wird. Die erkaltete Salbe wird am Dreiwalzenwerk vermahlen!

II.

6 kg Cetylalkohol, 10 kg Paraffinöl,
44 kg Vaselin, weiß, 40 kg Wasser.

Der Cetylalkohol wird mit dem Vaselin und dem Paraffinöl zusammengeschmolzen und mit dem Wasser verrührt. Nach dem Erkalten zweimal vermahlen!

III.

6 kg Ca-Palmitat, 10 kg Paraffinöl,
44 kg Vaselin, weiß, 40 kg Wasser.

Das Ca-Palmitat wird heiß im Vaselin und Paraffinöl gelöst. Nachdem das Wasser zugerührt ist, wird in kaltem Zustand vermahlen.

IV.

100 kg Walrat wird mit
15 kg Kaliumhydroxyd und
100 kg Alkohol

während einer Stunde in einer mit Rückflußkolonne versehenen Blase gekocht und verseift. Nach erfolgtem Verseifen wird der Alkohol abdestilliert und der Rückstand mit 50 Liter Wasser erwärmt. In die heiße Mischung gießt man unter Umrühren eine wässerige Lösung von 26 kg Chlorcalcium (kryst.), wodurch sich ein Gemisch von Ca-Palmitat und Cetylalkohol ausscheidet. Nach dem Abkühlen wird der Niederschlag abgenutscht, alkalifrei gewaschen und im Vakuum bei 50° C getrocknet.

10 kg des getrockneten Ca-Palmitat-Cetylalkoholgemisches werden mit
70 kg Vaselin, weiß,
20 kg Paraffinöl verschmolzen und
76 kg Wasser hinzugerührt.

Hiernach wird die Salbe vermahlen bzw. homogenisiert.

V.

2,5 kg Cholesterin,
47,5 kg Vaselin, weiß,
50 kg Wasser.

Das Cholesterin wird im Vaselin gelöst und dann mit dem Wasser verrührt. Vermahlen.

VI.

1,75 kg Eucerit (Oxycholesterin-Lifschütz, Beiersdorf),
33,25 kg Vaselin,
65,00 kg Wasser.

Herstellung wie bei IV.

Wilkinsonsalbe.

10 kg Calciumcarbonat praec.,   30 kg Kaliseife
15 kg Schwefel subl.,   30 kg Vaselin, gelbes.
15 kg Birkenteer,

Zusammenkneten und vermahlen.

Zinksalbe.

25 kg Zinkoxyd,
75 kg Vaselin, gelbes.

Zusammenkneten, zweimal vermahlen. Vgl. Schwefel-Zinksalbe, Lassarpaste.

Zink-Borsalbe.

3,0 kg Borsäurepulver,   10 kg Zinkoxyd,
1,5 kg Perubalsam,   20 kg Wollfett,
3 kg Weizenstärke,   40 kg Vaselin, gelbes.

Zusammenkneten, zweimal vermahlen. Vgl. Zinksalbe, Lassarpaste.

XI. Die Wachssalben und Pflaster.

(Cerata, Emplastra.)

Wachssalben und Pflaster sind Arzneiformen, die ausschließlich zum äußerlichen Gebrauch dienen. Sie werden den Salben ähnlich auf der Haut angewandt und sind eigentlich ihrem Wesen nach Salben von festerer Konsistenz. Dies bezieht sich in erster Linie auf die Wachssalben. Die Pflaster unterscheiden sich von den Wachssalben in ihrer noch steiferen Beschaffenheit, denn sie erweichen erst bei der Körpertemperatur bis zur streichbaren Konsistenz und bilden dann auf der Haut eine elastische klebende Schicht. Die Pflaster enthalten auch pulverförmige, suspendierte Teile. Während die Wachssalben nur in Form von Stücken bzw. gegossenen Formen handelsüblich sind, werden die Pflaster auch auf Shirting, Seide oder Segeltuch aufgestrichen und dann durch Auflegen auf die Haut verwendet, wobei die Pflasterschicht erweicht und klebrig wird. Die gestrichenen Pflaster werden zum größten Teil mit Hilfe von Kautschuk enthaltenden Massen hergestellt. Solche Pflaster werden Kautschukpflaster oder Collemplastra genannt. Die klebende Kraft der Collemplastra ist der der Pflaster weit überlegen, und es werden diese deshalb vielfach nicht zur Übertragung einer Arzneiwirkung auf die Haut, sondern lediglich zum Fixieren von Verbänden benutzt. Die Anwendung der Wachssalben ist bereits stark veraltet.

A. Wachssalben (Cerata).

Die Wachssalben haben eine der wasserfreien Fettsalben ähnliche Zusammensetzung, mit dem Unterschied, daß die Menge der hochschmelzenden Bestandteile wesentlich erhöht ist. Man ist bestrebt, die Glyceridfette und Öle durch Kohlenwasserstoffe, wie Paraffin, Ceresin und Paraffinöl zu ersetzen. Obwohl diese Arzneiform Wachssalbe genannt wird, enthalten sehr viele Produkte überhaupt kein Wachs und haben mit den eigentlichen Wachssalben nur die Konsistenz gemeinsam. Die Herstellung der Wachssalben erfolgt genau, wie die der wasserfreien Fettsalben (S. 181) in mit Dampfheizung und Rührwerk versehenen Kesseln durch Zusammenschmelzen. Die dünnflüssige Schmelze wird, wenn erforderlich, durch ein feines Bronzesieb filtriert. Die Cerate werden meist in Stangenform gebracht, und zwar so, daß man die Schmelze in geeignete negative Formen, welche den Suppositorien-Gießformen entsprechen, gießt. Die Metallformen sind ebenso konstruiert wie die zum Gießen von Suppositorien dienenden (vgl. Kapitel XII), weshalb ihre Beschreibung überflüssig ist. Der einzige Unterschied besteht darin, daß die Formen auch unten offen sind und die Öffnung wird nur durch eine Schiebeplatte verschlossen. Beim Öffnen der Formen wird zuerst die untere Verschlußplatte entfernt, worauf die Formen auseinandergeschraubt werden. Um das Haften an die Metallform zu verhindern, werden diese innen mit einer alkoholischen Seifenlösung benetzt. Nach dem Trocknen der Seifenlösung ist die Form gußfertig. Das Gießen in getrennten Papierformen dürfte als ein primitives und langsames Verfahren unberücksichtigt bleiben. Es werden entweder direkt die einzelnen Stangen oder aber Platten gegossen, letztere müssen dann mit einem gespannten Draht oder mittels einer sonstigen Schneidevorrichtung zu Stangen aufgeteilt werden. Die Größe der Stangen ist verschieden und es bestehen diesbezüglich fast gar keine Bestimmungen. Die größeren Stangen (1 kg und noch mehr) werden in getrennte Blechformen gegossen, wobei das genaue Gewicht mittels Waage kontrolliert wird. Die fertigen Cerate werden in Staniol oder Aluminium verpackt.

Es werden hier folgend einige der wichtigsten und noch gebräuchlichen Wachssalbenvorschriften angeführt, welche heute mehr eine kosmetische Bedeutung haben.

Walratcerat.
I.
4,0 kg Wachs, weißes,
4,0 kg Walrat,
5,2 kg Ceresin,
6,8 kg Paraffinöl.

Das geschmolzene Gemisch wird zu 5 g schweren, flachen, quadratischen Stücken oder Plättchen gegossen. Die Gießformen enthalten die negativen Formen stehend, das heißt die Plättchen stehen auf ihrer Kante. Aus obiger Menge können etwa 4000 Cerate zu 5 g hergestellt werden.

II.
11,8 kg Ceresin,
7,2 kg Paraffinöl,
1,0 kg Walrat.

Die Herstellung erfolgt wie bei I.

Lippenstifte.

I.	II.
30 kg Ceresin,	30 kg Wachs, weißes,
20 kg Paraffinöl,	20 kg Walrat,
50 g Bergamotteöl,	20 g Rosenöl,
200 g Citronenöl, Ia Reggio,	50 g Bergamotteöl,
100 Tropfen Rosenöl, rot,	10 g Bittermandelöl,
50 g Rubinrot, fettlöslich (Schimmel & Co.).	200 g Carmin.

Die Lippenstifte haben ein Gewicht von 2—10 g und einen kreisförmigen, elliptischen und nur selten eckigen Querschnitt. Ein 5 g schwerer Lippenstift hat einen ungefähren Durchmesser von 10 mm und eine Länge von 50 mm.

B. Pflaster (Emplastra).

Die Pflaster schmelzen bei noch höheren Temperaturen als die Cerate und enthalten dementsprechend mehr höherschmelzende Bestandteile als die Cerate, und zwar Wachse, verschiedene Harze, Bleiseife usw. Die Herstellung erfolgt, wie die der Salben und der Cerate. Die Fette, Wachse, Harze werden in einem mit Dampf geheiztem und mit Rührwerk versehenem Kessel zusammengeschmolzen (S. 181). Jetzt werden die festen, pulverisierten und gesiebten Bestandteile zugefügt, worauf die Schmelze kaltgerührt wird. Die Herstellung der Bleiseifen enthaltenden Pflaster ist etwas komplizierter und wird beim Bleipflaster beschrieben. Hochschmelzende Harze müssen manchmal durch direkte Feuerheizung geschmolzen werden. Dies kann man so umgehen, daß man das Schmelzen nicht mit der höchstschmelzenden Substanz beginnt und die Harze in grob pulverisiertem Zustand in der bereits vorhandenen Schmelze löst.

Eine besondere Sorgfalt erfordern jene Pflaster, welche auch kaum oder gar nicht lösliche Gummiharze als Bestandteile enthalten. Nach dem einfachen Zusammenschmelzen scheiden sich die Gummiharze in Knoten aus. Erfahrungsgemäß kann diese Schwierigkeit so umgangen werden, daß man diese Harze mit wenig Wasser getrennt schmilzt und dann die Schmelze mit Terpentin oder mit sonstigen geschmolzenen Harzen verdünnt. Nun wird weiter erhitzt, bis die Schmelze infolge des Wassergehaltes zu kochen beginnt. Mischt man die Gummiharze jetzt zur Hauptmasse, so verteilen sie sich ganz gleichmäßig (Emulsionsbildung). Die Gummiharze enthalten immer sehr viel Verunreinigungen, Pflanzenteile, Sand usw., welche vorher entfernt werden müssen. Zu diesem Zweck schmilzt man die Harze entweder und gießt vom Bodensatz ab, oder aber man bringt sie in Lösung, filtriert und destilliert das Lösungsmittel ab. Die erste Methode ist sehr unvollkommen, weit besser geeignet ist dagegen das zweite Verfahren. Als Lösungsmittel wird bei den Gummiharzen, wie Ammoniakgummi, Galbanum, wässeriger Alkohol (60%) verwandt, welcher mit dem Harz erwärmt wird, bis eine gleichmäßige Emulsion entsteht. Die Emulsion wird durch Filterleinen filtriert und verdampft, bis der Rückstand aus dem reinen Harz besteht. Zur Rückgewinnung des Alkohols soll das Verdampfen in einer Destillierblase erfolgen. Die fertigen Pflaster müssen hinsichtlich Farbe und Konsistenz vollkommen gleichmäßig sein. Ranzige Pflastermassen reizen die Haut und dürfen nicht verwandt werden.

Die Pflastermassen werden in geschmolzenem Zustand zu Stangen gegossen oder kalt gepreßt. Das Gießen wird mit Hilfe von negativen Gießformen durchgeführt, welche den zum Suppositoriengießen oder Ceratgießen verwandten durchaus ähnlich sind. Größere Mengen werden in getrennte Blechformen gegossen. Das Pressen erfolgt mittels den Pillenstrangpressen (S. 94) ähnlichen Maschinen. Es kann z. B. die Kiliansche Strangpresse mit Kraftbetrieb (Abb. 94) vorzüglich gebraucht werden. Um das Pressen der sehr harten Pflastermassen zu erleichtern, wird das Mundstück durch zirkulierendes Heißwasser erwärmt. Es wird zuerst ein in den Preßzylinder passender Pflasterkegel hergestellt, und zwar wird hierzu die geschmolzene, aber gut durchgerührte Pflastermasse in eine Blechform gegossen. Der erstarrte Kegel kann aus der Form leicht herausgehoben werden; wenn die Form von außen mit Dampf oder über einer Gasflamme ein wenig erwärmt wird. Den in den Zylinder gesetzten Kegel preßt man nun durch Einsetzen des Kolbens und durch Drehen der Spindel. Um das Ankleben zu verhindern, läßt man die aus dem Mundstück heraustretenden Stangen auf einer mit Wasser angefeuchteten Fläche weitergleiten und zerschneidet sie in gleichlange Stücke. Dies kann am einfachsten so geschehen, daß man die herausgepreßten Stangen auf einer Gleitbahn bis zu einer bestimmten Entfernung vorwärts gleiten läßt und dann dieses Stück mittels eines feststehenden Messers oder Schneidedrahts abschneidet.

Die Pflaster werden zwecks bequemer Anwendung, wie bereits erwähnt wurde, auch auf Shirting, Seide, Segeltuch usw. aufgestrichen. Auf die erstarrte Schicht wird oft nach Gaze mit kleiner Fadenzahl aufgelegt und in rechteckige Stücke zerschnitten oder zusammengerollt in Bandform verpackt. Das Aufstreichen erfolgt mit Hilfe einer sehr einfach Apparatur, welche im wesentlichen aus einem Füllspalt besteht (Abb. 188). Oberhalb eines endlosen Transportbandes A befindet sich ein mit Dampf oder mit elektrischem Strom heizbarer Fülltrichter und Füllspalt B, dessen Öffnung mittels Schrauben C veränderlich ist. Hierdurch kann die herausfließende Pflastermenge geregelt werden. Die Länge des Spaltes entspricht der Breite der Pflasterunterlage. Die Pflasterunterlage (Shir-

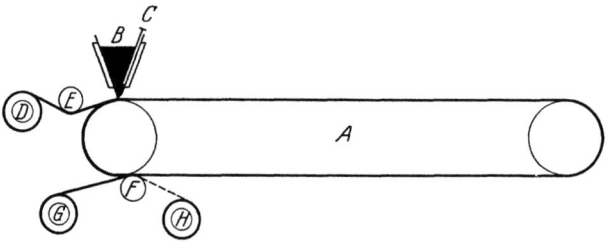

Abb. 188. Pflasterstreichmaschine.

ting usw.) befindet sich auf einer Trommel D aufgerollt und gelangt von hier auf das Transportband A. Unterwegs läuft es unter der Spannrolle E und unter dem Füllspalt hinweg. Die Pflastermasse läuft durch den Spalt auf die Pflasterunterlage und wird von diesem in Form einer dünnen Schicht weitertransportiert. Die übliche Schichtdicke beträgt 1 mm, kann aber durch Verstellen des Spaltes verändert werden. Obwohl die aus dem Füllspalt heraustretende Masse wegen der Bewegung des Streifens nicht nach rückwärts fließen kann, befindet sich doch an dem Füllspalt ein Abdichtungslineal, welches an den Shirtingstreifen dicht anliegt, ohne die Bewegung zu behindern. Die Pflastermasse darf nur soweit erhitzt werden, daß sie gerade flüssig ist und ein kontinuierliches Auftragen sichert. Es kann die optimale Temperatur mittels Thermometer kontrolliert werden. Das endlose Transportband führt den bestrichenen Streifen weiter, wobei das Pflaster allmählich erstarrt. Der Streifen läuft am unteren Teil des Transportbandes rückwärts und wird dann von Leitrolle F nach unten zu einer Aufwickelrolle G geleitet. Von Rolle H wird ein entsprechend breiter Gazestreifen mit Hilfe der Leitrolle F an die bestrichene Fläche des Streifens angelegt. Es ist hierbei Bedingung, daß der Pflasterstreifen in nicht klebendem Zustand zu Leitrolle F ankommen soll. Dies kann durch die Länge des Transportbandes und durch die Transportgeschwindigkeit geregelt werden. Sollte die Masse besonders schwer erstarren, so kann das Transportband in einen geschlossenen Schrank eingebaut und durch einen kalten Luftstrom gekühlt werden. Es können natürlich nicht nur schmale Streifen, sondern auch breite Bänder bestrichen werden, welche dann mit Hilfe von Walzenschneidemaschinen in schmale Streifen geteilt werden können. Die Schneidewalzen sind mit parallelen Messern versehen. Die Breite der Streifen wird durch den Messerabstand bestimmt. Die langen Streifen werden auf kürzere Stücke geteilt und verpackt.

Einige wichtige Pflastervorschriften sind nachfolgend mitgeteilt:

Bruchpflaster (Emplastrum ad rupturas).

1,0 kg Fichtenharz,	0,2 kg Olibanum (Weihrauch),
2,0 kg Wachs, gelbes,	0.2 kg Drachenblut,
2,5 kg Terpentin, französischer,	1,0 kg Bolus, armenischer,
1,0 kg Kolophonium,	1,0 kg Englischrot.

Zu 5, 10 und 20 g schweren Stücken gießen.

Kantharidenpflaster (Emplastrum Cantharidum).

6 kg Wachs, gelbes,	1 kg Kantharidenpulver,
1 kg Sesamöl,	2 kg französischer Terpentin.
2 kg Kolophonium.	

Pflaster (Emplastra).

Bleipflaster (Empl. diachylon).
I. einfach.

10 kg Bleioxyd (Bleiglätte),
10 kg Erdnußöl,
10 kg Schweinefett.

Die Fette werden in einen etwa 100 l großen, mit Dampf von etwa 3 Atm. geheizten und mit Rührwerk versehenen Kupferkessel gefüllt, zusammengeschmolzen und auf 110° C erhitzt. Die Temperatur wird mit Thermometer kontrolliert. Nun stellt man den Dampf ab, gibt die vorher mit 2 l Wasser verriebene Bleiglätte hinzu und läßt das Rührwerk anlaufen. Nach Verlauf von $1/4$ Stunde läßt man aus einem hochgestellten mit Hahn versehenen Gefäß 1 l warmes Wasser in den Kessel fließen, und zwar im Verlauf von $1^1/_2$—2 Stunden. Man achte dabei darauf, daß die Temperatur nicht zu tief sinkt, andrerseits soll sie auch nicht so hoch steigen, daß das eintropfende Wasser unter starkem Schäumen bzw. Knattern der Masse entweicht. Die Dampfzufuhr muß dementsprechend geregelt werden. Fällt der Schaum zusammen, oder haben die entweichenden Dämpfe einen stark sauren Geruch, so muß der Wasserzufluß beschleunigt werden. Das Pflasterkochen ist beendet, wenn eine kleine Probe in Wasser gegossen beim Kneten mit den Fingern nicht mehr klebrig ist. Hierauf wird die ganze Masse durch ein dichtes Sieb in lauwarmes Wasser gegossen, wo sie zu dicken Fäden erstarrt. Das erstarrte Pflaster kommt nun in eine heizbare Knetmaschine, wo es ebenfalls mit lauwarmem Wasser verknetet wird. Das Wasser wird abgegossen, worauf der ganze Waschvorgang zwecks Entfernung des beim Verseifen entstehenden Glycerins ein paarmal wiederholt wird. Das gewaschene Pflaster wird nunmehr in den inzwischen gründlich gereinigten Dampfkessel zurückgefüllt und bis zum völligen Verdampfen des Wassers erhitzt.

Um eine gute Qualität zu erhalten, müssen die Fette ganz frisch und nicht ranzig sein. Die Bleiglätte darf kein Minium enthalten.

II. Zusammengesetzt.

40,0 kg Bleipflaster, einfach,   2,5 kg Fichtenharz,
2,5 kg Kolophonium,   2,5 kg französischer Terpentin.
2,5 kg gelbes Wachs,

Zuerst werden die Harze zusammengeschmolzen, dann wird der Terpentin hinzugefügt und solange erwärmt, bis ein durchsichtiges Gemisch entsteht. Das Bleipflaster wird mit dem Wachs in einen getrennten Kessel auf 75° C erwärmt und von hieraus in kleinen Teilen unter fortwährendem Rühren zu dem im Dampfkessel befindlichen Harz-Terpentin-Gemisch zugesetzt. Das fertige Pflaster wird zu 5, 10 und 20 g schweren Stangen und $1/2$ und 1 kg schweren Stücken gegossen. Die üblichen Maße der Stangen sind:

5 g Länge 55,5 mm Durchmesser 9 mm
10 g   „   62,3 „   „   12 „
20 g   „   99,4 „   „   15 „

Quecksilberpflaster (Emplastrum hydrargyri).

2 kg Quecksilber,
1 kg Wollfett,
7 kg Bleipflaster, einfach.

Zuerst verreibt man das Quecksilber mit dem Wollfett, bis auch bei 4—5facher Vergrößerung keine Quecksilberkügelchen mehr sichtbar sind. Das Verreiben erfolgt genau, wie auf S. 187 im Kapitel X über Salben beschrieben ist. Die so erhaltene 50%ige Quecksilbersalbe wird in einer Knetmaschine mit dem halberweichten Bleipflaster zusammengeknetet und in Formen zu 5, 10 und 20 g, sowie zu $1/2$ und 1 kg gegossen. Die Knetmaschine muß ganz aus Eisen sein, ebenso die Gießformen.

Melilotenpflaster (Emplastrum meliloti comp.).

4,00 kg gelbes Wachs,   2,00 kg Melilotenkrautpulver,
4,00 kg Sonnenblumenöl,   0,15 kg Lorbeerpulver,
2,00 kg Kolophonium,   0,15 kg Kamillenpulver,
0,25 kg Ammoniakgummi,   0,15 kg Absynthkrautpulver.

Zu Stangen von 5, 10 g, $1/2$ und 1 kg Gewicht gießen.

Miniumpflaster (Emplastrum minii camphoratum, adustum).

7,2 kg Erdnußöl,   0,6 kg gelbes Wachs,
3,6 kg Minium (Mennige),   0,3 kg Kampfer.

Das Erdnußöl wird mit dem Minium im Duplikatkessel unter fortwährendem Rühren erhitzt. Das Gemisch knattert anfänglich stark, aber das Geräusch hört auf, wenn das vorhandene Wasser verdampft ist. Beim weiteren Erhitzen verwandelt sich die ursprüngliche rote Farbe des Gemisches in braun. Beginnt die Masse zu schäumen und bläuliche, nach Moschus riechende

Dämpfe auszustoßen, so stellt man den Dampf ab. Das Rührwerk läuft weiter, bis die Pflasterbildung beendigt ist, das heißt, bis eine kleine Probe in Wasser gegossen nach dem Erstarren nicht mehr klebrig ist. Jetzt fügt man unter fortgesetztem Rühren das Wachs hinzu und wartet, bis es geschmolzen ist und die Masse sich bis auf 60° abkühlt. Nunmehr kann der vorher in wenig Erdnußöl gelöste Kampfer zugefügt werden. Das Pflaster wird zu 5—10 g schweren Stäbchen gegossen.

Seifenpflaster (Emplastrum Saponatum).

7,5 kg Bleipflaster, einfach, 0,125 kg Kampfer,
1,3 kg weißes Wachs, 0,375 kg Erdnußöl.
1,0 kg medizinisches Seifenpulver,

In einem Dampfkessel wird zuerst das Bleipflaster geschmolzen, worauf das Wachs und dann das Seifenpulver zugesetzt wird. Ist das Gemisch bereits etwas abgekühlt, so rührt man den im Erdnußöl gelösten Kampfer hinzu. Das Pflaster wird zu 5, 10, 20 g, $1/4$, $1/2$ und 1 kg schweren Stücken gegossen.

Seifenpflaster mit Salicylsäure.

7,8 kg Seifenpflaster,
1,2 kg weißes Wachs,
1 kg Salicylsäure.

Zum geschmolzenen Gemisch des Seifenpflasters und des weißen Wachses wird die feinpulverisierte Salicylsäure zugemengt, worauf zu 5, 10, 20 g, $1/4$, $1/2$ und 1 kg schweren Stücken gegossen wird.

C. Kautschukpflaster.
(Collemplastra.)

Die Kautschukpflaster unterscheiden sich von den vorher beschriebenen Pflastern nur im Gehalt an unvulkanisiertem Kautschuk, welcher dem Pflaster eine größere Klebefähigkeit verleiht. Die aufgestrichenen Pflaster werden heute schon zum größten Teil mit Kautschuk hergestellt.

Die Herstellung der gestrichenen Kautschukpflaster erfolgt in Streich- bzw. Gießmaschinen (Abb. 188) so, daß die Masse durch Lösen in Petroläther oder durch Schmelzen in gießfähigen Zustand gebracht wird. Der erstere Weg ist der technisch einfachere. Die Apparatur entspricht vollkommen der Pflastergießmaschine, insoferne eine geschmolzene Masse gegossen wird, wird aber eine Lösung gegossen, so läuft das Transportband in einem geschlossenem Schrank, durch welchen erwärmte Luft angesogen wird. Der Schrank ist in mehrere Teile getrennt, in welchen verschiedene Temperaturen herrschen. So z. B. ist die Temperatur in der ersten Abteilung die Zimmertemperatur, dann steigt sie auf 30, 35 und 45° C, aber den letzten Abschnitt muß kalte Luft durchstreichen, um die Masse zum Erstarren zu bringen. Die Luft nimmt den verdunstenden Petroläther mit und kühlt sich dabei ab. Das Luftpetroläthergemisch ist explosiv! Der Petroläther kann mittels des auf S. 231 erwähnten Bayer- oder Silicagelverfahrens zurückgewonnen werden. Die fertigen Streifen werden entweder gleich, ohne Zwischenlage aufgerollt, oder aber durchlaufen sie zuerst eine Schneidemaschine, welche schmälere Streifen herstellt. Die Schneidemaschinen bestehen aus zwei rotierenden Schneidewalzen, die mit parallel angeordneten Messern ausgerüstet sind.

Die nachfolgenden Herstellungsvorschriften können so ausgeführt werden, daß die Bestandteile in der angegebenen Reihenfolge in einer Knetmaschine angeknetet werden. Der andere Weg ist der, daß die Harze und Balsame, Wachs und Wollfett zusammengeschmolzen werden. Die etwa vorgeschriebenen festen Pulver z. B. Zinkoxyd rührt man zur Schmelze und vermahlt in einer Salbenmühle. Nun wird z. B. in einem Verhältnis 3 : 2 mit Petroläther verdünnt und mit der 1 : 5 Kautschuklösung in Petroläther vermischt. Die Petroläthermengen kann man der Viscosität der Lösung entsprechend abändern. Die festen Pulver kann man auch z. B. mit dem Wollfett allein, also ohne Harze und Wachse vermahlen. Auf die Gießmaschine kommt also entweder die geschmolzene oder die gelöste Pflastermasse.

Kautschukheftpflaster (Collemplastrum adhaesivum).

12,00 kg Kautschuk,
0,25 kg Ocker,
0,50 kg Sandarak,
0,10 kg Salicylsäure,
12,00 kg Iriswurzelpulver,
6,00 kg Olibanum,

5,0 kg Kolophonium,
5,0 kg Dammarharz,
1,0 kg Kopaivabalsam,
0,5 kg gelbes Wachs,
4,0 kg Wollfett.

Zinkkautschukpflaster.

15,0 kg Kautschuk,
15,0 kg Zinkoxyd,
7,5 kg Dammarharz,
12,0 kg Wollfett,

3,72 kg Kolophonium,
1,20 kg Kopaivabalsam,
1,00 kg weißes Wachs.

Quecksilberkautschukpflaster.

18,0 kg Kautschuk,
9,0 kg Iriswurzelpulver,
7,5 kg Olibanum,
0,5 kg Sandarak,
7,5 kg Kolophonium,
7,5 kg Dammarharz,
1,5 kg Terpentin,

1,50 kg Kopaivabalsam,
1,50 kg Harzöl,
2,00 kg Wollfett,
0,75 kg gelbes Wachs,
3,00 kg Carbolsäure,
12,00 kg Quecksilberwollfettsalbe 75%.

Salicylsäurekautschukpflaster.

9,00 kg Kautschuk,
25,00 kg Salicylsäure,
1,75 kg Terpentin,
9,00 kg Kolophonium,

9,00 kg Dammarharz,
3,00 kg Wollfett,
1,75 kg Kopaivabalsam,
1,50 kg gelbes Wachs.

XII. Die Suppositorien.

(Stuhlzäpfchen, Vaginalkugeln).

Suppositorien sind Arzneizubereitungen von Zylinder-, Ei-, Kugel- oder Kegelform, welche den Zweck haben in Körperhöhlen, wie im After oder in der Vagina zur Einwirkung zu gelangen. Diesen Zweck erfüllen sie dadurch, daß sie in den Körperhöhlen schmelzen und sich unter Umständen in den dort befindlichen Flüssigkeiten lösen. Die Haupteigenschaft der Suppositorien ist der unterhalb 37° C liegende Schmelzpunkt. Es folgt hieraus, daß eine jede, unterhalb 37° C schmelzende und gegenüber dem Körper neutrale Substanz als Suppositoriengrundlage dienen könnte, insoferne sie die zur Herstellung erforderlichen physikalischen Eigenschaften besitzt.

Die Suppositorien bestehen also aus einer die wirksamen Arzneistoffe tragenden Grundsubstanz und aus den Arzneistoffen selbst. Das Mengenverhältnis beider Gruppen der Bestandteile schwankt innerhalb weiter Grenzen. Ist die Menge der wirksamen Stoffe klein, so ist für die Eigenschaften der Suppositorien die Grundsubstanz ausschlaggebend. Ist aber die Menge der wirksamen Stoffe groß, so beeinflussen sie die Eigenschaften der Grundsubstanz. In letzterem Fall muß die Grundsubstanz in ihrer Zusammensetzung so abgeändert werden, daß hierdurch der Einfluß der wirksamen Stoffe aufgehoben wird. Insgesamt haben sich die Grundsubstanzen und die wirksamen Stoffe in ihren Eigenschaften so zu ergänzen, daß sie stets Suppositorien geben, die den gewünschten Bedingungen entsprechen.

Die üblichsten Suppositorienformen sind auf Abb. 189, 190, 191, 192, 193 und 194 zusammengestellt. Für Stuhlzäpfchen ist die verbreiteste Form die

Kegel- und Torpedoform. Für Vaginalkugeln werden die mehr bauchigen Formen und Kugeln gebraucht. Die schmalen und sehr langen Formen sind für

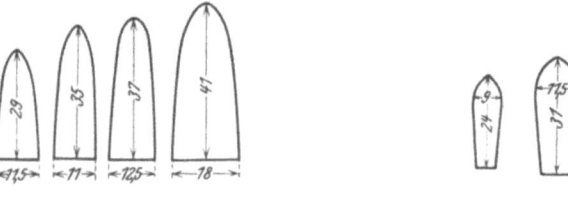

Abb. 189. Vollsuppositorien. Kegelformen.   Abb. 190. Vollsuppositorien. Torpedoformen.

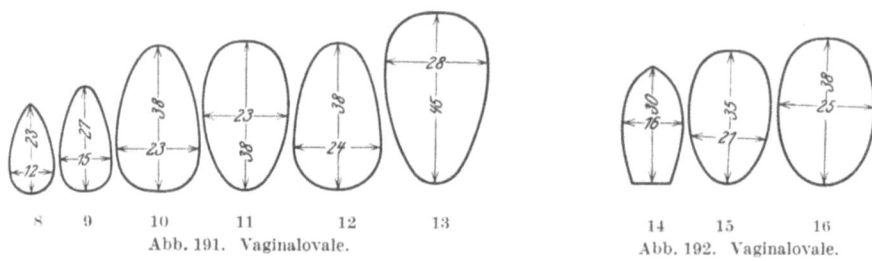

Abb. 191. Vaginalovale.   Abb. 192. Vaginalovale.

Schmelzbougies oder Stäbchen (bacilli urethrales) geeignet. Die Stuhlzäpfchen haben eine normale Länge von 3—4 cm und ein zwischen 2—3 g liegendes Gewicht. Das Gewicht einer Vaginalkugel beträgt 3—5 g. Die Stäbchen sind 2—5 mm dick und bis 10—12 cm lang. Ihr Gewicht ändert sich also mit der Länge. Die Gewichte und Maße der üblichen Formen sind in nachstehender Tabelle zusammengefaßt.

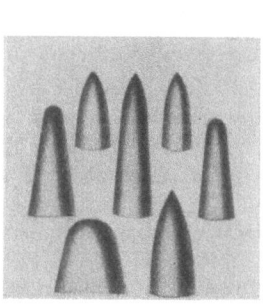

Abb. 193. Vollsuppositorien. Preßbare konische Formen.

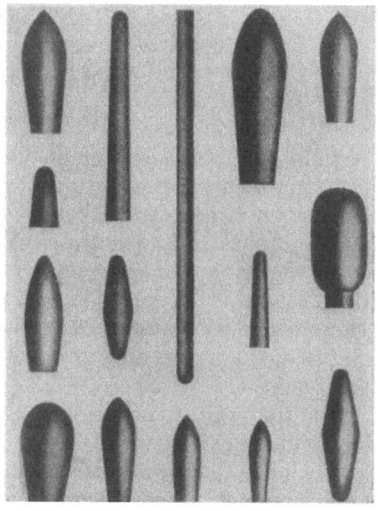

Abb. 194. Vollsuppositorien und Stäbchen-Gießformen.

Nr. (vgl. Abb. 189, 190, 191, 192)	1	2	3	4	5	6	7	8	9	10	11	12	13	14	15	16
Höhe in mm	29	35	37	41	24	31	40	23	27	38	38	38	45	30	35	38
Breite in mm	11,5	11	12,5	18	9	11,5	15	12	15	23	23	24	28	16	21	25
Gewicht in Kakaobutter g	1	2	3	4	1	2	4	2	3	12	12	15	25	5	8	20
	Kegelformen				Torpedoform.			Vaginalovale								

Die Suppositorien werden auf Grund ihrer Zusammensetzung in folgende Gruppen geteilt:
1. Wasserunlösliche aus Fettstoff bestehende Suppositorien.
2. Wasserlösliche Suppositorien aus Gelatine oder Seife.

Man unterscheidet noch Voll- und Hohlsuppositorien. Die Vollsuppositorien enthalten die wirksamen Arzneistoffe mit der Grundsubstanz der Suppositorien gleichmäßig vermischt. Die Hohlsuppositorien besitzen dagegen in ihrem Inneren einen Hohlraum in welchem sich das Arzneimittel in unvermischtem Zustand befindet. Diese Art von Suppositorien ist besonders bei stark wirkenden Arzneimitteln unzulässig. Hiervon abgesehen besitzen sie ohnehin eine ganz geringe Bedeutung und bleiben daher hier unberücksichtigt.

A. Wasserunlösliche Suppositorien.

Die wasserunlöslichen Suppositorien werden fast ohne Ausnahme aus Kakaobutter bzw. aus Kakaobutter enthaltenden Gemischen hergestellt.

Es ist bekannt, daß die reine Kakaobutter bei 30—32° C schmilzt, so daß die in den After oder in die Vagina eingeführten, aus Kakaobutter hergestellten Suppositorien unbedingt schmelzen müssen, vorausgesetzt, daß die wirksamen Bestandteile der Suppositorien den Schmelzpunkt nicht erhöht haben. In der Betriebspraxis werden aber Suppositorien aus reiner Kakaobutter nur selten hergestellt, da ihr Schmelzpunkt viel zu niedrig ist. Die Temperatur der Sommermonate liegt sehr häufig oberhalb des Schmelzpunktes der Kakaobutter und die aus ihr hergestellten Suppositorien sind daher in diesen Monaten nicht lagerfähig. Die Herstellung müßte auch entweder in stark gekühlten Räumen oder in gekühlter Apparatur stattfinden. Um diese Umständlichkeiten zu vermeiden, fügt man zur Kakaobutter den Schmelzpunkt erhöhende Substanzen hinzu, wie z. B. Wachs, Walrat, Cetylalkohol, Paraffin. Ölzusätze drücken den Schmelzpunkt hinunter und werden daher in der Betriebspraxis niemals angewandt, um so mehr da die Herstellung der Suppositorien durch Ausrollen nur in der Apotheke von Bedeutung ist.

Die physikalische Struktur der Kakaobutter bzw. Fettsuppositorien hängt von der Beschaffenheit der wirksamen Bestandteile ab. Diese können 1. feste, in der Kakaobutter unlösliche, 2. flüssige, in der Kakaobutter unlösliche, 3. in der Kakaobutter lösliche Substanzen sein. Liegt ein unlösliches Pulver vor, so hat man ein zweiphasiges System und ebenso ist es, wenn die unlösliche Substanz flüssig ist. In beiden Fällen wird der Schmelzpunkt nicht verändert, wohl aber die Konsistenz bzw. die mechanischen Eigenschaften können weitgehendst verschoben werden, allerdings nur dann, wenn die Menge der Kakaobutter stark vermindert ist. Sind viel pulverförmige Substanzen in der Masse, so wird sie stark brüchig. Als flüssige Phase kommt praktisch nur Wasser in Betracht. Wasser kann aber der Kakaobutter nicht einfach einverleibt werden, es muß ein Emulgator zugefügt werden, z. B. Cetylalkohol, Wollfett, Cholesterin, Oxycholesterin usw. Bei hohem Gehalt an wässeriger Phase werden die Suppositorien leicht brüchig, aber der Schmelzpunkt verändert sich nicht. Der Schmelzpunkt verändert sich dagegen immer, wenn die wirksamen Bestandteile öllöslich sind. In welchem Grade der Schmelzpunkt der Kakaobutter von den verschiedenen Substanzen erniedrigt wird, wurde bisher nicht näher untersucht. Glücklicherweise kommen in der Rezeptur nur selten den Schmelzpunkt beeinflussende Substanzen vor. Zu diesen seltenen Stoffen gehört das Chloralhydrat, das Phenol und der Kampfer. Alle drei Verbindungen erniedrigen den Schmelzpunkt der Kakaobutter in solchem Maße, daß bei der Herstellung der Suppositorien größere Mengen von den schmelzpunkterhöhenden Zusätzen erforderlich sind. Die Menge der Zusätze läßt sich nur empirisch feststellen.

Die aus Kakaobutter bzw. aus ihren Gemischen hergestellten Suppositorien haben einen wesentlichen Nachteil, welcher darin besteht, daß die wirksamen Stoffe bzw. ihre Teilchen, insoferne sie nicht in der Kakaobutter gelöst sind, von einer für die wässerigen Körperflüssigkeiten inpermeablen Fettschicht umhüllt sind, wodurch ihre Resorption stark verzögert wird. Suppositorien haben aber manchmal gerade den Zweck, bestimmte Arzneistoffe durch die viel raschere Resorption aus dem Darm schneller zur Einwirkung zu bringen, als bei einer per os erfolgten Dosierung. Die Verhältnisse sind mit jenen bei den Salben obwaltenden vergleichbar. Die Abhilfe ist daher im Prinzip auch dieselbe. Erleichtert wird die Resorption, wenn die Stoffe in den Suppositorien in Form einer Emulsion vorhanden sind. Liegt eine Wasser-Ölemulsion (vgl. Kapitel IX und X) vor, so hat man im Suppositorium ein Arzneimitteldepot, aus welchem die Resorption leichter erfolgt als in Abwesenheit des Wassers. Die Emulsion kann durch Zusatz von Cholesterin, Wollfett, Cetylalkohol, Ca-Seifen usw. hergestellt werden. Man ist aber nicht an Kakaobutter gebunden, es kann mit gleichem Erfolg auch Paraffin, Paraffinöl, Walrat usw. in Verbindung mit obigen Emulgatoren Verwendung finden. Weitgehendere Beschleunigung der Resorption könnte erzielt werden, wenn die wässerige Phase die geschlossene Phase wäre, also wenn in den Suppositorien eine Öl-Wasseremulsion vorläge. Öl-Wasseremulsionen würden aber niemals die entsprechende Konsistenz aufweisen. Man kann diese Schwierigkeit dadurch vermeiden, wenn man die Bildung der Öl-Wasseremulsion an die Anwendungsstelle verlegt, das heißt die im Suppositorium noch nicht vorhandene Emulsion bildet sich erst im After, oder in der Vagina. Hierzu müssen die entsprechenden Emulgatoren aber bereits im Suppositorium enthalten sein. Man hat bereits früher Kakaobuttersuppositorien mit zugemischtem pulverförmigem Gummiarabicumpulver hergestellt, ohne allerdings zu wissen, welche Vorteile dies mit sich bringt. Nur ist gerade das Gummi arabicum zur spontanen Emulsionsbildung nicht übermäßig geeignet. Viel wertvoller ist ein Lecithinzusatz oder ein Seifenzusatz. Der Seifenzusatz ist besonders dann günstig, wenn im Suppositorium z. B. auch Phenol vorhanden ist.

Es sei noch erwähnt, daß an Stelle der Kakaobutter und ihrer Gemische mit Wachs, Paraffin, Walrat, Cetylalkohol, Wollfett selten auch Kokosöl, Talg, Vaselin und deren Gemische mit vorherstehenden Stoffen verwandt werden.

Zur Herstellung der Kakaobutter- bzw. Fettsuppositorien gibt es zwei Verfahren. 1. Preßverfahren bei niedriger Temperatur und 2. Gießverfahren in geschmolzenem Zustand.

Während das Pressen von Suppositorien in kleinem Maßstabe sich fast immer als eine Spielerei erweist, gelingt es im großen Maßstabe mit den dafür speziell konstruierten Pressen hohe Leistungsfähigkeit zu erreichen. Demgegenüber ist das Gießen von Suppositorien in kleinem Maßstab sehr bequem, aber in großem Maßstabe technisch sehr unbefriedigend. Während nun durch Gießen sämtliche Suppositorienformen hergestellt werden können, ist man beim Pressen auf konische Formen beschränkt. Aus der Form eines vorliegenden Suppositoriums kann man also annähernd auf die Herstellungsart schließen. Die durch Pressen herstellbaren Formen sind auf Abb. 193 sichtbar. Alle anderen Formen, die nur gegossen werden können, findet man auf Abb. 194. Eine Ausnahme bilden nur die konischen Formen.

Die erste Phase der Herstellung der Fettsuppositorien ist die Gewinnung der Masse. Dies erfolgt durch Verschmelzen der Fettbestandteile, worauf auch die wirksamen Substanzen zugemengt werden. Diese lösen sich in der Schmelze, oder aber werden sie darin suspendiert bzw. emulgiert. Es ist zu beachten, daß die einmal geschmolzene Kakaobutter nur sehr schwer erstarrt und daß dies die Herstellung der Suppositorien erschwert. Wenn es nicht unbedingt erforderlich ist, schmilzt man die Kakaobutter nicht ganz, sondern erhitzt nur soweit, bis die Masse erweicht und gerührt werden kann. Ist das Schmelzen unumgänglich, so muß die Schmelze vor der Weiterverarbeitung tief gekühlt werden oder aber man läßt sie solange bei Seite stehen, bis sie von allein erstarrt ist. Werden die Suppositorien durch Pressen hergestellt, so wird die Masse bis zum Erstarren gerührt. Werden sie aber gegossen, so erweicht man die Masse unter fortwährendem Rühren nochmals. Die hierzu erforderlichen Apparate wurden im Kapitel X über Salben (S. 181) beschrieben.

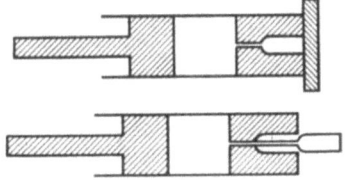

Abb. 195. Schema einer Suppositorienpresse und des Preßvorganges.

Die Suppositorienpressen bestehen aus einem Preßzylinder und aus einer oder mehreren Preßformen. Die Arbeitsweise der Pressen erklärt eine schematische Zeichnung (Abb. 195). Die Preßform enthält eine negative Form des konischen Suppositoriums so angeordnet, daß das breitere Ende des Suppositoriums nach außen gewandt ist. Der Kopf des Negativs ist durch einen schmalen Kanal mit dem Preßzylinder verbunden. Übt man auf die im Preßzylinder befindliche Masse durch Drehen der Preßspindel einen Druck aus, so dringt die Masse durch den schmalen Kanal in die negative Suppositoriumform. Der Druck würde die Masse aber gleich auch aus der Form hinausschieben, ohne die Form selbst lückenlos zu erfüllen, und ohne überhaupt ein Suppositorium zu bilden. Es wird daher an die weite Öffnung der negativen Form eine Platte gedrückt, welche das Heraustreten der Masse verhindert und diese zwingt, die ganze Form auszufüllen. Ist dies erfolgt, so erreicht man im Preßzylinder einen hohen Druck und die Masse kann nicht mehr vorwärts gedrückt werden. Jetzt entfernt man die verschließende Platte, wodurch der im Zylinder herrschende Druck das fertig gepreßte Suppositorium hinausdrückt. Unter Umständen wird mit der Spindel noch nachgedrückt. Die jetzt durch den schmalen Zylinder hinausgepreßte Masse füllt nämlich nicht mehr die Form, sondern bildet einen dünnen Strang, welcher das Suppositorium vor sich herschiebt.

Die kleinen Handpressen haben eine unbedeutende Leistung und sollen daher hier unberücksichtigt bleiben. Vom Betriebsstandpunkt aus sind nur die von der Firma Arthur Colton Co., Detroit, USA., hergestellten Suppositorienpressen von Bedeutung (Abb. 196). Diese bestehen aus einem vertikalen Preßzylinder, welcher zum Füllen nach vorwärts ausklappbar ist. Von oben führt eine Preßspindel in den Zylinder. Die Spindel wird mittels Schraube und Schneckenantrieb vorwärts und rückwärts bewegt. Der Rücklauf wird mit gekreuzten

Abb. 196. Suppositorienpresse für Kraftbetrieb.

Riemen erreicht und dient zum Hochheben der Spindel zwecks Neufüllung des Zylinders. Während die Bewegung in der Preßrichtung mit 200 Touren/Min. erfolgt, wird der Rücklauf mit 500 Touren/Min. durchgeführt, um die durch das periodische Arbeiten der Maschine eintretenden Zeitverluste auf ein Minimum zu reduzieren. Am unteren Ende des Preßzylinders befindet sich ein Ring mit den negativen Preßformen, deren Anzahl je nach der Größe der Suppositorien 25—48 ist. Beim Pressen der Suppositorien ist der die Formen enthaltende Ring von einem Schutzring umgeben. Der Schutzring wird mit Hilfe der auf der Abbildung sichtbaren Handkurbel gehoben und gesenkt. Liegt der Schutzring vor dem Formenring und der Stempel bewegt sich nach unten, so werden die Formen von der Masse angefüllt. Sind die Formen voll, so erreicht der Druck eine bestimmte Höhe. Bei diesem Druck beginnt eine in den Antrieb eingebaute verstellbare Friktionskupplung zu gleiten, worauf die Maschine abgestellt, der Schutzring verschoben wird und die fertigen Suppositorien entfernt werden. Die volle Füllung der Formen kann durch Verstellung der Friktionskupplung erreicht werden. Dieser Vorgang wird solange wiederholt, bis der Zylinder leer ist. Der Preßzylinder ist von einem Kühlmantel umgeben, durch welchen ständig Kühlwasser zirkulieren soll. Abgesehen hiervon ist es gut, die Herstellung der Suppositorien in einem stets gekühlten Raum vorzunehmen. Mit Hilfe dieser Maschine können in 10 Stunden 15—30000 Suppositorien hergestellt werden. Es werden auch Maschinen mit einer Tagesleistung von 100000 Suppositorien geliefert.

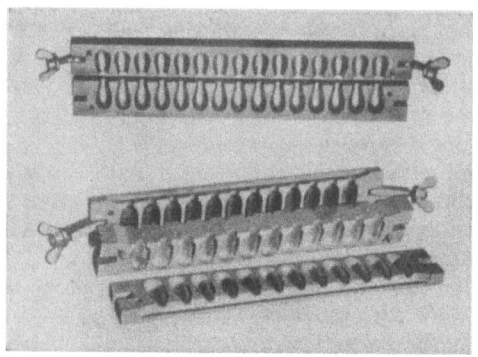

Abb. 197. Suppositorien-Gießform.

Will man spezielle Formen herstellen oder ist der Bedarf an Suppositorien geringer, so ist man gezwungen, das Gießverfahren anzuwenden. Dies besteht darin, daß die halbgeschmolzene Masse in Gießformen gefüllt wird. Nach dem Erstarren werden die Formen auseinandergenommen und die fertigen Suppositorien herausgehoben. Die Gießformen werden stets aus Metall, zumeist aus Messing angefertigt und bestehen aus zwei Metallplatten, aus welchen die halben negativen Formen ausgehöhlt sind. Durch Zusammenlegen und Aneinanderschrauben der beiden Platten erhält man die ganze Gießform, welche oben für jedes Suppositorium eine Öffnung besitzt. Es können aber auch mehrere, normal höchstens drei Platten mit zwei Formenreihen zu einer Gießform vereinigt werden. Bei mehr als drei Platten kühlt sich die Masse sehr langsam ab, wodurch die Leistung stark sinkt (Abb. 197). Oberhalb der Öffnung liegt ein gemeinsamer Kanal, in welchen man die erweichte Masse einfach eingießt. Durch geringes Klopfen dringt die Masse in die Formen, verdrängt die Luft und erstarrt dort allmählich. Nach dem Erstarren, welches man durch Einlegen in einen Eisschrank beschleunigen kann, kratzt man zuerst die im Kanal befindliche Masse weg und schraubt die Gießform auseinander. Um die fertigen Suppositorien leicht aus den Formen heben zu können, müssen diese vorher mit Paraffinöl oder Olivenöl eingeölt und sodann mit Lycopodium oder Talkum bestreut werden. Demselben Zweck dient eine alkoholische Seifenlösung. Eine Gießform enthält normal 1—2 × 12 Formen. Zur Herstellung von größeren Suppositorienmengen muß man eine große Anzahl von Gießformen haben.

Eine besonders leichte Arbeit ermöglicht der mit Wasserkühlung versehene Gießapparat der Firma „Engler", Maschinenfabrik, Ges. m. b. H., Wien X (Abb. 198). Der Apparat wird in drei Größen hergestellt (18, 50 und 100 Hohlformen) und gewährleistet ein rasches Arbeiten, da die gegossenen Produkte durch Abheben der oberen Hälfte des Apparates auf einmal aus den Gußlöchern gehoben werden. Ein weiterer Vorteil dieses Gießapparates besteht darin, daß die Zäpfchen keine Gußnaht aufweisen und infolge der Wasserkühlung, die ein sehr rasches Erstarren der Masse bewirkt, einen festen Kern und eine schöne glatte Oberfläche aufweisen.

B. Wasserlösliche Suppositorien.

Die wasserlöslichen Suppositorien sind formbeständige Gele, welche sich bei erhöhter Temperatur verflüssigen und bereits bei normaler Temperatur wasserlöslich sind. Als gelbildende Stoffe werden Seifen und Gelatine in Glycerin und Wasser verwendet.

Die Gelatinesuppositorien werden aus einer wässerigen Gelatinelösung hergestellt. Zur Erhöhung der Geschmeidigkeit wird mehr oder weniger Glycerin hinzugefügt. Enthält die Masse wenig Glycerin, so spricht man von einer harten Masse, enthält sie dagegen viel Glycerin, so haben wir eine weiche Masse. Die wirksamen Bestandteile der Suppositorien werden der durch Erwärmen verflüssigten Masse zugemischt. Feste Pulver bilden eine Suspension, während mit Wasser nicht mischbare Flüssigkeiten emulgiert werden. Wässerige Lösungen müssen entweder eingedampft werden, oder aber das in ihnen befindliche Wasser muß bei der Zubereitung der Gelatinelösung in Rechnung gezogen werden. Wasserlösliche Substanzen werden der Masse in gelöstem Zustand hinzugefügt.

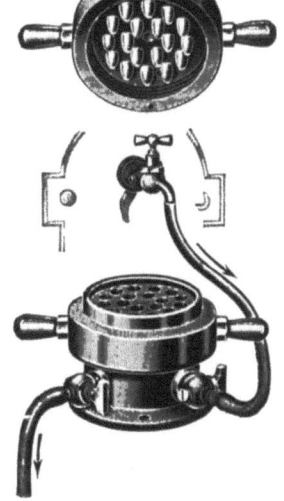

Abb. 198. Suppositorien-Gießapparat mit Wasserkühlung. (Engler, G. m. b. H., Wien X.)

Die nur aus Gelatine und Wasser hergestellten Suppositorien sind etwas brüchig und trocknen beim Aufbewahren leicht aus. Durch Zusatz von Glycerin wird der erste Fehler ganz behoben, während der zweite nur bis zu einem bestimmten Grad verschwindet, doch erreicht man immerhin eine längere Lagerfähigkeit. Die Gelatine verdirbt sehr leicht, denn sie ist ein guter Nährboden für Schimmelpilze und Bakterien. Enthalten die Suppositorien aber antiseptisch wirkende Zusätze, so ist eine unbegrenzte Haltbarkeit sichergestellt. Es können nicht sämtliche Stoffe Gelatinesuppositorien einverleibt werden, da manche die Eigenschaften der Gelatine verändern. Schädlich ist die viscositätsherabsetzende und die verflüssigende Wirkung. Eine solche besitzen die Säuren, Alkalien oder Metallsalze. Die Herstellung der Gelatinemassen erfolgt genau so, wie dies im Kapitel XVII über Gelatinekapseln beschrieben ist.

Die Seifensuppositorien werden aus Seifen hergestellt, deren wässerige Lösungen bereits bei niedrigen Konzentrationen gelartig erstarren. Es ist natürlich wichtig hierbei, daß die Gele auch die entsprechenden mechanischen Eigenschaften besitzen. Sie müssen vollkommen formbeständig sein, kleinen Druckwirkungen widerstehen, um bei den zur Herstellung erforderlichen Operationen und bei der Einführung in die Körperhöhlen unbeschädigt zu bleiben. Mit Rücksicht auf diese Überlegungen wird fast ausschließlich Stearinseife oder ganz

14*

harte, neutrale Kernseife zur Herstellung der Suppositorien verwandt. Den Seifensuppositorien wird ebenfalls Glycerin zugesetzt, teilweise weil die Suppositorien elastischer werden, teilweise aber, weil das Vorhandensein des Glycerins als wirksames Mittel (laxative Wirkung!) oft Bedingung ist. Aus letzterem Grunde werden auch Seifen-Glycerinsuppositorien ganz ohne Wasser hergestellt. Metallsalze können zu Seifensuppositorien nicht hinzugefügt werden, da die Seife gefällt wird.

Die Seifensuppositorien trocknen beim Lagern ebenso wie die Gelatinesuppositorien, weshalb für sorgfältige Verpackung gesorgt werden muß. Die glycerinhaltigen Suppositorien trocknen langsamer und sind bedeutend haltbarer.

Die mechanischen Eigenschaften der Gelatine und der Seifensuppositorien erlauben ihre Herstellung nach dem Preßverfahren nicht. Sie müssen nach dem sehr unbequemen und zeitraubenden Gießverfahren hergestellt werden. Zum Ausgießen dieser Suppositorien dienen dieselben Gußformen, wie sie zur Herstellung der Kakaobuttersuppositorien verwendet werden. Die Formen werden vor dem Ausgießen mit Paraffinöl eingeölt, um die erstarrten Suppositorien herausheben zu können.

C. Herstellungsvorschriften für Suppositorien.

Es werden hier nur solche Vorschriften gegeben, welche in ihrer Grundzusammensetzung von den normalen Kakaobuttersuppositorien abweichen.

Glycerinsuppositorien.

I. 40% Glycerin.
5,8 kg Kakaobutter,
0,2 kg Cholesterin,
4,0 kg Glycerin.
1 Suppositorium = 2,5 g.

II. 70% Glycerin.
1,4 kg Gelatine,
1,6 kg Wasser,
7,0 kg Glycerin.
1 Suppositorium = 2,5 g.

III. 90% Glycerin.
0,5 kg stearinsaures Natrium,
0,5 kg ölsaures Natrium,
9,0 kg Glycerin.
1 Suppositorium = 2,5 g.

IV. 95% Glycerin.
0,5 kg stearinsaures Natrium,
9,5 kg Glycerin.
1 Suppositorium = 2,5 g.

Die Suppositorien aller vier Vorschriften werden durch Ausgießen hergestellt.

Ichthyolsuppositorien.

14 kg Kakaobutter,
2 kg Cetylalkohol,
4 kg weißes Wachs,
5 kg Ichthyolammonium.
1 Suppositorium = 2,5 g = 0,5 g Ichthyolammonium.

Ichthyolvaginalkugeln.

	I. 3%	II. 5%	III. 10%
Gelatine . . . . kg	2,10	3,30	3,00
Wasser . . . . kg	9,00	7,20	3,00
Glycerin . . . . kg	18,00	18,00	12,00
Ichthyol . . . . kg	0,90	1,50	2,00

1 Kugel = 4 g. Kugeldurchmesser 19 mm.

Morphinsuppositorien.

2,19 kg Kakaobutter,
2,50 kg weißes Wachs,
0,4 kg Lecithin aus Ei,
0,2 kg Morphinhydrochlor.
1 Suppositorium = 2,5 g = 0,02 g Morphinhydrochlor. Pressen!

Hämorrhoidensuppositorien.
I.

2,5 kg Bismutoxyjodid,
1,0 kg basisches Bismutgallat,
2,0 kg Zinkoxyd,
1,0 kg Resorcin,
1,0 kg Perubalsam,
17,5 kg Kakaobutter,
4,5 kg Wachs, weißes,
0,5 kg Lecithin.

Die feingepulverten Bestandteile werden mit dem vorher zusammengeschmolzenen und wieder ganz erstarrten Gemisch von Perubalsam, Kakaobutter, Wachs und Lecithin vermischt, indem man das Fettgemisch durch Erwärmen halb erweicht. Die Masse wird ausgegossen. Für das Preßverfahren werden zum ganz geschmolzenen Fettgemisch die Pulver zugemischt, worauf der Schmelzkessel mit Wasser stark gekühlt und bis zur halbfesten Konsistenz gerührt wird. Die halbfeste Masse wird für 1—2 Tage in einem gekühlten Raum oder im Eisschrank aufbewahrt und dann zu Suppositorien gepreßt. 1 Suppositorium = 3,0 g.

II.

2,0 kg Bismut jodotannat,
1,0 kg Bismut subnitrat,
2,0 kg Zinkoxyd,
0,2 kg Tannin,
1,5 kg Perubalsam,

2,0 kg Anästhesin,
2 g Suprarenin bitartarat,
16,8 kg Kakaobutter,
4,1 kg weißes Wachs,
0,4 kg Lecithin.

Die Herstellung der Suppositorien erfolgt wie unter I. beschrieben wurde. 1 Suppositorium = 3 g.

III.

7 kg Gelatine,
7 kg Glycerin,
2 kg Anästhesin,

5 kg Suprarenin hydrochl. 1:1000 Lösung,
9 kg Wasser.

Die Gelatine wird mit dem Wasser übergossen, 24 Stunden gequollen und hiernach in dem Glycerin durch Erwärmen gelöst. Die warme Lösung wird nach Zugabe der Suprareninlösung und des Anästhesins in Formen gegossen. 1 Suppositerium = 3,0 g.

IV.

0,3 kg Extr. Belladonnae,
0,1 kg Morphin hydrochlorid,
1,0 kg Novocain,
4,0 kg Suprarenin hydrochlor. Lösung 1:1000,

2,0 kg Wismutsubgallat,
17,8 kg Kakaobutter,
0,4 kg Cholesterin,
4,4 kg Wachs, weißes.

Belladonnaextrakt, Morphinhydrochlorid und Novocain werden kalt in der Suprareninlösung gelöst. Vorher wurde bereits die Kakaobutter mit dem Wachs und dem Cholesterin verschmolzen und für 1—2 Tage stark abgekühlt beiseite gestellt. Im bis zur halbfesten Konsistenz geschmolzenen Fettgemisch wird die wässerige Lösung emulgiert und zur fertigen Emulsion das Wismutsubgallat zugerührt. Hierauf wird in Formen gegossen. Zum Pressen wird in der Schmelze alles emulgiert und dann 2—3 Tage lang gut gekühlt. 1 Suppositorium = 3 g.

V.

2,50 kg Hamamelisextrakt,
2,50 kg Wismutoxyjodid,
0,05 kg Phenol ⎫ vorher zusammen-
0,015 kg Kampfer ⎭ geschmolzen

0,2 kg Perubalsam
19,8 kg Kakaobutter,
0,8 kg Cetylalkohol,
4,8 kg Wachs, weißes.

Herstellung wie bei I. und IV.

Opiumsuppositorien.

0,2 kg Pantopon,
2,0 kg Gelatine,

20,0 kg Glycerin,
7,8 kg Wasser.

1 Suppositorium = 3 g = 0,02 g Pantopon.

Vaginalkugeln, Stäbchen werden mit Hilfe der hier angegebenen Grundmassen hergestellt, und zwar durch Pressen oder Gießen. Die wirksamen Stoffe können nach Belieben verändert werden.

XIII. Die Nährmittel und ihre pharmazeutischen Kombinationen.

Die Herstellung von Nährmitteln mit speziellen medizinischen Indikationen hat sich bereits seit langer Zeit zu einem selbständigen, mit der pharmazeutischen Industrie eng verflochtenen Industriezweig entwickelt. Es werden nicht nur Nährmittel erzeugt, welche bei, die normale Küche nicht vertragenden Kranken als Ersatz oder als Ergänzung dienen, sondern es werden die Nährstoffe mit Arzneistoffen kombiniert, um die Wirkung letzterer mit der roborierenden Wirkung der außerhalb der normalen Ernährung zugeführten Nährstoffe zu unterstützen.

Den Nährmittel-Arzneimittelkombinationen kommt noch die Bedeutung der oft sehr guten Geschmacksverbesserung zu, wodurch die Einnahme von schlecht oder nicht angenehm schmeckenden Arzneimitteln für Kinder und auch für Erwachsene erleichtert wird. Ob der größte Teil der im Handel befindlichen Nährmittel bzw. deren Kombinationen eine Daseinsberechtigung besitzt, soll dahingestellt bleiben. Tatsache ist, daß ein nicht unbedeutender Teil der pharmazeutischen Industrie seine Existenz auf die Herstellung der Nährmittel gegründet hat.

Es ist nicht die Aufgabe dieses Kapitels, die Herstellungsverfahren jener Nährmittel zu geben, die man von einem gewissen Standpunkt künstliche Nährmittel nennen könnte und die unter Zuhilfenahme chemischer und enzymatischer Prozesse zustande kommen, da die im Rahmen dieses Buches mitgeteilten Herstellungsverfahren lediglich die Entstehung von Arzneizubereitungen aus gegebenen Rohstoffen ohne chemische und enzymatische Vorgänge beschreiben. Eine scharfe Grenze konnte hier allerdings nicht eingehalten werden. Es kann des weiteren auch nicht Aufgabe dieses Kapitels sein, die in der Praxis vorkommenden Nährmittel und Nährmittelkombinationen systematisch zusammenzufassen, es sollen nur die technischen Grundlagen ihrer Herstellung sowie einige Ausführungsbeispiele eingehend besprochen werden.

Einleitend sollen hier die Grundlagen der zwei wichtigsten technischen Vorgänge besprochen werden. Es betrifft dies das Verdampfen und das Trocknen. Beide technischen Aufgaben haben ein allgemeines Interesse für die pharmazeutische Industrie und sollen daher etwas eingehender und nicht nur vom Standpunkt der Nährmittel erörtert werden. Auf die sonstige erforderliche Apparatur wird im Rahmen der Ausführungsbeispiele hingewiesen, da diese bereits in anderen Kapiteln beschrieben worden ist, teilweise aber den Rahmen dieses Buches überschreiten.

A. Das Verdampfen[1].

Die im Verlauf von verschiedenen Herstellungsverfahren erhaltenen, stark verdünnten Lösungen (Extrakte, Würzen usw.) müssen eingedickt werden, da die Produkte in einer konzentrierten Form hinsichtlich ihrer Handlichkeit, Lagerfähigkeit, Haltbarkeit und Transportfähigkeit unermeßbare Vorteile bringen. Man würde auch gerade in pharmazeutischer Hinsicht mit stark verdünnten Lösungen, deren zur Anwendung gelangenden Mengen recht hoch sein dürften, nichts anzufangen wissen.

Das aus praktischen Gründen durchaus gerechtfertigte Verdampfen hat in der größten Zahl der Fälle unter besonderen Bedingungen zu erfolgen. Es muß darauf geachtet werden, daß die Eigenschaften der in der verdünnten Lösung befindlichen wirksamen Stoffe nach dem Verdampfen erhalten bleiben und auch z. B. bei den Nährmitteln keine geschmacklichen Veränderungen auftreten. Die in der pharmazeutischen Praxis vorkommenden und zum Verdampfen gelangenden Lösungen enthalten fast immer thermolabile Stoffe, wie z. B. Fermente, Vitamine oder leicht zersetzliche pflanzliche Stoffe usw. Es folgt hieraus, daß das Verdampfen bei niedriger Temperatur zu erfolgen hat. Dies kann durch Verdampfen unter vermindertem Druck, also im Vakuum erreicht werden. Das Verdampfen im Vakuum bedeutet aber nicht nur eine weitgehende Schonung der Produkte, sondern es bringt wirtschaftliche Vorteile, indem das Verdampfen

---

[1] Bezüglich ausführlicher Angaben über die theoretischen und praktischen Grundlagen der Verdampfung und der Verdampfungsapparatur vgl. Weichherz, J.: Die Malzextrakte. Berlin, Julius Springer 1928. S. 222—284.

unter Luftdruck wärmewirtschaftlich ungünstiger ist. In der Praxis wird normalerweise bei 45° C verdampft. Diese Temperatur, welche zeitweilig höchstens bis 50° C überschritten wird, entspricht einem Druck von 0,0971 kg/cm² oder 71,4 mm Quecksilber. Für spezielle Zwecke kann auch bei noch niedrigerer Temperatur verdampft werden.

Neben der Verdampftemperatur ist die Verdampfzeit von ausschlaggebender Bedeutung. Wie gering auch die schädliche Wirkung der Wärme bei einer gegebenen Temperatur ist, wird sie bei langdauernder Einwirkung doch bedeutend. Die Einwirkung der Wärme kann auch durch Verkürzung der Verdampfzeit, also durch Anwendung einer Verdampfanlage mit hoher Verdampfleistung vermindert werden. Zur Regelung der Qualität des Produktes stehen also zwei Faktoren zur Verfügung. Ob man die Verdampftemperatur weitgehendst nach unten drückt, oder ob man die Verdampfleistung gegebenenfalls erhöht, ist eine Kalkulationsfrage, da die durch Verminderung der Verdampftemperatur sich ergebenden Mehrauslagen bis zu einer gewissen Grenze oft weit geringer sind, als die einer größeren Gesamtanlage.

Ein Vakuumsverdampfer besteht aus folgenden Teilen: 1. Heizkörper, 2. Verdampfraum, 3. Brüdenleitung, 4. Kondensator, 5. Vakuumluftpumpe.

Zur Heizung wird heute fast ausschließlich Dampf verwandt. Temperaturempfindliche Lösungen mit direkter Heizung zu verdampfen, ist wegen der unvermeidlichen Überhitzung nicht zulässig. Der Dampf wird in den durch die Heizfläche vom Verdampfraum getrennten Heizraum geleitet, wo er seinen Wärmegehalt an die Heizfläche abgibt. Die Heizfläche leitet die Wärme an die zu verdampfende Flüssigkeit weiter und steigert dadurch die Temperatur. Die Dampfeinleitung wird fortgesetzt, bis die Flüssigkeit im Verdampfraum zu sieden beginnt. Der Heizdampf verliert durch die Wärmeübertragung an den Heizraum zuerst seine etwaige Überhitzungswärme und wird gesättigt. Im weiteren Verlauf der Abkühlung verliert der Dampf an Druck, und wird der im Heizraum herrschende Druck erreicht, so tritt Kondensation unter Abgabe der latenten Wärme ein. Der Heizraumdruck ist eine Funktion des Frischdampfdruckes der Wärmeübertragung an der Heizfläche und der Dampfzufuhrgeschwindigkeit. Der kondensierte Dampf, also das Kondenswasser, verläßt den Heizraum über einen sogenannten Kondenstopf, welcher nur Wasser, aber keinen Dampf aus dem Heizraum austreten läßt. Sattdampf ist als Heizdampf geeigneter, als überhitzter Dampf, da der überhitzte Dampf trotz seines höheren Gesamtwärmegehaltes keine höhere Verdampfleistung aufzuweisen vermag, aber den Nachteil der etwas verlangsamten Kondensation und einer vergrößerten Überhitzungsgefahr besitzt. Die Überhitzungsgefahr steigt mit dem Unterschied zwischen Verdampftemperatur und Heizraumtemperatur.

Der Heizraum und dementsprechend der gesamte Heizkörper bzw. die Heizfläche kann verschiedene Ausführungsformen haben: 1. einfacher Heizmantel oder Heizboden, 2. Heizschlange, 3. Heizrohre.

Der einfachste Heizkörper ist der Heiz- oder Doppelboden (Abb. 199a), welcher nur eine relativ kleine Heizfläche besitzt. Der Doppelboden wird gewöhnlich auch Schalenheizkörper genannt. Wegen der kleinen Heizfläche gelangt dieser Heizkörper nur dann zur Anwendung, wenn Dampf von höherem Drucke (Frischdampf) zur Verfügung steht (kleineres Dampfvolumen).

Der Schlangenheizkörper (Abb. 199a) ist eine gekrümmte Rohrleitung, deren Inneres der Heizdampf durchströmt. Die Heizfläche ist ebenfalls sehr klein. Die langen Schlangen nehmen zu viel Raum in Anspruch, verkleinern den Verdampfraum, da sie in die zu verdampfende Flüssigkeit tauchen und sind schwer zu reinigen.

Bezüglich der Heizflächengröße erlaubt der Röhrenheizkörper viel größere Möglichkeiten. Der Röhrenheizkörper besteht aus geraden, horizontalen, vertikalen oder schrägen Rohren, in welchen die zu verdampfende Flüssigkeit strömt. Die Rohre sind in einem gemeinsamen Dampfmantel eingebaut, so daß die Heizkammer eigentlich aus den Zwischenräumen der Rohre besteht. Abb. 199 b und 199 c zeigen vertikale Heizrohre, während auf Abb. 200 horizontale Heizrohre zu sehen sind. Der Röhrenheizkörper erlaubt die weitgehendste Abänderung der Heizflächengröße, und zwar durch die Rohrweite, Rohrlänge und Rohranzahl.

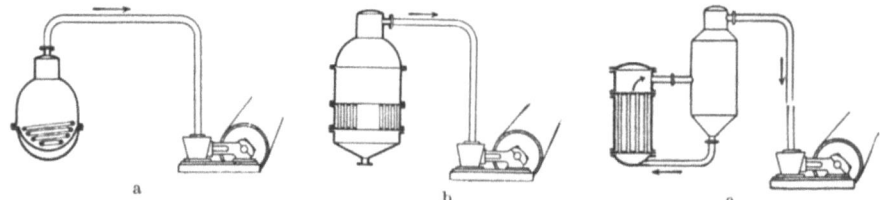

Abb. 199. Verdampfersysteme. a) Kugelverdampfer mit Schalenheizkörper und Heizschlange, b) Verdampfer mit eingehängtem vertikalem Zirkulations-Röhrenheizkörper, c) Schnellumlaufverdampfer mit außenliegendem vertikalem Röhrenheizkörper.

Der Röhrenheizkörper kann aus diesem Grunde auch für Abdampf und für Unterdruckdampf verwendet werden.

Im Verdampfraum befindet sich die zu verdampfende Flüssigkeit. Einen Teil der Wandung dieses Raumes bildet die Heizfläche, welche mit der Flüssigkeit in Berührung steht und ihr Wärme übergibt. Die übergetretene Wärmemenge ist proportional dem Wärmegefälle, der Heizflächengröße und den physikalischen Eigenschaften des Heizdampfes, der Heizfläche und der zu verdampfenden

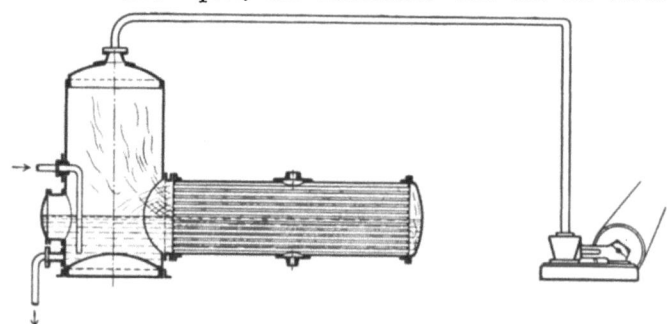

Abb. 200. Schnellumlaufverdampfer mit außenliegendem, horizontalem Röhrenheizkörper.

Flüssigkeit. Im Verlauf der Verdampfung ändern sich die physikalischen Eigenschaften der eingedickten Flüssigkeit und damit parallel geht gewöhnlich die Verminderung des Wärmedurchganges. Einerseits sinkt die Beweglichkeit der Flüssigkeit, andrerseits tritt oft eine starke Inkrustation an der Heizfläche auf. Die Inkrustation ist zumeist eine Überhitzungserscheinung, da die Inhaltsstoffe der eingedickten Flüssigkeit an der Heizfläche antrocknen, anbrennen und auch koagulieren. Erfahrungsgemäß ist die Inkrustation bei kleinerem Wärmegefälle wesentlich geringer. Da die Verdampfleistung eine Funktion des Wärmedurchganges ist, sinkt mit steigender Inkrustation auch die Verdampfleistung. Durch Eindickung steigt auch allmählich die Konzentration und der Siedepunkt, wodurch das Wärmegefälle kleiner wird und somit wieder auch die Dampfleistung sinkt.

Der Dampfverbrauch eines Verdampfers läßt sich wegen den unvermeidlichen Wärmeverlusten aus der Verdampfleistung nicht berechnen. Erfahrungsgemäß erfordern 100 kg verdampftes Wasser 110 kg Frischdampf.

Die im Verdampfraum entstandenen Brüden gelangen durch die Brüdenleitung in den Kondensator, wo sie verflüssigt werden. Ohne Kondensator ist infolge der sonst erforderlichen äußerst großen Luftpumpe kein wirtschaftliches Verdampfen möglich. Bei einer Verdampftemperatur von 45° C bzw. bei dem entsprechenden Unterdruck hat 1 kg Dampf ein ungefähres Volumen von 15 000 l. Ein Verdampfer mit 300 kg Stundenleistung würde also eine Pumpe mit 4500 m³ Liefervolumen in der Stunde erfordern. Kondensiert man dagegen die Brüden, so muß die Vakuumpumpe nur die im Verdampfer befindliche bzw. die durch die Undichtigkeiten einströmende Luft sowie die durch den Kondensatordruck und durch die Temperatur gegebene Dampfmenge bewältigen können.

Der Kondensator ist eine Vorrichtung, in welcher die warmen Brüden mit kaltem Wasser abgekühlt und verflüssigt werden. Das Abkühlen kann entweder durch Vermischen des Kühlwassers mit den Brüden (Mischkondensation) oder durch Vorüberleiten der Brüden an mit Wasser gekühlten Flächen (Oberflächenkondensation) erfolgen. Mischkondensation wird daher nur dort angewandt, wo man die kondensierten Brüden nicht mehr benötigt, so z. B. wenn wässerige Lösungen eingedickt werden. Werden aber z. B. alkoholische Lösungen oder Extrakte eingedampft, so kommt zwecks Rückgewinnung des Alkohols nur die Oberflächenkondensation in Frage

Zur Herstellung des Vakuums werden Trocken- oder Naßluftpumpen verwandt. Für Oberflächenkondensation sind nur Trockenluftpumpen geeignet, während für die Mischkondensation beiderlei Pumpen brauchbar sind. Arbeitet der Mischkondensator nach dem Gegenstromprinzip, so wird eine Trockenluftpumpe angeschlossen, da eine Naßluftpumpe die Vorteile der Gegenstromkondensation aufheben würde. Für Parallelstrommischkondensatoren wird eine Naßluftpumpe verwandt, welche nicht nur den nicht kondensierten Teil der Brüden, sondern auch das Kondensat mit dem Kühlwasser absaugt. Beim Gegenstromkondensator treten die Brüden unten, das Kühlwasser oben ein. Das Kondensat läuft mit dem Kühlwasser unten ab (Fallwasser), während die nicht kondensierten Brüden oben aus dem Kondensator treten. Theoretisch müßte sich deshalb das Luftdampfgemisch auf die Kühlwassertemperatur abkühlen und das Kühlwasser sich auf die Temperatur der aus dem Verdampfer kommenden Brüden erwärmen. Praktisch ist dies natürlich nur annähernd der Fall. Beim Gleichstrommischkondensator laufen die Brüden und das Kühlwasser in die gleiche Richtung und daher hat das abziehende Luftdampfgemisch die gleiche Temperatur wie das Kondensat. Es folgt hieraus, daß zum Erreichen eines Vakuums von gleicher Höhe eine größere Naßluftpumpe als die vorgesehene Trockenluftpumpe erforderlich ist. Es kommt hierzu noch, daß die Naßluftpumpe auch das Kühlwasser fördern muß, also verbraucht sie mehr Kraft als eine Trockenluftpumpe, ganz abgesehen davon, daß ihr Wirkungsgrad geringer ist. Bezüglich des Kühlwasserverbrauches kann erwähnt werden, daß die Gleichstromkondensation einen bedeutend größeren Wasserverbrauch bedingt als die Gegenstromkondensation. Trotz dieser Nachteile werden kleinere Verdampfanlagen vorteilhaft mit Gleichstromkondensation und Naßluftpumpe ausgerüstet, weil die Anlagekosten erheblich kleiner sind, aber die laufenden Betriebsunkosten trotzdem nur sehr wenig höher sind als bei Gegenstromkondensation.

Die kompletten Verdampfanlagen werden aus den hier kurz berührten Teilen zusammengebaut. In der pharmazeutischen Industrie bzw. in der Nährmittelindustrie werden in erster Linie Kugelverdampfer mit Heizboden und Heizschlange sowie Verdampfer mit Röhrenheizkörper benutzt. Die Anwendung von Kugelverdampfern ist nur dann gerechtfertigt, wenn kleine Verdampfleistungen erwünscht sind. Kleine Verdampfer werden überhaupt nur mit Kugelboden gebaut, sogar die Heizschlange fällt weg, da die Reinigung sonst zu umständlich wäre. Die Heizfläche eines Kugelverdampfers ist relativ klein, so daß kein Abdampf, geschweige Unterdruckdampf verwandt werden kann. Dementsprechend ist die Inkrustation und die Überhitzung hier am größten. Das Schema eines Kugelverdampfers ist auf Abb. 199a zu sehen.

Wesentlich günstigere Verhältnisse herrschen bei Verdampfern mit Röhrenheizkörpern. Die üblichste Konstruktion ist der Verdampfer mit eingebautem, stehendem Heizkörper, wie dies auf Abb. 199b und 201 zu sehen ist. Die stehenden Heizrohre bewirken durch die aufsteigenden Dampfblasen eine schnelle Strömung nach aufwärts und ein Abwärtsfallen durch das weite zentrale Rohr. Letzteres Rohr ist nicht unbedingt erforderlich. Die relativ große Heizfläche erlaubt die Verwendung von Abdampf, wodurch die Überhitzung erheblich vermindert wird. Die lebhafte Zirkulierung der Flüssigkeit bedingt eine rasche Wärmeübertragung

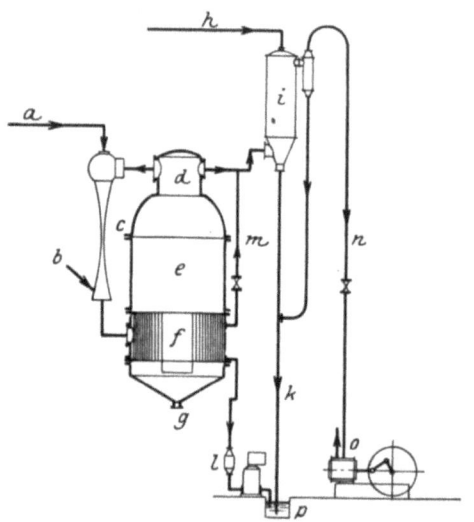

Abb. 201. Schema einer Brüdenkompressionsverdampfanlage. *a* Frischdampfzuleitung, *c* Thermokompressor, *d, e* Verdampfraum, *f* Röhrenheizkörper, *m* Brüdenleitung zum Kondensator *i*, *l* Kondenswasserableiter, *k* Fallwasserleitung, *o* Luftpumpe.

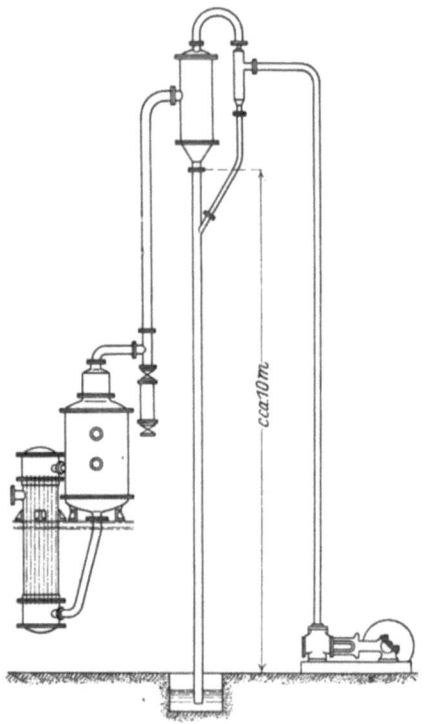

Abb. 202. Verdampfanlage, bestehend aus: *a* Schnellumlaufverdampfer mit außenstehendem vertikalem Röhrenheizkörper, *b* Gegenstrom-Misch-Kondensator, *c* Trockenluftpumpe.

und eine geringe Inkrustation. Aus Bequemlichkeitsgründen und um die Heizfläche noch weiter vergrößern zu können, hat man die Heizrohre außerhalb des eigentlichen Verdampfraumes untergebracht, und zwar entweder stehend oder liegend. Es sind dies die Schnellumlaufverdampfer mit außenliegendem vertikalen oder horizontalen Röhrenheizkörper (Abb. 199c, 200). Abb. 202 stellt eine komplette Verdampfungsanlage mit einem Schnellumlaufverdampfer, Gegenstrommischkondensation und mit Trockenluftpumpe dar.

Die Verdampfer mit Röhrenheizkörper arbeiten wirtschaftlicher als die Kugelverdampfer. Während ein Kugelverdampfer etwa 115% Dampf verbraucht, benötigt ein normaler Schnellumlaufverdampfer nur 105% Abdampf. Es steht aber nicht in jedem Betrieb Abdampf zur Verfügung, so daß die mit Abdampf arbeitenden Schnellumlaufverdampfer keine wesentlichen Ersparnisse bringen können. Der sogenannte Mehrfacheffekt war der erste Versuch, die Verdampfung wirtschaftlicher zu gestalten und hatte als Grundprinzip die aus einem Verdampfer entweichenden Brüden in den Heizraum eines zweiten als Heizdampf zu leiten. Es folgt hieraus, daß jeder Verdampfer bei einer höheren Temperatur arbeiten muß, als der nachfolgende. Durch Hintereinanderschalten von mehreren Apparaten können ganz gewaltige Dampf- bzw. Kohlenmengen gespart werden, da die sonst im Kondensator verlorene Kondensationswärme im nachfolgenden Verdampfkörper zum Verdampfen benutzt wird:

Dampfverbrauch für 100 kg Wasser

Einfacheffekt . . . . 110 kg
Zweifacheffekt . . . . 55,5 kg
Dreifacheffekt . . . . 36,7 kg
Vierfacheffekt . . . . 27,8 kg

Im Vierfacheffekt werden also auf 100 kg verdampftes Wasser rund 80 kg Dampf erspart. Trotz dieser gewaltigen Vorteile wird der Mehrfacheffekt in der pharmazeutischen bzw. Nährmittelindustrie niemals angewandt, da die Verdampftemperatur der ersten Verdampfer zu hoch gewählt werden muß, um im letzten Körper ein noch brauchbares Wärmegefälle zu erhalten, z. B.

I. 90°   II. 75°   III. 60°   IV. 45°

Da auf jeden Verdampfkörper ein Wärmegefälle von nur 15° C entfällt, muß auch die Heizfläche entsprechend (4 ×) größer gewählt werden als im Einfacheffekt.

Eine in aller Hinsicht idealere Lösung des Verdampfproblems ist die Brüdenkompressionsverdampfung, bei welcher die aus dem Verdampfer abgesaugten Brüden in den eigenen Heizkörper gedrückt und hier kondensiert werden. Vorhergehend wird allerdings adiabatisch komprimiert, wodurch die Temperatur der Brüden ansteigt und somit das erforderliche Wärmegefälle zustande kommt. In den meisten Fällen genügt ein Wärmegefälle von etwa 15° C. Die Kompression kann entweder mittels Turbokompressor oder Dampfstrahlgebläse erfolgen. Die auf Abb. 201 dargestellte Schaltung verbraucht für 1000 kg verdampftes Wasser 410—420 kg Frischdampf von 11 Atm. abs. bei einer Verdampftemperatur von 45° C und einem Wärmegefälle von 15° C. Die Wirtschaftlichkeit entspricht also ungefähr einer Dreifacheffektenanlage mit dem Vorteil, daß die Verdampftemperatur stets 45° C beträgt, während sie im Dreifacheffekt im ersten 75° C, im zweiten 60° C ist. Nicht nur Dampf, sondern auch Kühlwasser kann gespart werden, und zwar in Prozenten ausgedrückt ebensoviel Kühlwasser wie Frischdampf.

Die hier beschriebenen Verdampfersysteme erlauben verdünnte Lösungen in ganz hochkonzentrierte zu überführen. In der pharmazeutischen Industrie werden fast ausschließlich Pflanzenextrakte verdampft, welche im konzentrierten Zustand dickflüssig sind. Die Verdampfer mit Röhrenheizkörper können ganz dickflüssige Extrakte nicht mehr bewältigen. So z. B. werden die Extrakte in Verdampfer mit stehendem Röhrenheizkörper höchstens bis auf 42—45° Bé eingedampft, aber auch nur dann, wenn die Heizröhren kurz sind. In den langen Röhren der Schnellumlaufverdampfer ist die Reibung zumeist schon so groß, daß das Verdampfen bis über 30° Bé nur sehr langsam verläuft und hierdurch sämtliche Schäden der langen Verdampfzeit in den Vordergrund treten. Hochkonzentrierte Lösungen werden daher ausschließlich im Kugelverdampfer eingedickt. Um das Verdampfen zu beschleunigen, kann man am Anfang mit einem Röhrenheizkörperverdampfer eindicken und nachdem eine praktische Grenze erreicht wurde, kann man in einen Kugelverdampfer umfüllen und fertig verdampfen. Im Brüdenkompressionsverdampfer kann mit den komprimierten Brüden das Fertigverdampfen, das sogenannte Garkochen nicht ausgeführt werden. Mit steigender Konzentration erhöht sich nämlich der Siedepunkt der Flüssigkeit. Ist der Siedepunkt so weit gestiegen, daß das Wärmegefälle zum größten Teil oder ganz verschwindet, so hört die Verdampfleistung auf. Um das Verdampfen zu Ende zu führen, muß Frischdampf in den Heizkörper geführt werden. Da aber in der Endverdampfung nur noch sehr wenig Wasser verdampft wird, verschlechtert sich die Wirtschaftlichkeit der Brüdenkompressionsverdampfung kaum.

Für manche Spezialzwecke ist ein Verdampfen bei ganz niedriger Temperatur notwendig. Für diese Zwecke genügen die üblichen Naßluft- oder Trockenluftpumpen nicht, da sie kein entsprechendes Vakuum liefern. Es werden hierfür Ölhochvakuumpumpen, wie sie Arthur Pfeiffer in Wetzlar liefert, benutzt. Diese Pumpen geben z. B. bei einer Stundenleistung von 250 ccm ein Vakuum von 0,02 mm Quecksilber.

Sehr oft müssen alkoholische oder Alkohol enthaltende Lösungen verdampft werden. Will man den Alkohol zurückgewinnen, so kann dies, wie bereits erwähnt wurde, durch Anwendung eines Oberflächenkondensators erfolgen. Das Kondensat bzw. Destillat wird dann in entsprechenden Kolonnenapparaten angereichert. (Vgl. S. 128, Abb. 128.) Ebenso wird verfahren, wenn andere destillierbare oder mit Wasserdampf flüchtige Stoffe vorhanden sind, deren Rückgewinnung erforderlich ist.

Die Verdampfer werden in der Nährmittelindustrie aus Kupfer, Aluminium, verzinntem Eisen oder verzinntem Kupfer gebaut. Wärmewirtschaftlich ist Kupfer am geeignetsten, da es die Wärme am besten leitet. Aluminium ist nicht genügend widerstandsfähig.

B. Das Trocknen.

Das Trocknen hat den Zweck, aus den verschiedensten Stoffen Feuchtigkeit zu entfernen und dadurch die Haltbarkeit und Handlichkeit zu vergrößern, es sei, daß es sich um feste Körper, Pflanzen oder Pflanzenteile, tierische Organe oder um Flüssigkeiten handelt. Die Konstruktion der Trockenapparate ändert sich mit den zu trocknenden Stoffen und mit den gegenüber dem Trockengut erhobenen Forderungen. Vom praktischen Standpunkt könnte man die Apparate in zwei Gruppen teilen, und zwar in Trockenvorrichtungen 1. für feste Körper und 2. für Flüssigkeiten. Vom Standpunkt der Apparate kann man 1. von Lufttrockner und 2. von Kontakttrockner sprechen. Das Trocknen von Flüssigkeiten kann ebenso in Luft- oder Kontakttrockner erfolgen, wie das Trocknen von festen Körpern. Flüssigkeiten werden vor dem Trocknen soweit möglich in einem der vorgehend beschriebenen Verdampfer eingedickt. Da die restlose Entfernung des Wassers in den Verdampfern nicht möglich ist, werden spezielle Trockenapparate verwandt. Es gilt hier ebenso wie beim Verdampfen, daß bei niedriger Temperatur getrocknet werden soll.

Die Kontakttrockner trocknen die etwa voreingedickten Flüssigkeiten an einer geheizten Oberfläche, wobei die niedrige Temperatur durch Verminderung des Luftdruckes erzeugt wird. Da die konzentrierten Flüssigkeiten eine nicht zu vernachlässigende Siedepunkterhöhung haben, erhitzen sie sich an der Trockenfläche recht hoch, wenn auch die entweichenden Brüden eine niedrige Temperatur aufweisen. Die Brüden besitzen stets die Temperatur des reinen Wasserdampfes, welche dem herrschenden Druck entspricht. Die Qualität der erhaltenen Trockenprodukte hängt vom vorhandenen Vakuum und von der Heiztemperatur ab. Je höher die Temperatur der Trockenfläche ist, um so größer ist die Überhitzung und um so mehr werden die temperaturempfindlichen Bestandteile geschädigt. Als Grundsatz kann also gelten, daß die Heizdampftemperatur möglichst niedrig gewählt werden soll. Mit welcher Temperatur man auskommt, wird von der Trockenvorrichtung und vom Trockengut entschieden.

Stark konzentrierte hochviscose Flüssigkeiten werden in kleineren Mengen in Vakuumtrockenschränken getrocknet. In diesen Vakuumtrockenschränken befinden sich geheizte Platten, auf welche mit der zu trocknenden Flüssigkeit entsprechend angefüllte Schalen gestellt werden. Abb. 203 stellt einen geöffneten Trockenschrank System Paßburg (Vakuumtrockner G.m.b.H., Erfurt) dar; die Heizplatten sind deutlich zu sehen. Die Trockenschränke sind an beiden Seiten mit Scharniertüren versehen, so daß die Trockenschalen von beiden Seiten auf die Heizplatte geschoben werden können. An den Türen sind Schaufenster angebracht, durch welche der Trockenvorgang beobachtet werden kann. Ebenfalls an jeder Türe befindet sich ein Lufthahn. Das Vakuum wird mittels einer Naßluft- oder Trockenluftpumpe erzeugt. Meistens wird eine Trockenluftpumpe mit vorgeschaltetem Oberflächenkondensator für diesen Zweck verwandt. Die Heizung erfolgt mit Frischdampf oder Abdampf, und zwar wird der Dampf von oben in die Platten geleitet, während das Kondenswasser durch einen Kondenstopf unten abgeleitet wird. Der Kondenstopf muß ein Umführungsventil und einen Hahn besitzen, um die in den Heizplatten befindliche Luft verdrängen zu können.

Abb. 203. Vakuum Trockenschrank, System Paßburg (Vakuumtrockner G. m. b. H., Erfurt).

Da die Dampfeinleitung von oben erfolgt, heizen zuerst die oberen Platten an, während die unteren Platten nur weniger warm werden. Dieser Unterschied bleibt bei größeren Schränken während der ganzen Trockendauer ständig vorhanden, so daß die Flüssigkeit nicht gleichmäßig austrocknet. Es bleibt entweder ein Teil feucht oder aber wird ein Teil überhitzt und angebrannt. Die Dampfleitungen sollen daher zweckmäßig so verlegt werden, daß der Dampf gleichzeitig in die obere und in die mittlere Heizplatte strömen kann.

Das Trocknen selbst wird wie folgt durchgeführt: Vor Benutzung des Schrankes wird dieser bei geschlossenen Türen, aber ohne Vakuum angeheizt, so daß der ganze Schrank warm wird. Bei Beginn der Heizung muß das Umführungsventil und der Lufthahn des Kondenstopfes geöffnet werden, um das im noch kalten Apparat sich stark ansammelnde Kondenswasser und die Luft schnell abzuleiten. Da beim Trocknen sich in den Platten immer etwas Luft angesammelt und dadurch das Trocknen verlangsamt wird, soll der Lufthahn und das Umführungsventil nie ganz geschlossen, oder aber öfters geöffnet werden. Inzwischen beschickt man die außerhalb des Schrankes befindlichen Trockenschalen mit der dicken Flüssigkeit. In jede Schale darf nur wenig Flüssigkeit gefüllt werden, denn sie steigt beim Trocknen stark in die Höhe und verwandelt sich in eine poröse, schaumartige Masse. Die Praxis ergibt bald, wieviel Flüssigkeit auf eine Schale entfallen kann. Ist zuviel in einer Schale, so steigt die Masse bis an die obere Heizplatte und klebt dort an, wodurch Verluste entstehen. Es ist übrigens üblich, die Flüssigkeit beim Trocknen so hoch steigen zu lassen, wie es nur zulässig ist, um hierdurch ein sehr leichtes Produkt zu gewinnen. Die dicken Flüssigkeiten streicht man mittels Spatel in einer ganz dünnen Schicht am Schalenboden aus, und zwar je dünner die Schicht, um so schneller verläuft das Trocknen und um so schäumiger wird das Trockenprodukt. Die bestrichenen Schalen werden nunmehr in den vorgeheizten Schrank geräumt, hiernach schließt man die Türen und drückt sie mittels der vorhandenen Handkurbeln an den Rahmen des Trockners. Jetzt öffnet man das Ventil der Saugleitung und setzt die Luftpumpe in Betrieb. Ist das Vakuum bis auf 40 cm gestiegen, so löst man zur Schonung der Dichtungsringe die Handkurbeln wieder, denn der Luftdruck preßt die Türen nun schon genügend und gleichmäßig an den Trockner. Beim Anlaufen der Pumpe steigt die Flüssigkeit gewöhnlich schnell in die Höhe. Sollte dies zu schnell oder zu hoch erfolgen, so öffnet man einen Lufthahn, worauf der Schaum zusammenfällt. Im Anfang verdampft verhältnismäßig viel Wasser, jedoch nimmt dies allmählich ab. Die Dampfeinleitung kann nunmehr nur zeitweilig erfolgen. Man wird zweckmäßig periodisch stärker anheizen, um ein starkes Emporsteigen des Schaumes zu erreichen. Trocknet man nämlich gleichmäßig langsam, so bildet sich kein Schaum, und die Trockenmasse bildet am Boden der Schale eine dicke schwere Kruste. Schaumige Ware zu erhalten ist eine Sache der Erfahrung. Allerdings wird man sehr leicht die geeigneten Momente zum stärkeren Anheizen treffen können. Die Dampfeinleitung wird auch nach Temperatur geregelt. Zur Kontrolle der Temperatur wird in das Schaufenster ein Thermometer gehängt. Da aber die Brüdentemperatur stets niedriger ist als die Temperatur der in den Schalen befindlichen Flüssigkeit, soll das Thermometer in den Schaleninhalt eintauchen. Es konnte auf diesem Wege ein bis 20° C betragender Temperaturunterschied zwischen Brüden und Schaleninhalt festgestellt werden. Die Temperatur der Heizplatten ist noch höher. Die Temperatur der zum Trocknen gelangenden Flüssigkeit ist im Beginn 45—46° C, mit fortschreitendem Austrocknen steigt aber die Temperatur auf 55—60° C, die Plattentemperatur beträgt dann etwa 90—95° C. Das Trocknen einer Charge ist in ungefähr 4 Stunden beendigt. Dies kann durch die Schaufenster beurteilt werden. Ist ein Oberflächenkondensator mit Schaufenster vorhanden, so ist das Trocknen dann beendigt, wenn man kein Kondensat mehr abfließen sieht. Ist diese Beobachtungsmöglichkeit nicht vorhanden, so bleibt nur das direkte Beobachten durch das Schaufenster des Trockenschrankes übrig. Die Erfahrung bezüglich der normalen Trockenzeit ist hierbei auch eine wichtige Stütze. Ist das Trocknen beendet, so wird die Dampfzufuhr abgedrosselt, und man läßt den Schrank abkühlen. Vor dem Öffnen schließt man das Ventil der Saugleitung und stellt auch die Luftpumpe ab. Durch Öffnen eines Lufthahns gleicht man den Druck aus, worauf die Scharniertüren des Schrankes leicht aufgehen. Nun werden die Schalen nacheinander herausgezogen und durch Auskratzen mittels Spatel entleert. Das Trockenprodukt wird in gut verschließbare Gefäße, z. B. in innen mit Weißblech verschlagene, auf Rädern rollende Holzkisten, gefüllt. Der Dampfverbrauch beträgt ungefähr 1,5 kg Dampf für 1 kg verdampftes Wasser. Der Kraftverbrauch eines etwa 40 kg Flüssigkeit aufnehmenden Trockenschrankes (Heizfläche etwa 68 m^2) beträgt etwa 4—5 PS. Diese Angaben bzeiehen sich auf eingedickte Flüssigkeiten mit einem Wassergehalt von etwa 20—25%.

Die Trockenschränke haben den Nachteil einer sehr kleinen Leistungsfähigkeit. Außerdem erfordern sie viel Handarbeit (Beschicken sowie Ausräumen der Schalen und des Schrankes).

Eine größere Leistung haben die Vakuumbandtrockner. Diese Apparate enthalten ein oder mehrere endlose Bänder, welche um die Heizplatten gespannt sind, und zwar derart, daß der obere Abschnitt der Bänder auf der Heizplatte liegt. Die Bänder bewegen sich im länglichen zylindrischen Trockenapparat in der Achsenrichtung. An einem Ende wird die Flüssigkeit durch einen Gießkopf auf die Bänder in dünner Schicht gegossen, von dem sich bewegenden Band mitgenommen und am Ende des Apparates angelangt, ist sie auch ganz ausgetrocknet. Die Trockenzeit ist in diesem Apparat gegenüber der der Trockenschränke stark abgekürzt, und zwar durchläuft die Flüssigkeit in etwa $1/2$ Stunde den Apparat. Über den Dampfverbrauch solcher Apparate läßt sich nichts Bestimmtes angeben, da eine jede Konstruktion andere Verbrauchsziffern aufweist. Da am Ende des Apparates das Abschaben der Trockensubstanz ganz selbsttätig erfolgt, entfällt hier die viele Handarbeit; bemerkt sei, daß das Beschicken der Bänder auch ganz automatisch erfolgt. Ein Vorteil dieses Apparates ist, daß das Trocknen in einer bedeutend dünneren Schicht erfolgt, wodurch dann die Trockendauer abgekürzt werden kann. Die Überhitzung kann auch hier nicht vermieden werden.

Die Trockendauer kann in den Vakuumtrockentrommeln noch weitergehend abgekürzt werden, da die Schichthöhe auf der Heizfläche auf 0,2 mm und noch weniger sinkt. Der große Einfluß der Schichthöhe auf die Trockendauer ergibt sich aus den praktischen Ergebnissen, nach welchen z. B. eine fünfmal dickere Schicht fünfmal langsamer verdampft bzw. trocknet. Die Trockendauer ist also der Schichthöhe proportional. Die Trockendauer ist aber auch eine Funktion des Wärmegefälles, welche bei den Trockentrommeln bedeutend geringer sein kann, da die Extrakte hier unmittelbar an der Heizfläche getrocknet werden, so daß auch die Überhitzungsgefahr vermindert ist, während in den Trockenschränken und in den Bandtrocknern zwischen der Flüssigkeit und der Heizfläche sich noch die Schale bzw. das Band befindet. Die Trockentrommeln haben also Vorteile, welche sie zur Trocknung wärmeempfindlicher Stoffe besser geeignet machen, außerdem ist aber ihre Leistungsfähigkeit bedeutend größer, die Handarbeit wird ganz erspart und sie können für ganz kontinuierlichen Betrieb eingerichtet werden.

Im Prinzip bestehen die Trockentrommeln aus innengeheizten, rotierenden Trommeln, deren äußere Fläche die Heizfläche ist. Das Trockengut wird auf diese Fläche aufgetragen, die Trommel dreht sich weiter und inzwischen trocknet die Substanz aus. An einer Stelle ist ein Schabmesser angebracht, welches nach einer nicht vollen Umdrehung der Trommel die getrocknete Substanz abschabt. Auf Trockentrommeln können in erster Linie nur flüssige oder breiartige Stoffe getrocknet werden, selten werden auch feste Substanzen, wie Kartoffeln, Hafer (-Flocken), Malztreber usw. getrocknet.

Das Prinzip der verschiedenen Trommelkonstruktionen ist in Abb. 204 dargestellt. System a ist eine Eintauchtrommel; diese ist nur für dünnflüssige Substanzen brauchbar, da die aufgenommenen dickflüssigen Substanzen eine viel zu dicke Schicht an der Heizfläche bilden. Die Schichtdicke kann durch eine dazwischengeschaltete Auftragwalze geregelt werden (b), da die Schichthöhe von dem zwischen der Auftragwalze und der Trommel befindlichen Abstand bestimmt wird. System c erhält die Substanz von oben und ist deshalb in dieser einfachen Form für Extrakte nicht geeignet. System d besitzt noch zwei Glättwalzen, welche die Schichtenhöhe regeln. Dieses System wird aber trotzdem nur selten verwendet, da die technische Ausführung sehr unbequem ist und außerdem ist die Flüssigkeit oben in der Auftragvorrichtung ständig mit der Heizfläche in Berührung und wird deshalb leicht überhitzt. Die Systeme e, f, g arbeiten mit 2 Trommeln (Doppeltrommel), von welchen aber bloß System e brauchbar ist. Die Schichthöhe wird vom Trommelabstand geregelt. Ein Nachteil ist, daß die Flüssigkeit ebenfalls längere Zeit mit der Heizfläche in Berührung bleibt. Am besten ist also System b geeignet.

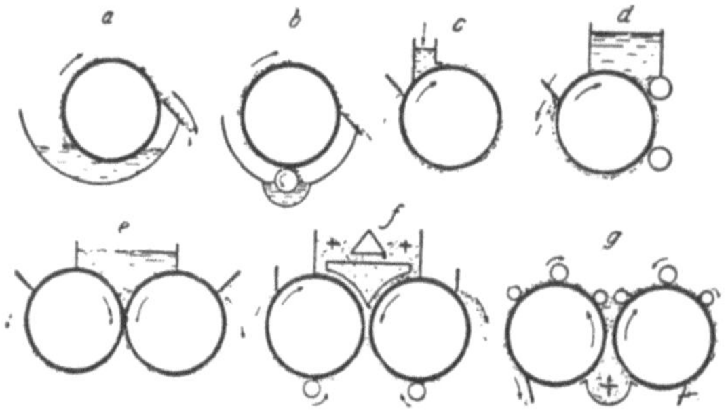

Abb. 204. Schema der Trommeltrockner.

Abb. 205 zeigt einen Vakuumdoppeltrommeltrockner System E. Paßburg (Vakuumtrockner G. m. b. H., Erfurt). Die Flüssigkeit ist nach einer Umdrehung der Heizwalzen trocken und wird in Form eines groben Pulvers bzw. grober Blättchen von den an den polierten Heiztrommeln anliegenden Schabmessern abgenommen. Dieser Vorgang ist durch Schaugläser beobachtbar. Das abgeschabte Trockengut fällt in eine Nachtrockenschnecke, die sich unterhalb der Trommel befindet. Von hier gelangt das Trockenprodukt in einen ebenfalls unter Vakuum stehenden Sammelkasten. Ist dieser Kasten voll, so stellt man den Apparat ab, läßt Luft hinein, fährt den vollen im Kasten befindlichen Wagen heraus und einen leeren hinein. Eine spezielle Ausführung erlaubt die Entleerung auch ohne Unterbrechung des Betriebes. Die Walzen drehen sich ungefähr 7—8 mal in der Minute, so daß die Trockendauer bloß 8 Sekunden beträgt. Der Kraftbedarf einer Doppeltrommel beträgt je nach Größe 2—8 PS (5—25 m² Heizfläche). Obwohl die Heizfläche bedeutend geringer ist als die der Trockenschränke, ist die Leistungsfähigkeit unvergleichbar höher.

Abb. 205. Vakuumdoppeltrommeltrockner (Zweiwalzentrockner) System Paßburg mit Nachtrockenschnecke (Vakuumtrockner G. m. b. H., Erfurt).

Während z. B. ein Schrank mit etwa 70 m² Heizfläche in 4 Stunden etwa 40 kg voreingedickte Flüssigkeit trocknet (also in 24 Stunden 240 kg), leistet eine Doppeltrommel mit etwa 5 m² Heizfläche in 24 Stunden 3—5000 kg Dickextrakt. Als Heizdampf verwendet man zweckmäßig Abdampf. Eine wärmewirtschaftlich besonders vorteilhafte Anordnung besteht darin, daß man die Luftpumpe und die Trommeln mit Dampfantrieb versieht und den dabei erhaltenen Abdampf zur Trommelheizung verwendet. Auf 1 m² Heizfläche wird in der Stunde etwa 15 kg Wasser verdampft. Der Dampfverbrauch beträgt für 1 kg Wasser etwa 1,4 kg Dampf.

Ebensogut wie die Doppeltrommel eignet sich die Trommel mit Auftragwalze zum Trocknen. Die Auftragwalze ist wie in Abb. 204 b angeordnet. Diese

Trommeln besitzen dieselben Vorteile wie die Doppeltrommeln (Trockendauer), doch ist die Leistungsfähigkeit geringer (etwa 2000—3500 kg bei 5 m² Heizfläche in 24 Stunden). Der Dampf- und Kraftverbrauch ist derselbe wie bei der Doppeltrommel.

Als Material für die Trommeln ist Kupfer oder Aluminium am geeignetsten. Die Oberfläche der Trommel muß ganz glatt poliert sein, sonst kann die Trockensubstanz nicht restlos abgeschabt werden. Da die Trommeltrockner bewegliche Teile besitzen und diese geschmiert werden müssen, muß bei Anschaffung einer Trommel sorgfältigst darauf geachtet werden, daß kein Schmieröl zum Trockengut gelangt.

Obwohl die Trockentrommeln die Trockendauer auf ungefähr 8 Sekunden vermindert haben, konnten stark thermolabile Stoffe, wie fermenthaltige Extrakte in keinem Kontakttrockner erzeugt werden. Die Lufttrockner sind für diesen Zweck im allgemeinen geeigneter, da eine Überhitzung erst nach dem erfolgten Trocknen zustande kommen kann. Bei den gewöhnlichen Lufttrocknerverfahren können die Flüssigkeiten nur in ziemlich kompakter Form zum Trocknen gelangen und da demzufolge die Trockendauer sehr groß ist, tritt trotzdem eine erhebliche Schädigung ein. Die neueren Verfahren unterscheiden sich von den bisher üblichen in der feinen Zerstäubung des Trockengutes und können also nur für Flüssigkeiten gebraucht werden. Durch die Zerstäubung nimmt die Oberfläche der Flüssigkeit zu, so daß eigentlich die Heizfläche und dadurch die Trockengeschwindigkeit vergrößert wird. Dieses Verfahren trocknet also erheblich schneller als alle anderen Verfahren, und dabei ist die Trockentemperatur niedrig. Das Wesen des Zerstäubungsverfahrens ist, daß durch die zerstäubte Flüssigkeit warme Luft geleitet wird, welche die Teilchen außerordentlich schnell austrocknet. Die Zerstäubungstrockner sind also Lufttrockner.

Die Lufttrockner haben den allgemeinen Nachteil gegenüber dem Kontakttrockner, daß ihr Wärmeverbrauch bedeutend höher ist. Es wird nur ein Teil der zur Erwärmung der Luft gebrauchten Wärme ausgenutzt. Ein Teil der Wärme geht aber mit den entweichenden Wrasen in Verlust, da die Luft sich niemals bis auf die Anfangstemperatur abkühlen kann. Da hier keine latente (Kondensations-) Wärme vorhanden ist, beträgt die abgehende Wärme in Prozenten sehr viel. Während in Kontakttrocknern zur Verdampfung von 1 kg Wasser etwa 1,4 bis 1,5 kg Dampf erforderlich sind, benötigt ein Lufttrockner bis zu 2—3 kg Dampf. Der Kraftverbrauch der Lufttrockner ist auch ganz bedeutend, da sehr große Luftmengen durch den Apparat geleitet werden müssen. Die Luftmenge ist eine Funktion des Zustandes (Feuchtigkeitsgehalt) der Trockenluft. In dieser Hinsicht ist man ganz den Witterungsverhältnissen ausgeliefert, und man muß die Luft nehmen, wie sie eben ist.

Wenn auch die Wärmewirtschaftlichkeit der Lufttrockner schlecht ist, besitzen sie den großen Vorteil, eine bessere Qualität der Trockensubstanz zu gewährleisten. Die Temperatur des Trockengutes reguliert sich von selbst durch die Verdunstungswärme. Das Trockengut kann im Lufttrockner, solange es feucht ist, nie höhere Temperaturen annehmen, als sie bei voller Sättigung dem Wärmewert der umspülenden Luft entspricht.

Die Erfindung eines technisch tadellosen Trockenverfahrens für thermolabile Stoffe ist G. A. Krause zu verdanken. Sein Verfahren, welches ein Zerstäubungsverfahren ist, hatte zwar eine Reihe von Vorläufern, doch konnten praktische Ergebnisse erst mit dem Krauseverfahren erreicht werden.

Man kann sich leicht vorstellen, daß der Erfolg der Zerstäubungstrocknung eine Funktion der Vollkommenheit der Zerstäubung, der Trockenluftzuführung und der Wrasenabführung ist. Die älteren Verfahren konnten für keine genügende

Zerstäubung sorgen. Es wurde einerseits die unter Druck stehende Flüssigkeit durch Düsen zerstäubt (Stauff-, Unionverfahren), andrerseits wurde die Zerstäubung durch schnell rotierende Scheiben (Meister-Trufood-Verfahren) erreicht, jedoch war bei diesen Verfahren keine gleichmäßige Zerstäubung zu erhalten. Die Düsen arbeiten sehr ungleichmäßig, und dabei war ihre Lebensdauer gering. Die Meistersche Scheibe war eine flache Scheibe, welche in einer horizontalen Ebene um ihre geometrische Achse in schnelle Rotation versetzt wurde. Die Flüssigkeit wurde genau in die Mitte der Scheibe geleitet, von wo sie durch die Fliehkraft auf die ganze Scheibe verteilt und am Rand dieser in feine Tröpfchen aufgelöst wurde. Die Zerstäubung erfolgt aber nur dann, wenn die Zuführung genau zentral ist, ist sie exzentrisch, so verläßt sie vielmehr die Scheibe in einem ununterbrochenen Strahl. Die neueren Verfahren haben nun versucht, teilweise die Zerstäubungsdüsen, teilweise die Zerstäubungsscheiben zu verbessern. Die neueren Verfahren für Düsenbetrieb, wie das Gallandsche Verfahren, das Verfahren der Chemischen Verwertungsgesellschaft usw. scheinen sich in der Praxis nicht eingebürgert zu haben, wenigstens ist über eine praktische Anwendung nichts bekannt Einzig das Verfahren der Merell-Soule Co., Syracuse-Neuyork (von Flemming stammend) hat eine praktische Bedeutung erhalten und hat sich scheinbar zum Konkurrenzverfahren des Krauseverfahrens in Amerika entwickelt. In der letzteren Zeit ist in Europa das Siccatomverfahren aufgetaucht, welches mit Düsenzerstäubung arbeitet und auch praktische Erfolge zu verzeichnen hat.

In Europa hat sich zunächst das Scheibenverfahren entwickelt und eine technisch vollkommene Stufe erreicht. Es ist das von G. A. Krause stammende Verfahren, welches heute Eigentum der Krause-Trocknungsapparatebau G. m. b. H., Frankfurt a. M., ist. Das Krauseverfahren hatte im Beginn ebenfalls eine Düsenzerstäubung vorgesehen, doch wurde recht bald zur Rotationszerstäubung übergegangen.

Im wesentlichen besteht die Apparatur des Krauseverfahrens aus einer schnell rotierenden Scheibe, welche die Flüssigkeit in dem Trockenraum bis zur Nebelfeinheit zerstäubt. Die Scheibenform hängt von der Substanz, welche getrocknet werden muß, ab. Die zumeist übliche Scheibenausführung ist tellerförmig, doch ist der Rand nach innen übergebogen. An der so entstandenen Seitenwand sind zwei gegenüberliegende Düsen angebracht, durch welche die Zentrifugalkraft die in das Innere der Schiebe gelangende Flüssigkeit preßt und dadurch fein zerstäubt. Diese Krausescheibe ist als eine ganz originelle Verknüpfung der Rotationszerstäubung mit der Düsenzerstäubung zu betrachten. Die Scheibe befindet sich in sehr schneller Rotation, und zwar ändert sich die Tourenzahl je nach Größe der Scheibe zwischen 4500—24000 in der Minute. Der Antrieb der Scheibe erfolgt am besten mittels einer Abdampfturbine, da der Abdampf vorteilhaft zur Lufterwärmung verwendet werden kann. Der elektrische Antrieb hat sich wegen der hohen Tourenzahl nicht bewährt und außerdem konnte der Motor gegen die Erwärmung nur schlecht geschützt werden. Der elektrische Antrieb ist auch wärmewirtschaftlich nicht auf der Höhe. Infolge der Zerstäubung bildet sich um die Scheibe herum eine horizontale Nebelscheibe. Diese Nebelscheibe besteht aus Einzelpartikelchen, deren Durchmesser durchschnittlich 0,01—0,05 mm beträgt. Diese Größe läßt sich durch Abänderung der Tourenzahl in gewissen Grenzen variieren. Die Oberfläche der Flüssigkeit wird durch die Zerstäubung auf 300 qm für 1 l Flüssigkeit vergrößert. Die Trockenzeit beträgt dann für jedes Partikelchen im Durchschnitt $1/40$ Sek. ($1/80$—$1/28$ Sek.).

Die Trockenluft wird senkrecht durch den horizontalen Nebelschwaden geleitet. Die Lufttemperatur beträgt normal 150° C. Die Luft kühlt sich im Apparat bis zur erfolgten Sättigung ab. Wenn wir annehmen, daß die Luft bei 20° C bis 50% gesättigt ist, so ist dieser Punkt theoretisch etwa 41° C. Die Substanzteilchen können keine höhere Temperatur annehmen, solange noch Feuchtigkeit vorhanden ist. Das Krauseverfahren gewährleistet also eine sonst nicht erreichbare kurze Trockendauer und eine niedrige Trockentemperatur. In der Praxis liegt die Temperatur immer höher als 41° C, da die Luft nicht bis zu 100% gesättigt wird. Dementsprechend haben die entweichenden Wrasen auch eine über 41° C liegende Temperatur. Das Trockenprodukt wird im Krauseverfahren gleich als feines Pulver gewonnen. Dagegen liefern die Kontakttrockner grobe Brocken (Schränke) oder Schuppen (Trommeln), so daß diese Produkte, wie weiter unten beschrieben wird, nachträglich noch vermahlen werden müssen.

Die konstruktive Durchbildung des Krauseverfahrens findet man in Abb. 206. Die zu trocknende Flüssigkeit befindet sich im Behälter r, aus welchem sie nach Öffnen des Ventils durch Rohr t auf die Zerstäubungsscheibe l fließt. Die Flüssigkeit wird hier in einer horizontalen Schicht im Trockenraum n zerstäubt. Die

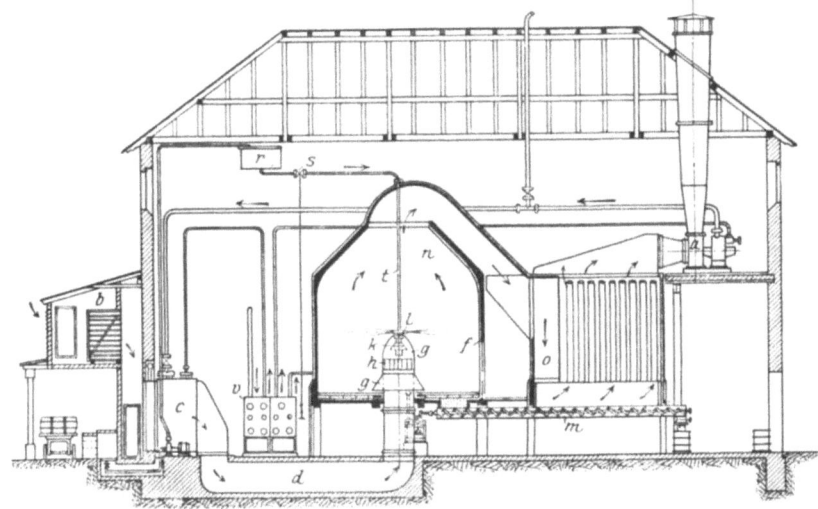

Abb. 206. Schema einer Zerstäubungstrocknungsanlage System Krause (Krause-Trocknungsapparatebau G. m. b. H., Frankfurt a. M.).

Trockenluft wird vom Ventilator a durch das Filter b angesaugt und erwärmt sich im Kalorifer c, gelangt sodann durch Kanal d unter die Zerteilungsscheibe e, welche von Turbine k angetrieben wird. Der ganze Antrieb ist mit Haube g abgedeckt. Die Luft strömt durch die Öffnung h tangential in den Trockenraum n und strömt von unten aufwärts durch den Nebelschwaden, trocknet ihn aus und kühlt sich dabei ab. Der trockene Staub fällt teilweise zu Boden, teilweise wird er vom Luftstrom mitgerissen und entfernt sich durch den oberen Kanal. Der zu Boden fallende Staub wird von rotierenden Bürsten oder Schaufeln zusammengefegt und durch eine Bodenöffnung der Transportschnecke zugeführt. Die Wrasen strömen, mit dem feinen Trockenpulver beladen, der Filteranlage o zu. Die Filteranlage besteht aus mehreren Filterschläuchen, welche das Pulver zurückhalten. Eine automatische Klopfvorrichtung entleert die Schläuche und das Pulver fällt ebenfalls auf die, das fertige Pulver weiterbefördernde Schnecke m und wird am Ende der Schnecke sofort in luftdichte Gefäße verpackt. Die Funktion der ganzen Anlage wird von der Schalttafel v aus geregelt.

Die Krauseanlagen werden auch in von der geschilderten abweichenden Ausführung gebaut. Die Abweichungen betreffen die Form des Trocknungsraumes, die Unterbringung der Verteilerscheibe und die Lufteinführung. Während früher der Trockenraum oben haubenartig gebaut wurde, wird er heute gewöhnlich flach ausgebildet. Die Trockenraumwände sind normal mit Kacheln ausgelegt. Die Verteilerscheibe wurde in einzelnen Fällen von oben hängend eingebaut, die Wrasenabführung erfolgte dann unten. Bei manchen Anlagen wurde auch Luft durch die Trockenraumwandung tangential unten eingeleitet, doch hat diese Anordnung den Nachteil, daß die heiße Luft knapp neben der Wand in die Höhe steigt und an der Peripherie das bereits trockene Pulver verbrennt.

Abb. 207. Zerstäubungsscheibe einer Krauseanlage (Krause-Apparatebau G. m. b. H., Frankfurt a. M.).

Abb 207 zeigt die Zerstäubungsscheibe einer Krauseanlage. Ganz oben befindet sich die Scheibe, darunter ist die Haube des Antriebes und die Lufteinführung. Die Schaufeln, welche das abgelagerte Pulver den Transportschnecken zuführen, sind ebenfalls zu sehen. Im Hintergrund sieht man die Kacheln der Trockenraumwandung. Sowohl die Wand, als die Deckhaube des Antriebes sind mit Trockenpulver belegt. Abb. 208 ist die äußere Ansicht einer Krauseanlage, welche in Schlachters zur Herstellung von Trockenmilch und Kindernährmitteln dient.

Die Krauseapparate sind zur Trocknung von hochkonzentrierten Lösungen nicht geeignet, denn je dickflüssiger sie sind, um so schwieriger ist das Zerstäuben. Am zweckmäßigsten wird man die Eindickung nicht über 35% Wassergehalt treiben. Übrigens wird man sich den jeweiligen Eigenschaften der in Frage kommenden Flüssigkeit anpassen müssen. Die Leistungsfähigkeit eines Krauseapparates ändert sich mit der Konzentration. Leistet z. B. ein Apparat in der Stunde 1000 kg Würze mit 10% Trockengehalt, so erhält man in der Stunde 100 kg Trockensubstanz, will man aber einen Extrakt mit 60% Trockengehalt trocknen, so leistet der Apparat nicht mehr 1000 kg in der Stunde, da gerade die

Abb. 208. Krause-Trocknungsanlage der Milchwerke „Edelweiß" in Schlachters.

letzten Anteile des Wassers am hartnäckigsten zurückgehalten werden und dadurch die Leistung auf etwa 250—500 kg zurückfällt. Diese Leistung bedeutet noch immer 150—300 kg Trockensubstanz in der Stunde. Die Krauseapparate werden für verschiedene Leistungen von 5—1500 l in der Stunde gebaut.

Der theoretische Dampfverbrauch einer Krauseanlage beträgt für 1 kg verdampftes Wasser etwa 2 kg. Die praktische Zahl beträgt für eine 1000 Literanlage 2,5 kg. In dieser Dampfmenge ist der Dampfverbrauch der Antriebsturbine mit inbegriffen, wobei bemerkt sei, daß der Abdampf restlos zur Lufterhitzung verwendet wird.

Die Anlagen mit Vorverdampfer arbeiten bedeutend wirtschaftlicher. Noch besser ist die Wirtschaftlichkeit, wenn mit Brüdenkompression vorverdampft wird.

Das neue, bereits erwähnte Siccatomverfahren der Zerstäubungstrocknungs - G. m. b. H., Berlin W 9, arbeitet mit Düsenzerstäubung. Die verwandte Düse ist eine Spezialkonstruktion, welche die Flüssigkeit nicht nur in die axiale Richtung der Düse zerstäubt, sondern die Tröpfchen in Rotation versetzt. Dies wird durch Anwendung einer spiralförmig verlaufenden Innendüse erreicht, deren Schraubenwindungen in stets kleiner werdenden Höhenlagen verlaufen.

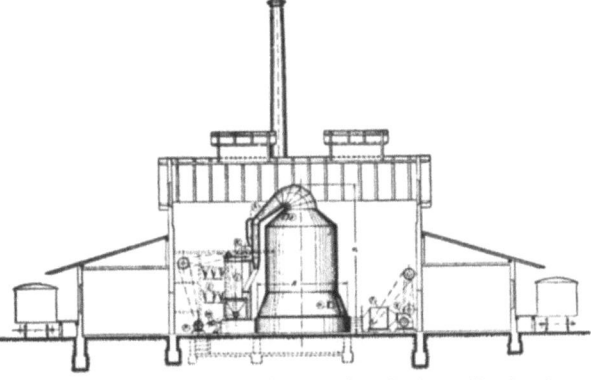

Abb. 209. Zerstäubungstrocknungsanlage System „Siccatom" (Zerstäubungstrocknungs-G. m. b. H., Berlin W 9).

Es werden hierdurch die Flüssigkeiten ganz ohne Druckaufwand nur unter dem Einfluß des natürlichen Gefälles vom Behälter spiral- und nebelförmig zerstäubt. Dadurch ist die Wirtschaftlichkeit des Verfahrens besser, solange das Trocknen verdünnter Lösungen in Betracht gezogen wird. Dickflüssige Substanzen können ohne Druck

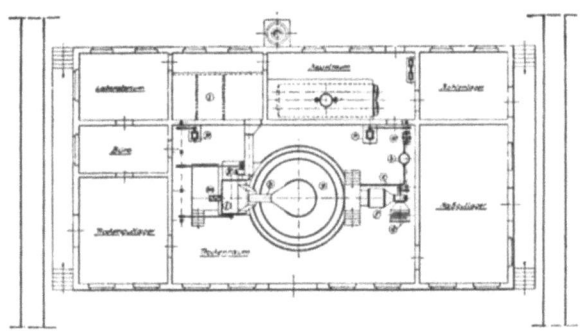

Abb. 210. Zerstäubungstrocknungsanlage System „Siccatom" (Zerstäubungstrocknungs-G. m. b. H., Berlin W 9).

nicht mehr gut zerstäubt werden, während die Krauseanlagen mit Voreindickung arbeiten können. Immerhin bedeutet das Siccatomverfahren in vielen Fällen eine wärmewirtschaftlich günstigere Trocknungsmöglichkeit. Auch die Ausnützung der warmen Luft ist günstiger, da die Berührungszeit infolge der spiralförmigen Bewegung der zerstäubten Teilchen länger ist. Die Gesamtanordnung ist der einer Krauseanlage ähnlich (Abb. 209, 210) und bedarf keiner näheren Erörterung. Auffallend ist der geringere Raumbedarf, wodurch die Anschaffungskosten wesentlich heruntergesetzt sind. Die, eine Krauseanlage besonders verteuernde Abdampfturbine und Zerstäubungsscheibe fällt vollkommen weg, so daß die Anwendung des Siccatomverfahrens durch günstige Vorbedingungen erleichtert ist.

Es sei hier nochmals betont, daß die Anwendung der Zerstäubungstrockner nur dort in Frage kommt, wo die Produkte besonders hochwertig sind und ein anderes Trockenverfahren unbrauchbar ist. Gerade die pharmazeutischen Produkte entsprechen diesen Bedingungen. Emulsionen (s. Kapitel IX), Enzympräparate, Hormonpräparate, Pflanzenextrakte usw. können vorteilhaft durch Zerstäubung getrocknet werden, da alle andere Verfahren keine einwandfreien Produkte liefern.

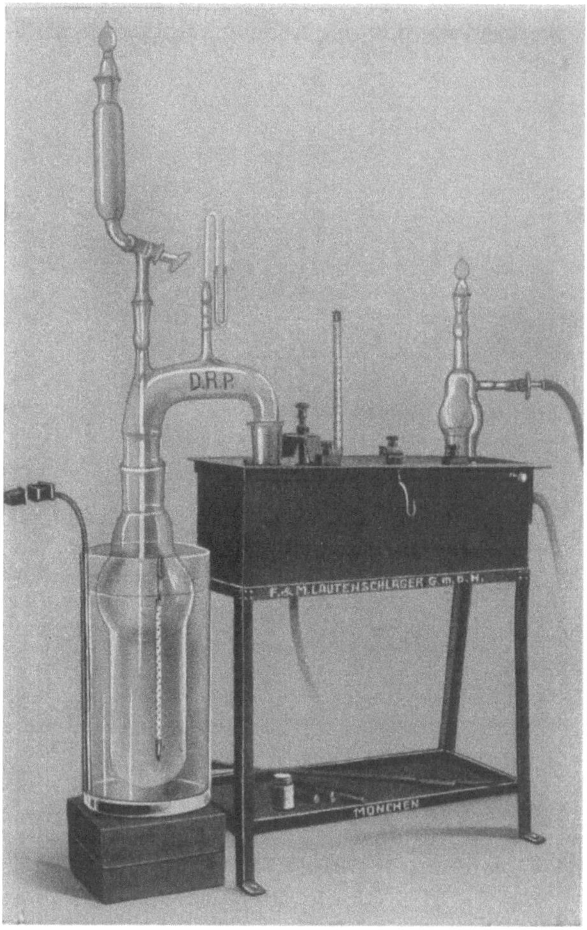

Für ganz hochwertige und nur in kleinen Mengen herzustellende Produkte, wie getrocknete Seren, Insulin usw., ist der kleine Gaede-Straubsche Apparat geeignet. Dieser von F. & M. Lautenschläger, München, gelieferte Apparat vereinigt das Kontakttrocknen im Vakuum mit einer allerdings unvollkommenen Zerstäubungstrocknung (Abb. 211, 212). Die zu trocknende Flüssigkeit wird durch eine mit enger Öffnung versehenen Zuflußbürette c in den Trockenraum A gesaugt. Der ganze Apparat ist durch die bei F angeschlossene Pumpe bis auf etwa 1 mm Quecksilber evakuiert. Das Vakuum wird am Vakuummeter D kontrolliert. Die in den Trockenraum eintretenden Flüssigkeitstropfen werden durch die plötzliche Druckverminderung zerstäubt und die kleinen Tröpfchen werden an die von außen durch warmes Wasser (50—80° C) angeheizte Gefäßwand geschleudert und dort im herrschenden Hochvakuum in Bruchteilen der Sekunde getrocknet. Später, wenn die Trockensubstanz sich an der Gefäßwand ansammelt, wird die Trocknungsgeschwindigkeit geringer, aber dies verursacht wegen der sehr niedrigen Trockentemperatur etwa (+ 6° C) keine schädliche Wirkung. Die Temperatur ist so niedrig, daß die Zuflußöffnung bei unvorsichtigem Arbeiten zufriert. Eine Überhitzung kann nur in bereits getrocknetem, also in einem kaum hitzeempfindlichen Zustand an der Gefäßwand erfolgen. Die Aufrechterhaltung des Hochvakuums wird nicht durch eine entsprechende Luftpumpe mit hoher Leistungsfähigkeit und auch nicht durch Kondensation mit Wasserkühlung durchgeführt. Es wird die Eigenschaft der konzentrierten Schwefelsäure, begierig

Abb. 211. Gaede-Straubscher Trockenapparat (F. & M. Lautenschläger, München).

Wasser zu binden, benutzt. Die konzentrierte Schwefelsäure vermag, wie bekannt ist, unter starker Wärmeentwicklung 50% Wasser zu binden. Die Schwefelsäure befindet sich im Gefäß B, welches von außen durch fließendes Wasser und durch Eis gekühlt wird. Der partielle Druck des Wasserdampfs ist über Schwefelsäure weit geringer als über Wasser, z. B. in einem normalen Kondensator, weshalb ein höheres Vakuum erreicht wird. Der Apparat funktioniert also so, daß die Wasserdämpfe aus dem Trockenraum durch die Bleidüse E in das Adsorptionsgefäß treten, hier unter starker Wallung der Schwefelsäure adsorbiert werden. Ist die Schwefelsäure bereits erschöpft, so hört die Bewegung auf. Es muß frische Säure eingefüllt werden. Die Schwefelsäurekapazität des Apparates beträgt 1 Liter, so daß ungefähr 1000 cm³ Wasser verdampft werden können. Man wird also die Menge der zu trocknenden Flüssigkeit dementsprechend wählen können, aber die Leistungsfähigkeit des Apparates ist dennoch geringer. Gelangt nämlich eine 20%ige Lösung zum Trocknen, so könnte man in einem Trockengang theoretisch 250 g Trockensubstanz erhalten, jedoch ist diese Menge für das Trockengefäß zu viel. Man muß also entweder entsprechend verdünntere Lösungen trocknen, oder aber das Trockengefäß öfter entleeren. Ein im Prinzip und in der Ausführung ähnlicher Apparat ist der von H. J. Fuchs[1] konstruierte (H. Kobe, Berlin N. 4).

Zum Trocknen kleiner Mengen wurden auch kleine Krause- und Siccatomapparate konstruiert. Der erstere Apparat kommt wegen seines äußerst hohen Preises nur bei besonders hochwertigen Produkten in Frage. Abb. 213 stellt einen kleinen Siccatomapparat dar, welcher sich besonders durch seine kleine Raumbeanspruchung auszeichnet.

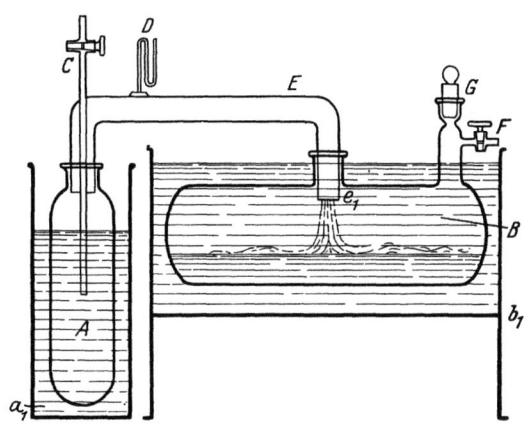

Abb. 212. Schema des Gaede-Straubschen Trockenapparates (F. & M. Lautenschläger, München).

Es müssen sehr oft nicht wässerige, sondern alkoholische usw. Lösungen getrocknet werden. In solchen Fällen können die teuren Lösungsmittel nicht verworfen, sondern sie müssen zurückgewonnen werden. Hierzu verwendet man bei Kontakttrocknern Oberflächenkondensatoren. Arbeitet die Trockenanlage unter vermindertem Druck, so geht ein großer Teil der Lösungsmittel mit der Auspuffluft verloren. Ebenso kann man bei dem Lufttrockner die Alkoholdämpfe nicht durch Abkühlen der Abluft zurückgewinnen. Es ist dies aber durchaus möglich, wenn man die Abluft oder die Auspuffluft durch eine Rückgewinnungsanlage schickt, in welcher die alkoholischen Dämpfe adsorbiert oder absorbiert werden. Die Adsorptionsverfahren sind wirtschaftlicher und im Betrieb einfacher als die Absorptionsverfahren, welche mit Absorptionsflüssigkeiten arbeiten. Es sei hier nur auf das Bayerverfahren und auf das Silicagelverfahren hingewiesen. Das erstere Verfahren adsorbiert die Dämpfe mit aktiver Kohle, indem die Abluft durch mit Kohle gefüllten Türme oder Adsorptionsgefäße streicht. Das zweite Verfahren erreicht dasselbe Ergebnis durch Anwendung einer Kieselsäure, welche hinsichtlich ihrer Adsorptionsfähigkeit hochaktiviert ist (Silicagel). Die adsor-

---

[1] Fuchs, H. J.: Biochem. Z. **201**, 332 (1928).

bierten Lösungsmittel werden durch Behandeln mit Dampf von der gesättigten Kohle oder vom gesättigten Silicagel losgelöst und durch etwaige Destillation wieder rein gewonnen.

Wie aus den vorstehenden Erörterungen hervorgeht, ist das Trocknen von Flüssigkeiten technisch hochentwickelt und es besteht die Möglichkeit, auch

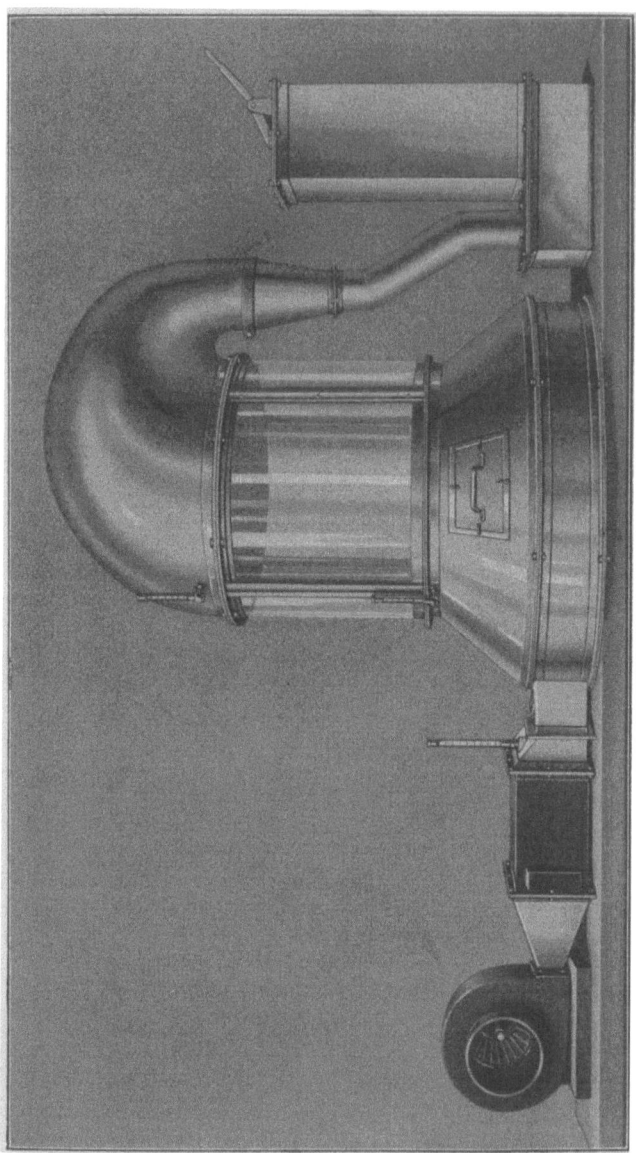

Abb. 213. Siccatom-Trockenapparat für kleine Leistungen (Zerstäubungstrocknung-G. m. b. H., Berlin W. 9).

temperaturempfindliche Stoffe in qualitativ einwandfreie Trockenprodukte zu verwandeln. Das Trocknen von festen, pulverigen, gekörnten oder in Stücken oder Krystallen vorhandenen Substanzen ist bei weitem nicht so einwandfrei. Die festen Substanzen sind ebenso temperaturempfindlich wie die Flüssigkeiten. So z. B. können krystallisierte Stoffe beim Trocknen ihr Krystallwasser verlieren.

Andere feste Stoffe können durch Trocknen bei zu hoher Temperatur schmelzen und ihre Form verlieren. Pflanzenteile oder tierische Organe verlieren ihre enzymatische Wirkung, Vitamine und Hormone werden inaktiviert usw. Aus diesen Gründen ist ein Trocknen bei niedriger Tmperatur und in kurzer Zeit angezeigt. Bei festen Stoffen gelingt es aber fast nie beiden Bedingungen gerecht zu werden.

Das Trocknen kann in Kontakttrocknern und in Lufttrocknern erfolgen. Als Kontakttrockner kann begreiflicherweise der Trockenschrank verwandt werden. Die Überhitzungsgefahr ist sehr groß, da die festen Stoffe, ob sie pulverförmig oder nicht sind, die Wärme nur sehr schwer leiten; Konvektionsströme, wie sie bei Flüssigkeiten auftreten, können nicht zustandekommen. Die unterste Schicht wird also immer eine bedeutend höhere Temperatur aufweisen als die oberste. Die Anwendung von Kontakttrocknern wird daher nur in solchen Fällen angezeigt sein, wo die Schädigung durch Überhitzung unbedeutend ist. Viel schonender

Abb. 214. Lufttrockenschrank (Volkmar Hänig & Co., Heidenau-Dresden).

arbeiten die Lufttrockner, in welchen das Trockengut nur durch die durch den Trockner streichende erhitzte Luft erwärmt wird. Die Luft übergibt einen Teil ihrer Wärme dem Trockengut, verdunstet einen Teil der Feuchtigkeit, wird selbst mehr oder weniger gesättigt und kühlt sich dabei ab. Aus dem Trockenschrank entfernt sich also feuchte und abgekühlte Luft. Das Trockengut kann sich im feuchten Zustand niemals über die Temperatur der Abluft erhitzen. Die Lufttrockner sind eigentlich unwirtschaftlich, denn die Luft wird niemals ganz gesättigt und kühlt sich deshalb nie auf die Anfangstemperatur ab, wodurch ständige Wärmeverluste bedingt sind. Mit fortschreitendem Austrocknen steigt die Temperatur des Trockengutes, welches demnach eine höhere Temperatur erst im weniger empfindlichen Zustand erreicht.

Der einfachste Lufttrockner ist ein Schrank, in welchem sich das Trockengut auf herausnehmbaren Trockenhorden ausgebreitet befindet. Im unteren Teil sind Dampfheizrohre eingebaut, oben sind Klappen angebracht. Öffnet man die Klappen, so strömt die im Schrank befindliche warme Luft nach oben durch die

Klappen, während von unten frische, kalte und sich an den Heizrohren erwärmende Luft nachströmt. Diese auch mittels Ventilator hervorgerufene Luftströmung, welche aber zumeist nur einfach zwischen den Horden nach oben strömt, trocknet mit einem allerdings geringen Wirkungsgrad das im Schrank befindliche Trockengut aus (Abb. 214). Eine Voraussetzung ist dabei, daß die einzelnen Horden geschlossene Platten sind. Drahthorden, wie sie zum Getreidetrocknen bzw. zum Malzdarren üblich sind, haben einen verhältnismäßig besseren Wirkungsgrad. Viel größer ist der Wirkungsgrad, wenn man die Luft zwingt, über die Horden hinwegzugehen (Abb. 215). Der natürliche Luftzug ist in solchen Fällen zumeist nicht ausreichend, um ein genügend rasches Austrocknen zu erzielen. Die Luft wird deshalb mittels Ventilator durch den Schrank gesaugt. Die Arbeitsweise des Schrankes ist ungleichmäßig, da das auf den untersten Horden befindliche Trockengut mit der frischen warmen Trockenluft in Berührung kommt, während zu den oberen Horden nur die feuchte und abgekühlte Abluft gelangt. Es trocknen daher zuerst die unteren Horden und erst dann die oberen. Das Trockengut wird also auf den unteren Horden länger überhitzt als auf den oberen. Dem kann so abgeholfen werden, daß man die bereits ausgetrockneten Horden abräumt und frisches Trockengut ausbreitet. Dies hat aber den Nachteil, daß die oberen Horden in fast trockenem Zustand von unten wieder feuchte und abgekühlte Luft bekommen.

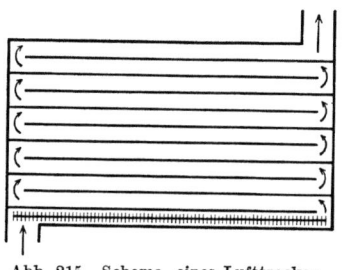

Abb. 215. Schema eines Lufttrockenschrankes mit Luftzirkulation.

Viel vollkommener arbeiten jene Lufttrockner, in welchen die Trockenluft und das Trockengut sich in relativer Bewegung zueinander befinden. Es sind zwei Typen dieser Lufttrockner bekannt. 1. Gleichstrom und 2. Gegenstromtrockner. In den ersteren Trocknern bewegen sich Luft und Trockengut in der gleichen Richtung, so daß das eigentliche Trocknen nur im ersten Abschnitt des Trockners erfolgt. Das fast trockene Gut kommt nur mehr mit abgekühlter und feuchter Luft in Berührung, so daß ein Überhitzen ausgeschlossen ist. In den Gegenstromtrocknern bewegt sich die Trockenluft und das Trockengut in entgegengesetzter Richtung, das heißt die frische Luft gelangt zuerst über das bereits trockene Gut und schreitet dann zum immer feuchteren Gut und trifft in abgekühltem und feuchtem Zustand das noch ganz feuchte Gut. Es werden hierdurch folgende Vorteile erreicht: 1. die Luft wird besser gesättigt, und ihr Wärmeinhalt wird besser ausgenützt, 2. das Trockengut hat nach dem Trocknen einen kleineren Feuchtigkeitsgehalt als im Gleichstromtrockner. Ein wesentlicher Nachteil ist beim Gegenstromlufttrockner das leichtere Überhitzen des Trockengutes.

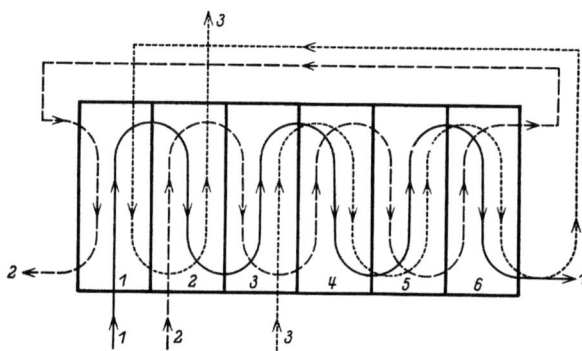

Abb. 216. Schema eines Gegenstromlufttrockners.

Die Bewegung der Luft erfolgt mittels Ventilator, jedoch mit einer begrenzten Geschwindigkeit. Die Steigerung der Luftgeschwindigkeit steigert die Trockengeschwindigkeit nur bis zu einer Grenze, so daß die hierdurch erzielten wirtschaftlichen Vorteile ebenfalls begrenzt sind. Mit steigender Geschwindigkeit sinkt nämlich der Sättigungsgrad der Abluft.

Die Bewegung des Trockengutes kann entweder eine scheinbare oder aber eine tatsächliche sein. Eine scheinbare Bewegung vom Standpunkt des Ergebnisses kann dadurch hervorgerufen werden, daß man den Trockner in Abteilungen trennt und die Strömungsreihenfolge der Luft dem Gegenstromprinzip entsprechend umschaltet. Das Schema solcher Trockner ist aus der Abb. 216 zu entnehmen. Gleichstromtrockner werden in diesem Sinne nicht gebaut, da sie keine greifbaren Vorteile bringen. Bei Gegenstromtrocknern mit z. B. 6 Abteilungen wird die Luft zuerst in Abteil 1 geleitet und gelangt von hier der Reihe nach in die Abteile 2, 3, 4, 5 und verläßt nach Abteil 6 den Schrank. Es trocknet zuerst Abteil 1 aus, da es immer frische Luft erhält. Man schaltet daher nach erfolgtem Trocknen des Inhaltes des Abteil 1 die frische Luft auf Abteil 2 um und läßt die Luft über 3, 4, 5, 6, 1 strömen. Inzwischen wird Abteil 1 neugefüllt. Ist Abteil 2 auch trocken, so schaltet man auf 3 um, wodurch die Reihenfolge 3, 4, 5, 6, 1, 2 wird usw. Die frische Luft gelangt also in das im Trocknen fortgeschrittenste Abteil, während die feuchte, abgekühlte immer auf das frische noch feuchte Trockengut gelangt.

Der soeben beschriebene Trockner arbeitet nur halbkontinuierlich, denn die einzelnen Abteile funktionieren periodisch. Viel günstiger sind jene Lufttrockner, in welchen das Trockengut tatsächlich im Gegenstrom oder im Gleichstrom bewegt wird. Das Bewegen des Trockengutes erfolgt mit Hilfe von Trockenbändern, welche dem Zweck entsprechend auch aus Drahtnetz angefertigt werden können. Sie dienen für die mannigfaltigsten Zwecke, zum Trocknen von Drogen, Watte oder sonstiger Stoffen. Das Trockengut wird an einem Ende des Trockners auf das Band gelegt, während am anderen Ende das fertig getrocknete Gut vom Band heruntergehoben werden kann. Die Trockner sind zumeist auch mit automatischer Entleerung ausgerüstet. Mit Abgasen (Rauchgase) arbeitende Trockentrommeln werden in der pharmazeutischen Industrie und in der Nährmittelindustrie nicht verwandt, da einerseits die Trockentemperatur zu hoch ist, andrerseits ist die Berührung mit Rauchgasen nicht erwünscht.

C. Die Herstellung von Nährmitteln und Nährmittelkombinationen.

Die Herstellung der Malzextrakte überschreitet den Rahmen dieses Buches, und es sei deshalb auf die entsprechende Spezialliteratur hingewiesen[1]. Es werden hier nur solche Präparate beschrieben, die als Ausgangsmaterial fertiges Malzextrakt oder die noch nicht eingedickte Malzwürze benötigen. Ein Teil der hier in Frage kommenden Präparate wurde bereits im Kapitel über Emulsionen berücksichtigt (vgl. Kapitel IX, S. 165—169). Es betrifft dies die Paraffinöl-, Ricinusöl- und Lebertranölpräparate. Außer diesen ist eine ganze Reihe von Präparaten bekannt, deren Herstellung nach demselben Verfahren geschieht. Sie werden entweder in dickflüssigem oder getrocknetem Zustand dem Verbrauch übergeben. Neben den Kombinationen wird auch das reine, flüssige oder getrocknete Malzextrakt als roborierendes Nährmittel empfohlen. Besonders betont wird der aktive Diastasegehalt der Extrakte. Es ist nun aber so, daß die für Nährzwecke empfohlenen Extrakte bereits in flüssigem Zustand nur noch wenig Diastase enthalten, im trockenen Zustand sind sogar nur Spuren vorhanden. Ebenso ist es mit den Arzneikombinationen.

---

[1] Weichherz, J.: Die Malzextrakte, J. Springer. Berlin 1928.

Die Arzneikombinationen werden so hergestellt, daß die zumeist löslichen Arzneimittel in wenig Wasser gelöst, dem eingedickten Extrakt zugemischt und dann unter Umständen im Vakuum getrocknet werden. Es ist indessen sehr schwer die geringen Mengen der Arzneimittel in den dicken Extrakt zu mischen. Es müßte dies unbedingt in einem Rührapparat erfolgen. Die hierbei entstandenen Verluste begründen das richtigere Verfahren, nach welchem die Lösungen im Verlauf des Eindickens in den Verdampfer gegeben werden. Hier wird durch das Wallen der Flüssigkeit für ausreichendes Mischen gesorgt. Der fertig eingedickte Extrakt kann nach Bedarf getrocknet werden. Da zumeist nur kleinere Mengen getrocknet werden, genügt die Anwendung eines Vakuumtrockenschrankes. Die normale Trockentemperatur beträgt 45—50° C. Dieses Verfahren gewährleistet allerdings keine genaue Dosierung, da man die Ausbeute an Extrakt im voraus nicht kennen kann. Ist aus irgend einem Grunde eine ganz genaue Dosierung erforderlich, so wird man das Mischen mit dem fertigen Extrakt vorziehen müssen. Unlösliche Stoffe werden in Form einer Suspension zugefügt.

Die Zusammensetzung der üblichen Kombinationen ist die folgende:

Malzextrakt mit Chinin: Auf 100 kg Dickextrakt 0,25% Chininhydrochlorid. Für Trockenextrakte wird diese Menge auf 100 kg Trockengehalt verwandt.

Malzextrakt mit Chinin und Eisen: 0,5% Eisenchinincitrat.

Malzextrakt mit Eisen: 2% Eisenpyrophosphat mit Ammoniumcitrat.

Malzextrakt mit Eisen und Mangan: 1,2% Manganglycerophosphat, 2,2% Eisenglycerophosphat.

Malzextrakt mit Guajacolcarbonat: 3% Guajacolcarbonat (Duotal) wird in wenig Extrakt suspendiert und der Hauptmasse zugefügt.

Malzextrakt mit Glycerophosphate:
1,0% Na-Glycerophosphat 50% Lösung, 0,5% Ca-Glycerophosphat
0,5% K-   „   0,5% Fe-   „
0,5% Mg-   „

Malzextrakt mit Hämoglobin.

200,0 kg frisches, defibriniertes Schweineblut   0,25 kg Ca-Hypophosphit,
  oder Rinderblut,   1,00 kg Na-   „
 10,0 kg Kakao,   0,25 kg Mg-   „
 62,5 kg Malzextrakt, 25% Wasser,   250 g Tinctura aurantii,
  1,0 kg Kochsalz,   450 g Vanillin.

Der Kakao wird mit Wasser aufgekocht, mit dem Blut, Malzextrakt und den anderen Bestandteilen vermischt, im Vakuum eingedickt, im Vakuumtrockenschrank getrocknet und mittels einer Scheibenmühle pulverisiert.

Malzextrakt mit Jodeisen.

1 oder 2% Syrupus ferri jodati (5% FeJ_2).

Malzextrakt mit Lecithin 1%.

1 kg Lecithin wird mit 1 kg Wasser angerieben, bis es im Wasser gleichmäßig verteilt ist, worauf 0,5 kg Glycerin hinzugefügt werden. Dieses Gemisch wird mit 126,3 kg Malzextrakt (22% Wasser) vermengt und im Vakuumtrockenschrank getrocknet.

Malzsuppe.

Zur Herstellung der Malzsuppe dient nach Keller ein alkalisierter Malzextrakt:
100,0 kg Malzextrakt,
  1,1 kg Kaliumcarbonat.

Das Kaliumcarbonat wird in wenig Wasser gelöst und zum Extrakt zugerührt. Nachdem das Schäumen aufhört, ist das Präparat versandbereit. Das alkalische Produkt ist besonders in den Sommermonaten nicht haltbar.

Ein haltbares Trockenprodukt, welches bereits auch das erforderliche Mehl enthält, erhält man durch Vermischen von:
 50,0 kg Weizenmehl,
100,0 kg Trockenmalzextrakt und
  1,1 kg Kaliumcarbonat.

Das Weizenmehl und das Kaliumcarbonat wird vor dem Mischen gut getrocknet. Zum Mischen wird eine Misch-, Sieb- und Sichtmaschine verwandt, wie sie auf S. 25 im Kapitel I beschrieben ist (Abb. 49). Nach erfolgtem Mischen wird gesiebt und sofort in gut schließende Gefäße abgefüllt.

Soxhlets Nährzucker.

Soxhlets Nährzucker ist ein auf diastatischem Wege hergestelltes eiweißfreies Maltose-Dextringemisch. Das Verhältnis Maltose : Dextrin schwankt in weiten Grenzen. Nach manchen Angaben ist es 1:1 dann wieder 4:5 oder 1:2. Durch die entsprechende Führung der diastatischen Verzuckerung kann das Verhältnis nach Bedarf abgeändert werden. Es haben sich folgende Herstellungsvorschriften bewährt:

1. 50 kg Kartoffelstärke (oder Weizen- oder Maniokastärke) werden in einem mit Dampf heizbaren Kessel (600 l) mit 400 kg Wasser angerührt und durch Erhitzen verkleistert. Dann wird durch Zusatz von 100 kg Wasser auf $70°$ C abgekühlt, worauf ein bei $35°$ C 12 Stunden vorher mit 15 kg Malzschrot und 45 kg Wasser angesetzter Diastasekaltauszug hinzugefügt wird. Es erfolgt jetzt eine Verzuckerung der Stärke. Gibt der Kleister keine blaue Jodreaktion mehr, so wird rasch aufgekocht und mit einer Filterpresse klarfiltriert. Da der Nährzucker säurefrei sein muß, fügt man vor dem Aufkochen Calciumcarbonat zur Lösung und kocht dann mit ihr auf. Die Verzuckerung dauert ungefähr $1-1^{1}/_{2}$ Stunden. Bei Weizenstärke muß die etwaige saure Reaktion vor dem Verzuckern neutralisiert werden. Die filtrierte Lösung wird im Vakuum mit mehreren anderen Chargen zusammen verdampft, im Vakuumtrockenschrank getrocknet und in einer Perplexmühle fein vermahlen. Der erhaltene Nährzucker enthält 35—40% Maltose.

2. Man bereitet zuerst einen Diastasekaltauszug aus 65 kg Malzschrot mit 500 kg Wasser (12 Stunden). In einem Duplikatkessel werden 350 l Wasser aufgekocht. Inzwischen rührt man in einem anderen Gefäß 50 kg Stärke mit 100 l Wasser und 1 l Kaltauszug knollenfrei an, gießt das Gemisch zum kochenden Wasser und kocht noch 10 Minuten bis zum vollkommenen Verkleistern der Stärke. Den Kleister kühlt man auf $85°$ C ab und gießt 100 l Kaltauszug hinzu. Die Temperatur sinkt auf $76°$ C. Die Verzuckerung ist in $3^{1}/_{2}$—4 Minuten beendet, worauf die Lösung aufgekocht wird. Von der Lösung zieht man 100 l ab, kühlt auf $60°$ C und rührt 50 kg Stärke hinzu. Das Gemisch wird zum kochenden Kesselinhalt gegossen, die Stärke wird wieder verkleistert und der Kleister auf $85°$ C abgekühlt. Es wird wieder 100 l Kaltauszug zugegossen, wodurch eine Abkühlung auf $76°$ C erfolgt. Die Verzuckerung ist wieder in 3,5—4 Minuten beendet, worauf aufgekocht wird und der beschriebene Vorgang noch zweimal wiederholt, bis insgesamt 200 kg Stärke verzuckert ist. Nach der Neutralisation mit $CaCO_3$ wird filtriert, eingedampft, getrocknet und in einer Perplexmühle gemahlen. Der Maltosegehalt beträgt etwa 30%.

3. 100 kg Stärke werden mit 400 kg Wasser knollenfrei angerührt und auf 35—$40°$ C erwärmt. Nun mischt man einen vorher aus 32 kg Malzschrot und 100 kg Wasser hergestellten Diastaseauszug dazu und erhitzt rasch auf $70°$ C, so daß die Stärke ohne Verkleisterung verzuckert. Ist die blaue Jodreaktion verschwunden, so wird aufgekocht, neutralisiert, filtriert, verdampft, getrocknet und gemahlen. Der Maltosegehalt liegt unterhalb 30%.

Dem Nährzucker kann vor dem Verdampfen 1—2% Salz auf die Trockensubstanz berechnet zugefügt werden. Um ganz eiweißfreien Nährzucker zu erhalten, wird das Eiweiß vor dem Filtrieren mit einer empirisch bestimmten Tanninmenge gefällt. Ein Tanninüberschuß soll vermieden werden.

Diastatisch aufgeschlossenes Kindermehl.

100 kg Weizenmehl werden mit
400 kg Wasser

knollenfrei angerührt und auf $70°$ C erwärmt. Man mischt einen aus

30 kg Malzschrot und aus
100 kg Wasser

hergestellten Diastasekaltauszug hinzu und verzuckert bei $70°$ C, bis die blaue Jodreaktion verschwunden ist. Nach dem Aufkochen wird im Vakuum eingedickt, getrocknet und gemahlen.

Nährmittel aus Malzextrakt, Kakao, Milch.

I.

300 kg Malzextrakt 23—25% Wasser, 1,05 kg Calciumglycerophosphat,
40 kg Kakao,   1,05 kg Calciumlactophosphat,
60 kg Vollmilchpulver „Krause", 60 Stück frische Eier.
1,4 kg Natriumchlorid,

Das Milchpulver und der Kakao werden mit 600 l Wasser aufgekocht. Es wird auf $60°$ C abgekühlt und das Malzextrakt mit den Salzen und den Eiern dazugetan. Das ganze Gemisch wird im Vakuum verdampft und im Vakuumtrockenschrank getrocknet.

An Stelle des Krausemilchpulvers kann frische Milch (und zwar 420 l) verwandt werden. Das im Vakuumtrockenschrank gewonnene Produkt ist in Wasser bis zu 30% unlöslich, dies deutet auf eine starke Überhitzung beim Trocknen. Ein leicht lösliches Produkt ist durch Trocknen in Zerstäubungsapparaten erhältlich. Das im Trockenschrank erhaltene und mittels einer Scheibenmühle grob vermahlene Produkt kann zu 5 g schweren Tabletten gepreßt werden.

II.

300 kg Malzextrakt 23—25% Wasser werden mit
60 kg Vollmilchpulver (Krause)

1—2 Stunden angeknetet und dabei auf 40—45° C erwärmt. In einem Dampfkessel wird
40 kg feinst geriebene Schokoladentunkmasse

geschmolzen und in kleinen Teilen dem Malzextrakt-Milchpulvergemisch zugeknetet. Es folgen jetzt

60 Stück frische Eier,   1,05 kg Calciumlactophosphat in
1,40 kg Natriumchlorid,   5 l Wasser gelöst bzw. suspendiert.
1,05 kg Calciumglycerophosphat,

Ein Verdampfen ist überflüssig, das Produkt kann sofort im Vakuumschrank getrocknet werden.

Malzmilch.

I.

200 kg Malzextrakt mit 25% Wasser werden fraktioniert sterilisiert (3 × 1 Stunde) und in 1150 l ebenfalls sterilisierter Magermilch gelöst, dann verdampft, getrocknet und mittels Scheibenmühlen vermahlen. Wird im Vakuumtrockenschrank getrocknet, so erhält man kein einwandfreies Produkt. Es muß mittels Vakuumtrockentrommel oder mit Zerstäubungsapparat getrocknet werden. An Stelle der Sterilisation genügt ein Pasteurisieren bei 80° C, und zwar ebenfalls dreimal nacheinander.

II.

500 kg nach dem Kohlensäurerastverfahren hergestelltes Malz wird nach dem Hochkurzmaischverfahren[1] mit insgesamt
4000 l Wasser

verzuckert und extrahiert. Die Gesamtwürzen werden mit
1500 l bakteriologisch einwandfreier Magermilch

vermischt in einem Verdampfer mit eingehängtem Röhrenheizkörper (besser im Brüdenkompressionsverdampfer) auf etwa 30° Bé (spez. Gew. 1,263) eingedampft und dann in einem Zerstäubungstrockner oder Vakuumtrommeltrockner getrocknet.

Trockenhefe.

Dickflüssige, gehopfte Abfallbierhefe wird zwecks Entbitterung mit 1% Soda enthaltendem Wasser auf die zehnfache Menge verdünnt und gut vermischt. Man läßt die Hefe in Bottichen absetzen und zieht die obenstehende klare Flüssigkeit ab. Dies wird mit reinem Wasser wiederholt. Anstatt die Hefe absetzen zu lassen, kann die Trennung mit einem Hefeseparator vorgenommen werden. Der dickflüssige Bodensatz oder die separierte und nunmehr entbitterte Hefe wird mit Hilfe von Filterpressen oder Schleuderzentrifugen entwässert. Die so gewonnene Preßhefe enthält neben etwa 25% Trockensubstanz noch ungefähr 75% Wasser. Das Trocknen kann entweder in reinem Zustande erfolgen oder aber, wie dies früher üblich war, nach Vermischen mit Kartoffelstärke. 100 kg abgepreßte Bierhefe werden mit 50 kg Kartoffelstärke in einer Knetmaschine gründlich gemischt und dann durch grobe Siebe granuliert. Bei nicht übermäßig großer Produktion ist die Handgranulierung besser. Die granulierte Hefe wird in einem Lufttrockner bei 35° C getrocknet. Will die Hefe ohne Stärke getrocknet, so granuliert man ebenfalls durch ein grobes Sieb und trocknet bei Zimmertemperatur in einem Lufttrockner. Die getrocknete stärkefreie Hefe muß ebenfalls eine hellgelbe Farbe aufweisen.

Nährmittel aus Soxhlets Nährzucker und Hefe.

I.

200 kg 20% Wasser enthaltende Nährzuckerlösung wird mit
200 kg abgepreßte und entbitterte Bierhefe

vermengt, für 2 Stunden auf 90—100° C erhitzt. Die Masse wird sodann im Vakuum getrocknet und vermahlen.

II.

An Stelle des Nährzuckers wird Malzextrakt mit 20% Wasser verwandt und das Gemisch mit 200 kg Hefe wird nur auf 80° C erhitzt und sodann getrocknet.

Milcheiweißpräparat.

1000 l frische Milch werden mit
3,5 kg einer 50%igen Natriumglycerophosphatlösung

und mit Alkohol solange versetzt, bis noch ein Niederschlag entsteht. Der in der Hauptmenge aus Casein und Glycerophosphat bestehende Niederschlag wird mittels einer Filter-

---

[1] Weichherz, J.: Die Malzextrakte. Berlin. Julius Springer, 1928, S. 257.

presse oder einer Schleuderzentrifuge abgetrennt und im Vakuumtrockenschrank bei 45° C getrocknet. Die alkoholische Flüssigkeit wird destilliert, das Destillat rektifiziert. Der rückgewonnene Alkohol wird vom neuen verwendet.

Organtherapeutisches Nährpräparat.

24,7 kg Milchpulver, Krause,
46,0 kg Trockenmalzextrakt (= 57,5 kg Malzextrakt mit 25% Wasser)
14,7 kg Kakao,
10,0 kg Zucker,
 0,5 kg Lecithin,
 3,5 kg Kälbergehirn,
 0,3 kg Natriumchlorid,
 0,3 kg Calciumglycerophosphat.

Der Kakao und der Zucker werden mit 15 kg Wasser aufgekocht. Das Milchpulver wird mit dem Malzextrakt und mit dem Lecithin in einer Knetmaschine angeknetet, worauf der aufgekochte Kakao, in welchem das Kochsalz und das Calciumglycerophosphat gelöst wurde, auch hinzugefügt. Die frischen oder gefroren aufbewahrten Kälbergehirne werden in einer Excelsiormühle zermahlen, auf einem Dreiwalzenwerk fein zerquetscht und sodann in die Knetmaschine gesetzt. An Stelle der ganzen Gehirne kann auch ein wässeriger Extrakt 1:3 verwendet werden. Die abgeknetete Masse wird in einem Vakuumtrockenschrank getrocknet und dann pulverisiert (Excelsiormühle, Perplexmühle).

XIV. Die medikamentösen Zucker.

Die medikamentösen Zuckerwaren haben in den letzten zwei Jahrzehnten viel an Bedeutung verloren. Diese Feststellung bezieht sich nicht auf die medikamentösen Schokoladen, welche noch heute eine beliebte und stark verbreitete Arzneizubereitung sind. Diese Wandlung wurde durch die Entwicklung der maschinellen Pastillen- und Tablettenherstellung hervorgerufen. Die medikamentösen Konditoreiprodukte können in zwei Gruppen geteilt werden. A. Die eigentlichen medikamentösen Zucker und B. die medikamentösen Schokoladen.

A. Die eigentlichen medikamentösen Zucker.

Von den aus gekochten Zuckermassen herstellbaren Zuckerwaren haben für die pharmazeutische Industrie folgende Bedeutung: Fondants, Plätzchen, Karamellen und Bonbons. Nachdem ihre Herstellung aus gekochten Zuckermassen erfolgt, ist hierbei die wichtigste Aufgabe das Kochen des Zuckers. Der Zucker muß auf eine empirisch gefundene Konzentration gekocht werden, denn bereits geringe Abweichungen machen die Herstellung einwandfreier Produkte unmöglich. Das Zuckerkochen erfolgt so, daß der Zucker in Wasser gelöst wird, worauf das überschüssige Wasser durch Kochen verdampft wird, bis die gewünschte Konzentration erreicht ist. Die Konzentration der Zuckerlösungen wurde früher rein qualitativ aus gewissen Eigenschaften der Lösung bzw. der Masse festgestellt. Heute wird das Thermometer und eine Spindel zur Bestimmung des spezifischen Gewichtes herangezogen, wodurch die gleichbleibende Beschaffenheit der Zuckermassen eher sichergestellt ist. Der Zucker liefert, wie bekannt ist, mit Wasser farblose Lösungen, deren Siedepunkt bei Steigerung der Konzentration z. B. durch Verdampfen ebenfalls ansteigt. Die Konzentration der Zuckerlösungen ist durch ihre Siedetemperatur eindeutig bestimmt. Bei niedrigen Konzentrationen ist die Siedepunkterhöhung nicht so bedeutend, um die verschiedenen Konzentrationen durch den Siedepunkt unterscheiden zu können. Aus diesem Grunde werden die niederen Konzentrationen mit Hilfe des spezifischen Gewichtes bestimmt. Zur Angabe des Siedepunktes wird in der Konditoreiindustrie noch heute die Reaumurskala benutzt, obwohl hierfür heute kein zwingender Grund besteht. Die hier mitgeteilten Angaben sind in Celsiusgraden zu verstehen! Die Konzentration wird von den Konditoren in Beaumégrade angegeben, die hier angeführten Angaben sind aber alle spezifische Gewichte. Die niedrig konzentrierten Zuckerlösungen sind flüssig, höher konzentrierte Lösungen sind dagegen nur bei erhöhter Temperatur flüssig, sie krystallisieren beim Abkühlen, oder sie erstarren glasartig. Nur die letztere Eigenschaft ermöglichte eigentlich, die Herstellung der Zuckerwaren technisch so auszugestalten, wie es heute bereits der Fall ist. Die Größe der Krystalle ist eine Funktion der Konzentration, also des Wassergehaltes der Masse. Ist die Konzentration verhältnismäßig niedrig, so erstarrt die Zuckermasse zwar glasartig, aber bei längerem Aufbewahren bilden sich größere Krystalle, wodurch die Masse undurchsichtig wird. In manchen Fällen, z. B. bei den Fondants ist aber gerade die Bildung der größeren Krystalle erwünscht, denn die Masse darf nicht glasartig durchsichtig sein. Dampft man eine Zuckerlösung auf eine sehr hohe Konzentration ein, so tritt allmählich eine Gelbfärbung auf, welche die Zersetzung des Zuckers anzeigt. Mit steigender Temperatur wird die Farbe stets dunkler, bis sie dann rotbraun wird. Noch weiter gekocht, wird der Zucker bitter und schwarz, bis endlich eine Verkohlung eintritt. Der gelb bzw. braun gewordene Zucker wird Karamel genannt.

Der praktische Konditor arbeitet, wie erwähnt wurde, mit Hilfe rein qualitativer Feststellungen und unterscheidet verschiedene empirische „Zuckergrade", ohne sich hierbei um die tatsächliche Konzentration bzw. Kochtemperatur der Zuckerlösung zu kümmern. Es ist allerdings eine sehr lange Praxis erforderlich, um auf Grund dieser sehr qualitativen „Zuckergrade" die richtige Beschaffenheit einer Zuckermasse zu beurteilen, ganz abgesehen davon, daß die hier folgend mitgeteilten Merkmale dieser Zuckergrade nicht bei einer ganz bestimmten Konzentration auftreten, sondern für ein recht breites Konzentrationsgebiet charakteristisch sind. Wenn auch manche Anhänger der alten, rein empirischen, „qualitativen" Schule behaupten, daß der Konditor früher ohne Thermometer und Spindel bessere Zuckerwaren herstellen konnte, so mag dies für manche Zufälle stimmen, aber es gelang niemals eine absolut gleichmäßige Ware herzustellen, sonst hätte die Industrie niemals das Thermometer und die Spindel herangezogen. Da die erwähnten qualitativen Zuckergrade oft trotzdem gute Dienste leisten, sind sie hier nachstehend mit den charakteristischen Merkmalen zusammengefaßt, um auch die Unterscheidung der einzelnen Grade zu ermöglichen, obwohl dies auf Grund der sehr labilen Definition der Grade ohne hinreichende Erfahrung nicht recht möglich ist. Bemerkt sei bereits hier, daß diese qualitative Zuckerskala überhaupt nicht eindeutig ist, indem die benachbarten Gebiete der einzelnen Grade ineinander greifen. So z. B. decken sich die „kleine Blase" und „große Blase" genannten Grade fast ganz mit den „Blase" und „Flugblase" genannten Graden und reichen sogar in das Gebiet der „Kette".

Die Bestimmung dieser Zuckergrade erfolgt auf Grund folgender Merkmale:

1. Kurzer Faden: Man nimmt einen Tropfen der Zuckerlösung zwischen zwei Finger, zerdrückt ihn dort und öffnet plötzlich die Finger, es bildet sich hierbei ein kurzer Faden, welcher sofort abreißt. Dies erfolgt bis etwa 104°, ohne eine scharfe Grenze zum nächsten Grad beobachten zu können.

2. Langer Faden (starker Faden): Der Faden ist etwas länger und reißt nicht sofort ab. Die Temperaturgrenze reicht bis etwa 107°, ebenfalls ohne eine scharfe Grenze zum nächstfolgenden Grad beobachten zu können.

3. Kleine Perle: Der Faden reißt auch dann nicht ab, wenn man die Finger auf einige Zentimeter öffnet. Hebt man wenig Lösung mit einem Löffel heraus und läßt einen Tropfen zurückfallen, so bleibt dieser an der Oberfläche kurze Zeit bestehen. Die Temperaturgrenze liegt bis etwa 110°.

4. **Große Perle**: Der Faden reißt auch dann nicht, wenn die Finger ganz geöffnet werden. Der zurückfallende Tropfen bleibt länger an der Oberfläche bestehen. Dieses Gebiet reicht bis etwa 115° C.

5. **Blase**: In die Lösung wird ein durchlöcherter Schöpflöffel getaucht. Beim Herausheben wird durch die Löcher geblasen, wobei dort kleine Blasen entstehen. Dieser Zustand ist mit der „kleinen Perle" und der „großen Perle" teilweise identisch.

6. **Flugblase**: Es wird in die Masse eine aus 1 mm dickem Draht hergestellte elliptische Schlinge, deren Durchmesser 18—20 mm bzw. 15 mm betragen, getaucht. Beim Herausziehen wird auf die in der Schlinge zurückbleibende dünne Haut geblasen, worauf eine kleine wegfliegende Blase entsteht. Die Temperatur entspricht ziemlich genau 110° C. Entspricht der großen Perle teilweise.

7. **Kette**: Beim Blasen fliegen von der Schlinge mehrere kettenartig zusammenhängende Blasen weg. Die Temperatur entspricht genau 115° C. Die Lösung zeigt auch die große Perle.

8. **Bruch**: Ein nasser Holzstab wird in die Zuckermasse und dann für ein Moment in kaltes Wasser getaucht. Die entstandene Kruste darf nicht an den Zähnen kleben. Die Temperatur beträgt etwa 145° C.

9. **Karamel**: Die Masse ist dunkel-rotbraun und erstarrt, auf kaltes Porzellan oder auf einen kalten Stein getropft, sofort. Die Bräunung tritt oberhalb 150° C allmählich auf und wird bei 160° sehr stark.

Das Kochen der Zuckermassen wird in Kesseln mit direkter Feuerheizung oder mit Dampfheizung durchgeführt. Die direkte Feuerung wird heute tunlichst vermieden, da der Zucker an der Kesselwand infolge der unvermeidlichen Überhitzung karamellisiert. Im Dampfkessel ist die Gefahr der Karamellisierung weit geringer und tritt nur dann auf, wenn man mit stark überspanntem Dampf heizt oder sehr lange erhitzt. In kleineren Betrieben wird fast ausschließlich im offenen Dampfkessel gekocht. Die Dampfkessel selbst wurden bereits an anderen Stellen beschrieben (vgl. S. 181). Da das Karamellisieren auch im Dampfkessel nicht vermieden werden kann, wurden die Vakuumkochapparate eingeführt. Im Vakuum siedet die Zuckerlösung bei niedriger Temperatur als unter atmosphärischem Druck, wodurch der Zucker keinen hohen Temperaturen ausgesetzt und die Gefahr der Karamellisierung stark vermindert wird. Abb. 217 stellt einen periodisch arbeitenden Vakuumkochapparat der Firma Volkmar Hänig & Co., Heidenau-Dresden, dar. Er besteht aus einem einfachen Dampfkessel zum Lösen des Zuckers in Wasser. Der Verdampfer ist ein kleiner Kugelverdampfer mit Doppelboden und hochziehbarer Haube. Das Vakuum wird mittels Naßluftpumpe erzeugt. Die im Dampfkessel hergestellte Zuckerlösung wird durch ein Verbindungsrohr in den evakuierten Verdampfer gesaugt und dort auf eine dem verminderten Druck entsprechende Temperatur gekocht. Nach beendigtem Kochen wird der Dampf und die Luftpumpe abgestellt und die Zuckermasse entleert. Große Betriebe kochen den Zucker mit kontinuierlich arbeitenden Apparaten, welche aber für pharmazeutische Betriebe nicht in Betracht kommen.

Die Anfertigung der verschiedenen Zuckerarten aus der fertig gekochten Masse wird nachfolgend kurz mitgeteilt:

Fondants. Wird auf Flugblase (110° C) gekochter Zucker auf einer Platte lange gerührt, so entsteht eine feinkrystallinische, undurchsichtige, butterweiche, im Mund leicht zerfließende Masse, welche Fondant genannt wird. Beim Aufbewahren wird diese Fondantmasse unter Knollenbildung allmählich hart. Aus auf 115° C (Kette) gekochtem Zucker entsteht eine ähnliche Masse, welche aber rasch hart wird. Eine weich bleibende Fondantmasse kann dadurch erhalten werden, daß man zum Zucker Glucose und wenig Glycerin mischt. Eine geeignete Fondantmasse erhält man z. B. aus folgender Mischung:

50 kg Zucker,
10 kg Glucosesyrup,
15 g Glycerin.

Der Zucker (Hutzucker) wird mit soviel Wasser übergossen, daß sich die Stücke vollsaugen, worauf der Glucosesyrup hinzugefügt wird. Nach tüchtigem

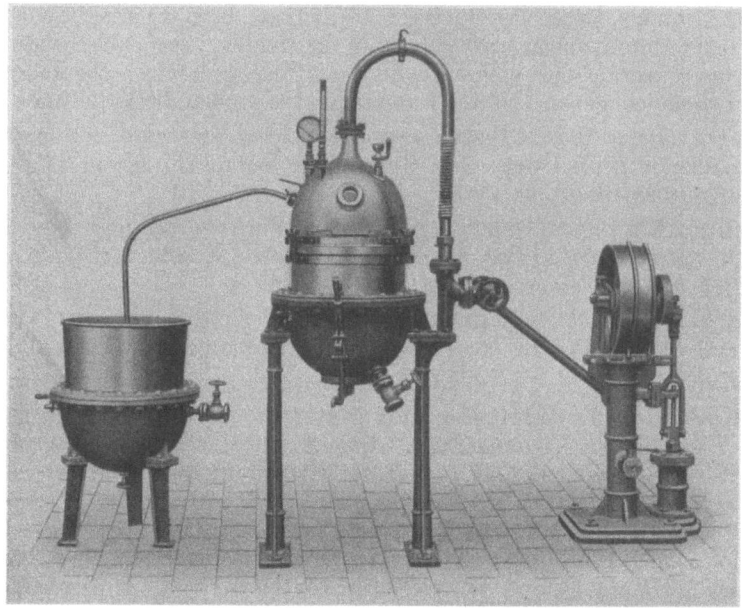

Abb. 217. Vakuumapparat für Dampfheizung mit Ablaßvorrichtung, Auflöskessel und Naßluftpumpe zum Kochen von Zucker (Volkmar Hänig & Co., Dresden-Heidenau).

Umrühren wird das Gemisch rasch auf 115° C gekocht und mit dem Glycerin vermischt. Die Masse wird nunmehr auf eine Marmorplatte oder auf einen Wasserkühltisch (Abb. 218) gegossen. Die zunächst ganz durchsichtige und in allen Richtungen auseinanderfließende Masse wird mit Hilfe einer breiten Holzschaufel in die Mitte des Tisches gedrängt und durch eine kreisende Bewegung der Schaufel ständig gerührt. Die Masse verliert hierbei allmählich ihre Durchsichtigkeit und nimmt eine salbenartige Konsistenz an. Dieser Vorgang wird Tablieren genannt. Da das Tablieren großer Massen mit der Hand sehr schwierig ist, werden hierzu Fondanttabliermaschinen benutzt. Diese bestehen aus einer Schüssel, in welcher an einem Querbalken befestigte Arbeitsmesser rotieren. Die mit fließendem Wasser kühlbare Schüssel

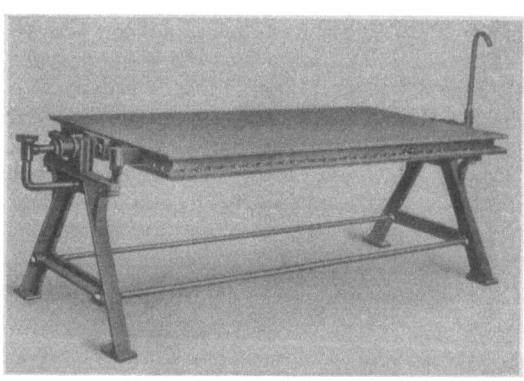

Abb. 218. Wasserkühlwendetisch (Paul Franke & Co. AG., Leipzig-Böhlitz-Ehrenberg).

und die Arbeitsmesser sind aus Kupfer angefertigt. Zwecks Reinigung läßt sich der Querbalken samt Messer in die Höhe klappen (Abb. 219).

Die fertige Fondantmasse wird zu verschieden geformten Stücken verteilt. Das einfachste ist, kleine quadratische Stückchen herzustellen. Hierzu wird die schwach erwärmte und etwas geschmolzene Masse auf einer Platte mit Hilfe eines Rahmens zu einer Schicht von der erforderlichen Dicke geformt und dann mittels eines Messers zerschnitten oder mittels eines Ausstechers in Quadrate zerteilt. Die Ausstecher haben eine ungefähre Größe von 80 × 80 cm und stechen auf einmal 1000—2500 Stück aus. Andere Formate werden durch Gießen hergestellt. Die negativen Gießformen werden in Weizen- oder Reisstärke ausgebildet. Eine mit einem 3 cm hohen Rand versehene Horde wird mit der gut getrockneten und feingesiebten Stärke angefüllt. Der Überschuß an Stärke wird mit einem Lineal abgestreift, so daß eine glatte, mit dem Rand in einer Höhe liegende Oberfläche entsteht. Die negativen Gußformen werden durch Eindrücken von positiven Gipsformen in die Stärke hergestellt. Eine ganze Reihe von positiven Gipsformen wird in einer Entfernung von 2—3 cm an eine Leiste geklebt. Legt man die Leiste mit den nach unten gewendeten Gipsformen auf die Horde, so entsteht in der Stärke ein negativer Abdruck der Gipsformen. Nach schwachem Klopfen hebt man die Leiste hoch und stellt noch so viel negative Abdrücke her, als es die Größe der Horde erlaubt. Sind die negativen Formen vorbereitet, so wird eine entsprechende Menge der Fondantmasse schwach erwärmt, etwas geschmolzen und mit der berechneten Menge der Arzneistoffe, der Farbstoffe und der Geschmacksstoffe vermischt. Die ganze Masse wird nun in einen mit Griff versehenen Blechtrichter gefüllt, dessen Ablaufrohr durch einen genau zugespitzten Holzstab oder Eisenstab abschließbar ist. Der Trichter wird über die Negativformen gehoben und hier durch Herausziehen des verschließenden Stabes so weit geöffnet, daß gerade die zum Anfüllen einer

Abb. 219. Fondanttabliermaschine (Paul Franke & Co. AG., Leipzig-Böhlitz-Ehrenberg).

Form erforderliche Menge den Trichter verläßt. Ein geübter Konditor gießt auf diesem Wege 5000 bis 10000 Stück in einer Stunde. Ist eine Horde voll angefüllt, so wird die Oberfläche der Fondants mit feingesiebter Stärke überdeckt. Sind die Stücke in der vorgetrockneten Stärke soweit ausgetrocknet, daß sie ohne Deformierung aus den Formen gehoben werden können, so legt man die Stücke nach Abschütteln der Stärke auf ein Drahtsieb und bläst die anhaftende Stärke weg. Auch die beste Fondantmasse wird im Verlauf der Zeit hart. Um das Austrocknen zu vermeiden, werden die einzelnen Stücke mit einer Schutzschicht versehen. Die Stücke werden entweder kandiert oder mit einer Schokoladentunkmasse überzogen. Zwecks Kandieren werden die Fondantstücke in eine lauwarme Zuckerlösung von einem spezifischen Gewicht 1,308 (= 34° Bé) gelegt und darin 20 Stunden belassen. Nach dem Abgießen und Abtropfen der überschüssigen Lösung werden die Stücke getrocknet. Das Überziehen mit einer Schokoladentunkmasse ist weiter untenstehend bei den medikamentösen Schokoladen beschrieben.

Plätzchen (Rotulae). 10 kg Hutzucker wird mit etwa 0,8 kg Wasser aufgekocht und mit 2,2—2,7 kg Zuckerpulver vermischt. Die warme Masse wird in eine auf Füßen stehende und unten ein Loch besitzende, aber sonst geschlossene Blechbüchse gefüllt. Stellt man die Büchse auf eine Marmorplatte, so daß die Füße hierbei anschlagen, so fällt ein kleiner Zuckertropfen auf die Platte und erstarrt dort zu einem halbkugelförmigen Plätzchen. Bei jedem Anschlag fällt ein Tropfen auf die Platte. Die erstarrten Plätzchen werden auf einer Holzhorde gesammelt und getrocknet. Die fertiggetrockneten Plätzchen werden mit verschiedenen ätherischen Ölen angefeuchtet. So z. B. füllt man 10 kg Plätzchen in eine gut schließende Büchse und füllt eine Lösung von 50 g Pfefferminzöl in 100 g Alkohol hinzu. Unter häufigem Umschütteln läßt man die Plätzchen 24 Stunden stehen, worauf sie auf einer Horde bei Zimmertemperatur 1 Stunde getrocknet werden. Hierauf können die Plätzchen verpackt werden.

Abb. 220. Bonbonsmaschine für Kraftbetrieb (Paul Franke & Co. AG., Leipzig-Böhlitz-Ehrenberg).

Bonbons. Zur Herstellung von Bonbons wird im allgemeinen keine gute Zuckerqualität verwendet, da der Zucker beim Kochen der Masse immer gelb wird. Es wird normal Krystallzucker auf 145° C (Bruch) gekocht. Diese Angabe bezieht sich auf reine Zuckermassen. Enthält die Masse auch noch andere Bestandteile, so muß die Kochtemperatur durch Probefabrikationen vorerst festgestellt werden. Allenfalls wird aber immer auf „Bruch" gekocht. Die fertig gekochte Masse wird mit den Arzneimitteln und aromatisierenden Stoffen zusammengeknetet. Dies erfolgt entweder auf einer Marmorplatte, oder auf einem Kühl- und Wärmetisch, oder in heizbaren Knetmaschinen. Auf der Marmorplatte oder auf dem Kühltisch wird mittels freier Hand oder mittels Eisenschaufel geknetet, was mit Rücksicht auf die hohe Temperatur der Masse keine leichte Arbeit ist. Die gleichmäßig zusammengeknetete Masse wird aus der Maschine gehoben und in kleinere Stücke zerteilt, welche dann zu Platten ausgerollt oder zu Strängen ausgezogen werden.

Abb. 221. Zuckermaschine für Kraftbetrieb (Paul Franke & Co. AG., Leipzig-Böhlitz-Ehrenberg).

Das Ausrollen kann mit Hilfe eines Nudelholzes auf einem Wärmetisch oder zwischen zwei heizbaren glatten Stahlwalzen erfolgen. Die Platten gelangen dann in die Bonbonmaschine (Abb. 220), welche die verschiedensten Bonbonformen preßt bzw. prägt. Die Bonbonmaschine besteht aus zwei übereinanderliegenden Stahl- oder Messingwalzen, welche die negativen Bonbonhalbformen vertieft enthalten. Für manche Zwecke wird die Zuckermasse zu Strängen geformt. Dies erfolgt am einfachsten auf dem Wärmetisch durch Ausrollen der Masse mittels eines Rollbrettes. Ein zweites Verfahren ist das Ausziehen der Masse, wobei der Strang einen Seidenglanz erhält, weshalb

Abb. 222. Zuckerstangen-Ausziehmaschine (Paul Franke & Co. AG., Leipzig-Böhlitz-Ehrenberg).

dieses Verfahren zur Herstellung von Seidenbonbons dient. Das Ausziehen erfolgt so, daß die an einen Zuckerhaken gehängte Masse durch ihr eigenes Gewicht sich nach unten bewegt und hierbei sich zu einem Strang verdünnt, oder der Strang wird mit der Hand ausgezogen. Das Ausziehen kann auch durch Maschinen verrichtet werden. Die Maschinen ahmen entweder die Arbeit am Haken nach oder aber die Masse wird durch Profilwalzen solange gestreckt, bis der Strang den gewünschten Durchmesser erreicht hat (Abb. 221, 222). Letztere Maschine besitzt den Vorteil, daß ein ganz gleichmäßiger Strang entsteht und daher das nachträgliche Egalisieren überflüssig wird. Auch verleiht diese Maschine dem Strang keinen Seidenglanz. Im allgemeinen ist ein Egalisieren doch notwendig. Die Egalisiermaschinen bestehen aus heizbaren Ringen, welche am Rand eine der Strangdicke entsprechende Rille haben. Eine sehr einfache und tadellos arbeitende Maschine ist die kleine Egalisiermaschine EGA der Firma Paul Franke & Co. AG., Böhlitz-Ehrenberg b. Leipzig (Abb. 223). Das Egalisieren ist aber nur dann erforderlich, wenn der Strang mit Maschine zu Bonbons verarbeitet wird. Es kann der Strang nämlich auch mit der Hand einfach zerschnitten werden, allerdings gewinnt man hierbei völlig ungleichmäßige Bonbons. Der egalisierte Strang wird entweder mit Hilfe der Paul Frankeschen Rollmaschine, oder aber mit Hilfe von Prägemaschinen zu Bonbons verarbeitet. Die Rollmaschine liefert nur rotationskörperförmige Bonbons, während die Prägemaschinen eine unbegrenzte Formvariation ermöglichen. Die Rollma-

Abb. 223. Egalisiermaschine (Paul Franke & Co. AG., Leipzig-Böhlitz-Ehrenberg).

Abb. 224. Bonbonmaschine „Plastik" für Kraftbetrieb (Paul Franke & Co. AG., Leipzig-Böhlitz-Ehrenberg).

Abb. 225. Polygon-Plastikmaschine für kontinuierlichen Betrieb (Paul Franke & Co. AG., Leipzig-Böhlitz-Ehrenberg).

schine bedarf keiner näheren Erläuterung, da sie bereits im Kapitel V über Pillen (S. 100) ausführlich besprochen worden ist. Die Prägemaschinen bestehen aus einer ganzen Reihe von Prägestempeln, welche den Zuckerstrang gleichzeitig von mehreren Seiten angreifen und die Bonbons scharf ausprägen. Den einfacheren Prägemaschinen wird der Strang in Stücken geteilt zugeführt. Die neueren Konstruktionen arbeiten dagegen mit endlosem Strang. Eine periodische Maschine ist z. B. die Bonbonmaschine „Plastik" PL 2 (Paul Franke & Co. AG., Böhlitz-Ehrenberg), welche mit Fußbetrieb arbeitet (Abb. 224). Mit endlosem Strang arbeitet die Frankesche Polygon-Plastikmaschine PLP (Abb. 225).

Beim Prägen der Bonbons aus einer Zuckerplatte oder aus einem Strang entstehen mit wenigen Ausnahmen immer Abfälle und außerdem bleibt an den Bonbons eine kleine Naht hängen. Die Naht fehlt nur dann, wenn die Aufarbeitung ohne Abfall geschieht. Die Entfernung der Nähte erfolgt durch Schütteln der Bonbons auf Sieben. Kleinere Mengen können auf Handsieben abgesiebt werden, während für größere Mengen mechanische Schüttelsiebe dienen.

Die fertigen abgekühlten Bonbons kleben aneinander, trennen sie sich aber bei schwachem Klopfen des Aufbewahrungsgefäßes, so ist die Masse einwandfrei.

Die Zusammensetzung von Bonbonmassen soll hier noch an einigen praktischen Beispielen erläutert werden.

Malzbonbons.

50 kg Zucker,
4 kg Glucosesyrup,
3,5 kg Malzextrakt, dickflüssig.

Die Masse wird auf 150° C gekocht. Auf 5 kg der Masse wird 1 g Vanillin zur Aromatisierung zugeknetet.

Spitzwegerichbonbons.

40 kg Zucker,
12 kg Glucosesyrup,
0,5 kg Extr. plantaginis.

Der Zucker wird mit der Glucose auf 145° C gekocht. Der Zuckerstrang wird zu diskusförmigen Kernen (0,25 g) geprägt, welche auf das Doppelte dragiert und schwarz oder dunkelbraun gefärbt werden. An Stelle des Extr. plantaginis wird häufig Extr. marrubii spiss. verwendet.

Honigbonbons.

50 kg Zucker,
3 kg Glucosesyrup,
3 kg Honig, gereinigt.

Die Masse wird auf 150° C gekocht und mit

25 g Vanillitinktur und
35 g Anisöl

aromatisiert. Die Zuckermasse wird goldgelb gefärbt.

Seidenbonbons.

Die zur Herstellung der Seidenbonbons dienende Masse besteht aus

100 kg Zucker und
42 kg Glucosesyrup

und wird auf 147,5° C gekocht.

Karamel.

Der gewöhnliche „gebrannte" Zucker wird wie folgt hergestellt: 10 kg Zucker werden mit $1/2$—$3/4$ l Wasser gekocht, bis die Masse hellbraun ist. Es werden jetzt 5 g Natriumcarbonat hinzugefügt, worauf die Masse auf eine Marmorplatte oder auf einen Wasserkühltisch gegossen und hier mit Hilfe eines Nudelholzes gestreckt wird. Die Masse wird nun zu gleichförmigen, quadratischen Stücken zerteilt.

Kocht man den Zucker weiter, bis er den süßen Geschmack verliert und dunkelbraun wird, so erhält man den eigentlichen Karamel. Bei noch weiterem Kochen wird der Karamel bitter und unbrauchbar. Die Karamelmasse wird auf Marmor oder auf den Kühltisch gegossen, nach dem Erstarren zu kleinen Stücken zerschlagen und in luftdicht schließendem Gefäß aufbewahrt. Der Karamel wird in wässeriger Lösung zum Färben von verschiedenen Lösungen und von alkoholischen Getränken (Rum) verwandt.

B. Die medikamentösen Schokoladen.

Obwohl Schokoladenmassen heute auch mit Hilfe von Tablettenmaschinen geformt werden können, werden noch vielerlei Arzneizubereitungen aus Schokoladenmassen gegossen, so z. B. Phenolphthalein-, Santonin-, Tanninschokolade usw. Die Herstellung erfolgt sehr einfach dadurch, daß man Tafelschokolade schmilzt und die vorgeschriebene Menge der Arzneimittel hinzumischt. Die gleichmäßige Masse wird auf einen Tisch gegossen und mittels Holzspatel gerührt. Die etwas abgekühlte, aber noch plastische Masse wird hierauf in entsprechende Blechformen gefüllt. Nach vollständigem Abkühlen werden die Schokoladentäfelchen durch leichtes Klopfen aus der Form entfernt. Um das Entfernen der Täfelchen zu erleichtern und gleichzeitig ihnen eine glänzende Oberfläche zu verleihen, werden die Formen bereits nach dem Füllen geklopft. Dies wird im großen Maßstabe durch eine Schüttelvorrichtung verrichtet, welche die Formen ruckweise schüttelt. Die Formen liegen z. B. auf parallelen Leisten, welche sich abwechselnd in die Höhe heben, um dann rasch in die Anfangslage zurückzusinken, wobei die Formen nach unten fallen und einen Stoß bekommen.

Es ist eine häufige Aufgabe, Fondantmassen mit einem Schokoladenüberzug zu versehen. Dieser hat den Zweck, die Fondantmasse vom Erhärten zu schützen und außerdem den Geschmack zu verbessern. Er wird durch Eintauchen in folgende geschmolzene Tunkmasse hergestellt:

2 kg Tafelschokolade,
0,5 kg Kakaobutter.

Die Schokolade wird in kleinen Stücken in die am Dampfbad geschmolzene Kakaobutter geworfen. Nachdem unter fortwährendem Rühren die Hälfte der Schokolade geschmolzen ist, wird vom Dampfbad abgehoben und weiter gerührt, bis die ganze Schokolade geschmolzen ist. Sollte die Masse sich inzwischen stark abkühlen, so setzt man nochmals aufs Dampfbad. Die Bonbons oder Fondants werden in die geschmolzene Masse getaucht, wodurch ein luftdichter, schnell fest werdender Überzug entsteht.

XV. Überziehen von Pillen, Tabletten und von sonstigen Kernen. Dragieren.

In den Kapiteln IV und V wurde bereits erwähnt, daß die Tabletten und die Pillen oft mit einem Überzug versehen werden. Der Überzug dieser oder sonstiger Kerne kann verschiedene Zwecke haben. Entweder soll er eine Schutzschicht darstellen oder kann er zu Verbesserung des Geschmackes dienen. Gleichzeitig können auch die Unebenheiten der Kerne ausgeglichen werden. Hierdurch und durch etwaiges Färben gewinnen die Kerne ein schöneres Äußere. Die Bedeutung als Schutzschicht ist in doppeltem Sinne vorhanden. Einerseits kann sie die Haltbarkeit der Pillen oder der Tabletten im Falle von hygroskopischen oder sonstigen an der Luft veränderlichen Stoffen erhöhen, andrerseits kann sie erst nach der Einnahme der Pillen oder der Tabletten zur Wirkung kommen, indem sie z. B. die Pille im Magen unlöslich und erst im Darm löslich macht. Es kann hierdurch die Wirkung der Pillen oder Tabletten innerhalb gewisser Grenzen geregelt werden.

Aber nicht nur Pillen und Tabletten können mit einem Überzug versehen werden. Es sind hierzu sämtliche festen, kernartigen Arzneizubereitungen geeignet, so harte Zuckerkerne, weiche Fondantkerne oder auch harte Zuckerkerne, welche im Innern eine Flüssigkeit enthalten.

Die Arten des Überziehens und auch die des Überzuges sind sehr mannigfaltig, so daß diese sich zunächst nur schwer von einem einheitlichen Standpunkt aus betrachten lassen. Unterwirft man aber die ganze empirisch gefundene Mannigfaltigkeit einer allgemeinen Betrachtung, so wird man finden, daß sämtliche Überzüge bzw. Überzugsarten durch ein gemeinsames technisches Moment verbunden sind. Die Herstellung sämtlicher Überzüge kann fast ohne Ausnahme mit Hilfe einer rotierenden Bewegung erfolgen. Die durch Rotation mit Zucker, Schokolade oder sonstigen Substanzen überzogenen Kerne werden Dragees und der hierzu erforderliche Vorgang wird Dragieren genannt. Durch Verallgemeinerung dieser beiden Begriffe können sämtliche mit einem Überzug versehenen Kerne Dragees und der zur Herstellung der Überzüge erforderliche Vorgang Dragieren genannt werden, ohne Rücksicht darauf, daß manche übrigens sehr seltene Überzüge auch auf anderem Wege erzeugt werden können.

Ein Dragee besteht also aus einem auf beliebigem Wege gewonnenen Kern und aus einer diesen lückenlos umhüllenden gleichmäßigen Schicht.

Der Überzug kann mittels zweierlei Massen hergestellt werden. Entweder umhüllt man die Kerne mit einer geschmolzenen Substanz, welche dann beim Abkühlen erstarrt und so eine lückenlose Hülle liefert. Die zweite Möglichkeit ist, die Kerne mit einer Lösung ganz anzufeuchten und zu trocknen, wobei der trockene Rückstand ebenfalls eine lückenlose Hülle liefert. Beiden Arten von Hüllen können auch pulverförmige Substanzen beigemischt werden. Die Umhüllung der Kerne kann nunmehr so erfolgen, daß sie in die geschmolzene Substanz oder in die Lösung für kurze Zeit eingetaucht und nachher abgekühlt oder getrocknet werden. Ohne hier schon auf die Nachteile dieses Verfahrens einzugehen, soll darauf hingewiesen werden, daß es bedeutend einfacher ist, die umhüllende Substanz oder Lösung in der erforderlichen Menge auf die in Rotation befindlichen Kerne zu gießen. Die Rotation und die andauernde gegenseitige Reibung verteilt die hinzugegossene Substanz gleichmäßig auf sämtliche Kerne.

Zur Herstellung von Schmelzhüllen sind nur Stoffe oder Stoffgemische mit niedrigem Schmelzpunkt geeignet, da die Kerne fast nie eine höhere Temperatur ertragen. Der Schmelzpunkt ist auch nach unten durch die Temperatur der wärmeren Jahreszeiten begrenzt. Es ergibt sich hieraus, daß der Schmelzpunkt einer Schmelzhülle möglichst in der Nähe von 40° C liegen soll. Die Entstehung einer lückenlosen Hülle ist nur dann sichergestellt, wenn die Schmelze mikrokrystallinisch erstarrt. Eine weitere Forderung wird gegenüber den mechanischen Eigenschaften der Hüllen gestellt: ist nämlich die Hülle spröde, so wird sie bereits infolge eines verhältnismäßig geringen äußeren Druckes bersten. Haftet nunmehr die Hülle nur wenig an den Kern, so fallen ihre Teile einfach herunter. Die Hülle muß also ein wenig elastisch sein. In der Praxis dienen zwei Stoffe zur Herstellung von Schmelzhüllen, 1. die Kakaobutter und 2. das Salol. Die Kakaobutter schmilzt, wie bekannt, bereits bei 30—32° C, während das Salol erst bei 42—45° C schmilzt. Es folgt hieraus, daß das Salol besser geeignet ist, es hat aber den Nachteil, keinen übermäßig angenehmen Geschmack zu besitzen. Da Salol wasserunlöslich ist und auch vom Magensaft nicht angegriffen wird, ist es zur Herstellung von erst im Darm löslichen Pillen oder Tabletten geeignet. Salol wird in großem Maßstabe fast nie verwendet, da derselbe Zweck viel billiger und besser auf anderem Wege erreicht werden kann und es ist daher ausschließlich auf die Apothekenpraxis beschränkt. Die Kakaobutter besitzt einen zu niedrigen Schmelzpunkt, wodurch in den Sommermonaten die Hülle leicht abschmilzt. Sie ist deshalb zur Herstellung von Lagerware nicht geeignet und gelangt ebenfalls ausschließlich in der Apothekenpraxis zur Anwendung. Eine um so größere Bedeutung besitzt der Schokoladenüberzug, welcher eigentlich aus einem Gemisch von Schokolade und Kakaobutter besteht. Niedrigschmelzendes Paraffin kommt wegen seiner Unlöslichkeit im Magen und im Darm nur selten in Betracht. Die Magen- oder Darmperistaltik könnte die Hülle nur dann mechanisch zerstören, wenn die Paraffinschicht sehr dünn wäre. Erfahrungsgemäß verlassen die paraffinierten Pillen den Darm vollkommen unverändert.

Die aus Lösungen hergestellten Hüllen können vom praktischen Standpunkt in 1. wasserunlösliche und 2. wasserlösliche Hüllen geteilt werden. Eine scharfe Grenze kann zwischen beiden Gruppen nicht gezogen werden, denn auch wasserunlösliche Hüllen werden bei sehr langem Aufbewahren in Wasser zerstört, andrerseits können wasserlösliche Hüllen verhältnismäßig lange dem Wasser widerstehen. Es besteht auch die Möglichkeit, eine ursprünglich wasserlösliche Schicht wasserunlöslich zu machen.

Die wasserunlöslichen Hüllen werden in der Praxis aus folgenden Stoffen hergestellt:

1. **Cellulosederivate**, wie Nitro-, Acetyl-, Äthyl- oder Benzylcellulose.
2. **Harze und Balsame**, wie Benzoeharz, Mastix, Sandarak, Tolubalsam.
3. **Keratin**.
4. **Fettstoffe**, wie Kakaobutter.

Von den Cellulosederivaten wird fast ausschließlich die Nitrocellulose in Form von Kollodium verwendet. Da die Nitrocellulose fast immer die gewünschte Wirkung hervorbringt, ist die Anwendung der anderen Cellulosederivate zumeist überflüssig. Nur wenn man wasserfestere Überzüge wünscht, kann man vorteilhaft Äthyl- oder Benzylcellulose, und zwar besonders in Form einer Benzol-Alkohollösung verwenden. Mittels Acetylcellulose gelingt es auch undurchsichtige weiße Überzüge herzustellen. Die an der Oberfläche der Kerne entstandenen Filme bilden als Folge der kolloiden Eigenschaften eine sehr elastische, nur schwer reißende bzw. berstende Hülle.

Sämtliche Cellulosederivate dürfen in nur ganz dünner Schicht aufgetragen werden, da sonst die Löslichkeit der Kerne verhindert wird. Cellulosederivate sind nämlich weder im Magen noch im Darm löslich.

Die Harzüberzüge werden hauptsächlich in der Apothekenpraxis verwendet, sind aber manchmal auch im Großbetrieb von Bedeutung. Die Harzüberzüge sind gewöhnlich wenig widerstandsfähig und schützen die Kerne gegen den Magensaft nicht.

Einen zuverlässigeren Schutz gegen den Magensaft bietet eine Keratinhülle. Das Keratin kommt entweder in Essigsäure oder in Ammoniak gelöst zur Anwendung und gibt nach dem Eintrocknen der Lösung eine wasser- und magenunlösliche, aber darmlösliche Hülle. Beide Lösungen sind gleichgut geeignet und werden den Eigenschaften des Kernes entsprechend gewählt. Sind im Kern z. B. Metallsalze oder sonstige mit Alkalien reagierende Stoffe enthalten, so kann nur die essigsaure Lösung in Betracht kommen. Fermente, welche im alkalischen Bereich wirksam sind, wie gerade die im Darm enthaltenden Fermente (Trypsin, Erepsin usw.) oder gegen Säuren empfindliche Stoffe, werden mit einer alkalischen Keratinlösung überzogen. Bei der Wahl der entsprechenden Keratinlösung muß die chemische Beschaffenheit des Kernes stets in Betracht gezogen werden.

Die wasserlöslichen Hüllen werden ausschließlich aus Gelatine, Gummi arabicum, Dextrin, Zucker (Saccharose) und Glucose hergestellt und werden fast immer mit pulverförmigen unlöslichen Stoffen gefüllt. Hierzu dienen Stärke, Calciumcarbonat, Talkum, Mehl, Magnesiumoxyd oder Magnesiumcarbonat, Kakao und Metalle, wie Silber und Aluminium. Die Grundstoffe der wasserlöslichen Hüllen besitzen die Eigenschaft entweder mikrokristallin bzw. glasartig oder gelartig erstarrte Schichten zu liefern. Während die Gelatine, das Gummi arabicum und in etwas geringerem Maße auch das Dextrin beim Trocknen oder Abkühlen gelartig erstarren, liefert die Saccharose und die Glucose mikrokrystalline bzw. glasartig erstarrte Schichten. Die halbweiche bzw. harte Schokoladenhülle ist eigentlich eine Zuckerhülle, welche als Füllstoff Kakaoteilchen enthält. Die gelartig erstarrten Hüllen sind elastisch, während die mikrokrystallinen Hüllen sehr spröde, aber dafür bedeutend härter sind.

Die Füllstoffe haben einen doppelten Zweck. Sie dienen als Streckmittel, indem die Bestandteile der löslichen Hülle teilweise durch pulverartige Stoffe ersetzt werden. Man kann dies auch so auffassen, daß die Pulver von den löslichen Substanzen beim Trocknen aneinander gekittet werden, so daß die Hülle eigentlich aus den aneinander gekitteten Pulverteilchen besteht. Dies ist stets der Fall, wenn die Menge der unlöslichen Teile in der Hülle überwiegend ist. Es werden aber nicht nur unlösliche Pulver hierzu verwandt, Zuckerpulver findet auch eine sehr häufige Anwendung. Die zweite Aufgabe der Füllstoffe ist, die mechanischen Eigenschaften der Hüllen zu verändern. Hierzu kommt das oft nicht zu unterschätzende Moment der Verbilligung der Drageeherstellung und die Tatsache, daß gefüllte Drageehüllen gleichmäßiger sind. Nicht gefüllte Zuckerhüllen sind z. B. oft fleckig, da die mikrokrystalline Struktur der Oberfläche sich oft nicht ganz gleichmäßig ausbildet. Während aber Füllstoffe wie Mehl, Stärke, Talkum, Calciumcarbonat, Magnesiumoxyd oder Magnesiumcarbonat einen integrierenden Bestandteil der Drageehülle bilden, haben Metalle, wie Silber oder Aluminium, nur den Zweck, den Kernen ein gefälliges Äußere zu verleihen.

In den bisherigen Überlegungen wurde stets nur von einer Hülle gesprochen. Man weiß aber aus der Praxis, daß eine Drageehülle immer aus einer ganzen Reihe von Schichten besteht. Dies ist teilweise die Folge der Herstellungstechnik einer Drageehülle, teilweise aber auch eine Folge der Eigenschaften des Kernes. Die wasserlöslichen Hüllen (mit oder ohne Füllstoffe) bieten keinen ausreichenden Schutz für zersetzliche und hygroskopische Kerne. Werden z. B. Jodkali enthaltende Pillen oder Tabletten einfach mit Zucker überdragiert, so werden die Hüllen nach einiger Zeit fleckig, da die Zersetzung des Jodkalis durch die Zuckerschicht nicht verhindert wird. Die löslichen Hüllen scheinen also eine gewisse Permeabilität zu besitzen. Es ist deshalb oft notwendig, den Kern luftdicht abzuschließen, was z. B. durch Einschalten einer Kollodiumschicht zwischen Kern und Zuckerhülle geschehen kann. Zum Beschriften von dragierten Pillen (S. 108) muß nach erfolgtem Dragieren noch eine feuchte, caseinhaltige Schicht aufdragiert werden. Gefärbte Dragees werden gewöhnlich normal ungefärbt hergestellt, und nur außen wird eine farbige Schicht aufdragiert. Sehr oft werden der Drageehülle auch wirksame Substanzen oder Geschmackskorrigenten einverleibt, so daß hierdurch verschiedenartige Schichten bedingt sind. Die äußerste Schicht ist gewöhnlich eine ganz dünne Fett- oder Wachsschicht, welche den Dragees den Glanz zu verleihen hat. Hierzu verwendet man gewöhnlich Kakaobutter, Walrat, Wachs, Paraffinöl. Sehr selten glänzt man mittels Gummi arabicum oder Gelatine.

Bezüglich des Gelatineüberzuges soll bemerkt werden, daß er durch nachträgliches Behandeln mit Formalin wasser- und magenunlöslich gemacht werden kann.

A. Der Arbeitsvorgang und Apparatur.

Wie bereits aus den vorhergehenden Überlegungen zu sehen ist, kann ein Kern auf zweierlei Wegen mit einer Hülle versehen werden. Der erste und primitivste Weg ist das einfache Eintauchen in die erforderliche Schmelze oder Lösung. Ohne auf die Einzelheiten dieses Vorganges zunächst näher einzugehen, ist es

Der Arbeitsvorgang und Apparatur. 251

bereits klar, daß diese Herstellungsart äußerst unpraktisch und unvollkommen sein muß. Obwohl das Eintauchen einer großen Anzahl von Kernen grundsätzlich keine Schwierigkeiten verursacht, kann das Eintauchverfahren für größere Mengen nicht verwendet werden, denn die aus der Flüssigkeit wieder herausgehobenen Kerne kleben beim Erstarren oder beim Trocknen der Schicht aneinander. Beim Auseinanderbrechen der umhüllten Kerne werden die Hüllen sodann auch noch beschädigt. Auf diesem Wege können einfacherweise niemals gleichmäßig umhüllte Kerne erhalten werden. Der andere, technisch brauchbare Weg ist die Umhüllung der in Rotation befindlichen Kerne, das heißt das im engeren Sinne des Wortes Dragieren genannte Verfahren. Das Wesen dieses Verfahrens ist, daß die Kerne in einen rotierenden Kessel gefüllt werden und hier mit dem Kessel zusammen rotieren. Die zur Herstellung der Hüllen dienende Lösung oder Schmelze wird auf die rotierenden Kerne gegossen. Die Rotation und die gegenseitige Reibung der Kerne verteilt die Lösung gleichmäßig auf sämtliche Kerne. Die beim Erstarren oder Trocknen entstehende Hülle wird durch die Rotation bzw. die auftretende Reibung vollkommen geglättet und auch das Aneinanderkleben wird völlig verhindert. In der Großfabrikation wird mit wenig Ausnahme nur das Umhüllen im rotierenden Kessel, im Dragierkessel ausgeführt. Zu den wenigen Ausnahmen gehört die Herstellung von Gelatinehüllen, welche im Dragierkessel auf Schwierigkeiten stößt. Demzufolge werden die Kerne nur selten gelatiniert, besonders weil zum erfolgreichen Gelatinieren von großen Kernmengen eine relativ teure und trotzdem wenig leistende Apparatur erforderlich ist. Da das Dragieren im rotierenden Kessel in der Praxis überwiegt, soll an erster Stelle die hierzu erforderliche Apparatur beschrieben werden.

Abb. 226. Dragierkessel mit Gasheizung (Dührings Patentmaschinen-Ges., Berlin-Lankwitz).

Das Dragieren wird in einem um eine schräg gelagerte Welle sich drehenden Kessel, im Dragierkessel durchgeführt (Abb. 226). Der Kessel selbst ist ein Ellipsoid, welches durch Rotation um die kleinere Achse zustande kommt. Dieselbe Achse ist auch die Drehachse des Kessels. Das schräg gestellte Ellipsoid ist an der unteren Seite an die Antriebswelle befestigt, während an der anderen Seite eine Öffnung vorhanden ist. Der Durchmesser des Kessels ändert sich mit der Art der herzustellenden Dragees. Es ist üblich, für sogenannte weiche Zuckerdragees Kessel von 1,5 m und noch größerem Durchmesser zu verwenden. Für harte Zuckerdragees werden im allgemeinen nur Kessel mit einem Durchmesser von 95 und 70 cm oder weniger gebraucht. Das Material der Kessel ist normal Kupfer und nur wenn die für Herstellung der Hüllen erforderliche Stoffe alkalisch oder sauer wirken (Keratin-, Silber-, Aluminiumhüllen), kommt Glas in Frage (Abb. 227). Der Antrieb des schräg gelagerten Kessels erfolgt mittels Zahnrad und eines horizontal liegenden Transmissionsvorgeleges. Erfahrungsgemäß muß man dem Kessel dreierlei Geschwindigkeiten verleihen können, und zwar wurden die Tourenzahlen 18, 22 und 26 für die geeignetesten gefunden. Die Glaskessel drehen sich meistens mit 40 Touren in der Minute. Der Kraftverbrauch beträgt für Kessel von 70, 95 und 120 cm $^2/_{10}$, $^3/_{10}$ bzw. $^4/_{10}$ PS solange die Kerne sich im unangefeuchteten Zustand im Kessel befinden. Beim Anfeuchten kleben die Kerne aneinander und an der Wand und entfalten hierdurch eine starke Bremswirkung. Der Kraftbedarf steigt dabei auf das doppelte. Je stärker die Kerne beim Anfeuchten kleben, um so höher muß die Tourenzahl des Kessels gewählt werden. Die Tourenzahländerung wird mit Hilfe von Stufenriemenscheiben erreicht, und zwar muß hierzu sowohl die Antriebstransmission, als auch die die Zahnradübersetzung tragende horizontale Welle des Dragierkessels eine Stufenscheibe haben. Die Drehrichtung der Kessel entspricht aus rein praktischen Gründen dem Uhrgang. Der Drageur kann nämlich bei dieser Drehrichtung die erforderlichen Handgriffe viel bequemer und hauptsächlich besser ausführen als bei der umgekehrten Drehrichtung. Die Einschaltung der Kessel erfolgt mit Hilfe einer Klauenkupplung, wie dies den Abb. 228, 231, 232 zu entnehmen ist.

Die in den Kessel gefüllten Kerne rotieren mit dem Kessel, jedoch erfordert jeder Kessel eine bestimmte optimale Füllung, denn bei zu großer Füllung rotieren die Kerne etwas träge,

Abb. 227. Rotierende Glaskugel zum Versilbern. (E. A. Lentz, Berlin N.)

und außerdem werden die ganz unten befindlichen Kerne durch die auf ihnen ruhende große Last zertrümmert. Ist demgegenüber die Füllung zu klein, so bewegen sich zwar die Kerne ziemlich rasch, aber die gegenseitige Reibung ist gering, wodurch dann wieder die Gleichmäßigkeit der Hüllen leidet. Mit ganz

Abb. 228. Dragierkesselbatterie ohne Heizung. Jeder Kessel einzeln ausrückbar. Antrieb mittels Stufenscheibe (Volkmar Hänig & Co., Dresden-Heidenau).

kleiner Füllung gelingt es daher niemals brauchbare Dragees herzustellen. Aus diesem Grunde muß man im Betriebe verschieden große Dragierkessel zur Verfügung haben. Bereits für kleinere Betriebe sind ungefähr 4 Kessel erforderlich, von welchen 2 Stück einen Durchmesser von 95 cm haben müssen, ein Kessel soll halb so groß sein. Die ersteren Kessel erfordern eine Füllung von etwa 25 kg Kerne, der halb so große wird dementsprechend mit 12—13 kg Kerne gefüllt. Der vierte Kessel soll ein kleiner Versuchskessel für 2—5 kg Kerne sein. Sämtliche Kessel können zu einer Batterie zusammengebaut werden, aber so, daß jeder Kessel auch getrennt ein- und ausschaltbar ist (Abb. 228). Die Kerne werden vom rotierenden Kessel in dem der Drehrichtung entsprechenden Sinne entlang der Kesselwandung gehoben. Erreichen die Kerne an der Wandung eine bestimmte durch die Tourenzahl gegebene Höhe, so rollen sie zum tiefsten Punkt des Kessels zurück. Die größte Höhe wird beim größten Durchmesser des Kessels erreicht. Hat die Drehachse des Kessels eine horizontale Lage, so verrichten die Kerne eine relativ einfache Bewegung in die Drehrichtung, indem sie an der Kesselwand gehoben werden, an der Oberfläche des Kernhaufens findet ein paralleles Zurückströmen zum tiefsten Punkte des Haufens statt. Dadurch aber, daß die Achse schräg gelagert ist, wird die Bewegung bzw. Strömung der Kerne komplizierter und die Mischwirkung intensiver. Die Kerne heben sich zwar an der Kesselwandung und strömen an der Oberfläche zurück, jedoch ist der Vorgang zur Ebene des Hauptkreises des Ellipsoidkessels nicht mehr symmetrisch. Die Kerne strömen an der Oberfläche vorn nach oben, während sie sich im Hintergrund abwärts bewegen. Die Kerne verrichten hierdurch eine doppelte Kreisbewegung: sie kreisen zunächst in der Drehrichtung des Kessels und sodann entlang des Umfanges des Oberflächenellipses. Infolge dieser Doppelbewegung bildet sich an der Oberfläche nahe zur Öffnung des Kessels ein

Abb. 229. Dragierkessel (F. J. Stokes Machine Co., Philadelphia USA.).

ruhender Knotenpunkt. Die hier befindlichen Kerne stagnieren, weshalb diese Stelle die gefährlichste ist, denn infolge der geringen Eigenbewegung kleben sie beim Zufügen der Dragierflüssigkeiten aneinander. Es ist also ein Punkt, an welchem der Drageur häufig mittels Spatel oder Hand zur Zerstörung des Knotenpunktes eingreifen muß. Die Lage des Knotenpunktes ist eine Funktion der Kesselform und der Tourenzahl. Zu dieser Doppelbewegung gesellt sich noch das unregelmäßige Rollen der einzelnen Kerne. Die dreifache Bewegung ruft eine gründliche Mischwirkung, eine Reibung und eine Schleifwirkung hervor. Die Mischwirkung und die Schleifwirkung ist, abgesehen von der Beschaffenheit der Kessel, eine Funktion der Kesselform und der Tourenzahl. In Europa werden die Dragierkessel mehr flach (große Exzentrizität des Ellipsoids), in den Vereinigten Staaten von Amerika wieder mehr kugel- oder birnenähnlich gebaut (geringe Exzentrizität) (Abb. 229, 230). Ein wei-

Abb. 230. Dragierkessel (Arthur Colton Co., Detroit, Mich. USA.).

terer Unterschied ist die Lage der Antriebswelle. Während in Europa die Welle mit der horizontalen Ebene einen ungefähren Winkel von 45° bildet, beträgt dieser bei den amerikanischen Kesseln nur etwa 15—20°, die Welle liegt also fast horizontal. Obwohl nach Meinung der Verfasser die europäischen Kessel bessere Resultate liefern, scheinen verschiedene mündliche Mitteilungen amerikanischer Fachkollegen darauf hinzuweisen, daß praktisch keine Unterschiede zugunsten des flachen Kessels beobachtbar sind.

Die zum Keratinieren und Versilbern dienende Glaskugel ist horizontal gelagert (Abb. 227).

Auf die in Bewegung befindlichen Kerne gießt man nun in einer empirisch gefundenen Menge die zur Herstellung der Hülle erforderliche Schmelze oder Lösung.

254 Überziehen von Pillen, Tabletten und von sonstigen Kernen. Dragieren.

Betrachten wir an erster Stelle das Verhalten einer Schmelze im Dragierkessel. Da die Kerne auf Zimmertemperatur sind, erstarrt die Schmelze meist rasch, vorausgesetzt, daß der Erstarrungspunkt nicht sehr niedrig ist. Bleibt die Schmelze solange flüssig, bis die Kerne gleichmäßig umhüllt sind, so muß man den Kessel einfach bis zu diesem Zeitpunkte laufen lassen. Die Verhältnisse liegen nicht immer so günstig. Erstarrt nämlich die Schmelze rasch, so müssen die Kerne erwärmt werden. Dies kann auf zweierlei Wegen erfolgen, entweder heizt man den Kessel oder aber man bläst warme Luft mit Hilfe einer Druckluftleitung direkt auf die Kerne. Der Kessel kann entweder mittels eines Gasbrenners, mittels einer am Umfang befindlichen Dampfschlange oder elektrisch geheizt werden (Abb. 231, 232, 226).

Abb. 231. Dragierkessel mit Dampfheizschlange.

Obwohl die Dampfheizung sehr bequem ist, kann sie doch nicht empfohlen werden, da die Ventile und Verbindungen fast immer mehr oder weniger undicht sind und hierdurch die Luft im Dragierraum in unerwünschter Weise feucht wird. Da die Hülle erstarren muß, wird die Heizung nach dem gleichmäßigen Verteilen der Schmelze abgestellt. Das nur sehr langsame Abkühlen des Kessels kann durch Andrücken eines Stück Eises oder durch Einleiten von Wasser in die Dampfschlange beschleunigt werden. Wurde mit warmer Luft geheizt, so wird an ihrer Stelle kalte Luft in den Kessel geblasen. In einer Dragieranlage muß also neben den nicht heizbaren Kesseln zumindestens ein heizbarer vorhanden sein. Wurde als Heizung ein Gasbrenner vorgesehen, so benötigt man keinen besonderen heizbaren Kessel, denn ein jeder kann mit einem Gasbrenner direkt angewärmt werden. Es sind zwei Druckluftleitungen für kalte und warme Luft erforderlich.

Abb. 232. Dragierkessel für elektrische Beheizung (Volkmar Hänig & Co., Dresden-Heidenau).

Eine Dragieranlage für Drageehüllen aus Lösungen muß ebenfalls mit einer

Heizvorrichtung und mit zwei Leitungen für heiße und kalte Druckluft ausgerüstet sein. Diese Vorrichtungen erlauben folgende Arbeitsmöglichkeiten:

1. kalter Kessel ohne Luft,
2. kalter Kessel mit kalter Luft,
3. kalter Kessel mit heißer Luft,
4. warmer Kessel ohne Luft,
5. warmer Kessel mit kalter Luft,
6. warmer Kessel mit heißer Luft.

Außer diesen 6 Kombinationen kann noch im offenen und geschlossenen Kessel gearbeitet werden, in letzterem Fall natürlich ohne Luft. Es sei bemerkt, daß man im Prinzip auch ohne Druckluft dragieren kann, wie dies auch früher in fast allen Betrieben erfolgt war.

Im kalten Kessel verläuft der Dragiervorgang so, daß die auf die Kerne gegossene Lösung infolge der Bewegung der Kerne gleichmäßig verteilt wird, wobei gleichzeitig das Verdunsten des Lösungsmittels beginnt. Die Verdunstungsgeschwindigkeit kann durch abwechselndes Öffnen und Schließen des Kessels mittels eines gut passenden Holzdeckels geregelt werden. Erwärmt man den Kessel von außen, so wird bei geöffnetem Kessel die Trocknungsgeschwindigkeit erhöht, aber auch die Eigenschaften der Drageehülle werden verändert. Allgemeine Angaben lassen sich hierüber begreiflicherweise nicht machen, da die Veränderungen spezielle Funktionen der Hülle selbst sind, im allgemeinen dürfte sich besonders die Dichte verändern. Die Trocknungsgeschwindigkeit der Hüllen kann in viel stärkerem Maße durch einen Luftstrom vergrößert werden, so daß man bei Anwendung eines Luftstromes mit verdünnteren Lösungen arbeiten kann. Das schnellere Verdunsten der Lösungen beeinflußt auch die Eigenschaften und wieder in besonderem Maße die Dichte der Hülle. Durch Anwendung von heißer Luft im warmen Kessel wird diese Wirkung noch weiter gesteigert. Mit kalter Luft und warmem Kessel wird gleichzeitig nicht gearbeitet, da die Wirkungen sich gegenseitig aufheben. Die Druckluft hat aber noch eine besondere Bedeutung. Die Kerne gleiten nämlich an der rotierenden, innen ganz glatten Dragierkesselwand und werden daher nicht mitgehoben und nicht zum Rollen gebracht. Infolge der geringen Reibung kommt keine einwandfrei gleichmäßige Drageehülle zustande. Im Verlauf des Dragierens bildet sich aber allmählich auch an der Kesselwand eine Schicht von derselben Beschaffenheit wie die Drageehülle (z. B. Zucker), welche nunmehr rauher ist und die Kerne zu ausreichendem Rollen bringt. Ohne Luftstrom bildet sich die Wandschicht nur sehr langsam. Ganz besonders rasch erfolgt aber die Schichtbildung, wenn man in den Kessel einen heißen Luftstrom nach oben, also zur von den Kernen nicht bedeckten Kesselwand bläst, wobei die anhaftende Lösung rasch austrocknet. Das Heizen des Kessels von außen fördert die Schichtbildung ebenfalls.

Die Druckluft wird von zwei Ventilatoren und zwei Leitungen geliefert. In die zweite Leitung ist entweder ein Rippenheizkörper für Dampfheizung oder, wenn anders nicht möglich, ein elektrischer Widerstandsheizkörper eingebaut. Die Temperatur der Heißluft beträgt etwa 50°C. Der erforderliche Überdruck 20—40 cm Wassersäule. Die Leitungen werden oben an die Decke des Raumes befestigt. Über jeden Kessel wird eine Abzweigung nach unten angebracht, welche noch außerhalb des Kessels endigt und eine Schieberregulierung besitzt. Will man in den Kessel Luft blasen, so wird an die Leitung eine Verlängerung mittels Bajonettanschluß geschaltet. Die nach unten laufende Leitung muß so gelegt sein, daß die untere Öffnung möglichst genau über dem Knotenpunkt der rotierenden Kerne liegt. Die in den Kessel geblasene Luftmenge wird mittels des erwähnten Schiebers reguliert. Die Erfahrung zeigte, daß es nicht immer genügt, die Luft einfach auf den Knotenpunkt zu blasen. Mit Hilfe verschieden geformten Mundstücken wird die Luft im Kessel zweckentsprechend verteilt. Das einfachste Mundstück ist ein gerades, nach unten gerichtetes sich auch trichterförmig weitendes Rohr, welches große Luftmengen auf die Kerne bläst. Die Luft steigt an der Kesselwand in die Höhe und trocknet hierdurch nicht nur die Kerne, sondern fördert die Bildung der Wandschicht. Normal wird ein etwas gebogenes, sich pfeifenartig erweiterndes Mundstück verwendet, welches die Luft etwas hinter den Knotenpunkt bläst. Die Luft verteilt sich auf die ganze Oberfläche der rollenden Kerne und trocknet sie rasch aus. Für manche Zwecke gelangt auf rein empirischer Grundlage ein mit einem schmalen und langen Spalt versehenes Mundstück zur Anwendung. Der Spalt selbst liegt mit der Längsachse der elliptischen Oberfläche der rotierenden Kerne parallel. Ein die Form eines Jägerhorns besitzendes und nach oben gerichtetes Mundstück hat den Zweck, die Wandschicht schneller zum Trocknen zu bringen als die Kerne selbst, es dient also zur ganz raschen Bildung einer Wandschicht.

Die Anordnung einer Dragieranlage ist auf Abb. 233 schematisch abgebildet.

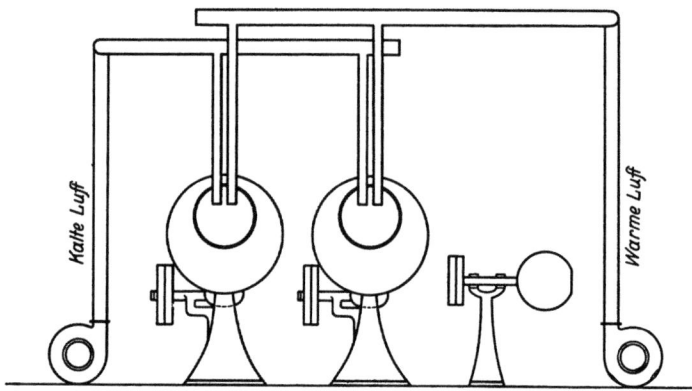

Abb. 233. Schema einer Dragieranlage, bestehend aus zwei Kesseln, einer Versilberungskugel, sowie aus zwei Druckluftleitungen für kalte und warme Luft.

Es ist üblich, die Kerne auf das doppelte Gewicht zu dragieren. Ein Kern zu 0,5 g wird also auf 1 g aufdragiert. Von dieser Regel weicht man nur bei einfachen Harz-, Fett-, Kollodium- usw. Hüllen ab, denn die Löslichkeit der Kerne würde hierdurch schädlich beeinträchtigt werden. Die verhältnismäßig große Dicke der Hülle macht es unmöglich, sie in einem Arbeitsgang herzustellen und wird daher aus einer großen Anzahl dünnen, in ihrer Zusammensetzung oft verschiedenen Einzelschichten zusammengebaut. Im Kessel selbst gelingt es fast nie die Drageehülle ganz trocken zu bekommen. Es wird daher oft erforderlich sein, die halbfertigen Kerne aus dem Kessel zu nehmen und entweder an der Luft oder in einem Trockenschrank bei irgendeiner zulässigen Temperatur zu trocknen und hiernach fertig zu dragieren.

Die Form des Kernes ist von besonderer Bedeutung für die Festigkeit der Hülle. Es ist eine allgemeine Erfahrung, daß Rotationskerne, also Kugeln, Ellipsoide usw. viel leichter, schneller und gleichmäßiger dragiert werden können als flache scheibenförmige Kerne. So z. B. sind auch flache, zylindrische Tabletten weniger geeignet als die erhabenen bzw. diskusförmigen. Auch ist die Drageehülle an den scharfen Kanten der Tabletten viel dünner als an den Flächen.

Das Glänzen der Dragees erfolgt im Dragierkessel. Es ist üblich, die im Kessel mit Glanz versehenen Dragees noch auf Hochglanz zu polieren. Hierzu dient eine mit Segeltuch bespannte rotierende Trommel, in welcher man die Dragees bis zum Erreichen des Hochglanzes laufen läßt (Abb. 234).

Zur Herstellung von Dragees benötigt man eine ganze Reihe von Hilfsgegenständen und Apparaten. So erfordert die Herstellung der zum Dragieren notwendigen Lösungen in einigen Fällen eine besondere Apparatur. Die meist nur in geringen Mengen notwendigen Harz-, Fett-, Keratinlösungen können in kleinen Glasgefäßen im entsprechenden Lösungsmittel hergestellt und vor Gebrauch filtriert werden. Ebenso ist die Herstellung von Gummi arabicum- und Dextrinlösungen sehr einfach. Das Gummi arabicum oder das Dextrin wird in einem Glas, Porzellan oder verzinntem Gefäß mit der erforderlichen Menge Wasser übergossen und unter häufigem Umrühren bis zum erfolgten Lösen stehengelassen, worauf die Lösungen filtriert werden.

Abb. 234. Poliermaschine für Dragees (Paul Franke & Co. AG., Leipzig-Böhlitz-Ehrenberg).

Eine viel größere Sorgfalt erfordern die Gelatine- und Zuckerlösungen. Bei der Herstellung der genannten Lösung gilt infolge der leichten Verderblichkeit als allgemeine Regel, daß nur für den Tagesverbrauch erforderliche Mengen angefertigt werden dürfen. Diese Menge hängt natürlich von der Größe des Betriebes ab. Kerne werden nur selten mit Gelatine überzogen. Die doch notwendigen kleinen Mengen können laboratoriumsmäßig hergestellt werden. Die Herstellung von größeren Mengen wird im Kapitel XVII über Gelatinekapseln beschrieben.

Die Zucker-(Saccharose-)Lösungen werden am zweckmäßigsten in mit Dampf geheizten, verzinnten Kupferkesseln gekocht. Für kleinere Betriebe genügt ein kleiner Kessel von 8—10 Liter Fassungsraum. Im Notfalle kann der Zucker auch über einer Gasflamme gelöst werden. jedoch besteht hier eine Überhitzungsgefahr, wodurch der Zucker karamelisiert wird. Hochkonzentrierte Zuckerlösungen werden sogar bei Dampfheizung karamelisiert, weshalb die Anwendung von Vakuumkochapparaten geboten ist. Die Vakuumkochapparate sowie im allgemeinen Apparate für große Mengen an Zuckerlösungen sind im Kapitel XIV (S. 241) über medikamentöse Zuckerwaren beschrieben. Der vorher erwähnte Kochkessel muß entweder eine Kippvorrichtung besitzen (Abb. 167), um die fertige Zuckerlösung zur Vermeidung einer Überhitzung sofort aus dem Kessel entfernen zu können, oder aber muß er von der Dampfleitung abhebbar gebaut sein (Abb. 235). Das rasche Abschließen des Dampfventils kann die Überhitzung nicht verhindern, da der Heizraum mit Dampf noch erfüllt ist und dieser sich auch durch Öffnen des Entlüftungshahns nicht genügend rasch entfernt. Die Überhitzung würde praktisch so viel

Abb. 235. Abnehmbarer Dampfkochkessel auf Säule montiert (Volkmar Hänig & Co., Dresden-Heidenau).

bedeuten, daß die Zuckerlösung auf einen höheren „Grad" gekocht wird, wobei aber erfahrungsgemäß eine nur um 1—2° höher gekochte Zuckerlösung bereits eine Störung im normalen Verlauf des Dragierens hervorruft. Es ist aus Kapitel XIV, S. 239, über Zuckerwaren zu entnehmen, daß die Zuckerlösungen so hergestellt werden, daß man den Zucker mit einer überschüssigen Wassermenge auf eine bestimmte Temperatur erhitzt, wobei der Wasserüberschuß verdampft und die Konzentration sich auf den von der Temperatur eindeutig bestimmten Wert einstellt. Kocht man zu wenig, so erreicht man die gewünschte Temperatur und somit auch die erforderliche Konzentration nicht, kocht man dagegen zu viel, so steigt die Temperatur und auch die Konzentration über die erforderliche Grenze. Auf kaltem Wege können hochkonzentrierte Zuckerlösungen nur sehr langsam und schwierig oder überhaupt nicht gewonnen werden, da die ganz hochkonzentrierten Lösungen bei normaler Temperatur erstarren. Die Einzelheiten des Zuckerkochens sind ebenfalls im Kapitel XIV (S. 239) beschrieben.

Der fertiggekochte Zucker wird aus dem Kessel durch ein Flanelltuch oder durch ein ganz dichtes Bronzesieb in ein doppelwandiges, innen verzinntes Kupfergefäß gegossen. Das Gefäß wird oben mit einem Holzdeckel abgeschlossen, unten befindet sich ein Ablaßhahn. In die Doppelwand wird durch eine oben befindliche kleine und mittels Stopfen verschließbare Öffnung heißes Wasser gefüllt, welches nach dem Abkühlen unten durch einen zweiten Hahn abgelassen werden kann. Der Vorteil dieses Gefäßes ist, daß die Zuckerlösung zum Gebrauch nicht mit einem Löffel oben herausgeschöpft werden muß. Arbeitet man mit einem Schöpflöffel, so wird die Zuckerlösung überall vertropft, läßt man aber die Lösung durch den Hahn in ein Porzellanmeßgefäß fließen, so können immer genaue Zuckermengen entnommen und außerdem kann sauber gearbeitet werden. Beim häufigen Öffnen des Gefäßes würde die Zuckerlösung rasch abkühlen und an der Oberfläche auskrystallisieren. Die Krystalle bzw. die groben Krystallbrocken kleben sodann an die Kerne und verhindern die Herstellung von gleichmäßigen Dragees. Im oben geschlossenen, doppelwandigen Gefäß krystallisiert aber der Zucker nicht, vorausgesetzt, daß stets warmes Wasser nachgefüllt wird. Nur wenn kalte Zuckerlösungen zur Anwendung gelangen, wird man das Nachfüllen des Warmwassers unterlassen.

Die zum Dragieren erforderlichen pulverförmigen Stoffe werden mit Ausnahme des Zuckerpulvers bereits in Pulverform aus dem Handel bezogen, so z. B. Stärke, Talkum, Magnesiumoxyd, Carbonat, Calciumcarbonat, Mehl usw. Das Zuckerpulver stellt man sich aber immer selbst her, und zwar in Puderfeinheit. Das Pulverisieren ist ausführlich im Kapitel I über Pulver (S. 13) besprochen. Das Zuckerpulver und ebenso sämtliche andere pulverförmige Substanzen werden den Forderungen entsprechend durch ein Sieb Nr. 40/cm gesiebt. Die Siebe sollen aus Messing oder Bronze angefertigt sein und werden in sämtlichen Siebnummern bis 45/cm vorrätig gehalten. Das fertige Zuckerpulver neigt zur Klumpenbildung und wird daher in Blechgefäßen aufbewahrt.

Da die Kerne sehr oft nicht gleichförmig groß sind und auch beim Dragieren nicht in gleichem Maße wachsen, ist es notwendig, sie im Verlauf des Dragierens nach Größe zu sortieren. Hierbei werden die zu großen und zu kleinen Kerne bzw. Dragees ausgewählt, während die normal großen in den Kessel zurückgelangen. Die mittels Tablettenmaschinen gepreßten Kerne oder Pillen sind zumeist gleichmäßig groß. Die Ungleichmäßigkeiten kommen besonders bei den sogenannten Zuckerkügelchen (Nonpareille) oder durch Dragieren hergestellten „Pillen" vor, wo als Kern entweder kleine Krystalle, grobe Abfälle der Zuckerpulverherstellung, Mohnkörner oder ein Granulat verwendet wird und die Ungleichmäßigkeiten bereits im Kern gegeben sind. Zum Sortieren der zumeist kugelförmigen Dragees benötigt man 12 Stück 1 mm dicke Kupferplatten, welche mit folgender Kreislochung versehen sind:

Platte Nr. 1	Lochdurchmesser	2 mm	Platte Nr. 7	Lochdurchmesser	4,5 mm
„ „ 2	„	2,3 „	„ „ 8	„	5,0 „
„ „ 3	„	2,6 „	„ „ 9	„	5,5 „
„ „ 4	„	3,0 „	„ „ 10	„	6,0 „
„ „ 5	„	3,5 „	„ „ 11	„	6,5 „
„ „ 6	„	4,0 „	„ „ 12	„	7,0 „

Die gleichgroßen Platten werden zwecks Gebrauch in einen mit Handgriff versehenen Rahmen gelegt.

Zur Entleerung der Dragierkessel ist ein entsprechend geformtes Gefäß notwendig. Mittels eines eckigen oder zylindrischen Gefäßes können die Dragees, ohne sie zu beschädigen, nicht restlos herausgehoben werden. Am besten bewährte sich ein Gefäß von folgender Form (Abb. 236): ein stark gewölbter diskusförmiger Hohlkörper aus Blech wird in der Mitte entzwei geschnitten. Die Wölbung des Diskus muß der Krümmung des Dragierkessels angepaßt sein. Die Kanten der Öffnung müssen tadellos abgerundet werden, um

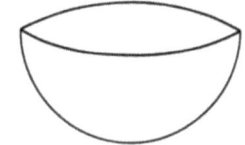

Abb. 236. Schöpfgefäß zur Entleerung des Dragierkessels.

die Dragees nicht zu verkratzen, oder nicht noch stärker zu beschädigen. Zur leichteren Handhabung kann dieses Schöpfgefäß mit einem starkem Griff versehen werden.

Zum Trocknen der Dragees dienen Trockenschränke oder Trockenräume, wie diese in dem Kapitel XIII, S. 233, über Nährmittel näher beschrieben sind. Die Trockenhorden können für größere Kerne aus Drahtnetz (verzinntes Eisen) angefertigt werden, jedoch können nur sogenannte harte Dragees und auch diese nur in hinreichend trockenem Zustand auf ihnen getrocknet werden, da der Eisendraht sich in die weiche Hülle eindrückt. Gute Dienste leisten auch aus Pappkarton hergestellte Horden.

Zur Ausrüstung einer Dragieranlage gehören auch einige auf 0,01 g genaue Waagen zur Bestimmung des genauen Gewichtes der Kerne und der fertigen Dragees. Zur Bestimmung der Maße der Dragees wird eine Schublehre an Hand gehalten. Es ist bekannt, daß ein fertig dragierter Kern infolge der wechselnden Dichte der aufdragierten Schicht verschiedene Maße aufweisen kann, obwohl das Gewicht der Hülle dieselbe ist. Würde man also die Maße nicht von Zeit zu Zeit kontrollieren, so könnte es vorkommen, daß die fertigen Dragees für die vorgesehene Verpackung z. B. für Glasphiolen zu groß werden.

Das Überziehen der Kerne mit Gelatine ist im Dragierkessel äußerst schwierig. Um eine dicke Hülle zu erhalten, müßte mit einer relativ konzentrierten Lösung gearbeitet werden, jedoch kleben sodann die Kerne auch bei der maximalen Tourenzahl des Kessels zu großen Klumpen aneinander. Im Dragierkessel kann nur mit verhältnismäßig niedrig konzentrierten Lösungen in warmem Zustand gearbeitet werden. Ist die

Abb. 237. Maschine zum Überziehen von Pillen mit Gelatine.

Gelatine im warmen geschlossenen Kessel bereits gleichmäßig verteilt, so gießt man auf die Kerne irgendein Öl. Glyceridfette sind besser geeignet als Paraffinöl, da letzteres Öl die Oberfläche der Kerne nicht gleichmäßig umhüllt. Die entstandene Fetthülle verhindert beim noch folgenden Abkühlen das Aneinanderkleben der Kerne. Durch einen kräftigen Strom kälter Luft werden die Kerne rasch abgekühlt, aus dem Kessel herausgeschöpft und auf

Horden zum Trocknen auseinandergebreitet. Man kann die Hülle vor dem Ölzusatz durch Aufgießen einer 1%igen Formalinlösung wasserunlöslich machen, und obwohl hierdurch auch die Klebrigkeit vermindert wird, ist es doch zweckmäßig auch noch Öl zuzufügen. Da die Ausführung sehr schwierig ist und die Kerne trotz großer Vorsicht öfters aneinanderkleben, wird das Gelatinieren im Dragierkessel nicht ausgeübt. Auf dem Eintauchwege konnten nur verschwindend kleine Mengen gelatiniert werden. Obwohl die Firma Arthur Colton Co., Detroit USA., einen ganz hervorragenden Apparat für diesen Zweck konstruierte, konnte sich das Gelatinieren in Europa kaum einbürgern. Der Coltonsche Apparat (Abb. 237) ist nur für kugelförmige Kerne, also nur für Pillen geeignet und arbeitet mit Vakuum. Die Umhüllung der Pillen erfolgt mit Hilfe von mit Saugröhrchen versehenen Eintauchplatten. Die Pillen werden mittels Vakuum von den Röhrchen angesaugt und sodann in die Gelatinelösung getaucht. Hierbei wird eine Seite der Pillen mit Gelatin überzogen. Die Platte wird nun mit den Pillen zusammen in den oberen Trockenraum gesetzt. Nach erfolgtem Trocknen werden die Pillen mittels Vakuum von der ersten Platte auf eine andere Platte übertragen, indem man die Saugröhrchen der zweiten Platte auf die Pillen legt und ansaugt. Nach nochmaligem Eintauchen sind nun beide Hälften der Pillen mit Gelatine überzogen, worauf nochmals getrocknet wird. Mit derselben Maschine können verschieden große Pillen gelatiniert werden, nur muß die Saugstärke, also das Vakuum, entsprechend reguliert werden.

B. Die Herstellung der verschiedenen Hüllen.

Von den eine praktische Bedeutung besitzenden Hüllenarten sollen hier folgende berücksichtigt werden:
  1. Cellulosehüllen aus Nitrocellulose, Acetylcellulose, Äthylcellulose, Benzylcellulose.
  2. Harz- und Balsamhüllen aus Mastix, Benzoe, Sandarak, Tolubalsam.
  3. Keratinhüllen.
  4. Weiche Zuckerdragees.
  5. Harte Zuckerdragees.
  6. Weiche Schokoladendragees.
  7. Halbweiche Schokoladendragees.
  8. Harte Schokoladendragees.
  9. Metallüberzüge.

Zuletzt soll (10) noch die Herstellung von einzelnen Pillenarten im Dragierkessel besprochen werden. Sämtliche Hüllen werden auf Grund der vorhergehend besprochenen Überlegungen hergestellt.

1. Cellulosehüllen.

Von den Cellulosederivaten wird fast ausschließlich die Nitrocellulose in Form von Kollodium verwendet. Das 4% Kollodium wird vor dem Gebrauch mit einem Alkohol-Äthergemisch von 1:1 auf die doppelte Menge verdünnt und in kleinen Mengen auf die Kerne gegossen, bis im geschlossenen Kessel die Kerne ganz gleichmäßig umhüllt sind. Nun wird der Kessel geöffnet, doch läßt man ihn noch solange rotieren, bis die Kerne trocken sind. Durch Einblasen von kalter oder wenig erwärmter Luft (25° C) kann das Trocknen beschleunigt werden. Nach dem Abtrocknen können die zurückgebliebenen Spuren des Äthers und Alkohols durch warme Luft (40—50° C) völlig entfernt werden. Denselben Zweck erreicht man durch nachträgliches Trocknen in einem Trockenschrank. Die Kollodiumhüllen sind durchsichtig. Gelangt aber zum Kollodium Wasser, so wird die erhaltene Hülle stellenweise weiß, undurchsichtig und durchlässig. Die Acetylcellulose ist weniger wasserempfindlich und wird in folgender Lösung verwendet:

2 Acetylcellulose, 11 Alkohol,
12 Essigäther, 65 Aceton.

Fügt man hierzu 15 Teile Wasser, so trocknet die Lösung auch undurchsichtig und weiß auf. Ganz wasserfeste Hüllen erhält man mit Äthylcellulose oder Benzylcellulose. Beide Stoffe werden in Form einer 1—2%igen Lösung in einem Benzol-Alkoholgemisch von 95:5 verwendet.

2. Harz- und Balsamhüllen.

Es werden hier einige auch Pillenlack genannte Harz- bzw. Balsamlösungen mitgeteilt, die sich auch im Dragierkessel bewährt haben:

	Germ.	Gall.	Hung.	I.	II.	III.
Tolubalsam	1	1	1	15	—	—
Sandarak	—	2,5	—	—	—	1
Mastix	—	—	—	5	5	1
Benzoeharz	—	—	—	—	5	—
Ricinusöl	—	—	—	—	—	0,5
Chloroform	—	—	4	—	—	—
Alkohol	5	—	—	15	10	—
Äther	—	25	—	80	80	1,5

Einen schön glänzenden Überzug erhält man durch Kombination von Nitrocellulose mit Harze

Nitrocellulose Nr. 8   2,00   Alkohol   36,00
Dammarharz, gereinigt 0,75   Äther   36,00
Ricinusöl   0,25   Butylazetat   15,00

Die nur ganz dünne Hülle wird mit warmer Luft getrocknet.

3. Keratinhüllen.

a) Saure Lösung: 7 g Keratin werden in 100 g Eisessig durch Digerieren gelöst. Eine andere Vorschrift löst 7 g Keratin in 100 g 50%ige Essigsäure durch Digerieren während 24 Stunden.

b) Alkalische Lösung: 7 g Keratin werden in einem Gemisch von 50 g Ammoniak (10%) und 50 g Alkohol (96%) durch schwaches Erwärmen gelöst.

Das Überziehen wird in der Glaskugel durchgeführt. Man läßt die Kugel zuerst geschlossen und dann geöffnet bis zum Trocknen laufen. Vor dem Überziehen mit Keratin umhüllt man die Kerne mit Kakaobutter oder Talg.

4. Weiche Zuckerdragees.

Die weichen Zuckerdragees sind in der pharmazeutischen Praxis sehr selten, dennoch soll ihre Herstellung der Vollständigkeit halber hier besprochen werden. Die Hülle der weichen Zuckerdragees ist dadurch gekennzeichnet, daß sie aus einem Gemisch von Saccharose und Glucose besteht. Die Zuckerlösung selbst wird aus 60 Teilen einer 32° Bé (= 1,285 spezifisches Gewicht = 59,8% Zuckergehalt) starken Zuckerlösung und aus 40 Teilen des handelsüblichen Glucosesyrups (Stärkesyrup) mit 80% Glucose hergestellt. Bezüglich des Zuckersyrups sei bereits hier erwähnt, daß man für weiße Dragees stets die reinsten Zuckersorten verwenden soll. Für gefärbte Dragees kann auch weniger reine Zucker zur Anwendung gelangen. Steht kein ganz weißer Zucker zur Verfügung, so kann er mit Wasserstoffsuperoxyd gebleicht werden, indem man davon 10—12 g mit 5 kg Zucker und 3 kg Wasser aufkocht. Dies hat den Nachteil, daß die hieraus hergestellten schneeweißen Dragees oft nach einer Zeit vergilben. Weniger wirksam, aber doch brauchbar ist ein Aufkochen mit Entfärbungskohle, welche aber keinesfalls in Form eines feinen Pulvers der Zuckerlösung zugefügt werden darf.

Die im Kessel befindlichen Kerne werden mit der Zuckerlösung angefeuchtet und nachdem die Lösung gleichmäßig verteilt ist, streut man soviel Zuckerpulver hinzu, daß die Kerne nach dem gleichmäßigen Verteilen gerade noch feucht bleiben. Der Kessel läuft mit der größten Tourenzahl (26). Gießt man zu viel Syrup auf die Kerne, so bleiben die Kerne an der Kesselwandung haften und deformieren sich, wenn sie nicht sofort mit der Hand in die Masse der rotierenden Kerne zurückgestoßen werden. Nachdem der obenstehend vorgeschriebene Saccharose-Glucose-syrup verhältnismäßig langsam trocknet, kann viel Luft in den Kessel geblasen werden (gerades, nach unten gerichtetes Mundstück). Nachdem die erste Schicht trockengelaufen ist, gießt man eine neue Menge der Zuckerlösung auf und bestreut nochmals mit Zuckerpulver. Dies wird solange wiederholt, bis die Drageehülle die gewünschte Dicke bzw. das gewünschte Gewicht erreicht hat. Einige Schichten können auch ohne Zuckerpulver aufgeführt werden. Bei der letzten Schicht läßt man die Hülle nicht ganz staubtrocken laufen, wirft in den Kessel mit Kakaobutter verschmolzenes Wachs hinzu und läßt die Kerne im geschlossenen Kessel bis zum völligen Trocknen und bis auf Hochglanz laufen. Das Glänzen der Dragees kann sehr gut und schön mit folgender Paste erfolgen:

80 g gelbes Wachs,
160 g Paraffinöl,
100 g Talkum

Das gelbe Wachs wird mit dem Paraffinöl verschmolzen und die Schmelze mit dem Talkum innigst vermischt und kaltgerührt. Auf 10 kg Dragees benötigt man 1 kg dieser pastenförmigen Masse. Man schmiert die gewogene Menge der Masse auf die Handfläche und steckt diese zwischen die Kerne in den Kessel. Nachdem die rotierenden Kerne die Wachspaste herabgerieben haben, schließt man den Kessel und läßt bis Hochglanz laufen. Das Glänzen wird ebenfalls an den noch nicht staubtrocken gelaufenen Dragees durchgeführt. Die weichen Zuckerdragees können sehr leicht geglänzt werden, sie verlieren aber beim Lagern ebenso rasch wieder ihren Glanz.

5. Harte Zuckerdragees.

Die harten Zuckerdragees unterscheiden sich von den weichen Dragees dadurch, daß die Hülle aus reiner Zuckerlösung (Saccharose), zu welcher auch Zuckerpulver, Stärke, Talkum usw. gestreut werden kann, hergestellt wird. Die pharmazeutischen Dragees sind hauptsächlich harte Dragees.

Die Zuckerlösung entspricht ungefähr dem Syrupus simplex und wird durch Auflösen von 6,25 kg Zucker in 3,75 kg Wasser hergestellt. Es wird oft auch ein auf 105° C oder 107,5° C gekochter Syrup verwendet. Zum Streuen wird entweder Zuckerpulver oder ein Gemisch von Zuckerpulver mit Weizenstärke (1 : 1) benutzt.

Ein wichtiges Schulbeispiel der harten Zuckerdragees sind die Mentholdragees. Die Kerne der Mentholdragees werden entweder durch Tablettieren (S. 72), oder wie dies hier folgend beschrieben wird, nach Art der Pillen mit Hilfe der Paul Frankeschen Rollmaschine (S. 100, Abb. 97) hergestellt. Die Kernmasse besteht aus

25 kg Zuckerpulver, 0,75 kg Borax,
2 kg arabisches Gummi, 0,17 kg Menthol.

Das Zuckerpulver und der Borax werden in der Knetmaschine mit dem in der gerade ausreichenden Alkoholmenge gelösten Menthol und mit dem in 3 kg Wasser gelösten arabischen Gummi verknetet. Die Masse wird mit Hilfe einer Strangpresse zu Strängen mit einem Durchmesser von 7—8 mm gepreßt und in der Frankeschen Rollmaschine zu 0,45—0,5 g schweren Kerne geformt. Die Kerne werden gut getrocknet. Die Herstellung der Kerne geht auf diesem Wege etwas langsam, und es bildet sich auch viel Abfall. Wurde die Masse mit zuviel Wasser hergestellt, so deformieren sich die Kerne beim Trocknen. Aus diesen Gründen zieht man es in der Praxis vor, die Kerne mittels Tablettenmaschinen zu pressen. Es ist aber hierbei zu überlegen, daß die gepreßten Kerne geschmacklich weit hinter den aus voriger plastischen Masse hergestellten Kernen zurückstehen. Für Dragees von einer besonders guten Qualität wird man niemals gepreßte Kerne verwenden.

Die abgesiebten Kerne werden in den mit 22 Touren laufenden Kessel gefüllt. Ist keine Druckluft vorhanden, so wird der Kessel zur Ausbildung der Zuckerschicht an der Wand vom Anfang an der Verbindungsstelle der Antriebswelle und des Kessels mit Dampf oder mit Gas geheizt. Ist die Wandschicht bereits überall gleichmäßig stark, so hört man mit dem Heizen auf. Die Zuckerlösung wird auf 107,5° C gekocht. Es wird abwechselnd Zuckerlösung auf die Kerne gegossen und soviel Zuckerpulver gestreut, daß die Kerne immer etwas feucht bleiben. Ist eine Druckluftleitung vorhanden, so wird der Zucker nur auf 105° C gekocht. Die Luft wird bei geöffnetem Schieber durch das nach unten gerichtete gerade Mundstück auf die Kerne geblasen. Nachdem 2—3 mal Syrup aufgegossen wurde und sich auch eine gleichmäßig starke Wandschicht gebildet hat, wird an Stelle des geraden Mundstück das Spaltmundstück gesetzt, durch welches in langsamem Strom warme Luft geblasen wird. Es ist vorteilhaft mit warmem Syrup zu arbeiten.

Bei der Herstellung von Mentholdragees ist besondere Vorsicht geboten, da das Menthol als leicht flüchtige Substanz durch die Drageeschicht dringt und sich dort niederschlägt. Nun ist die Durchlässigkeit der Drageehülle oft nicht gleichmäßig, so daß die Hülle fleckig wird. An den Stellen, wo das Menthol durchdringt, verliert das Dragée die schöne weiße Farbe und wird ölig oder glasig. Diesem Fehler kann abgeholfen werden, indem man eine weniger durchlässige Drageehülle herstellt. Würde man eine gleichmäßig stark poröse Hülle herstellen, so würde das Dragee überall gleichförmig ölig oder glasig werden. Da dies nicht erwünscht ist, ist man gezwungen eine dichtschließende, gar nicht oder nur wenig durchlässige Hülle zu erzeugen, durch welche das Menthol nicht durchdringen kann. Eine solche Hülle kann durch warmes Dragieren gewonnen werden. Eine jede Zuckerlösung erstarrt beim Trocknen mikrokrystallinisch, und zwar im Falle einer kalten Führung bereits bei einer niedrigeren Konzentration als im Falle einer warmen Führung. Durch Anwendung von höheren Dragiertemperaturen krystallisiert die Hülle erst in viel konzentrierterem Zustand und wird dichter und daher weniger durchlässig. Es gelingt durch warmes Dragieren sogar bereits verdorbene Mentholdragees zu verbessern. Hierzu werden die Dragees stark angeheizt und mit auf 107,5° C gekochtem Syrup angefeuchtet, worauf warme Luft eingeblasen wird. Dies wird öfters wiederholt, bis die Oberfläche holprig wird. Die Luft und die Heizung wird jetzt abgestellt und mit auf 105° C gekochtem Syrup und Zuckerpulver glatt dragiert. Haben die Dragees die erforderliche Größe erreicht, so werden noch einige Schichten ohne Heizung nur mit Syrup aufdragiert. Während im Verlauf des Dragierens eine jede Schicht staubtrocken geführt wird, läßt man die letzte Schicht immer etwas feucht, und die Dragees werden in diesem Zustand auf Horden ausgebreitet und getrocknet. Billigere Mentholdragees werden nicht nur mit Zuckersyrup und Zuckerpulver dragiert, sie werden zur Hälfte mit Weizenstärke oder Talkum bestreut. Ganz billige Sorten werden nur mit Stärke bestreut.

Zur Herstellung von Zuckerkugeln (Nonpareille) benutzt man kleine Zuckerkrystalle als Kerne und dragiert mit reiner Zuckerlösung bis auf die gewünschte

Größe. Da aber die Krystalle verschieden groß sind, wachsen auch die Kügelchen verschieden schnell. Es ist daher ein Sortieren erforderlich. Die über dem Durchschnitt liegenden Kügelchen kommen nicht gleich in den Kessel zurück, sondern erst dann, wenn die Hauptmasse ihre Größe erreicht hat. Ebenso werden die zu kleinen Kügelchen bis zur nächsten Fabrikation zurückgestellt. Das Sortieren muß solange wiederholt werden, bis man ganz gleichmäßig große Kügelchen hat.

Bei Pillen und Tabletten werden die ersten 2—3 Schichten aus einem Gemisch (1:1) von Gummi-arabicum-Schleim und Zuckersyrup (simplex) hergestellt, wobei mit schneeweißem Talkum bestreut wird. Nachdem dieses „Vordragieren" beendigt ist, werden die Kerne einen Tag lang getrocknet. Findet man die Hülle nach dem Trocknen in einem einwandfreien Zustand, das heißt ist die Hülle gleichmäßig und zeigen sich nirgends Sprünge oder infolge der chemischen Zusammensetzung der Kerne auftretende Flecken, so kann das Dragieren mit Syrup und Zuckerpulver zu Ende geführt werden. Hierbei wird der Kessel im allgemeinen nicht erwärmt, das heißt die Schichten werden kalt geführt. Nach jedem Aufgießen von Syrup werden die Dragees mit der Hand oder mittels Spatel kräftig gemischt, um die Gefahr des Aneinanderklebens zu vermindern. Das Trocknen wird durch Einblasen von kalter Luft beschleunigt. Eine jede Schicht läßt man staubtrocken laufen. Die letzten Schichten werden nur mit Syrup ohne Zuckerpulver und entweder ganz ohne Luft oder aber mit warmer Luft geführt, wie es eben die nachfolgend beschriebenen Glänzverfahren erfordern.

Es muß hier noch auf eine Fehlerquelle beim Dragieren hingewiesen werden. Heizt man den Kessel zu stark, so wird die Wandschicht zu stark und es springen zeitweise Stückchen ab, welche dann mitrotieren und ebenfalls dragiert werden oder an die Dragees bzw. an die Wand kleben. In diesem Falle muß der Kessel angehalten und innen glattgerieben oder abgewaschen werden. Das weitere Dragieren hat dann bei einer niedrigeren Temperatur zu erfolgen. Derselbe Fehler tritt bei zu konzentrierter Zuckerlösung auf.

Das Glänzen der Dragees kann 1. in jenem Kessel vorgenommen werden, in welchem das Dragieren selbst ausgeführt wurde. Es ist dies das Glänzen im Zuckerkessel (Wandschicht!). Eine andere 2. Möglichkeit ist das Glänzen im Wachskessel, dessen Wand mit weißem Wachs gleichmäßig überzogen ist. Es kann 3. auch im leeren Kessel geglänzt werden.

Wird im Zuckerkessel (95 cm) geglänzt, so erwärmt man den Kessel beim Aufdragieren der letzten Schichten auf ungefähr 37° C. Ohne die Dragees ganz staubtrocken laufen zu lassen, gießt man auf jedes Kilogramm Dragees 2 g geschmolzene Kakaobutter und stellt hierauf die Heizvorrichtung ab. Nachdem die Dragees glänzend wurden, wird mit einem Zuckersyrup (102,5° C) — Glucosesyrupgemisch von 8:1 angefeuchtet und gleichzeitig mit ganz wenig Reisstärkepulver bestreut. Der Glanz der getrockneten Dragees ist haltbar. Einen viel schöneren und haltbareren Glanz erhält man mit Hilfe einer Walratemulsion, die wie folgt hergestellt wird:

16 g Walrat

werden in einer Email- oder Porzellanschale geschmolzen und mit

38 g Gummi-arabicum-Schleim (2:3)

durch kräftiges Rühren emulgiert, worauf unter Zufügen von

39 g Zuckersyrup (102,5° C) und

7 g Glucosesyrup

kaltgerührt wird. Auf 1 kg der warmen Dragees gibt man 5 g dieser Emulsion in den geschlossenen Kessel und läßt bis zum vollen Glanz laufen.

Zwecks Glänzen im Wachskessel (70 cm) werden die noch nicht ganz trocken gelaufenen Dragees vom Zuckerkessel herausgeschöpft und entweder sofort oder am anderen Tag in den Wachskessel gefüllt und mit wenig Talkum bestreut, worauf der Kessel in Rotation versetzt wird. Haben die Dragees bereits einen Glanz erhalten, so spannt man mit Hilfe des Holzdeckels ein feuchtes Tuch über die Öffnung, so daß die Ecken des Tuches am Deckelrand hervorragen. Die Dragees laufen hierdurch in einer mit Wasserdampf gesättigten Atmosphäre und verlieren dabei nach kurzer Zeit den vorher bereits erreichten Glanz, worauf das feuchte Tuch entfernt wird, und man läßt zunächst den geschlossenen Kessel noch $^1/_4$ Stunde und hiernach den offenen Kessel bis zum Vollglanz laufen. Der so erhaltene Glanz zeichnet sich durch seine besondere Schönheit und Haltbarkeit aus.

Um im leeren Kessel einen schönen Glanz zu erhalten, läßt man die Dragees im Zuckerkessel trocken laufen und trocknet sie im Schrank noch weiter aus. Hiernach füllt man sie in einen zunächst keine Wandschicht enthaltenden Kessel (95 cm) und feuchtet mit einem Gummi-arabicum-Zuckersyrupgemisch von 1:1 an. An die Luftleitung wird das nach oben gerichtete jägerhornförmige Mundstück befestigt und bläst kalte Luft an die Wand. Die Wandschicht soll hierdurch rascher als die Drageeschicht trocknen, denn sonst würden die Dragees die dünne, noch nicht getrocknete Wandschicht abreiben oder abreißen und dabei selbst fleckig und ungleichmäßig werden. Noch bevor die Dragees völlig trocken sind, gibt man eine Wachsmasse, und zwar 1—1,5 g auf 1 kg Dragees gerechnet in den Kessel, stellt den Luftstrom ab und läßt den Kessel bis zum Vollglanz laufen. Die Zusammensetzung der Wachsmasse ist:

    80 g gelbes Wachs,
   160 g Paraffinöl,
   100 g Talkum.

Einen stärkeren Glanz erhält man durch Anwendung eines Walratgemisches von der Zusammensetzung:

    80 g Walrat,
    80 g Paraffinöl,
    30 g Talkum.

Auf 1 kg Dragees sind 3—4,5 g erforderlich.

Es ist üblich, die im Kessel geglänzten Dragees in einer Poliertrommel (Abb. 234) noch nachzupolieren. Da man aber schon im Kessel den Hochglanz erreichen kann, ist das nachträgliche Polieren recht überflüssig und nur dort angebracht, wo aus irgendeinem Grund kein Hochglanz erzielt werden konnte.

Farbige Dragees werden dadurch hergestellt, daß man beim Dragieren die letzten Schichten mit gefärbtem Syrup von 102,5° C bzw. 103—104° C (Druckluft!) herstellt. Die Anwendung von sehr verdünnten Farblösungen ist von besonderer Wichtigkeit, da von stärkeren Lösungen die Dragees leicht fleckig werden. Es dürfen nur ganz abgeglättete Dragees gefärbt werden, da z. B. an den tieferliegenden Stellen der Hülle mehr gefärbter Zucker aufdragiert wird und dadurch dunkle Stellen entstehen.

6. Weiche Schokoladendragees.

Die weichen Schokoladendragees werden mit einer aus einer Schokoladentunkmasse hergestellten Schmelzhülle umhüllt. Gewöhnliche Tafelschokolade wird mit 25 oder mehr Prozent ihres Gewichtes an Kakaobutter zusammengeschmolzen, z. B.

    3,0 kg Schokolade,
    0,8 kg Kakaobutter.

Diese Schmelze wird auf die mit der mittleren Geschwindigkeit (22 Touren/Min.) rotierenden Kerne gegossen. Man läßt den Kessel laufen, bis die Hülle ganz erstarrt ist. Es werden noch zwei Schichten unter Einblasen von wenig warmer Luft aufdragiert, worauf der Kessel geschlossen noch ungefähr $1/_2$ Stunde weiter rotiert, bis die anfangs graue Hülle braun wird. Sollte die Hülle nicht gleichmäßig dick erstarrt sein, so feuchtet man sie mittels zerstäubtem Wasser ein wenig an, bläst warme Luft ein und läßt den offenen Kessel nochmals $1/_2$ Stunde rotieren. Zum Zerstäuben des Wassers kann eine kleine zum Lackieren oder Färben geeignete Spritzpistole und Kohlensäuredruck (3 Atm.) gut gebraucht werden. Sollte die Hülle noch immer nicht genügend gleichmäßig bzw. glatt sein, so muß der Kessel in angeheiztem Zustand und geschlossen mit der größten Geschwindigkeit (26 Touren) rotieren. Zum vollkommenen Glätten der Oberfläche genügen sodann gewöhnlich 10 Minuten. Den weichen Schokoladendragees wird der Glanz normal mit Gummi arabicum verliehen. Das einfachste, aber auch schwierigste Verfahren hierfür ist, daß man die mit der größten Geschwindigkeit (26) rotierende Kerne mit einer Gummi-arabicum-Lösung anfeuchtet und nachdem die Dragees aneinander zu kleben beginnen, schmiert man sie mit geschmolzener Kakaobutter, worauf das Kleben aufhört. Viel weniger Übung und Erfahrung fordert das Glänzen mit folgenden Lösungen:

I.	II.
30 g Gelatin,	500 g Zucker,
25 g Weinsteinsäure,	500 g Wasser,
1000 g Wasser.	600 g Gummi-arabicum-Lösung (2:3),
	350 g Stärkesyrup.

Die Dragees werden zuerst mit der Gelatinelösung angefeuchtet mit einer Tourenzahl von 26 in der Minute bis zum Trocknen rotiert. Nunmehr feuchtet man mit Lösung II an, indem man noch unter den Deckel ein feuchtes Tuch spannt und den geschlossenen Kessel einige Minuten laufen läßt. Beginnen die Dragees nach dem Öffnen aneinander zu kleben, so bestreut man mit wenig Talkum und läßt bis zum Vollglanz laufen. Weiche Schokoladendragees werden für pharmazeutische Zwecke nur selten hergestellt.

7. Halbweiche Schokoladendragees.

Die halbweichen Schokoladendragees werden für pharmazeutische Zwecke ebenso selten herangezogen wie die weichen. Sie kommen fast ausschließlich für Zuckerwaren, und zwar für Fondantkerne in Frage. Die Dragierlösung wird durch Vermischen eines aus 2 kg Zucker hergestellten 105° C-Syrups mit 1,67 kg Stärkesyrup (80% Glucose) hergestellt. Zu dieser Lösung mischt man einen aus 430 g Reisstärke hergestellten Kleister, sowie 670 g feingesiebtes Kakaopulver. Die mit diesem Gemisch angefeuchtete Kerne werden mit einem aus 4 kg Kakaopulver und 9,5 kg Zuckerpulver bestehenden gesiebten Gemisch bestreut. Haben die Dragees die gewünschte Größe erreicht, so feuchtet man sie mittels einer aus 1 kg Zucker und $1/_2$ kg Stärkesyrup auf spezifisches Gewicht 1,615 (55° Bé) gekochten Lösung an und streut eine kleine Menge Reisstärkepulver auf, worauf die Dragees rasch einen, allerdings nicht haltbaren, Glanz gewinnen. Es ist daher angezeigt, das bei den weichen Schokoladendragees beschriebene Glänzverfahren anzuwenden.

8. Harte Schokoladendragees.

Die Herstellung der auch für pharmazeutische Zwecke sehr häufig herangezogenen harten Schokoladendragees erfolgt den harten Zuckerdragees ähnlich, mit dem Hauptunterschied, daß nach dem Anfeuchten mit einer auf 103,5° C gekochten Zuckerlösung nicht mit Zuckerpulver, sondern mittels eines Zucker-Kakaogemisches bestreut wird. Der Zuckerlösung wird oft wenig Gummi arabicum in Form einer 2:3 Lösung beigemengt. Das durch ein Sieb Nr. 40/cm gesiebte Zucker-Kakaogemisch besteht aus gleichen Teilen Zucker und Kakao und enthält auf 10 kg noch 12,5 g Saccharin 440 x. Das Glänzen erfolgt genau wie bei den harten Zuckerdragees.

9. Metallüberzüge.

Die Metallüberzüge werden mit Hilfe eines Klebestoffes hergestellt, und zwar wird fast ausschließlich Gelatine hierzu verwandt. Als Metall kommt heute nur Silber oder Aluminium in Betracht. Das Überziehen mit Aluminium kann leichter ausgeführt werden, aber die Überzüge haben einen etwas anderen metallischen Hochglanz als die Silberüberzüge. In beiden Fällen wird eine mit Essigsäure hergestellte Gelatinlösung verwandt:

240 g Gelatine (Emulsionsqualität),
600 g Eisessig,
400 g Wasser.

Die warm hergestellte Lösung wird in einem gut schließenden Gefäß aufbewahrt.

Die mit Metallüberzug zu versehenden Kerne müssen zuerst mit einer dünnen Zuckerschicht umhüllt und sodann gründlich getrocknet werden.

Das Silber wird in Form des ganz dünnen Blattsilbers (Chabin) verwandt. Auf jedes Kilogramm Kerne gibt man 4—5 g Blattsilber in die zum Versilbern dienende Glaskugel (S. 252, Abb. 227), wobei die Silberblätter nicht zusammengeknüllt werden dürfen, sie müssen vielmehr ganz lose in der Kugel liegen. Die Kerne werden inzwischen in einer halbrunden Emailleschale mit der Gelatinelösung angefeuchtet, und zwar nimmt man hierzu auf 1 kg Kerne 2,5 ccm. Man mischt die Kerne mittels einer Holzspatel bis sie zu kleben beginnen, füllt sie mit größtmöglichster Geschwindigkeit in die rotierende Kugel und schließt sie mit einem gut passenden Holzdeckel ab. Nach ungefähr 3 Stunden ist der Überzug glänzend, worauf man noch eine Stunde in der offenen Kugel laufen läßt. Sollte der Überzug dennoch keinen schönen metallischen Glanz haben, so fügt man gegen Ende der 4. Stunde noch etwas Gelatine hinzu. Nach Verlauf von 4 Stunden werden die Kerne auf Trockenhorden ausgebreitet und an einem staubfreien Orte aufbewahrt. Am anderen Tag füllt man die Kerne wieder in die Kugel, feuchtet mit wenig Gelatinelösung an und läßt eine Stunde rotieren. Die hiermit fertig überzogenen Kerne breitet man nochmals auf Horden aus und läßt, wenn erforderlich, auch einige Tage lang an einem staubfreien Orte trocknen, bis der Geruch nach Essigsäure vollkommen verschwunden ist.

Den Aluminiumüberzug stellt man nicht aus Blattaluminium, sondern aus ganz feinem, gesiebtem Aluminiumpulver her. Die Arbeitsweise ist annähernd dieselbe wie beim Versilbern, nur werden zuerst die mit der Gelatinelösung angefeuchteten Kerne in die Kugel gefüllt und das Aluminiumpulver wird erst dann auf die rotierenden Kerne gestreut. Auf 1 kg Kerne sind 2—2,5 g Aluminium erforderlich. Nach 2 Stunden ist der metallische Glanz erreicht, worauf die Kerne sofort zum Trocknen ausgebreitet werden müssen, da der Glanz sonst wieder verschwindet. Es muß sehr sorgfältig getrocknet werden, denn der Überzug wird von der etwa zurückgebliebenen Essigsäure in einigen Wochen ganz grau.

10. Die Herstellung von Pillen im Dragierkessel.

Wie auf S. 108 im Kapitel V über Pillen bereits erwähnt wurde, gibt es einige Massen, welche man mit Hilfe der üblichen Maschinen nicht zu einwandfreien Pillen formen kann. Dies sind in erster Linie extrakthaltige und harzige Massen, welche nach dem Formen beim Trocknen schrumpfen und infolgedessen sich deformieren. Da die Herstellung solcher Pillen auf dem üblichen Wege auch sehr mühselig und langwierig ist, hat sich ihre Herstellung im Dragierkessel bewährt. Als Kerne können Mohnkörner oder ein feines Granulat der Pillensubstanzen dienen, welche mit dem Gemisch eines verdünnten Zuckersyrups und einer Gummi-arabicum-Lösung angefeuchtet und mit dem gut getrockneten und fein pulverisierten gesiebten Gemische der Pillenbestandteile bestreut werden, bis das gewünschte Gewicht erreicht ist. Nachdem die hier in Frage kommenden Pillen fast alle Aloe enthalten, können die Kerne aus einem Aloegranulat bestehen. Es ist dadurch überflüssig, mehrerlei Kernsorten vorzubereiten und vorrätig zu halten. Als Beispiel soll hier folgend die Herstellung der Pilulae laxantes beschrieben werden (vgl. S. 109).

In den kleinsten Dragierkessel füllt man 1 kg Mohn oder ebensoviel eines Aloegranulats, feuchtet mit einem Zucker-Gummi-arabicum-Gemisch (3 Teile 102,5° C Syrup und 1 Teil Gummi-arabicum-Schleim [2:3] werden mit Wasser auf das doppelte Gewicht verdünnt) an und streut mit reinem Aloepulver, bis die Kerne die Kugelform angenommen haben. Wurde als Kern Mohn oder ein ganz feines Aloegranulat angewandt, so erreicht man die Kugelform mit Bestimmtheit bei einem Einzelgewicht von 0,01 g. Die Kugeln zeitweise nach der Größe zu sortieren ist unbedingt erforderlich. Die großen Kugeln stellt man bei Seite, während die kleinen getrennt weiter dragiert werden, bis sie das Gewicht der größeren erreicht haben. Man mischt nun die beiden und dragiert bis auf 0,01 g. Diese Aloekugeln zu 0,01 g dienen als Grundlage der eigentlichen Pillen. 2 kg Aloekugeln zu 0,01 g werden mit der Zucker-Gummi-arabicum-Lösung angefeuchtet und mit dem bereits auf S. 109 (Kapitel V) beschriebenen feingepulverten Gemisch von

10 kg Aloepulver,
15 kg Jalapapulver,
5 kg Seifenpulver

bestreut. Mit dem Anwachsen der Pillen muß man stufenweise auf einen größeren Kessel übergehen. Inzwischen müssen die Pillen stets der Größe nach sortiert werden. Erreicht man ein Einzelgewicht von 0,10 g und ein Gesamtgewicht von 20 kg, so kann man die Hälfte der Pillen (10 kg) als Pilulae laxantes minores dem Kessel entnehmen und die andere Hälfte auf 0,20 g zu Pilulae laxantes majores weiter dragieren. Beide Größen werden in einem Kessel durch Aufgießen von verdünntem Alkohol (70%) geglättet. Will man die genau erforderlichen Mengen der wirksamen Bestandteile in den einzelnen Pillen haben, so muß das Einzelgewicht 0,125 bzw. 0,25 g statt 0,10 bzw. 0,20 g betragen, da die erforderliche Zucker- und Gummi-arabicum-Menge ungefähr 25% der Gesamtmasse ausmacht.

Die Herstellung der Pilulae aloeticae comp. (S. 109) erfolgt genau wie vorhergehend beschrieben wurde mit der Maßgabe, daß als Grundlage 0,02 g schwere Aloekugeln verwandt werden, um rascher vorwärts zu kommen.

Die kleinen und etwa 0,05 g schweren kugelförmigen Cachous werden zweckmäßigerweise ebenfalls im Dragierkessel hergestellt, da die Pillenmaschinen für diesen Zweck eine nur sehr geringe gewichtsmäßige Leistung besitzen. Eine Ausnahme bildet der Coltonsche Pillenautomat. Als Kern dient ganz feinkörniger Zucker, wie er beim Vermahlen von Zucker als grobe Fraktion gewonnen wird. Die Kerne werden mit verdünnter Zuckerlösung und mit Succus liquiritiae pulvis auf 0,005 g schwere Kügelchen dragiert. 2860 g solcher Kügelchen werden in einen mittelgroßen Dragierkessel gefüllt, mit einer Zucker-Gummi-arabicum-Lösung (3 Teile 102,5° C Syrup, 1 Teil Gummi-arabicum-Schleim 2:3 werden mit 4 Teilen Wasser auf das doppelte verdünnt) angefeuchtet und mit folgendem feinen Pulvergemisch bestreut:

18,8 kg Zuckerpulver,   5,00 kg Süßholzsaftpulver,
3,0 kg Süßholzpulver,   0,80 kg Pfefferminzöl,
1,0 kg Kakaopulver,   0,06 kg Traganthpulver.

Haben die Kugeln ein Gewicht von 0,05 g erreicht, so dragiert man mit einer auf 104—106° C gekochter Zuckerlösung (mit oder ohne Luft) auf 0,06 g. Nach starkem Trocknen überzieht man mit Aluminium.

Beim Herstellen von Pillen im Dragierkessel muß um 10% mehr Pulvermischung zum Streuen verwandt werden, als das Gewicht der fertigen Pillen beträgt. Diese Menge geht durch Verstauben und durch Bildung der Wandschicht verloren.

XVI. Die sterilen Ampullen.

Die subcutane oder intravenöse Anwendung von Arzneimitteln konnte in die allgemeine ärztliche Praxis erst eindringen, als es gelang, die betreffenden Lösungen in einwandfrei steriler und sterilbleibender Form dem Arzt zur Verfügung zu stellen. Dies gelang durch Einschmelzen der die Einzeldosis enthaltenden Flüssigkeitsmengen in kleine, Ampullen genannte Glasgefäße. Vor der Einführung der Ampullen wurde die vom Apotheker hergestellte sterile Lösung in größeren Glasfläschchen ausgefertigt, wodurch die Sterilität des geöffneten und wieder zugestopften Fläschchens beim nochmaligem Gebrauch nicht im geringsten Maße sichergestellt war. Dadurch aber, daß die Ampullen gerade eine Einzeldosis enthalten, entfällt diese Schwierigkeit vollkommen. Es war daher verständlich, daß die Ärzte vor der Einführung der Ampullen gegen die subcutanen Injektionen Bedenken hatten. In den letzten 4 Jahrzehnten haben die sterilen Ampullen nunmehr nicht nur wegen der sichergestellten Sterilität, sondern auch wegen der sehr bequemen Dosierung und nicht minder wegen der bedeutend kürzeren Auswirkungsdauer gegenüber der per os Dosierung eine weite Verbreitung gefunden, welche ungefähr dieselbe Größenordnung aufweist wie die Anwendung der Tabletten. Die Tabletten und Ampullen sind entschieden die modernsten Arzneizubereitungen.

Die Herstellung der Ampullen bzw. das Abfüllen der Arzneilösungen in Ampullen ist eine Arbeit, welche eine doppelte Gewissenhaftigkeit erfordert. Es muß nicht nur auf die genaue Zusammensetzung der abzufüllenden Lösungen, sondern auch auf die vollkommene Sterilität des Ampulleninhaltes geachtet werden. Die Sicherstellung der genauen Zusammensetzung ist eine einfache, keine Schwierigkeiten verursachende Aufgabe, demgegenüber fordert die Sterilität der Ampullen von der Herstellung der Lösungen angefangen bis zum Zuschmelzen der Ampullen eine peinliche Reinheit und aseptisches Arbeiten. Da aber trotz dieser Vorsorge die Ampullen nicht mit absoluter Sicherheit als steril bezeichnet werden können, ist noch ein nachträgliches Sterilisieren der geschlossenen Ampullen erforderlich, denn auch der Zusatz von Antiseptika kann nicht immer eine 100%ige Sicherheit geben.

A. Die Ampullen.

Die Ampullen sind Glasgefäße von verschiedener Größe, welche zwecks Füllen und Entleeren mit einem oder mit zwei dünnen zuschmelzbaren Hälsen versehen sind. Nicht nur die Größe, sondern auch die Form der Ampullen zeigt eine große Mannigfaltigkeit. Die Größe der Ampullen bewegt sich zwischen 1 und 500 ccm. Die häufigsten Größen liegen wohl zwischen 1 und 10 ccm, von welchen die Hauptmenge wieder auf die Ampullen von 1 ccm entfällt. Die mehr als 10 ccm fassenden Ampullen werden fast ausschließlich für sterile Infusionen von physiologischen Kochsalzlösungen, Gelatinelösungen usw. verwandt. Die verschiedenen Ampullenformen sind auf Abb. 238, 239, 240, 241 abgebildet. Die auf Abb. 238, 239, 241 befindlichen Ampullen sind die üblichen kleinen Formate. Die Ampullen 5—11, 16—22 haben einen Hals, die Ampullen 1—4, 12—15 zwei Hälse. Letztere Ampullen sind einfacher herzustellen. Trotzdem sind sie nur hauptsächlich in Frankreich verbreitet. Es ist allerdings richtig, daß die mit einem Hals versehenen Ampullen hinsichtlich der Verpackung und der Handhabung bequemer sind. Die Ampullen mit eingeschnürtem Hals Nr. 8—11 sind

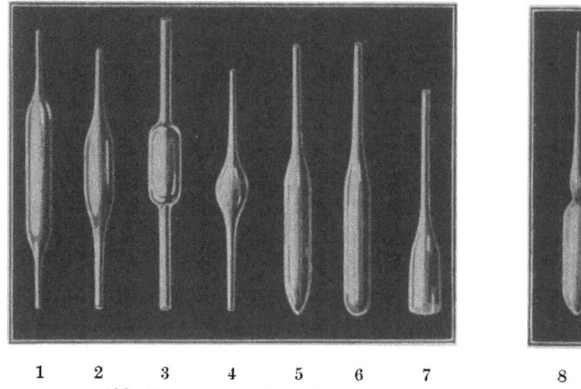
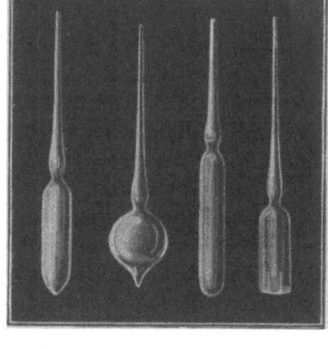

1 2 3 4 5 6 7   8 9 10 11
Abb. 238.   Ampullen für Injektionsflüssigkeiten.   Abb. 239.

wohl die meistgebrauchten und haben den Vorteil, daß die Flüssigkeit durch die Verengung nur schwer in die ausgezogene Kapillare dringen kann, welcher Umstand beim Zuschmelzen und beim Öffnen von Bedeutung ist. Die Ampullen werden entweder mit flachem

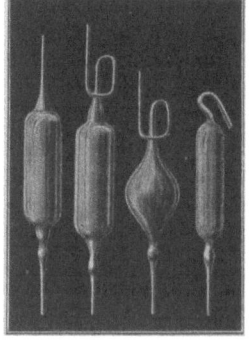
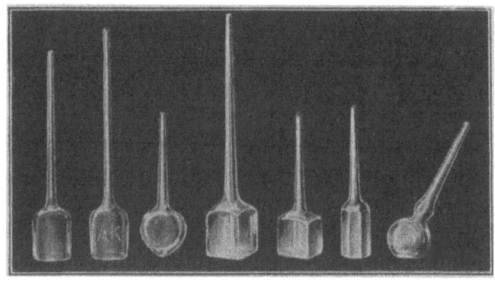

12 13 14 15   16 17 18 19 20 21 22
Abb. 240.   Ampullen für Injektionsflüssigkeiten.   Abb. 241.

oder mit rundem Boden hergestellt. Der flache Boden hat den Vorteil, daß man die Ampulle aufstellen kann. Dies ist dann vorteilhaft, wenn man mit der Spritze die Lösung heraussaugen will. Da aber die Spritze beim Füllen stets schräg gehalten wird, hat man vom flachen Boden keinen großen Nutzen. Dem sucht die Ampulle Nr. 22 abzuhelfen. Der Hals dieser Ampulle steht nicht senkrecht zur Bodenfläche, sondern schräg in Richtung der natürlichen Spritzenhaltung beim Anfüllen. Die Ampullen Nr. 16—21 sind in Form geblasen und haben keinen Spezialzweck, sie sollen vielmehr als unterschiedliches Merkmal bestimmter Injektionspräparate dienen. Die großen Ampullen Nr. 12—15 haben fast ohne Ausnahme zwei Hälse. Der eine Hals wird oft zu Haken oder zu Schlingen gebogen und dient zum leichteren Anfassen oder zum Hängen der Ampulle.

Die Ampullen dürfen nicht aus gewöhnlichem Glas hergestellt werden, denn das gewöhliche Glas gibt an die Flüssigkeiten Alkalien ab. Dies tritt besonders bei der Sterilisation ein. Die in der Ampullenflüssigkeit etwa vorhandenen Alkaloide werden hierdurch teilweise oder ganz gefällt. Morphin wird nicht nur gefällt, sondern auch unter Gelbfärbung zersetzt. Adrenalin oder Novocainlösungen verfärben sich ebenfalls. Es wird daher nur solches Glas verwandt, welches auch beim Sterilisieren keine Alkalien an die Flüssigkeit abgibt. Als gute Glassorten sind folgende bekannt: Jenaer Normalglas 16 III, das Gehlberger Glas (Thüringen), das Ilmenauer Resistenzglas (Thüringen) usw., deren Widerstandsfähigkeit von der des Jenaer Fiolaxglases noch übertroffen wird. Die Glasqualität wird so geprüft, daß man die Ampullen mit einer Mischung von 1 l Wasser und 5 ccm einer 1%igen alkoholischen Phenolphthaleinlösung füllt, zuschmilzt und im Autoklaven bei 100°C sterilisiert. Wird der Ampulleninhalt rot, so sind die Ampullen unbrauchbar. Alkaloide dürfen nur in Ampullen gefüllt werden, die sogar bei 120°C im Autoklaven kein Alkali abgeben. Das Fiolaxglas entspricht stets all diesen Bedingungen, weshalb heute nur dann keine Fiolaxampullen benutzt werden, wenn es der Ampulleninhalt ganz besonders erlaubt, und zwar kann in solchen Fällen auf 1 ccm Ampulleninhalt eine Alkalinität 0,05 ccm n/100 Salzsäure entfallen.

Die Ampullen werden zumeist aus weißem, manchmal aus braunem und nur selten aus färbigem Glas hergestellt. Die Jenaer Ampullen sind nur in weiß und braun herstellbar und durch einen sich am Ampullenkörper in die Länge hinziehenden dünnen Strich erkennbar. Der Strich ist bei den weißen Ampullen rötlichbraun, bei den braunen Ampullen weiß. Die Thüringer Ampullen können in allen Farben angefertigt werden. Die farbigen Ampullen haben zumeist den Zweck, die Einwirkung des Lichtes auf den Ampulleninhalt abzuschwächen. Obwohl dies tatsächlich erreicht werden kann, ist man aber nun nicht mehr in der Lage, etwaige Verfärbungen des Ampulleninhaltes zu beobachten. Aus diesem Grunde werden sich leicht verfärbende Flüssigkeiten oft in weiße Ampullen gefüllt.

Die kleineren Betriebe beziehen die fertigen Ampullen. Ampullen können von allen Glasgerätefabriken bezogen werden. Einige seien hier angeführt: Greiner & Friedrichs, Neuhaus am Rennweg, Vereinigte Bornkesselwerke G. m. b. H., Berlin N 4, Dr. H. Rohrbeck Nachf. G. m. b. H., Berlin N 4, Erich Koellner, Jena, usw.

Die größeren Betriebe stellen zweckmäßigerweise ihre Ampullen selbst her, aber nicht weil die selbsthergestellten Ampullen billiger sind, sondern weil im ganzen Arbeitsvorgang der Ampullenfüllung Ersparnisse erreicht werden können. Die fertig gekauften Ampullen werden in zugeschmolzenem Zustand geliefert. Obwohl die Fabriken die Glasrohre vor der Anfertigung der Ampullen reinigen, kann sicherheitshalber eine nochmalige Reinigung vor dem Füllen nicht vermieden werden. Der Arbeitsvorgang beginnt also mit dem Abschneiden der Kapillarhälse und mit der Reinigung. Stellt man die Ampullen knapp vor dem Füllen selbst her, so erübrigt sich das Zuschmelzen und das nachfolgende Reinigen der Ampullen, da diese in leerem Zustande einerseits nicht aufbewahrt werden, andrerseits wurden die Glasrohre vor dem Anfertigen der Ampullen gründlichst gereinigt. Der Ausfall dieser zwei Arbeitsphasen sowie der billigere Selbstkostenpreis der Ampullen stellt die Kalkulation der Ampullenfüllung günstiger.

Zur Selbstherstellung von Ampullen muß eine zweckentsprechend eingerichtete Glasbläserwerkstatt vorhanden sein, deren Einrichtung von der der üblichen Glasbläserei etwas abweicht. Die Werkstatt soll staubfrei sein, es dürfen daher sich in ihr nur die unbedingt erforderlichen Einrichtungsgegenstände befinden. Überflüssiges Glasmaterial oder fertige Ampullen dürfen in diesem Raum nicht aufbewahrt werden. Die Wände müssen ganz glatt, möglichst mit Öl angestrichen sein. Es muß auch dafür gesorgt werden, daß die Gasbrenner bzw. Gebläselampen keinen Staub in die Glasrohre bzw. Ampullen oder in die Luft des Raumes blasen können. Das Gas und auch die Druckluft wird daher durch ein Staubfilter geleitet. Die Druckluft wird einer zentralen Leitung entnommen und wird mittels eines Kompressors hergestellt. Die Arbeitstische müssen eine unbrennbare Arbeitsplatte, z. B. aus Asbest, besitzen.

Die Glasrohre werden vorerst mit warmem Wasser ausgespült und im Bedarfsfalle mit Hilfe eines an einen Bindfaden befestigten Wattebausches gereinigt, worauf mit heißem destilliertem Wasser nochmals gespült wird. Die gründlich gereinigten Glasrohre werden in einem Heißlufttrockenschrank, durch welchen staubfreie 150° C warme Luft streicht, getrocknet und sterilisiert. Es sollen zwei Trockenschränke vorhanden sein, während nämlich in einem Schrank getrocknet und sterilisiert wird, können dem außer Betrieb befindlichen anderen Schrank die Glasrohre entnommen werden.

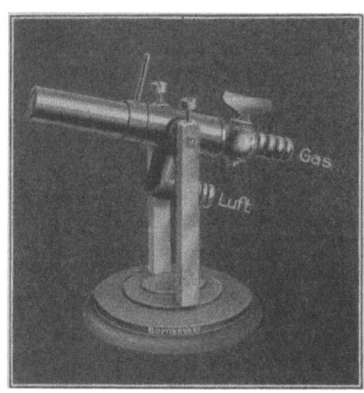

Abb. 242. Gasbrenner auf Doppelsäulen-Stativ, Flammendüse nach oben und unten schwenkbar, in jeder Richtung feststellbar. Gd.: 5,7 und 9 mm (Verein. Bornkesselwerke m. b. H., Berlin N. 4).

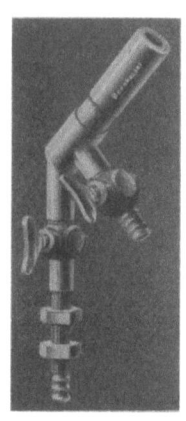

Abb. 243. Gasbrenner, vermittels Doppelmutter am Tisch zu befestigen. Gd.: 9 mm (Verein. Bornkesselwerke m. b. H., Berlin N. 4).

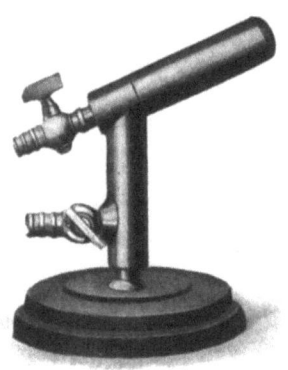

Abb. 244. Gasbrenner mit Kugelgelenk, sogenanntes Thüringer Modell. Gd.: 5,7 und 9 mm (Verein. Bornkesselwerke m. b H., Berlin N. 4).

Die Anfertigung der Ampullen verrichten meist Arbeiterinnen, welche unter der Leitung eines Meisters arbeiten. Ohne auf die einzelnen Handgriffe der Ampullenherstellung näher einzugehen, sei darauf hingewiesen, daß die Arbeiterinnen in Gruppen geteilt werden, da der Arbeitsgang geteilt ist, das heißt keine Arbeiterin stellt eine Ampulle allein her. Die Herstellung der Kapillare, des Bodens, der kugelförmigen Ausweitung des Halses, etwa des kugelförmigen Ampullenleibes usw. erfolgt in getrennten Arbeitsphasen, welche von je einer Arbeiterin ausgeführt werden. Die erforderlichen Gasbrenner unterscheiden sich nur in der Flammengröße und in der Flammenform voneinander. So z. B. benötigt man zur Herstellung des Bodens eine größere Flamme als z. B. zur Anfertigung der kugelförmigen Ausbuchtung des Halses. Die Abb. 242—250 stellen verschiedene Gasbrennertypen der Firma Vereinigte Bornkesselwerke m. b. H., Berlin N 4, dar, welche sich sowohl hinsichtlich der Befestigungsart auf den Tisch, als auch hinsichtlich der Flammengröße voneinander unterscheiden. Die Gasbrenner (Abb. 245, 246, 248—250) sind für kleine, die anderen für größere Flammen konstruiert. Die Flammengrößen (Gasdurchlaß: Gd.) und Flammenarten ergeben sich aus Abb. 251 und nachstehender Tabelle:

Die Ampullen.

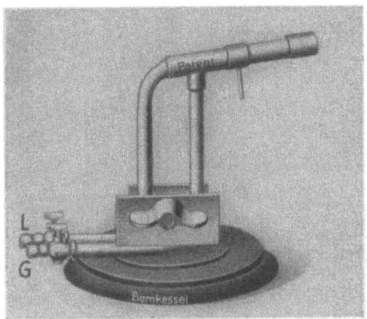

Abb. 245. Gasbrenner für feine Arbeiten. Gd.: 3 mm (Verein. Bornkesselwerke m. b. H., Berlin N. 4).

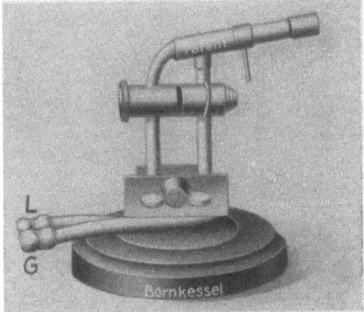

Abb. 246. Gasbrenner wie Abb. 245, jedoch mit Kleinstellventil. Gd.: 3 mm (Verein. Bornkesselwerke m. b. H., Berlin N. 4).

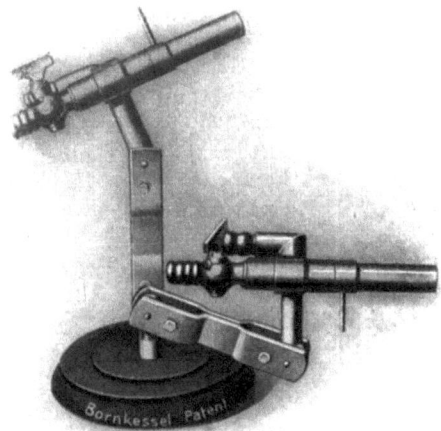

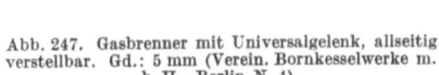

Abb. 247. Gasbrenner mit Universalgelenk, allseitig verstellbar. Gd.: 5 mm (Verein. Bornkesselwerke m. b. H., Berlin N. 4).

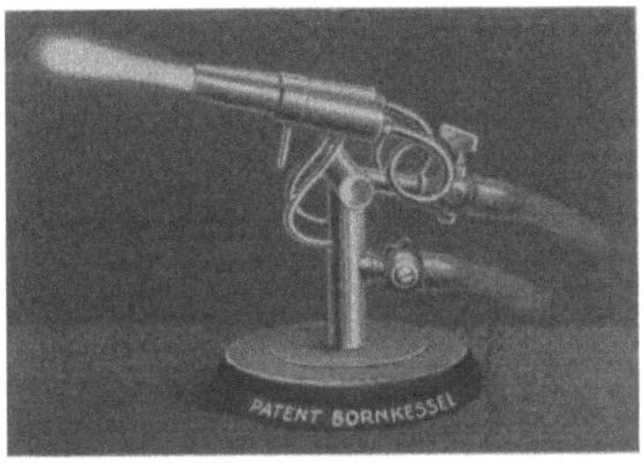

Abb. 248. Gasdoppelbrenner, dessen Flammen sich in einem Punkte vereinigen und nach der Vereinigung eine messerförmige Flammenschneide ergeben. Gd.: je 3 mm (Verein. Bornkesselwerke m. b. H., Berlin N. 4).

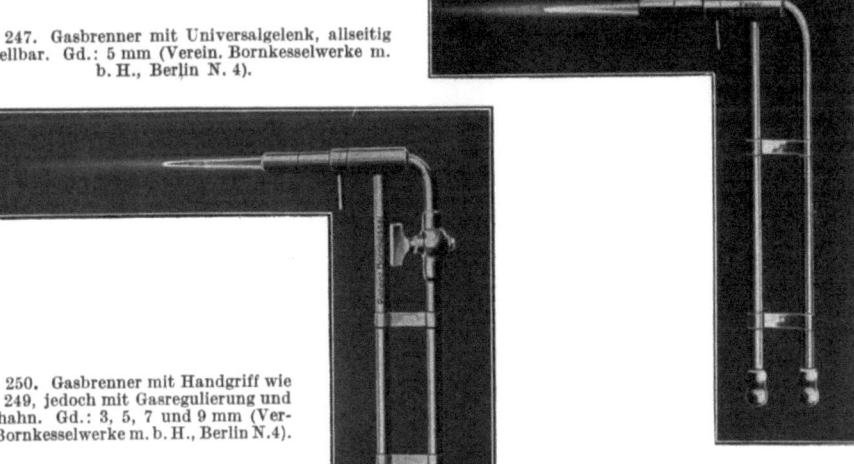

Abb. 250. Gasbrenner mit Handgriff wie Abb. 249, jedoch mit Gasregulierung und Lufthahn. Gd.: 3, 5, 7 und 9 mm (Verein. Bornkesselwerke m. b. H., Berlin N. 4).

Abb. 249. Gasbrenner mit Handgriff mit Gasregulierung, ohne Luftregulierung. Gd.: 3, 5, 7 und 9 mm (Verein. Bornkesselwerke m. b. H., Berlin N. 4).

Weichherz-Schröder, Pharm. Betrieb.

Flammen-Nummer (FN)	FN 1	FN 2	FN 3	FN 4	FN 5	FN 6
Flammenart	Nadelfl.	Patentfl.	Brauseflamme			
Gasdurchlaß (Gd.)	3	3	3	5	7	9 mm
[1] Gasverbrauch (Niederdruck) l	10	50	250	600	900	1400
[1] Druckluftverbrauch, l	30	170	770	1900	2800	4200

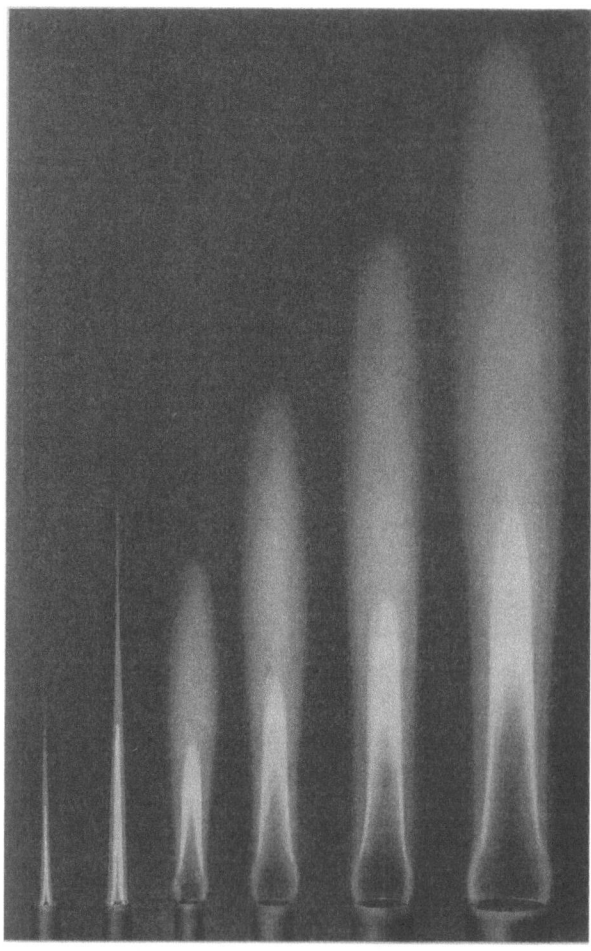

FN 1　FN 2　FN 3　FN 4　FN 5　FN 6
Abb. 251. Flammenarten, ca. $^1/_2$ der natürlichen Größe.
(Verein. Bornkesselwerke m. b H., Berlin N. 4.)

Um eine gute Gasflamme zur Verfügung zu haben, muß das Gas oft komprimiert werden. Es werden hierzu kleine Preßgasgebläse verwendet, welche das Gas aus der Leitung ansaugen, komprimieren und hierdurch einen gleichmäßigen Gasstrom erzielen. Einen für Gasbläsereien geeigneten Kompressor stellt Abb. 252 dar. Die Druckluft kann durch Kolbenkompressoren hergestellt werden, jedoch ist die Einschaltung eines Windkessels oder eines Druckregulierventils erforderlich. Für Glasbläsereien sind entweder die Kapselgebläse oder die Turbogebläse (Hochdruckventilator) besser geeignet. Abb. 253 stellt ein kleines Hochdruckgebläse der Vereinigten Bornkesselwerke m. b. H., Berlin N 4, dar, welches aber nur für einen großen Brenner (9 mm Gasdurchgang) oder für 6 Brenner mit 3 mm Gasdurchgang ausreicht. Ein Hochdruckgebläse für größere Werkstätten ist das Präzisionskapselgebläse (Abb. 254) der Bornkesselwerke, welches mit Windkessel und Druckregulierventil ausgestattet ist. Das Gebläse liefert einen Überdruck von 1500 mm Wassersäule, welcher aber durch Verstellung des am Windkessel befindlichen Druckregulierventils verändert werden kann. Die Hochdruckventilatoren (Turbogebläse. Abb. 255) benötigen keinen Windkessel und geben eine ruhig brennende Flamme. Zur Einstellung der Flamme gehört eine gewisse Erfahrung, weshalb

---

[1] Bei größter Flammenstellung pro Stunde.

dies dem Meister vorbehalten wird, die Arbeiterinnen sollten die Gas- und Luftregulierung nicht anrühren.

Die fertigen Ampullen werden entweder zugeschmolzen oder in offenem Zustand zum Füllraum transportiert. Bezüglich des Zuschmelzens vgl. S. 292.

Abb. 252. Gaskompressor für Drucke bis 1500 mm Wassersäule (Verein. Bornkesselwerke m.b.H., Berlin N. 4).

Abb. 253. Druckluftanlage (Verein. Bornkesselwerke m. b. H., Berlin N. 4).

Abb. 254. Hochdruckpräzisionsgebläse mit Windkessel und Druckregulierventil (Verein. Bornkesselwerke m. b. H., Berlin N. 4).

Abb. 255. Hochdruckventilator (Turbogebläse) (Verein. Bornkesselwerke m. b. H. Berlin N. 4).

B. Das Öffnen der Ampullen bzw. das Abschneiden der Ampullenhälse.

Die fertig gekauften zugeschmolzenen Ampullen müssen vor dem Füllen geöffnet werden, was durch Abschneiden der Hälse in gleicher Länge erfolgt. Es wurden zum Abschneiden verschiedene Apparate gebaut, von welchen sich aber nur die einfachen Anritzer bewährt haben. Maschinen mit rotierenden Carborund- oder Stahlscheiben bzw. Anritzer (Pneumotechnik AG., Berlin) bieten gar keine Vorteile. Ein einfacher Ampullenabschneider ist der der Bornkesselwerke (Abb. 256), welcher mit einem Diamantritzer ausgestattet ist und durch einfaches Hinwegbewegen des Ampullenhalses auf der Anritzkante nicht nur das Anritzen, sondern

18*

auch das Abbrechen des Halses besorgt. Die Einstellung der Schnittlänge erfolgt mittels einer von der Abbildung leicht verständlichen Vorrichtung. Die Ampullen sind beim Abschneiden mit dem Halse nach unten geneigt, so daß Splitter, welche sich beim unvorsichtigen Anritzen bilden könnten, nicht in den Ampullenhals fallen. Die sonstigen Abschneidevorrichtungen haben vielfach eine wesentlich ähnliche Konstruktion, nur findet man oft an Stelle des Diamantritzers auch Stahl- oder Carborundumanritzer, welche sich rasch abnützen und häufig getauscht werden müssen. Einzelne Apparate sind mit zwei Anritzern ausgestattet, so daß die Ampullen zwischen zwei Schneiden an zwei Stellen angeritzt werden (Abb. 257).

Abb. 256. Ampullenabschneider
(Verein. Bornkesselwerke m. b. H., Berlin N. 4).

C. Die Reinigung der Ampullen.

Da die fertig gekauften Ampullen nicht immer einwandfrei rein sind und außerdem beim Abschneiden der Hälse feine Glassplitter hineingelangen können, ist vor dem Füllen eine gründliche Reinigung erforderlich. Für Betriebszwecke kommen hierzu nur solche Verfahren in Betracht, welche das gleichzeitige Reinigen von großen Mengen ermöglichen. Ein einfaches, aber nicht übermäßig befriedigendes Verfahren ist folgendes: Die Ampullen werden in aus verzinntem Kupferdraht hergestellte Siebtrommeln geschlossen, wobei jede Trommel ungefähr 1—2000 Ampullen zu 1 ccm aufnehmen kann. Die Trommeln werden in mit destilliertem Wasser gefüllte Gefäße getaucht, worauf das Wasser aufgekocht wird. Die in den Ampullen befindliche Luft dehnt sich beim Erwärmen aus und läßt nach dem Abkühlen eine entsprechende Wassermenge unter Einfluß des Luftdruckes in die Ampulle eindringen. Das eingedrungene Wasser wird durch nochmaliges Erhitzen wieder hinausgedrängt, wodurch der Schmutz hinausgespült wird. Dieser Vorgang wird solange wiederholt, bis die Ampullen hinreichend rein sind. Die Ampullen werden nunmehr auf ein Sieb geschüttet und durch Schütteln vom anhaftenden und in den Ampullen haftenden Wasser befreit, was aber niemals völlig gelingen kann. Besser gelingt dies, wenn man die Ampullen in einen evakuierbaren Raum bringt und solange und sooft evakuiert, bis die sich ausdehnende Luft das Wasser hinausgedrängt hat. Aber auch so gelingt die Entfernung des Wassers nur dann restlos, wenn die Ampullen mit dem Hals nach unten im Vakuum aufgestellt werden. Die Unterbringung der Ampullen im Vakuumgefäß kann genau, wie beim Füllen im Vakuum erfolgen (vgl. S. 285). An Stelle des Reinigens der Ampullen durch Erhitzen mit Wasser kann mit kaltem oder auch warmem Wasser im Vakuum gereinigt werden. Die Ampullen werden mit ihrem Hals nach unten in ein mit Wasser gefülltes Gefäß getaucht und so in das Vakuumgefäß gesetzt. Beim

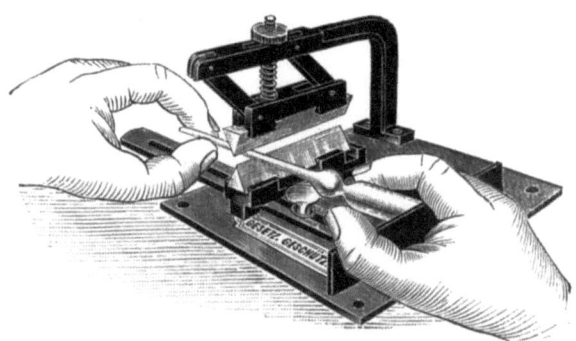

Abb. 257. Ampullen-Abschneider mit zwei Schneiden.

Evakuieren verläßt die Luft die Ampullen, bei Wiederherstellung des Luftdruckes wird das Wasser nunmehr in die Ampullen gedrückt, welche durch wiederholtes Evakuieren gründlich gereinigt werden können. Zur Entfernung des Wassers werden die Ampullen aus dem wasserführenden Gefäß herausgehoben, in ein leeres Gefäß gestellt und durch Evakuieren entleert. Das ganze Verfahren kann ebenfalls in den weiter untenstehend beschriebenen Vakuumfüllapparaten (S. 285) ausgeführt werden. Es wurde auch versucht, die Ampullen durch Zentrifugieren zu entwässern, da aber das Zentrifugieren durch das notwendige Beschicken und Entleeren der Zentrifuge viel Handarbeit erfordert, konnte dieses Verfahren trotz des guten Erfolges in größeren Betrieben keine Anwendung finden.

Die beschriebenen Reinigungsverfahren sind für Ampullen, die an zwei Stellen offen sind, nicht geeignet. Diese werden entweder durch Einlegen in Wasser und nachfolgendes Ausschütteln oder bei größeren Ampullen durch Durchsaugen von destilliertem Wasser gereinigt. Ist aber die eine Öffnung zugeschmolzen, so wird, wie oben beschrieben, gereinigt.

Die gewaschenen Ampullen sind gewöhnlich nicht ganz trocken. Ist ein völliges Trocknen erforderlich, so kann man dies mit einer Sterilisierung der leeren Ampullen verknüpfen. Hiervon unabhängig ist das Sterilisieren der leeren Ampullen immer erforderlich, wenn aseptisch hergestellte Lösungen abgefüllt werden sollen, deren nachträgliches Sterilisieren auf Schwierigkeiten stößt. Das Trocknen und Sterilisieren erfolgt in Trockensterilisatoren (Heißluftsterilisatoren) bei 150 bis 200° C. Die Apparate, sowie die verschiedenen Sterilisierverfahren werden weiter untenstehend (S. 293) eingehend beschrieben.

D. Die Herstellung der Injektionsflüssigkeiten.

Die Flüssigkeiten sind entweder Lösungen, kolloide Lösungen, Suspensionen oder Emulsionen der wirksamen Arzneistoffe in Wasser, seltener in Glycerin, Ölen, Paraffinöl, Äther. Diese Lösungsmittel müssen mit besonderer Sorgfalt vorbereitet werden, um den ihnen gegenüber gestellten Forderungen zu genügen. Wir wollen daher die Reinigung dieser näher besprechen.

In der größten Zahl der Fälle werden wässerige Lösungen, Suspensionen oder Öl in Wasseremulsionen (vgl. S. 141) in Ampullen gefüllt. Das gewöhnliche destillierte Wasser ist für Injektionszwecke nicht genügend rein, es ist auch nicht entkeimt. Wenn es auch durch Sterilisierung keimfrei wird, ist es doch von den abgetöteten Bakterien verunreinigt. Aus diesem Grunde wird zur Herstellung von Injektionsflüssigkeit insbesondere für intramuskuläre oder intravenöse Zwecke das Wasser nochmals destilliert (Aqua bisdestillata). Dieses sogenannte Ampullenwasser muß chemisch und bakteriologisch vollkommen rein sein und darf auch keine mechanische Verunreinigungen (wie Fasern, Staub usw.) enthalten. Die Herstellung des gewöhnlichen destillierten Wassers erfolgt in Destillierapparaten, wie sie im Kapitel VI auf S. 126 beschrieben worden sind. Die Destillierapparate mit Entlüftung liefern gasfreies Wasser, ohne den Vorlauf verwerfen zu müssen. Bei den anderen Apparaten wird der Kohlensäure und Ammoniak enthaltende Vorlauf verworfen und solange destilliert, bis ungefähr 80% des gesamten Wassers hinüberdestilliert sind. Enthält das Rohwasser viel Ammoniak, so setzt man auf 100 l 50—100 g Alaun hinzu. Sind auch viel organische Verunreinigungen vorhanden, so färbt man das Wasser vor der Destillation mit einer Kaliumpermanganatlösung. Da die gewöhnlichen Destillierapparate aus Kupfer sind, enthält das destillierte Wasser immer geringe Kupferspuren, deren Anwesenheit unerwünscht ist. Es werden daher zur Vermeidung der Kupferspuren vielfach innen verzinnte Destillierapparate verwandt. Das Ampullenwasser kann aber auch aus verzinnten Apparaten nicht genügend rein gewonnen werden, weshalb die zweite Destillation aus Glasgefäßen oder aus innen versilberten Blasen zu erfolgen hat. Glasgefäße sind naturgemäß nur zur Herstellung von kleineren Wassermengen geeignet, während die innen versilberten Apparate in jedem Maßstabe gebaut werden können.

Eine sehr praktische Glasapparatur ist die von H. J. Fuchs[1] (Abb. 258). Sämtliche an der Apparatur befindlichen Verbindungen sind luftdicht und beweglich, ohne daß Gummi oder andere organische Substanzen dabei verwendet werden. Der Kochkolben K — ein Zweiliter-Erlenmeyerkolben aus Geräteglas — trägt seitlich unten am Boden das Zulaufrohr Z. In dieses hängt das schräge Rohrende eines Scheidetrichters, der zur automatischen Regelung des Wasserspiegels im Kochkolben mit Wasser gefüllt ist. Er trägt einen eingeschliffenen Stopfen an der Einfüllöffnung, einen eingeschliffenen Hahn unter der Auftreibung und faßt zwei Liter. An der Öffnung des Kochkolbens sind zwei umeinander liegende Rohre angeschmolzen, zwischen die das rohrförmige Ende der an dem einen Ende des Kugelkühlers D angeschmolzenen Hopkinskugel H zu liegen kommt. Durch Einfüllen von etwas Wasser ist die gelenkige Verbindung dampf- und luftdicht verschlossen. Der Kugelkühler D führt schräg nach unten zu der mit eingeschliffenem Heber He versehenen 5-Liter- oder 10-Liter-Flasche aus Geräteglas. Das Ende des aus dem Kugelkühler heraustretenden Glasrohres trägt eine ähnliche Verschlußsicherung, wie sie an der Hopkinskugel H beschrieben. Nur ist diese durch einen weiteren Rohrmantel nochmals gesichert.

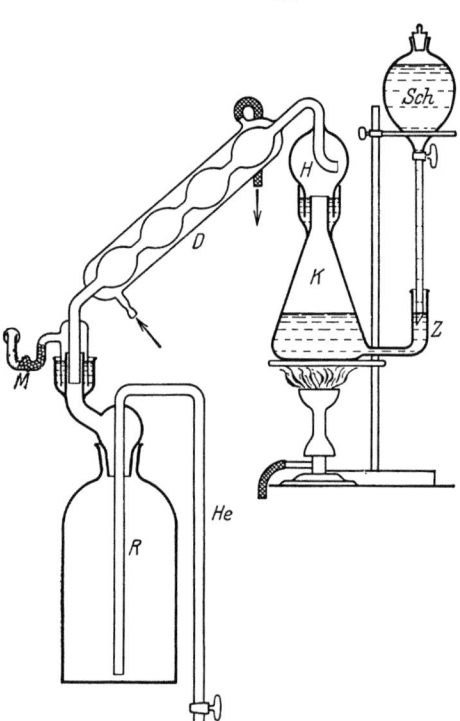

Abb. 258. Destillierapparat zur Herstellung von destilliertem Wasser nach H. J. Fuchs (H. L. Kobe, Berlin NW. 6).

Dieser trägt nach außen ein U-förmiges Ansatzstück, in dem Natronkalk und Watte die zutretende Luft von Bakterien und Kohlensäure befreit. Das aus dem Kühler herausfließende destillierte Wasser gelangt in die Sammelflasche, aus der es nach Belieben jederzeit mittels des Hebers entnommen werden kann. Der volle Scheidetrichter füllt während der Destillation ohne Öffnen der Apparatur jederzeit Wasser nach. Der am Stativ in einem offenen Ring hängende Scheidetrichter gibt sofort Wasser in die Kochflasche ab, wenn in dieser und damit auch im Zuleitungsrohr Z der Wasserspiegel so weit gesunken ist, daß das schräge Ende des Scheidetrichterrohres freiliegt. Der Wasservorrat des Scheidetrichters wird von Zeit zu Zeit erneut. Ist das System einmal sorgfältig ausgekocht und sterilisiert, so kann es dauernd im Gebrauch bleiben, ohne daß Verschmutzungen möglich sind. Die Leistungsfähigkeit der Apparatur beträgt — je nach Stärke der Erhitzung — $1/2$ bis 2 Liter in der Stunde. Die Sterilitätsprüfungen nach wochenlangem Stehen der Apparatur ohne Erhitzenwerden ließ keine bakterielle Verunreinigung feststellen.

---

[1] Fuchs, H. J.: Biochem. Z. **190**, 241 (1927).

Für Spezialzwecke, z. B. für intravenöse Injektionen, wird das Wasser oft sogar dreimal destilliert, und zwar auch zum drittenmal aus Glas oder aus mit Edelmetallüberzug versehenen Apparaten. Das so hergestellte Ampullenwasser wird nicht nur für den Selbstverbrauch im Ampullenbetrieb hergestellt, es wird auch in Ampullen abgefüllt zur Herstellung von Lösungen für intravenöse Injektionen (z. B. Salvarsan) in den Verkehr gebracht.

Die chemischen Prüfungsmethoden der Arzneibücher versagen bei dem ganz reinen destilliertem Wasser. Auch der Kaliumpermanganatverbrauch zur Oxydation der im Wasser noch befindlichen organischen Substanzen ist völlig unsicher, da die Farbänderungen bzw. die Reduktion der stark verdünnten Kaliumpermanganatlösungen nicht nur von organischen Substanzen hervorgerufen wird. Die chemische Prüfung kann lediglich dazu dienen, um irrtümliche Vertauschungen von sehr reinem Wasser mit gewöhnlichem oder nur einmal destilliertem, weniger reinem Wasser zu verhindern.

Die eigentliche Prüfung des Ampullenwassers betrifft die Keimfreiheit und die Anwesenheit von Schwebeteilchen. Die Schwebeteilchen können durch Abfiltrieren nicht bestimmt werden, da ihre Menge äußerst klein ist. Durch Sedimentation sammeln sich diese aber in dem unteren Teil des Gefäßes und bestehen zumeist aus Staubteilchen, Gewebefäserchen und aus kleinen Glassplittern. Besonders deutlich sichtbar werden die Schwebeteilchen, wenn man das destillierte Wasser in Meßzylinder mit eingeschliffenem Glasstopfen von 250 ccm Fassung 24—48 Stunden ruhig aufbewahrt und die unteren Schichten von der Seite mit einer starken Lichtquelle gegen einen dunklen Hintergrund beleuchtet. Die Glasteilchen erkennt man besonders gut durch leichtes Umschwenken des Zylinders, wobei die Glasteilchen deutlich flimmern. Die Prüfung auf Keimfreiheit erfolgt nach den üblichen bakteriologischen Methoden, indem man den unteren Schichten des längere Zeit ruhend aufbewahrten Wassers mit steriler Pipette 1 ccm entnimmt und einmal in 10 ccm verflüssigten sterilen Nähragar, ein zweites Mal in ebensoviel sterile, verflüssigte Nährgelatine einimpft und nach gehörigem Mischen in eine sterile Petrischale ausgießt. Die Agarschale wird bei 37° C, die Gelatineschale bei unterhalb der Verflüssigungstemperatur liegender Temperatur aufbewahrt. Es wird absolute Keimfreiheit gefordert, das heißt es darf sich nicht eine einzige Kolonie in den Kulturen entwickeln.

Paraffinöl, welches den Bestimmungen des DAB. 6 entspricht, ist auch zur Herstellung von Injektionsflüssigkeiten geeignet. Paraffinöl wird nur für subcutane und intragluteale Injektionen verwendet, während es für intravenöse Injektionen nicht in Betracht kommt, da es mit dem Blut nicht mischbar ist und eine Embolie hervorrufen kann. Da das Paraffinöl nicht resorbierbar ist, sollte es eigentlich niemals als Injektionsflüssigkeit verwendet werden. Es hat sich aber irgendwie eingebürgert und es ist nicht recht möglich, davon wieder abzukommen. Logischerweise sollten nur fette Öle benutzt werden, da diese aber sehr leicht ranzig wurden und lokale Reizwirkungen an der Injektionsstelle hervorriefen, ging man fälschlich zur Anwendung des unveränderlichen Paraffinöls über. Man war auch der Meinung, daß bereits ein Gehalt an freien Fettsäuren Reizwirkungen hervorruft. Es hat sich indessen herausgestellt, daß der Gehalt an freien Fettsäuren vollkommen unschädlich ist. Werden also ranzig gewordene Öle vermieden, so sind die praktischen Schwierigkeiten der Ölinjektionen umgangen. Es erübrigt sich dadurch die ziemlich umständliche Reinigung der Öle. Will man aber die freien Fettsäuren durchaus entfernen, so kann dies durch Zusammenschütteln des Öles mit 25% des Ölgewichtes an 96% Alkohol erfolgen. Die Alkoholschicht wird abgegossen, worauf der Vorgang im Bedarfsfalle nochmals wiederholt wird. Als Öl kommt zumeist Olivenöl und in geringerem Maße Sesamöl in Frage.

Sehr selten wird auch Glycerin und Äther als Injektionsflüssigkeit verwendet. Beide sind für diesen Zweck geeignet, wenn sie den Anforderungen des Arzneibuches entsprechen. Das Glycerin wird entweder mit 13—16% Wassergehalt oder in wasserfreiem (98—99% Glycerin, spezifisches Gewicht 1,263—1,269) Zustand verwendet. Die letztere Qualität wird auch allein für therapeutische Zwecke in Ampullen gefüllt.

Die Herstellung der Injektionsflüssigkeit erfolgt meist in kleineren Mengen nach den allgemein bekannten Regeln und bedarf daher keiner näheren Erörterung, zumal öfters z. B. auch nach besonderen Extraktionsverfahren hergestellte Lösungen zum Abfüllen gelangen, deren Herstellung von Fall zu Fall sich ändert und dabei keine allgemeine Regeln festgelegt werden können. Das Lösen wird in großen Jenaer Glaskolben vorgenommen. Die Lösungen werden entweder auf ein bestimmtes Volumen oder auf ein bestimmtes Gewicht eingestellt. Da der Ampulleninhalt in Volumeneinheiten angegeben ist und die Anwendung der Injektionsflüssigkeiten nicht nach Gewicht erfolgen kann, ist man gezwungen, die Lösungen auf Volumkonzentrationen einzustellen, obwohl das Einstellen nach Gewicht weit bequemer ist. Es müssen für diesen Zweck Glasgefäße zur Verfügung stehen, welche auf ein gegebenes Volumen geeicht sind. Sind die Lösungen auf Volumen eingestellt, so verursacht die Änderung der Temperatur Schwankungen. Um das lästige Arbeiten nach Volumen zu vermeiden, kann man das spezifische Gewicht der fertigen Lösung bei einer vereinbarten Temperatur (z. B. Zimmertemperatur 20° C) feststellen und hierdurch das Volumen auf Gewicht umrechnen. Arbeitet man mit Gewichtsmengen, so fallen auch noch andere Schwierigkeiten fort, welche beim Einstellen auf ein gegebenes Volumen vorhanden sind. In letzterem Fall kann man das Lösen nicht mit der ganzen Lösungsmittelmenge vornehmen, da Volumkontraktionen, Erwärmungen und damit Vergrößerung des Volumens dies verhindern. Es müssen daher die Arzneistoffe vorerst mit wenig Lösungsmittel gelöst werden und können erst nach dem Abkühlen auf Zimmertemperatur auf das erwünschte Volumen eingestellt werden. Auch Abkühlung und Volumkontraktion sind möglich (Chlorcalcium cryst.).

Die fertigen Lösungen enthalten ungelöste Teile, obwohl grundsätzlich nur ganz reine, sich klar lösende Arzneistoffe zur Anwendung gelangen sollten. Diese groben Verunreinigungen können mittels Filterpapier herausfiltriert werden. Das gewöhnliche Filtrierpapier liefert aber niemals ein faserfreies Filtrat, und auch das gehärtete Filterpapier ist nicht ganz einwandfrei. Die Filtration mittels gehärteten Filtrierpapiers verläuft übrigens etwas langsam, und es treten bedeutende Verluste durch Verdampfen ein, wenn wässerige, alkoholische oder ätherische Lösungen vorliegen. Rascher verläuft das Filtrieren über Watte, welche auch kein ganz faserfreies Filtrat gibt. Ein Stückchen Watte wird in einen Trichter gesteckt und mit einem Glasstab niedergedrückt gehalten, worauf die Flüssigkeit draufgegossen wird. Zuerst erhält man kein klares Filtrat, und es muß mehrmals, oft 8—10mal auf den Trichter zurückgegossen werden. Ist dieser Zustand erreicht und sorgt man durch Nachfüllen für eine konstante Flüssigkeitsschicht auf dem Trichter, so erhält man laufend ein klares Filtrat. Läuft aber die Flüssigkeit vom Trichter ab, so werden die Wattefasern jetzt bei erneutem Aufgießen der Flüssigkeit aufgewirbelt und die durchlaufende Flüssigkeit ist trübe. Die Trichter werden mit einer Glasplatte oder einer Glasschale zugedeckt.

Da die bisher beschriebenen Filtrationsarten keine einwandfreie klare Flüssigkeiten liefern, werden vielfach Ton-, Porzellan- oder Sinterglasfilter (Jena) benutzt, welche nunmehr vollkommen faserfreie Filtrate liefern, aber den Nachteil besitzen, daß die Filtration mit Hilfe von Vakuum oder Druck zu erfolgen hat.

Die Ton- und Porzellanfilter haben gewöhnlich nach Art der bekannten Chamberland- und Berkefeldfilter eine Kerzenform (Abb. 259, 260). Die verschiedenen Filter unterscheiden sich im wesentlichen nur in der Kerzenmasse und in der Anordnung. Die Chamberlandfilter bestehen aus einer Porzellanmasse, die Berkefeldfilter aus einer gesinterten Kieselgurmasse. Die Pukallschen Filter werden aus Ton gebrannt und sind bedeutend weicher als die Chamberland- oder Berkefeldfilter. Die Pukallfilter haben die größte Porenweite, dann folgt der Berkefeldfilter mit etwas kleinerer Porenweite, die kleinste Porenweite haben die hartgebrannten Chamberlandkerzen. Die sonstigen Filterkerzen, wie die nach

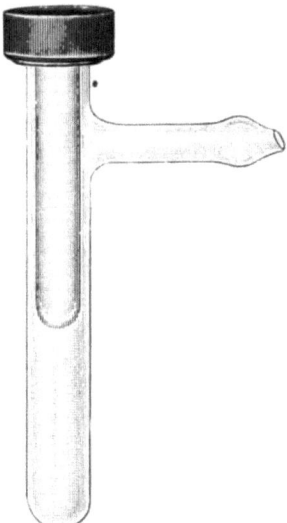

Abb. 259. Filterkerze.

Abb. 260. Filterkerze.

Silberschmidt, Reichel, Kitasato usw. unterscheiden sich von den vorhergenannten nur in der Anordnung. Die Filterkerzen werden normal mittels Vakuums betrieben, und zwar so, wie dies bei den Vakuumnutschen auf S. 115 beschrieben worden ist. Die Filterkerze wird an ein geschlossenes, evakuierbares Gefäß luftdicht angeschlossen, wie dies auf Abb. 259, 260 zu sehen ist. Die Größe des Vakuumgefäßes kann beliebig gewählt werden.

Eine ähnliche Funktion haben die Jenaer Glassinterfilter, welche durch Zusammensintern von Glaskörnern bzw. Staub hergestellt werden und deren Porenweite in bestimmten Grenzen genau geregelt werden kann (Nr. 1 100—120 μ, Nr. 2 40—50 μ, Nr. 3 20—30 μ, Nr. 4 5—10 μ). Diese Filter werden in Form von Platten hergestellt, welche dann in beliebige Filtriervorrichtungen, so z. B. in Trichter, Tiegel, Glasröhre usw. eingeschmolzen werden. Eine sehr bequeme Anordnung ist z. B. auf Abb. 261 sichtbar.

Abb. 261. Jenaer Glassinterfilter.

Ein Teil der Ton-, Porzellan- oder Glasfilter halten nicht nur die Schwebeteilchen, sondern auch die Bakterien zurück. Es ist nun aber so, daß man die gewonnenen Filtrate keinesfalls mit Sicherheit als keimfrei betrachten kann, da die genannten Filter nicht gleichmäßig und zuverlässig arbeiten. Die Jenaer Glasfilter filtrieren die Bakterien überhaupt nicht heraus, da ihre Porenweite viel zu groß ist. Die Bakteriendichte der Filter muß vor der Anwendung geprüft werden. Zunächst muß man sich überzeugen, ob nicht ganz grobe Undichtigkeiten, wie Risse oder Sprünge vorhanden sind. Dies wird durch Untertauchen der Kerze in Wasser und durch Einblasen von Druckluft geprüft. In die Öffnung der Kerze wird zu diesem Zwecke ein durchbohrter Gummistopfen eingesetzt und mittels starkem Drahts an den oben verbreiteten Rand der Kerze befestigt. In den Stopfen wird ein Glasrohr gesteckt und hieran die Druckluftleitung angeschlossen. An den schadhaften Stellen steigen große, leicht bemerkbare Luftblasen auf. Ob nun eine Kerze bakteriendicht ist, hängt ganz von der Porenweite ab, und es kann hierüber nur eine bakteriologische Kontrolle entscheiden. Ein Teil der Kerzen ist beim Beginn der Filtrierung nicht bakteriendicht, wird es aber, sobald die Poren ein wenig verstopft sind. Es sollen nur solche Filterkerzen verwandt werden, die vom Beginn an dicht sind. Die weniger dichten haben nicht nur den Nachteil, daß man anfänglich eine gewisse Flüssigkeitsmenge durch das Filter treiben muß, bevor sie brauchbar wird, sondern auch, daß sie nach einer Zeit wieder undicht werden. Die relativ große Porenweite erlaubt, daß die Bakterien in die Filtermasse eindringen, infolge der Saugwirkung allmählich durchwandern und an der anderen Seite des Filters erscheinen. Es wird diese schlechthin „Durchwachsen" genannte Erscheinung auch bei den dichten Kerzen beobachtet, nur tritt sie viel langsamer ein. Aus diesem Grunde können diese Filter nur eine begrenzte Zeit gebraucht werden. Durch Sterilisation können sie allerdings wieder gebrauchsfähig gemacht werden. Am zweckmäßigsten ist die Sterilisation im Autoklaven, wobei die Bakterienleiber zerstört und aus der Filtermasse entfernt werden. Hingegen häufen sie sich bei der Trockensterilisation in den Poren an und verstopfen diese allmählich. Die Sterilisation durch Glühen kann nicht empfohlen werden, da die zurückgehaltenen Bakterien oder sonstige organische Schwebeteilchen (Gewebefasern) hierbei verkohlen und dadurch die Poren verstopfen.

Eine absolute Keimfreiheit sichern die Ultrafilter, welche mit Kollodiummembranen von beliebig veränderlicher Porenweite arbeiten und auch auf das Nutschenprinzip aufgebaut sind. Die Membrane werden entweder auf eine gelochte Filterplatte gelegt oder sie besitzen eine Kerzenform. Es sind vielerlei Ausführungen bekannt: Bechhold, de Haën, Zsigmondy, Bachmann, Lautenschläger usw. Ein wesentlicher Nachteil der Ultrafilter ist die geringe Leistung. Sie werden daher nur dann herangezogen, wenn ein sonstiges Sterilisieren der Lösungen nicht möglich ist und ihre aseptische Herstellung unbedingt gefordert wird.

Sämtliche mit Vakuum arbeitenden Filter und besonders die Ultrafilter haben den großen Nachteil, daß infolge der Saugwirkung eine verhältnismäßig starke Verdampfung eintritt, sofern keine Öllösungen vorliegen — und dadurch die Konzentration abgeändert wird. Dem kann durch Anwendung des Drucknutschprinzips abgeholfen werden (vgl. S. 115).

Wenn es auch gelingt, die Injektionsflüssigkeiten durch Filtrierung zu entkeimen, ist es hierdurch noch nicht sichergestellt, daß die in die Ampullen gefüllte Flüssigkeit auch tatsächlich keimfrei ist, da bis zum erfolgten Zuschmelzen der Ampullen noch genügend Infektionsmöglichkeiten vorhanden sind. Da aber in sehr vielen und weiter unten angeführten Fällen eine Sterilisation der zugeschmolzenen Ampullen durch Erhitzen wegen der Zersetzlichkeit der Flüssigkeit nicht zulässig ist, ist man gezwungen einerseits durch die aseptische Herstellung der Lösung und durch die vorher beschriebene Filtrierung, andrerseits durch Zusatz von chemisch wirkenden Antiseptika die Keimfreiheit sicherzustellen.

Die aseptische Herstellung der Lösungen erfordert ein besonders sorgfältiges und gewissenhaftes Arbeiten. Eine Grundbedingung der aseptischen Herstellung von Injektionsflüssigkeiten ist, daß 1. sämtliche Geräte und Gefäße nur in sterilisiertem Zustand benutzt werden dürfen, 2. die Lösungsmittel, wie Wasser,

Öle, Glycerin, sowie die sterilisierbaren Bestandteile der Lösungen müssen vorher sterilisiert werden. Die Gefahr der Neuinfektion kann mit wenigen Ausnahmen durch Zufügen von chemischen Antisepticis vermindert werden. Die gegen Hitze unempfindlichen Bestandteile werden entweder in festem oder gelöstem Zustand sterilisiert, während die thermolabilen Bestandteile nachträglich zugefügt werden. In manchen Fällen gelingt es die in gelöstem Zustand hitzeempfindlichen Stoffe in festem Zustand durch Hitze oder aber auf chemischem Wege zu sterilisieren. Sämtliche Gefäße und Geräte werden vorher trocken oder durch Abwischen mit Alkohol, Äther oder einer $1^0/_{00}$ Sublimatlösung sterilisiert. Die einzelnen Arbeitsphasen müssen in einem für diesen Zweck reservierten Raum und auch hier in einem sterilisierten Kasten (etwa in einem Impfkasten) ausgeführt werden. Die fertigen Lösungen werden in mit gut eingeschliffenen Glasstopfen versehenen oder in mittels Wattestopfen keimdicht abgeschlossenen sterilen Flaschen oder Kolben aufbewahrt. Zur Sicherstellung der Keimfreiheit können, wenn es die Eigenschaften der Lösung nicht verbieten, chemische Antiseptika zugefügt werden. Es ist bekannt, daß die chemischen Stoffe eine sehr unzuverlässige sterilisierende Wirkung besitzen, da die Resistenz der Bakterien auch innerhalb der einzelnen Arten sich in weiten Grenzen ändert. Aber nicht nur die Bakterien, sondern auch das Medium selbst, in welchem das Mittel zur Einwirkung gelangt, üben einen wesentlichen Einfluß auf die keimtötende Kraft des Mittels aus. So ist z. B. Sublimat in eiweißhaltigen Lösungen wenig wirksam. Die Wirkung der Phenole ist in alkalischer Lösung abgeschwächt. Auch der übliche Zusatz von Natriumchlorid zu Sublimat vermindert dessen Wirksamkeit. Andrerseits ist die Menge des zugefügten Mittels in vielen Fällen wegen der schädlichen Wirkung bei der Injektion begrenzt. Die chemische Sterilisation ist aus diesen Gründen oft unzureichend und dient nur dazu, um Neuinfektionen der aseptisch hergestellten Lösungen zu verhindern. Man unterscheidet dementsprechend zwischen konservierende und antiseptisch wirkende Substanzen. Als konservierende Substanzen werden folgende betrachtet: Glycerin, Chloroformwasser, Ätherwasser, Kampfer. Antiseptisch wirken das Phenol und das m-Kresol. Die Anwendung von Sublimat, Alkohol, Formalin, Hypochlorite, Chloramin usw. ist nicht möglich, da sie einerseits schädliche Lokalwirkungen hervorrufen, andrerseits auf das Blut hämolysierend einwirken. Da der Kampfer auch selbst eine pharmakologische Wirkung besitzt, soll er nur in der zulässigen Dosis angewandt werden, am besten wird er aber aus der Reihe der konservierenden Mittel ausgeschlossen. Das Glycerin wird hauptsächlich Extrakten (Organ-, Pflanzenextrakte) in bis 20—30% betragenden Mengen hinzugefügt. Das Chloroformwasser und Ätherwasser wird ebenfalls zur Konservierung von Extrakten verwandt, und zwar in einer Verdünnung von 1 : 100—200. Auch Alkaloidlösungen können mit ihrer Hilfe konserviert werden. Als ausgesprochen antiseptisch wirkende Substanzen werden nur das Phenol und m-Kresol angewandt, und zwar für humanmedizinische Zwecke weniger als für veterinärmedizinische Zwecke. Beide gelangen hauptsächlich für Vaccinen, Bakterienextrakte (Tuberkulin usw.) zur Anwendung. Die normale Konzentration beträgt für Phenol 0,5—1% für m-Kresol $1^0/_{00}$. In manchen Fällen werden auch größere Konzentrationen bis 5% herangezogen. So z. B. schreibt die Ph. Gall. zur Herstellung von Rotzbazillenextrakte (Mallein) 5%iges, vorher sterilisiertes (!) Carbolwasser vor. Das Phenol ist für Injektionszwecke nicht ganz unschädlich, da es starke lokale Reizwirkungen hervorrufen kann und bei intravenösen Injektionen auch die Venen angreift. Das m-Kresol besitzt eine höhere antiseptische Kraft und ist hinsichtlich der schädlichen Nebenwirkungen weit günstiger. Es wird daher an Stelle des Phenols die ausschließliche Anwendung des m-Kresols empfohlen.

Wenn es auch gelingt, durch aseptische Arbeit und durch Zusatz von antiseptisch wirkenden Mitteln keimfreie Flüssigkeiten zu erhalten, so soll man das Filtrieren durch bakteriendichte Filter niemals unterlassen. Die filtrierten Lösungen sind dann zum Abfüllen in Ampullen bereit.

Trotzdem der größte Teil der Injektionsflüssigkeiten durch Hitze sterilisierbar ist, soll ihre Herstellung unter aseptischen Bedingungen erfolgen.

Es sei hier noch darauf hingewiesen, daß es in vielen Fällen durch Kombination einer abgekürzten Hitzesterilisation mit dem Zusatz von antiseptisch einwandfrei sterilen Lösungen zu erhalten gelingt.

Hier folgend sind die wichtigsten Lösungen zusammengestellt, welche aseptisch unter etwaigem Zusatz von konservierenden oder antiseptischen Mitteln hergestellt werden müssen: Ameisensäure (besonders in hoher Verdünnung für die Reiztherapie), Adrenalinhydrochlorid, Agaricin, Apomorphin, Argentum colloidale, Eumydrin (Atropinmethylnitrat), Chloralhydrat, Coagulen, Cocainhydrochlorid, Codein (auch fraktionierte Sterilisation), Cotarninhydrochlorid, Diacetylmorphin (Heroin), Digitoxin, Aristol, Enesol, Opiumextrakt, Mutterkornextrakt, Digitaliskaltwasserextrakt, Eisenkakodylat, Guajacolkakodylat, Hexamethylentetramin (auch fraktionierte Sterilisation), Holocainhydrochlorid, Hydrastinhydrochlorid (auch fraktionierte Sterilisation), Scopolaminhydrobromid, Pregelsche Jodlösung, Jodoformsuspensionen, Argochrom, Natriumkakodylat, Pantopon, Physostigmin, Physostigminsalicylat und -sulfat, Pilocarpinhydrochlorid, Pyramidonsalicylat, Strophantin (auch fraktionierte Sterilisation), Tutocain, Vaccinen, Tuberkulin.

Bezüglich der Beschaffenheit der Injektionsflüssigkeiten sei noch hervorgehoben, daß diese stets isotonisch sein müssen. Die hypotonischen Lösungen verursachen Haemolyse (bei intravenöser Einspritzung) und lokale Reize, die hypertonischen Lösungen schrumpfen die Blutkörperchen und verursachen starke lokale Reize. Die Injektionsflüssigkeiten werden daher stets isotonisiert, und zwar entweder durch Zusatz von 0,9% Chlornatrium oder anderen Salzmischungen, wie sie den verschiedenen physiologischen Salzlösungen (Ringer, Locke, Tyrode, Trunečekserum usw.) entsprechen. Die Zusammensetzung der physiologischen Salzlösungen ist im Vorschriftenteil (S. 304) beschrieben. Enthalten die Injektionsflüssigkeiten Salze oder Substanzen, deren osmotischer Druck einen nennenswerten Beitrag liefert, so muß ihre Konzentration bei der Isotonisierung in Rechnung gestellt werden.

E. Das Füllen der Ampullen.

In die Ampullen wird stets mehr Flüssigkeit eingefüllt als der Einzeldosis entspricht, da es nicht gelingt, die ganze Menge mittels der Spritze herauszusaugen. Bei kleinen Ampullen (1—2 ccm) wird ungefähr um 10%, bei größeren (5—10 ccm) dagegen nur um 5% mehr eingefüllt. Mit Rücksicht darauf, daß die Ampullen zugeschmolzen werden und daher im Ampullenhals keine Flüssigkeit sich befinden darf, wird der Fassungsraum so groß gewählt, daß in der Ampulle auch noch unter dem Hals ein kleiner freier Raum bleibt. So z. B. werden die Ampullen von 1 ccm mit einem Fassungsraum von 1,3 ccm hergestellt. Bei größeren Ampullen ist der Fassungsraum nur um 10—15% größer.

Das Füllen der Ampullen erfolgt entweder so, daß man sie einzeln füllt, oder aber so, daß man eine große Anzahl gleichzeitig füllt. Obwohl das zweite Verfahren grundsätzlich günstiger sein sollte, wird die Einzelfüllung vielfach vorgezogen. Dies hat mehrere Gründe, welche in der Eigenart der benutzten Apparatur liegen. Einerseits kann bei der gleichzeitigen Füllung von viel Ampullen wegen ihrer verschiedenen Größe kein genaues Füllvolumen eingehalten werden, andrerseits wird bei vielen Apparaten gegenüber der Einzelfüllung keine höhere Leistung erzielt. Da die Massenfüllung stets mit Hilfe von Vakuum erfolgt, sind hierzu nur solche Flüssigkeiten geeignet, welche im Vakuum nicht rasch verdampfen. Ätherhaltige Flüssigkeiten sind also nur mittels Einzelfüllung abfüllbar. Nachdem der Mindestgehalt einer 1 ccm-Ampulle 1,1 ccm betragen muß, müssen die im Vakuum gefüllten Ampullen stets mehr enthalten, da es niemals gelingt, ein gleichmäßiges Füllvolumen zu erzielen, wie dies obenstehend bereits erwähnt wurde. Es sind hierdurch empfindliche Flüssigkeitsverluste bedingt, welche eine Größenordnung von 10—15% betragen können. Mittels Vakuums gefüllte Ampullen erkennt man also daran, daß sie nicht genau 1,1 ccm, sondern schwankende Mengen bis 1,2 bis 1,25 ccm enthalten. Die über 1,1 ccm eingefüllte Flüssigkeitsmengen sind als Verluste zu betrachten, da der Arzt nur 1 ccm benötigt und da zum bequemen Heraussaugen von 1 ccm 0,1 ccm Überschuß vollkommen genügt. Bei wertvollen Flüssigkeiten verschlechtern diese Verluste die Kalkulation, weshalb die Anwendung von Einzelfüllung angezeigt ist.

Die zur Massenfüllung dienenden Apparate wurden bereits im Abschnitt C (S. 276) im Zusammenhang mit dem Reinigen der Ampullen erwähnt. Das gemeinsame Prinzip sämtlicher Apparate ist die Anwendung von Vakuum und wird praktisch wie folgt durchgeführt. Die Ampullen werden mit dem offenen Hals nach unten in die in einer Schale befindliche Ampullenflüssigkeit getaucht. Beim Evakuieren dehnt sich die in den Ampullen befindliche Luft aus und verläßt die Ampulle. Hebt man nunmehr das Vakuum auf, so wird die in den Ampullen befindliche verdünnte Luft vom Luftdruck zusammengedrückt, und es dringt die der Volumenverminderung entsprechende Flüssigkeitsmenge in die Ampullen ein. Die zur Durchführung dieses nur annähernd angedeuteten Füllvorganges dienenden Apparate sollen hier jetzt beschrieben werden.

Einer der ältesten Ampullenfüllapparate ist der Matteviapparat, welcher aus einem Rezipienten besteht, dessen unterer Rand geschliffen ist und auf einen Vakuumteller (geschliffene Metallplatte, Glasplatte oder Gummidichtungsring) gestellt wird. In der Mitte des Tellers ist eine Öffnung, welche von unten mit zwei Rohren bzw. Hähnen und einem Vakuummeter in Verbindung steht. Der eine Hahn wird mit einer Luftpumpe verbunden, der andere Hahn dient zur Wiederherstellung des Luftdruckes. Um das Eindringen von Bakterien zu verhindern, ist vor diesen Hahn ein Watteluftfilter geschaltet. Unter die Glocke wird eine Schale für die Injektionsflüssigkeit gestellt. Zur Aufnahme der Ampullen dient ein aus zwei gelochten Platten bestehendes Gestell. Die Ampullen werden mit dem Kapillarhals nach unten in die Öffnung der oberen Platte gesteckt, die untere Platte enthält an der korrespondierenden Stelle eine engere Öffnung so, daß die Ampullen stecken bleiben. Das 200 Ampullen von 1,1 ccm aufnehmende Gestell wird in die Schale gestellt und dann mit dem Rezipienten überdeckt. Nachdem die Berührung der Injektionsflüssigkeiten mit Metall nicht immer zulässig ist, werden die neueren Modelle des Matteviapparates so konstruiert, daß das Gestell selbst nicht in die Flüssigkeit taucht, sondern außerhalb der Schale unterstützt ist. Die Evakuierung wird am besten mit einer Wasserstrahlluftpumpe durchgeführt. Die geringe Leistungsfähigkeit des Apparates macht ihn nur für ganz kleine Betriebe geeignet und kann mit der Einzelfüllung nicht konkurrieren.

Eine ebenfalls kleine Leistung hat der Ampullenfüllapparat von E. Koellner, Jena, welcher aber den Vorteil besitzt, daß man mit seiner Hilfe die Ampullen auch vorher sterilisieren kann (Abb. 262). Der Apparat besteht aus einem mit Schrauben luftdicht abschließbaren Deckel versehenen kupfernen Kessel. Der Kessel ist mit folgender Armatur ausgerüstet: ein Wasserstandrohr, welches unten einen Abflußhahn und oben ein Sicherheitsventil trägt, ein Saugstutzen mit Ventil zum Anschluß der Vakuumpumpe. Am Deckel befindet sich in der Mitte eine Öffnung für einen mit einer Filterkerze kombinierten Fülltrichter. Außerdem sind am Deckel noch ein Thermometer, ein Vakuummeter und zwei gegenüberliegende Schaufenster. Das Saugstutzenventil ist als Dreiweghahn ausgebildet und der Kessel kann hierdurch 1. ganz abgeschlossen, 2. mit der Luftpumpe oder 3. mit der Außenluft verbunden werden. Im Inneren des Apparates befindet sich ein Gestell für 250 Ampullen und eine Schale für die entsprechende Flüssigkeitsmenge. Das Gestell wird in den mit Wasser beschickten Kessel gestellt, worauf der Deckel zugeschraubt und der Dreiweghahn abgeschlossen wird. Nunmehr erhitzt man den Kessel, bis durch das Sicherheitsventil Dämpfe heraustreten (105° C) und erhält $^1/_4$ Stunde im Sieden. Hiernach läßt man das Wasser durch Öffnen des Ablaufhahns ab und evakuiert sodann durch Umstellung des Dreiweghahnes in noch warmem Zustand, wodurch die Ampullen getrocknet werden. Nachdem dies erfolgt ist bzw. das Vakuum die empirisch ermittelte geeignete Höhe erreicht hat, öffnet man den Hahn des Fülltrichters, wodurch die Injektionsflüssigkeit durch die Filterkerze in die Schale gelangt. Der Apparat ist jetzt zum Füllen vorbereitet.

Abb. 262. Jenaer Universal-Apparat zum Füllen von Ampullen (Erich Koellner, Jena).

Das von E. Richter[1] und E. Lütt[2] eingeführte Verfahren unterscheidet sich vom Matteviverfahren bzw. -apparat darin, daß die Ampullen nicht von einem Gestell aufgenommen, sondern mit dem Hals nach oben in eine Glasschale gepackt werden. Die vollbepackte Glasschale wird mit einer größeren Schale überdeckt, worauf beide zusammen umgekehrt werden und die Flüssigkeit in die nunmehr untere größere Schale gefüllt wird. Zur Erhöhung der Leistung ordnet die Firma Dr. H. Rohrbeck Nachf., Berlin N 4, mehrere Schalenpaare übereinander (Abb. 263), um aber die Ampullenhälse nicht zu überlasten, werden die Schalen in ein Gestell untergebracht. Die Ampullen stehen in der unteren Schale auf ihren Hälsen und müssen noch die Last der oberen Schale tragen.

Ein sehr praktischer Apparat ist der „Atmos"-Ampullenfüllapparat der Sauerstoffzentrale für medizinische Zwecke, Dr. Ernst Silten, Berlin NW 6 (Abb. 264), welcher ebenso, wie die bisher beschriebenen aus einem Vakuumrezipienten mit Vakuummeter und Lufteinlaßhahn besteht, der auf einer plangeschliffenen Glasplatte ruht. Die Ampullen werden mit dem Hals nach unten in

---

[1] Richter, E.: Apoth.-Ztg **1914**, 697.
[2] Lütt, E.: Apoth.-Ztg **1914**, 956.

Glasschalen eingesetzt, und zwar so, daß sie nicht über den Schalenrand hinausragen. Die Glasglocke faßt der Ampullengröße entsprechend folgende Mengen:

entweder	4 Schalen für Ampullen von	1 ccm	
	225 Stück pro Schale =	900 Ampullen	
oder	4 Schalen für Ampullen von	2 ccm,	
	175 Stück pro Schale =	700 Ampullen	
oder	2 Schalen für Ampullen von	4 ccm,	
	145 Stück pro Schale =	290 Ampullen	
oder	2 Schalen für Ampullen von	5 ccm,	
	125 Stück pro Schale =	250 Ampullen	
oder	2 Schalen für Ampullen von	10 ccm,	
	75 Stück pro Schale =	150 Ampullen.	

Die Ampullen müssen so dicht nebeneinander gelegt werden, daß sie nicht umfallen, wenn die Schale auf den Tisch gestellt wird. Die beschickten und mit einem Glasdeckel verschlossenen Glasschalen werden eine Stunde lang im Heißluftsterilisator bei 150° C sterilisiert. Die Injektionsflüssigkeit wird mit Hilfe eines sterilen Meßzylinders und Trichters in die Schale gegossen. Man nimmt 20% Flüssigkeit mehr als theoretisch erforderlich ist. Bei Ampullen zu 1 ccm würde man statt 250 ccm 300 ccm einfüllen. Man schichtet nunmehr die für den Füllvorgang vorbereiteten Glasschalen auf der Glasplatte des Apparates übereinander und stülpt den Rezipienten, dessen unteren Rand man vorher gut mit Vaselin eingefettet hat, darüber. Da

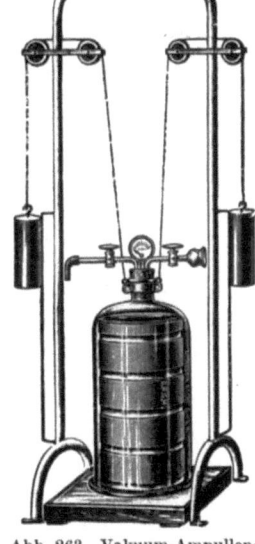

Abb. 263. Vakuum-Ampullenfüllapparat (Dr. H. Rohrbeck Nachf., Berlin N. 4).

bei diesem Apparat die Last der Schalen nicht von den Ampullenhälsen getragen wird, ist ein Gestell für die Schalen nicht erforderlich. Zur Herstellung des Vakuums dient eine kleine, mit Hilfe eines Elektromotors ange-

Abb. 264. Ampullenfüllapparat „Atmos" (Sauerstoffzentrale für medizinische Zwecke, Dr. Ernst Silten Berlin NW. 6).

triebene Kolbenluftpumpe mit einer Saugleistung von 12 Liter in der Minute. Diese Luftpumpe reicht für sämtliche Ampullengrößen aus. Die Luftpumpe muß nämlich der Größe des zu evakuierenden Raumes angepaßt werden. Aus diesem Grunde wählt man den Glasrezipienten so klein, als es nur zulässig ist.

Eine ähnliche Konstruktion hat der Ampullenfüllapparat der Pneumotechnik AG., Berlin NW 6, mit dem Unterschied, daß der Rezipient mit seiner Öffnung nach oben fix eingebaut ist und durch eine seitlich verschiebbaren, geschliffenen Glasplatte verschlossen wird. Die Ampullen werden mit dem Hals nach unten in Glasschalen gesteckt. Von einem Gestell werden 2—6 Schalen aufgenommen.

Das Füllen erfolgt mit diesen Apparaten so, daß man die Ampullen in den Apparat setzt und evakuiert. Ist das nach dem weiter unten beschriebenen Verfahren bestimmte erforderliche Vakuum erreicht, so schließt man den Saugstutzen ab und hebt das Vakuum durch Einlassen von Luft wieder auf. Die Ampullen sind nun gefüllt, aber auch die Hälse sind voll. In diesem Zustand ist das Zuschmelzen der Ampullen unmöglich. Man könnte die in den Hälsen befindliche Flüssigkeit auch durch Schütteln entfernen. Da dies sehr zeitraubend ist, wird folgendes Verfahren verfolgt. Beim Matteviapparat hebt man das Gestell aus der Schale heraus und stellt es über eine leere Schale, worauf unter dem Rezipienten wieder bis zu einer ebenfalls empirisch festgestellten Höhe evakuiert wird. Hierbei wird gerade so viel Flüssigkeit aus der Ampulle herausgedrängt, als zum Anfüllen des Halses erforderlich ist. Hebt man das Vakuum auf, so wird die zurückgebliebene Flüssigkeit aus den Hälsen in die Ampulle zurückgedrängt. Dieses Verfahren zeitigt aber nur bei Ampullen mit eingeschnürtem Hals ein gutes Ergebnis, da beim glatten Hals ein Teil der Flüssigkeit oft wieder in den Hals zurückfällt. Bei den anderen Apparaten wird die restliche Flüssigkeit aus den Glasschalen herausgegossen und die Ampullen mit dem Hals nach oben gedreht in den Rezipienten gestellt, worauf durch Evakuieren der Hals von der Flüssigkeit befreit wird.

Um mit diesen Apparaten das kontinuierliche Füllen zu beginnen, muß in erster Linie das zum gewünschten Füllvolum erforderliche Vakuum empirisch festgestellt werden. Um überhaupt konstante Füllungen zu erzielen, müssen die Ampullen immer gleichlang abgeschnitten werden, und außerdem muß die Flüssigkeit in den Schalen stets gleich hoch stehen. Zur Bestimmung des Vakuums numeriert man einige Ampullen und bestimmt ihr Leergewicht. Die in den Apparat gesetzten Ampullen werden durch Evakuieren auf eine durch Schätzung gewählte Höhe mit destilliertem Wasser gefüllt. Hierauf entfernt man die Flüssigkeit (entweder durch Wechseln der Schale bei dem Matteviapparat oder durch einfaches Herausgießen der Flüssigkeit aus der Schale) und evakuiert schwach zur Entfernung der Flüssigkeit aus den Ampullenhälsen. Nach Aufhebung des Vakuums stellt man fest, ob in den Hälsen noch Flüssigkeit vorhanden ist. Wenn ja, so wiederholt man die Füllung und saugt mit einem anderen Vakuum ab, bis man die richtige Menge entfernen konnte. Das hierzu gebrauchte Vakuum wird notiert. Nach dieser Feststellung kann nunmehr auch das zum Füllen erforderliche Vakuum bestimmt werden. Man füllt die gewogenen Ampullen mit destilliertem Wasser bei einem freigewählten Vakuum und entfernt sodann die in den Hälsen befindliche Flüssigkeit mittels des vorhergefundenen Vakuums. Hierauf wird das Gewicht der vollen Ampullen bestimmt. Weicht das Gewicht des eingefüllten destillierten Wassers von der Anzahl der gewünschten Kubikzentimeter ab, so wiederholt man das Füllen der Abweichung entsprechend mit niedrigerem oder höherem Vakuum. Ist das gewünschte Füllvolum erreicht, so wird das hierzu gebrauchte Vakuum notiert. Arbeitet man nunmehr mit der Injektionsflüssigkeit unter denselben stets gleichbleibenden Bedingungen, so erzielt man durchschnittlich immer dasselbe Füllvolum.

Die nach jedem Füllen in den Glasschalen zurückbleibende Flüssigkeit wird nach erneutem Filtrieren zu neuen Füllungen benutzt.

Wegen den bereits vorherstehend angeführten Nachteilen wird vielfach die Einzelfüllung der Ampullen bevorzugt. Die hierzu dienenden, aus Glas angefertigten Apparate haben wieder den Nachteil der großen Zerbrechlichkeit. Sie sind auch infolge der vorhandenen eingeschliffenen Hähne gegen Erwärmungen empfindlich, weshalb sie beim Sterilisieren leicht springen. Ihre Sterilisation darf daher nur durch sehr vorsichtiges, allmähliches Erhitzen auf die Höchsttemperatur erfolgen.

Das Wesen der Einzelfüllung besteht darin, daß in die einzelnen Ampullen genau gemessene Flüssigkeitsmengen gefüllt werden. Die in der Apothekenpraxis benutzten Apparate können hierzu nicht in Betracht kommen, da sie einerseits für kleine Flüssigkeitsmengen gebaut sind, andrerseits wird die angefüllte Menge nicht automatisch gemessen. Der erste auch für größere Mengen geeignete Apparat ist der von Keseling[1] (Abb. 265), welcher aber für aseptisches Arbeiten nicht geeignet ist und daher mit seiner Hilfe nur solche Flüssigkeiten abgefüllt werden können, die durch Hitze nachträglich sterilisierbar sind. Der von Wachenfeld & Schwarzschild, Kassel, gelieferte Apparat besteht aus einem Glasbehälter (1) zur Aufnahme der Flüssigkeit und wird durch Überstülpen einer Glasglocke gegen Staub geschützt. Der Behälter läuft in ein verengtes Knierohr (2) aus, dessen abgebogenes Ende (3) den Abfüllhahn (4) trägt. Der Hohlraum (6) des Abfüllhahnes faßt das gewünschte Maß an Flüssigkeit. Bei 5 wird die Flüssigkeit bei richtiger Hahnstellung in den Hohlraum des Kolbens gedrückt. Der Griff (9) des Hahnes ist hohl und steht mit einem Handgebläse in Verbindung. Um den Hohlraum (6) zu füllen, wird der Hahn (9) um 90° nach vorn gedreht. Darauf wird die Ampulle untergehalten, der Hahn in seine frühere Lage zurückgebracht und leicht auf das Gebläse gedrückt. Die Flüssigkeit ergießt sich durch eine Pravaznadel restlos in die Ampulle. Die in dem Hohlraum enthaltene Luft entweicht beim Eintreten der Flüssigkeit durch die Öffnung (16) in den Raum (11) und dann durch das Luftablaßrohr (17) nach der

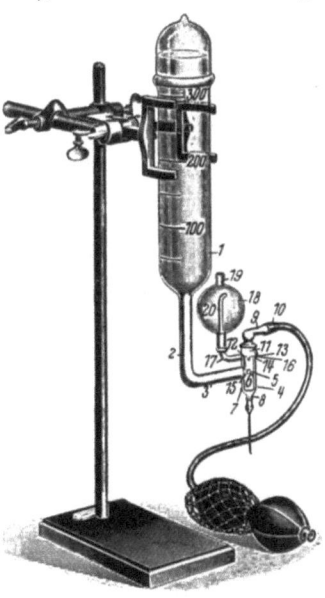

Abb. 265. Keselingscher Apparat zur Einzelfüllung von Ampullen (Wachenfeld & Schwarzschild, Kassel).

kleinen Glaskugel (18). Diese Glaskugel nimmt etwa mitgerissene kleine Mengen Flüssigkeit auf. Sie ist abnehmbar so, daß ihr Inhalt von Zeit zu Zeit entleert werden kann. Bei der Füllung setzt man vorteilhaft die Ampulle auf den Zeigefinger der linken Hand so auf, daß die Nadelspitze sich immer etwas über der steigenden Flüssigkeit, jedoch unterhalb des Kugelansatzes der Ampulle befindet. Bei dem Keselingschen Apparat muß man zur Füllung jeder Ampulle den Hahn zweimal umstellen. Der Tellesche Apparat füllt bei jedem Umstellen des Hahnes eine Ampulle (Abb. 266). Dieser Apparat ist ein Fülltrichter mit einem Hahn, in dessen Hahnküken sich zwei, dem Füllvolumen entsprechende Hohlräume befinden. Die Hohlräume sind so angeordnet, daß, wenn der eine Raum mit dem Fülltrichter, der andere Raum mit dem Abflußröhrchen in Verbindung steht. Dreht man den Hahn um 180°, so wechselt sich die Lage. Die Hohlräume werden also abwechselnd gefüllt und entleert. Zur Entleerung der Hohlräume sind an das Hahngehäuse zwei Rohransätze angebracht, welche zwecks Beschleunigung

---

[1] Keseling: Pharm. Zbl. **1912,** 25.

der Entleerung mit einem Gummiball verbunden werden können. Die Handhabung des Gummiballs erfordert sowohl beim Keselingschen, als auch beim Telleschen Apparat die Unterbrechung des Arbeitsganges, weshalb man an Stelle des Handgebläses ein Fußgebläse verwenden kann. Der soeben beschriebene Apparat ist für aseptisches Arbeiten ebensowenig geeignet wie der Keselingsche. Diesen Mangel sucht ein zweiter Tellesche Apparat (Abb. 267) zu vermeiden. Dieser unterscheidet sich vom ersten darin, daß auf die obere Öffnung des Glasbehälters eine Filterkerze b aufgesetzt ist. Ein seitliches Ansatzrohr c ist mit Wattefilter versehen und dient zur Evakuierung des Glasbehälters a, wodurch dann das Filtrieren durch die Kerze erfolgt. Die Abfüllnadel ist von einer Schutzglocke umnommen und kann daher nach der Sterilisation bis zum Abfüllen mit steriler Watte zugestopft werden. Eine wesentliche Arbeitserleichterung ermöglicht der Füllautomat „Simplex" (Erich Koellner, Jena), welcher genau dosiert und auch die aseptische Füllung erlaubt. Der Antrieb erfolgt mittels Fußpedal. Der Apparat leistet in 8 Stunden ca. 6000 Ampullen zu 1,1 ccm.

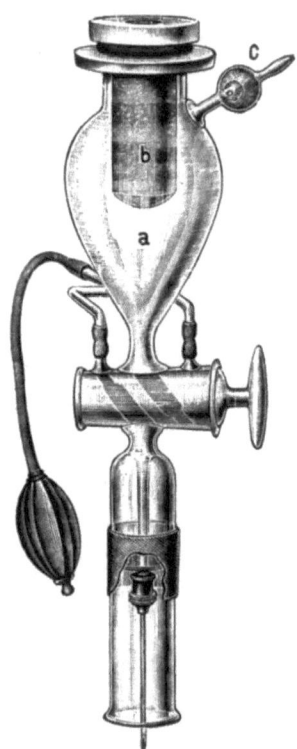

Abb. 267. Telle-Apparat zur aseptischen Einzelfüllung von Ampullen.

An das Abflußröhrchen sämtlicher Apparate wird eine Pravaznadel oder eine sonstige dünne Kanüle befestigt, um in die Ampulle eindringen zu können. Es werden hierzu aus vernickeltem Stahl-, nichtrostendem Stahl oder aus Platin-Iridium angefertigte Nadeln oder Glaskanüle verwendet. Die Sterilisierung der Nadeln erfolgt durch Auskochen mit 1%iger Soda, oder noch besser mit 1%iger Boraxlösung im Autoklaven. Die sterilisierten Nadeln müssen mit sterilem Wasser abgespült werden. Die Platinnadeln können auch durch Ausglühen sterilisiert werden.

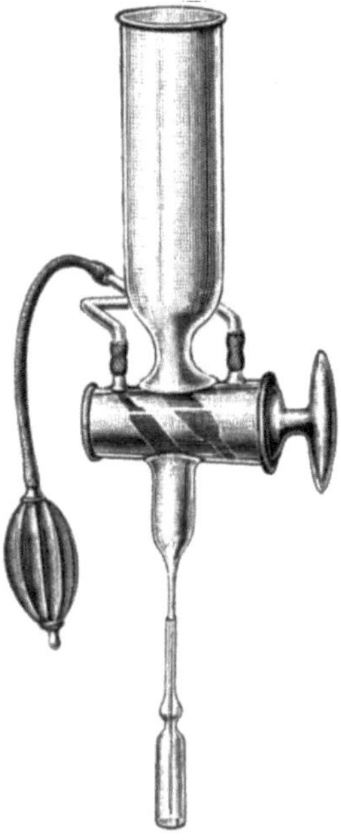

Abb. 266. Telle-Apparat zur Einzelfüllung von Ampullen.

Ein wesentlicher Vorteil der Einzelfüllung ist, daß die Hälse der Ampullen vollkommen rein bleiben und daher das Zuschmelzen auch bei schwierigen Flüssigkeiten, wie Öle, Emulsionen, Glucose usw. leicht ist.

Um die Leistung der Einzelfüllapparate zu erhöhen, wurden Halbautomaten konstruiert, welche die vorsterilisierten Ampullen selbständig abschneiden, die Flüssigkeit dosieren, abfüllen und die gefüllten Ampullen zuschmelzen. Ein solcher Abfüll-Automat war der der Firma Wilhelm Busse und I. Perl & Co., Berlin, welcher sich aber nicht bewährte. Einen leistungsfähigen Automat baut die Firma Vereinigte Bornkesselwerke m. b. H., Berlin N 4 (Abb. 268). Die Funktion des Automats ergibt sich aus der Beschriftung der Abbildung. A ist die Abschneidevorrichtung, welche dem auf Abb. 256 dargestellten Ampullenabschneider entspricht. Die mit der rechten Hand splitterfrei abgeschnittene Ampulle wird auf die federnde Abfüllkanüle V geschoben. i ist der Behälter für die Injektionsflüssigkeit, welcher hier in Form eines Tropftrichters ausgebildet ist, aber bei *g* noch einen zweiten Hahn besitzt. Im Hahnküken ist eine doppelte Bohrung vorhanden. Senkrecht zum Abflußrohr des Fülltrichters (horizontal nach hinten liegend) steht eine Spritze mit dem Hahn in Verbindung. Spritze und Fülltrichter wird durch Stativ *B* getragen. Das Stativ trägt auch die vom Motor *d* angetriebene Vorrichtung, welche die alternierende Bewegung des Spritzenstempels und gleichzeitig das Umdrehen des Hahnkükens ausführt. Das Füllvolumen wird durch Schraube *K* geregelt. In der ersten Hahnstellung verbindet die Doppelbohrung Behälter *i* mit der Spritze, in der zweiten Stellung wird die Spritze mit der Abfüllkanüle verbunden. Der Behälter *i* kann in verschiedenen Formen ausgeführt und mit keimdichtem Filter und Rührwerk für Suspensionen und Emulsionen ausgerüstet werden. Unter der Abfüllkanüle befindet sich zur Aufnahme der etwa abtropfenden Flüssigkeit ein kleiner Trichter. Die angefüllte Ampulle wird mit der linken Hand von der Kanüle heruntergezogen und in die Zuschmelzvorrichtung *l* gelegt. Dieser erfaßt die Ampulle und versetzt sie mittels vier Rollen in Rotation, gleichzeitig trifft den Rand des Halses die Nadelflamme des durch Luftkompressor *F* betriebenen Brenners. Die neueren Modelle schmelzen die Ampulle nicht am Halsrand zu. Der Ampullenhals wird weiter unten von der Flamme erhitzt, und ist das Glas genügend heiß und erweicht, so wird der oberhalb der Schmelzstelle befindliche Halsteil von einer geeigneten Vorrichtung angefaßt und

Abb. 268. Bornkessel-Automat zum Abschneiden, Dosieren, Füllen und Zuschmelzen von Ampullen (Vereinigte Bornkesselwerke m. b. H., Berlin N. 4).

nach oben gezogen. Hierdurch wird eine absolut gleichmäßige, nicht spitzige, sondern kugelförmige oder bei größeren Ampullen oben flache Zuschmelzung erreicht. Die zugeschmolzenen Ampullen gelangen in den Sammelbehälter *m*. Das Handrad *o* und die Kurbel *w* dienen zur Bewegung des Automats ohne Motor. Sämtliche Teile mit Ausnahme des Motors und der Luftpumpe sind auf die gemeinsame Arbeitsplatte *r* montiert. Der Automat ist zum Füllen von Ampullen bis 30 ccm, in Spezialkonstruktion auch für noch größere Ampullen geeignet, erfordert zur Bedienung eine Arbeiterin und leistet sodann 7—800 Ampullen von 1—2 ccm in der Stunde. Der Gasverbrauch beträgt hierbei $1/5$ cbm, der Kraftbedarf ist $1/5$ PS.

In der letzten Zeit wird der Apparat auch als Vollautomat ausgebildet, es genügt hier die Ampullen in den Apparat zu legen, die fertig zugeschmolzenen verlassen ihn ganz automatisch. Die Leistung wurde hierdurch auf etwa 1200 Stück (1—2 ccm) in der Stunde gesteigert.

F. Das Zuschmelzen der Ampullen.

Die Ampullen müssen nach erfolgtem Füllen sofort zugeschmolzen werden. Der im vorigen Abschnitt E beschriebene Ampullenfüllautomat besorgt dies in einem Arbeitsgang. Wird ohne Automat gearbeitet, so ist das Zuschmelzen eine getrennte Aufgabe, deren Durchführung eine gewisse Erfahrung erfordert. Es sind auch Automaten im Gebrauch, welche nur das Zuschmelzen besorgen. Ein solcher Automat ist der „Iwe"-Apparat der Firma Erich Koellner, Jena, dessen Antrieb durch einen Elektromotor erfolgt. Die Spitzflammen, welche die Ampullen zuschmelzen, werden mit Leuchtgas aus der Gasleitung und mit Druckluft gespeist. Die Druckluft wird erzeugt von einem Druckluftgebläse, welches vom Elektromotor betrieben wird. Während des Betriebes wandern die Ampullen an den Spitzflammen vorüber und werden durch sie zugeschmolzen. Jede Ampulle dreht sich während des Zuschmelzens um ihre eigene Achse, so daß also die Zuschmelzstelle gleichmäßig auf allen Seiten mit der Flamme in Berührung kommt. Die Leistung des Automats beträgt in 8 Arbeitsstunden etwa 7000 Ampullen.

Wie bereits öfters erwähnt wurde, kann das Zuschmelzen nur dann einwandfrei erfolgen, wenn die Ampullenhälse frei von der Injektionsflüssigkeit sind. Wie dies erreicht wird, wurde in Abschnitt E (S. 290) beschrieben. Einige Flüssigkeiten, besonders welche eine höhere Viscosität besitzen oder oberflächenaktive Substanzen enthalten, bleiben immer noch im Hals haften. Enthält eine solche Flüssigkeit organische Bestandteile, so verkohlen diese beim Zuschmelzen. Abgesehen davon, daß die Ampullen hierdurch verunreinigt werden, gelangen gegebenenfalls unerwünschte Zersetzungsprodukte in die Injektionsflüssigkeit. Bemerkt man beim Zuschmelzen eine wenn auch geringe Verkohlung, so müssen auch die letzten Spuren der Injektionsflüssigkeit aus dem Hals entfernt werden. Hierzu gibt es nur ein einziges Verfahren, welches sich in der Praxis bewährte, nämlich das Abdämpfen der Ampullenhälse. Es ist klar, daß dieses Verfahren nur für wässerige Flüssigkeiten geeignet ist. Ist im Betrieb eine Dampfleitung vorhanden, so schließt man an diese mit Hilfe eines Gummischlauches eine feine Glasspitze, welche ungefähr dem Durchmesser des Ampullenhalses entspricht. Läßt man den durch diese Spitze austretenden Dampf senkrecht auf die Ampulle strömen, wobei der Dampf für einen Augenblick in die Ampulle eindringt, so wird die dort haftende Substanz nach unten befördert und das Zuschmelzen kann ohne Störung erfolgen. Steht keine Dampfleitung zur Verfügung, oder will man sich von dieser unabhängig machen, sei es weil die Dampflieferung etwa nur periodisch ist oder weil der Dampf mechanische Verunreinigungen (Staub, Öltröpfchen) enthält, so benutzt man zur Dampfentwicklung einen kleinen Kupferkessel von 2—3 Liter Inhalt. Dieser ist mit einem Wasserstandsanzeiger, einem Sicherheitsrohr und einem Dampfableitungsstutzen versehen. An letzteren wird die oben erwähnte Glasspitze angeschaltet. Der mit destilliertem Wasser angefüllte Kessel wird mit Gas geheizt. Da bei der einwandfrei durchgeführten Einzelfüllung der Ampullenhals niemals verunreinigt werden kann, fällt auch das Abdämpfen weg. Nichtwässerige Flüssigkeiten, wie z. B. Öle, können durch Aufspritzen von fein zerstäubtem Äther aus dem Hals entfernt werden. Obwohl im allgemeinen gegen die so in die Ampulle gelangenden geringen Äthermengen keine Einwendung getan werden kann, ist das Arbeiten mit Äther besonders bei großen Ampullenmengen äußerst lästig. Man ist also auf die Einzelfüllung angewiesen.

Das Zuschmelzen der Ampullen erfolgt mit Gebläselampen für Gas und Druckluft, welche mit einer 6—8 cm langen spitzigen, sogenannten Nadelflamme brennen. Der Gasdurchgang beträgt 3 mm. Die Flamme selbst darf nicht leuchten, sie muß farblos, in dunklem oder halbdunklem Raum bläulich sein. Brenner, welche solche Flammen geben, wurden bereits auf S. 272 bei der Ampullenherstellung beschrieben. Hier sei nur darauf hingewiesen, daß besonders die Brenner der Abb. 245, 246 gut geeignet sind. Als eine besondere Konstruktion sei der Doppelbrenner der Firma Vereinigte Bornkesselwerke m. b. H., Berlin N 4 (Abb. 248), erwähnt, dessen zwei Flammen sich in scharfem Winkel treffen und nach der Vereinigung eine messerförmige vertikale Flammenscheide ergeben. Für kleinere und mittlere Ampullen (bis 10 ccm) genügen die Brenner mit 3 mm Gasdurchgang. Für größere Ampullen muß ein entsprechend weiterer Gasdurchgang gewählt werden.

Das Zuschmelzen hat in der kürzesten Zeit zu erfolgen, denn ein längeres Hineinhalten in die Flamme kann nur schädlich wirken, indem sich die Ampulle und auch ihr Inhalt dabei erwärmt. Die hierdurch stark ausgedehnte Luft und die etwa entstandenen Dämpfe verhindern das Zuschmelzen, oder aber entstehen mindestens kugelförmige Aufblähungen an der Spitze, welche teilweise eine nur sehr dünne Wand besitzen und daher eine schwache Stelle der Ampulle bilden. Läßt sich die Aufblähung nicht vermeiden, so erwärmt man den Ampullenhals mittels Durchziehens durch die Flamme und schmilzt erst dann zu. Die Ampullen werden einzeln senkrecht etwa 2 mm vom blauen Kegel in die Flamme gehalten und inzwischen dauernd gedreht, bis die Öffnung zugeschmolzen ist. Das Zuschmelzen soll nicht in einem gut beleuchteten Raum vorgenommen werden, denn sowohl die Farbe der Flamme, als auch der Schmelzvorgang können nur in einem dunklen oder halbdunklen Raum gut beobachtet werden.

Enthalten die Ampullen leicht verdampfende oder sogar entzündliche Flüssigkeiten, wie z. B. Äther, Chloräthyl, so müssen sie vor dem Zuschmelzen in einem Kühlschrank tiefgekühlt werden. Größere Ampullen können während des Zuschmelzens in Eis oder in ein Eis-Kochsalzgemisch gesteckt werden. Unterläßt man diese Vorsichtsmaßnahme, so verhindert der ausströmende Dampf das Zuschmelzen und es kann auch eine Entzündung stattfinden.

G. Die Sterilisation der Ampullen.

Insofern die Thermolabilität der Injektionsflüssigkeit es nicht verbietet, werden die zugeschmolzenen Ampullen durch Wärme sterilisiert. Obwohl es möglich ist Ampullen unter aseptischen Bedingungen herzustellen, kann man eine absolute Keimfreiheit nur dann annehmen, wenn die Sterilisation in zugeschmolzenem Zustand vorgenommen wurde. Die aseptische Herstellung von Ampullen soll nur dann angewendet werden, wenn die hier nachfolgend beschriebenen Hitzesterilisationsverfahren nicht anwendbar sind. In letzterem Falle muß man sich aber stets praktisch durch hinreichendes Prüfen der Ampullen überzeugen, daß die aseptische Herstellung auch tatsächlich gelingt. Besonders erschwert ist die Lage dadurch, daß die Industrie die Ampullen gewöhnlich längere Zeit lagert. Im allgemeinen dürfte aber die aseptische Herstellung der Ampullen keine Schwierigkeiten verursachen. Sollten aber bei der aseptischen Herstellung auch nur die geringsten Schwierigkeiten auftreten, so soll man davon Abstand nehmen, also auf die Ampullenform des betreffenden Arzneimittels verzichten bzw. die Herstellung der Apotheke überlassen. Obwohl in der Apotheke im Prinzip dieselben Schwierigkeiten vorherrschen, hat man doch das beruhigende Gefühl, daß die Lösungen bzw. Ampullen knapp vor dem Verbrauch hergestellt werden und die manchmal lange dauernde Lagerung fortfällt.

Über die Sterilisation durch Wärme wird hier nur soviel mitgeteilt, als zur Sterilisierung von Ampullen erforderlich ist. Es sollen hier aber nicht nur jene Verfahren bekannt gemacht werden, welche für zugeschmolzene Ampullen erforderlich sind, sondern alle Verfahren, welche mit der Herstellung der sterilen Ampullen in irgendeinem Zusammenhang stehen. Dies bezieht sich auf die sogenannte Sterilisation durch trockene Hitze, welche fast ausschließlich zur Sterilisation der leeren Ampullen dient. Neben der trockenen Sterilisation kennt man noch die feuchte Sterilisation, welche wieder in verschiedenen Formen durchführbar ist. Bevor die verschiedenen Sterilisationsverfahren eingehend besprochen werden, sei eine allgemeine Bemerkung bezüglich ihrer Wirksamkeit getan. Die Sterilisation durch trockene Hitze erfordert nämlich bedeutend höhere Temperaturen als die feuchte, weshalb letztere schonender ist.

1. Sterilisation durch trockene Hitze.

Das einfachste Verfahren zur Sterilisation durch trockene Hitze ist, daß man die Gegenstände, welche allein hierfür in Betracht kommen, mittels einer Gas- oder Spiritusflamme erhitzt. Wo das Erhitzen nicht zulässig ist, führt manchmal wiederholtes Durchziehen durch die Flamme zum Ziel. Während Metallgegenstände, beonders Platin durch direktes Erhitzen oder zumindestens durch Abflambieren sterilisiert werden können, ist dies bei Glasgegenständen (Gefäße), besonders wenn sie Schliffe (Hähne usw.) haben, nicht möglich. Solche Gegenstände werden in Heißluftsterilisatoren, welche ihrem Wesen nach eigentlich gewöhnliche Trockenschränke sind, durch allmähliches Anheizen längere Zeit auf hohe Temperatur erhitzt. Erfahrungsgemäß genügt ein dreistündiges Erhitzen auf 150° C. Zur Durchführung der Sterilisation durch trockene Hitze ist jeder Trockenschrank verwendbar, vorausgesetzt, daß seine Anheizung bis auf 150° C möglich ist. Die Heizung der Trockenschränke erfolgt entweder mit Gas oder mittels elektrischen Stroms. Die Höhe der Temperatur kann bei Gasheizung durch Änderung der Anzahl der Flammen bzw. der Flammengröße bequem geregelt werden. Wird elektrisch geheizt, so ist es gut, wenn verschiedene Schaltungsmöglichkeiten für wechselnde Temperaturen vorhanden sind. Es kann hierdurch der Schrank einerseits auch für andere Zwecke benutzt werden, andrerseits steht man oft Spezialvorschriften gegenüber, welche andere Temperaturen fordern. Die Schränke haben die übliche Konstruktion. Kleine Schränke werden mit Gas von unten geheizt, größere Schränke können auf diesem Wege nicht gleichmäßig geheizt werden. Eine doppelte Wand, in welcher die Heizgase nach oben strömen, sorgt für gleichmäßigeres Erhitzen. Regelt man außerdem auch noch die Zirkulation der heißen Luft, so können auch ganz große Trockenschränke gleichmäßig erhitzt werden. Gewöhnlich strömt die Luft von unten nach oben, aber sie erwärmt sich erst im Trockenschrank so, daß unten die Temperatur stets niedriger ist als oben. Die Abb. 269 und 270 stellen eine vorzügliche Konstruktion der Firma Paul Altmann, Berlin NW 6, dar. Die Arbeitsweise des Schrankes ist von den Abbildungen leicht verständlich und es soll deshalb nur soviel angeführt werden, daß die Heizgase im äußersten Heizmantel nach oben strömen und hierdurch eine Saugwirkung auf die im Inneren des Schrankes befindliche Luft entfalten. Die Luft strömt infolge dieser Saugwirkung von unten durch eine zweite Doppelwand ein, berührt hierbei den Heizmantel und wird auf die erforderliche Temperatur erhitzt. Die heiße Luft strömt oben angelangt jetzt durch mehrere Öffnungen von oben in das Innere des Schrankes und wird dann unten abgesaugt. Da die

Die Sterilisation der Ampullen.

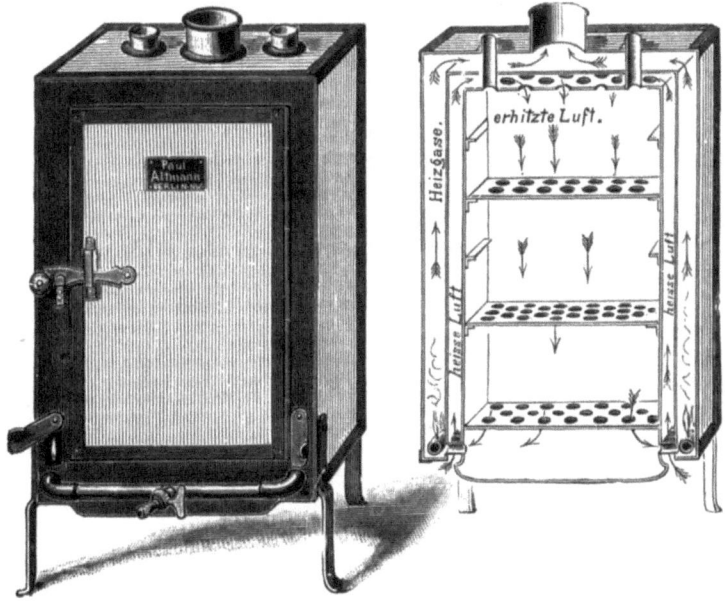

Abb. 269. Heißluftsterilisator (Paul Altmann, Berlin NW 6).

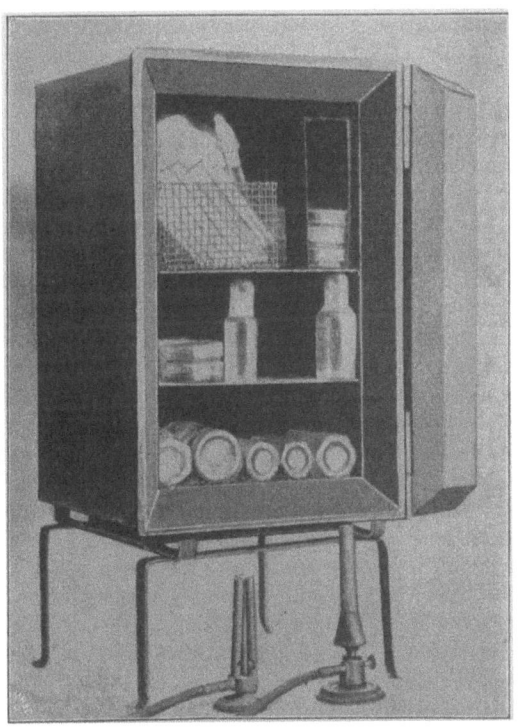

Abb. 270. Heißluftsterilisator (Paul Altmann, Berlin NW. 6).

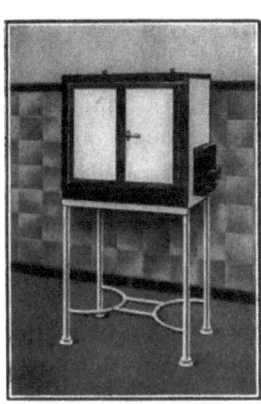

Abb. 271. Heißluftsterilisator für Temperaturen bis 200° C mit elektrischer Heizung (E. F. G. Küster G.m.b.H., Berlin N. 65).

Luft in bereits erhitztem Zustand in den Schrank gelangt, ist die Temperatur überall gleichmäßig, besonders da die Wärmeverluste durch den doppelten Mantel verhindert sind. Abb. 271 stellt einen elektrisch heizbaren Sterilisator dar.

2. Sterilisation durch feuchte Hitze.

Es kann entweder mittels kochenden Wassers oder mittels Dampfes sterilisiert werden. Die Beurteilung beider Sterilisationsverfahren geschieht vielfach von einem falschen Standpunkt, besonders hinsichtlich der Ampullensterilisation. Es wird nämlich in der Literatur vielfach behauptet, daß das kochende Wasser eine bedeutend geringere sterilisierende Wirkung besitzt als der Dampf von derselben Temperatur, also ungespannter gesättigter Dampf. Demgegenüber steht die praktische Erfahrung der Verfasser, nach welcher der ungespannte, gesättigte Dampf keine höhere Wirkung besitzt als das kochende Wasser. Es besteht dagegen ein Unterschied gegenüber dem gespannten Dampf. Wenn man auch irgendwie annehmen könnte, daß der Dampf eine andere Wirkung besitzt als das kochende Wasser, könnte dies bei der Sterilisation von Ampullen nicht zum Vorschein kommen, da weder der Dampf, noch das kochende Wasser mit dem Ampulleninhalt in Berührung gelangt. Entscheidend ist nur die Temperatur des Ampulleninhaltes. Im Prinzip müßte man die Ampullen auch durch trockene Hitze genau so gut sterilisieren können, da die Luft ebenfalls nur als eine Wärmequelle tätig ist und in der Ampulle selbst trotzdem „feuchte Hitze" zur Auswirkung gelangt. Aber auch bei Gegenständen besteht zwischen kochendem Wasser und ungespannten, gesättigten Dampf kein Unterschied. Dennoch wird fast ausschließlich mit Dampf gearbeitet, da das Kochen von großen Wassermengen sehr unbequem ist. Der ungespannte, gesättigte Dampf wird in Form von strömendem Dampf angewendet. Dieser hat den Vorteil, daß aus dem Sterilisationsgut die Luft herausgetrieben wird. Luft enthaltender Dampf übergibt, wie bekannt, seine Wärme bedeutend langsamer als luftfreier Dampf. Diese Tatsache ist für die Ampullensterilisation völlig belanglos. Ebenso belanglos ist die Tatsache, daß ungespannter aber überhitzter Dampf seine Wärme ebenfalls langsamer abgibt als gesättigter. Es könnte dies dann von Bedeutung sein, wenn der überhitzte Dampf mit dem Sterilisationsgut in direktem Kontakt wäre. Im Gegenteil kann gegebenenfalls mit überhitztem Dampf entsprechend der höheren Temperatur eine raschere Sterilisation erzielt werden als mit ungespanntem und gesättigtem. Die Anwendung von ungespanntem, gesättigtem und von überhitztem Dampf stößt aber bei Ampullen auf Schwierigkeiten, denn wenn die Injektionsflüssigkeit niedrig siedet (z. B. Äther) oder Wasser enthält, so entsteht in den Ampullen ein Druck, welcher sie zertrümmert, besonders wenn das Zuschmelzen nicht ganz einwandfrei durchgeführt worden ist. Aus diesem Grunde wird die Sterilisation stets in geschlossenen Gefäßen, in Autoklaven durchgeführt, wodurch der Druck im Falle von wässerigen Lösungen im Inneren der Ampullen stets annähernd derselbe ist, als der Autoklavendruck. Da also hier der auf die Ampulle von innen und von außen ausgeübte Druck immer gleich ist, kann eine Zertrümmerung niemals eintreten. Die Sterilisation im Autoklaven ermöglicht auch die Temperatur nach Wunsch und Bedarf zu steigern und hierdurch die Sterilisationsdauer zu verkürzen. Während mit ungespanntem Dampf $1/2$—1 Stunde lang sterilisiert werden muß (die Sporen werden dabei nicht alle vernichtet!), genügt bei gespanntem Dampf im Autoklav $1/4$—$1/2$ Stunde, wenn die Temperatur $120°C = 1$ Atm. oder $138°C = 2,5$ Atm. Überdruck beträgt. Bei diesen Temperaturen werden auch die sonst sehr widerstandsfähigen Sporen abgetötet.

Die Thermolabilität mancher Injektionsflüssigkeiten hat zur fraktionierten Sterilisation geführt, welche oft auch Tyndallisation genannt wird. Dieses Verfahren beruht darauf, daß die vegetativen Formen der Bakterien bereits bei verhältnismäßig niedriger Temperatur abgetötet werden und nur die Sporen lebend bleiben. Mit Ausnahme der thermophilen Bakterien gelingt es die vegetativen Formen bereits bei 60° C abzutöten. Mit Rücksicht auf die thermophilen Bakterien wird aber eine Temperatur von 80° C angewendet werden müssen. Nach der Sterilisation befinden sich in der Flüssigkeit nur Sporen, welche dann allmählich auskeimen. Sterilisiert man nunmehr wiederholt bei 80° C, so werden auch die inzwischen ausgekeimten Sporen abgetötet. Es erwies sich als zweckmäßig, die Ampullen nach jeder Sterilisation bei 30—37° C aufzubewahren, um das Auskeimen der Sporen zu beschleunigen. Gewöhnlich genügt eine dreimalige $^1/_2$—1 Stunde dauernde Sterilisation. Das Erwärmen auf 80° C wird durch Einlegen in ebenso warmes Wasser bewerkstelligt. Die fraktionierte Sterilisation wird wirksamer, wenn man sie mit der chemischen Sterilisation verbindet, da die Antisepticis, wie Phenol oder m-Kresol bei erhöhter Temperatur kräftiger einwirken.

Zur Sterilisation kann im Prinzip jeder Autoklav verwendet werden, obwohl es auch Spezialautoklaven für Sterilisation gibt. Ein Autoklav muß mit Thermometer, Manometer, Entlüftungsventil und Sicherheitsventil ausgerüstet sein. Die Spezialkonstruktionen sind auch mit einer automatischen Regulierung versehen. Beim Anheizen steigt nämlich der Druck fortwährend an und wird die Sterilisationstemperatur bzw. der entsprechende Druck erreicht, so öffnet sich das Sicherheitsventil und der Dampf entströmt. Um die rasche Verdampfung der Wasserfüllung zu verhindern, wird beim Erreichen des Höchstdruckes die Heizung (Dampf oder Gas) automatisch so weit abgedrosselt, daß wohl der Höchstdruck erhalten, aber das Ventil geschlossen bleibt. Die Autoklaven sind mit einem durch Klappschrauben zu befestigenden Deckel versehen. Auch die scharnierartige Befestigung an einer Seite ist üblich, so daß der Deckel mittels Gegengewichtes leicht auf-

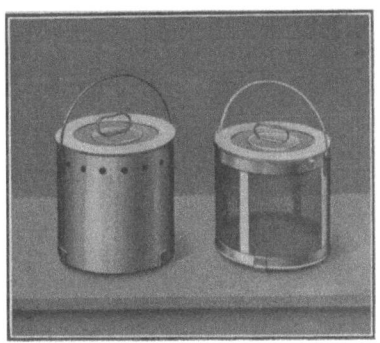

Abb. 272. Einsatzbehälter (Körbe) für Ampullen passend zum Sterilisator (E. F. G. Küster G. m. b. H., Berlin N. 65).

klappbar ist. Dies ist besonders bei größeren Autoklaven von Vorteil. Das Material der Kessel ist Eisen oder Kupfer. Am kugelförmigen Boden der Autoklaven befindet sich eine Siebplatte zur Aufnahme von die Ampullen enthaltenden Drahtsiebtrommeln. Die Ampullen werden in mehrere kleinere Drahtsiebtrommeln (Abb. 272) gefüllt und in dem Autoklaven aufeinandergesetzt, nachdem der Boden mit Wasser gefüllt wurde. Von der Anwendung einer einzigen Trommel wird abgeraten, da die Ampullen von der eigenen Last zerdrückt werden. Der zwischen den Trommeln und der Autoklavenwand bleibende freie Raum wird mittels eines feuchten Lappens ausgefüllt, worauf der Autoklav in geöffnetem Zustand angeheizt wird. Versäumt man den obigen Raum zu verstopfen, so kann man leicht getäuscht werden, denn der entwickelte Dampf strömt durch den freien Raum bereits zu einem Zeitpunkt aus dem Autoklaven, bei welchem die Ampullen selbst noch ganz kalt sind. Der Dampf kondensiert nämlich an den Ampullen sehr leicht. Verstopft man aber den genannten freien Raum, so ist der Dampf gezwungen durch die Trommel zu strömen, wodurch nicht nur das Vorwärmen, sondern auch die Vertreibung der Luft aus dem Autoklav sichergestellt ist. Die Vertreibung der Luft ist wichtig, denn die vorhandene Luft täuscht einen höheren Druck vor. Es wird zur Vertreibung der Luft bei offenem Autoklav angeheizt. Tritt durch die Trommel Dampf heraus, so entfernt man den Lappen und verschraubt den Deckel, wobei aber das Entlüftungsventil offen bleiben muß. Strömt auch hier Dampf hervor, so wird das Entlüftungsventil abgeschlossen. Die Sterilisationsdauer wird vom Erreichen des Höchstdruckes gerechnet. Die

Abb. 273. Sterilisator für strömenden Dampf (E. F. G. Küster G. m. b. H., Berlin N. 65).

Abb. 274. Hochdrucksterilisator für 2,5 Atm. = 138° C (E. F. G. Küster G. m. b. H., Berlin N. 65).

Heizung erfolgt, wie bereits erwähnt wurde, durch Gas oder durch Dampf (Heizmantel oder direkter Dampf). Die obige Vorsichtsmaßregel ist überflüssig, wenn man aus Erfahrung die zur Entlüftung erforderliche Zeit kennt. Man kann das Anheizen bei geschlossenem Deckel, aber bei geöffnetem Entlüftungsventil vornehmen.

Abb. 273 stellt einen Sterilisator für strömenden Dampf dar. Abb. 274 ist ein Hochdrucksterilisator für 2,5 Atm. = 138° C der Firma E. F. G. Küster G. m. b. H., Berlin N 65. Die Abb. 275 ist eine eingebaute Großsterilisationsanlage derselben Firma, welche alle vorher erwähnten Sterilisationsverfahren ermöglicht und auch mit einer Wassersterilisieranlage ausgerüstet ist. Die Anlagen werden elektrisch geheizt. Die Abbildungen zeigen auch gleichzeitig, wie die Räume eines Ampullenbetriebes aussehen müssen. Die Wände sind mit Kacheln belegt, der Fußboden besteht aus einer lückenlosen Kunststeinmasse.

Abb. 275. Großsterilisationsanlage (E. F. G. Küster G. m. b. H., Berlin N. 65).

Die fraktionierte Sterilisation kann in jedem heizbaren Kessel vorgenommen werden. Es kommen hierzu sowohl gewöhnliche kugelförmige, als auch eckige Dampfkochkessel in Betracht. Bezüglich Dampfkochkessel vgl. S. 181.

Nachdem die Sterilisationszeit verlaufen ist, wird die Heizung abgestellt. Um die Zertrümmerung der Ampullen zu vermeiden, läßt man den Autoklaven unterhalb 100° C abkühlen und öffnet vorerst das Entlüftungsventil, worauf der Deckel losgeschraubt wird.

H. Die Prüfung der fertigen Ampullen.

Die sterilisierten Ampullen werden in noch warmem Zustand mit den Körben zusammen herausgehoben und in einen mit Methylviolett oder Methylenblau gefärbtem kaltem Wasser gefüllten Kessel getaucht. Der Kessel muß so viel Wasser enthalten, daß die Körbe ganz überdeckt werden. Das kalte Wasser kühlt den Ampulleninhalt ab und infolge des hierdurch verminderten Volumens und Innendrucks dringt das gefärbte Wasser durch die etwa vorhandenen Öffnungen in das Ampulleninnere. Nach einigen Minuten hebt man die Ampullen wieder heraus, spritzt sie zur Entfernung des anhaftenden Farbstoffes mit reinem Wasser gründlich ab. Hierauf prüft man die Ampullen einzeln und verwirft jene mit gefärbtem Inhalt. Die einwandfrei verschlossenen Ampullen werden sorgfältig trockengewischt und nochmals geprüft. Diese Prüfung bezieht sich auf die etwaigen in der Ampullenflüssigkeit vorhandenen Schwebeteilchen und wird optisch durchgeführt. Die Prüfung in durchfallendem Licht ist völlig ungeeignet und trotzdem wird vielfach so geprüft. Einzig richtig ist, die Ampulle gegen einen dunklen Hintergrund mit seitlicher Beleuchtung zu betrachten. Es ist wohl am besten, die Prüfung in einer Dunkelkammer auszuführen und die Ampullen mit Hilfe einer kleinen Projektionslampe (Parallelstrahlenkondensor!) von der Seite zu beleuchten. Als Lichtquelle genügt eine kleine, in einem geschlossenen Gehäuse befindliche Glühbirne, vor welche eine Sammellinse und ein verstellbarer Spalt geschaltet ist. Die Spaltöffnung wird der Ampullengröße entsprechend gewählt. Mit Hilfe dieser Anordnung erkennt man auch die feinsten Schwebeteilchen. Sind viel, mit dem freien Auge unsichtbare Teilchen vorhanden, so tritt eine deutliche Opalescenz auf (Tyndallphänomen). Kolloidale Lösungen, Suspensionen, Emulsionen zeigen die Tyndallerscheinung sehr ausgeprägt, weshalb bei diesen Substanzen die Feststellung von Verunreinigungen mit Hilfe des Tyndallphänomens nicht möglich ist.

Die nunmehr für einwandfrei befundenen Ampullen müssen noch bakteriologisch geprüft werden. Dies erfolgt so, daß man einzelne als Stichprobe herausgenommene Ampullen unter aseptischen Bedingungen öffnet und den Inhalt in sterilisierte Nährgelatine bzw. Agar überführt und das Gemisch in eine ebenfalls sterile Petrischale ausgießt. Die Agarkultur wird im Brutschrank bei 37° C, die Gelatinekultur unterhalb der Verflüssigungstemperatur 2—3 Tage aufbewahrt und auf Entwicklung von Kulturen geprüft. Bezüglich der bakteriologischen Prüfung findet man in jedem einschlägigen Handbuch nähere Angaben. Eine jede Gruppe von geprüften Ampullen wird mit einem das Herstellungsdatum bzw. die Fabrikationsnummer und die Unterschrift des Prüfers tragenden Kontrollschein versehen. Die im Fabrikslager befindlichen Ampullen sollen von Zeit zu Zeit wiederholt geprüft werden, wobei auf etwaige Farbänderungen und Ausscheidungen geachtet werden soll.

J. Allgemeine Bemerkungen über die zur Herstellung von Ampullen dienenden Räume und über die aseptische Arbeit.

Der Ampullenbetrieb erfordert folgende voneinander abgetrennte Räume: 1. Spülraum für Glasrohre, 2. Trockenraum, 3. Glasbläserraum, 4. Raum zum Füllen und Zuschmelzen von Ampullen, 5. Sterilisatorraum, 6. Prüfraum. All diese Räume sind natürlich nur für einen Großbetrieb erforderlich. Kleinere Betriebe können mehrere Operationen in ein und demselben Raum vornehmen. Für die aseptische Füllung ist die Verteilung der einzelnen Arbeitsphasen auf getrennte Räume unbedingt erforderlich. Die Räume sollen sich in einem Stockwerk eines Gebäudes nebeneinander befinden. Da die Ampullenherstellung auch dann unter möglichst aseptischen Bedingungen zu erfolgen hat, wenn eine nachträgliche Hitzesterilisierung möglich ist, sind die Räume so einzurichten, daß sie leicht zu reinigen bzw. zu desinfizieren sind. Dies ist bei allen Räumen, mit Ausnahme des Spülraumes erforderlich. Der Fußboden wird mit einer lückenlosen Kunststeinmasse, Asbestmasse, Gummi oder mit Linoleum belegt. Die Wände müssen vollkommen glatt, Winkel bzw. Ecken müssen ganz abgerundet sein. Rohrleitungen, Wanddurchbruchstellen für Rohrleitungen, elektrische Leitungen und Schalter sind die gefährlichsten Infektionsherde. Sämtliche Leitungen müssen deshalb in die Wand gesenkt sein, die Schalter können, soweit dies durchführbar ist, außerhalb des Raumes untergebracht werden. Die Wände selbst werden weiß lackiert oder mit Kacheln bedeckt. Die Decken werden zumeist lackiert, Fenster und Türen müssen einwandfrei schließen.

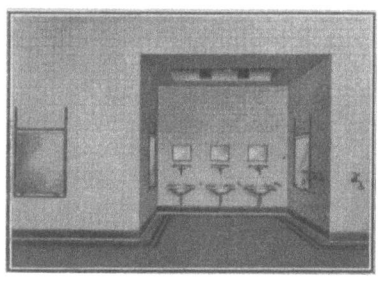

Abb. 276. Waschanlage für Ampullenbetriebe (E. F. G. Küster G. m. b. H., Berlin N. 65).

In größeren Betrieben kann man die Fenster überhaupt nicht öffnen, und die erforderliche Frischluft wird in filtriertem Zustand durch Ventilatoren den Räumen zugeführt. Eine vorbildliche Wandbedeckung und Raumausbildung ist auf den Abb. 275 und 276 zu sehen. Es ist klar, daß die Türen der Räume möglichst wenig geöffnet werden sollen. Die Wände, der Fußboden und die Decke können durch Abwaschen desinfiziert werden. Als Desinfektionsmittel kann Formalin, Caporit, Chloramin usw. verwendet werden.

Um die aseptische Arbeit sicherzustellen, müssen nicht nur die Räume, die Geräte und Apparate steril sein, auch die im Raum befindlichen Personen, die die Herstellung der Flüssigkeit und das Abfüllen besorgen, müssen steril gekleidet sein. Hierzu dient ein steriler Kittel, eine sterile Kopfhaube und sterile Schuhe. Die bei der Herstellung der Ampullen beschäftigten Personen müssen beim Arbeitsbeginn einerseits eine sterile Kleidung anziehen, andrerseits müssen die Hände sterilisiert werden. Die letztere Aufgabe ist schwierig, wie dies aus der chirurgischen Praxis genügend bekannt ist. Es hat sich erfahrungsgemäß folgendes Verfahren bewährt. Zunächst werden die Fingernägel kurz geschnitten, worauf die Hände mit heißem Wasser und gewöhnlicher Seife gründlich gereinigt werden, wobei auch auf die zwischen den Fingern liegenden Flächen geachtet wird. Hierauf wird mit sterilisierter flüssiger Seife und sterilem Wasser gewaschen.

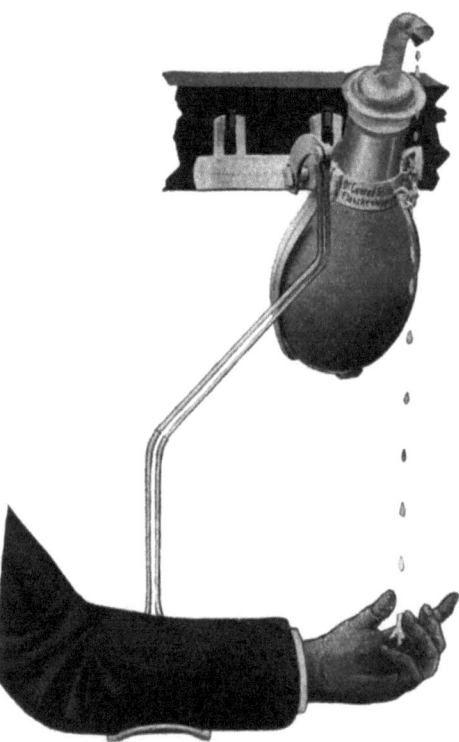

Abb. 277. Kippbarer Behälter für Desinfektionsmittel und Seifenlösungen (C. Stich).

Es folgt nunmehr ein Reinigen mit irgendeinem chemischen Desinfektionsmittel. Als solches bewährten sich die Phenolseifenlösungen, welche zumeist Kresol enthalten (Lysol, Sagrotan usw.), die kernmerkurierten Verbindungen wie das Chlorphenolquecksilber oder das Oxyquecksilber-o-toluylsaures Natrium, welch letztere Verbindung auch unter dem Namen Afridol in Form einer 4%igen Seife handelsüblich ist. Die Chlorverbindungen des p-Toluolsulfamids (Chloramin, Mianin usw.) haben sich ebenfalls bewährt. Von der Verwendung von Sublimat, Quecksilberoxycyanid, Formalin und Hypochlorite wird abgeraten, da sie die Haut und die Nägel zu stark angreifen. Es werden die Hände nunmehr mit sterilem Wasser abgespült und mit sterilem Alkohol abgerieben. Um die mühsame Desinfektion der Hände nicht öfters wiederholen zu müssen, zieht man sterile Gummihandschuhe an, die man zeitweilig wechseln kann. Abb. 276 stellt eine Waschanlage dar, welche in einen mit Kacheln bedeckten Raum eingebaut ist. Zur Aufbewahrung der Desinfektionsmittel sowie der Seifenlösungen dienen Gefäße, aus welchen die Flüssigkeiten ohne Berührung mit der Hand entnommen werden können. Als Beispiel solcher ohne weiteres verständlichen Vorrichtungen können die Abb. 277, 278, 279 dienen.

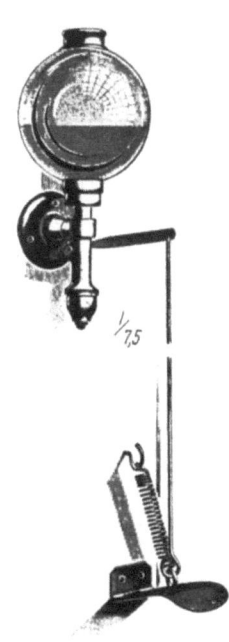

Abb. 278. Behälter für Desinfektionsmittel und Seifenlösungen mit Fußpedal (C. Stich).

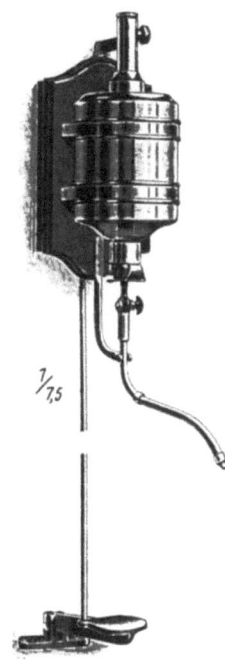

Abb. 279. Behälter für Desinfektionsmittel und Seifenlösungen mit Fußpedal (C. Stich).

Obwohl die Räume, soweit möglich ist, steril gehalten werden, nimmt man die einzelnen Operationen in einem sogenannten Impfkasten vor, um das Hineinfallen von Keimen zu verhindern. Diese strengen Vorsichtsmaßnahmen sind nur dann erforderlich, wenn eine nachträgliche Hitzesterilisation der zugeschmolzenen Ampullen nicht zulässig ist. Eine Ausnahme bilden auch Ampullenfüllapparate, welche für die aseptische Arbeit eingerichtet sind.

K. Herstellungsvorschriften für sterile Injektionen.

Es wird hier eine kleine Anzahl von Vorschriften zur Herstellung von sterilen Injektionen mit der Bemerkung mitgeteilt, daß eine jede neue, bis dahin noch in Ampullen nicht abgefüllte Substanz bezüglich ihres Verhaltens sorgfältig geprüft werden muß, bevor die Ampullen dem allgemeinen Gebrauch übergeben werden. Dies betrifft sowohl die Dosierung, als auch das Verhalten beim Sterilisieren und beim längeren Lagern.

Apomorphin hydrochlorid.

Es wird aseptisch eine 1%ige Apomorphinlösung unter Zusatz von 0,1% Salzsäure (1 ccm 10%ige Salzsäure auf 100 ccm Lösung) mit Chloroformwasser hergestellt. Sterilisierung bei 100° C oder fraktionierte Sterilisation bei niedrigeren Temperaturen wird nicht empfohlen. Die Lösung muß farblos sein. Fiolaxampullen! 1 ccm = 0,01 g Apomorphin.

Atropinsulfat.

Die 0,1%ige Lösung wird fraktioniert sterilisiert. 1 ccm = 0,001% Atropinsulfat. Fiolaxampullen!

Calciumchlorid

wird in 1 und 10%iger Lösung in 5 oder 10 ccm Ampullen abgefüllt und bei 115° C sterilisiert.

Calciumchlorid-Harnstoff 10%.

623,9 g krystallisiertes Chlorcalcium und
682,9 g Harnstoff

werden in Wasser gelöst und die Lösung auf

10 Liter aufgefüllt.

In 10 ccm Ampullen abfüllen und bei 80° C fraktioniert sterilisieren!

Calciumchlorid-Hexamethylentetramin 5%.

311,95 g krystallisiertes Chlorcalcium und
398,8 g Hexamethylentetramin

werden in Wasser gelöst und auf

10 Liter aufgefüllt.

In 10 ccm Ampullen abfüllen. Bei 80° C tyndallisieren.

Calciumbromid-Harnstoff.

454,5 g wasserfreies Calciumbromid,
545,4 g Harnstoff

werden in Wasser gelöst, durch Zusatz von einigen Tropfen Natriumthiosulfatlösung entfärbt und auf

10 Liter aufgefüllt.

In Ampullen von 10 ccm abgefüllt und bei 80° C fraktioniert sterilisiert.

Chininhydrochlorid-Harnstoff.

500 g Chinin-Harnstoff-Hydrochlorid

werden in Wasser gelöst und die Lösung auf

1000 ccm aufgefüllt.

Die in 1 und 2 ccm Ampullen gefüllte Lösung wird bei 80° C fraktioniert sterilisiert. Fiolaxampullen!

Chininhydrochlorid-Urethan.

300 g Chininhydrochlorid,
300 g Urethan

werden in heißem Wasser gelöst und die Lösung auf

1000 ccm aufgefüllt.

In Fiolaxampullen von 1 ccm füllen. Bei 80° C fraktioniert sterilisieren.

Cocainhydrochlorid.

Eine 1%ige Cocainhydrochloridlösung wird in 1 ccm Fiolaxampullen gefüllt und bei 90° C tyndallisiert oder bei 100° C in strömendem Dampf sterilisiert. 1 Ampulle = 0,01 g Cocainhydrochlorid.

Cocainhydrochloridlösungen nach Schleich.

	I.	II.	III.
Cocainhydrochlorid	0,1%	0,05%	0,01%
Alypinhydrochlorid	0,1%	0,05%	0,01%
Natriumchlorid	0,2%	0,20%	0,20%
Mit Wasser auf	100,0	100,0	100,0 Volumen

auffüllen. Die Lösungen werden aseptisch auch unter Zusatz von Phenol hergestellt, sie können aber auch ohne Gefahr fraktioniert sterilisiert werden.

Coffein-Natriumbenzoat.

2,5 kg Coffein und
3,5 kg Natriumbenzoat

werden in Wasser gelöst und die Lösung auf

10 Liter aufgefüllt.

Bei 80° C fraktioniert sterilisieren. 1 Ampulle = 1 ccm = 0,25 g Coffein.

Coffein-Natriumsalicylat.

4 kg Coffein,
3 kg Natriumsalicylat

werden in Wasser gelöst und die Lösung auf

10 Liter aufgefüllt.

Bei 105° C im Autoklav $^1/_2$ Stunde lang sterilisieren. 1 Ampulle = 1 ccm = 0,4 g Coffein.

Cotarninhydrochlorid (Stypticin).

Eine aseptisch hergestellte 10%ige Cotarninhydrochloridlösung in n/500 Salzsäure wird in Ampullen von 1 ccm abgefüllt. 1 Ampulle = 0,1 g Cotarninhydrochlorid.

Cotarnin-Gelatine.

50 g Cotarninhydrochlorid,
100 g Glycerin,
250 g 20% Gelatinelösung.
Bei 50—60° mit n/500 Salzsäure auf
1000 ccm auffüllen.

Die aseptisch hergestellte Lösung wird in 2 ccm Ampullen gefüllt. 1 Ampulle = 0,1 g Cotarninhydrochlorid.

Digitoxin.

0,25 g Digitoxin wird mit Hilfe von
250 g Glycerin in Wasser gelöst und die Lösung zu
1 Liter aufgefüllt.

Die aseptisch hergestellte Lösung wird in 1 ccm Ampullen abgefüllt. 1 Ampulle = 0,00025 g Digitoxin. Die häufig empfohlene Lösung in 40%igem Alkohol ist zu verwerfen, da die Injektionen schmerzhaft sind.

Dionin (Äthylmorphinhydrochlorid).

Die 1%ige Lösung wird in braune 1 ccm Fiolaxampullen gefüllt und bei 90° C fraktioniert sterilisiert. 1 Ampulle = 0,01 g Dionin.

Eisenkakodylat.

Das Eisenkakodylat wird in 3—10%iger Lösung in Ampullen gefüllt. Da beim Sterilisieren sich leicht Eisenhydroxyd ausscheidet, setzt man dem Eisenkakodylat die äquivalente Menge an Natriumcitrat hinzu. Solche Lösungen können bei 110° C $^1/_4$ Stunde sterilisiert werden. 1 Ampulle = 1 ccm = 0,03 — 0,1 g Eisenkakodylat.

Gelatine.

Die Herstellung von Gelatineinjektionen erfordert eine besondere Sorgfalt, da die Gelatine häufig von den Erregern des Tetanus und des malignen Ödems infiziert ist. Aus diesem Grunde begnügen sich die pharmazeutischen Betriebe niemals mit dem von Stich ausgearbeiteten einfachen Herstellungsverfahren, welche von einer bakteriologischen Prüfung der Gelatine vollkommen absieht und wohl nur für die Apotheken maßgebend ist. Im pharmazeutischen Betrieb wird die Gelatine vor der Verwendung auf Keimfreiheit geprüft, wie dies auch von der Ph. Helv. vorgeschrieben ist. Zu diesem Zwecke wird zunächst eine 20%ige wässerige Lösung hergestellt, von welcher 4—5 ccm einigen Meerschweinchen eingespritzt werden. Tritt Tetanus oder malignes Ödem bei den Versuchstieren auf, so darf die Gelatine zur Herstellung von Injektionslösungen nicht verwendet werden. Die gelegentlich dieser Prüfung als geeignet gefundene Gelatine wird noch näher geprüft, indem man aus ihr eine 10%ige Nährgelatine herstellt und diese in Röhrchen abfüllt. Die Röhrchen werden wegen der anaeroben Eigenschaften der Erreger des Tetanus und des malignen Ödems evakuiert, zugeschmolzen und 10 Tage lang im Brutschrank bei 37° C aufbewahrt. Hiernach wird von jedem Röhrchen 1 ccm einem Meerschweinchen eingespritzt. Treten hierdurch die Symptome des malignen Ödems oder des Tetanus auf, so wird die Gelatine verworfen. Die sich als einwandfrei erwiesene Gelatine kann nunmehr gelöst und in Ampullen gefüllt werden. Es wird gewöhnlich eine 10 und eine 20%ige Lösung hergestellt. Dementsprechend wird 1 oder 2 kg Gelatine in 8,5 bzw. 7,5 kg physiologischer Kochsalzlösung heiß gelöst. Die Lösung wird mit n/10-Natronlauge auf Lackmuspapier neutralisiert, mit 10 g m-Kresol versetzt und auf 10 kg aufgefüllt. Um die Gelatinelösung von den etwaigen Schwebeteilchen zu befreien, wurde von Stich das Klären mittels Hühnereiweiß empfohlen. Gebraucht man die reinste Gelatinesorte (Emulsionsgelatine), so ist dies völlig überflüssig. Auch das einfache Filtrieren in einem Heißwasser oder Dampftrichter, sowie in einer heizbaren Drucknutsche ist immer ausreichend. Die klar filtrierte Lösung wird auf Ampullen verteilt (10—100 ccm) und bei 100° C dreimal 15 Minuten fraktioniert sterilisiert. Zwischen den einzelnen Sterilisationen werden die Ampullen bei 37° C aufbewahrt. Nach beendigter Sterilisation werden einige als Stichprobe herausgenommene Ampullen im Brutschrank bei 37° C 8—10 Tage aufbewahrt und vom Inhalt nach 4 Wochen 1 ccm einem Meerschweinchen eingespritzt. Treten keine Symptome des Tetanus oder des malignen Ödems auf, so sind die Ampullen einwandfrei.

Gelatine wird auch mit Chlorcalcium zusammen in Ampullen gefüllt. Die Herstellung der Lösung unterscheidet sich von der der vorhergehend beschriebenen reinen Gelatinelösung nur darin, daß neben 10% Gelatine noch 5% Chorcalcium gelöst werden.

Vgl. auch Cotarninhydrochlorid.

Glucose.

Die untenstehenden Glucoselösungen werden in Ampullen von 10—500 ccm bei 100°C zweimal fraktioniert sterilisiert:

	I.	II.	III.	IV.
Glucose	4,5%	14%	25%	50%.

Dieselben werden auch mit 5 oder 10% Chlorcalcium hergestellt und ebenfalls fraktioniert sterilisiert. Die 4,5%ige Lösung ist isotonisch.

Hexamethylentetramin.

Die 40%ige wässerige Lösung wird bei 100°C zweimal fraktioniert sterilisiert.

Kampfer.

I.

1 kg Kampfer wird in 5 bzw. 10 kg vorsterilisiertem Olivenöl gelöst. Die Ampullen werden bei 100°C fraktioniert sterilisiert. Braune Ampullen!

II.

1 kg Kampfer wird in 5 bzw. 10 kg Äther gelöst. Die Lösung wird nicht sterilisiert. Braune Ampullen!

III.

Vgl. Kapitel IX über Emulsionen S. 168, Kampferemulsionen Nr. III. Aseptische Herstellung bei 80°C. Braune Ampullen!

Lecithin.

1,0 kg Lecithin aus Ei, 7,5 kg physiologische Kochsalzlösung,
1,5 kg Glycerin, 10 g m-Kresol.

Das Lecithin wird mit dem Glycerin verrieben, worauf allmählich auch die Kochsalzlösung hinzugefügt wird. Die Verteilung des Lecithins erfolgt in einem mit Rührer versehenen geschlossenen Gefäß. Aseptische Herstellung oder fraktionierte Sterilisation bei 60—70°C. Die Lösung wird in 2 oder 5 ccm Ampullen gefüllt.

Luminalnatrium.

200 g Luminalnatrium, 100 g Alkohol auf
200 g Glycerin, 1000 ccm mit sterilem Wasser auffüllen.

Aseptische Herstellung. 1 Ampulle = 1 ccm = 0,2 g Luminalnatrium.

Morphinhydrochlorid.

Die Morphinlösungen sind wenig beständig und verfärben sich nach einiger Zeit. Die Haltbarkeit der Lösungen kann durch Anwendung von Fiolaxampullen gesteigert werden. Über die Gründe der Veränderlichkeit der Lösungen findet man verschiedene Ansichten. Es steht fest, daß Morphin in alkalischen Lösungen oxydiert wird und hierbei eine Braunfärbung eintritt. Demgegenüber konnte beobachtet werden, daß Morphinhydrochloridlösungen auch in alkalifreien Ampullen (Fiolax) nicht einwandfrei haltbar sind. Zur Erklärung dieser Tatsache wurden von einigen Autoren Ansichten über eine „innere Alkalität" geäußert, die aber nichts besagten, da es aus ihnen gar nicht hervorgeht, was darunter zu verstehen ist. Wahrscheinlich ist, daß das handelsübliche Morphin nicht genügend rein ist und die Verunreinigungen einen basischen Charakter besitzen. Fügt man zur Morphinlösung Salzsäure, so wird sie stabiler, aber auch nicht in allen Fällen. Löst man nämlich ein jedes Morphinhydrochloridpräparat ganz schablonmäßig mit Hilfe einer einmal festgesetzten Salzsäuremenge (z. B. in n/500, n/1000 oder mit 0,0365 mg HCl in 1 ccm Lösung), so ist die Lösung einmal sauer, ein anderes Mal wieder alkalisch und nur selten neutral. Diese wechselnde Alkalität weist mit Eindeutigkeit auf ihren Verunreinigungscharakter hin. Die alkalisch gebliebenen Lösungen sind nicht haltbar, weshalb es angezeigt ist, die zur Neutralisation erforderliche Säuremenge durch Titration (Methylorange als Indicator) festzustellen. Fügt man zur Morphinlösung stets die zur Neutralisation erforderliche jeweilige Säuremenge hinzu, so erhält man sehr lange unverändert bleibende Morphinlösungen, welche bei 100°C fraktioniert sterilisiert werden können. Bei höheren Temperaturen tritt unter Zersetzung Apomorphinbildung ein, wodurch eine brechenerregende Nebenwirkung zustande kommt. Die fraktionierte Sterilisation bei 100°C ist der aseptischen Herstellung mit Chloroformwasser bei 40—50°C vorzuziehen. Es werden 1, 2 und 3%ige Morphinlösungen hergestellt und in 1 ccm Fiolaxampullen abgefüllt. Eine Ampulle enthält dementsprechend 0,01, 0,02 bzw. 0,03% Morphinhydrochlorid.

Natriumjodid.

Es wird eine 50%ige Jodnatriumlösung in Ampullen von 1—3 ccm gefüllt. Die Ampullen werden im Autoklav sterilisiert. Das verwandte Jodnatrium muß vor der Herstellung der Lösung wegen des schwankenden Wassergehaltes (durchschnittlich 5%) auf Trockengehalt untersucht werden. 1 Ampulle = 2 ccm = 1 g NaJ.

Natriumchlorid.

Das Natriumchlorid wird ausschließlich als physiologische, isotonische Kochsalzlösung in Ampullen gefüllt. Diese Lösung entspricht einer Konzentration von 0,9%, und besitzt einen osmotischen Druck, welcher dem der lebenden Zellen gleich ist. Zur Isotonisierung der Injektionsflüssigkeiten wird normal diese einfache Lösung verwendet. Für Infusionen werden aber aus physiologischen Gründen zusammengesetzte Lösungen benutzt. Die bekannteren derartigen Lösungen sind die folgenden:

a) Ringersche Lösung:
7,50 g Natriumchlorid,
0,24 g Calciumchlorid,
0,42 g Kaliumchlorid

in destilliertem Wasser lösen und auf 1000 ccm ergänzen. Die Lösung wird im Autoklav bei 115° C sterilisiert.

b) Lockesche Lösung:
9—10 g Natriumchlorid,   0,42 g Kaliumchlorid,
0,24 g Calciumchlorid,   0,1—0,3 g Natriumcarbonat

in destilliertem Wasser lösen und auf 1000 ccm ergänzen. Aseptisch herstellen!

c) Trunečeklösung oder Serum.
4,92 g Natriumchlorid,   0,21 g Natriumcarbonat,
0,44 g Natriumsulfat,   0,40 g Kaliumsulfat
0,15 g Dinatriumhydrophosphat,

in destilliertem Wasser lösen und auf 1000 ccm ergänzen. Im Autoklav bei 115° C sterilisieren.

d) Tyrodelösung.
8,00 g Natriumchlorid,   1,00 g Natriumbicarbonat,
0,20 g Kaliumchlorid,   0,05 g Natriumdihydrophosphat,
0,20 g Calciumchlorid,   1,00 g Glucose
0,11 g Magnesiumchlorid,

in destilliertem Wasser lösen und auf 1000 ccm ergänzen. Aseptische Herstellung!

Es sei hier erwähnt, daß es üblich ist, Injektionsflüssigkeiten auch mit 4,5% Glucose zu isotonisieren.

Natriumkakodylat.

Das Natriumkakodylat (Dimethylarsinsaures Natrium) wird in 1—15%iger Lösung in Ampullen gefüllt und bei 110° C $^1/_4$ Stunde sterilisiert. Eine 1 ccm-Ampulle enthält dementsprechend 0,01—0,15 g Natriumkakodylat. Die Ampullen werden entweder mit gleicher Dosierung (0,05 oder 0,10 g) oder aber mit steigender und wieder abfallender Dosierung (0,01—0,10 [0,15]—0,01 g pro Ampulle) abgepackt.

Natriummonomethylarsinat.
(Monomethylarsinsaures Natrium.)

Das Natriummonomethylarsinat wird in 1—5%iger Lösung in Ampullen von 1 ccm gefüllt und bei 100° C fraktioniert sterilisiert. Eine Ampulle enthält also 0,01—0,05 g. Es wird auch mit Glycerophosphat und mit Strychnin kombiniert, und zwar enthält 1 ccm

0,05 g Natriummonomethylarsinat,
0,10 g Natriumglycerinphosphat,
0,00005 g Strychninphosphat.

Bei 100° C fraktioniert sterilisieren!

Natrium Cinnamat.

In 1—5%iger wässeriger Lösung. Fraktioniert sterilisieren!

Nucleinsaures Natrium.

In 5%iger Lösung in Ampullen zu 1 ccm (= 0,05 g) füllen und bei 110° C sterilisieren!

p-Aminobenzyldiäthylaminoäthanolhydrochlorid.
(Novocain, kurz mit A bezeichnet.)

A wird in sehr verschiedenen weiter unten angegebenen Konzentrationen mit Suprarenin in Fiolaxampullen gefüllt und bei 110° C sterilisiert. Zum Lösen muß vollkommen entlüftetes Wasser verwendet werden, denn sonst verfärbt sich das A infolge Oxydation. Zur Verhütung der Oxydation setzt man zur Lösung 0,3% Kalium- oder Natriumbisulfit und 0,2 Benzoesäure. Die gebräuchlichsten A-Lösungen sind folgende:

2%ige Lösung zur Lokalanästhesie mit 0,009% Suprareninborat und 0,9% Kochsalz. In Ampullen zu 1, 2, 5 ccm (= 0,02, 0,04, 0,1 g A) füllen.

2%ige Lösung für zahnärztliche Zwecke mit 0,0015% Suprareninborat und 0,9% Kochsalz. In Ampullen zu 1,2 und 5 ccm füllen.

2%ige Lösung mit 0,001% Suprarenin, 0,45% Kochsalz, 0,4% Kaliumsulfat. In Ampullen zu 2,5, 5 und 10 ccm füllen.

4%ige Lösung zur Lokalanästhesie mit 0,0005% Suprarenin und 0,2% Kochsalz. In Ampullen zu 3 ccm füllen!

5%ige Lösung zur Medullaranästhesie mit 0,0065% Suprareninborat. In Ampullen zu 3 ccm füllen!

10%ige Lösung zur Medullaranästhesie mit 0,01625% Suprareninborat und 0,9% Kochsalz. In 2 ccm Ampullen füllen!

Pearsonsche Lösung.

Diese Lösung wird in drei Stärken hergestellt:

	I.	II.	III.
Natriumarsenat	5,0 g	7,5 g	10,0 g
Novocain	10,0 g	15,0 g	20,0 g
in destilliertem Wasser lösen und auf	1000 ccm	1000 ccm	1000 ccm

auffüllen. In Ampullen zu 1 ccm füllen und bei 110° C sterilisieren.

Pilocarpinhydrochlorid.

Die 1%ige Lösung in n/500 Salzsäure wird in braune 1 ccm Ampullen gefüllt und dreimal bei 90° C fraktioniert sterilisiert.

Quecksilberchlorür (Kalomel).

Die feine 5%ige Verreibung des Kalomels mit Paraffinöl wird in braune 1 ccm-Ampullen gefüllt und bei 100° C $1/4$ Stunde sterilisiert. Das Kalomel wird zunächst mit ganz wenig Öl (1—2fache Menge) verrieben und mit dem Rest des Öls verdünnt. Das Kalomel darf keine Spur von Quecksilberchlorid (Sublimat) enthalten!

Quecksilbersalicylat.

Die 1%ige Verreibung mit Paraffinöl wird in 1 ccm Ampullen gefüllt und $1/4$ Stunde bei 100° C sterilisiert.

Scopolamin.

Die mit n/500-Salzsäure hergestellte 0,05%ige Scopolaminhydrobromid-Lösung wird in Fiolax-Ampullen zu 1 ccm (= 0,0005 g) gefüllt und bei 80° C fraktioniert sterilisiert.

Scopolamin-Morphin.

Die Herstellung erfolgt wie vorher beschrieben wurde in drei Stärken:

	I.	II.	III.
Scopolaminhydrobromid	0,025%	0,05%	0,1%
Morphinhydrochlorid	1,000%	1,00%	4,0%

In Fiolax-Ampullen zu 1 ccm füllen.

Scopolamin-Morphin-Dionin.

Die Herstellung erfolgt in zwei Stärken, wie bei Scopolamin beschrieben wurde:

	I.	II.
Scopolaminhydrobromid	0,025%	0,04%
Morphinhydrochlorid	2,000%	2,00%
Dionin	0,300%	0,300%

In Fiolax-Ampullen zu 1 ccm füllen.

Strophantin g und k.

Beide Strophantinpräparate werden in 0,05%iger Lösung in 1 ccm-Ampullen gefüllt und bei 80° C fraktioniert sterilisiert. Vom vielfach empfohlenen Salzsäurezusatz zur Lösung wird abgeraten!

Strychninnitrat.

Die 0,1%ige Lösung wird in 1 ccm Fiolaxampullen gefüllt und bei 100° C fraktioniert sterilisiert. 1 Fiolax-Ampulle = 1 ccm = 0,001 g Strychninnitrat.

Suprarenin (Adrenalin).

Die mit entlüftetem Wasser hergestellten Lösungen des Suprareninhydrochlorids sind in alkalifreien Ampullen in angesäuertem Zustand haltbar. Die Lösung enthält in 100 ccm folgende Mengen

0,1 g Suprareninhydrochlorid,   0,8 g Natriumchlorid,
0,2 g Salzsäure (25%),   0,1 g m-Kresol.

Die Salzsäure und das Natriumchlorid wird in Wasser gelöst und die Lösung aufgekocht. Hierauf fügt man das Suprarenin hinzu, kocht nochmals und setzt auch noch das m-Kresol hinzu. Die Lösungen werden in braune Fiolaxampullen gefüllt und $1/4$ Stunde bei 100° C sterilisiert.

Terpentin.

Vgl. Kapitel IX, S. 169.

Yohimbin.

Die 1%ige Lösung des Yohimbinhydrochlorids wird in 1 ccm Fiolaxampullen gefüllt und bei 100° C sterilisiert.

XVII. Die Gelatinekapseln.
(Gelatineperlen.)

Die Gelatinekapseln sind kugel-, perlen-, oliven- oder zylinderförmige aus einer Gelatinemasse bestehende Gebilde, die nach dem Anfüllen mit flüssigen oder pulverförmigen Arzneistoffen ebenfalls mit Gelatine luftdicht abgeschlossen werden. Eine Ausnahme bilden jene Kapseln, welche nur mit einem Gelatinedeckel lose übergestülpt werden. Dementsprechend können sie folgenden Zwecken dienen:

1. Genaue Dosierung von flüssigen und pulverförmigen Arzneimitteln, besonders von leicht flüchtigen Substanzen.
2. Dosierung von schlecht schmeckenden Arzneistoffen.
3. Dosierung für nur im Darm zur Wirkung gelangenden Arzneistoffen dadurch, daß man die fertig gefüllten und verschlossenen Gelatinekapseln mit Formalin härtet und hierdurch magenunlöslich macht.

Abb. 280. Querschnitt von Gelatinekapseln.
a Olivenform.
b Perlenform.

Der Form nach unterscheidet man folgende Kapselarten:
1. Die olivenförmigen oder etwas zylindrischen eigentlichen Gelatinekapseln. Den Querschnitt siehe Abb. 280a.
2. Die Perlen genannten kugelförmigen Kapseln. Querschnitt siehe Abb. 280b.
3. Deckelkapseln, welche sich darin von 1. und 2. unterscheiden, daß sie aus zwei übereinander stülpbaren Teilen bestehen, also nicht luftdicht abgeschlossen sind. Die beiden Teile können zylinderförmig oder halbolivenförmig sein (Abb. 281). Eine Spezialform der Deckelkapseln ist die Sup-

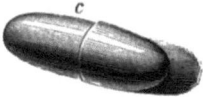

Abb. 281. Gelatinedeckelkapseln.

positorienkapsel (Abb. 282), welche eigentlich nur aus einem konischen Teil besteht und mittels Kakaobutter usw. abgeschlossen wird.

Vom Standpunkt der Beschaffenheit der Kapseln unterscheidet man zwischen 1. harten und 2. weichen Kapseln. Die harten Kapseln werden aus reiner Gelatine oder mit wenig Glycerin hergestellt. Die Masse der weichen oder elastischen Kapseln enthält demgegenüber viel Glycerin. In der Praxis werden die harten Kapseln fast nie verwandt, da ihre Einnahme unangenehm ist. Die Gelatinekapseln müssen nämlich im ganzen verschluckt werden. Während die weichen Kapseln sich der Form der Speiseröhre mehr oder weniger anpassen, sind die harten Kapseln ganz starr. Aus diesem Grunde könnten nur ganz kleine harte Gelatinekapseln eine Bedeutung haben. Die Härte der sogenannten weichen Kapseln ist auch sehr verschieden. Im allgemeinen ist man bestrebt mit zunehmender Größe die Härte zu vermindern und somit die Anpassungsfähigkeit an die Speiseröhre zu erhöhen. Da die weichen Kapseln mechanisch hinreichend widerstandsfähig sind, liegt zur Herstellung von harten Kapseln in der Praxis kein zwingender Grund vor.

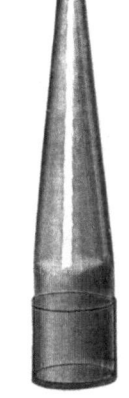

Abb. 282. Gelatine-Suppositorienkapsel.

Die Herstellung der Gelatinekapseln kann mit Hilfe eines Tauchverfahrens oder eines Preßverfahrens erfolgen. In kleinem Maßstabe wird nur nach dem Tauchverfahren gearbeitet. Aber auch im Großbetrieb findet man sehr oft das auf Handbetrieb eingerichtete Tauchverfahren.

Das Tauchverfahren zerfällt auf folgende Arbeitsphasen: 1. Herstellung der an einem Ende noch offenen Kapseln, 2. Füllen und 3. Schließen der Kapseln. Demgegenüber erfolgt beim Preßverfahren das Herstellen und Füllen der Kapseln in einem Arbeitsgang.

Das Wesen des Tauchverfahrens besteht darin, daß Metallformen in eine entsprechend zusammengesetzte Gelatinelösung getaucht werden. Nach dem Herausziehen aus der Lösung und nach dem Erkalten bildet die Gelatine eine erstarrte elastische Hülle, welche heruntergezogen wird. Dieses Prinzip der Kapselherstellung bleibt unverändert, wenn man nicht nur kleine Mengen, sondern betriebsmäßig große laufende Mengen herstellen will. Einzig die technische Ausgestaltung ist im Großbetrieb praktischer. Obwohl die Herstellung von Gelatinekapseln in kleinem Maßstabe fast in allen pharmazeutischen Handbüchern beschrieben ist, wollen wir uns doch damit etwas eingehender befassen, um einige praktische Griffe kennenzulernen, welche dann gelegentlich einer Herstellung in großen Mengen auch von Nutzen sind.

Zur Herstellung der Gelatinelösung wird nicht die dünnblättrige („Silber", „Gold") Handelsqualität, sondern die in dicken Tafeln handelsübliche französische oder belgische Gelatine verwandt. Die Zusammensetzung der Lösung ist die folgende:

    1 kg Gelatine wird mit
    1,5 kg lauwarmem Wasser übergossen

und für 24 Stunden in ein zugedecktes Gefäß zum Quellen beiseite gestellt. Hierauf wird die Gelatine durch mäßiges Erwärmen gelöst und mit

    750 g Glycerin,   200 g Gummi arabicum-Schleim
    150 g Syrup. simplex und   (2 : 3) vermischt.

Für harte Kapseln läßt man das Glycerin fort. Die abgekühlte Lösung erstarrt.

Die erstarrte Gelatine wird vor dem Gebrauch am bzw. im Wasserbade geschmolzen. Das kochende Wasser soll das Gefäß ganz umspülen, denn sonst bleibt

Abb. 283. Tauchformen (Docken) zur Herstellung von Gelatinekapseln.

an der Oberfläche eine ungeschmolzene dicke Haut bestehen. Die Gelatine wird beim Schmelzen bis auf höchstens 75—80° C erhitzt. Höhere Temperaturen sind schädlich, denn die Viscosität und die Fähigkeit zum Erstarren leidet nach längerer Zeit besonders stark. Nach erfolgtem Schmelzen läßt man die Lösung auf etwa 55—60° C abkühlen. Als Gefäß wählt man am besten kein rundes, sondern am besten ein längliches, rechteckförmiges. Während der Arbeit bildet sich nämlich an der Oberfläche eine Haut, welche das Eintauchen der weiter unten zu beschreibenden Formen verhindert. Zur Entfernung dieser Haut taucht man in die Flüssigkeit eine Blechplatte, mit deren Hilfe die Haut von der Oberfläche heruntergezogen wird. Ist nun das Gefäß rund, so kann das Herunterziehen nicht auf einen Zug erfolgen, bei einem länglichen, rechteckigen Gefäß ist dies aber mit einer Handbewegung möglich. Die längliche Form des Gefäßes begünstigt auch das Eintauchen.

Die Ausgestaltung der „Docken" genannten Tauchformen ist aus Abb. 283 zu ersehen. Sie bestehen aus einem der Form der Kapseln entsprechenden Kern, welcher an einem Ende in einen Stiel übergeht. Stiel und Kern wird aus einem Stück angefertigt. Früher wurden Zinn- oder Messingdocken verwandt, da aber die aus Stahl angefertigten denselben Zweck erfüllen, so werden heute die teuren Zinn- bzw. Messingdocken nicht mehr benutzt. Die an eine Holzplatte oder Leiste befestigte Docke wird vor dem Gebrauch mit einer dünnen Schicht Paraffinöl oder Vaselin eingefettet und bis über den Stiel bzw. Hals (Abb. 284) in die geschmolzene Gelatinelösung getaucht und aus dieser wieder herausgezogen. Den Überschuß an Gelatine läßt man abtropfen, dreht die Form mit dem Kopf nach oben, verteilt die noch flüssige Gelatine durch einige geschickte Kreisbewegungen auf der Form und stellt für $^1/_3$—$^1/_2$ Stunde an einen kühlen Ort zur Seite. Nach Verlauf dieser Zeit ist der Gelatineüberzug erstarrt. Um die Kapsel von der Form herunterziehen zu können, muß der festsitzende Gelatinehals eingeschnitten werden. In der einschlägigen Literatur wird daher überall empfohlen, an den Hals durch Kreisbewegung einen Ringelschnitt zu machen, worauf die Kapsel über den Kern gezogen werden kann.

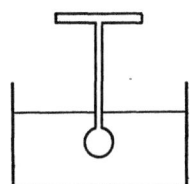

Abb. 284. Tauchschema für Gelatinekapseln.

An Stelle des Ringelschnittes genügt es erfahrungsgemäß vollkommen, den Hals an zwei entgegengesetzten Stellen einzuritzen, beim Herabziehen reißt die Kapsel dann vom Hals ab. Um das Eintauchen zu beschleunigen, wird eine große Anzahl (30—50) von Docken an eine gemeinsame Platte befestigt und auf einmal eingetaucht. Unverständlicherweise findet man in der Fachliteratur die Angabe, daß die Docken an einer runden Platte in Kreisform angeordnet werden sollen. Diese Anordnung ist völlig verfehlt, denn es muß so jede einzelne Kapsel getrennt am Hals eingeschnitten werden, was natürlich eine äußerst zeitraubende Arbeit ist. Ordnet man aber die Docken in geraden Linien und befestigt sie an Leisten, so kann man nach dem Erstarren den Hals sämtlicher Kapseln einer Tauchleiste mit einem Schnitt an der einen Seite und mit einem anderen Schnitt an der entgegengesetzten Seite einschneiden, worauf die Kapseln von der Form heruntergezogen werden können. Will man das Tauchen noch mehr beschleunigen, so können mehrere Leisten nebeneinander geschaltet und gleichzeitig getaucht werden. Nach dem Erstarren löst man die Leisten voneinander, schneidet und zieht die Kapseln ab. Während man also bei der kreisförmigen Anordnung der Docken die Platte nach jedem Einzelschnitt umdrehen muß, genügt bei der geradlinigen Anordnung ein einmaliges Umdrehen der Leiste.

Die heruntergezogenen, aber noch feuchten Kapseln werden zum Trocknen mit dem Hals nach unten auf mit der Kapselform entsprechenden Vertiefungen versehenen Brettchen oder Leisten gestellt. Die an den Docken verbleibenden Halsreste werden heruntergerissen, worauf die Formen nach wiederholtem Einfetten vom neuen eingetaucht werden. Die Trockenleisten werden bis zum erfolgtem Austrocknen in einem Trockenschrank oder an einem staubfreiem Orte aufbewahrt.

Während der ganzen Arbeit muß man auf die Temperatur der Gelatinelösung sorgfältigst achten. Ist die Temperatur zu niedrig, das heißt die Viscosität zu hoch, so werden die Kapseln zu dickwandig und plump. Ist die Temperatur zu hoch und die Lösung dementsprechend zu dünnflüssig, so werden zu dünnwandige Kapseln gewonnen. Obwohl die geeigneteste Temperatur erfahrungsgemäß zwischen 55—60° C liegt, wird man sich auf diese Angabe nicht blind stützen können, da die Viscosität einer jeden Gelatinelieferung verschieden ist und außerdem ändert sich im Verlauf der Arbeit die Konzentration der Lösung. Die günstigste Temperatur wird also stets empirisch festzustellen sein.

Das Tauchverfahren für größere Mengen unterscheidet sich nur in der Größe der Schmelz- und Tauchgefäße, in der Anzahl der auf einmal eingetauchten Docken und in der technischen Anordnung. Die Gelatinelösung wird gewöhnlich ohne Zucker und arabischem Gummi hergestellt. Man läßt 20 kg Gelatine mit überschüssigem Wasser 24 Stunden anquellen, gießt das nicht gebundene Wasser ab und fügt zu der auf etwa 40 kg gequollenen Gelatine 11—12 kg Glycerin und schmilzt das Gemisch in einem mit Dampf heizbaren Kessel. Die geschmolzene

Gelatinelösung wird in 30 × 60 cm große Tauchgefäße gefüllt. Die Tauchgefäße passen genau in mit Dampf geheizte und auf eine Tischplatte befestigte Kästen. In die durch die Tauchgefäße dicht abgeschlossene Kästen wird von unten andauernd Dampf eingeleitet, wodurch das Tauchgefäß von allen Seiten gleichmäßig erhitzt und die Gelatinelösung auf konstanter Temperatur gehalten wird (Abb. 285). Die Kästen befinden sich auf jedem Tisch in zwei Reihen angeordnet. Die Länge der Tische ist nur durch die gegebenen Raumverhältnisse begrenzt. Ein jedes Tauchgefäß ist an beiden Enden mit einem Griff versehen, damit sie vom Gelatinkessel zum Tauchtisch leicht transportierbar sind. Die Gefäße werden so weit angefüllt, daß die Flüssigkeitsoberfläche nur 1—2 ccm unterhalb des Gefäßrandes liegt.

Die Docken werden ebenfalls in geraden Linien an Leisten oder an Bandeisen befestigt. Zwei Reihen werden mittels Scharnier verbunden und aneinander geklappt. Solche Doppelreihen werden in einer von der Breite des Tauchgefäßes abhängigen Anzahl in einem gemeinsamen lösbaren Rahmen zusammengefaßt. Die so erhaltene Taucheinheit wird auf einmal in die Flüssigkeit getaucht. Zum Entfernen der an der Flüssigkeitsoberfläche erstarrten Haut befindet sich in jedem Tauchgefäß eine 3—4 ccm unter die Oberfläche reichende, die ganze Breite des Gefäßes ausfüllende Blechplatte, deren oberes Ende zurückgebogen ist und hierdurch an den Gefäßrand gehängt werden kann. Die Docken werden nach dem Einfetten tief eingetaucht, damit ein recht langes Halsstück entsteht. Dies ist darum erforderlich, weil beim Herausheben der Formen die Gelatine gerade am Halsstück leicht abrinnt und die Kapsel dort ganz dünn oder ganz fehlerhaft wird, andrerseits benötigt man zum später folgenden Verschluß der Kapseln ein Halsstück. Das Herausheben und Erstarren erfolgt ebenso wie in kleinem Maßstabe. Die Rahmen werden gelöst und die Doppelreihen zu Einzelreihen aufgeklappt. Nach dem doppelseitigen Einschneiden zieht man die Kapsel herunter. Bei gut angefertigter bzw. zusammengesetzter Gelatinelösung kleben die erstarrten Kapseln nicht und können in ein Sammelgefäß geworfen werden. Die Anzahl der Tauchrahmen muß so bemessen werden, daß man solange tauchen kann, bis die bereits erstarrten Kapseln von den ersten Tauchformen heruntergezogen werden und somit wieder zum Tauchen gelangen.

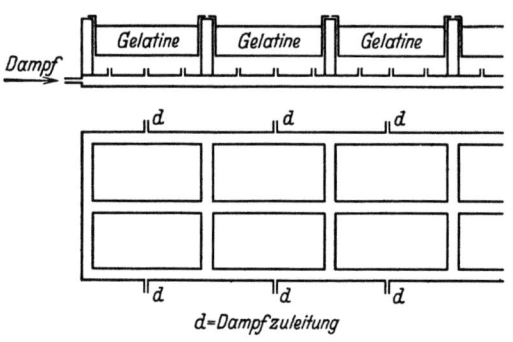

Abb. 285. Tauchgefäße zur Herstellung von Gelatinekapseln.

Die auf diesem Wege hergestellten Kapseln müssen vollkommen durchsichtig, frei von Luftblasen und von mechanischen Verunreinigungen sein. Die gut getrockneten Kapseln dürfen nicht verschimmeln, ihre Aufbewahrung soll daher stets an trockenem Orte erfolgen.

Das Füllen der Kapseln ist eine äußerst langwierige Arbeit. Flüssigkeiten können noch recht einfach abgefüllt werden, indem man sich einer mit einem schnabelförmig gebogenen Abflußrohr versehenen Spritze bedient. Eine gut eingeübte Arbeiterin kann auf diesem Wege täglich einige tausend Kapseln füllen. Eine etwas größere Leistung kann durch Anwendung der zur Einzelfüllung von Ampullen dienenden Apparate erreicht werden. Ein solcher ist der auf S. 290 beschriebene Telleapparat (Abb. 266, 267), mit dessen Hilfe durch einfaches Umdrehen eines Hahnes die gewünschte genaue Flüssigkeitsmenge in die Kapsel gefüllt wird. Die Leistung in der Stunde beträgt ungefähr 600—800 Kapseln pro Arbeitskraft. Diese Leistung kann noch etwas erhöht werden, wenn man die Weite des Füllrohrs der Kapselöffnung anpaßt und die Flüssigkeit mittels Luftdruck (Gummiball!) in die Kapsel füllt. Sehr gut geeignet ist auch der auf S. 290 beschriebene „Simplex"-Ampullenfüllapparat der Firma Erich Koellner, Jena. Viel schwieriger ist das Abfüllen von Pulver. Sind nur kleinere Mengen abzufüllen, so wird ein einfacher Fülltrichter und ein Stopfer verwandt. Da einerseits die Dosierung sehr ungenau und die Leistung verschwindend klein ist, werden die Pulver vielfach mit einer neutralen Flüssigkeit (Öle) vermischt und so in flüssigem Zustand abgefüllt. Die Leistung mit Handfüllung beträgt für Pulver in der Stunde und pro Arbeitskraft nur ungefähr 50—70 Kapseln. Eine unvergleichlich höhere Leistung weist der Coltonsche Kapselfüllautomat auf, welcher speziell für Pulver konstruiert ist (Abb. 286). Die mit Vakuum arbeitende Maschine arbeitet nur dann einwandfrei, wenn sie einer bestimmten Kapselform und einem bestimmten Pulver genau angepaßt ist. Die Stundenleistung ist etwa 450 Stück. Sehr gute Dienste leisten die im Kapitel XVIII S. 318 beschriebenen halbautomatischen Füll- und Dosiermaschinen für pulverige und feinkörnige Stoffe, derart, daß die kleinsten abfüllbaren Einzelmengen 1 g betragen. Die Stundenleistung ist bis 2400 Kapseln. Der vorher erwähnte „Simplex"-Apparat kann auch für Pulver verwandt werden. Die Stundenleistung beträgt etwa 700 Kapseln.

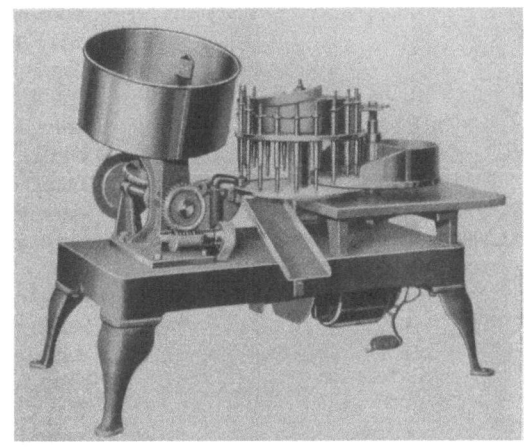

Abb. 286. Gelatinekapsel-Füllapparat (Arthur Colton Co., Detroit, Mich. USA.).

Bezüglich der Eigenschaften der in Kapseln abfüllbaren Substanzen sei erwähnt, daß weder die Gelatine lösende, noch sie chemisch oder physikalisch angreifende Stoffe abgefüllt werden dürfen. Wasser und wäßerige Lösungen sind daher als Lösungsmittel für Gelatine vom Abfüllen ausgeschlossen. Organische Flüssigkeiten mit Ausnahme von starken Säuren können abgefüllt werden. Chloralhydrat, die Gelatine verflüssigenden Metallsalze usw. sind ebenfalls ausgeschlossen.

Das Verschließen der Kapseln kann nur 1. durch Zukleben der Öffnung mit einer geschmolzenen Gelatinelösung oder 2. durch Zuschmelzen des Kapselhalses erfolgen. Zur Ausführung des ersteren Verfahrens verdünnt man die vorhandene Tauchflüssigkeit ein wenig, erwärmt sie und setzt mit Hilfe eines Haarpinsels einen Tropfen davon auf die Kapselöffnung. Der warme Tropfen schmilzt den Kapselrand und vereinigt sich nach dem Trocknen mit der Kapselmasse. Mit einem weiteren Tropfen der unverdünnten Lösung kann nunmehr die runde Form der Kapsel ausgeglichen werden. Beim Abfüllen von Ölen, Fetten muß man darauf achten, daß der Rand der Öffnung nicht auch eingefettet wird, denn sonst klebt der Verschlußtropfen nicht an der Kapsel. Sollte dies doch der Fall sein, so muß die Öffnung mittels eines mit Benzin oder Kohlenstofftetrachlorid benetzten Pinsels gereinigt werden. Der zweite Weg zum Abschließen der Kapseln ist weit bequemer, rascher und beruht darauf, daß der an der Kapsel absichtlich zurückgebliebene Hals mit Hilfe eines elektrisch geheizten Miniaturlötkolbens geschmolzen wird, worauf die geschmolzene Gelatine zu einem Tropfen zusammenfließt und nach dem Erstarren die Kapsel luftdicht abschließt. Der Lötkolben wird ungefähr auf 60—65° C erhitzt und wird beim Schmelzen in der Öffnung im Kreis bewegt und sanft auf den Hals gedrückt. Bei mit leicht flüchtigen Flüssigkeiten gefüllten Kapseln kann infolge des Verdampfens eine Blasenbildung eintreten. Zur Vermeidung dieses Fehlers wird der Lötkolben mit einer dünnen Seitenverlängerung versehen. Die Verlängerung wird zunächst in die Öffnung der Kapsel gesteckt, um die an den Hals haftende Flüssigkeit zu verdampfen, worauf zugeschmolzen wird. Eine geübte Arbeiterin schmilzt in der Stunde etwa 250 Kapseln zu.

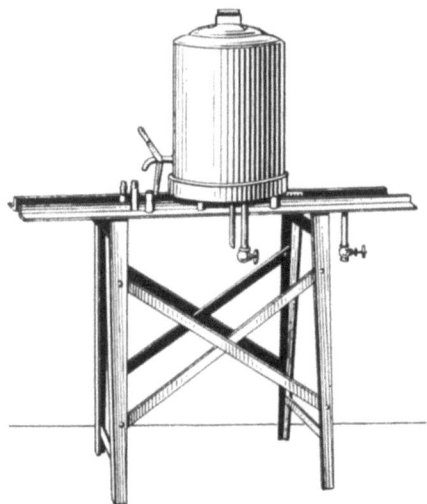

Abb. 287. Schmelzkessel und Arbeitstisch zur Herstellung von gepreßten Gelatinekapseln (Arthur Colton Co., Detroit, Mich. USA.).

Die zugeschmolzenen Kapseln werden noch nachgetrocknet. Dies erfolgt in einem mit Ventilator versehenen Trockenschrank. Sind die Kapseln von den etwa eingefüllten öligen Stoffen verschmutzt, so füllt man sie in aus gelochten Platten angefertigten oder mit Siebboden versehenen Tauchkörbe und taucht sie in eine fettlösende Flüssigkeit, z. B. in Benzin, Benzol, Kohlenstofftetrachlorid. Nach dem Herausheben der Kapseln verdunsten die Lösungsmittel rasch.

Die Kapseln müssen in trockenen Räumen gelagert werden, da sie sonst leicht verschimmeln und sodann verworfen werden müssen. Besonders sorgfältig müssen die nicht gut verschlossenen, lecken Kapseln ausgewählt werden. Die auf Lager befindlichen Kapseln müssen von Zeit zu Zeit ebenfalls geprüft werden.

Abb. 288. Preßplatten zur Herstellung von gepreßten Gelatinekapseln (Arthur Colton Co., Detroit, Mich. USA.).

Ein wesentlich anderes Verfahren zur Herstellung von Gelatinekapseln und Gelatineperlen ist das Preßverfahren. Dieses von Arthur Colton, Detroit USA., stammende Verfahren erlaubt sämtliche Arbeitsphasen zusammenzufassen. Das Wesen des Verfahrens ist, daß die Kapseln aus Gelatinefolien oder Blätter gepreßt werden. Der erste Schritt ist die Herstellung der Gelatinefolien. Hierzu dient ein Arbeitstisch (Abb. 287), auf welchem ein mit Dampf geheizter Schmelzkessel für Gelatine angebracht ist. Die eingerahmte Tischplatte besteht aus amalgiertem Zinneisenblech und dient zum Gießen der Gelatinefolien. Die erstarrten und gut getrockneten Folien werden auf mit Dampf angewärmte Formplatten gelegt (Abb. 288). Die Platten enthalten negative Formen der Kapseln. Wird nun eine Gelatinefolie auf die Platte gelegt, so schmiegt sich die durch die Wärme erweichte Gelatine an die negative Kapselform an. Hierauf füllt man die abzufüllende Flüssigkeit oder das Pulver in die Formen, legt eine zweite Gelatinfolie darauf und deckt beide mit der ebenfalls erwärmten zweiten Formplatte zu. Die beiden Platten werden nun mit dem Rahmen in die Presse (Abb. 289) gesetzt und bis zum maximalen Druck gepreßt. Nach dem Öffnen der Presse fallen die fertigen geschlossenen Kapseln heraus, indem die Kapseln aus den Gelatinefolien beim Pressen ausgestanzt und die Ränder infolge des Druckes zusammengeschweißt wurden. Die gepreßten Kapseln oder Perlen erkennt man sofort an einer am ganzen Umfang umlaufenden Naht. Die Leistung der Coltonschen Maschine beträgt in der Stunde 9000—60000 Kapseln.

Die Deckkapseln werden ebenfalls durch Pressen aus Gelatinefolien hergestellt. Die beiden Hälften (die eine Hälfte besitzt einen größeren Durchmesser) werden getrennt mit Hilfe einer schwach erwärmten Negativform und einer positiven Stempelplatte gepreßt und gleichzeitig ausgestanzt.

Die fertigen Kapseln können durch Eintauchen auf 5 Minuten in eine 2%ige Formalinlösung magenunlöslich gemacht werden.

Abb. 289. Presse zur Herstellung von gepreßten Gelatinekapseln (Arthur Colton Co., Detroit, Mich. USA.).

XVIII. Das Abfüllen und Verpacken der Arzneizubereitungen.

Die nach den in den vorhergehenden Kapiteln beschriebenen Verfahren hergestellten Arzneizubereitungen werden durch Abfüllen in geeignete Gefäße, Schachteln usw., sowie durch Verschließen und Etikettieren in handelsfähigen Zustand gebracht. Sowohl das Abfüllen, als auch das Verpacken kann mit der Hand oder Maschinen erfolgen. Die kleineren Betriebe, besonders dort, wo sehr verschiedene Produkte in verhältnismäßig kleinen Einzelmengen verpackt werden, bedient man sich ausschließlich der Handarbeit. In dem hier folgenden Kapitel werden in erster Linie die maschinellen Hilfsmittel beschrieben. Das Abfüllen und Verpacken mittels Handarbeit ist ein einfacher Vorgang, welcher nur dann einer näheren Erörterung bedarf, wenn besondere Handgriffe erforderlich sind. Das Abfüllen der verschiedenen Produkte wird hier folgend einzeln besprochen.

A. Pulverförmige und gekörnte Produkte.

Pulver und Körner werden ihren Eigenschaften entsprechend in Tüten, Kartons, Pappschachteln, Blechbüchsen, Glasfläschchen, Glasröhrchen usw. gefüllt. Die Entscheidung darüber, welches Packmaterial in einem gegebenen Fall benutzt werden soll, hängt von der Kalkulation und von den Eigenschaften des Produktes ab. Ist das Pulver hygroskopisch, so kommt nur eine luftdichte Packung in Frage, also Tüten, Papierkartons oder Pappschachteln sind ausgeschlossen. Greift das Pulver Papier oder Blech an, so können nur Glasgefäße benutzt werden. Tüten, Kartons, Pappschachteln kommen im Preis billiger zu stehen als Blechbüchsen oder Glasgefäße.

Die gefüllten Tüten bzw. die in Kartons verpackten Tüten werden mit der erforderlichen Aufschrift in Form von Etiketten versehen. Die Pappschachteln sind entweder aus Karton gefalzt, zusammengeklebt oder aber gepreßt. Um die Widerstandsfähigkeit der Schachteln zu erhöhen, werden diese vielfach imprägniert bzw. mit einem Überzug versehen. So z. B. werden sie durch Eintauchen in eine Lösung von Paraffin in Benzin oder in eine Kollodiumlösung wasserundurchlässig gemacht. Die Schachteln müssen alle mit staubdicht schließendem Stülpdeckel versehen sein. Die Blechbüchsen können sehr wechselnde Formen besitzen. Die beiden Grundformen, eckig oder rund, können in den verschiedensten, hohen, mehr flachen usw. Ausführungen benutzt werden. Für pharmazeutische Produkte werden nur aus Weißblech hergestellte Büchsen verwendet. Der Ver-

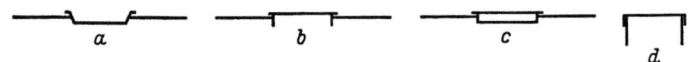

Abb. 290. Verschlüsse für Blechbüchsen.

schluß der Büchsen ist aus Abb. 290 zu sehen. Der einfachste Verschluß d ist ein Stülpdeckel, welcher auch mit einem Scharnier an die Büchse befestigt sein kann. Dieser Deckel legt beim Öffnen den ganzen Büchsenquerschnitt frei und ist besonders dann bequem, wenn das Pulver oder die Körner nicht direkt in die Büchse, sondern vorher in eine Tüte gefüllt werden müssen. Die anderen Verschlüsse (b, c, d) dienen zum staub- und luftdichten Verpacken.

Die üblichen Glasgefäße (Fläschchen, Röhrchen) zeigen die Abb. 291, 292, 293, 294, 295. Die auf Abb. 294 sichtbaren Pulvergläser mit weitem Hals werden entweder mit Kork- oder Gummistopfen verschlossen, insofern sie nicht einen eingeschliffenen Glasstopfen besitzen. Um eine Verunreinigung des Pulvers mit Korkteilchen zu verhindern, wird die untere Fläche und die Seite der Korke mit dünnem Wachspapier, Pergamin oder mit Metallfolien (Aluminium oder Staniol) umhüllt. Die Korke werden entweder ganz in den Hals geschoben oder aber ragt ein Teil des Korkes oberhalb des Halses hervor. Verschlossene Flaschen werden durch Eintauchen in geschmolzenen Paraffin abgedichtet. Die auf Abb. 291, 292 und 293 dargestellten Fläschchen bzw. Röhrchen sind teilweise mit Metallkapsel, und zwar mit Stülp- oder Schraubenkapsel versehen. Die letzten drei Röhrchen der Abb. 292 sind in zwei Teile getrennt und dienen zur Aufnahme von zweierlei Pulver oder Körner, die erst zum Gebrauch miteinander vermischt werden dürfen. Brausepulver können vorteilhaft in solche Röhrchen gepackt werden. Die auf Abb. 295 befindlichen Gläser sind ebenfalls mit Schraubenkapsel versehen.

Die Blechbüchsen, Flaschen oder Röhrchen werden mit Etiketten und noch mit einer äußeren Papierhülle versehen, welche undurchsichtig oder durchsichtig (Wachspapier) sein kann. Als durchsichtige Hülle wird heute vielfach, in manchen

Pulverförmige und gekörnte Produkte. 315

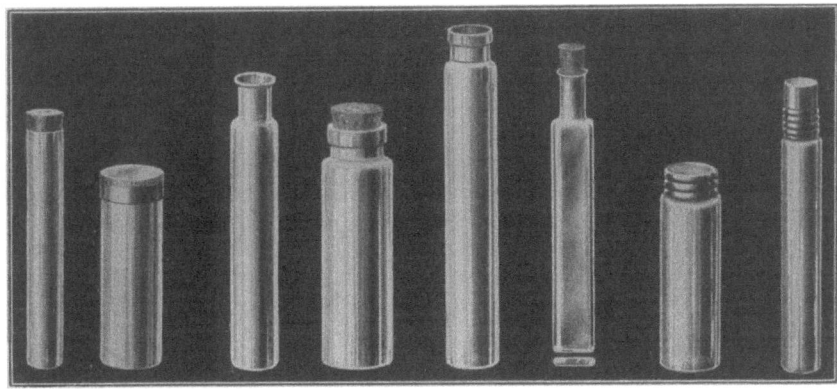

Abb. 291. Flaschen, Gläser, Phiolen für Verpackungszwecke (Vereinigte Bornkesselwerke m. b. H., Berlin N. 4).

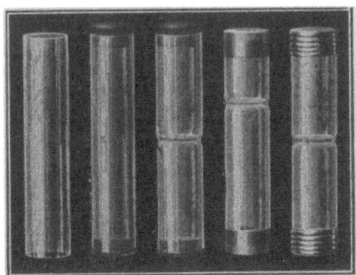 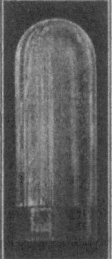

Abb. 292. Glasröhrchen (Phiolen) für Pulver, Tabletten usw. (Vereinigte Bornkesselwerke m. b. H., Berlin N. 4).

Abb. 293. Glasphiole (Vereinigte Bornkesselwerke m. b. H., Berlin N. 4).

Abb. 294. Weithalsflaschen (Pulverflaschen) (Vereinigte Bornkesselwerke m. b. H., Berlin N. 4).

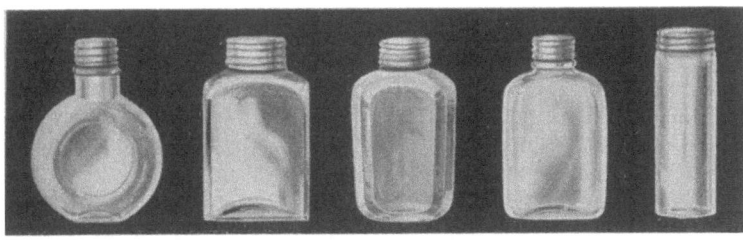

Abb. 295. Verpackungsgläser für Pillen, Tabletten, Pulver usw. (Vereinigte Bornkesselwerke m. b. H., Berlin N.4).

Betrieben ausschließlich, das Cellophan benutzt. Die durchsichtige Hülle hat den Vorteil, daß keine zweite Etikette erforderlich ist. Werden auch Gebrauchsanweisungen usw. beigepackt, so steckt man die Büchsen oder Fläschchen in mit Aufdruck versehene Kartons, welche dann in Wachspapier oder Cellophan gepackt werden.

Das Abfüllen der Produkte erfolgt immer nach Gewicht. Wird mit Handarbeit abgefüllt, so muß man eine jede Einzelfüllung abwägen. Es werden daher die Tüten, Kartons, Büchsen, Flaschen usw. auf eine Waagschale gestellt, austariert und dann mit der gewünschten Menge gefüllt. Da das Leergewicht der äußeren Packung durchschnittlich mit nur geringen Abweichungen dasselbe ist, erübrigt sich das fortwährende Austarieren. Sind aber größere Abweichungen vorhanden, wie dies öfters bei Flaschen der Fall ist, so läßt sich das Austarieren jeder einzelnen Flasche nicht vermeiden. Mit Hilfe des folgenden Verfahrens läßt sich das Abfüllen wesentlich beschleunigen. Man stellt auf beide Waagschalen eine gleiche Anzahl von Flaschen, Büchsen usw. und gleicht ihr Gewicht aus. Nunmehr legt man auf die rechte Waagschale soviel Gewichtsstücke auf, als sie dem Inhalt einer Packung entsprechen und stellt das Gleichgewicht durch Füllen eines Gefäßes auf der linken Waagschale her. Nimmt man jetzt das vorher erwähnte Gewicht von der rechten Waagschale herunter, so hat man an der linken Seite eine Einzelfüllung als Übergewicht, welches durch Anfüllen eines Gefäßes auf der rechten Seite ausgeglichen wird. Hierauf legt man die vorher heruntergehobenen Gewichte wieder auf die rechte Waagschale und gleicht auf der linken Seite durch Füllen eines Gefäßes aus. Dieser Vorgang wird solange wiederholt, bis sämtliche Gefäße vollgefüllt sind, wodurch das wiederholte Austarieren erspart wird.

Abb. 296. Tütenmaschine „Simplex" (Jagenberg Werke AG., Düsseldorf).

Um das Pulver bzw. das gekörnte Produkt bequem und ohne Verluste abfüllen zu können, benutzt man einen Glas- oder Metalltrichter mit einem kurz abgeschnittenen, weiten Auslaufrohr. Die Gefäße werden sodann ebenfalls mittels Handarbeit abgeschlossen, etikettiert und mit der äußeren Umhüllung versehen.

Zur Erzielung größerer Leistungen wird all diese Arbeit mittels Maschinen verrichtet. Betriebe, welche das Abfüllen und Verpacken mittels automatisch arbeitenden Maschinen verrichten, haben einen großen Bedarf an Packmaterial, welches selbst herzustellen in manchen Fällen lohnend ist. Dies bezieht sich in

Pulverförmige und gekörnte Produkte. 317

erster Linie auf die Tüten und in ganz großen Betrieben auch auf Blechbüchsen.

Die automatische Revolvertütenmaschine der Jagenberg Werke AG., Düsseldorf, stellt in der Minute 30—70 einfache oder gefütterte Tüten her. Die Arbeitsweise der Maschine ist die folgende. Das in Rollen aufgelegte Innenpapier wird abgewickelt, rotationsmäßig für die Boden- und Längsklebung beleimt, abgeschnitten und auf der ersten Station um den Dorn des Revolvers zum Schlauch geformt. Die zweite Station dient zur Bodenfaltung, die dritte und vierte zum Anpressen des Bodens. Entgegengesetzt der Rollenanordnung liegen bei Weichpackungen die bedruckten Außenpapiere, bei Kartonpackungen die bedruckten, gerillten bzw. geritzten und ausgestanzten Kartonausschnitte in einem selbsttätig geschalteten Magazin. Jeweils der oberste Zuschnitt wird abgehoben, beleimt und auf der fünften Station um den Dorn zum Schlauch gebildet, auf dem sich bereits eine fertige Innentüte befindet. Nachdem auf der sechsten Station der Boden für die Außenhülle gefaltet wurde, werden die getrennt hergestellten, da-

Abb. 297. Maschine zur Selbstanfertigung von Faltschachteln mit Kleid oder gefütterten Bodenbeuteln (Berlin-Karlsruher Industrie-Werke AG., Karlsruhe).

her besonders haltbaren doppelten Hüllen von den Revolverdornen abgestreift. Die Revolverdornen sind expansionsfähig und gehen vor dem Tütenabstreifen zwecks leichterer Abnahme etwas zusammen. Durch diese Anordnung brauchen die Tüten nicht konisch werden. Für geringere Leistungen (20—25 Tüten in der Minute) dient die kleine Jagenbergsche Maschine (Abb. 296), welche nicht nach dem Revolverprinzip arbeitet und gegenüber der vorher beschriebenen Maschine den Vorzug hat, sich leicht und schnell auf ein anderes Format umstellen zu lassen. Die Tüten verlassen beide Maschinen offen und füllfertig. Abb. 297 ist eine Maschine zur Selbstanfertigung von Faltschachteln mit Kleid oder gefütterten Bodenbeuteln der Berlin-Karlsruher Industrie-Werke AG., Karlsruhe. Die Faltschachteln (Kartons) verlassen die Maschine in offener Form mit geklebtem Boden.

Das Füllen der Tüten oder Gefäße erfolgt mit Hilfe von automatischen Füll- und Dosiermaschinen, welche die genaue Dosierung von 1 g bis mehrere Kilogramm schweren Einzelmengen ermöglichen. Die Füllmengen werden entweder nach dem Volumen oder nach dem Gewicht dosiert. Nach dem Volumen können nur solche Pulver oder gekörnte Produkte abgefüllt werden, die ein gleichbleibendes Schüttvolumen besitzen und außerdem aus dem Fülltrichter leicht und gleichmäßig herausfließen. Da die Dosierungsmaschinen nach Volumen viel einfacher und billiger sind als die nach Gewicht dosierenden Maschinen, werden letztere nur dort benutzt, wo die Eigenschaften des Produktes dies unbedingt erfordern. Durch Einbauen eines Rührwerkes können auch schlecht gleitende, klebende Produkte zum Abfüllen mit Volumendosierung geeignet werden. Aus der großen Anzahl von Füll- und Dosiermaschinenkonstruktionen seien hier folgende angeführt:

Die automatischen Füll- und Dosiermaschinen „Triumph" und „Ideal" der Maschinenfabrik Fritz Kilian, Berlin-Hohenschönhausen, dosieren zwangläufig durch Transportschnecken nach Volumen. Das Füllen der Packungen erfolgt vom Boden aus. Hierdurch wird die durch Absturz des Pulvers herbeigeführte außerordentlich unangenehme Staubentwicklung verhindert.

Abb. 298. Automatische Füll- und Dosiermaschine „Triumph" für pulverförmige und feinkörnige Produkte (Fritz Kilian, Berlin-Hohenschönhausen).

Abb. 299. Automatische Füll- und Dosiermaschine „Ideal II" für pulverförmige und feinkörnige Produkte (Fritz Kilian, Berlin-Hohenschönhausen).

Abb. 300. Rotierende Abfüllmaschine mit Rundgänger (Jagenberg Werke AG., Düsseldorf).

Der Vorratbehälter (Fülltrichter) ist staubdicht abgeschlossen und auch die Rührwerkswelle läuft in einer Stopfbüchse. Die Verwendung von Füllschnecken ermöglicht ein Verdichten des Produktes in der Packung, also ein Stopfen, insofern die lose eingefüllte Menge einen größeren Raum einnimmt als die zu füllende Packung bietet. Dieses Stopfen kann in beliebig einstellbarer Stärke erfolgen. Die Maschinen eignen sich daher nicht nur für das Füllen von Tüten, sondern auch für Flaschen, Blechbüchsen, Pappschachteln usw., ohne daß die Packungen, wie bei anderen Systemen, geklopft oder aufgestoßen werden müssen. Die Maschinen sind ganz aus Eisen, Stahl und Bronze. Die Beschickung der Vorratsbehälter der Füllmaschinen erfolgt durch Hand, bei größeren Betrieben und auch wenn mehrere Maschinen aufgestellt werden, ist ein besonderer Elevator vorteilhaft. Die Abänderung der Füllgröße erfolgt durch Auswechseln der Transportschnecken. Kleinere Gewichtsschwankungen können durch Drosselung des Ablaufrohres mittels eines Hebels erfolgen. Abb. 298 stellt die Kiliansche „Triumph"-Füllmaschine für Füllungen bis etwa 200 g dar. Die Leistung beträgt in der Minute bis 40 Füllungen je nach Material, Art und Form der Packungen. Der Kraftbedarf ist $^1/_2$ PS. Der Antrieb erfolgt mittels Riemen. Bei dieser und bei der Maschine „Ideal I" läuft der Rührer nur während des Füllvorganges. Der Typ „Ideal II" (Abb. 299) besitzt noch ein zweites Rührwerk, welches auch dann mischt, wenn die Füllschnecke still steht. Der Antrieb dieses zweiten Rührwerkes ist durch Vergleich der Abb. 298 und 299 sofort erkennbar. Die Abfüllmaschine der Jagenberg-Werke AG., Düsseldorf, hat bezüglich der Dosierung eine ähnliche Konstruktion (Abb. 300), jedoch ist die einfache Dosiermaschine mit einem Rundgänger kombiniert. Die leeren Tüten, Kartons, Büchsen oder Flaschen werden einzeln in eine Kammer eines horizontalen Revolvertisches eingeführt und durch dessen Drehung nach der Füllmaschine befördert. Sobald die Tüte unter dem Fülltrichter angekommen ist, fließt das Material auf genaues Gewicht dosiert hinein. Gleichzeitig wird die Tüte gerüttelt, damit sich der Inhalt setzt.

Abb. 301. Automatische Abfüllmaschine BN II, fahrbar, mit vorgebautem Rundgänger und Elektromotor (Berlin-Karlsruher Industrie-Werke AG., Karlsruhe).

Die automatische Abfüllmaschine der Berlin-Karlsruher Industrie-Werke AG., Karlsruhe, hat eine abweichende Konstruktion. Das Abdosieren wird hier durch Einsaugen in einen schwingenden Zylinder und zwangsläufiges Herausschieben aus diesem bewirkt. Hierdurch ist diese Maschinentype für jedes beliebige Füllgut geeignet, insbesondere auch für solche Stoffe, die Feuchtigkeit anziehen und Neigung haben, sich zusammenzuballen oder haften zu bleiben. Die zwangläufige Betätigung bietet neben der unbeschränkten Verwendbarkeit den Vorteil, daß die

Abb. 302. Automatische Abfüllmaschine BNO mit Elektromotor und Rundgänger. Sonderausführung für das Füllen kleiner Dosen, Glasröhren usw. (Berlin-Karlsruher Industrie-Werke AG., Karlsruhe).

Maschinen auch bei schwierigem Füllgut eine hohe Arbeitsgeschwindigkeit gestatten. Der kreismesserartige Kolben besteht aus gehärtetem und geschliffenem Stahl, während der Dosierzylinder der Vorrats- und Auslauftrichter aus solchen Werkstoffen hergestellt sind, die je nach der Art des Füllgutes die bestgeeigneten sind. Das Getriebe ist vollständig abgedeckt; die sämtlichen mit dem Füllgut in Berührung kommenden Teile sind mit wenigen Handgriffen auseinander zu nehmen. Die Maschinen arbeiten vollständig selbsttätig und durchlaufend und dienen zu Füllungen von 1 g bis 1000 g. Die Einstellung für das gewünschte Füllgewicht erfolgt durch das rechte an der Vorderseite befindliche Handrad. Die Leistung ist in der Minute 20—45 Füllungen, sie kann aber bei unterhalb 50 g liegenden Füllungen bis auf 60 Füllungen gesteigert werden. Abb. 301 stellt die Abfüllmaschine BN II mit vorgebautem Rundgänger und Elektromotor dar. Der Rundgänger steht zur Verdichtung des Materials unter Rüttelwirkung. Abb.302 ist die Maschine BNO mit Elektromotor und Rundgänger und dient als Sonderausführung für das Füllen kleiner Dosen, Glasröhrchen und dergleichen. Zwecks Erzielung einer besonders hohen Leistung (minutlich 60 Füllungen und mehr) wird die Dosiervorrichtung doppelt wirkend ausgeführt.

Abb. 303. Automatische Patent-Waage „Auto-Kipper" (Jagenberg Werke AG., Düsseldorf).

Die bisher beschriebenen Abfüllmaschinen arbeiten mittels Volumendosierung. Wie bereits erwähnt, eignen sich aber nicht alle Materialien hierzu, weshalb zur automatischen Waage gegriffen werden muß. Die auf Abb. 303 befindliche automatische Waage der Jagenberg-Werke AG., Düsseldorf, arbeitet nach dem Kippsystem und bedarf daher zum Antrieb keinerlei motorischer Kraft, da die Bewegungen lediglich durch das Gewicht des Füllgutes erzeugt werden. Die Leistung beträgt 15 Füllungen in der Minute. Das Füllgewicht wird durch Auflegen des entsprechenden Gewichtes auf die rechts befindliche, deutlich sichtbare Waagschale eingestellt. Das Füllgut rinnt vom Fülltrichter in ein Gefäß, welches nach dem Erreichen der Vollast nach unten kippt und sich hierbei entleert. Die auf Abb. 304 sichtbare Spezialausführung ist besonders für Kräuter (Spezies usw.) geeignet. Der auf der Abbildung ersichtliche kleine Motor dient lediglich zum Antrieb einer im Füll-

Abb. 304. Automatische Patent-Waage für Kräuter (Spezies) (Jagenberg Werke AG., Düsseldorf).

Pulverförmige und gekörnte Produkte. 321

trichter rotierenden kleinen Walze, die mit Widerhaken versehen ist und somit das Festsetzen der Kräuter im Fülltrichter verhindert.

Nicht nur das Abfüllen, sondern auch das endgültige Abpacken kann mittels Maschine erfolgen. Es wurden hierzu Vollautomaten konstruiert, welche aus der Verknüpfung von Tütenmaschinen und Abfüllmaschinen mit Schließ- und Etikettiermaschinen bestehen. Die letzteren Maschinen können auch getrennt in Betrieb gehalten werden. Abb. 305 stellt eine automatische Verpackungsanlage der Jagenbergwerke AG. dar. Diese füttert runde Blechbüchsen mit Rollenpapier, dosiert das Pulver oder das gekörnte Produkt, verschließt den Innenbeutel und heftet ihn mit Draht. Hiernach gelangen die Tüten in die Schließvorrichtung. Auf Grund des durch das Schütteln veränderte Volumens werden die Packungen mehr oder weniger hoch. Diesem Umstand wird durch die automatische Höhen-

Abb. 305. Automatische Verpackungsanlage „Spezial-Modell" (Jagenberg Werke AG., Düsseldorf).

ausgleichvorrichtung Rechnung getragen. Die Pakete werden in den Zellenbodenplatten am oberen Füllrand auf eine Höhe gebracht, damit die Schlußfaltung stets exakt ausfällt. Es können auch die Zipfel verklebt werden. Die nunmehr verschlossene Tüte gelangt hierauf in die Etikettiermaschine. Dort werden die Etiketten automatisch gummiert, einzeln abgenommen, sauber und genau auf das Paket gelegt und angedrückt. Die Pakete können gleichzeitig auch mit einem Bodenetikett oder einem Rumpfetikett versehen werden. Für manche Zwecke müssen die Pakete nochmals in eine Hülle eingewickelt werden. Hierzu dienen die automatischen Einwickelmaschinen, welche auch in Verbindung mit den Automaten arbeiten können. Nachfolgend sind noch einige Spezialmaschinen angeführt, welche den verschiedenen Anforderungen entsprechen. Abb. 306 ist eine Flachbeutel-(Sachets-)Füll- und Schließmaschine der Berlin-Karlsruher Industriewerke AG., Karlsruhe. Diese völlig automatisch arbeitende Maschine nimmt die Beutel selbsttätig vom Stapel ab, öffnet, füllt sie und klebt sie nach vorhergehendem Falten zu.

Weichherz-Schröder, Pharm. Betrieb. 21

Das Etikettieren wird auch in vielen größeren Betrieben noch mit Handarbeit verrichtet, aber das Bestreichen der Etiketten mit dem Klebstoff erfolgt mittels Maschinen, welche sich auch in kleineren Betrieben vorzüglich bewährt haben. Die kleinen Betriebe arbeiten gewöhnlich so, daß der Klebstoff mittels eines Pinsels auf eine starke Blechplatte gestrichen wird. Hierauf legt man die Etikette, drückt sie an, zieht sie wieder herunter, wobei eine gleichmäßige Klebeschicht anhaftet. Diese ziemlich zeitraubende Arbeit kann durch Gummiermaschinen erledigt werden. Abb. 307 stellt die Etikettiermaschine Prakma Modell A (Praktische Maschinen G. m. b. H., Berlin SO 36), dar, welche sich in der Praxis vielfach bewährte. Besonders hervorzuheben ist die leichte Regulierbarkeit der zur Auftragung kommenden Klebstoffmenge. An der Seite der Maschine befindet sich ein Hebel, durch dessen Verstellung die Klebstoffzufuhr unterbrochen (Abb. 308a), eine mittlere (Abb. 308b) oder eine dicke (Abb. 308c) Klebstoffschicht aufgetragen werden kann. Modell C derselben Maschine (Abb. 309) ist für größere Leistungen vorgesehen. Sie ist mit

Abb. 306. Flachbeutel - Füll- und Schließmaschine (Berlin-Karlsruher Industriewerke AG., Karlsruhe).

Abb. 307. Etikettiermaschine Prakma Modell A (Praktische Maschinen G. m. b. H., Berlin SO.).

a b c

Abb. 308. Etikettiermaschine Prakma. Regulierung der zur Auftragung kommenden Klebstoffmenge (Praktische Maschinen G. m. b. H., Berlin SO.).

freiem Einführungstisch (für beide Hände), mit automatischer Abnahme und selbsttätiger Weiterbeförderung der Etiketten auf einem Transportband ausgerüstet. Beide Modelle können mit motorischer Kraft angetrieben werden. Modell C ist besonders für Massenarbeit geeignet. Die Arbeiterinnen nehmen in diesem Falle an beiden Seiten eines langen Tisches Platz und nehmen die gummierten Etiketten von dem entlang des ganzen Tisches laufenden Transportband herab.

Automaten, welche nicht nur das Gummieren, sondern auch das Ankleben besorgen, werden nur dann verwendet, wenn ein und dieselbe Packung in laufenden großen Mengen zum Abpacken gelangen. Die Rotationsetikettiermaschine der Jagenbergwerke A G., Düsseldorf (Abb. 310), dient vorwiegend für kleinere Pakete

Abb. 309. Etikettiermaschine Prakma, Modell C (Praktische Maschinen G. m. b. H., Berlin SO.).

und leistet 40—50 Pakete in der Minute. Größere Modelle leisten bis 140 Etikettierungen in der Minute. Die Maschinen können auch zum gleichzeitigen Aufkleben von mehreren Etiketten eingerichtet werden.

B. Pastillen, Tabletten, Pillen, Dragees.

Als Packung kommen folgende Möglichkeiten in Betracht:

1. Einwickeln in einfaches Papier.
2. Einwickeln in eine Innenhülle aus Pergamin- oder Wachspapier oder Aluminiumfolie mit darunterliegendem Streifband.
3. Einfüllen in Glas- oder Metallröhrchen.
4. Einfüllen in Glasfläschchen.
5. Einfüllen in Schachteln.

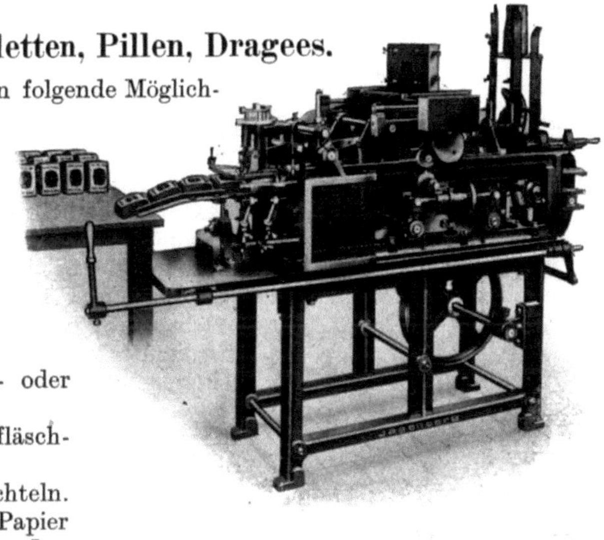

Das Einwickeln in Papier kommt nur für flache Pastillen, Tabletten oder Dragees in

Abb. 310. Rotations-Etikettiermaschine (Jagenberg Werke AG., Düsseldorf).

Betracht, da kugelförmige Gebilde sich nur sehr unbequem in Rollen verpacken lassen. Glasröhrchen, welche zum Abpacken von Pastillen, Tabletten oder Pillen geeignet sind, befinden sich auf Abb. 291, 292, 295. Sie sind entweder mit Korkverschluß oder mit Metallkapsel (Stülp- oder Schraubenkapsel) versehen. Sind die Tabletten hygroskopisch oder sonstwie veränderlich, so werden die Korke paraffiniert oder aber schließt man mit Schrumpfkapseln aus Hydrocellulose (Brolonkapseln der Chemischen Fabrik v. Heyden AG., Radebeul b. Dresden) oder aus Acetylcellulose (Kalle & Co., Biebrich a. Rh.) ab (vgl. S. 334). Metallkapseln werden fast nie verwendet. Für Pillen und besonders für Cachous werden Pillengläser mit Pillenzählerkapsel verwendet (Abb. 311). Die Pillenzählerkapsel sind zweiteilig. Eine innere Kapsel sitzt fix am Glashals und besitzt eine exzentrische runde Öffnung, welche der Pillengröße entspricht. Über dieser inneren Kapsel sitzt eine zweite bewegliche, welche ebenfalls mit einer runden Öffnung versehen ist. Verdreht man die obere Kapsel so, daß die Öffnungen sich decken, so kann man bequem stets nur eine Pille heraustreten lassen, daher der Name „Pillenzählerkapsel". Außer diesen Formen ist der Phantasie freier Raum gegeben und dementsprechend findet man die verschiedensten Gläserformen als Packmaterial vor.

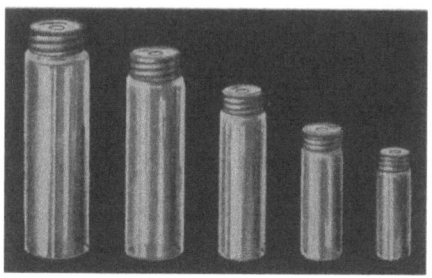

Abb. 311. Pillengläser mit Pillenzählerkapsel (Vereinigte Bornkesselwerke m. b. H., Berlin N. 4).

Es sei hier nur noch auf ein besonders für kleine Kügelchen gebrauchtes Fläschchen hingewiesen, welches eine längliche Form und einen gebogenen Hals besitzt (Abb. 312).

Die Hauptaufgabe beim Abpacken der Tabletten, Pillen usw. ist das Abzählen einer gegebenen Anzahl, für welche das Packmaterial dimensioniert ist. In kleineren Betrieben findet man in dieser Hinsicht noch heute die primitivsten Zustände, indem das Abzählen Stück für Stück durchgeführt wird, obwohl sehr einfache und gar nicht kostspielige Hilfsmittel dies völlig überflüssig machen. Ein derartiges Hilfsmittel ist die Zählschaufel (Abb. 313), welche eine gegebene Anzahl von Vertiefungen enthält. Steckt man diese Schaufel in einen Haufen von Pillen oder Tabletten, so bleibt nach dem Herausziehen in jeder Vertiefung ein Stück liegen, die überschüssigen werden hinuntergeschüttelt. Mit dieser Schaufel kann man also ohne Mühe eine bestimmte Anzahl von Pillen oder Tabletten herausgreifen, aber dennoch ist ihre Anwendung beschränkt. Sie wird nur dort angewandt, wo die abgezählten Pillen oder Tabletten nicht in einer bestimmten Ordnung abgepackt werden müssen, z. B. wenn man diese einfach in Fläschchen füllt, unbekümmert,

Abb. 312. Ampulle für Kügelchen (Vereinigte Bornkesselwerke m.b.H., Berlin N. 4).

Abb. 313. Zählschaufel zum Abfüllen von Pillen und Tabletten (F. J. Stokes Machine Co., Philadelphia, USA.).

welche Lage sie dort einnehmen. Bei Pillen ist dies immer der Fall, auch wenn sie in Schachteln oder Beuteln abgepackt werden. Für Tabletten kommt die Zählschaufel nur für Gläser, wie von Abb. 295 ersichtlich ist, in Betracht. Um die Pillen bzw. die Tabletten von der Schaufel in das Gefäß zu bekommen, benutzt man einen Trichter mit weitem, kurzabgeschnittenem Hals, welchen man in die Öffnung des Fläschchens usw. steckt und die Tabletten bzw. Pillen von der Schaufel in den Trichter gleiten läßt. Die aus Aluminium hergestellte Schaufel ist besonders für Pillen oder für gewölbte Tabletten geeignet. Der von Abb. 314 ersichtliche Zählapparat vereinigt die Zählschaufel und den Abfülltrichter. Die Tabletten oder Pillen werden in den Aufgabetrichter gefüllt, dessen Boden eine Zählplatte bildet, die aber keine Vertiefungen, sondern entsprechend große Löcher enthält und auf einer festen, nicht gelochten Platte beweglich liegt. Die Pillen bzw. Tabletten füllen die Öffnungen an, zieht man nunmehr die Zählschaufel bzw. Zählplatte mit Hilfe eines Griffes aus dem Aufgabetrichter heraus, so werden die über der Platte liegenden Pillen zurückgehalten, während die in den Öffnungen befindlichen Tabletten mit herausgezogen werden. Nachdem die Zählplatte löcherig ist, fallen die Tabletten aus den Öffnungen nach unten in einen Abfülltrichter, durch welchen sie in die Fläschchen usw. gelangen.

Sollen die Tabletten in einer gewissen Ordnung abgepackt werden, so müssen Spezialapparate herangezogen werden. Einige derartige Apparate werden nachfolgend beschrieben. Der Tablettenzähl- und Abfüllapparat der

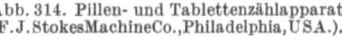

Abb. 314. Pillen- und Tablettenzählapparat (F. J. Stokes Machine Co., Philadelphia, USA.).

Firma Arthur Colton Co., Detroit USA. (Abb. 315), arbeitet automatisch. Die Tabletten werden in das Ablaufgefäß geschüttet und von hier mit Hilfe einer rotierenden Bürste unbeschädigt in eine gerillte Auslaufbahn gebürstet,

Abb. 315. Tablettenzähl- und Füllapparat für Schachteln (Arthur Colton Co., Detroit, Mich. USA.).

welche sich oberhalb eines Transportbandes befindet. Das Transportband befördert die auf ihrer Kante liegenden Tabletten vorwärts, wodurch sie in ein an eine rotierende Scheibe befestigtes Rillensystem gelangen, in welchem die Tabletten in meh-

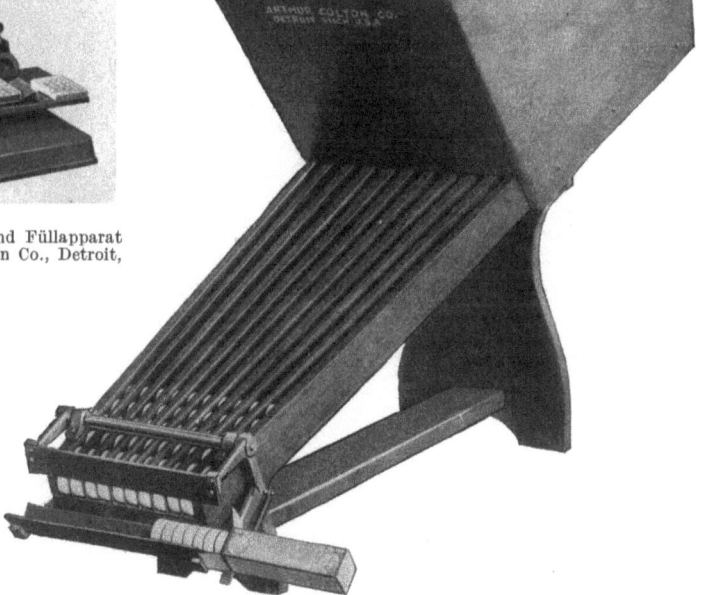

Abb. 316. Tablettenzähl- und Füllapparat für Glasröhrchen und Kartons (Arthur Colton Co., Detroit, Mich. USA.).

reren Lagen übereinandergeschichtet werden. Es wird nunmehr eine Schachtel auf das Rillensystem aufgesetzt. Beim Weiterdrehen, wenn die Rillenöffnungen nach unten gerichtet sind, fallen die Tabletten in die Schachtel, worauf diese gleichzeitig entfernt wird. Dieser Apparat ist nur für Schachteln geeignet und kann nicht nur für auf ihrer Kante, sondern auch für auf ihrer Fläche liegende Tabletten gebaut werden. Zum Abpacken in Kartons oder Röhrchen dient ein anderer Apparat (Abb. 316), welcher aus einem Ablauftrichter und einer gegebenen Anzahl von Auslaufrillen besteht. Die Anzahl der Rillen entspricht der in ein Röhrchen gelangenden Tablettenanzahl. Die Tabletten laufen in die Rillen und sammeln sich dort in streng parallel liegenden Reihen. Das Ende der Rillen ist von einer beweglichen Platte abgeschlossen. Hebt man diese, so rollt eine Tablettenreihe in eine Rinne, von welcher die Tabletten mit Hilfe eines Stabes in das Röhrchen geschoben werden können. Dieser Füller kann auch automatisch eingerichtet sein. Eine mit Motor betriebene Zähl- und Abfüllmaschine ist auf Abb. 317 dargestellt, welche aber zum Anfüllen von Fläschchen ausgebildet ist. Der Ablauftrichter wird mittels Exzenters geschüttelt. Die geordneten Tabletten werden von einer einfachen Vorrichtung abgezählt und in die Flaschen gefüllt. Die Vorrichtung besteht aus einer Wippe, welche an beiden Enden zwei Trennflächen trägt. Ist die untere Trennfläche nach unten geneigt, so können von obenher die Tabletten frei nach unten gleiten. Hebt sich aber die untere Fläche nach oben, so versperrt die obere Trennfläche den Tabletten den Weg. Die unterhalb des Bereiches der Wippe befindlichen Tabletten können dabei frei in die Flaschen laufen. Die Maschine wird von einem $1/8$ PS-Motor angetrieben.

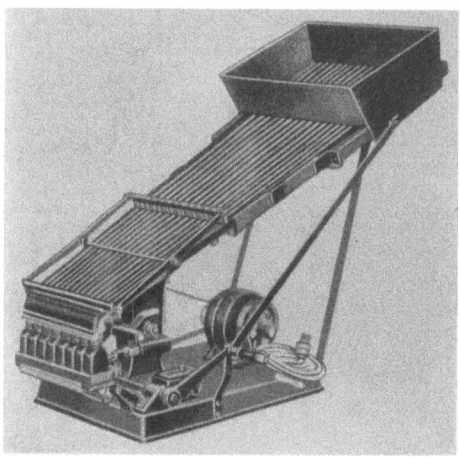

Abb. 317. Tablettenzähl- und Füllapparat für Fläschchen mit Motorantrieb (Arthur Colton Co., Detroit, Mich. USA.).

Abb. 318. Abzähl- und Einwickelmaschine für runde Tabletten (Berlin-Karlsruher Industriewerke AG., Karlsruhe).

Werden die Tabletten einfach in Papier oder doppeltes Papier (Pergamin, Wachspapier, Aluminium) eingewickelt, so wird der Abzählapparat mit einer Einwickelmaschine kombiniert. Abb. 318 stellt eine solche Maschine der Berlin-Karlsruher Industriewerke AG., Karlsruhe, dar. Diese unter Rüttelwirkung arbeitende Maschine ordnet die in den oberen Behälter lose hineingeschütteten Tabletten und führt sie in Reihen geordnet auf einer der gewünschten Tablettenzahl entsprechend gerillten Auslaufbahn bis zu dem Anschlag der Einwickelmaschine, von dem aus Reihe für Reihe selbsttätig in die eigentliche Falzvorrichtung wandert. Bei der Einwickelmaschine für eckige Tabletten verdient besondere Beobachtung die Behandlung des Innenpapiers durch die Falzorgane, die die Innenhülle um die Tablettenreihe dergestalt herumlegen, daß die übereinandergreifenden Falzenden durch das äußere Streifband gedeckt werden. Dieses Verfahren hat den großen Vorzug, daß im Gegensatz zu den von Hand ausgeführten Packungen die Stirnseiten fest abgeschlossen sind und die Packungen sich nicht öffnen können. Die Arbeitsweise der Einwickelmaschinen für runde Tabletten kennzeichnet sich durch ein

Abb. 319. Maschine zum Einhüllen von Zylindern, Briketts (Sublimatpastillen) (Berlin-Karlsruher Industriewerke A G., Karlsruhe).

besonders festes Einrollen; an den Stirnseiten wird das Papier entweder durch vielseitiges Einkniffen gefalzt oder in der Art des Dreheinschlages eingedreht.

Größere Tabletten und Pastillen, z. B. Sublimatpastillen, Badetabletten usw., werden auch einzeln mit Papier eingewickelt. Zu diesem Zwecke dient die Einwickelmaschine der Berlin-Karlsruher Industriewerke AG., Karlsruhe, für kleinere Objekte (Abb. 319), welche nicht nur einfache, sondern auch doppelte Hüllen aus Pergamin, Staniol, Aluminiumfolie usw. herstellt, wobei die äußere auch luftdicht abgeklebt werden kann. Als luftdichte Außenhülle kann Cellophan besonders empfohlen werden.

In die Tablettenröhrchen, Fläschchen usw. wird gewöhnlich noch etwas Watte oder Papierwatte gestopft und erst dann mit Kork oder Kapsel verschlossen. Die Glasröhrchen werden mit Etiketten versehen und nachher entweder in Papier, Cellophan usw. eingehüllt oder eingeschachtelt bzw. kartoniert. Zum Etikettieren der Röhrchen dient die Jagenbergsche

Abb. 320. Rotations-Etikettiermaschine für Tabletten-Glasröhrchen (Jagenberg Werke AG., Düsseldorf).

Rotationsetikettiermaschine für Tablettenröhrchen (Abb. 320). Abb. 321 stellt eine kombinierte Jagenbergsche Etikettier- und Einschachtelmaschine dar. Zum Etikettieren der Schachteln bzw. Karton kann vorteilhaft eine kombinierte Jagenbergsche Rotations-Etikettieranlage (Abb. 322) verwandt werden, die nicht

zu bedienen ist und kleine Packungen in einem Durchgang auch mit Sicherheitsbanderole und Verschlußetikette versieht. Die Jagenbergsche Schachtel-Ein-

Abb. 321. Kombinierte Glasröhrchen-Etikettier- und Einschachtelmaschine (Jagenberg Werke AG., Düsseldorf).

Abb. 322. Kombinierte Rotations-Etikettieranlage (Jagenberg Werke AG., Düsseldorf).

wickelmaschine Modell „Schnellhüller" besorgt noch die äußere Umhüllung der Schachteln. Die Maschine verarbeitet Pergamin, Cellophan usw. (Abb. 323).

C. Flüssigkeiten.

Die Flüssigkeiten werden mit wenig Ausnahmen in Flaschen abgefüllt. Nur dickflüssige Produkte, wie Malzextrakte oder sonstige Extrakte werden in Blechbüchsen gefüllt. Die üblichen Flaschenformen sind aus den Abb. 324, 325, 326 ersichtlich. Um die Dosierung des Arzneimittels nach Tropfen zu erleichtern, füllt man die Flüssigkeiten in Tropfflaschen, welche entweder einen einfachen Schnabel besitzen (Abb. 326), homöopathische Fläschchen, oder mit einem Tropfstopfen versehen sind (Abb. 325). Zum Einträufeln in das Auge werden nicht Tropfflaschen verwendet, sondern es werden den einzelnen Packungen Tropfröhrchen oder Tropfstäbe beigefügt (Abb. 327).

Das Abfüllen selbst kann nach zweierlei Prinzipien erfolgen. 1. Die Flaschen und Büchsen werden zu einer bestimmten Höhe angefüllt, ungeachtet den etwaigen Volumschwankungen. 2. Es wird ein bestimmtes Volumen oder Gewicht abgefüllt. Beiderlei Arten von Füllungen können von Hand durchgeführt werden.

Abb. 323. Schachtel-Einwickelmaschine Modell „Schnellhüller" (Jagenberg Werke AG., Düsseldorf).

Wird auf eine bestimmte Höhe gefüllt, so steckt man in die Gefäße der Reihe nach einen Trichter und füllt nach Augenmaß an. Bei wertvolleren Flüssigkeiten wird man stets ein genaues Volumen oder Gewicht abfül-

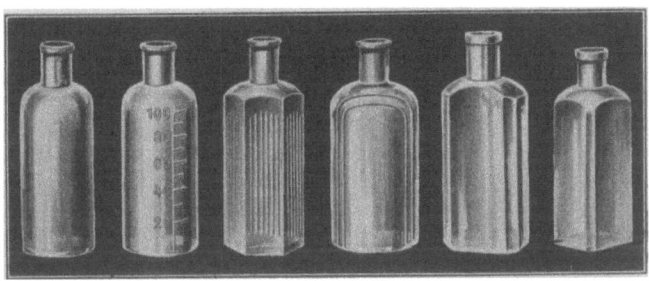

Abb. 324. Medizinflaschen (Vereinigte Bornkesselwerke m. b. H., Berlin N. 4).

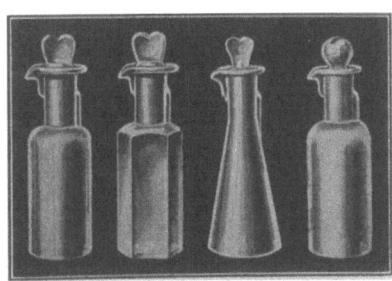

Abb. 325. Tropfflaschen (Vereinigte Bornkesselwerke m.b.H., Berlin N.4).

Abb. 326. Homöopathische Arzneiflaschen (Vereinigte Bornkesselwerke m. b. H., Berlin N. 4).

len. Arbeitet man mit der Hand, so mißt man die Flüssigkeit mittels Meßzylinders. Rascher geht das Abfüllen, wenn man nach Gewicht arbeitet, indem man

330 Das Abfüllen und Verpacken der Arzneizubereitungen.

eine große Anzahl von Flaschen oder Büchsen auf beide Waagschalen stellt, diese austariert und dann genau, wie dies bei den pulverförmigen Produkten beschrieben worden ist, verfährt (vgl. S. 316).

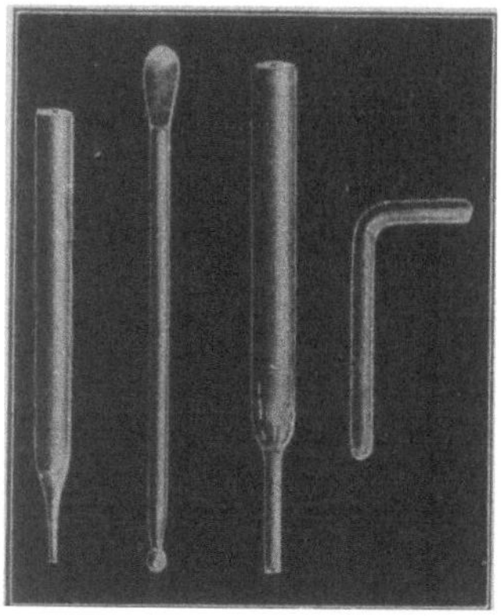

Zum Abfüllen von großen Flüssigkeitsmengen werden Füllmaschinen benutzt. Die Maschinen werden in zwei Gruppen geteilt, und zwar je nach dem, ob eine genaue Dosierung ausgeführt wird oder ob nur bis zu einer gegebenen Höhe angefüllt wird. Die pharmazeutischen Betriebe benutzen fast ausschließlich Rundlaufmaschinen, da die sehr bequem sind und auch für kleine Flüssigkeitsmengen gebaut werden, da doch der größte Teil der Flüssigkeiten auf kleine Fläschchen verteilt werden muß. Die Wirkungsweise der auf Abb. 328 abgebildeten Flaschenfüllmaschinen (Berlin-Karlsruher Industriewerke AG., Karlsruhe), die zum Abfüllen von nicht ganz dickfließenden Flüssigkeiten, wie alkoholische Tinkturen, dünnflüssige Syrupe usw.

Abb. 327.
Tropfröhrchen und Tropfstäbchen.

dient, beruht auf dem Grundsatz der kommunizierenden Röhren, das heißt die Flaschen werden bis zu einer genau einstellbaren Höhe gefüllt, unbeschadet des sich aus der unregelmäßigen Wand- und Bodenbeschaffenheit ergebenden ständig wechselnden Rauminhaltes. Der Zulauf der Flüssigkeit hört auf, sobald die eingestellte Füllhöhe in der Flasche erreicht ist. Die Flasche kann also nicht überlaufen und bleibt vollkommen sauber. Die Betätigung dieser Maschine erfolgt von Hand. Der Füllbehälter ruht auf einem Kugellager und dreht sich beinahe von selbst. Das bedienende Mädchen hat nichts weiter zu tun, als die herumkommende gefüllte Flasche gegen eine leere auszuwechseln. Das Auswechseln der gefüllten Flasche gegen die leere geschieht durch ein kurzes Schwenken des Rohres nach links, das den Zulauf der Flüssigkeit unterbricht. Mit dem Aufsetzen der leeren Flasche wird das Rohr wieder nach rechts geschwenkt, wodurch der Zulauf wieder freigegeben und der Füllbehälter zugleich weitergedreht wird. Jede Ma-

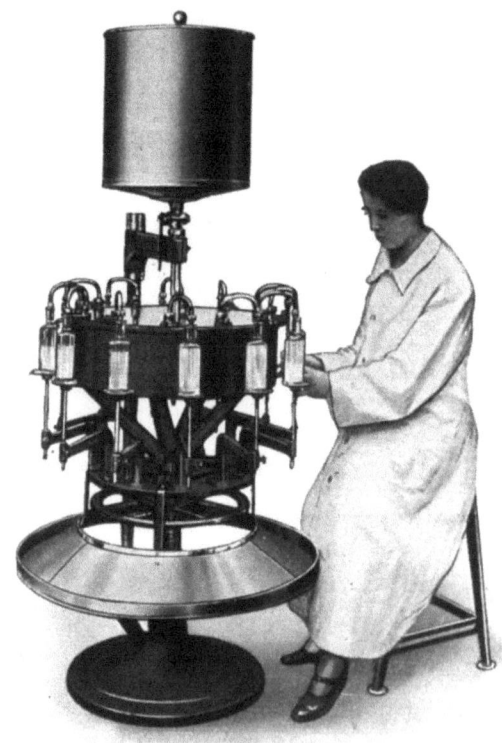

Abb. 328. Rundlauf-Flaschenfüllmaschine für Höhenfüllung (Berlin-Karlsruher Industriewerke AG., Karlsruhe).

schine ist in weiten Grenzen für verschiedene Flaschengrößen verstellbar. Durch Drehung des unter dem Füllbehälter angeordneten Spindelrades können die zur

Aufnahme der Flaschen bestimmten Teller gemeinsam gehoben oder gesenkt werden. Die Maschinen sind mit 6—25 leicht abnehmbare und reinigbare Röhren gebaut. Die Maschinengröße muß so gewählt werden, daß jede Flasche nach vollendetem Rundlauf mit Bestimmtheit voll ist.

Zur genauen Dosierung der abzufüllenden Flüssigkeit werden ebenfalls Rundlaufmaschinen benutzt, in deren Füllbehälter normal sechs Maßgefäße eingebaut sind (Abb. 329, Berlin-Karlsruher Industriewerke AG., Karlsruhe). Die Maßgefäße stehen mit Füllventilen in Verbindung. Die Füllung wird dadurch bewirkt, daß die auf einer Kurvenbahn zwangsläufig geführten Teller die Flaschen gegen die Ventile drücken, die den Zulauf freigeben, sobald das Maßgefäß den Spiegel der Flüssigkeit im Füllbehälter überragt. Die für verschiedene Flaschengrößen entsprechend bemessenen Maßgefäße sind leicht unter geringem Zeitaufwand auswechselbar, desgleichen die Anschlagbacken auf den Tellern, die dazu dienen, daß jede Flasche zentrisch unter das Auslaufventil gelangt; einem Flaschenbruch wird dadurch mit Sicherheit vorgebeugt. Diese Maßnahme läßt sich zum Füllen von 125—1000 ccm Flaschen, in Spezialkonstruktion auch zum Abfüllen von nur einigen Kubikzentimeter ausnutzen. Sie wird für Riemen- oder unmittelbaren Motorantrieb gebaut und kann durch Handgriff oder Fußhebel ein- und ausgerückt werden; eine weitere Tätigkeit als das Auswechseln einer gefüllten gegen eine leere Flasche erfordert sie nicht.

Zum Abfüllen von hochviscosen Flüssigkeiten, wie z. B. von Malzextrakten, Emulsionen usw. werden Spezialmaschinen gebaut, welche nicht nach dem Rundlaufprinzip arbeiten. Sie bestehen aus einem Vorratsbehälter und einem weiten Auslaufrohr. Zwischen beide ist eine zwangsläufig tätige Dosierungsvorrichtung geschaltet.

Abb. 329. Flaschenfüllmaschine für Maßfüllung (Berlin-Karlsruher Industriewerke AG., Karlsruhe).

Diese Vorrichtung ermöglicht die genaue Dosierung von 5—2000 ccm. Das Dosieren selbst erfolgt durch Ansaugen des Füllgutes aus dem Vorratsbehälter durch einen Kolben, der bei der Rückwärtsbewegung das Material zwangsläufig durch das Abfüllmundstück hinausdrückt. Der Hub dieses Kolbens ist leicht in den feinsten Abstufungen einstellbar und begrenzt den Fassungsraum der Dosiervorrichtung, der je nach dem Inhalt des zu füllenden Gefäßes zu bestimmen ist. Die einfachste Ausführung einer solchen Maschine (Abb. 330) leistet 20—25 Füllungen in der Minute. Eine Erhöhung der Leistung auf 30—35 Füllungen in der Minute wird erreicht, wenn die Arbeiterin das Gefäß nicht von Hand unter den Auslauf zu halten hat, sondern die Gefäße (Gläser, Dosen usw.) auf mechanischem Wege unter den Auslauf rücken und von hier nach erfolgtem Füllen weitergerückt werden. Hierdurch ist die Arbeiterin nicht an den Gang der

Maschine gebunden, sie braucht ihre Aufmerksamkeit nicht mehr nur darauf zu lenken, daß sie das Gefäß, dem Arbeitsgang der Maschine folgend rechtzeitig unter den Abfüllstutzen hält, sondern sie hat Zeit, um für die Zuführung leerer Gefäße zu sorgen und die weitere Verwendung der gefüllten Gefäße zu überwachen. Die auf Abb. 331 sichtbare Füllmaschine ist mit einem Rundgänger ausgerüstet, welcher die Gefäße selbsttätig zu- und abführt. Das Füllgut wird den Maschinen entweder von einem bereits vorhandenen Sammelbehälter ständig zugeleitet, oder sie erhalten einen eigenen Vorratstrichter. Für erstarrendes oder bei Zimmertemperatur kaum flüssiges Füllgut wird der Vorratstrichter mit Doppelboden und Doppelmantel zwecks Warmhaltung durch Dampfheißwasser- oder elektrische Heizung ausgeführt. Für dickflüssige Emulsionen kann in den Vorratstrichter auch ein Rührwerk eingebaut werden, um etwaiges Aufrahmen zu verhüten.

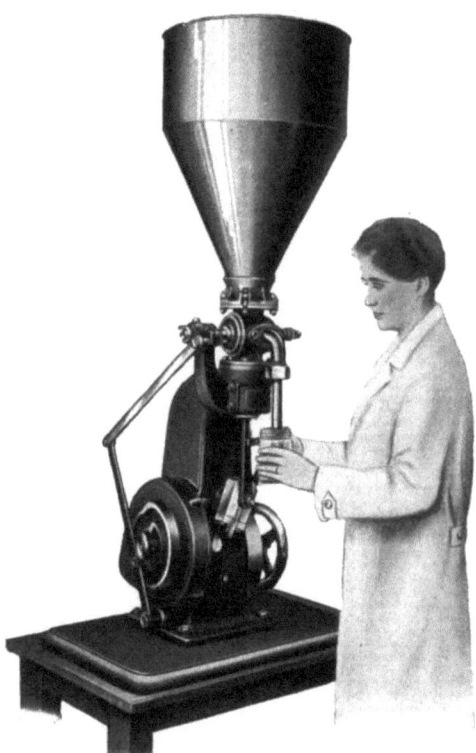

Abb. 330. Dosenfüllmaschine für zähflüssige Stoffe (Berlin-Karlsruher Industriewerke AG., Karlsruhe).

Die fertig gefüllten Flaschen müssen verschlossen werden. Selten geschieht dies mittels eingeschliffenem Glasstopfen. Gummistopfen werden häufiger angewandt, aber in der Regel gelangen nur Korke zur Anwendung. Die Korke haben wie bekannt entweder eine zylindrische oder eine konische Form. Wird der Kork ganz in den Flaschenhals gesteckt, so benutzt man zylindrische Korke, ragt er aber am Halsrand hervor, so werden konische Korke angewandt. Die konischen Korke schließen immer besser als die zylindrischen. Die ungebrauchten Korke sind immer etwas hart und spröde, weshalb es üblich ist, sie durch Pressen zu erweichen. Wenn aber viel Korke verbraucht werden, kann man das Pressen jedes einzelnen Korkes nicht recht durchführen. Das Dämpfen oder Einlegen in heißes Wasser führt auch

Abb. 331. Dosenfüllmaschine für zähflüssige Stoffe mit Rundgänger (Berlin-Karlsruher Industriewerke AG., Karlsruhe).

zum Ziel, indem die Korke wenigstens zeitweilig elastisch werden und sich leicht in die Flaschenhälse drücken lassen. Man legt die Korke in einen verschließbaren Drahtnetzkorb und taucht das ganze in kochendes Wasser. Sehr gut geeignet sind die Sterilisatoren, mit deren Hilfe die Korke im strömenden Dampf gedämpft werden können.

Um die Korke gegen den Einfluß der Flüssigkeiten zu schützen, werden diese oft durch Einlegen in geschmolzenes Paraffin durchtränkt. Ein Nachteil solcher Korke ist die hohe Elastizität und Gleitfähigkeit, weshalb diese dann immer aus der Flasche herausspringen. Ragen die Korke am Halsrand hervor, so kann man auch einfach mit der Hand verkorken, indem die Korke gut hineingedrückt werden, denn in diesem Falle werden die Korke irgendwie noch befestigt (z. B. Schrumpfkapsel). Sollen die Korke ganz in den Hals gepreßt werden, so verwendet man Korkmaschinen, welche den Kork mittels eines Stempels in den Flaschenhals drücken. Die Abb. 332, 333, 334 stellen verschiedene Korkmaschinen dar, welche teilweise wie Abb. 334 mit einer Rollenkorkpresse ausgerüstet sind. Der Druck wird mittels Hebels entfaltet. Größere Maschinen arbeiten mit Luftdruck.

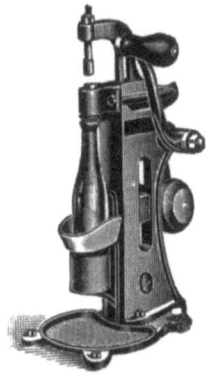

Abb. 332. Korkmaschine (Karl Kalisch, Berlin SW.).

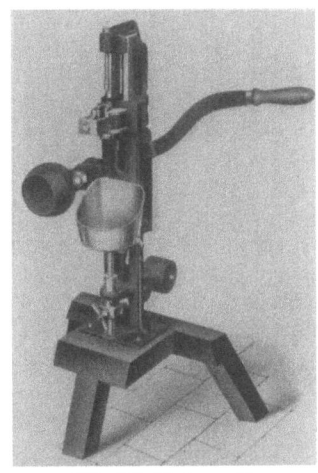

Abb. 333. Korkmaschine (Karl Kalisch, Berlin SW.).

Die verkorkten Flaschen müssen in vielen Fällen noch luftdicht gemacht werden. Dies erfolgt einfachsterweise durch Übergießen der verkorkten Halsoberfläche mit Paraffin oder durch Eintauchen des Flaschenhalses in geschmolzenen Paraffin. Das Überziehen mit Paraffin hat oft den gleichzeitigen Zweck, die Flaschen etwas schöner zu gestalten. Aus diesem Grunde wird das Paraffin mit öllöslichen Farbstoffen beliebig gefärbt. Da Paraffin etwas weich ist und nicht schön glänzt, benutzt man häufig ein Gemisch von Paraffin mit Carnaubawachs. Carnaubawachs härtet das Paraffin sehr stark, so daß ein übermäßiger Zusatz die Masse spröde macht und der Verschluß beim Lagern losbricht. Gewöhnlich benutzt man ein aus 75% Paraffin und 25% Carnaubawachs bestehendes Gemisch. An Stelle dieser Tauchmasse werden vielfach Tauchlacke benutzt, welche sehr rasch trocknen und recht schöne Effekte hervorrufen. Die Zusammensetzung eines Tauchlackes ist:

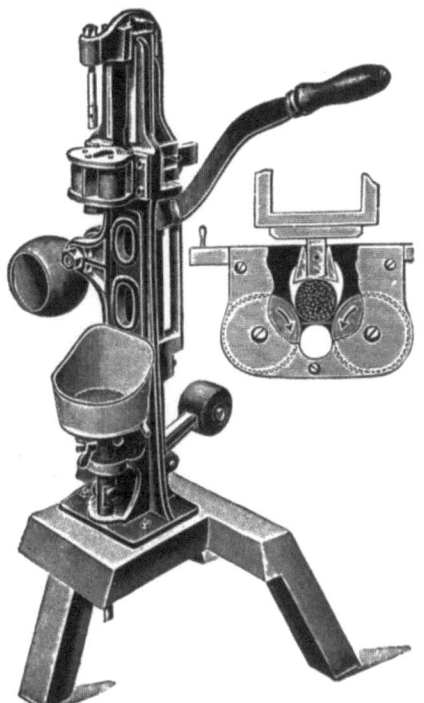

Abb. 334. Korkmaschine mit Rollenkorkpresse (Karl Kalisch, Berlin SW.).

100 Filmabfälle (Nitrocellulose) frei von der Emulsionsschicht,
 10 Kampfer,
 20 Kolophonium,

  5 Ricinusöl,
500 Alkohol,
345 Äther.

Der Kampfer, das Ricinusöl und das Kolophonium werden in der Hälfte des Alkohols gelöst. Die Filmabfälle werden mit dem restlichen Alkohol übergossen und nach zweistündigem Stehen unter gutem Rühren mit dem Äther vermischt. Nachdem die Lösung fertig ist, wird sie in einer Drucknutsche über Watte oder Leinen filtriert. Stehen keine Filmabfälle zur Verfügung, so benutzt man 80 Teile entwässerte Kollodiumwolle, 15 Teile Kampfer statt 10, 3 Teile Triphenylphosphat und 10 Teile Ricinusöl statt 5. Dieser farblose Grundlack kann mit spritlöslichen Farbstoffen gefärbt als durchsichtiger oder mit Pigmente als undurchsichtiger Lack verwendet werden. Als Pigment dient Aluminiumschliff oder ein sonstiges Lackpigment. Mit Aluminiumschliff allein erhält man einen metallisch glänzenden Überzug, welchen man durch Zusatz von alkohollöslichen Farbstoffen noch verschieden färben kann. Als sonstiges Pigment können alle möglichen Farben dienen. Sehr häufig verwendet man weißes Pigment und färbt mit alkohollöslichen Farbstoffen. Für die Selbstherstellung des Tauchlackes ist Aluminiumschliff am geeignetsten, da er keine weitere Bearbeitung erfordert. Der Schliff wird einfach

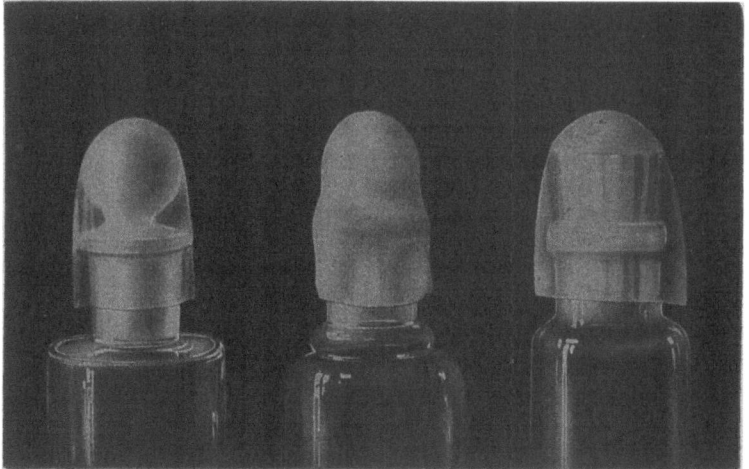

Abb. 335. Hydrocelluloseschrumpfkapseln (Brolonkapseln) vor dem Trocknen.

der Lacklösung zugeführt, während die sonstigen Pigmente mit der Harzlösung, mit dem Kampfer und dem Ricinusöl vermischt vermahlen werden müssen, um die entsprechende Kornfeinheit zu erhalten. Bronzepulver kann an Stelle des Aluminiumpulvers nicht verwendet werden, da der Lack sich nach einiger Zeit verfärbt und ganz dick wird. Dieser Tauchlack wird so benutzt, daß man ihn in eine offene Schale gießt, den Flaschenhals kurz eintaucht, den Überschuß abtropfen läßt und dann den Hals nach oben dreht. Hierbei trocknet der Lack so stark ein, daß ein Rückfließen nicht mehr möglich ist. Nach dem Trocknen ist eine lückenlose luftdicht schließende Hülle vorhanden. Infolge der leichten Flüchtigkeit des Alkohol-Äthergemisches dickt sich der Lack an der Luft rasch ein und muß immer mit einem Äther-Alkoholgemisch von 4:6 verdünnt werden.

Wenn man auch mit diesem Tauchlack gute Effekte erzielen kann, ist seine Anwendung feuergefährlich und daher nicht beliebt. Außerdem gibt das Tauchen verhältnismäßig viel Arbeit. Aus diesen Gründen haben sich in der letzten Zeit die Schrumpfkapseln immer mehr und mehr eingebürgert, um so mehr, da sie nicht nur einwandfrei luftdicht abschließen, sondern auch dekorativ schön wirken. Weit verbreitet sind die Hydrocellulosekapseln, welche am besten als

Brolonkapseln der Chemischen Fabrik von Heyden AG., Radebeul b. Dresden, bekannt sind. Die Brolonkapseln sind in feuchtem Zustand im Handel und werden zur Verhütung des Schimmels in mit etwas Formalin versetztem Wasser aufbewahrt. Nimmt man die Kapseln aus dem Wasser heraus und setzt sie auf den Flaschenhals, so trocknen sie allmählich aus, schrumpfen hierbei sehr stark und legen sich straff an den Flaschenhals und Stopfen. Das Verhalten beim Trocknen ergibt sich aus den Abb. 335 und 336. Um ein schönes Anlegen und daher auch luftdichtes Schließen zu erhalten, muß die Weite der feuchten Kapseln entsprechend gewählt werden, wofür die Lieferanten entsprechende Angaben machen können. Die Brolonkapseln werden entweder durchsichtig oder undurchsichtig in einer großen Anzahl von Farben geliefert. Flaschen mit Glasstopfen werden mit durchsichtigen Kapseln überdeckt, während Korkstopfen mit opaken Kapseln verdeckt werden. Manche Kapseln zeigen auch einen schönen Seideneffekt. Ein wesentlicher Nachteil der Brolonkapseln ist, daß sie feucht aufbewahrt werden müssen und daß sie sehr langsam, ungefähr erst in 24 Stunden vollständig trocknen.

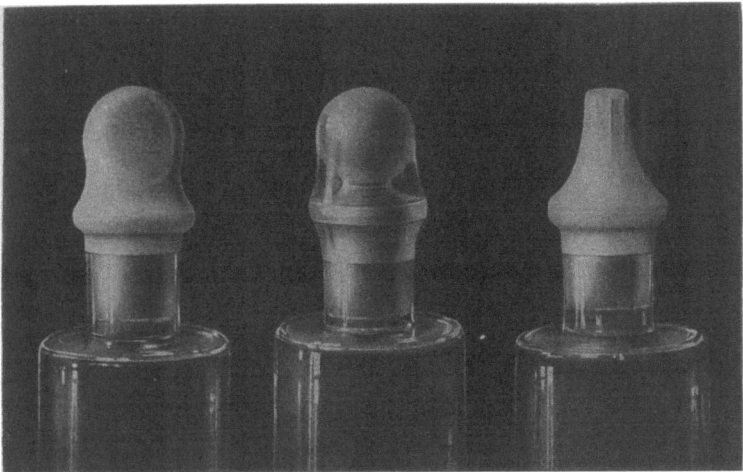

Abb. 336. Hydrocelluloseschrumpfkapseln (Brolonkapseln) nach dem Trocknen.

In Gegensatz hierzu werden die aus Acetylencellulose hergestellten Kapseln (Kalle & Co., Biebrich a. Rh.) trocken aufbewahrt und erst vor dem Gebrauch in Wasser geweicht. Das Trocknen erfolgt dann sehr rasch in 2—3 Stunden. Bei raschen Lieferungen sind diese Kapseln entschieden vorteilhafter. Ihr Effekt ist ein anderer als der der Brolonkapseln. Sie sind glänzender, den Staniolkapseln ähnlicher und eignen sich daher vorzüglich für Metalleffekte. Durchsichtige Acetylcellulosekapseln werden nicht hergestellt. Um den Effekt der Staniolkapseln ganz nachzuahmen, werden Acetylcellulosekapseln hergestellt, welche außen eine beliebige Farbe aufweisen, innen aber mit Aluminiumschliff gefärbt sind. Außer diesen Kapseln wurden auch Trockenkapseln aus Gelatinemassen hergestellt, welche ebenfalls erst vor dem Gebrauch eingeweicht werden. Da diese aber sehr dick und spröde sind, konnten sie sich nicht übermäßig verbreiten.

Die Metallkapseln (Staniolkapseln) schließen nicht luftdicht und dienen lediglich der Verzierung. In der Praxis wird als Hauptvorteil der Kapseln die geprägte Aufschrift oder Schutzmarke empfunden, was übrigens gar keine Bedeutung besitzt. Auch vom Standpunkt des Schutzes des Flascheninhaltes nicht, denn

Schrumpfkapseln können am unteren Rand überklebt werden, so daß jede Beschädigung sofort auffällt. Die Metallkapseln werden aus Staniolfolien gepreßt, auf den Flaschenhals gestülpt und mit Hilfe von Kapselmaschinen an den Hals gepreßt. Die Funktion der Kapselmaschinen ergibt sich aus den Abb. 337, 338. Der Flaschenhals wird mit der Kapsel zusammen zwischen Gummibacken gesteckt, worauf durch einen Hebeldruck gepreßt wird. Die Maschinen arbeiten mit zwei oder vier Backen. Letztere liefern weniger Falten. Ganz faltenfreie Kapseln erhält man mit Hilfe von rotierenden Backen (Abb. 339). Es sei erwähnt, daß neben diesen angeführten Verschlußarten auch das einfache Abbinden mit Pergament oder Pergamin noch üblich ist. Vielfach wird auch noch mit einem Tauchlack überzogen. Die fertig verschlossenen Flaschen müssen noch etikettiert werden. Des weiteren werden sie entweder in Faltkartons, Pappschachteln gesteckt oder einfach mit Wellenpapier umhüllt und eingewickelt, zugeklebt und nochmals etikettiert (Stirn-, Boden- und Verschlußetikette). Die Faltkartons oder Pappschachteln werden auch nochmals etikettiert und in Pergamin oder Cellophan eingewickelt. Das Etikettieren und Einwickeln der Glasflaschen wird zumeist mittels Handarbeit

Abb. 337. Kapselmaschine „Rhein"
(Karl Kalisch, Berlin SW.).

Abb. 338. Kapselmaschine „Oder"
(Karl Kalisch, Berlin SW.).

Abb. 339. Kapselmaschine „Rotofix"
(Karl Kalisch, Berlin SW.).

verrichtet, da die Form der Flaschen die Maschinenarbeit etwas erschwert. Die etwa doch benutzten Maschinen haben eine im Prinzip ähnliche Konstruktion, als die bei den Pulvern beschriebenen. Die Schachteln bzw. Kartons werden dagegen in größeren Betrieben mit Hilfe von Maschinen eingehüllt (vgl. z. B. S. 330).

D. Salben.

Das Abfüllen der Salben in Tuben wurde bereits mit den hierzu erforderlichen Maschinen zusammen im Kapitel X (S. 188) eingehend beschrieben. Hier sei nur noch so viel bemerkt, daß Salben vielfach auch in Glas oder Tonkrüge, Pappschachteln usw. abgefüllt werden. Dies ist aber fast ausschließlich bei kosmetischen Produkten, die uns hier nicht weiter interessieren, bei größeren Mengen, und hauptsächlich bei billigen Salben der Fall. Das Abfüllen erfolgt entweder in geschmolzenem Zustand mit Maschinen, wie sie auf Abb. 330, 331 zu sehen sind, oder aber durch Druck, wie bei den Tubenfüllmaschinen (vgl. S. 188). Die großen Gefäße werden gewöhnlich mit der Hand gefüllt.

E. Suppositorien.

Die Suppositorien werden in Staniol oder in Aluminiumfolien eingeschlagen und so in Pappschachteln gelegt, welche für jedes Suppositorium eine abgetrennte Kammer besitzen. Da man die Suppositorien wegen des niedrigen Schmelzpunktes nicht viel mit den Händen anfassen darf, bedient man sich eines primitiven Apparates (Abb. 340), welcher aus einer auseinanderklappbaren Negativform besteht. Man legt auf die untere negative Form eine entsprechend geschnittene Staniolfolie, legt über die Form ein Suppositorium, hierauf noch eine Folie und klappt zu. Nach dem Öffnen bleibt die Folie an das Suppositorium gepreßt. Nunmehr legt man die Ränder des Staniols um, wodurch das Packen beendigt ist. Das Einlegen in die Schachteln erfolgt mittels Handarbeit, ebenso das Etikettieren und Einwickeln, da die laufenden Fabrikationsmengen gewöhnlich klein sind.

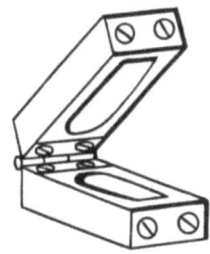

Abb. 340. Packform zum Einschlagen von Suppositorien in Staniol.

F. Ampullen.

Die Ampullen werden vorerst mit einer entsprechenden Aufschrift versehen, sei es durch Aufkleben kleiner Etiketten oder durch direktes Aufdrucken des Textes. Die Aufschrift beschränkt sich gewöhnlich auf den Inhalt. Das Etikettieren der Ampullen erfolgt genau so, wie dies bei den sonstigen Packmaterialien erfolgt. Da das maschinelle Etikettieren nicht recht möglich und das Etikettieren mit der Hand zeitraubend ist, unterläßt man es überhaupt, oder

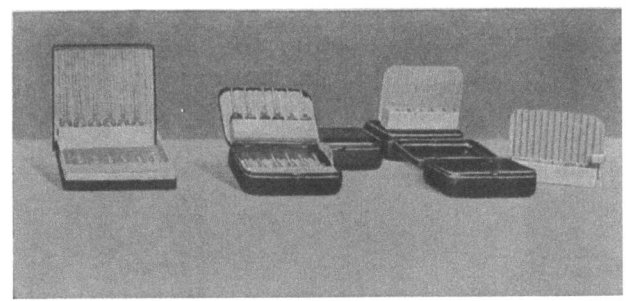

Abb. 341. Ampullenschachteln.

aber bedruckt die Ampullen direkt. Für den letzteren Zweck wurden sehr handliche und leistungsfähige Druckmaschinen gebaut. Solche sind die der Vereinigten Bornkesselwerke m. b. H., Berlin N 4, welche im wesentlichen den normalen

Druckmaschinen entsprechen, mit dem Unterschied, daß die Ampullen oder auch andere kleine Gefäße, wie Glasröhrchen, Tonkrüge usw. an der Druckfläche vorbeirollen, hierbei die Aufschrift in gewünschter Farbe erhalten. Die Aufschriften sind infolge der Beschaffenheit des Farbstoffes unabwaschbar. Fertig bezogene Ampullen können von den verschiedenen Firmen auch mit der gewünschten Aufschrift versehen ungeliefert werden.

Abb. 342. Ampullenschachtel.

Abb. 343. Ampullenschachtel.

Zum Abpacken der Ampullen werden sehr verschiedene Schachteln benutzt. Sie sind sich darin ähnlich, daß sie für jede Ampulle eine getrennte Kammer oder getrennte Fächer enthalten. Einige der üblichen Schachteln sind auf den Abb. 341, 342, 343 ersichtbar. Außer diesen werden einfache Schachteln benutzt, welche mit Hilfe von Kartonstreifen in Kammern geteilt sind und die Ampullen stehend in diese gesteckt werden. Zum Öffnen der Ampullen werden den Packungen kleine dreikantige Feilen oder flache, sägenartige oder messerartige Glasschneider beigefügt (Abb. 344), mit deren Hilfe der Ampullenhals direkt über dem weiteren Teil angeritzt und dann abgebrochen wird. Angeritzte Ampullen werden niemals abgepackt!

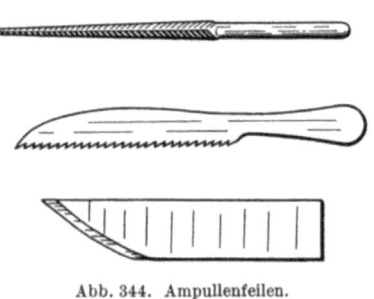

Abb. 344. Ampullenfeilen.

Die Schachteln werden sodann etikettiert und mit Pergamin oder Cellophan eingewickelt. In jede Schachtel wird ein Kontrollschein mit Fabrikationsnummer und Unterschrift des Prüfers gelegt.

G. Gelatinekapseln.

Diese werden in Pappschachteln oder in kleinen Blechdosen verpackt. Die harten Gelatinekapseln oder Perlen werden einfach nebeneinander gelagert. Die weichen oder elastischen Kapseln, besonders die größeren, werden in mit getrennte Kammern versehenen Schachteln gepackt, um das Aneinanderkleben zu verhindern.

Die vollen Schachteln werden etikettiert und eingewickelt.

Sachverzeichnis.

Abfüllen von Flüssigkeiten 329.
— von Pulver 314, 316.
— von Salben 187.
Abfüllmaschinen für hochviscose Flüssigkeiten 331.
Abfüllwaage für Kräuter 320.
Abgratvorrichtung 55.
Ablaufgeschwindigkeit des Perkolats 134.
Abpacken von Pulver 314.
— von Ampullen 337.
Abschließen von Tuben 190.
Abschneiden der Ampullen 275.
Abwischvorrichtung für Tablettenstempel 55.
Acetanilid-Tabletten 67.
Acetanilid-Antipyrin-Phenacetin-Tabletten 73.
Acetylcellulose 249.
— -kapseln 324, 335.
Acetylsalicylsäure-Tabletten 68.
Acidum stearinicum 178.
Adeps benzoatus 178.
Adeps lanae 150, 174, 179.
— — anhydricus 179.
— — hydrosum 141.
— suillus 178.
Adrenalin-Injektion 283, 306.
Adsorptionsschicht 143.
Äther 280.
— -wasser 283.
Äthylcellulose 249.
Äthylmorphin-Injektion 303.
Agar 45, 152, 174, 177.
Alapurin 150.
Alaunbad-Tabletten 68.
Albumin 151.
Alfa-De Laval-Separator 125.
— — -Zentrifugalemulsor 161.
Alkalicaseinate 151.
Alkaliseifen 174, 177.
Alkohol 83, 283.
Aloekügelchen 268.
Aloepillen 109.
Alpine-Mühlen 13, 14, 15.
Aluminium 249, 267.
— -folie 323, 326, 327, 337.
— -hydroxyd 153, 172, 177.
— -oleat 174.
— -seifen 148, 174.
— -Tuben 193.
— -Überzüge 267.
Ameisensäure-Injektion 284.
Amidopyrin-Tabletten 73.
— -Phenacetin-Chinin-Coffein-Tabletten 73.
Amine 149.

p-Aminobenzoyldiäthylaminoäthanolhydrochlorid-Injektion 305.
Ammoniak-Gummi 201.
— -Kampfer-Liniment 141.
— -Liniment 141, 169.
Ampullen, Abpacken 337.
—, Abschneiden 275.
— -bedruckmaschine 337.
— -betrieb 299.
—, Einzelfüllung 284, 289.
— -feilen 338.
— -formen 270.
— -füllapparate 285.
— -füllautomat 290, 292.
—, Füllen 284.
— -füllverfahren nach Richter und Lütt 286.
—, Füllvolumen 284.
— -glas 271.
— -größe 269.
—, Massenfüllung 285.
—, Prüfung der fertigen 299.
— -reinigung 276.
— -schneideapparate 275.
—, Selbstherstellung 271.
—, sterile 269.
— -sterilisation 277, 293.
— -wasser 277, 279.
—, Zuschmelzen 292.
Amylum 179.
— compositum 45.
Anilin 149.
Antimon-Ipecacuanha-Tabletten 70.
Antipyrin-Tabletten 68.
— -Acetanilid-Phenacetin-Tabletten 73.
— -Coffein-Citrat-Tabletten 68.
Antiseptische Mittel 283.
Antrieb der Dragierkessel 251.
Apomorphin-Injektion 301.
Aqua bisdestillata 277.
Aquae 112.
Argochrom 284.
Aromatische Carbonsäuren 148.
Arsacetin-Pillen 109.
Arsenpillen 109.
Asbestfilter 116.
Aseptische Herstellung von Ampullen 282, 293.
Asiatische Pillen 109.
Astra-Homogenisiermaschine 160.
Atmos-Ampullenfüllapparat 286.
Atropin-Injektion 302.
Autoklav 297.
Axungia pedum tauri 178.

Backenvorbrecher 5.
Badetabletten 68.
Bakteriendichte Filter 281.
Bakterienextrakte, Sterilisation 283.
Balsamhüllen 260, 261.
Bancroftsche Faustregel 145, 147.
Bayer-Verfahren zur Lösungsmittelrückgewinnung 231.
Benzoeharz 249.
Benzoe-Streupulver 26.
Benzylalkohol 146.
Benzylanilin 149.
Benzylcellulose 249.
Berkefeld-Filter 281.
Bestäubungsvorrichtung für Tablettenmaschinen 55, 60.
Bewegung der Kerne im Dragierkessel 253.
Bienenwachs 178.
Bindemittel für Tabletten, 38, 41.
Bismutsalbe 193.
Bissen 79.
Blancard-Pillen 110.
Blattsilber 267.
Blaud-Pillen 109.
— -Tabletten 68.
Blechbüchsen 314.
Bleche, gelochte 23.
Bleipflaster 203.
Bleiseifen 148, 174.
Bleiweißsalbe 193.
Boli 79.
Bolus 87.
Bonbonmaschinen 244, 246.
Bonbons 244.
Bor-Menthol-Salbe 194.
Bornkessel-Ampullenfüllautomat 290, 292.
Borsäure 42, 45.
Borsalbe 194.
Brausende Salze 27, 28.
Brikette 34.
Briketteinhüllmaschine 327.
Brikettieren 28.
Brikettpreßmaschinen 56.
Brolonkapseln 324, 335.
Bromoform-Emulsion 168.
Bromsalz, brausendes 28.
— -Tabletten 68.
Bruchpflaster 302.
Brüdenkompressionsverdampfer 219, 229.
Brüdenleitung 215, 217.
Bürstvorrichtung für Tablettenmaschinen 55.
Butylamin 149.
Butyrum Cacao 178.

Cachous 268.
Calciumbromid-Harnstoff-Injektion 302.
Calciumcarbonat 87, 249.
Calciumchlorid-Injektion 302.
— -Harnstoff-Injektion 302.
— -Hexamethylentetramin-Injektion 302.
Calciumlactat-Tabletten 69.
Calciumoleat 175.
Calciumpalmitat 175.
Calciumseifen 148, 174.
Carbamid 40.

Carragheen 45, 152.
Cascara sagrada-Tabletten 69.
Casein 85, 151, 174, 177, 180.
— -Ammonium 151.
— -Calcium 151.
— -Firnisse 180.
— -Natrium 151.
Cellophan 316, 327, 336, 338.
Cellulosefilter 116.
Cellulosehüllen 249, 260.
Cenomasse 84.
Cera 178.
Cerata 199.
Ceresin 179.
Cerylalkohol 146, 150, 174.
Cetaceum 178.
Cetylalkohol 146, 174, 175, 176, 207, 208.
Chabin 267.
Chamberland-Filter 281.
Chemische Sterilisation 283, 297.
Chinin-Amidopyrin-Coffein-Phenacetin-Tabletten 73.
— -Harnstoff-Injektion 302.
— -Tabletten 69.
Chloralhydrat-Injektion 284.
Chloramin 283.
Chloroformwasser 283.
Cholsäure 149.
Cholesterin 150, 174, 175, 207, 208.
Citopress-Tablettenmaschine 51.
Coagulen-Injektion 284.
Cocain-Injektion 284, 302.
Codein-Injektion 284.
— -Tabletten 69.
Coffein-Amidopyrin-Chinin-Phenacetin-Tabletten 73.
— -Natriumbenzoat-Injektion 302.
— -Natriumsalicylat-Injektion 302.
Coldcream 194.
Collemplastra 199, 204.
Collemplastrum adhaesivum 205.
Coltonsche Exzentertablettenmaschinen 46, 48, 53.
— Gelatinekapselpresse 313.
— Rotationstablettenmaschine 54, 57.
Coltonscher Apparat für Gelatinehüllen 260.
— Gelatinekapselfüllautomat 311.
Cotarnin-Gelatine-Injektion 303.
— -Injektion 284, 303.
— -Tabletten 69.
Cremes 170.
Cyclohexanol 146.

Dampfkochkessel 181, 241, 257.
Dampfverbrauch für Trockenschränke 222.
— für Trockentrommel 224.
— für Verdampfer 216.
Daumenvorbrecher 6.
Decocta 112.
Decksalben 172.
Dekantieren 114, 123.
Dephlegmator 129.
Desaggregator 11.
Desinfektionsmittelbehälter 300.
Desintegrator 12, 13, 15.

Desoxycholsäure 149.
Destillierapparate 128.
— für Ampullenwasser 278.
Destilliertes Wasser 128, 277.
Dextrin 84, 140, 152, 249.
Diacetylmorphin-Injektion 284.
Diachylon-Pflaster 203.
— -Streupulver 26.
Diäthylbarbitursäure-Tabletten 70.
— -Brom-Codein-Tabletten 69.
Diäthylbromacetylcarbamid-Tabletten 69.
Dickextrakte 131, 132.
Digitalisglykoside, Thermolabilität 134.
Digitaliskaltwasserextrakt-Injektion 284.
Digitoxin-Injektion 284, 303.
Dionin-Injektion 303.
Dismembrator 12, 15.
Docken für Gelatinekapseln 308.
Doppelpresser-Tablettenmaschinen 54.
Dosenfüllmaschinen 332.
Dosierungseinstellung beim Tablettieren 36, 37, 48, 49, 51, 55, 63.
Dosierungsgenauigkeit der Tablettenmaschinen 36, 38, 46, 66.
Dover-Pulver 26.
— -Tabletten 70.
Drageeform 252.
Drageehüllen, Beschaffenheit 248.
Dragees, Abpacken 323.
—, farbige 265.
—, Herstellung 250.
Dragieranlage 256.
Dragieren 247.
Dragierkessel 16, 251, 253.
—, amerikanische 253.
—, Drehrichtung 252.
—, Durchmesser 251.
—, Füllung 252.
—, heizbare 254.
—, Kraftverbrauch 251.
—, Tourenzahl 251.
Dragiervorgang 253.
Drahtsiebe 21.
Dreiwalzenmühle, 11.
—, Coltonsche 44.
Dreiwalzenwerk 11, 182, 184, 186.
Drogen, Vermahlen 5, 9, 15.
Drogenschneidemaschine 5, 6.
Drogextraktion 133.
Druck beim Tablettieren 52.
Druckeinstellung bei Tablettenmaschinen 47, 54, 55, 63.
Druckentfaltung beim Tablettieren 39.
Druckextraktion 138.
Druckluftanlagen 274.
Druckluft für Dragieranlagen 255.
Drucknutsche 115.
Drucksterilisation 296.
Druckzertrümmerung 11.
Dühringsche Hochleistungs-Tablettenmaschine 50.
Dührings-Patent-Tablettenmaschinen 49.
Düsenzerstäubung 226.
Duplex-Mühle 14.
Durchmesser von Dragierkessel 251.

Egalisiermaschine für Zuckerstangen 245.
Eigelb 151.
Eimerzentrifuge 124.
Einhüllmaschine für Brikette 327.
Einzelfüllung von Ampullen 284, 289.
Eisencarbonat-Pillen 109.
Eisenjodid-Pillen 110.
Eisenkakodylat-Injektion 284, 305.
Eisenlactat-Pillen 110.
Eisenprotoxalat-Pillen mit Arsen 110.
— -Tabletten 70.
Eiweiß 151.
Elektrorührer 112.
Elixiria 112.
Emplastra 199, 200.
Emplastrum ad rupturas 202.
— cantharidum 202.
— diachylon 203.
— hydrargyrum 203.
— meliloti comp. 203.
— minii, camphoratum, adustum 203.
— saponatum 204.
Emulgatoren 142, 146.
Emulgiermaschinen 154, 157, 186.
Emulgierungstheorien 142.
Emulgierverfahren 154.
Emulsionen 141.
—, Herstellungsverfahren 154.
Emulsionsarten 142.
Emulsionsbildung, spontane 145.
Emulsionsstabilisierende Wirkung 145.
Emulsionsstabilität 143.
Emulsionstheorien 142.
Emulsionstrocknung 230.
Enesol-Injektion 284.
Englerscher Gießapparat für Suppositorien 211.
Englersche Tablettenmaschine 49.
Englische Emulgiermethode 154.
Entkeimung von Injektionsflüssigkeiten 282.
Etikettieren 322.
Etikettier- und Einschachtelmaschine für Röhrchen 328.
— maschinen 322, 327.
Eucasin 151.
Eucerit 150, 175.
Eulanin 150.
Excelsior-Scheibenmühlen 8, 9, 11.
Expreßauflöser 112.
Extracta 112.
Extrakte 131.
Extraktion 132.
Extraktionsanlagen, automatische 135.
Extraktionsapparate 133.
Extraktionsmittel 131, 134.
Extractum liquiritiae 84.
Extraktverdampfung 138.
Exzenter 47.
— kopf der Tablettenmaschinen 48.
— -Tablettenmaschinen 46, 47.
— welle der Tablettenmaschinen 48.

Fadenzahl der Siebe 21.
Fallwasser 217.
Faltschachtelmaschine 317.

Ferma-Siebe 21.
Festigkeit der Tabletten 34, 38.
Fetron 149.
Fettfreie Salben 171, 177.
Fettresorption durch die Haut 172, 177.
Fettsalben mit einer flüssigen Phase 170, 171, 180.
— mit zwei flüssigen Phasen 170, 172, 186.
—, wasserhaltige 172.
Fettsuppositorien 207, 208.
Feuchtes Granulieren 41.
— Vermahlen 5, 11.
Fichtennadelbad-Tabletten 68.
Filter, bakteriendichte 281.
— kerzen 281.
— pressen 116.
— steine 115.
— zellen 116.
Filtrieren 114, 280, 281.
Filtrierzentrifuge 124.
Fiolaxglas 271.
Flachbeutel- (Sachets-) Füll- und Schließmaschine 321.
Flachschneidemaschine für Pillen 101.
Flaschenfüllmaschine für Höhenfüllung 330.
— für Maßfüllung 331.
Flaschenverschlüsse 332.
Fluidextrakte 131.
Flüssigkeiten, Abfüllen 329.
Fondants 241.
Fondanttabliermaschine 242.
Form der Dragees 256.
Formaldehyd-Gelatine 45.
Formalin 283.
— -Pastillen 32.
— -Salbe 194.
— -Streupulver 26.
Formsiebe 24.
Fraktionierte Sterilisation 296, 298.
Frankesche Rollmaschine 100, 103, 245.
Frostsalbe 195.
Fuchsscher Trockenapparat 231.
Füllen von Ampullen 284.
— von Tuben 188.
Füllgeschwindigkeit der Tablettenmaschinen 46, 53, 54.
Füllschuh der Tablettenmaschinen 36, 37, 45, 46.
Füllstoffe für Drageehüllen 250, 258.
Fülltrichter der Tablettenmaschinen, 36, 37, 45, 46.
—, beweglicher 45.
—, Bewegungszustand 37.
—, stillstehender 46.
Füllvolumen der Ampullen 284.
— der Tablettenmaschinen, Einstellung 36, 47, 48, 49, 51, 55, 63.

Gaede-Straubscher Trockenapparat 230.
Galbanum 201.
Gallandsches Trocknungsverfahren 226.
Gallensäuren 149.
Gasbrenner 272, 293.
Gasflammenarten 274.
Gaskompressor 274.

Gee-Zentrifuge 124.
Gegenstromextraktion 130.
Gegenstrom-Lufttrockner 234, 235.
— -Mischkondensator 217.
Gehlberger Glas (Thüringen) 271.
Gelatine 41, 45, 85, 151, 174, 177, 179, 249.
— -Calciumchlorid-Injektion 303.
— -Deckkapsel 307.
— -Hüllen, Herstellung 259.
— -Injektion 303.
— kapsel-Füllapparate 310.
— — -Füllautomat, Coltonscher 311.
Gelatinekapseln 307.
—, Abpacken 338.
—, gehärtete 307, 313.
—, Herstellung 308.
—, -Presse 313.
—, Preßverfahren 312.
—, Tauchverfahren 307.
—, Verschließen 311.
Gelatinelösung für Kapseln 308.
Gelatineperlen 307.
Gelatinesuppositorien 211.
— kapsel 307.
Gelochte Bleche 23.
Gelonida 45.
Geschmackverbessernde Substanzen für Pillenmassen 82, 88.
Getreidevermahlen 10.
Gewicht der Drageehüllen 256.
Gießformen für Cerate 200.
— für Pflaster 201.
— für Suppositorien 210.
Gießmaschine für Pflaster 202.
Glänzen von Dragees 250, 256, 266.
Glanzpaste für Dragees 262, 264, 265.
Glasbläserwerkstatt für Ampullen 272.
Glasfläschchen mit Metallverschlußkapseln 314.
Glasflaschen 314, 329.
Glaskugel zum Versilbern 251, 253.
Glasröhrchen 314, 323.
Gleichstrom-Lufttrockner 234.
Gleitfähigkeit der Pillenmassen 82.
— der Tablettenmasse 36.
Gleitmittel für Tablettenmassen 38, 39, 41.
Gliadin 152.
Glucose 84, 249.
— -Injektion 303.
Glycerin 83, 147, 174, 177, 180, 280, 283.
— creme 194.
— -Suppositorien 212.
Glykocholsäure 149.
Granula 27, 79, 108.
Granulata 27.
Granulieren 37, 38, 40, 41, 43.
—, feuchtes 41.
—, trockenes 43.
Granuliermaschinen 43.
Granuliersiebe 42.
Grenzflächenspannungs-Erniedrigung 142.
Großleistungszentrifuge 122.
Großsterilisationsanlage 298.
Guajacolkakodylat-Injektion 284.

Gummi arabicum 41, 84, 140, 152, 174, 177, 249.
— harze 200.
— pulver 26.
Guarana-Tabletten 70.

Hämorrhoiden-Suppositorien 212.
Händedesinfektion 303.
Hängezentrifugen 121.
Halbrundlöcher für Siebe 23.
Halbweiche Schokoladendragees 266.
Hamamelis-Salbe 195.
Hammeltalg 178.
Hammermühle 11.
Handgranulierung 43.
Harte Gelatinekapseln 307.
— Schokoladendragees 266.
— Zuckerdragees 260, 262.
Harzhüllen 249, 260, 261.
Harzlösungen 113.
Harzseifen 148.
Hauboldsche Großleistungszentrifuge 122.
Heberperkolator 129, 130.
Hefenextrakt für Pillenmassen 84.
Heinzelmännchen-Rotations-Tablettenmaschine 56.
Heißluftsterilisator 294.
Heißwassermaceration 134.
Heizboden 215.
Heizdampf für Verdampfer 215.
Heiflächengröße 216.
Heizkörper für Verdampfer 215.
Heizmantel 215.
Heizplattentemperatur 222.
Heizrohre 215.
Heizschlange 215.
Henning & Martinsche Tablettenmaschine 50, 52.
Heroin-Injektion 284.
Hexahydrobenzoesäure 148.
Hexamethylentetramin 149.
— -Injektion 284, 304.
— -Tabletten 70.
— -Methylenblau-Tabletten 70.
— -Triborat-Tabletten 70.
Hochdruckpräzisionsgebläse 274.
Hochdrucksterilisator 297.
Hochdruckventilator 274.
Hochvakuumpumpe 220.
Hochviscose Flüssigkeiten, Abfüllmaschinen 331.
Holocain-Injektion 284.
Holzteeremulsionen 166.
Homogenisierkopf 160.
Homogenisiermaschinen 159, 187.
Homogenisierung 155.
Honig 83.
Honigbonbons 246.
Hormontrockenpräparate 230.
Hurrell-Homogenisiermaschine 162.
Hydrastin-Injektion 284.
Hydraulische Tablettenmaschine 61.
Hydrocellulose 45.
Hydrocithin 150.
Hydrophile Molekülgruppen 143.

Hydrophobe Molekülgruppen 143.
Hydrotropie 146.
Hypochlorite 283.
Hypophysis-Thymus-Tabletten 73.
Ichthyol-Suppositorien 212.
— -Vaginalkugeln 212.
Ideal-Perplex-Mühle 14.
Ilmenauer Resistenzglas 271.
Infusa 112.
Injektionsflüssigkeiten, Herstellung 277, 280.
Injektionstabletten 40, 65.
Invex Drahtgewebe 21.
Ionen-Mizellen 147.
Ipecacuanha-Antimon-Tabletten 70.
— -Opium-Tabletten 70.
Isocholesterin 150.
Isotonisierung 284.
Iwe-Ampullenzuschmelz-Automat 292.

Jenaer Normalglas 271.
Jodeisen-Pillen 89.
Jodkali-Pillen 89, 110.
— -Salbe 195.
— -Tabletten 71.
Jod-Lecithin-Tabletten 71.
Jodoform-Injektion 284.

Kakao 249.
— butter 42, 44, 87, 178, 207.
— butterhüllen 248, 249.
— butter-Suppositorien 207.
Kaliumjodid-Pillen 89, 110.
— -Salbe 195.
— -Tabletten 71.
Kaliumpermanganat-Tabletten 71.
Kaliumseifen 148.
Kaliumsulfoguajacolat-Tabletten 71.
Kalk-Liniment 141.
Kalomel-Injektion 306.
Kaltgerührte Salben 172.
Kammerfilterpressen 116, 118.
Kampfer 283.
Kampferemulsion 168.
Kampfer-Injektion 304.
— -Liniment 169.
— -Salbe 195.
Kandieren 243.
Kanthariden-Pflaster 202.
Kaolin 87.
Kapselgebläse 274.
Kapselmaschinen 336.
Karamel 246.
Karlsbader Tabletten 71.
Kartonmaschine 317.
Kartons 314.
Kautschukheftpflaster 205.
Kautschukpflaster 199, 204.
Keiltheorie der Emulsionsbildung 143.
Kellersche Malzsuppe 236.
Keratinhüllen, 249 260, 261.
Keselingscher Ampullenfüllapparat 289.
Kieselsäure 87, 153.
—, kolloide 172, 177.
Kiliansche Doppelpresser-Tablettenmaschine 54.

Kiliansche Kniehebel-Rollentablettenpresse 46, 47, 52, 55.
Kindermehl 237.
Kissinger Tabletten 71.
Kitasato-Filter 281.
Klärüberlaufzentrifuge 126.
Klärzentrifuge 118, 122, 126.
Klebefähigkeit der Pillenmassen 79.
Klebemittel für Tabletten 38.
Knetmaschinen 41, 91, 157, 159, 182.
Kniehebel-Rollentablettenpresse, Kiliansche 46, 47, 52, 55.
Kochgrade für Zucker 240.
Kochsalz 40.
— -Injektion 304.
Koellnerscher Ampullenfüllapparat 285.
Kolagranulat 27, 28.
Kollergänge 8.
Kollodium 113, 115.
Kolloidmühlen 18, 19, 20, 162.
Kolophonium 148.
Kondensator 215, 217.
Kondenstopf 215.
Kondenswasser 215.
Konsistenz der Pillenmassen 82.
Kontakttrockner 220, 233.
Kontinentale Emulgiermethode 154, 164.
Kontinuierliche Kugelmühle 16, 17.
Konusmühle 7.
Korke 314, 332.
Korkmaschinen 333.
Korngröße des Tablettengranulats 36, 37, 38.
Körner 27.
Kräuterabfüllwaage 320.
Kraftverbrauch der Dragierkessel 251.
— der Tablettenmaschinen 56, 57, 58.
— der Trockenschränke 222.
Krause-Trocknungsanlage 227.
— -Trocknungsverfahren 140, 225, 226.
Kreosot-Pillen 88, 111.
m-Kresol 283, 297.
Kresolemulsionen 166.
Krümmungsradius der Emulsionsteilchen 144.
Kügelchen 27, 28, 79, 108.
Kühlsalben 172, 195.
Kühlwasser 217.
Kugelaushebevorrichtung für Tablettenmaschinen 55.
Kugelmühlen 15.
Kugelverdampfer 216, 217.

Lager der Zentrifugen 119.
Lamellensiebe 14.
Langlöcher für Siebe 23.
Lanolin 87, 150, 173, 176, 179.
— creme 195.
— -Streupulver 25.
— -Wachspaste 195.
Larosan 151.
Lassarpaste 196.
Lauftrommel der Zentrifugen 119.
Lebertranemulsionen 151, 152, 167.
Lecithin 149, 174, 175.
— -Injektion 304.
— -Pillen mit Jod 111.

Lecithin-Tabletten 71.
— — mit Jod 71.
Leinsamenschleim 152.
Leistung der Krause-Trockner 228.
— der Pillenschneidemaschinen 102.
— der Tablettenmaschinen 46, 53, 54, 56, 57, 58.
— der Vakuumtrockentrommel 224, 225.
Limonaden-Tabletten 45.
Linimente 141, 148, 169.
Linimentum Ammoniatum 141.
— — Camphoratum 141.
— Calcariae 141.
Lipoide 149.
Lippenstifte 200.
Liquores 112.
Lithiumseife der Naphthensäuren 148.
Lochbleche zum Sortieren von Dragees 258.
Lockesche Lösung 284, 305.
Lösungen 112.
Lösungsmittelrückgewinnung 128, 131, 132, 135, 220, 231.
Luftkompressor 274.
Lufttrockenschrank 233.
Lufttrockner 220, 225, 233.
Luminal-Natrium-Injektion 304.
Lycopodium 42.
Lyophil-kolloide Salben 171, 177.
Lysalbin 151.

Maceration 127, 134.
Magermilch 151.
— -pulver 151.
Magnesiumcarbonat 87, 249.
Magnesiumcitrat, brausendes 28.
Magnesiumcitricum effervescens 28.
Magnesiumhydroxyd 153, 172, 177.
Magnesiumoleat 135, 144.
Magnesiumoxyd 87, 140, 240.
Magnesiumpalmitat 135.
Magnesiumseifen 148, 174.
Magnesiumsuperoxyd-Tabletten 45.
Mahlfeinheit 5, 8, 12, 15.
Mahlgänge 7.
Mahlkörbe 12,
Mahlringe 8, 164.
Mahlscheiben 8, 164.
Mahlsteine 7.
Mallein 283.
Malzbonbons 246.
Malzextrakte 83, 152, 235.
— mit Chinin 236.
— — und Eisen 236.
— mit Eisen 236.
— — und Mangan 236.
— mit Glycerophosphate 236.
— mit Guajacolcarbonat 236.
— mit Hämoglobin 236.
— mit Jodeisen 236.
Malzmilch 238.
Malzsuppe, Kellersche 236.
Mandelöl 178.
Marienbader Tabletten 71.
Maschenweite 21.
Maschinengranulierung 43.

Massenfüllung von Ampullen 285.
Mastix 249.
Matrize 35, 45, 46, 47.
—, bewegliche 46.
—, stillstehende 45.
Matrizenvolumen bei Tablettenmaschinen 36, 47, 48, 49, 51, 55, 63.
Mattevi-Ampullenfüllapparat 285.
Medikamentöse Schokoladen 247.
— Zucker 239.
Mehl 86, 249.
Mehrfacheffekt beim Verdampfen 218.
Mehrfache Tablettenstempel 48, 58, 63.
Meliloten-Pflaster 203.
Meister-Trufoodsches Trockenverfahren 226.
Mentholdrageekerne 72.
— mit Anästhesin 72.
— mit Eucalyptus 72.
Mentholdragees 262.
Menthol-Salbe 196.
Merell-Soule-Trocknungsverfahren 226.
Metacholesterin 150, 174, 175.
Metallkapseln 335.
Metallröhrchen 223.
Metallüberzüge 249, 267.
Metallzwicken zum Abschließen von Tuben 191.
Mikulic-Salbe 197.
Milcheiweiß-Nährpräparat 238.
Milchzucker 40, 140.
Miniumpflaster 203.
Mischgeschwindigkeit der Emulgierapparate 154.
Mischkondensation 217.
Misch-, Sieb- und Sichtmaschine 25.
Mischtrommel 24.
Mixturae 112.
Molekülorientierung 143.
Monomethylarsinsaure Natrium-Injektion 305.
Morphin-Injektion 304.
— -Suppositorien 212.
— -Tabletten 72.
Mucilagines 112.
Mutterkornextrakt-Injektion 284.
Myricylalkohol 146, 174.

Nährmittel 213.
— aus Malzextrakt, Kakao und Milch 237.
Nährzucker, Soxhlet 237.
— und Hefe 238.
Naphthensäuren 148.
β-Naphthol 146.
β-Naphtholsalbe 196.
β-Naphthol-Tabletten 72.
Naphthylamin 149.
Naßluftpumpe 217.
Natriumbicarbonat-Tabletten 72.
Natriumchlorid 40.
— -Injektion 304.
Natrium-Cinnamat-Injektion 305.
— jodid-Injektion 304.
— kakodylat-Injektion 284, 305.
— monomethylarsinat-Injektion 305.
— oleat 143, 148.

Natriumphenolat 146.
— salicylat-Tabletten 72.
— seifen 148.
— stearat 174.
Nitrocellulose 249.
—, Entwässerung 114.
— -Lösungen 113.
— -Tauchlacke 333.
Nonpareille 258, 263.
Novocain-Injektion 365.
Nucleinsaure Natrium-Injektion 305.
Nutrose 151.
Nutsche 114, 115.

Obenentleerungszentrifuge 120, 121.
Oberflächenkondensation 207, 220.
Oberstempel bei Tablettenmaschinen 47.
Öle für Injektionen 279.
Ölemulsion 141.
Öl in Wasseremulsionen 142, 143, 146, 148, 149, 154, 172, 173, 277.
Oleate 143, 144, 148.
Oleum amygddalorum 138.
— persicarum 138.
— sesami 178.
— vaseline flavum 179.
Olivenöl 280.
Opiumextrakt-Injektion 284.
Opium-Ipecacuanha-Tabletten 72.
— -Suppositorien 213.
— -Tabletten 72.
Organextrakte 138.
Organtherapeutisches Nährpräparat 239.
Ostwaldsche Auswaschregel 114, 133.
Oxycholesterin 150, 173, 174, 175, 207.
Ozokerit 179.

Packform für Suppositorien 337.
Palmitate 148.
Pantopon-Injektion 284.
Pappschachteln 314.
Paraffin 42, 179, 207.
Paraffinöl 42, 179.
— für Injektionen 279.
— -Emulsionen 176.
Paraffinum durum 179.
— liquidum 179.
— molle 179.
— solidum 179.
Paraformaldehyd-Tabletten 73.
Parallelstrom-Mischkondensator 217.
Pasten 141, 170.
Pastillen 28.
—, Abpacken 323.
— stechform 30.
— stechmaschine 31.
Pearson-Injektion 306.
Pektine 152.
Pendelvorbrecher 7.
Pergamin 323, 326, 327, 336, 338.
Periodische Kugelmühlen 15.
Perkolat, Ablaufgeschwindigkeit 134.
Perkolation 127, 129, 131, 134.
Perkolator für kontinuierlichen Betrieb 137.
Perkolatorbatterie 130, 131, 135.

Perplexmühle 12, 15.
Pfefferminzölemulsion 169.
Pfefferminzpastillen 33.
Pfeffermiztabletten 73.
Pfirsichkernöl 178.
Pflanzen, Vermahlen 5, 9.
— fett 42.
— pulver, Tablettieren 39.
Pflaster 199, 200.
—, gestrichene 199, 201.
— strangpressen 201.
Phasenumkehr in Emulsionen 144.
Phenacetin-Tabletten 73.
— -Acetanilid-Antipyrin-Tabletten 73.
— — -Amidopyrin-Coffein-Chinin-Tabletten 73.
Phenol 146, 283, 297.
— emulsionen 166.
— phthalein 73.
Phenylcinchoninsäure-Tabletten 75.
Physiol 153.
Physiologische Salzlösung 284, 305.
Physostigmin-Injektion 284.
Phytosterin 150.
Pillen, 77, 258.
—, Abpacken 323.
—, Herstellung im Dragierkessel 267.
—, Trocknungsgeschwindigkeit 82.
—, Zerfallbarkeit 78, 82.
— automat, Coltonscher 98, 99, 106, 268.
— flachschneidemaschinen 101.
— form 77, 107.
— formvorrichtungen 107.
— gewicht 79.
— gläser 324.
Pillenmasse, Ankneten 90.
—, Phasenstruktur 80.
—, Eigenschaften 79.
—, Grundsubstanzen 79, 81.
—, Hilfssubstanzen 78, 79.
Pillenrollmaschine, Frankesche 100, 103, 245.
Pillenrunden 103.
Pillenrundungsanlage für Handbetrieb 104.
Pillenrundungsmaschinen 106.
Pillenrundungsscheibe 105.
Pillenschneidemaschinen 100.
—, Leistung 102.
Pillenschneiden, Störungen 103.
Pillensignierung 108.
Pillenstrang 94.
—, Zerschneiden 99.
— -Ausrollmaschine 98.
— pressen für Handbetrieb 94.
— pressen, Betriebsstörungen 96.
— — für Kraftbetrieb 96.
Pillenzählapparat 325.
Pillenzählerkapseln 324.
Pilocarpin-Injektion 284, 306.
Pilulae acidi arsenicosi 109.
— aloes et podophylli comp. 109.
— aloeticae comp. 109 268.
— arsacetini 109.
— asiaticae 109.
— Blancardi 110.
— Blaudi 109.

Pilulae ferri carbonici 109.
— ferri protoxolati cum arseno 110.
— kalii jodati 110.
— kreosoti 111.
— laxantes 109, 268.
— lecithini cum Jodo 111.
— santali 111.
Plätzchen 243.
Planetenrührwerk 181.
Plansichter 18.
Plansiebe 18.
Plastische Eigenschaften der Pillenmassen 79.
Plausonsche Kolloidmühle 18, 164.
Polare Gruppen 143.
Polieren von Tabletten-Stempel 62.
Poliertrommel für Dragees 256, 265.
Polysius-Filterzelle 116.
Porzellanfilter 280.
Präzisionssiebe 23, 24.
Preglsche Jodlösung 284.
Preßverfahren für Gelatinekapseln 312.
— zur Herstellung von Suppositorien 208.
Preßvorgang bei Exzenter-Tablettenmaschinen 47.
Profildrahtsiebe 23.
Progressiver Druck beim Tablettieren 39, 49, 55, 57.
Progressive Tablettenmaschinen 49, 52.
Protalbin 151.
Puder 5, 26.
Pukallfilter 281.
Pulver 5.
—, Abfüllen und Abpacken 314, 316.
—, Abfüll- und Dosiermaschinen 317, 319.
— feinheit 24.
— flaschen 314.
—, Vermischen 24.
Pulverisieren 5, 41.
Pulvis cort. cinnamomi 86.
— gummosum 26.
— liquiritiae comp. 27.
— rad. althaae 86.
— rad. gentianae 86.
Pyramidonsalicylat-Injektion 284.
Pyridin 149.

Quadratschneidemaschine 5, 6.
Quasiemulsion 153, 172, 186.
Quecksilberchlorid-Tabletten 75.
Quecksilberchlorür-Injektion 306.
Quecksilberemulsionen 150.
Quecksilberkautschukpflaster 205.
Quecksilberpflaster 203.
Quecksilberpräzipitatsalbe 196.
Quecksilbersalbe 177, 187, 196.
Quecksilbersalicylat-Injektion 306.
Quellbarkeit der Pillenmassen 79.
Quittenschleim 152.

Rahmenfilterpresse 117.
Reibmaschinen 43.
Reibscheiben 43.
Reibwirkung beim Mahlen 11.
Reichel-Filter 281.
Reisstärke 140.

Rektifizierkolonne 128.
Reperkolation 131, 135.
Resorbin 151.
Revolver-Tütenmaschine 317.
Rheum-Tabletten 75.
Ricinoleate 148.
Ricinusölemulsion 151, 167.
Riffelwalze 10, 11.
Rinderklauenfett 178.
Rindertalg 178.
Ringersche Lösung 284, 305.
Röhrenheizkörper 216.
—, Verdampfer 218.
Rohrbeckscher Ampullenfüllapparat 286.
Rollmaschine, Frankesche 100, 103, 245.
Roßhaarsiebe 21, 42.
Rotationstablettenmaschine 46, 54.
—, Preßvorgang 55.
Rotationszerstäubung 226.
Rotierende Pulverabfüllmaschinen, Jagenbergsche 319.
Rotulae 243.
Rotzbazillenextrakt 283.
Rückdestillation 128, 131.
Rückgewinnung von Lösungsmitteln 128, 131, 132, 135, 220, 231.
Rundlauf-Flaschenfüllmaschinen für Höhenfüllung 330.
— — für Maßfüllung 331.
Rundlöcher für Siebe 23.

Saccharin-Tabletten 76.
Saccharose 84.
Säureamide 149.
Sal bromatum effervescenz 28.
Salben 141, 148, 150, 151, 169.
—, Abfüllen 187, 337.
—, fettfreie 171, 177.
—, grundlagen 170.
—, Herstellung 180.
—, kaltgerührte 172.
— mühlen 8, 182, 183.
— reibmaschine für Quecksilbersalben 187.
— rohstoffe 177.
—, Wassergehalt 175.
Salicylsäure-Kautschukpflaster 265.
Salicylstreupulver 27.
Salmiak-Täfelchen 29, 33.
Salol-Tabletten 76.
— -Emulsion 168.
Samenemulsionen 141.
Sandarak 249.
Santalpillen 111.
Santonin-Tabletten 76.
Saponine 152.
Schachteleinwickelmaschine 328.
Schälzentrifugen 118, 122, 124.
Schaumdämpfvorrichtungen für Verdampfer 140.
Scheibenhomogenisiermaschine 18.
— mühlen 8, 9, 11.
Scherwirkung beim Vermahlen 5, 8, 10, 11.
Schlagkreuzmühlen 14.
Schlagnasen bei Mühlen 13, 14.
Schlagstifte bei Mühlen 12, 13.

Schlagwirkung beim Vermahlen 11, 12.
Schleuder-Mischemulgiermaschine 159.
— zentrifuge 118.
Schlitzlöcher für Siebe 23.
Schmelzhüllen 248.
Schmelzapparatur 180.
Schneidemaschine für Täfelchen 31.
Schnellumlaufverdampfer mit außenliegendem Röhrenheizkörper 216, 218.
Schöpfgefäß zur Entleerung des Dragierkessels 259.
Schokoladendragees, halbweiche 266.
—, harte 266.
—, weiche 265.
Schräge Kugelmühle 16.
Schrödersche Homogenisiermaschine 161.
Schrumpfkapsel 323, 335.
Schwefelsalbe 197.
Schwefelzinksalbe 197.
Schweineschmalz 178.
Scopolamin-Injektion 284, 306.
— -Morphin-Injektion 306.
— -Morphin-Dionin-Injektion 306.
Sebum bovinum 178.
— ovile 178.
Sechskantsichter 13, 21.
Sechswalzenmühle 12.
Seidenbonbons 246.
Seidlitzpulver 26.
Seife 85, 147.
Seifen, Löslichkeit 147.
— cremes, überfettete 174.
— -lösungen, Beschaffenheit 142.
Seifenpflaster 204.
— mit Salicylsäure 204.
Seifensuppositorien 211.
Senega-Tabletten 76.
— -Malzschokoladen-Tabletten 76.
Separator 123, 125.
Sesamöl 178.
Shampoon 5, 27.
Sharples Superzentrifuge 124.
Siccatom-Zerstäubungstrockner 140, 229, 231.
Sichtmaschinen 19.
Siebe 21.
Sieben gesundheitsschädlicher Stoffe 26.
Siebfeinheit 21.
Siebkollergang 10, 11.
Sieblochung 23.
Sieblose Schleuder 123.
Siebnormen 23.
Siebnummer 21.
Siebwerke 13, 18.
Siebzentrifugen 118.
Silber 249.
Silbernitratsalbe 197.
Silbersalbe 197.
Silberschmidtsche Filterkerze 281.
Silberüberzüge 267.
Silicagelverfahren zur Lösungsmittelrückgewinnung 231.
Simplex-Ampullenfüllapparat 290, 311.
— -Citopreß-Tablettenmaschine 51.
— mühle 14.

Simplex-Perplexmühle 13.
Sinterglasfilter 280, 281.
Sirupi 112.
Solutiones 112.
Solvatation 143.
Sonnenbrandsalbe 197.
Soxhlets Nährzucker 237.
Spaltsiebe 23.
Spitzwegerichbonbons 246.
Spontane Emulsionsbildung 145.
Sprengmittel für Tabletten 39, 45.
Stabilität der Emulsionen 143.
Stärke 40, 42, 45, 86, 152, 179, 249.
—, Trockentemperatur 45.
— kleister 41, 177, 179.
— komposition 45.
Staniol 327, 337.
— kapseln 335.
Starrer Druck beim Tablettenpressen 39.
Staubfilter 15.
Stauffsches Trocknungsverfahren 226.
Stearate 148.
Stearin 178.
— creme 198.
— -säure 42, 178.
— säureanilid 149.
Stechform für Pastillen 30.
Stechmaschine für Pastillen 31.
Steinkohlenteerölemulsion 165.
Stempel 47, 48, 58, 61, 63.
— anordnung bei Rotations-Tablettenmaschinen 55, 57.
— bewegung bei Tablettenmaschinen 35, 37.
— bruch bei Tablettenmaschinen 63.
— formen 62.
—, mehrfache 48, 58, 63.
— schaft 47.
— zahl der Rotations-Tablettenmaschinen
56, 57, 58.
—, Zwangsführung 58.
Sterilisation 293.
—, chemische 283, 297.
— durch feuchte Hitze 296.
— durch trockene Hitze 294.
—, fraktionierte 296, 298.
— in kochendem Wasser 296.
— in strömendem Dampf 296.
— mit gespanntem Dampf 296.
Sterilisator 297.
Sterine 150.
Stiftmühle 13.
Stockessche Exzenter-Tablettenmaschinen
46, 48, 53.
— Rotations-Tablettenmaschinen 54, 58.
Streckmittel für Tabletten 40.
— für Trockenextrakte 140.
Streupulver 26.
Strophantin-Injektion 284, 306.
Strychninnitrat-Injektion 306.
Stufendruck beim Tablettieren 39, 57.
Stuhlzäpfchen 205.
Sublimat 283.
— -Tabletten 75.
— -Zylinder 65.
Süßholzpulver 86, 140.

Süßholzpulver, zusammengesetzt 27.
Sulfooxyfettsäuren 148.
Sulfosäuren 148.
Superzentrifuge 124.
Suppositorien 205.
—, Abpacken 337.
— -formen 205.
—, Gießformen 210.
—, -kapseln 307.
—, Masse und Gewichte 206.
— -herstellung nach dem Gießverfahren 208.
— -herstellung nach dem Preßverfahren 208.
—, Packform 337.
— -pressen 209.
—, wasserlösliche 211.
Suprarenin Injektion 306.

Tablettae friabiles Bernegau 65.
Tabletten 33.
—, Abpacken 323.
— -Abfüllvorrichtung 60.
— -Abzähl- und Einwickelmaschine 326.
—, Dosierungsgenauigkeit 36, 38, 66.
— fehler 64.
— formen 34.
— größe 34.
— handpressen 35.
Tabletten, mechanische Festigkeit 34, 38.
Tabletten, Zerfallgeschwindigkeit 34.
Tablettenmaschine, Englersche 49.
Tablettenmaschinen 45, 51.
—, Antrieb 48.
—, Anwendbarkeit 60.
—, Arbeitsprinzip 35.
—, automatische 36.
—, Füllgeschwindigkeit 46.
—, hydraulische 61.
—, Kraftverbrauch 53, 54.
—, Leistung 46.
Tablettenmasse, Beschaffenheit 39.
—, Gleitfähigkeit 37.
—, Korngröße 36, 38.
—, Vorbereitung 40.
Tablettenstempel 35, 47, 61.
—, Zwangsführung 55.
Tablettenzählapparate 325.
— vorrichtung für Tablettenmaschinen 60.
Täfelchen 28.
— schneidemaschine 31.
Talg 178.
Talkum 42, 44, 87, 249.
Tannin 76.
— -albuminat-Tabletten 76.
Tauchformen für Gelatinekapseln 308.
Tauchgefäße für Gelatinekapseln 309.
Tauchlacke 333.
Tauchverfahren zur Herstellung von Gela-
tinekapseln 307.
Teerölemulsionen 165.
Teigausrollmaschinen für Täfelchen 29.
Teilchengröße in Emulsionen 144.
Tellescher Ampullenfüllapparat 289, 310.
Terpentinemulsion 169.
Terpentin-Injektion 306.
Terra silicea 87.

Tetrahydronaphthalin-Carbonsäure 148.
Theobromin-Natriumsalicylat-Tabletten 76.
Thermolabile Stoffe, Trocknen 140.
Thermophile Bakterien 297.
Thixotropie 177.
Tincturae 112.
Tinkturen 83, 127.
Tolubalsam 249.
Tonfilter 280.
Tourenzahl der Dragierkessel 251.
— der Desintegratoren und Dismembratoren 12.
— von Kugelmühlen 15.
Traganth 41, 85, 152, 174, 177.
Trichtermühlen 7.
β, β', β''-Trioxytriäthylamin 149.
Triturationstabletten 65.
Trituriermaschine, Coltonsche 65.
Triumph-Pulverfüll- und Dosiermaschine 318.
Trockendauer 222, 223, 225, 226.
Trockene Granulierung 43.
Trockenemulsionen 141, 151, 165.
Trockenextrakte 131, 138, 140, 230.
Trockenhefe 84, 238.
Trockenluftpumpen 217.
Trockenschränke 294.
—, Dampfverbrauch 222.
Trockentemperatur 222, 227.
Trockentrommel, Dampfverbrauch 224.
— systeme 223.
Trocknen 220.
— fester Substanzen 232.
— von Emulsionen 142.
Tropfflaschen 329.
Tropfröhrchen 329.
Tropfstäbchen 329.
Trunečekserum 284, 305.
Tuben 187.
— füllmaschinen 188.
— füll- und Schließautomat, Coltonscher 192.
— material 193.
— schließautomat 190.
— schließmaschinen 190.
Tuberkulin-Injektion 283, 284.
Tüten 314.
— maschine 317.
Türbogebläse 274.
Tutocain-Injektion 284.
Tyndallisation 296.
Tyrode Lösung 284, 305.

Überhitzung an Heizflächen 216.
Überlauf-Perkolator 129.
Überziehen von Pillen 247.
— von Tabletten 247.
Ultrafilter 282.
Unguentum adhaesivum 195.
— ad scabiem 197.
— cerussae 193.
— emolliens 194.
— leniens 141, 195.
— molle 141, 198.
— naphtholi comp. 196.
— hydrargyri album 196.

Unguentum refrigerans 195.
Union-Trocknungsverfahren 226.
Untenentleerungszentrifuge 120, 121.
Unterstempel 47.
U. S. Kolloidmühle 163.

Vaccinen-Injektionen 283, 284.
Vaginalkugeln 205.
Vakuum-Bandtrockner 223.
— doppeltrommel-Trockner 224.
— füllapparate für Ampullen 285.
— knetmaschinen 157.
— kochapparate für Zucker 241.
— luftpumpe 215.
— nutsche 115.
— -Trockenschränke 221.
— -Trockentrommel 223, 225.
— — mit Auftragwalze 224.
— trockner 220.
— verdampfer 139, 215.
Vaselin 87, 179.
Verdampfapparate 139, 217, 215.
Verdampfen 214.
Verdampfer, Dampfverbrauch 216.
—, Inkrustation 216.
— material 220.
— mit eingebautem, stehendem Röhrenheizkörper 218.
Verdampfleistung 216.
Verdampfraum 215.
Verdampftemperatur 215.
Verluste beim Ampullenfüllen 285.
Vermahlen, feuchtes 5, 11.
— von Drogen 5, 9, 15.
— von Getreide 10.
Veronal-Tabletten 70.
Verpackungsanlagen, automatische 321.
Verschließen von Gelatinekapseln 311.
Verschlüsse für Blechbüchsen 314.
Vierfacheffekt beim Verdampfen 219.
Vina medicamentosa 112.
Vitellum ovi 151.
Vorbrecher 5.
Vordragieren 264.

Wachse 87, 178, 207.
Wachskessel 264.
Wachspapier 314, 316, 323, 326.
Wachssalben 199.
Walrat 178, 207, 208.
Walratcerat 200.
Walzenbruch bei Dreiwalzenwerke 185.
Walzenmühle 10.
Walzenschneidemaschinen für Pillen 101.
Walzenvorbrecher 7.
Wandschicht im Dragierkessel 264.
Wasserdestillierapparate 126.
Wasser, destilliertes 277.
— haltige Fettsalben 172.
— in Ölemulsionen 142, 146, 148, 150, 154, 172, 173.
— kühlwendetisch 242.
— lösliche Suppositorien 207, 211.
— unlösliche Suppositorien 207.
Weiche Gelatinekapseln 307.

Weiche Salbe 198.
— Schokoladendragees 265.
— Zuckerdragees 260, 261.
Weinsteinsäuremassen, Ankneten 41.
Weinsteinsäure-Tabletten 77.
Weizenkleber 151.
Weizenstärke 179.
Würfelschneidemaschine 5, 6.
Wilkinsonsalbe 199.
Wollfett 150, 176, 179, 208.

Z-Mühle, Polysiussche 12.
Zählschaufel für Pillen und Tabletten 324.
Zahnpulver 5, 27.
Zentrifugalemulsor 161.
Zentrifugenantrieb 119.
Zentrifugenlager 119.
Zentrifugieren 114, 118.
Zerfallgeschwindigkeit der Tabletten 34, 37, 38.
Zerkleinern 5, 41.
— von Pflanzen 5.
Zerstäubungsscheibe einer Krause-Anlage 228.
Zerstäubungstrockner 140, 225.
Zerstäubungstrocknungsanlage 227.
Zink-Borsalbe 199.

Zink-Kautschukpflaster 205.
— seife 148, 174.
— salbe 199.
Zinntuben 193.
Zirkulations-Röhrenheizkörper 216.
Zucker 40, 41, 84, 249.
—, Granulieren 43.
— -Dragees, weiche 262.
— —, harte 260, 262.
— kessel 264.
— kochapparate 257.
— kochen 239.
— kügelchen 258, 263.
— mahlanlage 13.
— stangen-Ausziehmaschinen 245.
— strangmaschine 245.
Zuschmelzen der Ampullen 293.
Zwangsführung des Tablettenfüllschuhs 48, 52.
— der Tablettenunterstempel 47, 52.
Zwillingstablettenmaschinen 49, 52.
Zylindereinhüllmaschine 327.
Zylinder-Siebmaschinen 18.

Yohimbin-Injektion 306.
— -Tabletten 77.

Verlag von Julius Springer / Berlin

Die Malzextrakte. Von Dipl.-Ing. **Josef Weichherz,** Chemiker. Mit 136 Textabbildungen. VI, 388 Seiten. 1928.   Gebunden RM 32.—

... Das Buch hilft einem fühlbaren Mangel ab. Wer sich bis jetzt eingehend über das Kapitel Malzextrakt orientieren wollte, mußte sich in den verschiedensten Werken und Zeitschriften Rat holen. W e i c h h e r z gibt jetzt dem Fragesteller ausreichende und sichere Auskunft vom Grünmalz bis zum pharmazeutisch wertvollen Malzextrakt mit Lecithin.   „*Apotheker-Zeitung*"

Die Tablettenfabrikation und ihre maschinellen Hilfsmittel. Von Apotheker **G. Arends,** Medizinalrat. D r i t t e, durchgearbeitete Auflage. Mit 31 Textabbildungen. IV, 64 Seiten. 1926.   RM 3.75

Neue Arzneimittel und pharmazeutische Spezialitäten einschließlich der neuen Drogen-, Organ- und Serumpräparate, mit zahlreichen Vorschriften zu Ersatzmitteln und einer Erklärung der gebräuchlichsten medizinischen Kunstausdrücke. Von Apotheker **G. Arends,** Medizinalrat. S i e b e n t e, vermehrte und verbesserte Auflage. Neu bearbeitet von Professor Dr. **O. Keller.** X, 648 Seiten. 1926.   Gebunden RM 15.—

Spezialitäten und Geheimmittel aus den Gebieten der Medizin, Technik, Kosmetik und Nahrungsmittelindustrie. Ihre Herkunft und Zusammensetzung. Eine Sammlung von Analysen und Gutachten. Von Apotheker **G. Arends,** Medizinalrat. A c h t e, vermehrte und verbesserte Auflage des von **E. Hahn** und Dr. **J. Holfert** begr. gleichnamigen Buches. IV, 564 Seiten. 1924.   Gebunden RM 12.—

Volkstümliche Namen der Arzneimittel, Drogen, Heilkräuter und Chemikalien. Eine Sammlung der im Volksmunde gebräuchlichen Benennungen und Handelsbezeichnungen. E l f t e, verbesserte und vermehrte Auflage bearbeitet von Apotheker **G. Arends,** Medizinalrat. IV, 298 Seiten. 1930.   Gebunden RM 8.—

Volkstümliche Anwendung der einheimischen Arzneipflanzen. Von Apotheker **G. Arends,** Medizinalrat. Z w e i t e, vermehrte und verbesserte Auflage. VIII, 90 Seiten. 1925.   RM 2.40

Arzneipflanzenkultur und Kräuterhandel. Rationelle Züchtung, Behandlung und Verwertung der in Deutschland zu ziehenden Arznei- und Gewürzpflanzen. Eine Anleitung für Apotheker, Landwirte und Gärtner. Von **Theodor Meyer,** Apotheker in Colditz i. Sa. V i e r t e, verbesserte Auflage. Mit 23 Textabbildungen. IV, 190 Seiten. 1922. Gebunden RM 6.—

Verlag von Julius Springer / Berlin

Die kaufmännische Apothekenführung und die Spezialitätenfabrikation. Von Dr. phil. Richard Brieger, Wissenschaftlichem Redakteur der Pharmazeutischen Zeitung, Berlin. IV, 148 Seiten. 1926.
RM 6.75; gebunden RM 7.50

Tabelle zur mikroskopischen Bestimmung der offizinellen Drogenpulver. Bearbeitet von Dr. H. Zörnig, Professor an der Universität Basel. Zweite, verbesserte und vermehrte Ausgabe. VI, 59 Seiten. 1925.
RM 3.60

Mylius-Brieger, Grundzüge der praktischen Pharmazie. Von Dr. Richard Brieger, Wissenschaftlichem Redakteur der Pharmazeutischen Zeitung, Berlin. Sechste, völlig neubearbeitete Auflage der „Schule der Pharmazie, Praktischer Teil von Dr. E. Mylius". Mit 160 Textabbildungen. VIII, 358 Seiten. 1926.
Gebunden RM 14.70

Pharmazeutisch-chemisches Praktikum. Herstellung, Prüfung und theoretische Ausarbeitung pharmazeutisch-chemischer Präparate. Ein Ratgeber für Apothekenpraktikanten. Von Dr. **D. Schenk**, Apotheker und Nahrungsmittelchemiker. Zweite, verbesserte und erweiterte Auflage. Mit 49 Abbildungen im Text. VI, 223 Seiten. 1928.
RM 10.—; gebunden RM 11.—

Pharmazeutisch-chemisches Rechenbuch. Von Prof. Dr. **O. Anselmino**, Oberregierungsrat und Mitglied des Reichsgesundheitsamts, und Dr. **R. Brieger**, Wissenschaftlichem Redakteur der Pharmazeutischen Zeitung, Berlin. IV, 73 Seiten. 1928.
RM 3.75

Pharmazeutische Synonyma. Unter Berücksichtigung des geltenden und älterer Deutscher Arzneibücher, pharmazeutischer Kompendien sowie fremdsprachlicher Arzneibücher zusammengestellt. Von Dr. **Richard Brieger**, Wissenschaftlichem Redakteur der Pharmazeutischen Zeitung, Berlin. V, 276 Seiten. 1929.
Gebunden RM 16.—

Freigegebene und nicht freigegebene Arzneimittel. Die Verordnung betreffend den Verkehr mit Arzneimitteln und die Rechtsprechung der höheren Gerichte. Von **Ernst Urban**, Redakteur der Pharmazeutischen Zeitung. Sechste Auflage. Nach dem Stande vom 1. Juli 1928. 80 Seiten. 1928.
RM 2.—

Hagers Handbuch der pharmazeutischen Praxis. Für Apotheker, Ärzte, Drogisten und Medizinalbeamte. Unter Mitwirkung von Dr. phil. E. Rimbach, o. Hon.-Professor an der Universität Bonn, Dr. phil. E. Mannheim †, a. o. Professor an der Universität Bonn, Dr.-Ing. L. Hartwig, Direktor des Städtischen Nahrungsmittel-Untersuchungsamts in Halle a. S., Dr. med. C. Bachem, a. o. Professor an der Universität Bonn, Dr. med. W. Hilgers, Privatdozent an der Universität Königsberg. Vollständig neu bearbeitet und herausgegeben von Dr. G. Frerichs, o. Professor der Pharmazeutischen Chemie und Direktor des Pharmazeutischen Instituts der Universität Bonn, G. Arends, Medizinalrat, Apotheker in Chemnitz i. Sa., Dr. H. Zörnig, o. Professor der Pharmakognosie und Direktor der Pharmazeutischen Anstalt der Universität Basel. Erster Band. Mit 282 Abbildungen. XI, 1573 Seiten. 1925. 1. Berichtigter Neudruck. 1930. Gebunden RM 63.—
Zweiter (Schluß-) Band. Mit 426 Abbildungen. IV, 1579 Seiten. 1927.
Gebunden RM 63.—

Anleitung zur Erkennung und Prüfung der Arzneimittel des Deutschen Arzneibuches zugleich ein Leitfaden für Apothekenrevisoren. Von Dr. **Max Biechele** †. Auf Grund der sechsten Ausgabe des Deutschen Arzneibuches neubearbeitet und mit Erläuterungen, Hilfstafeln und Zusammenstellungen über Reagenzien und Geräte sowie über die Aufbewahrung der Arzneimittel versehen von Dr. **Richard Brieger**, Wissenschaftlichem Redakteur der Pharmazeutischen Zeitung, Berlin. Sechzehnte Auflage (Zweite Auflage der Neubearbeitung). IV, 754 Seiten. 1929. Gebunden RM 17.40; durchschossen RM 19.50

Die chemischen und physikalischen Prüfungsmethoden des Deutschen Arzneibuches 6. Ausgabe. Von Dr. **J. Herzog**, Direktor in der Handelsgesellschaft Deutscher Apotheker, Berlin, und **A. Hanner**, Regierungsrat im Reichsgesundheitsamt Berlin. Dritte, völlig umgearbeitete und vermehrte Auflage. Aus dem Laboratorium der Handelsgesellschaft Deutscher Apotheker. Mit 10 Textabbildungen. VI, 545 Seiten. 1928. Gebunden RM 29.50

Die Untersuchung der Arzneimittel des Deutschen Arzneibuches 6. Ihre wissenschaftlichen Grundlagen und ihre praktische Ausführung. Anleitung für Studierende, Apotheker und Ärzte. Unter Mitwirkung von zahlreichen Fachgelehrten herausgegeben von Prof. Dr. phil. et med. **Theodor Paul**, Geheimer Regierungsrat, Direktor des Pharmazeutischen Institutes der Universität München. Mit 5 Textabbildungen sowie 2 Anhängen über die chemische Untersuchung von Harn und Magensaft und die medizinalpolizeiliche Bedeutung des Deutschen Arzneibuches 6. IX, 324 Seiten. 1927. Gebunden RM 18.50

Erläuterungen zu den in das D. A.-B. 6 neu aufgenommenen Untersuchungsvorschriften. Von **Hermann Matthes**, Vorstand des Pharmazeutisch-chemischen Laboratoriums der Universität Königsberg. (Sonderabdruck aus „Pharmazeutische Zeitung" 1927, Nr. 58—62.) 40 Seiten. 1927. RM 1.50

Verlag von Julius Springer / Berlin

PHARMAZEUTISCHE ZEITUNG

Zentral-Organ für die gewerblichen und wissenschaftlichen Angelegenheiten des Apothekerstandes

Begründet von H. MUELLER in Bunzlau
Leitender Redakteur ERNST URBAN in Berlin

Erscheint wöchentlich zweimal / Vierteljährlich RM 9.90; Einzelheft RM 0.50

Die PHARMAZEUTISCHE ZEITUNG, das inhaltreichste und verbreitetste Apothekerorgan des Kontinents, bringt im redaktionellen Teil: wertvolle Originalarbeiten der Redaktion und eines großen Stabes hervorragender Mitarbeiter, ferner stets das Neueste über Standesfragen, tagesgeschichtliche Nachrichten, Gerichtsentscheidungen, amtliche Nachrichten, Nachrichten aus dem Auslande, wissenschaftliche Mitteilungen, Vereinsnachrichten, Handelsnachrichten, Bücherbesprechungen und einen reichen, alle fachlichen Gebiete umfassenden Fragekasten; im Anzeigenteil: Bezugsquellen für alle für den Apothekenbetrieb erforderlichen Waren und Hilfsmittel, ein so reiches Angebot an offenen Stellen und Stellungsuchenden wie in keinem anderen deutschen pharmazeutischen Fachblatt; in der Taxbeilage: die neuesten Preisfestsetzungen für Arzneimittel, Spezialitäten usw.

PHARMAZEUTISCHER KALENDER 1930

Herausgegeben von **Ernst Urban**, Redakteur der Pharmazeutischen Zeitung
59. Jahrgang (70. Jahrgang des Pharmazeutischen Kalenders für Norddeutschland)

I. Teil: **Pharmazeutisches Taschenbuch** biegsam gebunden
II. Teil: **Pharmazeutisches Handbuch** gebunden
III. Teil: **Pharmazeutisches Adreßbuch** geheftet

RM 12.—

Einzelne Teile werden nicht abgegeben

MIX
Papier aus verantwortungsvollen Quellen
Paper from responsible sources
FSC® C105338

If you have any concerns about our products,
you can contact us on
ProductSafety@springernature.com

In case Publisher is established outside the EU,
the EU authorized representative is:
**Springer Nature Customer Service Center GmbH
Europaplatz 3, 69115 Heidelberg, Germany**

Printed by Libri Plureos GmbH
in Hamburg, Germany